Springer-Lehrbuch

Walther Traut

Chromosomen

Klassische und molekulare Cytogenetik

Mit 270 Abbildungen

Springer-Verlag
Berlin Heidelberg New York London Paris
Tokyo Hong Kong Barcelona Budapest

Professor Dr. WALTHER TRAUT
Medizinische Universität zu Lübeck
Institut für Biologie
Ratzeburger Allee 160
2400 Lübeck, FRG

Die Deutsche Bibliothek – CIP-Einheitsaufnahme
Traut, Walther:
Chromosomen : klassische und molekulare Cytogenetik /
Walther Traut. – Berlin ; Heidelberg ; New York ; London ;
Paris ; Tokyo ; Hong Kong ; Barcelona ; Budapest : Springer,
1991
ISBN-13: 978-3-540-53319-1   e-ISBN-13: 978-3-642-95643-0
DOI: 10.1007/978-3-642-95643-0

Einbandgestaltung: W. Eisenschink, Heddesheim
Satz: Konrad Triltsch, Graphischer Betrieb, 8700 Würzburg

31/3145-543210 – Gedruckt auf säurefreiem Papier

Vorwort

Das vorliegende Buch ist eine Einführung in die Kenntnis der Chromosomen, darüber hinaus aber auch eine Einführung in das Verständnis der Eukaryontengenetik. Die Gegenstände dieses Buches, Gen- und Chromosomenorganisation sowie Chromosomenverhalten erklären nämlich die Besonderheiten der Eukaryontengenetik. Die Wissenschaft von den Eukaryontenchromosomen selbst hat keinen allgemein eingeführten Namen. Die Begriffe ‚Cytogenetik' oder ‚Karyologie' werden aber von den Spezialisten so verstanden.

Ich habe Wert darauf gelegt, dem Leser den Zugang zu einer vertieften Lektüre zu erleichtern. Dazu wurden bei den Literatur-Zitaten vorzugsweise rezente Übersichts-Artikel angegeben, die ihrerseits die Originalarbeiten zitieren. Auch die genaue Angabe der Abbildungsquelle ist als Hilfe für den Einstieg in ein spezielles Thema gedacht.

Es ist fast unmöglich, allen denen namentlich zu danken, die an der Entstehung des Buches mitgeholfen haben. Eine Vielzahl von Kollegen hat mir Abbildungsvorlagen zur Verfügung gestellt. Sie werden als Quellen für die entsprechenden Abbildungen genannt. Besonders große Unterstützung habe ich in Professor E. Schwinger, Lübeck, gefunden, der mich mit guten Fotos von menschlichen Chromosomen versorgt hat. Frau Professor Fonatsch und Frau Willhöft, die Herren Hellwig, Schwinger, Weichenhan, Winking, Wolf (alle Lübeck) und Grün (Bochum) haben Teile oder das ganze Manuskript gelesen und wertvolle konstruktive Kritik geübt. Frau Wollert und Frau Kramp aus dem Institut für Biologie der Medizinischen Universität Lübeck waren ganz erheblich an der Umzeichnung und Vorbereitung von Strichzeichnungen beteiligt; Frau Gralla und Frau Mühlberg haben die Mühsal vieler Textrevisionen auf sich genommen. Ihnen allen bin ich zutiefst zu Dank verpflichtet. Schließlich möchte ich mich noch bei den Damen und Herren des Springer-Verlages für die Umsicht und die Anregungen bei der Gestaltung des Buches bedanken.

Lübeck, Juni 1991   WALTHER TRAUT

Inhaltsverzeichnis

1 Einleitung

Dieses Buch handelt von den Chromosomen der Eukaryonten, von ihrem Bau, ihrer Funktion und von den Gesetzmäßigkeiten ihrer Verteilung. Das Verhalten dieser Zellbestandteile in der Mitose, Meiose und Befruchtung wurde bereits in den 70er Jahren des vorigen Jahrhunderts überwiegend aufgeklärt. Von Anfang an wurde auch die weitgehende Übereinstimmung zwischen Pflanzen und Tieren auf diesem Gebiet festgestellt. Es ist deswegen sinnvoll, die Erkenntnisse aus beiden Gruppen gemeinsam zu betrachten.

Herausragende Namen jener Zeit, die man mit Themen dieses Buches verbindet, sind Otto Bütschli (Mitotische Zellteilung von tierischen Zellen), Eduard Strasburger (Mitose und Befruchtung bei Pflanzen), Oskar Hertwig (Befruchtung bei Tieren), Edouard van Beneden und Theodor Boveri (Meiose). Walter Flemming gab der anfärbbaren Substanz im Kern den Namen Chromatin. Daraus leitet sich der Name Chromosom ab, der im Jahre 1888 von Wilhelm Waldeyer eingeführt wurde. 1871 präparierte Friedrich Miescher zum ersten Mal Zellkerne, isolierte daraus Nukleinsäuren und bestimmte ihre Elementarzusammensetzung. Es dauerte danach allerdings bis in die 40er Jahre unseres Jahrhunderts, ehe eine dieser Nukleinsäuren, die DNA, als Erbsubstanz erkannt wurde (O. T. Avery 1944).

Fast die gesamte DNA der Zelle, ihr Genom, ist im Zellkern und seinen Chromosomen untergebracht. Den Rest findet man in den ganz anders strukturierten Genomen der Plastiden, der Mitochondrien und in einem möglicherweise vorhandenen Genom der Centriolen. Chromosomen bestehen nicht nur aus aufgereihten Genen, Chromosomen sind vielmehr vollständige Transporteinheiten, die für die lebenswichtige, ordnungsgemäße Verteilung jeweils einer Gruppe von Genen in der Mitose und Meiose sorgen. Chromosomen sind ferner die Grundlage für die Rekombination der Erbanlagen in der Meiose, und sie gewährleisten die ordnungsgemäße Funktion der in ihnen enthaltenen Gene. Die molekulare Struktur und der Kondensationszyklus der Chromosomen werden als Anpassungen an diese Aufgaben verstanden. Ein Teil der chromosomalen DNA ist für sie reserviert. Chromosomen haben daher ein gewisses Maß an Autonomie in der Evolution entwickelt.

Die Erforschung der Chromosomen bedient sich heute des Lichtmikroskops mit all seinen optischen Varianten wie Phasenkontrast, Interferenzkontrast und Fluoreszenz-Mikroskopie, den fortgeschrittenen Verfahren der konfokalen Lasermikroskopie sowie der Video-enhanced-contrast- und Reflektionskontrast-Mikroskopie, dazu ausgeklügelten Färbetechniken und Kombinationen mit immunologischen oder autoradiographischen Methoden. Durch die Entwicklung von Spreitungstechniken in der Präparation von Chromosomen ist auch das Elektronenmikroskop ein unentbehrliches Hilfsmittel geworden. Die größte Wirkung auf die derzeitige Chromosomenforschung haben molekularbiologische Techniken, die Struktur- und Funktionsanalysen auf dem molekularen Niveau erlauben. Es ist zu erwarten, daß viele der seit einem Jahrhundert Chromosomenforschung nicht gelösten Fragen durch den kombinierten Einsatz dieser Mittel nun beantwortet werden.

Chromosomen sind nicht nur ein zwar hochinteressanter, letztlich aber esoterischer Forschungsgegenstand, sie haben in den letzten 20 Jahren auch eine eminent praktische Bedeutung gewonnen. Seit es durch die Verbesserung der Präparationstechniken möglich wurde, menschliche Chromosomen zuverlässig darzustellen und zu identifizieren, gelang es, eine Reihe von syndromalen Krankheitsbildern auf Chromosomenanomalien zurückzuführen. Man kann Chromosomenanomalien beim menschlichen Embryo schon in der sechsten bis achten Gestationswoche diagnostizieren. Humangenetik ist heute zu einem großen Teil Humancytogenetik. Aus einer Grundlagenforschungsrichtung ist ein angewandter Wissenschaftszweig entstanden.

Allgemeine Literatur

Monographien des Gesamtgebiets

Alberts B, Bray D, Lewis J, Raff M, Roberts K, Watson JD (1990) Molekularbiologie der Zelle, 2. Aufl., VCH Verlagsgesellschaft, Weinheim
Bostock CJ, Sumner AT (1978) The eukaryotic chromosome. North-Holland, Amsterdam
Darlington CD (1965) Cytology. J. and A. Churchill, London
Darnell J, Lodish H, Baltimore D (1986) Molecular cell biology. Scientific American Books, New York
Eberle P, Reuer E (1984) Kompendium und Wörterbuch der Humangenetik. Gustav Fischer Verlag, Stuttgart
John B, Miklos G (1988) The eukaryotic genome in development and evolution. Allen & Unwin, London
Knippers R (1982) Molekulare Genetik, 3. Aufl., Thieme, Stuttgart
Lewin B (1990) Genes, 4th edn. Oxford Univ. Press, Oxford
Lima-de-Faria A (1983) Molecular evolution and organization of the chromosome. Elsevier, Amsterdam
Linnert G (1991) Lehrbuch der Allgemeinen Cytogenetik. Verlag Paul Parey, Berlin
Nagl W (1980) Chromosomen. Organisation, Funktion und Evolution des Chromatins, 2. Aufl. Verlag Paul Parey, Berlin
Rieger R, Michaelis A, Green MM (1976) Glossary of genetics and cytogenetics. Classical and molecular, 4th edn. Springer-Verlag, Berlin Heidelberg New York
Schulz-Schaeffer J (1980) Cytogenetics. Plants, animals, humans. Springer-Verlag, New York
Swanson CP, Merz T, Young WJ (1981) Cytogenetics. The chromosome in division, inheritance and evolution, 2nd edn. Prentice-Hall, Englewood Cliffs, New York
Therman E (1985) Human chromosomes. Structure, behavior, effects, 2nd edn. Springer-Verlag, New York
Vogel F, Motulsky AG (1986) Human genetics, 2nd edn. Springer-Verlag, Berlin Heidelberg New York Tokyo
White MJD (1973) Animal cytology and evolution, 3rd edn. Cambridge Univ. Press, Cambridge

Monographien cytogenetischer und molekularbiologischer Techniken

Dutrillaux B, Couturier J (1983) Praktikum der Chromosomenanalyse. Enke Verlag, Stuttgart

Dyer AF (1979) Investigating chromosomes. Edward Arnold, London

Göltenboth F (Hrsg) (1978) Chromosomenpraktikum. Georg Thieme, Stuttgart

Linnert G (Hrsg) (1977) Cytogenetisches Praktikum. Gustav Fischer, Stuttgart

Macgregor HC, Varley JM (1988) Working with animal chromosomes, 2nd edn. John Wiley & Sons, Chichester

Ruthmann A (1966) Methoden der Zellforschung. Franckh'sche Verlagshandlung, Stuttgart

Sambrook J, Fritsch EF, Maniatis T (1989) Molecular cloning, 2nd edn. Cold Spring Harbor Laboratory, New York

Schwarzacher HG, Wolf U (Hrsg) (1974) Methods in human cytogenetics. Springer, Berlin Heidelberg New York

Sharma AK, Sharma A (1980) Chromosome techniques. Theory and practice. 3rd edn. Butterworths, London

Verma RS, Babu A (1989) Human chromosomes. Pergamon, New York

2 Grundlagen der Cytogenetik

ÜBERSICHT

Chromosomen sind im Lichtmikroskop nach Anfärbung mit basischen Farbstoffen, nach DNA-spezifischen Färbungen oder unter Verwendung besonderer optischer Kontrastierung (Phasenkontrast oder Interferenzkontrast) erkennbar. Sie treten in jeder Zellteilung als Fäden oder Stäbe hervor, die sich mit der Teilungsspindel verbinden (Kap. 2.1). Sie wandern zu den Spindelpolen und verlieren dann wieder ihre charakteristische Gestalt in einer zyklisch wiederkehrenden Abfolge (Kap. 2.2). Die Verdopplung der Chromosomen findet in der Phase zwischen den Teilungen statt (Kap. 2.3).

Die geschlechtliche Fortpflanzung der Eukaryonten verursacht Komplikationen im Chromosomenbestand. Bei der Befruchtung wird die Zahl der Chromosomensätze verdoppelt. Sie muß daher noch vor der nächsten Befruchtung wieder reduziert werden, um den Bestand an Chromosomen gleich zu halten. Dazu dient eine spezielle Form der Teilungen, die Meiose (Kap. 2.4). Diese Teilungen stehen außerdem im Dienste der Rekombination, was ihren ohnehin komplizierten Ablauf zusätzlich kompliziert.

Unsere Kenntnisse von der Mechanik der Chromosomenbewegungen sind noch sehr unvollständig, obwohl doch die Verteilung der Chromosomen in der Spindel zu den fundamentalen Lebensäußerungen eines Eukaryonten gehört (Kap. 2.5). Das korrekte Funktionieren des Spindelmechanismus ist die Voraussetzung dafür, daß jede Zelle einen charakteristischen Chromosomensatz (Kap. 2.6) mit einem vollständigen Genom erhält.

2.1 Form der Chromosomen

Chromosomen stellen sich in der am häufigsten untersuchten Form, den Mitosechromosomen, als Doppelstäbe dar: Jedes Chromosom besteht aus zwei gleichen **Chromatiden** (Abb. 2.1), die zunächst über die ganze Länge zusammenhängen, sich aber später voneinander lösen und zu den Polen der Teilungsspindel wandern (Stadien der Mitose s. Kap. 2.2). Spindelfasern setzen an einer begrenzten Region, dem **Centromer**, an. Im Elektronenmikroskop ist an der Oberfläche des Chromosoms an dieser Stelle meist eine besondere Anheftungsstruktur zu erkennen, die als **Kinetochor** bezeichnet wird (in der älteren Litera-

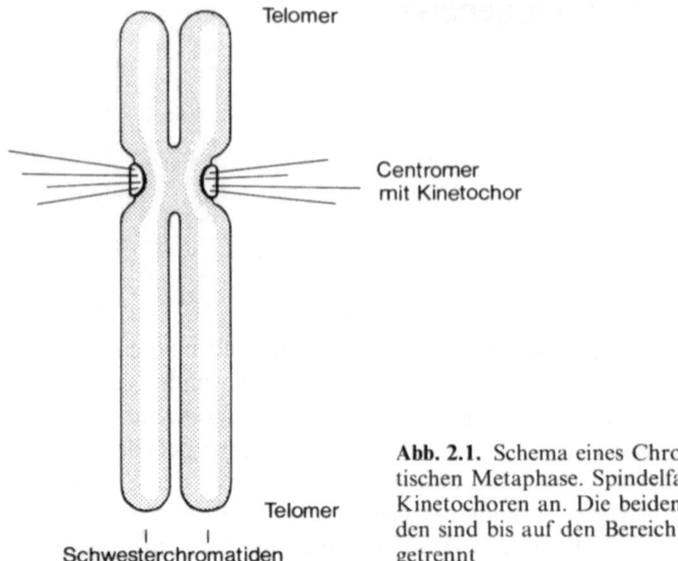

Abb. 2.1. Schema eines Chromosoms in der mitotischen Metaphase. Spindelfasern setzen an den Kinetochoren an. Die beiden Schwesterchromatiden sind bis auf den Bereich des Centromers schon getrennt

tur wurden Centromer und Kinetochor synonym gebraucht). Die Centromer-Region ist weiter durch eine Einschnürung, die sog. **primäre Konstriktion**, ausgezeichnet. Sie fällt außerdem auf als die letzte Region, an der die Schwesterchromatiden vor der Teilung noch zusammenhängen. Die Chromosomenenden, die **Telomere** genannt werden, zeigen im Mikroskop meist keine besonderen Differenzierungen.

2.2 Zellteilung und Mitosezyklus

Zellkerne zeigen in der **Interphase**, dem Stadium zwischen den Teilungen, wenig Details. Chromosomen sind in der Interphase weder im Lichtmikroskop noch im Elektronenmikroskop individuell erkennbar. Das anfärbbare Material im Innern des Kern, das **Chromatin**, ist homogen oder schollig verteilt. Vielfach kann man stark kondensiertes Chromatin, das **Heterochromatin**, von weniger stark kondensiertem, dem **Euchromatin** unterscheiden (Abb. 2.2a). Ziemlich regelmäßig sind weiterhin ein oder mehrere **Nukleolen** (s. Kap. 8.3) sichtbar.

Ablauf der Mitose

Das Bild ändert sich, wenn die Zelle in die Mitose eintritt (Abb. 2.2 und 2.3). In der **Prophase** der Mitose kondensiert das Chromatin zu Chromosomenfäden, die zunehmend dicker und kürzer werden. Der Nukleolus löst sich im

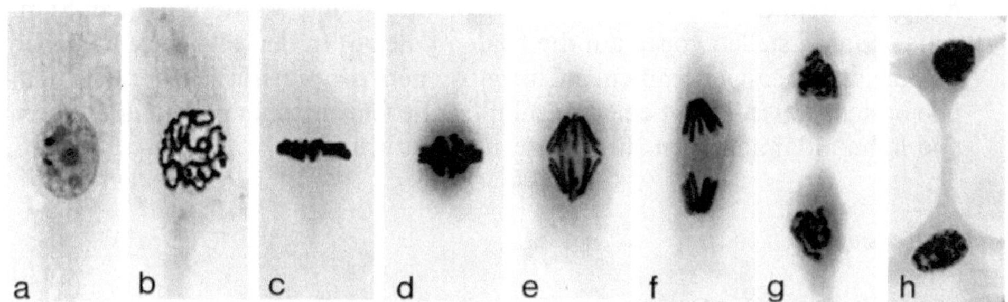

Abb. 2.2 a–h. Mitose von kultivierten Fibroblasten des indischen Muntjak (*Muntiacus muntjac*, 2n ($\male$) = 7,XY$_1$Y$_2$). Das Chromatin ist durch die DNA-spezifische Feulgen-Reaktion stark angefärbt, das Plasma wurde durch eine Gegenfärbung schwach kontrastiert. **a** Interphase, **b** Prophase, **c** Metaphase, **d–f** Anaphase, **g** Telophase, **h** Interphase

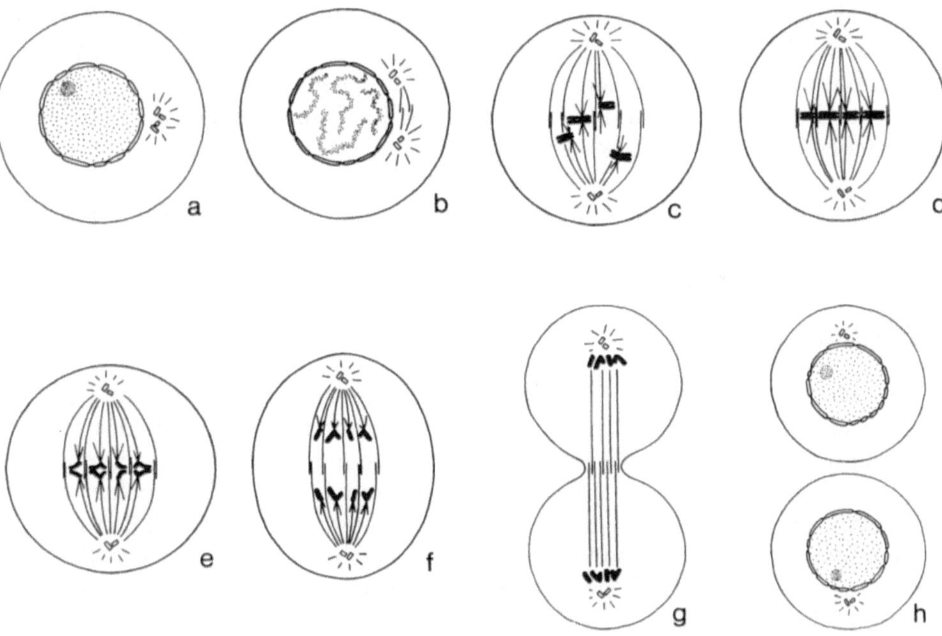

Abb. 2.3 a–h. Schematische Darstellung der Mitose. **a** Interphase, **b** Prophase, **c** Prometaphase, **d** Metaphase, **e, f** Anaphase, **g** Telophase, **h** Interphase

allgemeinen auf, und zum Ende der Prophase zerfällt bei allen höheren Eukaryonten auch die Kernhülle. Die Spindel, der Bewegungsapparat für die Chromosomen, bildet sich. Die **Prometaphase** ist das Stadium der Einordnung der Chromosomen in den Spindelapparat. In der **Metaphase** haben sich die Chromosomen in der Äquatorialebene der Spindel, der Metaphaseebene, angeordnet. Spätestens jetzt ist erkennbar, daß die Chromosomen aus zwei Spalthälften, den **Chromatiden**, bestehen. Jede Chromatide besitzt eine Spindelfaseransatzstelle, die zu einem Spindelpol ausgerichtet ist (s. Abb. 2.1). In der

Anaphase trennen sich die Schwesterchromatiden und wandern mit den Spindelfaseransatzstellen voran auf die beiden Pole zu. In der **Telophase** umgeben sich die am Pol angekommenen Chromosomen, die nun aus je einer Chromatide bestehen, wieder mit einer Kernhülle. Die Chromosomen dekondensieren und kehren damit in den Interphasezustand zurück.

Zellteilung

Die Zellteilung, die **Cytokinese**, findet im Anschluß an die Mitose statt. Sie läuft bei tierischen und pflanzlichen Zellen verschieden ab. Bei Zellen höherer Pflanzen geht die Bildung der trennenden Zellmembran und der neuen Zellwand von einer scheibenförmigen Struktur, dem Phragmoplasten, aus. Er entsteht im ehemaligen Spindeläquator aus den überlappenden Mikrotubuli der beiden Halbspindeln und aus Mikrofilamenten. In diese Struktur werden Vesikel mit Zellwandbestandteilen eingelagert, die den Vorläufer der Zellwand, die Zellplatte, bilden. Die Zellplatte erweitert sich bis zu den Seitenwänden, mit denen sie schließlich verschmilzt. Bei tierischen Zellen wird das Zellplasma durch einen kontraktilen Ring von Mikrofilamenten eingeschnürt. Ein schmales Verbindungsstück, der „midbody", bleibt noch für eine Weile zwischen den Zellen bestehen. Er enthält dicht gepackt die überlappenden Mikrotubuli der beiden Spindelhälften und zusätzliches im Elektronenmikroskop dicht erscheinendes Material.

Erbgleiche Teilung

Die Mitose wird als ein Mechanismus verstanden, mit dessen Hilfe beide Tochterzellen die gleiche Ausstattung an Erbinformation erhalten. Das wurde schon in der Frühzeit der cytologischen Forschung aus der Längsteilung der Chromosomen und ihrer Konstanz in Zahl und Form in den Tochterzellen geschlossen. In den 30er Jahren wurde diese Interpretation durch den Nachweis bestätigt, daß die Chromosomen tatsächlich die Träger der genetischen Information in der Zelle sind. Auch die Voraussetzung für eine solche erbgleiche Teilung trifft zu, daß nämlich die Erbinformation, die DNA, vor der Mitose exakt repliziert und präzise auf die Chromatiden verteilt wird (s. Kap. 2.3, 8.3, 8.4).

2.3 Zellzyklus

Phasen des Zellzyklus

Der Zeitpunkt der DNA-Synthese im Lebenszyklus der Zelle läßt sich experimentell am Einbau von angebotenen radioaktiven Vorstufen in die DNA ablesen. Danach wird die DNA in der Interphase synthetisiert. Die Synthese-

Phase, **S-Phase** genannt, umfaßt aber bei den meisten Zellen nicht die gesamte Interphase. Nach der Mitose, der **M-Phase**, und vor der S-Phase gibt es einen Interphase-Abschnitt, in dem keine DNA synthetisiert wird. Dieser Abschnitt wird als **G1-Phase** (G von englisch gap = Lücke) bezeichnet. Auch nach der S-Phase und vor der folgenden M-Phase gibt es eine solche Lücke, die **G2-Phase** genannt wird. Dadurch läßt sich die Interphase in drei Abschnitte, G1, S und G2, gliedern. Teilungsaktive Zellen laufen zyklisch durch die M-, G1-, S- und G2-Phase. Die Abfolge wird als **Zellzyklus** bezeichnet (Abb. 2.4).

In manchen Geweben des adulten Organismus haben die Zellen ihre Teilungsaktivität endgültig oder vorübergehend aufgegeben. Solche Zellen, zu denen z. B. die Nervenzellen und die Lymphozyten gehören, verharren in einer G1-ähnlichen Phase, die **G0-Phase** genannt wird.

DNA- und Chromatidenverdopplung

Höhere Pflanzen und Tiere sind **diploid** mit 2n Chromosomen. Sie besitzen je einen **haploiden** Chromosomensatz mit n Chromosomen von beiden Eltern.

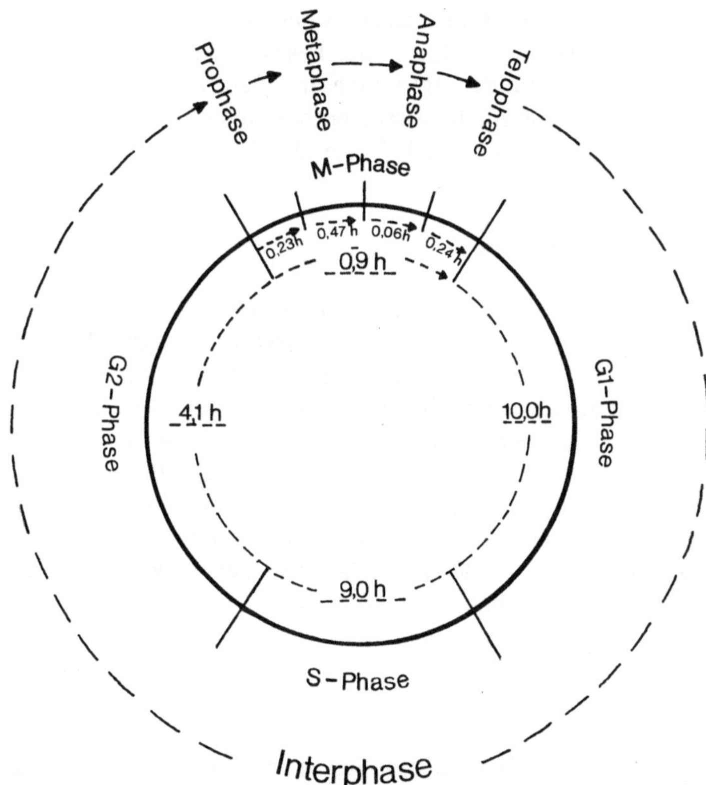

Abb. 2.4. Schematische Darstellung des Mitosezyklus (*außen*) und des Zellzyklus (*innen*). Die Dauer der Phasen ist abhängig vom Zelltyp und den äußeren Bedingungen. Die angegebenen Zeiten wurden für eine Maus-Hepatom-Zellinie bestimmt. (Daten aus Nagl 1972)

Tabelle 2.1. Chromosomenzahl und DNA-Gehalt der Kerne im Zellzyklus eines beliebigen diploiden Organismus. Ein haploides Genom besteht aus n Chromosomen und einer DNA-Menge C

Stadium	Chromosomenzahl	Zahl der Chromatiden	DNA-Gehalt
Prophase	2n	4n	4C
Metaphase	2n	4n	4C
Telophase	2n	2n*	2C*
G1	2n	2n	2C
S	2n	2n–4n	2C–4C
G2	2n	4n	4C

* bezogen auf die Tochterkerne

Die Zahl der Chromosomen bleibt im Verlaufe des Zellzyklus gleich. Vor der S-Phase besteht jedes Chromosom aus einer Chromatide, nach der S-Phase aus zwei Chromatiden (Tabelle 2.1).

Während der S-Phase verdoppelt sich der DNA-Gehalt des Kerns. Bezeichnet man den haploiden DNA-Gehalt einer beliebigen Eukaryontenart mit C, dann besitzt ein diploider Kern in der G1-Phase einen DNA-Gehalt von 2C. Diploide Kerne in der G2-Phase besitzen eine DNA-Menge von 4C (Tabelle 2.1). Der haploide DNA-Gehalt einer menschlichen Zelle beträgt etwa $3 \cdot 10^{-12}$ g. Menschliche Kerne enthalten somit etwa $6 \cdot 10^{-12}$ g DNA in der G1-Phase und etwa $12 \cdot 10^{-12}$ g in der G2-Phase.

Länge des Zellzyklus

Die Dauer der einzelnen Phasen des Zellzyklus variiert stark, je nach Gewebe und äußeren Bedingungen. Man nimmt an, daß die Zellteilungsrate über die Dauer der G1-Phase reguliert wird. Der Übergang teilungsaktiver Zellen in die Mitose ist davon abhängig, ob sie eine gewisse Größe erreicht haben und durch die S-Phase gegangen sind. Die einzelne Zelle kann aber einen deutlich kürzeren oder längeren Zellzyklus als der Durchschnitt der Zellen einer homogenen Kultur besitzen. Die Standardabweichung ist mit rund 20% recht hoch. Dies könnte auf einer ungleichen Verteilung von Molekülen in der vorangegangenen Mitose beruhen. Vorläufig läßt sich der Vorgang nur mit mathematischen Modellen beschreiben.

Kontrolle des Zellzyklus

In den letzten Jahren sind eine Reihe von Faktoren identifiziert worden, die an der Regulation des Zellzyklus beteiligt sind. Neben Proteinen, die aus höheren Eukaryonten isoliert wurden, spielten Zellteilungsmutanten der Spalthefe *Schizosaccharomyces* eine wichtige Rolle bei der Aufklärung.

Der Eintritt in die M-Phase wird durch **MPF** (maturation promoting factor) kontrolliert. Dieses Protein wurde erstmalig aus *Xenopus*oocyten (Krallenfrosch-Oocyten) gewonnen, bei denen es den Eintritt in die erste meiotische Teilung kontrolliert. MPF steuert direkt oder indirekt die Auflösung der Kernmembran, die Kondensation des Chromatins und den Aufbau der Spindel. MPF ist eine Kinase, die andere Proteine phosphoryliert. Sie liegt in der Interphase in inaktiver Form vor, wird zur Auslösung der Mitose aktiviert und anschließend wieder inaktiviert.

Eine Rolle bei der Aktivierung von MPF spielt vermutlich ein anderes zyklisch auftretendes Protein, **Cyclin**, das zuerst aus Muschelembryonen isoliert wurde. Cyclin akkumuliert während der Interphase und zerfällt während der M-Phase. Wenn Cyclin nicht zerfällt, kann die M-Phase nicht verlassen werden.

Das MPF und das Cyclin der höheren Tiere zeigen Homologie zu den Produkten von zwei Zellteilungsgenen, cdc2 und cdc13 (cdc von cell division cycle), die entsprechende Rollen im Zellzyklus der Spalthefe *Schizosaccharomyces* spielen. Die Steuerung der Zellteilung läuft offenbar bei allen Eukaryonten im wesentlichen gleich ab. Sowohl MPF als auch Cyclin sind demnach in der Evolution der Eukaryonten als lebenswichtige Proteine konserviert worden.

2.4 Meiose

Bei der Befruchtung wird durch die Verschmelzung der Gametenkerne, die **Karyogamie**, der Chromosomensatz verdoppelt. Die Meiose gleicht die Verdopplung durch **Reduktion des Chromosomensatzes** von 2n auf 1n wieder aus. Im typischen Lebenszyklus eines Eukaryonten wechseln diese Vorgänge miteinander ab, so daß die Chromosomenzahl im Laufe der Generationen konstant bleibt. Meiose und Befruchtung können unmittelbar aufeinander folgen oder aber durch viele Mitosezyklen voneinander getrennt sein.

Zeitpunkt der Meiose im Lebenszyklus

Bei den höheren Tieren, den Metazoen, führt die Meiose unmittelbar zur Ausbildung der Gameten. Daran schließt sich im Lebenszyklus die Befruchtung an. Nur die Gameten sind haploid, der Metazoenorganismus selbst ist diploid (Abb. 2.5d). Bei anderen Organismen, wie z.B. der einzelligen Grünalge *Chlamydomonas* folgt – umgekehrt – auf die Befruchtung unmittelbar die Meiose, so daß die vegetative Phase haploid ist (Abb. 2.5a). Moose und Farne wiederum haben eine Meiose, die intermediär liegt und aus der Sporen hervorgehen. Sie trennt zwei Generationen, den diploiden Sporophyten und den haploiden Gametophyten (Abb. 2.5b). Die Samenpflanzen leiten sich von diesem Typ ab. Sie haben aber einen so stark reduzierten Gametophyten, daß die haploide Phase unauffällig wird. Die vegetativen Teile der Samenpflanzen

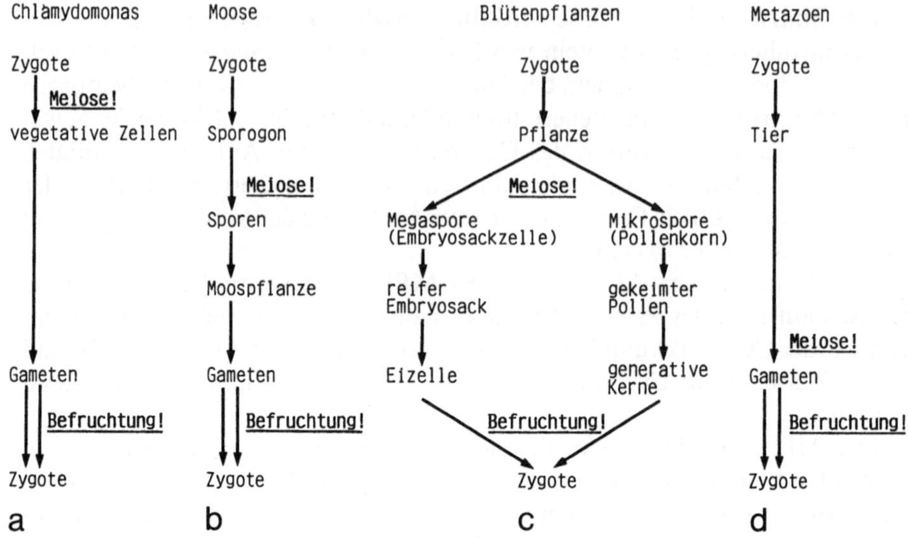

Abb. 2.5a–d. Zeitpunkt von Meiose und Befruchtung im Lebenszyklus verschiedener Eukaryonten

gehören zum diploiden Sporophyten so daß eine äußerliche Ähnlichkeit mit der Situation bei höheren Tieren hergestellt ist (Abb. 2.5c).

Aufgaben der Meiose

Neben der Reduktion des Chromosomensatzes ist die **genetische Rekombination** eine weitere typische Meiosefunktion (s. Kap. 9.3). Die charakteristischen Prophasestrukturen der Meiosechromosomen sind nur im Zusammenhang mit dieser Funktion zu verstehen.

Weitere Eigenschaften der Meiose sind nicht so offensichtlich. Die Chromosomen müssen trotz der Kondensation mindestens zeitweise die Transkription von Genen erlauben. Die auffällig großen Lampenbürstenchromosomen in der Oogenese mancher Tiere können als Anpassung an die Notwendigkeit einer besonders hohen RNA-Synthese verstanden werden (s. Kap. 9). Vermutlich findet auch das ‚Imprinting‘ in der Meiose statt. Manche genetisch identischen Chromosomen haben nämlich nach Durchlaufen der weiblichen oder der männlichen Keimbahn eine besondere Prägung, ein ‚Imprinting‘, erhalten, das sie für die Embryogenese ungleichwertig macht (s. Kap. 11).

Ablauf der Meiose

Der Kondensation der Chromosomen geht wie in der Mitose eine S-Phase voran. Damit besitzen die Zellen, die in die Meiose eintreten, einen DNA-Gehalt von 4C. Jedes Chromosom besteht aus zwei Schwesterchromatiden. Ein

Chromosomenpaar besitzt daher vier Chromatiden. Die vier Chromatiden werden in zwei meiotischen Teilungen ohne eine weitere S-Phase auf vier Zellen verteilt, die damit einen DNA-Gehalt von 1C erhalten (Tabelle 2.2).

Tabelle 2.2. Chromosomenzahl und DNA-Gehalt der Kerne in der Meiose. Die mit * gekennzeichneten Werte sind unbestimmbar, da homologe Chromosomenabschnitte oder Schwesterchromatiden in diesem Stadium vorliegen, je nachdem, ob der betreffende Abschnitt in der ersten meiotischen Teilung dieser Zelle äquationell oder reduktionell verteilt wurde

Stadium	Chromosomenzahl	Zahl der Chromatiden	DNA-Gehalt
Prophase I	2n	4n	4C
Telophase I	*	2n	2C
Prophase II	*	2n	2C
Telophase II	1n	1n	1C
Gameten	1n	1n	1C

Die Gameten besitzen nach der Meiose vollständige Chromosomensätze. Folglich müssen die meiotischen Zellen über einen Mechanismus verfügen, der es erlaubt, ganze Sätze zu verteilen. Dieser Mechanismus besteht darin, daß sich die homologen Chromosomen des ursprünglich mütterlichen und des väterlichen Satzes paaren und Doppel-Einheiten, **Bivalente**, bilden, die aus vier Chromatiden bestehen. Die beiden Teilungen der Meiose trennen dann zwangsläufig vollständige Sätze von Chromatiden, wenn auch unsortiert nach mütterlicher oder väterlicher Herkunft. Eventuell ungepaart bleibende Chromosomen, *Univalente,* werden statistisch verteilt.

Der Ablauf der Meiose ist in Abb. 2.6 und 2.7 dargestellt. Die Prophase der ersten meiotischen Teilung ist komplizierter als die der Mitose. In ihr werden alle wichtigen Schritte der Meiose vorbereitet oder schon durchgeführt. Im **Leptotän** kondensieren die noch ungepaarten Chromosomen zu dünnen Fäden. Diese Fäden paaren sich im **Zygotän**. Man findet daher im Zygotän gepaarte und ungepaarte Chromosomenabschnitte nebeneinander. Das Stadium mit vollständig gepaarten Homologen ist das **Pachytän**. Im anschließenden **Diplotän** trennen sich die Homologen weitgehend wieder voneinander. Sie hängen nur noch mittels der **Chiasmata** (s. S. 15) zusammen. Die Schwesterchromatiden sind in diesem Stadium als individuelle Chromatinstränge erkennbar. Während der ganzen Prophase I bleiben sie eng miteinander verbunden. Im Chiasma überkreuzen sich die Chromatiden zwischen homologen Chromosomen, als ob sie zum anderen Chromosom übergewechselt wären. Die Chromosomen nähern sich in der **Diakinese** ihrer maximalen Kondensation. Bivalente mit einem Chiasma gehen dabei in die entspanntere Kreuzform über. Sind mehr Chiasmata vorhanden, so entstehen Ringfiguren. Zum Ende der Prophase I zerfällt die Kernmembran, und die Spindel bildet sich aus.

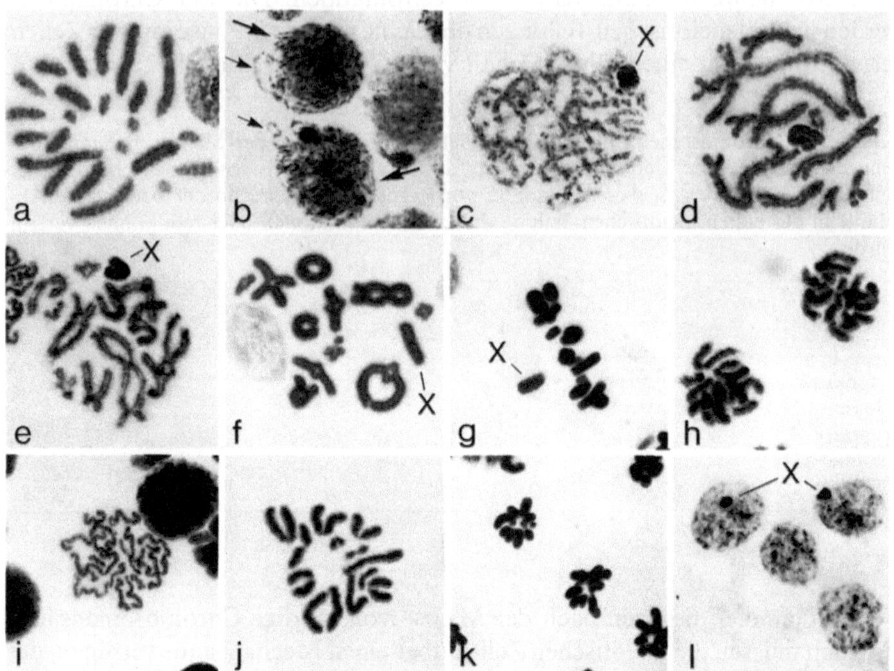

Abb. 2.6a–l. Meiose der Heuschrecke *Locusta migratoria*. **a** Spermatogoniale Mitose
(2n(♂)=23,X), **b** Zygotän mit ungepaarten Abschnitten (kleine Pfeile) und gepaarten Abschnitten (große Pfeile), **c** Pachytän, das einzige Geschlechtschromosom im männlichen
Chromosomensatz (X) tritt als Univalent in die Meiose ein, **d** Übergang Pachytän–Diplotän:
die Homologen beginnen, sich zu trennen, **e** Diplotän, **f** Diakinese, **g** Metaphase I, **h** Telophase I, **i** Prophase II, **j** Metaphase II, **k** Anaphase-Telophase II, **l** Spermatiden mit und ohne
X-Chromosom

In der **Metaphase I** haben die Bivalente ihre Einordnung in die Äquatorial-
Ebene der Spindel gefunden. In der Regel sind dabei die Kinetochore der
homologen Chromosomen auf die entgegengesetzten Pole ausgerichtet. Die
Anaphase I führt zwei Chromatiden eines Bivalents zu den Polen. In der
Telophase I dekondensieren die Chromosomen. Diese Dekondensation des
Chromatins kann ebenso wie das folgende Stadium der **Interkinese** je nach
Organismenart fehlen. Als Interkinese bezeichnet man das Stadium zwischen
der Telophase I und der Prophase II. Ob eine Kernhülle ausgebildet wird, ist
von der Organismenart abhängig. Häufig geht die Entwicklung von der Anaphase I direkt in die **Prophase II** und die **Metaphase II** über. In der **Anaphase
II** trennen sich die beiden noch verbliebenen Chromatiden der Bivalente und
wandern zu entgegengesetzten Polen. Die **Telophase II** schließt mit der Dekondensation der Chromosomen und der Ausbildung der Kernhülle die Meiose
ab.

Spätestens im Stadium der engsten Chromosomenpaarung, dem Pachytän,
findet innerhalb der Bivalente das **Crossover**, die Rekombination zwischen
homologen Chromosomenorten, statt. Crossover-Ereignisse werden im Diplo-

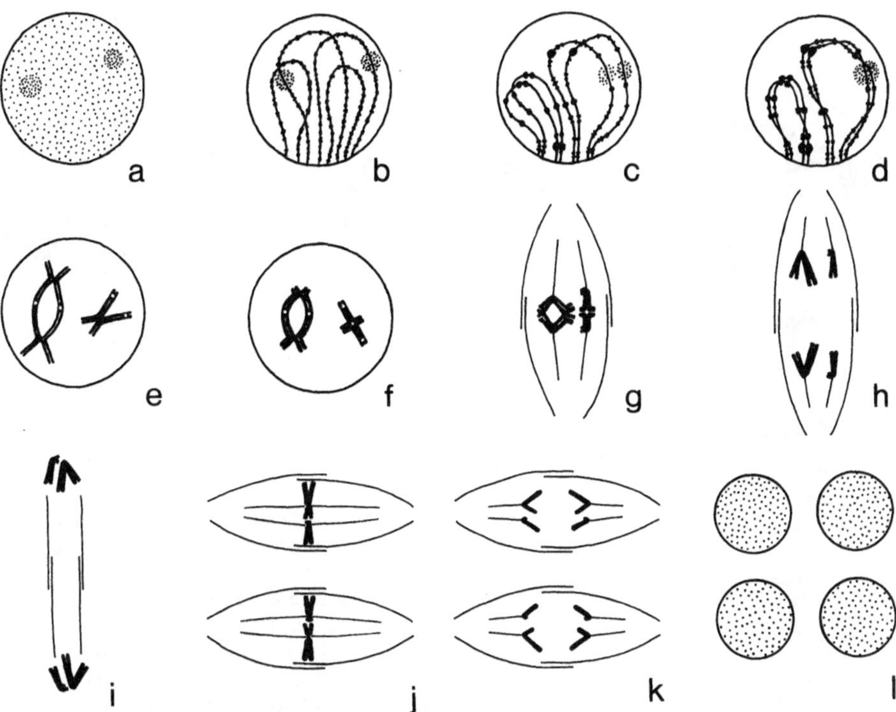

Abb. 2.7a–l. Schematische Darstellung der Meiose. Der Chromosomensatz besteht aus einem akrozentrischen und einem metazentrischen Chromosomenpaar (2n = 4). **a** Prämeiotische Interphase, **b** Leptotän, **c** Zygotän, **d** Pachytän, **e** Diplotän, **f** Diakinese, **g** Metaphase I, **h** Anaphase I, **i** Telophase I, **j** Metaphase II, **k** Anaphase II, **l** die vier Produkte der Meiose, bei männlichen Metazoen: Spermatiden

tän als **Chiasmata** (Überkreuzungen zwischen den Chromatiden homologer Chromosomen) im Mikroskop sichtbar.

Im Regelfall werden in der Anaphase I die Centromere der **homologen** Chromosomen zu verschiedenen Polen gezogen. Von den Centromeren bis zum ersten Chiasma werden daher homologe Chromosomensegmente verteilt, d.h. die von den beiden Eltern stammenden homologen Chromosomenabschnitte werden wieder getrennt. Man bezeichnet diese Art Teilung als **reduktionell** (Reduktionsteilung). Im Abschnitt nach dem ersten Chiasma bis zu einem evtl. vorhandenen zweiten Chiasma verteilt die erste meiotische Teilung dagegen Schwesterchromatiden. Die von den beiden Eltern stammenden Chromosomen – mit evtl. unterschiedlichen Allelen – werden an beide Tochterzellen weitergegeben. Man bezeichnet diese Art Teilung als **äquationell** (Äquationsteilung). Vom zweiten Chiasma bis zum dritten Chiasma handelt es sich wieder um eine Reduktionsteilung, usw. In der zweiten meiotischen Teilung werden dann die Centromere der Schwesterchromatiden geteilt und gelangen mit den anhängenden Chromosomenarmen zu den Polen. Diese Teilung hat daher größere Ähnlichkeit mit einer Mitose. Der Abschnitt bis zum

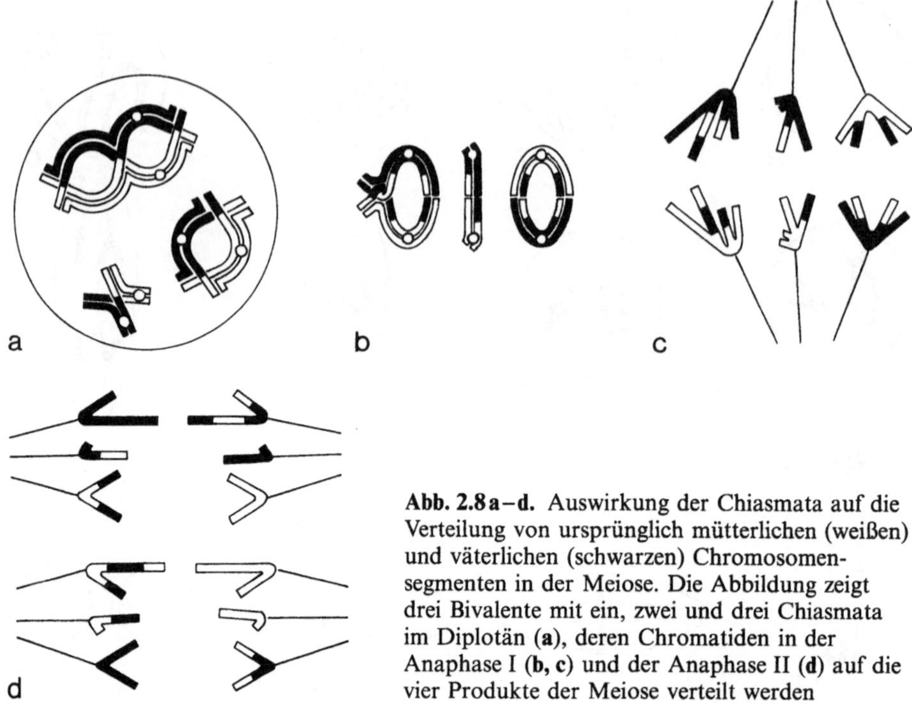

Abb. 2.8 a–d. Auswirkung der Chiasmata auf die Verteilung von ursprünglich mütterlichen (weißen) und väterlichen (schwarzen) Chromosomensegmenten in der Meiose. Die Abbildung zeigt drei Bivalente mit ein, zwei und drei Chiasmata im Diplotän (**a**), deren Chromatiden in der Anaphase I (**b, c**) und der Anaphase II (**d**) auf die vier Produkte der Meiose verteilt werden

ersten Chiasma ist eine Äquationsteilung, vom ersten bis zum zweiten Chiasma eine Reduktionsteilung, vom zweiten bis zum dritten eine Äquationsteilung, usw. Die Chromosomen werden also in beiden Teilungen sowohl **äquationell** als auch **reduktionell** verteilt, je nach dem Chromosomenabschnitt und der Lage der Chiasmata (Abb. 2.8).

Meiose und Mendelregeln

Die von Gregor Mendel entdeckten Regeln für die Verteilung von Erbfaktoren und weitere Regeln der formalen Genetik erklären sich zwanglos aus der Lage der Erbfaktoren auf den Chromosomen, der Verteilung der Chromosomen in der Meiose und der späteren Verschmelzung zweier haploider Gametenkerne in der Zygote.

Zunächst soll ein Organismus, der heterozygot für ein autosomales Gen ist, betrachtet werden (zur Unterscheidung von Autosomen und Geschlechtschromosomen s. Kap. 2.6). Da das Gen auf den Chromosomen väterlicher und mütterlicher Herkunft normalerweise den gleichen Genort einnimmt, können die beiden Allele nicht gemeinsam in eine Gamete gelangen. Gameten erhalten nur ein Allel eines Gens, sie sind ‚rein‘ (**Gesetz von der Reinheit der Gameten**). Die beiden Allele werden in der Meiose im Verhältnis 1:1 auf die Gameten verteilt. Aus der zufälligen Kombination der Gameten bei der Befruchtung und dem Dominanz-Rezessivitäts-Verhalten, ergibt sich das statistische 1:2:1 oder 3:1 Verhältnis der Phänotypen in der Nachkommenschaft (*Spaltungsregel*).

Betrachtet man die Verteilung von Allelen zweier Gene, so hängt sie unter anderem davon ab, ob die Gene zusammen auf einem Chromosom vorkommen oder ob sie auf verschiedenen Chromosomen liegen. Der Erbgang in einer **Zwei-Faktoren-Kreuzung** ist unabhängig, wenn die Genorte auf verschiedenen Chromosomen liegen (**Unabhängigkeitsregel**). Die Ausrichtung mütterlicher und väterlicher Centromere in der Metaphase I ist nämlich für jedes Bivalent zufällig. Die Ausrichtung und Verteilung eines Chromosomenpaares beeinflußt nicht die eines anderen Chromosomenpaares. Liegen die beiden Genorte dagegen auf demselben Chromosom, dann ist der Erbgang gekoppelt. Das Ausmaß der genetischen **Kopplung** hängt von dem Abstand der Genorte auf dem Chromosom ab. Das Chromosom ist die morphologische Basis für die im genetischen Experiment ermittelte Kopplungsgruppe. Sofern die beiden Genorte nicht durch ein Crossover voneinander getrennt werden, gelangen die von einem Elternteil stammenden Allele gemeinsam in eine Gamete. Werden sie durch ein Crossover getrennt, so trifft das ursprünglich väterliche Allel des einen Genorts mit dem ursprünglich mütterlichen des anderen zusammen. Das macht sich genetisch als Austausch und cytologisch als Chiasma bemerkbar. Je näher die Genorte auf dem Chromosom beieinander liegen, um so seltener werden sie durch ein Crossover bzw. Chiasma voneinander getrennt. Crossover und Chiasma sind genetischer und cytologischer Ausdruck desselben molekularen Austauschereignisses.

Das Verhalten der geschlechtsgebundenen Vererbung erklärt sich aus der Anwesenheit der Geschlechtschromosomen (s. Kap. 2.6) und ihrer Verteilung. Bei männlicher Heterogametie gelangen in der männlichen Meiose X-gebundene Gene zusammen mit dem X-Chromosom nur in zwei von je vier Keimzellen. Die übrigen beiden Keimzellen erhalten die Y-Chromosomen. Die X-tragenden Spermien sind weibchen-bestimmende Spermien, die Y-tragenden Spermien sind männchen-bestimmende Spermien. So kommt es, daß ein väterliches X-gebundenes Allel nur auf die Töchter, nicht aber auf die Söhne übertragen wird. Umgekehrt erhalten die Söhne nur X-gebundene Allele von der Mutter.

2.5 Mechanik der Chromosomenverteilung

Spindelapparat und Einordnung der Chromosomen

Voraussetzung für die genetische Stabilität eines Organismus bzw. einer Art ist die präzise Verteilung der Chromosomen in der Mitose und der Meiose. Eukaryonten benutzen für diese Aufgabe einen Spindelapparat.

Die auffälligste Komponente des Spindelapparates sind die Mikrotubuli. Regelmäßig sind außerdem Membran-begrenzte Vesikel und Zisternen zwischen den Mikrotubuli oder auch um die Spindel herum vorhanden. Man unterscheidet zwei Arten von Mikrotubuli, die Kinetochor-Mikrotubuli und die Nicht-Kinetochor-Mikrotubuli. Beide Arten von Mikrotubuli gehen von den Centrosomen, den Plasmabereichen um die Centriolen aus. **Nicht-Kinetochor-Mikrotubuli** der beiden Spindelhälften überlappen sich in der Spindelmitte. **Kinetochor-Mikrotubuli** setzen an den Kinetochoren der Chromosomen an (Abb. 2.9, 2.10). Die Mikrotubuli einer Spindelhälfte haben die gleiche Polarität. Das ‚plus'-Ende ist der Äquatorialebene bzw. den Chromosomen zugewendet, während das ‚minus'-Ende auf den nächstgelegenen Spindelpol zeigt (Abb. 2.10).

Die Mikrotubuli wachsen von den Centrosomen aus. Nach den derzeitigen Vorstellungen werden die ‚plus'-Enden einiger Mikrotubuli von den Kinetochoren eingefangen. Diese Mikrotubuli werden dadurch zu Kinetochor-Mikrotubuli, die die Verbindung zwischen Chromosom und Spindelapparat herstellen. Wir wissen aus mikrokinematographischen Aufnahmen, daß die Chromosomen zunächst in der Spindel hin- und herwandern, bis sie in der Äquatorialebene eine stabile Lage erreicht haben. Mit dieser Lage ist die typische Metaphase-Anordnung der Chromosomen hergestellt.

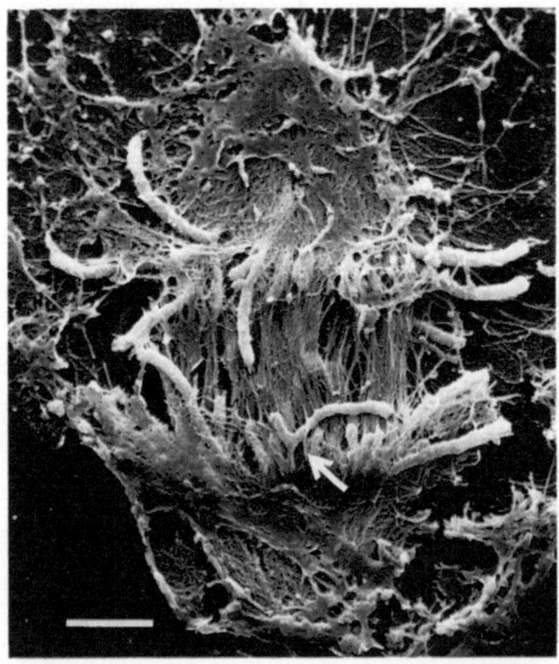

Abb. 2.9. Mitotische Anaphase-Spindel der Pflanze *Haemanthus katherinae* in einer rasterelektronenmikroskopischen Aufnahme. Die Spindel ist bis auf die Polregionen ziemlich frei von umgebendem Cytoplasma. Die Nicht-Kinetochor-Mikrotubuli zwischen den Anaphaseplatten sind daher gut erkennbar. Der Pfeil weist auf ein Chromosom mit vollständig sichtbarer Spindelfaseransatzstelle. Maßstab: 10 µm. (Aus Heneen 1981)

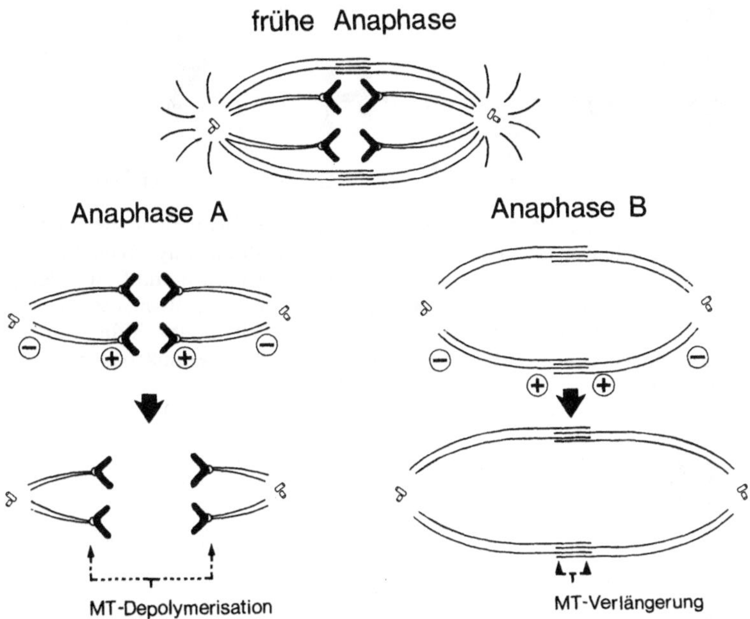

Abb. 2.10. Die Anaphasebewegung der Chromosomen beruht auf einer Verkürzung der Kinetochor-Mikrotubuli (*Anaphase A*) und einer Spindelstreckung (*Anaphase B*). Die Kraft für die Anaphase A-Bewegung wird unter Abbau der Mikrotubuli an den Kinetochoren erzeugt, für die Anaphase B-Bewegung durch Gleiten der Mikrotubuli. Die Plus- und Minus-Zeichen zeigen die Plus- und Minus-Enden der Mikrotubuli (MT) an. (Mod. nach Burns 1988)

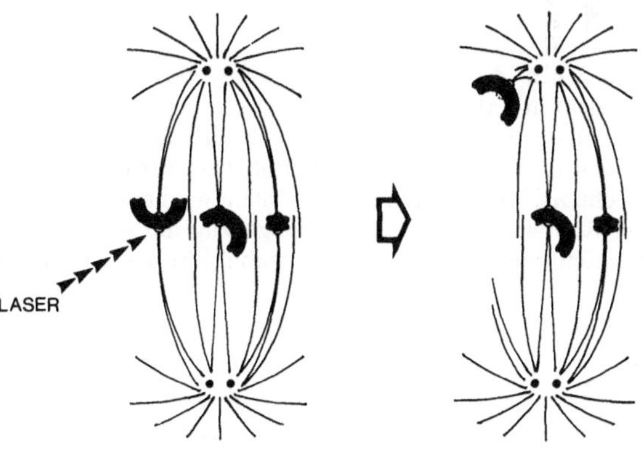

Abb. 2.11. Inaktivierung eines Kinetochors in der Metaphase durch einen Laserstrahlenstich. Das Chromosom wird sofort zu dem Pol gezogen, auf den das intakte Kinetochor ausgerichtet ist. (Schematische Darstellung eines Experimentes von McNeill und Berns (1981) nach Pickett-Heaps et al. 1982)

Daß überhaupt Zugkräfte über die Spindelfasern an den Chromosomen ansetzen, läßt sich experimentell nachweisen. Durchtrennt man mit einem Laserstrahl den Ansatz der Spindelfasern an einem der beiden Kinetochoren, dann wird das Chromosom sofort zum entgegengesetzten Pol gezogen (Abb. 2.11). Chromosomen, die man mit dem Mikromanipulator aus ihrer Lage in der Metaphaseebene verschiebt, werden in die Metaphaseebene zurückgezogen (Abb. 2.12).

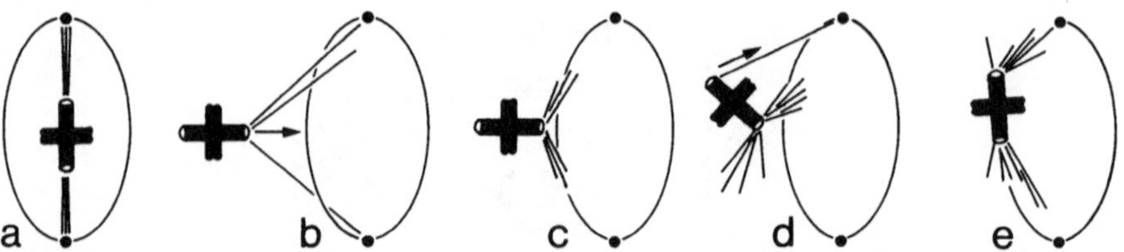

Abb. 2.12 a–e. Orientierung und Reorientierung von Bivalenten, die mit dem Mikromanipulator aus der Metaphase-Ebene gezogen wurden. **a** Stabile Lage in der Spindel, **b–e** Bivalente in verschiedenen Stadien der Reorientierung. Spindelumriß und Centriolen sind angedeutet, die Pfeile geben die beobachtete Bewegungsrichtung des Bivalents an. Das Verhalten der Chromosomen wurde im Lichtmikroskop verfolgt. Die Beobachtung wurde im dargestellten Stadium unterbrochen und die Spindelstruktur elektronenmikroskopisch analysiert. (Nach Nicklas 1985)

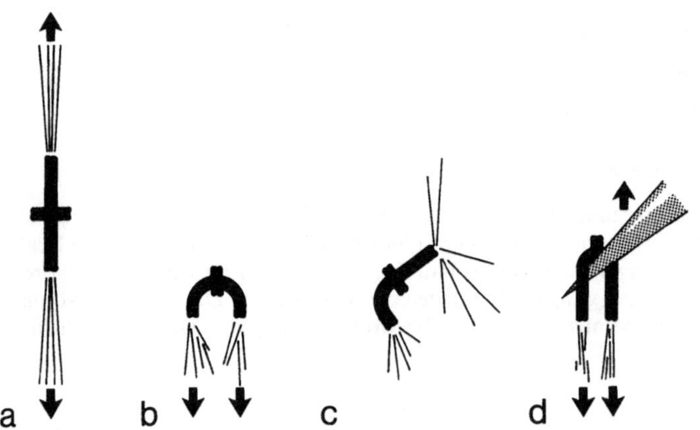

Abb. 2.13 a–d. Die Wirkung des Spindelfaserzuges auf die Chromosomenorientierung. **a** Ein Bivalent in stabiler Lage und Ausrichtung. Die Kinetochore sind auf die beiden Pole ausgerichtet, der Zug in beide Richtungen hält das Bivalent in seiner Lage. **b** Instabile Ausrichtung beider Kinetochore zu einem Pol. Das Bivalent und die Mikrotubuli stehen nicht unter mechanischer Spannung, das Bivalent wird eine Reorientierungsphase durchlaufen. **c** Beginn der Reorientierung. **d** Durch Gegenzug mit der Mikromanipulator-Nadel wird die falsche Ausrichtung zu nur einem Pol stabilisiert. (Nach Nicklas 1985)

Stabil ist die Lage offenbar dann, wenn die Kinetochore der Schwesterchromatiden (in der Mitose) oder die Kinetochore der homologen Chromosomen (in der Metaphase I der Meiose) zu den entgegengesetzten Polen ausgerichtet sind und gleichstarke Zugkräfte auf die beiden Kinetochore wirken. Chromosomen, die sich anfänglich mit beiden Schwesterchromatiden zu einem Pol orientiert haben, sind nicht in einer stabilen Lage. Sie machen eine Reorientierung durch und kommen schließlich ebenfalls in eine stabile Lage (Abb. 2.13 b, c). Für die Reorientierung ist der anfängliche Zug zu nur einem Pol verantwortlich. Übt man nämlich mit dem Mikromanipulator einen Gegenzug aus, bleibt die einseitige Orientierung stabil (Abb. 2.13d).

Anaphasebewegung

Vor Beginn der Anaphase trennen sich die Schwesterchromatiden, als letzte deren Centromer-Region. Sobald auch diese getrennt ist, wandern die Schwesterchromatiden mit den Centromeren voran zu den Polen (s. Abb. 2.9). Die Anaphase-Bewegung setzt sich aus zwei Vorgängen zusammen, der als **Anaphase A** bezeichneten Wanderung der Chromosomen zu den Polen unter Verkürzung der Kinetochor-Mikrotubuli und der als **Anaphase B** bezeichneten Spindelstreckung (Abb. 2.10). Die Anaphase A-Bewegung ist mit Depolymerisation („disassembly') der Kinetochor-Mikrotubuli verbunden. Nach Untersuchungen an Spindeln, in die markiertes Tubulin eingebaut wurde, findet die Depolymerisation überraschenderweise am Kinetochor-Ende statt. Das kann offenbar geschehen, ohne die mechanische Befestigung der Mikrotubuli am Kinetochor zu stören. Neuere Daten sprechen dafür, daß Dynein im Kinetochor vorkommt und als Motor der Bewegung funktioniert. Man stellt sich vor, daß Dynein das Kinetochor auf den Mikrotubuli vorantreibt während die Mikrotubuli auf der Chromosomenseite abgebaut werden. Die Anaphase B kann je nach Organismenart vor, während oder nach der Anaphase A stattfinden oder ganz fehlen. Sie beruht auf einem antiparallelen Gleiten der Nicht-Kinetochor-Mikrotubuli in der Überlappungszone. Dieser Vorgang ist ATP-abhängig und kann auch an isolierten Spindeln durch ATP-Zugabe ausgelöst werden. Wahrscheinlich wird die Gleitbewegung ähnlich wie beim Organellentransport an den Mikrotubuli im Axon durch Kinesin erzeugt.

2.6 Der Karyotyp

Der durch Zahl, Größe und Form charakterisierte Chromosomensatz einer Zelle wird **Karyotyp** genannt. Zwischen den Zellen eines Individuums, einer Art oder einer Zellinie, sind die Chromosomensätze einigermaßen konstant. Daher läßt sich für solche Kollektive ein charakteristischer Karyotyp definieren. Die Karyotypen verschiedener Arten unterscheiden sich u. U. sehr stark voneinander.

Haploide und diploide Chromosomensätze

Moose sind mit Ausnahme ihrer Sporangienträger haploide Organismen: ihre Zellen besitzen nur einen einfachen Chromosomensatz (Abb. 2.14). Zellen der höheren Pflanzen und Tiere besitzen dagegen meist einen doppelten Chromosomensatz: sie sind diploid. Ihr Chromosomenbestand setzt sich aus je einem haploiden väterlichen und mütterlichen Chromosomensatz zusammen. Man findet deswegen paarweise homologe Chromosomen in solchen diploiden Sätzen (Abb. 2.15, 2.16). Diploide Organismen besitzen somit allgemein 2n Chromosomen, wobei n die Zahl der Chromosomen im haploiden Satz angibt.

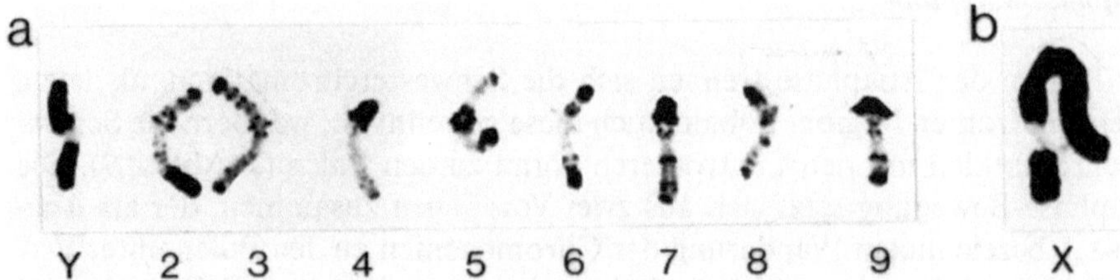

Abb. 2.14a, b. Haploider Karyotyp des Lebermooses *Pellia neesiana* (n = 9, X bzw. 9, Y). Kein Chromosom gleicht dem anderen. **a** C-gebänderter Karyotyp mit Y-Chromosom, **b** C-gebändertes X-Chromosom aus einem anderen Individuum. (Aus Newton 1985)

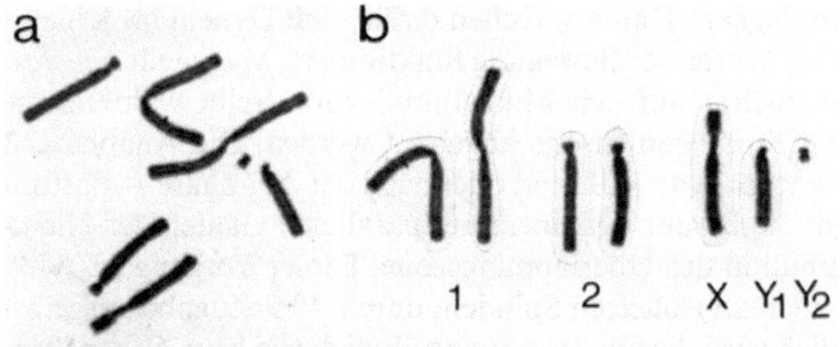

Abb. 2.15a, b. Chromosomen des indischen Muntjak, *Muntiacus muntjac* $(2n(\male) = 7, XY_1Y_2)$. **a** Metaphaseplatte einer Fibroblasten-Kultur, **b** Karyotyp aus den geordneten Chromosomen, den Autosomenpaaren 1 und 2 und den Geschlechtschromosomen X, Y_1 und Y_2. (H. Winking, Lübeck)

Werte von n = 1 bis über 500 wurden gefunden (s. Kap. 12.3). Die Chromosomen sind in den Organismen in Zahl und Form recht konstant. Kultivierte Zellinien können sich dagegen im Verlaufe vieler Passagen weit vom diploiden Ausgangsstatus entfernen.

Akrozentrische und metazentrische Chromosomen

Die Lage des Centromers läßt sich im allgemeinen gut erkennen. Man bezeichnet ein Chromosom als **metazentrisch**, wenn das Centromer mehr oder weniger in der Mitte des Chromosoms liegt und das Chromosom in zwei Arme teilt. Liegt das Centromer nahezu terminal, so daß nur ein Chromosomenarm oder höchstens ein sehr kurzer zweiter Arm erkennbar ist, dann nennt man das Chromosom **akrozentrisch**. Chromosomen wandern in der Anaphasebewegung mit dem Centromer voran, die Arme werden nachgezogen. In der Anaphase-Spindel erscheinen daher die metazentrischen Chromosomen am Centromer abgeknickt (s. Abb. 2.9). Sie sind V-förmig bis J-förmig, während die akrozentrischen Chromosomen stabförmig aussehen.

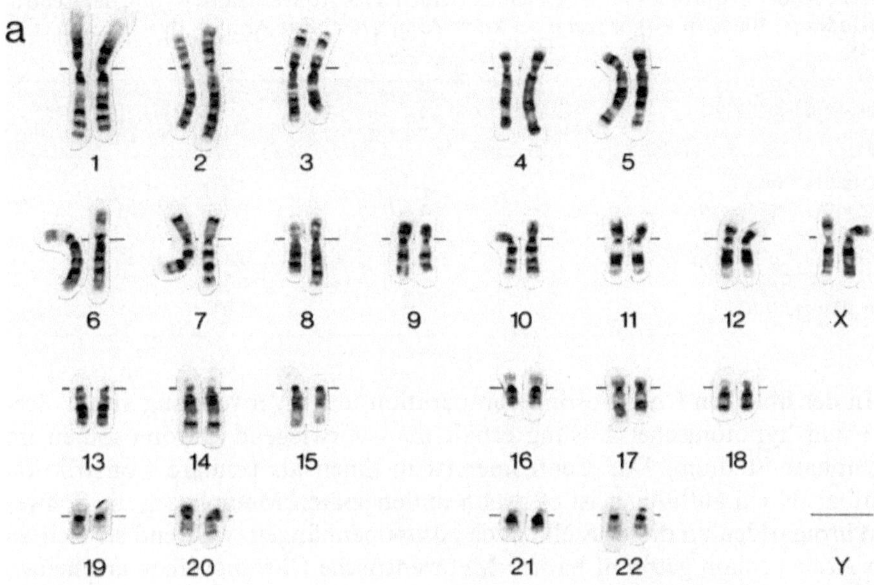

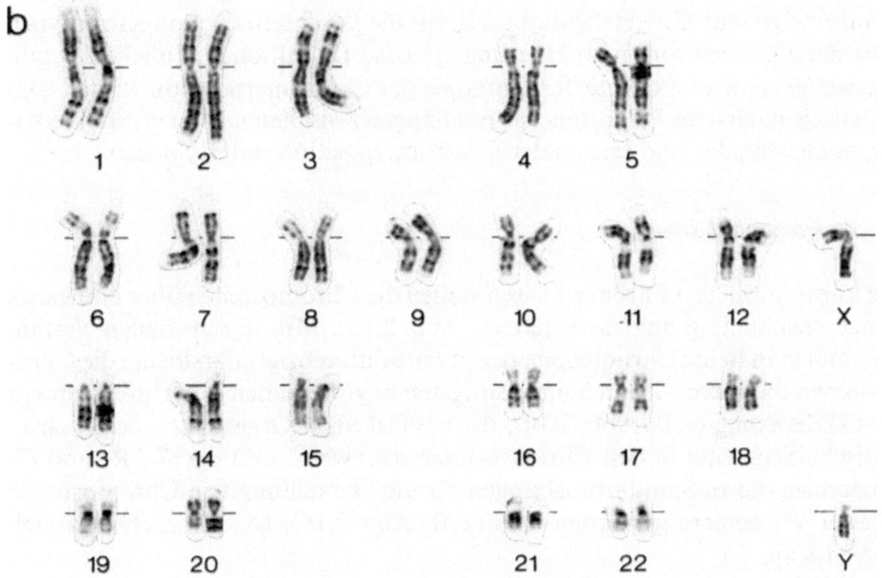

Abb. 2.16a, b. Chromosomen des Menschen. G-gebänderte Karyotypen **a** einer Frau (46,XX), **b** eines Mannes (46,XY). (E. Schwinger, Lübeck)

Tabelle 2.3. Terminologie der Centromerposition. Die Chromosomen können als M-, m-, sm-, st-, t- oder T-Chromosomen bezeichnet werden. Das Armverhältnis ist q/p, der Centromer-Index $p \cdot 100\%/(p+q)$, wobei p der kurze Arm, q der lange Arm ist. (Nach Levan et al. 1964)

Centromerposition	Kurzbe-zeichnung	Armver-hältnis	Centromer-Index, Anteil des kurzen Arms
Medianer Punkt	M	1,0	50%
Mediane Region	m	>1,0–1,7	50% −37,5%
Submediane Region	sm	1,7–3,0	37,5%−25%
Subterminale Region	st	3,0–7,0	25% −12,5%
Terminale Region	t	7,0–∞	12,5%– >0%
Terminaler Punkt	T	∞	0%

In der üblichen Chromosomenpräparation unter Verwendung von Colcemid und hypotonischer Lösung erhält man vorwiegend Chromosomen im Metaphase-Stadium. Das Centromer ist in ihnen als primäre Konstriktion sichtbar. Noch auffälliger ist es, wenn in den späten Metaphasen die Schwesterchromatiden an dieser Stelle noch zusammenhängen, während sie sich an den Armen schon getrennt haben. Metazentrische Chromosomen erscheinen daher in späten Metaphasen X-förmig, akrozentrische Chromosomen V-förmig.

In diesem Buch wird durchgängig nur zwischen akrozentrischen und metazentrischen Chromosomen unterschieden. Die Zuordnung ist meistens klar. Wenn eine genaue Unterscheidung z. B. für die Beschreibung von Karyotypen notwendig ist, benötigt man allerdings präzise Definitionen. Tabelle 2.3 gibt eine weitgehend anerkannte Terminologie der Centromerposition wieder. Dabei wird je nach dem Verhältnis der Armlängen zwischen medianer, submedianer, subterminaler und terminaler Centromerposition unterschieden.

Chromosomenbänderung

Die konventionellen Färbeverfahren stellen die Chromosomen über ihre ganze Länge gleichmäßig angefärbt dar (s. Abb. 2.15). Mit verschiedenen Verfahren kann man heute Chromosomensegmente differenziert darstellen, die Chromosomen ‚bändern‘. Zu den am häufigsten angewendeten Verfahren gehören die **C-Bänderung** (z. B. Abb. 2.14), die bei fast allen Organismen heterochromatische Segmente in den Chromosomen nachweist, und die **G-, R-** und **Q-Bänderung**, die zu Standardfärbungen für die Darstellung von Chromosomen höherer Wirbeltiere geworden sind (z. B. Abb. 2.16). (Ausführliche Darstellung in Kap. 7.)

Geschlechtschromosomen

Bei vielen getrenntgeschlechtlichen Arten fällt ein ungleiches Chromosomenpaar auf. Es ist das Geschlechtschromosomenpaar, das für die Geschlechtsbestimmung verantwortlich ist. Den **Geschlechtschromosomen** oder **Heterosomen** werden die übrigen Chromosomen, die in beiden Geschlechtern gleich sind, als **Autosomen** gegenübergestellt. Die Geschlechtschromosomen bilden in einem der beiden Geschlechter, im **heterogameten** Geschlecht, ein ungleiches Paar. Als Symbole für die Kennzeichnung der beiden Geschlechtschromosomen werden **XY** bei männlicher Heterogametie und **WZ** bei weiblicher Heterogametie verwendet. Im anderen, dem **homogameten** Geschlecht, ist dagegen ein gleichartiges Paar vorhanden. Bei Arten mit weiblicher Homogametie ist es das **XX**-Paar, bei Arten mit männlicher Homogametie das **ZZ**-Paar. Säugetiere sind beispielsweise im männlichen Geschlecht heterogamet, sie besitzen XX♀♀ und XY♂♂ (s. Abb. 2.16). Vögel sind dagegen im weiblichen Geschlecht heterogamet und besitzen WZ♀♀ und ZZ♂♂. Es gibt aber auch Arten mit komplizierteren Geschlechtschromosomenformeln. Der Muntjak z. B. hat die Chromosomen XX im weiblichen und XY_1Y_2 im männlichen Geschlecht (s. Abb. 2.15).

B-Chromosomen

Mitunter findet man in Tier- und Pflanzenarten zusätzliche Chromosomen, die nicht zum normalen Satz gehören und auch nicht anwesend sein müssen. Sie werden **B-Chromosomen** genannt und den regulären Chromosomen des normalen Satzes, den **A-Chromosomen**, gegenübergestellt. B-Chromosomen sind meist klein und heterochromatisch. Ihre Zahl variiert zwischen Angehörigen derselben Population, manchmal auch zwischen den Zellen eines Individuums.

Chromosomenformeln und Chromosomenbezeichnung

Für die einfachere Verständigung über Chromosomen und Chromosomensätze sind Kurzbezeichnungen üblich. Wie schon beschrieben, ist es allgemein gebräuchlich, die haploide Zahl der Chromosomen einer Art mit n anzugeben. Beim Menschen ist z. B. $n = 23$ und bei *Drosophila melanogaster* ist $n = 4$. Die diploiden Zellen haben dementsprechend $2n = 46$ bzw. $2n = 8$.

Die Beschreibung des menschlichen Karyotyps wurde durch internationale Konferenzen vereinheitlicht. Danach soll erst die Gesamtzahl der Chromosomen und anschließend die Geschlechtschromosomenkonstitution und eine evtl. vorhandene Chromosomenaberration angegeben werden. Ein normaler weiblicher Karyotyp des Menschen wird mit 46,XX, ein normaler männlicher Karyotyp mit 46,XY bezeichnet. Diese Darstellungsweise wird in diesem Buch für alle Organismen angewendet, um entweder den Karyotyp einer einzelnen Zelle, eines Individuums oder einer Art zu charakterisieren.

Die Anordnung und Benennung der Chromosomen von verschiedenen Arten ist in der Literatur durchweg uneinheitlich. Je nach der Organismenart werden arabische Ziffern, römische Ziffern oder Großbuchstaben für die Bezeichnung individueller Chromosomen verwendet. Die Reihenfolge richtet

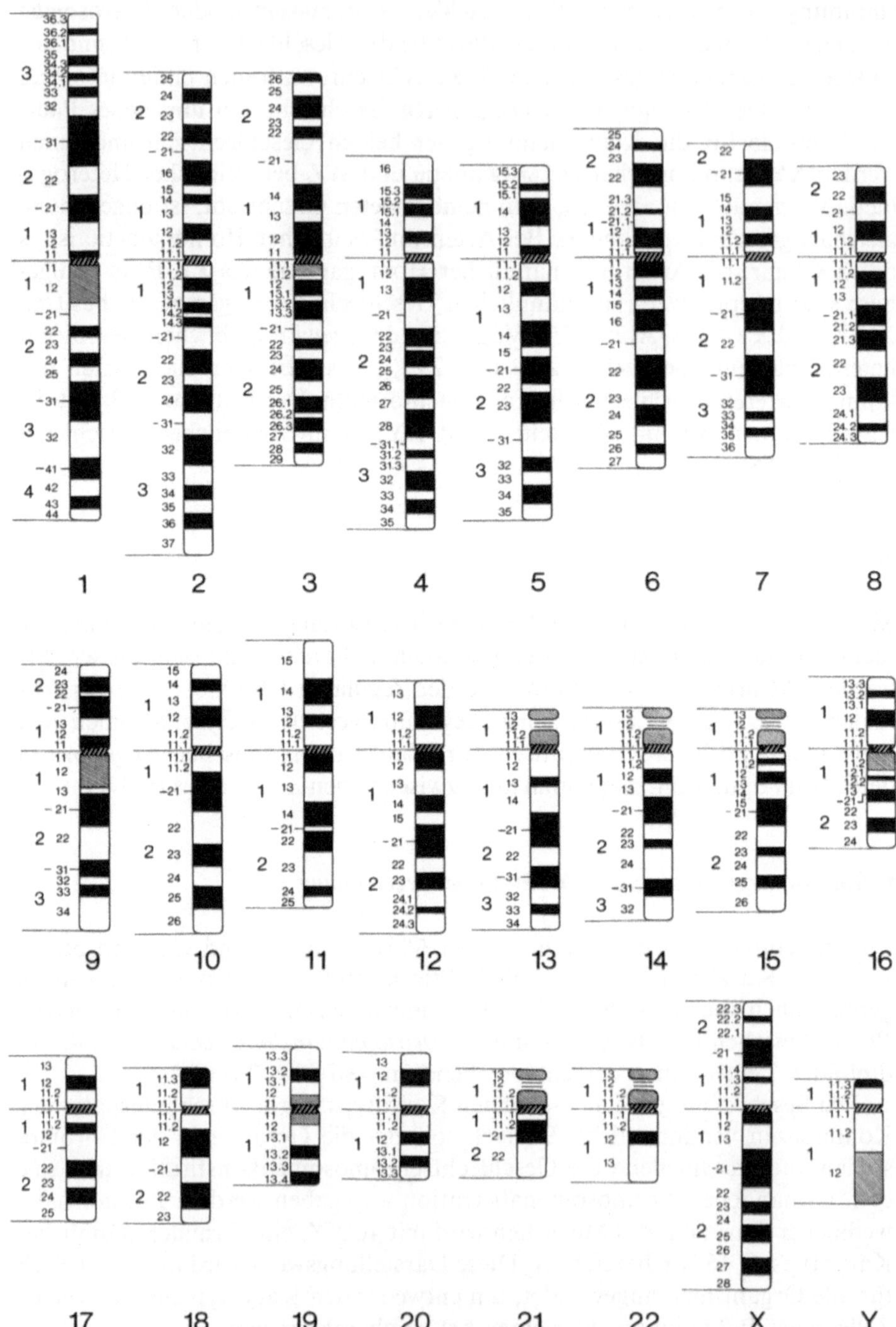

Abb. 2.17. Standardmuster G-gebänderter menschlicher Chromosomen. Dieses Muster gibt ein Bänderungsstadium von etwa 400 Banden wieder. Positive G-Banden sind schwarz, negative weiß dargestellt. Centromer-Regionen sind grob, variable Regionen fein schraffiert. Abb. 2.16 zeigt, wie sich dieses Muster im Mikroskop darstellt. (Nach ISCN 1981)

Tabelle 2.4. Kurzbezeichnungen von menschlichen Chromosomensätzen und Chromosomenanomalien an Hand von Beispielen. Die strukturellen Veränderungen werden in Kap. 3
beschrieben. Regeln entsprechend dem International System for Human Cytogenetic Nomenclature. (Aus ISCN 1978)

Chromosomensätze und Zahlenabweichungen

46, XX	XX Karyotyp mit 46 Chromosomen
46, XY	XY Karyotyp mit 46 Chromosomen
47, XXY	XXY Karyotyp mit 47 Chromosomen
47, XY, +21	XY Karyotyp mit 47 Chromosomen, ein zusätzliches Chromosom 21

Chromosomen und Chromosomensegmente

13	Chromosom 13
13p	kurzer Arm von Chromosom 13
13q	langer Arm von Chromosom 13
13q22	Bande 22 aus dem langen Arm von Chromosom 13
13q22.2	Subbande 2 der Bande 22 aus dem langen Arm von Chromosom 13

Strukturelle Veränderungen

3q−	Verkürzung des langen Arms von Chromosom 3
del(3)	Deletion in Chromosom 3
del(3)(q21→qter)	Deletion in Chromosom 3 von Bande 21 des langen Arms bis zum Ende des langen Arms
inv(2)	Inversion in Chromosom 2
inv(2)(p21q31)	Inversion in Chromosom 2 von Bande p21 bis q31 (perizentrische Inversion)
dup(2)	Duplikation in Chromosom 2
inv dup(2)	invertierte Duplikation in Chromosom 2
dir dup(2)	direkte Duplikation in Chromosom 2
inv dup(2)(p23→p14)	invertierte Duplikation der Banden p23 bis p14
r(16)	von Chromosom 16 abgeleitetes Ringchromosom
i(Xq)	Isochromosom aus dem langen Arm des X
dic(Y)	dizentrisches Y-Chromosom
idic(X)	isodizentrisches X
t(2;5)	reziproke Translokation zwischen den Chromosomen 2 und 5 (die kleine Zahl wird immer zuerst genannt, das Semikolon zeigt an, daß zwei veränderte Chromosomen entstanden sind)
t(2q−;5q+)	reziproke Translokation zwischen den Chromosomen 2 und 5, dabei wurde der lange Arm von 2 verkürzt und der von 5 verlängert
t(2;5)(q21;q31)	reziproke Translokation mit den Bruchpunkten in Bande q21 von Chromosom 2 und Bande q31 von Chromosom 5
der(2)	von Chromosom 2 abgeleitetes Chromosom („*derivative*') mit dem Centromer von Chromosom 2, z.B. bei der t(2;5)-Translokation
t(13q14q)	Translokation vom Typ der zentrischen Fusion, aus den langen Armen der Chromosomen 13 und 14 (nur ein Chromosom resultiert daraus, daher ohne Semikolon)
ins(5)	Insertion in Chromosom 5
ins(5;2)(p14;q22q32)	das Segment 2q22 bis 2q32 von Chromosom 2 wurde in die Bande p14 von Chromosom 5 inseriert, balancierte Translokation mit zwei veränderten Chromosomen
fra(X)(q27.3)	X-Chromosom mit einer fragilen Stelle an Position q27.3

sich entweder strikt nach der Größe oder nach der Centromerposition und der Größe. Geschlechtschromosomen sind entweder in die Größenreihe eingeordnet oder werden gesondert aufgeführt.

Für den Menschen ist die Benennung einheitlich festgelegt worden. Die Autosomen werden mit den Zahlen 1–22 und die Geschlechtschromosomen mit den Buchstaben X und Y belegt. Chromosomenarme werden mit p für den kurzen und q für den langen Arm bezeichnet. Jedes Chromosom kann durch das Bandenmuster identifiziert werden. Das Bandenmuster erlaubt darüber hinaus die Definition und Bezeichnung kleiner Chromosomensegmente. Einzelheiten der Nomenklatur gehen aus Tabelle 2.4 hervor. Abb. 2.17 gibt schematisch den menschlichen Chromosomensatz mit den Bezeichnungen der Chromosomen und Banden wieder. Für viele wichtige Organismenarten existieren solche schematisierten Standardkaryotypen (**Karyogramme**), die die Beschreibung und Benennung bei der Arbeit mit Chromosomen erleichtern.

Literatur zu Kapitel 2

Cande WZ, Hogan CJ (1989) The mechanism of anaphase spindle elongation. BioEssays 11:5–9

Dunphy WG, Newport JW (1988) Unraveling of mitotic control mechanisms. Cell 55:925–928

Hyams JS, Brinkley BR (eds) (1989) Mitosis. Molecules and mechanisms. Academic Press, San Diego

ISCN (1978) An international system for human cytogenetic nomenclature. Cytogenet Cell Genet 21:309–404

John B, Lewis K (1965) The meiotic system. Protoplasmatologia III, F1. Springer-Verlag, Wien New York

Levan A, Fredga K, Sandberg AA (1964) Nomenclature for centromeric position on chromosomes. Hereditas 52:201–220

Mazia D (1987) The chromosome cycle and the centrosome cycle in the mitotic cycle. Intern Rev Cytol 100:49–92

McIntosh JR, Vipers GPA, Hays TS (1989) Dynamic behavior of mitotic mictrotubules. In: Warner FD, McIntosh JR (eds) Cell movement, vol. 2. Alan R. Liss, New York, pp 371–382

Moens PB (1987) Introduction to meiosis: In: Moens PB (ed) Meiosis. Academic Press, Orlando, pp 1–17

Nicklas RB (1988) Chromosomes and kinetochores do more in mitosis than previously thought. In: Gustafson JP, Appels R (eds) Chromosome structure and function: the impact of new concepts. Plenum, New York, pp 53–74

North G (1989) Regulating the cell cycle. Nature 339:97–98

Paweletz N, Schroeter D (1987) On the ultrastructure of the mitotic apparatus. In: Vig BK, Sandberg AA (eds) Aneuploidy, Part A: Incidence and etiology. Alan R. Liss, New York, pp 341–393

Tyson JJ, Hannsgen KB (1985) The distributions of cell size and generation time in a model of the cell cycle incorporating size control and random transitions. J theor Biol 113:29–62

Vallee R (1990) Dynein and the kinetochore. Nature 345:206–207

3 Chromosomenaberrationen und ihre Folgen

ÜBERSICHT

Die zellulären Mechanismen der Replikation und Mitose sichern in der Zellteilungsfolge ein hohes Maß an Konstanz des Erbgutes. Sowohl die Basensequenz der DNA-Moleküle als auch die Zahl und Struktur der Chromosomen werden sehr genau an die Nachkommen weitergegeben. Dennoch kommt es zu einer meßbaren Rate an Veränderungen des Genoms. Je nach Ausmaß und Ort werden solche Mutationen erkennbar als erbliche Veränderung des Phänotyps im kreuzungsgenetischen Experiment, als veränderte Basensequenz in der molekulargenetischen Analyse oder als Änderung eines Chromosoms bzw. eines Chromosomensatzes in der mikroskopischen Untersuchung.

Im folgenden Kapitel werden Entstehung und Konsequenzen von drei Gruppen von Chromosomenaberrationen behandelt: **Ploidie-Mutanten** (Kap. 3.1) haben eine abweichende Zahl von Chromosomensätzen, bei **Aneuploidien** (Kap. 3.2) sind einzelne Chromosomen vermehrt oder vermindert, und in **Strukturmutanten** (Kap. 3.3) sind Chromosomensegmente verändert. Die Ursachen für diese drei Arten von Chromosomenaberrationen sind völlig verschieden voneinander. Sie werden in den jeweiligen Abschnitten besprochen. Zur Kennzeichnung der Chromosomenaberrationen sind Kurzbezeichnungen üblich, die – leider – von Spezies zu Spezies variieren. Für die empfohlenen internationalen Regeln zur Bezeichnung von Chromosomen und Chromosomenanomalien beim Menschen siehe Tabelle 2.4.

Phänotypische und genetische Konsequenzen

Bei den Folgen der Mutation muß man zwischen den Konsequenzen für den Mutationsträger und den genetischen Folgen für die Nachkommen unterscheiden. Phänotypische Konsequenzen für den Träger kann man immer dann erwarten, wenn die Mutation den Genbestand oder die Genaktivität verändert. Reziproke Stückaustausche zwischen Chromosomen beispielsweise sind nicht mit Verlust oder Gewinn von Segmenten verbunden, das Genom bleibt balanciert und der Phänotyp meist unbeeinflußt.

Vermehrung oder Verminderung von Chromosomenabschnitten mit Genen prägen sich dagegen meist phänotypisch aus, im Extremfall durch Letalität. Für unbalancierte Genome gilt die Faustregel: je größer der vermehrte oder verminderte Abschnitt, um so wahrscheinlicher ist die phänotypische Auswirkung.

Balancierte Chromosomenmutationen, die für den Träger selbst keine Auswirkungen haben, können jedoch auffällige genetische Konsequenzen haben, wenn sie die Ursache für die Entstehung unbalancierter Gameten in der Meiose sind. Ein erheblicher Teil der Nachkommen z. B. von Trägern reziproker Translokationen erhält unbalancierte Genome mit den dafür charakteristischen phänotypischen Folgen.

Vermutlich finden alle aufgrund der Chromosomenstruktur möglichen Rearrangements und Zahlenveränderungen von Chromosomen tatsächlich statt. Ob aber eine spezielle Veränderung erhalten bleibt und dann entdeckt werden kann, hängt davon ab, ob sie stabil in der Mitose und Meiose verteilt wird und ob sie die Funktion der Zelle oder des ganzen Organismus beeinträchtigt. Die geringsten Anforderungen stellen in dieser Hinsicht kultivierte Zellen. Daher können die Chromosomen in ihnen besonders stark variieren. Ganze Organismen sind restriktiver als ihre somatischen Zellen. Die Strukturveränderung hat, wenn sie in einem ganzen Tier oder einer Pflanze gefunden wird, meist schon die Meiose und Gametogenese in einem Elternteil durchlaufen müssen, und die normale Funktion vieler Abschnitte des Genoms wurde in der Embryonalentwicklung erprobt. Die höchsten Anforderungen stellen Freilandpopulationen von Organismen. Eventuell auftretende Chromosomenmutationen, die einen Nachteil in der Transmission oder Lebensfähigkeit mit sich bringen, werden aus ihnen in der Regel schnell wieder eliminiert.

3.1 Ploidie-Mutationen

Haploidie

Haploide Keime können spontan entstehen oder induziert werden. Ihr einziger Chromosomensatz stammt entweder aus einer weiblichen oder einer männlichen Gamete. Haploide Individuen können keine normale Meiose durchführen, da homologe Chromosomen für die Bivalentbildung fehlen. Sie erzeugen daher normalerweise überhaupt keine Gameten oder nur solche mit unvollständigen Genomen.

Für den Phänotyp sollte der haploide Zustand eigentlich keine negativen Folgen haben, da alle Gene vorhanden sind und auch ihr Verhältnis ausgewogen ist. Diese Erwartung wird aber meist nicht erfüllt. Spontane oder induzierte Haploidie führt bei vielen Tieren zu schweren Entwicklungsstörungen. Beim Krallenfrosch *Xenopus laevis* z. B. kann der weibliche Vorkern durch UV-Bestrahlung zerstört werden. Aus den befruchteten Eiern entwickeln sich dann anomale, ödematöse Larven mit dem sog. Haploid-Syndrom. Die Ursache für die Entwicklungsstörungen bei haploiden Keimen ist nicht bekannt. Sie könnten durch rezessive Letalfaktoren verursacht werden oder durch unterschiedliches Imprinting der Chromosomen in der weiblichen und männlichen Keimbahn, wie es von Säugetieren bekannt ist (s. Kap. 12).

Bei Hymenopteren wie Bienen, Wespen oder Ameisen treten andererseits haploide Individuen natürlicherweise auf. Normale Männchen sind haploid, Weibchen sind diploid. Unbefruchtete Eier entwickeln sich zu Männchen, während sich befruchtete Eier im Normalfall zu Weibchen entwickeln. In der männlichen Meiose fällt ein Teilungsschritt, die Reduktionsteilung, aus. Dadurch entstehen trotz der Haploidie Gameten mit vollständigen Genomen.

Haploide Pflanzen (Samenpflanzen) sind häufiger lebensfähig als haploide Tiere. Haploide Individuen sind von vielen Pflanzenarten beschrieben worden, u. a. von der Gerste, der Tomate, dem Tabak und dem Mais. Sie entstehen spontan, besonders bei interspezifischen Kreuzungen. Man kann Haploidie aber auch durch Röntgenbestrahlung der bei der Befruchtung verwendeten Pollen induzieren. Am elegantesten ist die Herstellung von haploiden Pflanzen durch Antheren- oder Pollenkultur. Dazu wird eine Gewebekultur aus haploiden Meioseprodukten angelegt und durch geeignete Hormongaben die Differenzierung von Sproß und Wurzeln angeregt.

Haploide spielen eine Rolle in der Pflanzenzucht. Sie stellen vollständig reinerbige Individuen dar, die sonst nur durch Inzucht in vielen Generationen zu erhalten sind. Durch Colchicin- oder Hitzebehandlung können sie diploid gemacht werden und sind damit komplett homozygot. Im diploiden Zustand kann dann die Meiose normal ablaufen, und die Pflanzen stehen für Kreuzungen zur Verfügung.

Da bei vielen Pflanzen neben normalen diploiden auch natürliche polyploide Rassen vorkommen, muß man unterscheiden zwischen Haploiden im engeren Sinne, den sog. **Monohaploiden**, und Haploiden, die die Hälfte des Genomes eines Allo- oder Autopolyploiden besitzen. Man nennt solche haploiden Pflanzen **polyhaploid** (s. Kap. 13).

Polyploidie

Polyploide gibt es mit drei, vier, fünf, sechs und mehr Chromosomensätzen. Man bezeichnet sie entsprechend als **triploid, tetraploid, pentaploid, hexaploid** usw. Polyploide entstehen spontan durch Ausbleiben der Reduktion in der Meiose oder durch Nicht-Trennen der Chromosomensätze in der Mitose, manchmal auch durch Mehrfachbefruchtung. Ganze Rassen und Arten existieren bei Pflanzen und Tieren auf einem polyploiden Niveau. Bei Tieren treten polyploide Rassen und Arten allerdings im allgemeinen nur in Zusammenhang mit Parthenogenese oder Gynogenese auf, während polyploide Pflanzenarten sich auch bisexuell fortpflanzen können.

Durch eine Reihe von unterschiedlichen Behandlungen lassen sich Zellen künstlich polyploidisieren; dazu gehören Hitzebehandlung oder Behandlung mit Colchicin und seinen Derivaten. Das Spindelgift Colchicin wurde insbesondere zur Diploidisierung von Pflanzen eingesetzt. Es bindet an Tubulin, verhindert dadurch die Neubildung von Mikrotubuli und fördert den Abbau vorhandener Mikrotubuli. Durch das Fehlen des Spindelapparates wird die Chromosomenbewegung unterbunden, und der einzige danach wieder gebildete Kern enthält die sonst auf zwei Tochterkerne verteilten Chromosomen.

Da vollständige, balancierte Genome vorliegen, sollte Polyploidie von allen Organismen gut vertragen werden. Das trifft im allgemeinen auf Pflanzen zu. Gesunde, experimentell erzeugte oder spontan entstandene Polyploide sind von vielen Arten bekannt. Tetraploide Pflanzen sind meist sogar größer und ertragreicher als die diploiden Ausgangsformen. Auch bei Tieren kann man polyploide Individuen in normalerweise diploiden Arten finden. Bei *Drosophila* z. B. gibt es triploide und tetraploide Rassen, beim Seidenspinner *Bombyx mori* wurde eine hexaploide Rasse etabliert. Aber auch bei Wirbeltieren, dem Zebrafisch *Brachydanio rerio*, dem Krallenfrosch *Xenopus laevis* und den Molchen können lebensfähige triploide Individuen hergestellt werden.

Triploide Säugetiere sind dagegen nicht lebensfähig. Beim Menschen ist Triploidie (Abb. 3.1) für 6,4% und Tetraploidie für weitere 2,4% der untersuchten Aborte verantwortlich (Tabelle 3.1). In ganz seltenen Fällen werden triploide Kinder geboren, und auch diese sterben meist schon in den ersten Lebenstagen. Nur Neugeborene mit einem Mosaik aus diploiden und triploiden Geweben leben etwas länger.

Triploide und pentaploide Organismen produzieren regelmäßig in der Meiose aneuploide Gameten und damit überwiegend nichtlebensfähige Nachkommen. Triploide Weibchen von *Drosophila* erzeugen nur etwa 10% diploide Eier, die nach Befruchtung wieder zu triploiden Zygoten werden können. Auch tetraploide Organismen liefern überwiegend aneuploide Gameten, es sei denn, in der Meiose wird die Bildung von Tetravalenten zugunsten von Bivalenten unterdrückt. Solche Unterdrückung der Multivalentbildung findet man bei sog. alten tetraploiden Pflanzenrassen (s. Kap. 12).

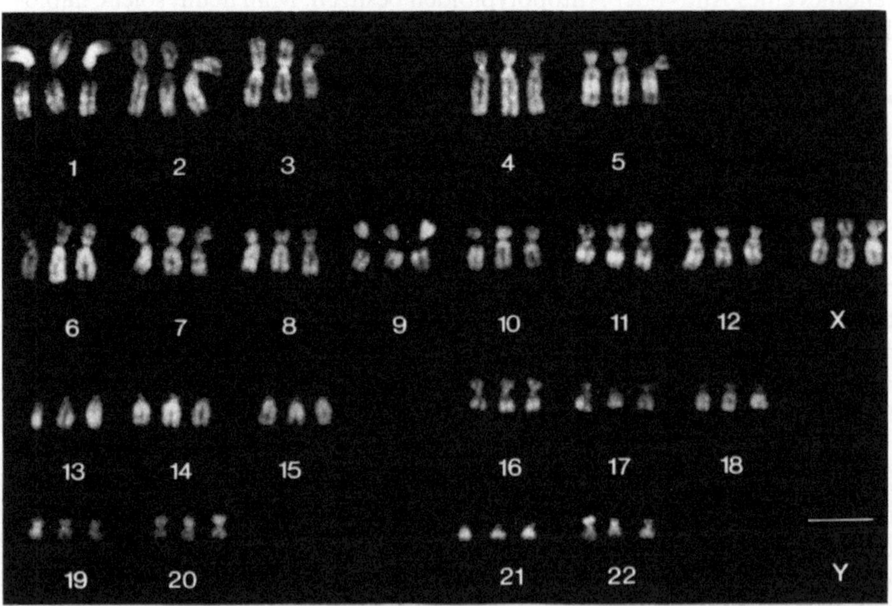

Abb. 3.1. Triploider Chromosomensatz eines spontan abortierten menschlichen Fötus. Q-Banden-Färbung. (E. Schwinger, Lübeck)

Tabelle 3.1. Häufigkeit von Chromosomenaberrationen unter diagnostizierten menschlichen Schwangerschaften. Schätzungsweise 10–50% aller Zygoten sterben schon vor dem Stadium einer erkennbaren Schwangerschaft. Sie können daher in der Aufstellung nicht berücksichtigt werden (Aus Hassold 1986)

Chromosomenaberration		Anteil (%) chromosomal abnormer Keime bei		
		Spontanaborten[a]	Totgeburten[b]	Lebendgeburten
Trisomie:	16	7,5	–	–
	13, 18, 21	4,5	2,7	0,14
	XXX, XXY, XYY	0,3	0,4	0,15
	alle anderen	13,8	0,9	–
45, X		8,7	0,1	0,001
Triploidie		6,4	0,2	–
Tetraploidie		2,4	–	–
Strukturaberration		2,0	0,8	0,3
Alle Aberrationen zusammen		50	5	0,5

[a] Bis zur 28. Schwangerschaftswoche.
[b] Ab der 28. Schwangerschaftswoche.

3.2 Aneuploidie aufgrund abweichender Chromosomenzahlen

Karyotypen bzw. Genome nennt man euploid, wenn sie vollständige Chromosomensätze enthalten. Abweichungen vom euploiden Zustand werden als **aneuploid** bezeichnet. Kommt ein Autosom dreifach vor, spricht man von **Trisomie**, kommt es nur einmal oder gar nicht vor, wird der Zustand **Monosomie** bzw. **Nullisomie** genannt. Hier soll zunächst die Aneuploidie ganzer Chromosomen besprochen werden. Aneuploidie von Chromosomensegmenten, sog. segmentale oder partielle Aneuploidie, tritt bei Strukturmutanten auf und wird in Kap. 3.3 behandelt.

Entstehung von Aneuploiden

Regelmäßig führt die Meiose von Polyploiden mit ungerader Zahl von Chromosomensätzen wie Triploiden und Pentaploiden zu Nachkommen mit aneuploiden Chromosomensätzen. Bei normalen diploiden Organismen führt Fehlverteilung von Chromosomen in der Mitose oder Meiose, sog. mitotisches bzw. meiotisches **Non-disjunction**, zu Vermehrung resp. Verlust von Chromosomen. Die Non-disjunction-Rate wird von physiologischen Faktoren wie dem Lebensalter beeinflußt. Verluste von Chromosomen werden auch durch „laggards" verursacht. (Chromosomen, die in der Anaphasebewegung aus unbekannten Gründen den übrigen Chromosomen nachlaufen und dabei den Anschluß verlieren können.)

Robertson-Translokationschromosomen (s. Kap. 3.3.1) lassen im heterozygoten Zustand in der Meiose eine erhöhte Rate an aneuploiden Gameten

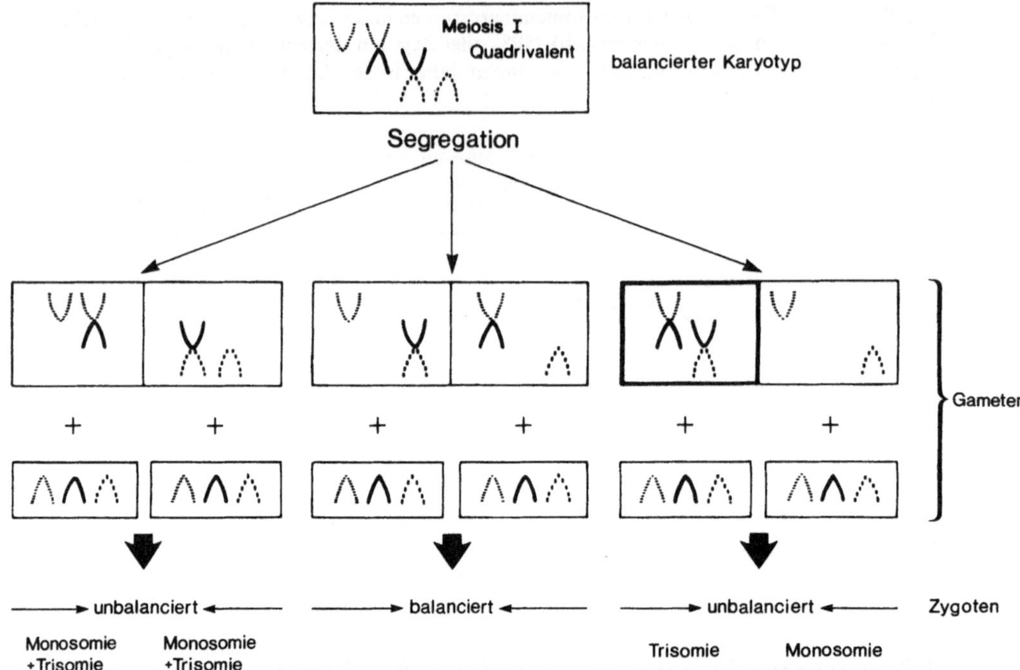

Abb. 3.2. Gezielte Herstellung von Monosomien und Trisomien bei der Maus. Ausgangsmaterial sind Tiere, in die zwei verschiedene Robertson-Translokationschromosomen mit einem homologen Arm hineingekreuzt wurden (oberste Reihe, Homologie ist durch gleiche Strichelung angedeutet). Das aus diesen Chromosomen in der Meiose gebildete Quadrivalent neigt zu Fehlverteilungen. Dadurch werden balancierte und unbalancierte Gameten gebildet (zweite Reihe). Mit einem normalen Tier, das nur akrozentrische Chromosomen hat und normale Gameten bildet, gekreuzt (dritte Reihe), entstehen balancierte und unbalancierte Zygoten (unterste Reihe). (Nach Gropp 1982)

entstehen. Die Nondisjunction-Rate ist noch weiter erhöht, wenn zwei unterschiedliche Robertson-Chromosomen mit einem gemeinsamen homologen Arm im gleichen Chromosomensatz vorkommen. Diese Situation läßt sich bei der Maus experimentell herstellen. Bei der Maus sind nämlich alle Chromosomen akrozentrisch und können mit Ausnahme des Y-Chromosoms an der Bildung unterschiedlicher Robertson-Translokationschromosomen beteiligt sein. Mausstämme mit diesen Chromosomen werden im Labor gehalten und können durch Kreuzung so kombiniert werden, daß sie mit einer hohen Ausbeute die gewünschte Trisomie oder Monosomie für eine Untersuchung liefern (Abb. 3.2).

Nullisomie

Nullisomien sind normalerweise nicht lebensfähig, da mit dem Chromosom lebenswichtige Gene verlorengehen. Bei allopolyploiden Pflanzen wie dem

Weizen findet man allerdings auch Individuen, die nullisom für ein Chromosom sind. Das ist nicht überraschend, da in diesem Falle die wichtigen, sonst verlorengegangenen Gene noch in weiteren Chromosomen bereitstehen.

Monosomie der Autosomen

Bei Maus und Mensch sind Monosomien aller Autosomen letal. Monosome Embryonen sterben in einem sehr frühen Stadium ab. Beim Menschen sind auch im frühesten Stadium, in dem eine Schwangerschaft klinisch nachweisbar ist, keine monosomen Keime gefunden worden, obwohl monosome Zygoten existieren müßten. Monosome Keime der Maus sterben je nach dem betroffenen Chromosom als Morulae, als Blastozysten, kurz nach der Implantation, spätestens aber im Neurula-Stadium. Dagegen sind monosome Individuen bei manchen Pflanzen lebensfähig und wurden gezielt in der Pflanzenzüchtung eingesetzt. Bei *Drosophila* gibt es Individuen mit Monosomie des sehr kleinen vierten Chromosoms. Monosomien z. B. des großen zweiten oder dritten Chromosoms von *Drosophila* sind nicht lebensfähig.

Trisomie von Autosomen

Auch Trisomien werden von vielen Pflanzen offenbar recht leicht ertragen. Beim Tabak (*Nicotiana*) und dem Weizen (*Triticum*) sind die phänotypischen Effekte sogar zu gering, um trisome von euploiden Pflanzen unterscheiden zu können. Beim Stechapfel hat A. F. Blakeslee 1934 in einer klassischen Untersuchung alle zwölf möglichen verschiedenen trisomen Pflanzen durch Kreuzung von triploiden mit diploiden hergestellt. Jede der zwölf Trisomien hat einen charakteristischen Phänotyp (Abb. 3.3).

Bei der Maus wurden Trisomien für alle Autosomen mit Hilfe der Robertsonschen Translokationschromosomen erzeugt (s. Schema in Abb. 3.2). Sie sterben zu unterschiedlichen Phasen in der Embryonalentwicklung oder bald nach der Geburt ab. Das Schädigungsmuster enthält häufig sehr generelle Merkmale wie Wachstumsverzögerungen, die bei verschiedenen Trisomien auftreten. Ein Beispiel ist die Verzögerung beim Schließen der Schädelkapsel, die zur Exencephalie führt (Abb. 3.4).

Beim Menschen werden die meisten Trisomien spontan abortiert (Tabelle 3.1). Kinder, die mit Trisomie 13 oder 18 geboren werden, haben eine sehr geringe Lebenserwartung von einem Tag bis zu wenigen Monaten. Die Trisomie 21 verursacht die geringsten pathologischen Veränderungen aller autosomalen Trisomien. Diese Trisomie, die das klinische Bild des Down-Syndroms erzeugt, wird im folgenden als Beispiel einer autosomalen Trisomie genauer dargestellt.

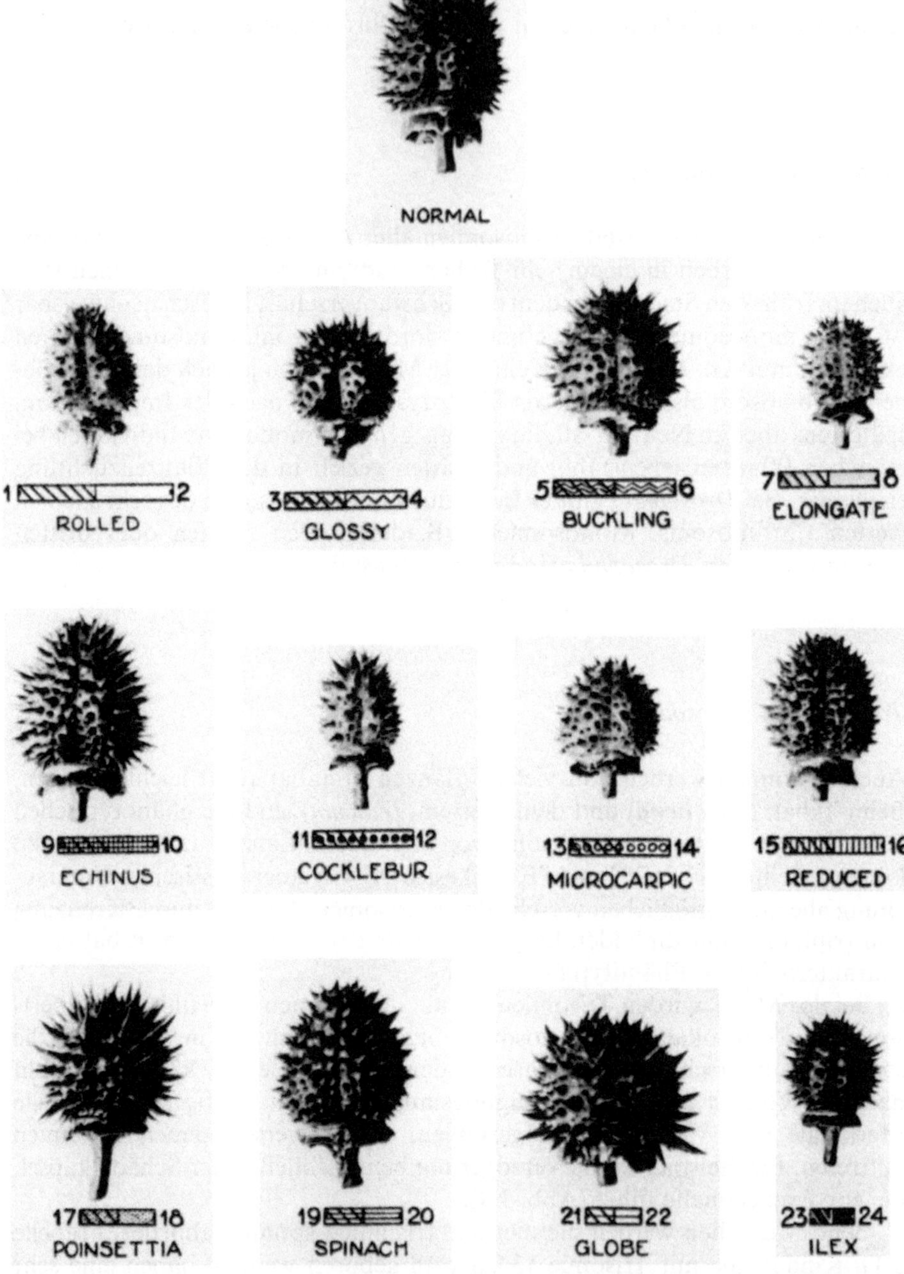

Abb. 3.3. Fruchtkapseln des normalen Stechapfels *Datura stramonium* (2n = 24) und der zwölf möglichen trisomen (2n + 1) Pflanzen. Neben der Kapsel zeigen auch die übrigen Teile der trisomen Pflanzen charakteristische Merkmale. Das zusätzlich vorhandene Chromosom ist in dieser Originaldarstellung Blakeslees durch zwei Zahlen (für die beiden Enden) angegeben. (Aus Blakeslee 1934)

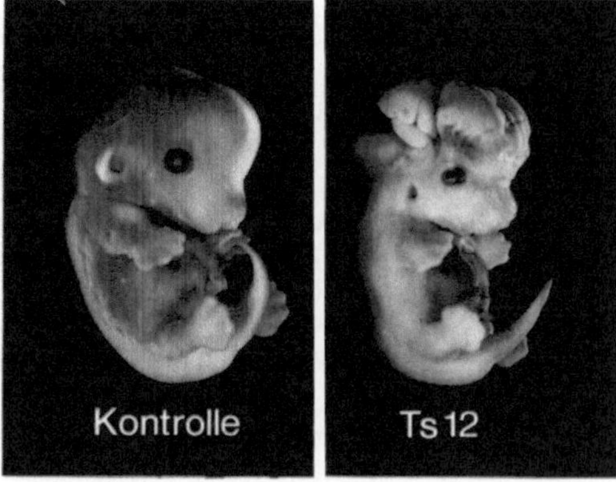

Abb. 3.4. Mausembryo mit Trisomie 12 (Ts12) und gleichaltes normales Geschwister (Kontrolle) am Tag 14. Die Schädelkapsel des trisomen Embryos ist nicht geschlossen (Exencephalie). (H. Winking, Lübeck)

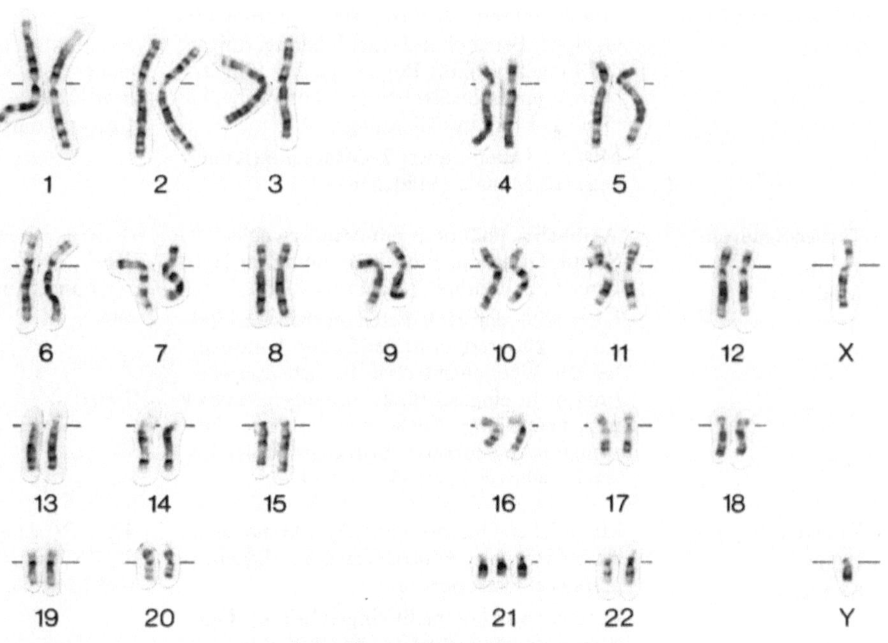

Abb. 3.5. Trisomie 21 des Menschen. 47,XY,+21-Karyotyp eines Patienten mit Down-Syndrom. G-Banden-Färbung. (E. Schwinger, Lübeck)

Tabelle 3.2. Häufige chromosomal bedingte Syndrome beim Menschen. Als Häufigkeit wird der Anteil unter den Lebendgeburten angegeben. (Daten überwiegend aus Murken J, Cleve H 1988)

Name und Häufigkeit	Phänotyp	Chromosomenaberration
Down-Syndrom 1:500– 1:1000	Muskelhypotonie, rundes flaches Gesicht, flacher Hinterkopf, schräge Lidspalten, weiße Flecken auf der Iris, kurzer faltiger Hals, charakteristisches Hautleistenmuster, Vierfingerfurche, Organfehlbildungen Lebenserwartung reduziert. Stark variierende geistige Behinderung, normale Pubertät, Frauen eingeschränkt fertil, Männer steril	Trisomie 21, meist aufgrund eines zusätzlichen freien Chromosoms 21
Paetau-Syndrom 1:4000– 1:10000	Lippen-Kiefer-Gaumenspalte, Mikrophthalmie, Hexadaktylie, Gehirn- und Organfehlbildungen Mittlere Lebensdauer: 4 Monate	Trisomie 13, meist aufgrund eines zusätzlichen freien Chromosoms 13
Edwards-Syndrom 1:3000	„Faunenohren", Mikrognathie, prominentes Okziput, Beugekontraktur, Überlagerung der Finger, gehäuft Bögen auf den Fingerbeeren, enges Becken, Wiegenkufenfüße, Gehirn- und Organfehlbildungen Mittlere Lebensdauer: 2–3 Monate (Knaben), 10 Monate (Mädchen)	Trisomie 18, meist aufgrund eines zusätzlichen freien Chromosoms 18
Turner-Syndrom 1:2700 Mädchen	Weiblicher Phänotyp mit Minderwuchs Strang-Gonaden, Flügelfellbildung im Halsbereich, Schildthorax, Cubitus valgus. Über 95% der 45,X-Feten sterben im Uterus, 1–2% sterben in der frühen Kindheit, bei den Überlebenden ist die Lebenserwartung nicht eingeschränkt. Intelligenzentwicklung unauffällig. Ausbleiben der Pubertät, primäre Amenorrhoe, Körpergröße der Erwachsenen zwischen 114 und 147 cm.	45,X daneben Xp−, i(Xq), r(X) und Mosaike
Klinefelter-Syndrom 1:700 Knaben	Männlicher Phänotyp mit Gynäkomastie, Hodenatrophie, Azoospermie, Leydigzellhyperplasie, Osteoporose Lebenserwartung nicht eingeschränkt, Geistige Entwicklung meist unauffällig, bei mehr X-Chromosomen stark retardiert	47,XXY seltener 48,XXXY usw. und Mosaike
XYY 1:800 Knaben	Unauffällig männlich, erhöhte Körpergröße (>180 cm), geistige Entwicklung meist unauffällig, bei mehr Y-Chromosomen Behinderung Lebenserwartung nicht eingeschränkt, meist fertil	meist 47,XYY seltener XYYY u.ä.

Tabelle 3.2. (Fortsetzung)

Name und Häufigkeit	Phänotyp	Chromosomen-aberration
XXX 1:1000 Mädchen	Unauffällig weiblich, geistige Entwicklung meist unauffällig, bei mehr X-Chromosomen Behinderung Lebenserwartung nicht eingeschränkt, fertil	meist 47,XXX selten 48,XXXX usw.
Katzenschrei-Syndrom 1:50000	Hoher katzenartiger Schrei im Säuglingsalter, Mikrocephalie, Mondgesicht, übergroßer Augenabstand, charakteristisches Handlinienmuster Geringe frühkindliche Letalität, starke geistige Behinderung	5p −
Marker(X)-Syndrom 1:2000	Akromegalie, Vergrößerung der Hoden, mittlere bis starke geistige Behinderung. Tritt vorzugsweise bei Männern auf (komplizierter X-gebundener Erbgang!)	fra(X)(q27.3)

Down-Syndrom. Das Down-Syndrom tritt bei einer von 500–1000 Lebendgeburten auf und ist damit die häufigste chromosomenbedingte Anomalie des Menschen. Die Kennzeichen sind in Tabelle 3.2 zusammengestellt. Die Mortalität ist in allen Altersstufen hoch. Organdefekte, Immunschwäche, Neigung zu Leukämien und vorzeitige Alterung tragen dazu bei. Dank guter medizinischer Versorgung erreichen heute aber etwa 25% der Down-Patienten das 50. Lebensjahr. Frauen mit Trisomie 21 sind eingeschränkt fertil. Etwa die Hälfte der Kinder hat wiederum das Down-Syndrom, so wie man es bei der Verteilung eines überzähligen Chromosoms 21 in der Meiose erwarten muß.

Das Down-Syndrom wird in etwa 92% der Fälle von einem überzähligen freien Chromosom 21 hervorgerufen (Abb. 3.5). In etwa 5% der Fälle liegt die Ursache in einer unbalancierten Robertson-Translokation (s. S. 53) oder einer anderen unbalancierten Translokation mit einem überzähligen Segment von Chromosom 21. Alle enthalten mindestens die untere Hälfte von Chromosom 21, die Bande 21q22, die somit für die Ausprägung des Syndroms entscheidend ist. In etwa 3% der Fälle werden Mosaike von Trisomie 21 und von normalen Geweben beobachtet. Sie entstehen dadurch, daß hin und wieder eines der drei Chromosomen 21 in einer Mitose verlorengeht. Die Gegenwart normaler Gewebe mildert in solchen Fällen die Ausprägung der Krankheit.

Mehrere bekannte Gene, darunter das Gen für die Superoxiddismutase SOD-1, liegen in der Bande 21q22, die für die Ausbildung des Down-Syndroms entscheidend ist. Es wird diskutiert, ob die Schädigungen auf eine Erhöhung der Aktivität eines oder mehrerer dieser Gene zurückgehen. In Down-Patienten wurde z.B. das 1,5fache der Superoxiddismutase-Aktivität gesunder Menschen gemessen. Das entspricht einer dosisabhängigen Erhöhung der Aktivität von drei gegenüber zwei Gendosen.

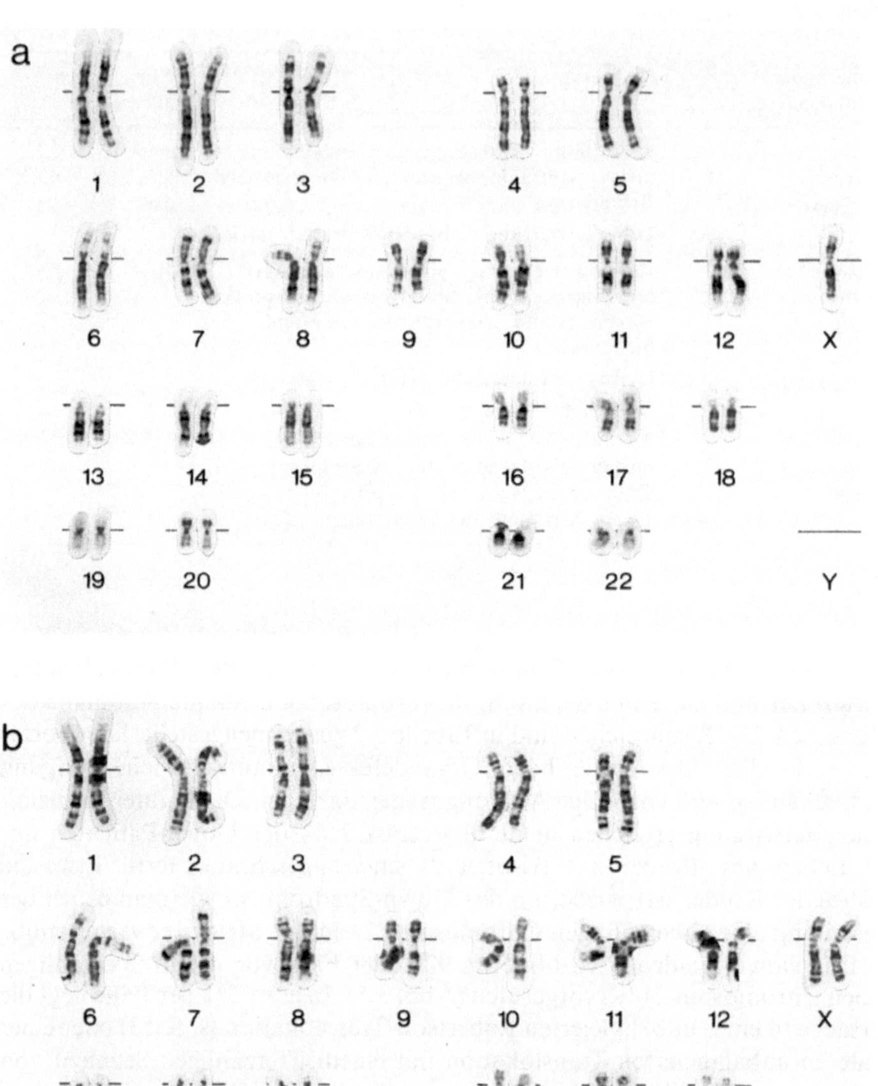

Abb. 3.6. a 45,X-Karyotyp einer Patientin mit Turner-Syndrom. **b** 47,XXY-Karyotyp eines Patienten mit Klinefelter-Syndrom. G-Banden-Färbung. (E. Schwinger, Lübeck)

In günstigen Fällen lassen sich die mütterlichen und die väterlichen Chromosomen 21 durch RFLPs (s. Kap. 10.2) unterscheiden. Aus solchen Untersuchungen weiß man, daß etwa 75% aller Trisomie-21-Fälle durch Non-disjunction in der Mutter und etwa 25% durch Non-disjunction im Vater hervorgerufen werden. Die Häufigkeit von Trisomie 21 ist stark vom Alter der Mutter abhängig. Die Rate steigt bei Lebendgeburten von etwa 0,02% im Alter von 20 Jahren auf etwa 1% im Alter von 40 Jahren an. Offenbar nimmt die Leistungsfähigkeit des Spindelapparates mit zunehmendem Alter ab. Das Alter des Vaters führt dagegen nicht zu einer signifikanten Erhöhung der Rate.

Aneuploidie der Geschlechtschromosomen

Individuen mit abnormen Zahlen von Geschlechtschromosomen sind häufig lebensfähig. Sie zeigen deutlich weniger phänotypische Veränderungen als autosomale Aneuploidien. Das liegt wahrscheinlich daran, daß diese Chromosomen ohnehin in unterschiedlicher Dosis in weiblichen und männlichen Individuen vorkommen und sich die Arten deswegen gegen eine schädliche Wirkung unterschiedlicher Dosierung geschützt haben. Der Schutz besteht entweder in einer Unempfindlichkeit gegenüber unterschiedlichen Dosen geschlechtsgebundener Gene oder in einem Mechanismus der Dosiskompensation (s. Kap. 12).

Die X0-Konstitution wurde beim Menschen als Ursache für das Turner-Syndrom erkannt (Tabelle 3.2, Abb. 3.6a). Die XXY-Konstitution bedingt das Klinefelter-Syndrom (Tabelle 3.2, Abb. 3.6b). Auch Tripel-X- und XYY-Fälle sind beim Menschen nicht selten (etwa 1:1000). Sie haben meist einen unauffälligen Phänotyp (Tabelle 3.2). Erst mit weiterer Zunahme der X- oder Y-Chromosomen treten starke Veränderungen und Behinderungen auf.

Auffallend häufig kommen beim Menschen Individuen mit Zellinien unterschiedlicher Geschlechtschromosomenkonstitution vor. Das läßt sich in der Mehrzahl der Fälle durch Verlust eines Chromosoms oder durch mitotisches Non-disjunction während der Entwicklung erklären. Am häufigsten findet man Individuen mit XX/X0- und XY/X0-Mosaik. Das klinische Bild hängt vom Verhältnis normaler Zellinien zu aberranten Zellinien ab.

3.3 Strukturmutationen der Chromosomen

Spontane und induzierte Mutationen

Mutationen treten spontan oder induziert auf. Wir kennen die Ursachen und den Mechanismus der spontanen Mutagenese nicht im einzelnen. Untersucht man die Spontanrate in somatischen Zellen etwa von Menschen, so findet man Unterschiede zwischen einzelnen Individuen. Eine der Variationsursachen ist bekannt: Defekte im DNA-Reparatursystem. Patienten mit DNA-Reparatur-

Krankheiten wie Bloom-Syndrom oder Fanconi-Anämie haben stark erhöhte Spontanraten.

Die Mutationsrate wird durch chemische oder physikalische Agentien angehoben. Auch Viren sind mutagen und können Chromosomenbrüche bzw. Chromosomenmutationen erzeugen. Physikalische Mutagene sind in erster Linie ionisierende Strahlen. Als schwache bis starke chemische Mutagene hat sich eine Vielzahl von Substanzen erwiesen. Zu den experimentell verwendeten Substanzen gehören Ethylnitrosoharnstoff (ENU), das besonders zur Mutagenese bei der Maus eingesetzt wird, und Ethylmethansulfonat (EMS), das bei *Drosophila* am häufigsten benutzt wird. Die verschiedenen Mutagene unterscheiden sich im Spektrum der ausgelösten Mutationen. Röntgenstrahlen rufen bevorzugt Chromosomenmutationen hervor, ENU oder EMS sind in erster Linie Auslöser von „Punkt"-Mutationen, die im Mikroskop nicht erkennbar sind. Es sind Basenänderungen, die mit molekularen oder kreuzungsgenetischen Methoden nachgewiesen werden.

3.3.1 Rearrangements

Das Bruch- und Fusionskonzept

Fast alle Strukturveränderungen der Chromosomen setzen nach unseren Vorstellungen Chromosomenbrüche voraus. Freie Chromosomenbruchenden haben im Gegensatz zu natürlichen Chromosomenenden die Neigung, miteinander zu verschmelzen. Die durch den Bruch getrennten Teile können wieder miteinander fusionieren oder sich – falls mehr als ein Bruch aufgetreten ist – anders arrangieren (Abb. 3.7). In manchen Fällen ‚heilen' die Bruchenden und verhalten sich dann wie natürliche Chromosomenenden, d. h. sie zeigen keine weitere Neigung zu Fusionen. Zu einer solchen Heilung kommt es z. B. im Sporophyten beim Mais, nicht aber im Endosperm und im Gametophyten. Der Mechanismus und die Bedingungen, unter denen es in verschiedenen Organismen und Geweben zu einer Heilung kommt, sind nicht genau bekannt.

Wenn die Verschmelzung nach Brüchen die ursprünglich zusammengehörigen Teilstücke wieder zusammenbringt, so bleibt der Bruch unbemerkt. Verschmelzen ursprünglich nicht zusammengehörige Teile, dann bilden sich mitotisch stabile rearrangierte monozentrische Chromosomen oder instabile Strukturen wie dizentrische Chromosomen und azentrische Fragmente. Haben in der G2-Phase beide Chromatiden eines Chromosoms ein frisches Bruchende, dann können auch die Schwesterchromatiden miteinander fusionieren (Abb. 3.7 d).

Chromosomenbrüche können in jedem Stadium des Zellzyklus von der G1-, S-, G2-Phase bis zur Mitose und Meiose auftreten. Je nach dem Stadium ist entweder nur eine Chromatide oder sind beide Chromatiden betroffen. Entstehen die Brüche z. B. durch Röntgenbestrahlung in der G1-Phase, in der die Chromosomen nur aus einer Chromatide bestehen, dann besitzen beide Chromatiden des Chromosoms nach der Replikationsrunde die Aberration. Entstehen die Brüche in der G2-Phase, dann werden überwiegend **‚Chroma-**

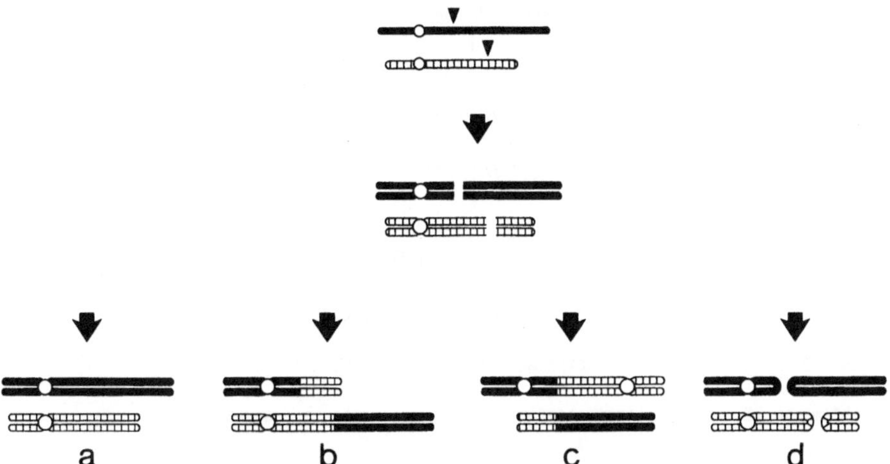

Abb. 3.7 a – d. Chromosomenbrüche und anschließende Vereinigung der Bruchenden. Angenommen wurden Brüche (Pfeilköpfe) bei zwei nicht-homologen Chromosomen in der G1-Phase. Nach der Replikation sind beide Schwesterchromatiden betroffen. Die Vereinigung von Bruchenden kann **a** die ursprünglichen Kombinationen wiederherstellen, **b** reziproke Translokationen, **c** dizentrische Chromosomen und azentrische Fragmente oder **d** monozentrische und azentrische Fragmente mit Fusion der Chromatiden erzeugen. Die Rearrangements in **b** sind stabil, in **c** und **d** instabil

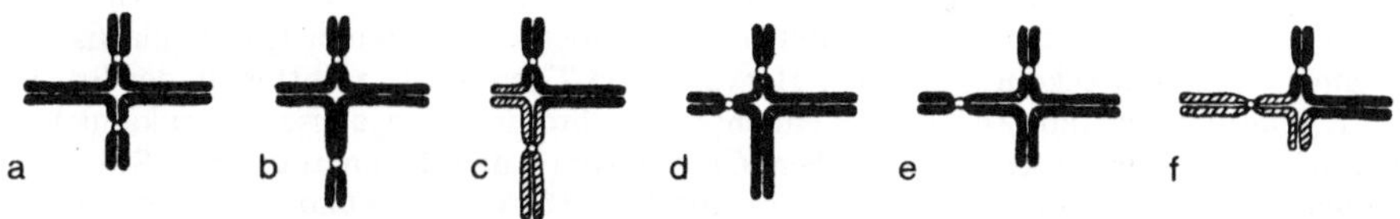

Abb. 3.8 a – f. Ausbildung quadriradialer Figuren in der Mitose nach Chromatidenbrüchen in der G2-Phase und illegitimer Fusion. Alle dargestellten Möglichkeiten von Bruch und Fusion zwischen homologen Chromosomen (**a, b, d, e**) und nicht-homologen Chromosomen (**c, f**) wurden beobachtet. Austausch an exakt den gleichen Positionen homologer Chromosomen (**a**) deutet das Vorkommen eines mitotischen Chiasma an. (Nach Therman u. Meyer-Kuhn 1976)

tidenaberrationen' erzeugt. Nach dem Bruch- und Fusionsereignis in der G2-Phase treten in der anschließenden Mitose sog. **quadriradiale Figuren** auf, in denen jeweils nur eine Chromatide der beiden Chromosomen rearrangiert ist (Abb. 3.8).

Trennung und Wiederverbindung des genetischen Materials zeigt sich auch in der Basensequenz der DNA (Abb. 3.9). Allerdings können ein bis wenige gleiche Nukleotide in den jeweils reziproken Translokationschromosomen vorkommen (Abb. 3.9a, b). Sie sind vermutlich durch Bruchenden mit überhängenden Einzelsträngen entstanden, die durch Auffüllen doppelsträngig wurden. In der Fusionszone von Translokationschromosomen traten auch eingeschobene Stücke DNA unbekannter Herkunft auf (Abb. 3.9c).

```
Chromosom 9    TAGGGTCTTGCTCTGTCACCCAGGCTGGACTGCAGTGGCACAATCACAGC
                                         ▼
der(9)         TAGGGTCTTGCTCTGTCACCCAGGCttaggagcagtttctccctgagtgg

der(22)        tcctcccaggagtggacaaggtggCTGGACTGCAGTGGCACAATCACAGC
                                       ▲
a  Chromosom 22  tcctcccaggagtggacaaggtgggttaggagcagtttctccctgagtgg
```

```
Chromosom 9    GCTCACTGCAAGCTCCGCCTCC------TGGGTTCACGCCATTCTCCTGC
                                    ▼
der(9)         GCTCACTGCAAGCTCCGCCTCCctggaggcaggaagtcagtatcaaggag

der(22)        caaacacttactcctcacagtgctggagTGGGTTCACGCCATTCTCCTGC
                                           ▲
b  Chromosom 22  caaacacttactcctcacagtgctggaggcaggaagtcagtatcaaggag
```

```
Chromosom 9    CAGCTAATTTTTTTGTTTGTTTGTTTGTTTGTTTTCCTGAGACGGAGTCT
                            ▼                                 ▼
der(9)         CAGCTAATTTTGTGTATGTTTAGTAGAGACGAGGTTTCacagaagctgac

c  Chromosom 22  agagttagcttgtcacctgccttccctttcccgggacaacagaagctgac
```

Abb. 3.9 a–c. Bruch und Fusion der DNA-Sequenz bei reziproken t(9;22) Translokationen des Menschen. **a** Die reziproken Translokationssequenzen ergänzen sich bis auf ein Basenpaar, das in beiden Translokationschromosomen vorkommt (aus Zellen eines Patienten mit chronischer myeloischer Leukämie). **b** Ein 6 bp langes Stück kommt in beiden reziproken Translokationschromosomen vor (aus Zellen eines Patienten mit akuter lymphoblastischer Leukämie). **c** Eine Strecke unbekannter Herkunft von 27 bp (eingerahmt) ist in der Bruchpunktregion zu finden (aus Zellen eines Patienten mit chronischer myeloischer Leukämie). Pfeilköpfe: Bruchpunkte; Großbuchstaben: Chromosom 9 und davon abgeleitete Strecken; Kleinbuchstaben: Chromosom 22 und davon abgeleitete Strecken. (**a** und **c** nach Feltz 1989; **b** nach Heisterkamp 1985)

Stabile Rearrangements. H. J. Muller hat 1938 folgende Bedingungen postuliert, unter denen stabile, überlebensfähige Strukturmutanten der Chromosomen entstehen:

- Voraussetzung ist das Auftreten von mindestens zwei Brüchen.
- Die Bruchenden müssen sich so vereinigen, daß die rearrangierten Chromosomen exakt ein Centromer und an jedem Ende ein Telomer erhalten.
- Lebensfähige Genome werden nur erzeugt, wenn kein genhaltiger Abschnitt verloren geht.

Dies sind Regeln, die sich für die Interpretation von Chromosomenabberationen bewährt haben. Alle nach diesen Regeln denkbaren Strukturveränderungen, die mit zwei oder mehr Brüchen in Zusammenhang gebracht werden können, wie z. B. Deletionen, Insertionen, Duplikationen, Inversionen oder Translokationen, sind tatsächlich gefunden worden (s. S. 47 und S. 51). Hin und wieder wurden allerdings Ausnahmen entdeckt. So werden **Ein-Bruch-Rearrangements** in der einschlägigen Literatur diskutiert; weiterhin sind z. B.

Neubildung von Telomeren oder stabile dizentrische Chromosomen in einigen Fällen nachgewiesen worden.

Instabile Rearrangements. Chromosomen ohne Telomere, azentrische und dizentrische Chromosomen sind aus unterschiedlichen Gründen instabil. Azentrische Chromosomen können keine Verbindung mit dem Spindelapparat aufnehmen und gelangen nur zufällig in die Tochterkerne.

Dizentrische Chromosomen und Chromosomen ohne Telomere durchlaufen Zyklen von Brüchen und Fusionen, die als **Breakage-fusion-bridge-Zyklen** von Barbara McClintock beschrieben wurden. Die Centromere dizentrischer Chromosomen sind nämlich in der Mitosespindel nicht immer gleichsinnig ausgerichtet, besonders, wenn sie weit auseinander liegen. Das führt in der Anaphase zur Bildung von Chromosomenbrücken zwischen den auseinanderweichenden Anaphaseplatten. Die Brücken zerreißen an beliebigen Punkten zwischen den beiden Centromeren. Unkontrollierte Verluste und Verdopplungen von genetischem Material zwischen den Centromeren sind die Folge der Brüche. Die neuen Bruchenden führen wiederum zu Fusion, Brückenbildung und Bruch (Abb. 3.10, rechte Seite). Damit ist die von McClintock beschriebene zyklische Folge von Anaphase-Brücke, Bruch und Fusion eingeleitet. Ganz ähnlich können auch monozentrische Chromosomen ohne Telomer in einen Breakage-fusion-bridge-Zyklus eintreten, indem die Enden der Schwesterchromatiden fusionieren (Abb. 3.10, linke Seite).

Deletionen

Als Deletionen oder **Defizienzen** werden Stückverluste in Chromosomen bezeichnet (Abb. 3.11 a). Sie können von mikroskopisch sichtbaren Stückverlusten bis zu nur noch molekular nachweisbaren Deletionen reichen. Bei Säugerchromosomen sind in den vergangenen Jahren dank der verbesserten Bänderungstechniken immer kleinere Veränderungen im Mikroskop erkannt worden. Unter günstigsten Bedingungen liegt das cytogenetische Auflösungsvermögen in Mitosechromosomen in der Größenordnung von 2 Mb DNA. In den Polytän-Chromosomen von *Drosophila* sind schon Veränderungen und Stückverluste in der Größenordnung von 30 kb erkennbar.

Man unterscheidet interstitielle und terminale Deletionen. **Interstitielle Deletionen** entstehen als Folge von zwei Brüchen. **Terminale Deletionen** müssen als Folge eines einzigen Bruchereignisses angesehen werden. Bei *Drosophila* wurden allerdings viele als terminal angesprochene Deletionen bei genauerer cytogenetischer Analyse als interstitiell mit einem vorher übersehenen kleinen telomernahen Rest erkannt. Es kann daher sein, daß auch bei den übrigen Organismen die Mehrzahl der beschriebenen terminalen Deletionen nur scheinbar terminal sind. Aus theoretischen Gründen (Breakage-fusion-bridge-Zyklus, s. oben) sollten echte terminale Deletionen nicht als stabile Chromosomenmutanten existieren können. Bei Drosophila wurden dennoch vereinzelt terminal deletierte Chromosomen gefunden; sie verlieren jedoch am Bruchende DNA mit einer Rate von 70–75 bp pro Drosophila-Generation.

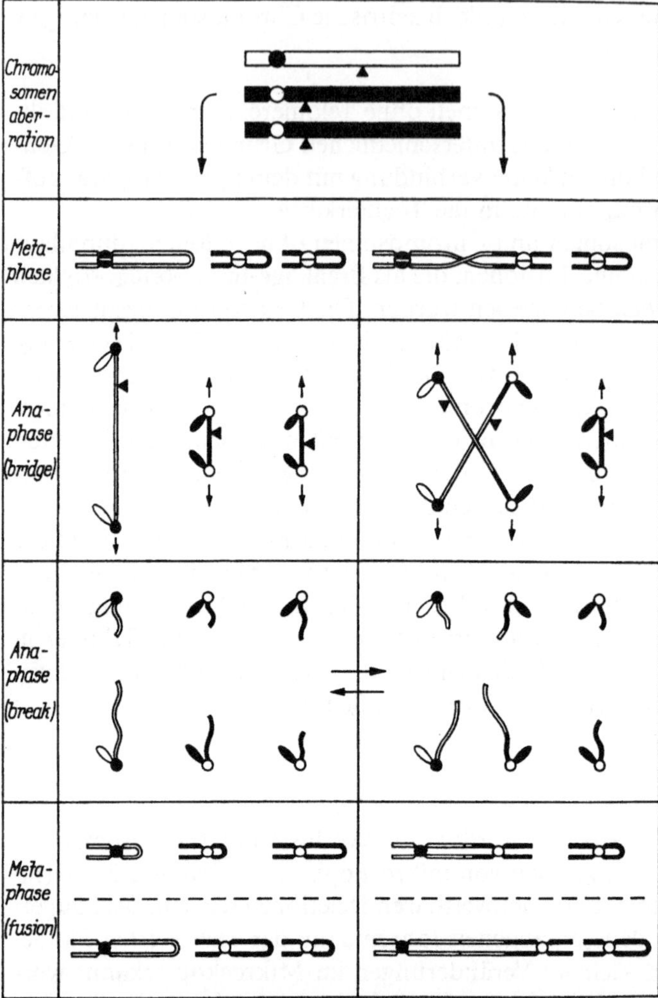

Abb. 3.10. Der breakage-fusion-bridge-Zyklus. Die Bruchpunkte sind mit Pfeilköpfen markiert. Der sog. Chromosomentyp kommt in dizentrischen Chromosomen, der Chromatidentyp in monozentrischen Chromosomen mit frischen Bruchenden vor. Nach dem Bruch kann es zu Typumwandlungen kommen (*Pfeile*). (Aus Rieger 1976)

Während sich Verluste, aber auch Vermehrung von Material in heterochromatischen Segmenten meist nicht auf den Organismus auswirken, kann der Verlust von euchromatischen Segmenten drastische Folgen haben. Die Wahrscheinlichkeit, daß mit einer mikroskopisch sichtbaren euchromatischen Deletion ein lebenswichtiges Gen verlorengeht, ist sehr hoch. Im homozygoten Zustand sind deswegen selbst kleinere Deletionen meist letal. Sie wirken als rezessive Letalfaktoren. Ausnahmen sind von winzigen Abschnitten des X-Chromosoms von *Drosophila* bekannt. Im heterozygoten Zustand ist ein Zusammenhang mit der Größe der Deletion zu erkennen. Je größer der Stückverlust ist, desto schlechter wird er vom Organismus ertragen. Bei *Drosophila*

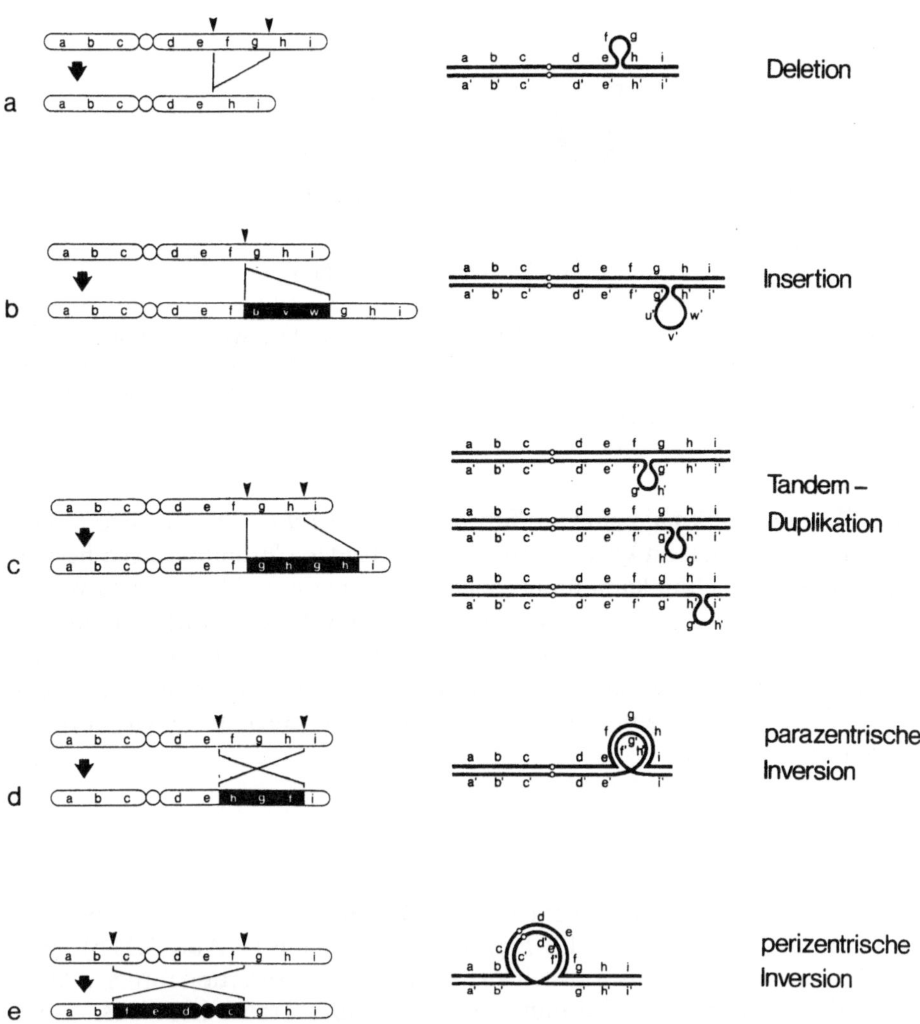

Abb. 3.11 a–e. Intrachromosomale Strukturveränderungen. Links ist die Mutation schematisch am Mitosechromosom dargestellt, Pfeilköpfe deuten die Bruchpunkte an. Das rechte Schema zeigt die meiotische Paarungsstruktur von Strukturheterozygoten unter der Annahme, daß nur vollständig homologe Paarung stattfindet

melanogaster wird der Verlust von etwa 80 der ca. 5000 vorhandenen Banden als Obergrenze der Tragbarkeit für den Organismus angesehen, sofern das homologe Chromosom intakt ist. Die Situation ist ähnlich wie bei Monosomie; man kann den Zustand deswegen auch als **partielle** oder **segmentale Monosomie** beschreiben. Offenbar ist die physiologische Balance bei größeren Verlusten dadurch gestört, daß ein oder mehrere wichtige Gene aus diesem Abschnitt dosisabhängig zu wenig Transkripte liefern.

Beim Menschen ist das bekannteste Deletionssyndrom das Cri-du-Chat-Syndrom (Katzenschrei-Syndrom). Charakteristisch für das Cri-du-Chat-Syndrom ist ein katzenartiges Schreien des Säuglings, das zu dem Namen geführt

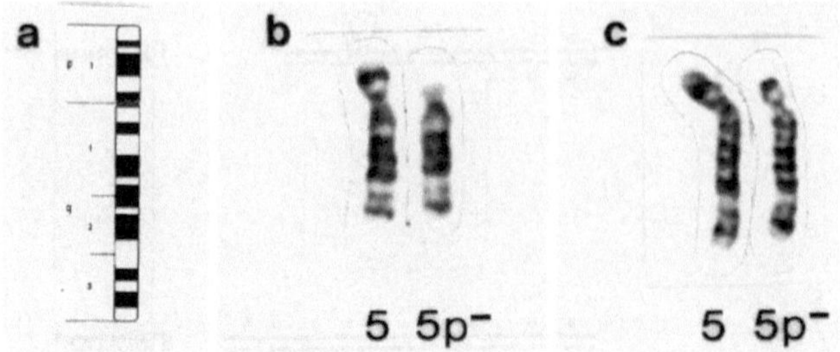

Abb. 3.12a–c. Deletionen von 5p bei Patienten mit Katzenschrei-Syndrom. **a** Standard-G-Bandenmuster des Chromosoms 5, **b** normales und mutiertes Chromosom 5 mit einer großen Deletion, **c** normales und deletiertes Chromosom 5 mit einer kleinen Deletion des kurzen Arms. (E. Schwinger, Lübeck)

hat. Weitere Merkmale sind in Tabelle 3.2 aufgeführt. Das Syndrom wird durch eine Deletion im kurzen Arm eines der beiden Chromosomen 5 hervorgerufen. Die Deletion kann unterschiedlich groß sein und bis zu 60% von 5p betragen (Abb. 3.12). Die Schwere der Mißbildungen hängt aber nicht mit der Größe der Deletion zusammen. Allen Cri-du-Chat-Patienten ist der Verlust der Bande 5p15 gemeinsam. Das entscheidende Gen oder die entscheidenden Gene für die Ausprägung des Syndroms müssen daher in diesem Segment liegen.

Insertionen

Wenn ein Chromosomensegment zwischen andere eingeschoben wird, bezeichnet man den Vorgang und das Ergebnis als Insertion (s. Abb. 3.11b). Man muß dazu mindestens einen Bruch an der Position der Insertion fordern. Meist steht dieser Vorgang in Zusammenhang mit einer Translokation (s. S. 50). Dann muß man zwei weitere Brüche in einem anderen Chromosom annehmen, durch die das inserierte Chromosomenbruchstück freigesetzt wurde. Die Herkunft des inserierten Stücks ist nicht in allen Fällen erkennbar.

Duplikationen

Duplikationen sind Verdoppelungen eines Chromosomenabschnittes. Die verdoppelten Abschnitte sind vorzugsweise tandemartig hintereinander angeordnet, können aber auch andere Lagebeziehungen zueinander haben. Im Pachytän der Meiose erwartet man daher bei vollständig homologer Paarung ein Bivalent mit einer Schnalle (s. Abb. 3.11c). Duplikationen können durch Translokation eines Chromosomenstückes in das homologe Chromosom entstehen. Bei **Tandem-Duplikationen** ist eine Entstehung durch ein nicht-homologes Crossing-over oder durch ungleichen Schwesterstrangaustausch plausibler. Duplikationen wirken, wenn sie in Autosomen vorkommen, als partielle Trisomien und haben entsprechende phänotypische Effekte.

Der klassische Fall für eine Duplikation ist die Bar-Mutante bei *Drosophila melanogaster*. Das Bandenmuster des X-Chromosoms enthält einen verdoppelten Abschnitt von 7 Banden (Abb. 3.13). Hin und wieder treten auch Tiere mit einer Verdreifachung des Abschnittes auf. Phänotypischer Effekt der Mutation ist ein schmaleres Augenareal der sonst runden Augen: die Augen sind bandförmig. Dieser Effekt ist bei dreifacher Dosis noch verstärkt.

Isochromosomen. Duplikationen besonderer Art sind die Isochromosomen. Es sind Chromosomen, die spiegelbildlich gleiche Hälften besitzen (Abb. 3.14a, b). Bei ihnen wird eine Entstehung aus den Schwesterchromatiden desselben Chromosoms angenommen. Entweder ist der lange oder der kurze Arm ver-

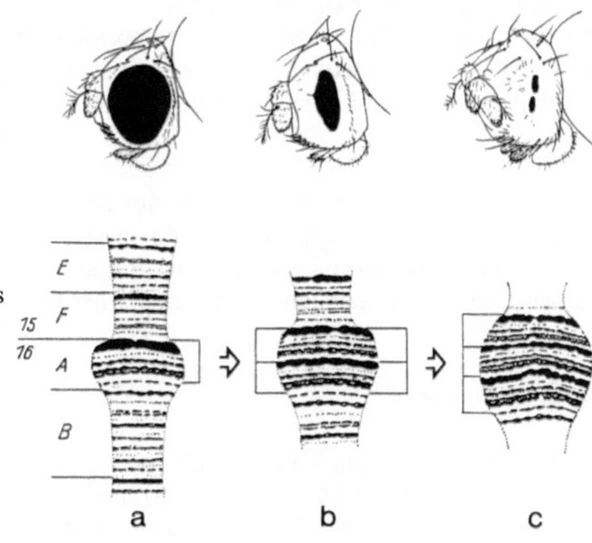

Abb. 3.13a–c. Die Bar-Duplikation. **a** Normales Auge und ein normales Bandenmuster in den Polytänchromosomen der Speicheldrüsen. **b** Das „Bar"-Auge geht auf eine Verdoppelung eines Segmentes von sieben Banden im X-Chromosom zurück. **c** Eine Verstärkung des Effektes tritt ein, wenn der Abschnitt verdreifacht ist. Von den sieben Banden sind nur fünf in der Abbildung zu erkennen, die starke Bande am Anfang des Segmentes ist eine Doppelbande, eine weitere ist sehr schwach. (Nach Bridges 1936 und Sutton 1943)

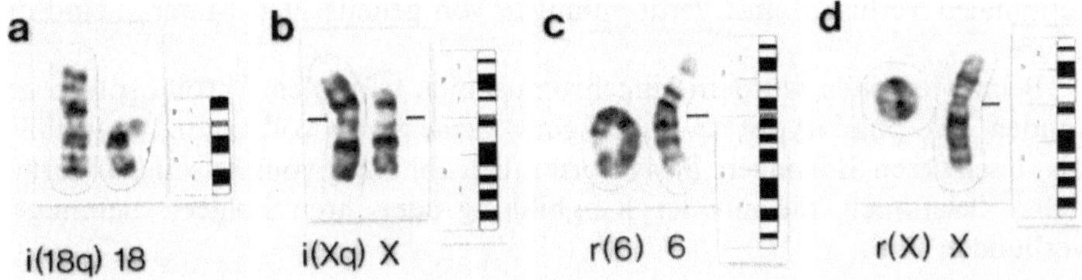

Abb. 3.14a–d. Isochromosomen und Ringchromosomen beim Menschen. **a** Isochromosom aus zwei langen Armen von Chromosom 18 und normales Chromosom 18 aus dem Karyotyp eines Fötus mit Edward-Syndrom (Pränataldiagnose). **b** Isochromosom aus zwei langen Armen des X und normales X-Chromosom aus dem Karyotyp einer Patientin mit dem klinischen Bild eines Turner-Syndroms. **c** Ringchromosom und normales Chromosom 6. **d** Ring-X-Chromosom und normales X-Chromosom. (E. Schwinger, Lübeck)

doppelt, während meist der Rest des Chromosoms deletiert ist. Beim menschlichen X-Chromosom wurden nicht selten isodizentrische Chromosomen gefunden, d. h. Isochromosomen mit zwei Centromeren. Zusätzlich zum langen Arm ist bei ihnen noch das Centromer und ein Segment des kurzen Arms in die spiegelbildliche Verdoppelung einbezogen worden. Die untersuchten isodizentrischen Chromosomen waren trotz der zwei Centromere stabil, da nur ein Centromer als Spindelfaseransatzstelle aktiv war (vgl. Kap. 7.2.3).

Inversionen

Wenn das Segment zwischen zwei Brüchen im selben Chromosom in umgekehrter Richtung wieder einheilt, ist das Ergebnis (und der Vorgang) eine Inversion (s. Abb. 3.11 d, e). Inversionen mit Bruchpunkten im selben Arm werden als **parazentrische Inversionen** (s. Abb. 3.11 d) bezeichnet. Wenn Inversionen über das Centromer greifen, werden sie **perizentrisch** genannt (s. Abb. 3.11 e). Im letzteren Fall verschiebt sich u. U. die Lage des Centromers so, daß aus einem akrozentrischen Chromosom ein metazentrisches – oder umgekehrt – wird.

Phänotypisch wirken sich Inversionen normalerweise nicht aus, da nur die Lage, nicht die Menge oder Qualität des genetischen Materials verändert ist. In der Meiose bilden sich bei homologer Paarung in Strukturheterozygoten charakteristische Inversionsschleifen. Findet Rekombination innerhalb der Schleife statt, dann entstehen unbalancierte Gameten.

Ringchromosomen

Ringchromosomen entstehen durch zwei Brüche mit Ringschluß im selben Chromosom (Abb. 3.14 c, d). Sie sind meist nicht sehr stabil. Das Ringchromosom geht in der Mitose relativ leicht verloren. Außerdem muß ein Schwesterchromatiden-Austausch zu einem dizentrischen Doppelring führen. Anaphasebrücken, Bruch und Fusion zu neuen Ringen mit unterschiedlichen terminalen Verlusten und Verdopplungen von genetischem Material sind die Folge.

Beim Menschen wurden Ringchromosomen von allen Chromosomen gefunden. Die phänotypische Ausprägung variiert von vollständig unauffällig bis zu schweren Störungen. Sie ist vermutlich abhängig vom Ausmaß an terminalen Deletionen, die mit der Ringbildung oder ihren Folgeerscheinungen verbunden sind.

Translokationen

Die einfachste und häufigste Form der Translokation ist der reziproke Austausch von Chromosomenendstücken zwischen zwei nicht-homologen Chro-

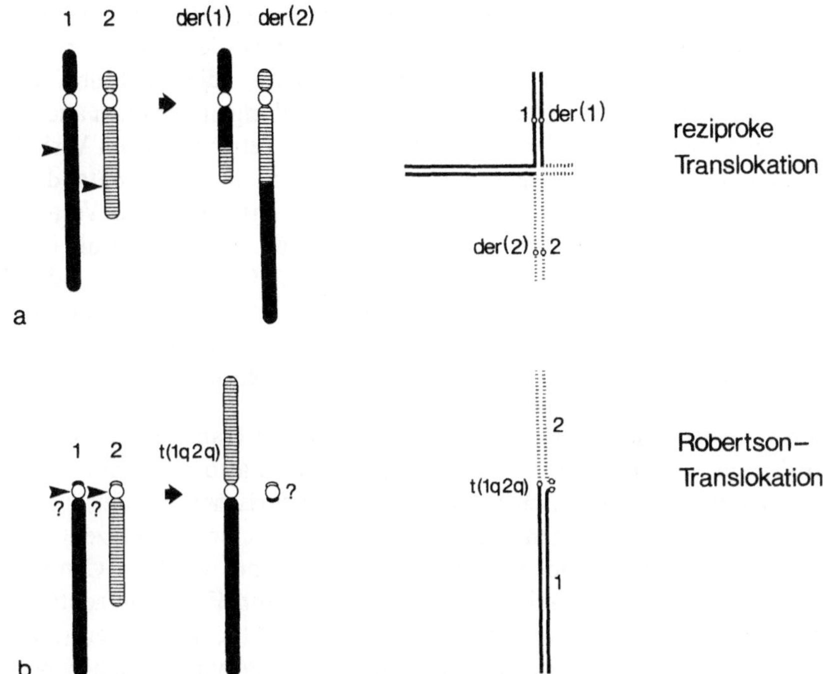

Abb. 3.15a, b. Strukturveränderungen unter Beteiligung von zwei Chromosomen. Links ist die Mutation der zwei nicht-homologen Chromosomen dargestellt. Pfeilköpfe deuten die Bruchpunkte an. Die rechten Figuren zeigen die meiotischen Paarungsfiguren von Strukturheterozygoten bei vollständig homologer Paarung. Die Bezeichnung der Robertson-Translokation in **b** folgt den Regeln für menschliche Chromosomen. Nach der Nomenklatur für Maus-Chromosomen muß diese Fusion als Rb(1.2) bezeichnet werden

mosomen. Zwei Bruchereignisse und illegitime Fusionen der Bruchenden müssen dazu postuliert werden (Abb. 3.15a). Noch mehr Bruchereignisse sind nötig, um interstitielle Chromosomenstücke freizusetzen und als Insertionen in nicht-homologe Chromosomen einzufügen oder Stückaustausche zwischen mehr als zwei Chromosomen herbeizuführen.

Reziproke Translokationen sind ‚balanciert'. Sie verändern normalerweise den Genbestand nicht und sind daher im allgemeinen phänotypisch unauffällig. Anders ist es, wenn die Brüche ausnahmsweise genetisch aktive DNA-Strecken durchtrennen und dabei Gene unter eine falsche Kontrolle geraten. Solche Fälle sind als Ursache für Leukämien und Lymphome bekannt geworden (s. Kap. 11).

Träger von reziproken Translokationen sind zwar selbst im allgemeinen phänotypisch unauffällig, unter den Nachkommen treten aber gehäuft unbalancierte Chromosomensätze auf, die zu angeborenen Fehlbildungen führen. Die Fehlverteilung resultiert aus der Bildung von Tetravalenten (Meiosefiguren aus vier Chromosomen) in der Meiose (Abb. 3.15a) und hängt von der Ausrichtung der Centromere in der Metaphase I ab. Den einfachsten Fall gibt Abb. 3.16 wieder. Wenn alle vier Chromosomen durch Chiasmata verbunden sind, entstehen Ringe oder Viererketten. Die Ausrichtung der vier beteiligten Centromere in der Metaphase I und die daraus resultierenden Chromosomenverteilungen werden mit den Begriffen **alternate, adjacent-1** und **adjacent-2** bezeichnet (Abb. 3.16). Neben diesen 2:2-Verteilungen kommen auch 3:1-Verteilungen vor, in denen die vier Centromere des Tetravalents im Verhältnis 3:1 zu den Spindelpolen ausgerichtet sind. Sofern die Chiasmata distal vom Bruchpunkt liegen, führt ‚alternate' zu einer harmonischen Verteilung des genetischen Materials. Die Keimzellen erhalten in diesem Fall balancierte Genome, nämlich entweder die beiden normalen Chromosomen oder die beiden reziproken Translokationschromosomen. Bei adjacent-1 und adjacent-2 wird das genetische Material, wie aus Abb. 3.16 hervorgeht, unharmonisch verteilt: die Keimzellen erhalten unbalancierte Genome.

Robertson-Translokationen. Ein spezieller Fall der Translokation ganzer Arme wird nach seinem Entdecker Robertson-Translokation genannt. Man unterscheidet zwischen **zentrischen Fusionen** und **zentrischen Fissionen**: zwei akrozentrische Chromosomen vereinigen sich zu einem metazentrischen (s. Abb. 3.15 b) oder ein metazentrisches Chromosom wird im Centromer-Bereich in zwei akrozentrische Chromosomen zerlegt. Fälle von zentrischer Fusion sind nicht nur als vereinzelte Mutationen entdeckt worden (Abb. 3.17), sondern kommen als natürliche Chromosomen-Polymorphismen bei mehreren Arten vor (s. Kap. 12.3).

Zentrische Fusionen verlieren partiell oder vollständig die winzigen, meist genleeren kurzen Arme der akrozentrischen Chromosomen. Dabei sind unterschiedliche Entstehungsweisen denkbar:

- unter Verlust eines Centromers,
- unter Verlust von Teilen beider Centromere oder
- unter Beibehaltung beider Centromere.

Gefunden wurden bisher nur zwei davon. Bei einer Heuschrecke und bei der Mehrzahl der t(13q14q)-Translokationen des Menschen scheinen beide Centromere in die Bildung des metazentrischen Chromosoms eingegangen zu sein. Bei einigen Robertson-Chromosomen der Maus ist dagegen anscheinend nur eines der beiden Centromere im Fusionschromosom übriggeblieben. Die Interpretation von zentrischen Fissionen mit stabilen Chromosomen als Ergebnis ist problematischer. Man muß eine Spaltung des Centromers und die Neubildung von Telomeren annehmen, wenn nicht unbekannte Lieferanten von Telomeren und Centromeren postuliert werden sollen.

In der Meiose machen sich heterozygote Träger von zentrischen Fusionen in der Bildung von Trivalenten (Meiosefiguren aus **drei** Chromosomen) bemerkbar (s. Abb. 3.15 b). Die Trivalente setzen sich aus den beiden akrozentrischen Chromosomen und dem gepaarten metazentrischen Robertsonschen Translokationschromosom zusammen. Ähnlich wie bei den schon besprochenen Tetravalenten ist bei Trivalenten die Ausrichtung der Centromere unregelmäßig, so daß aneuploide Gameten neben euploiden erzeugt werden (Abb. 3.17 b).

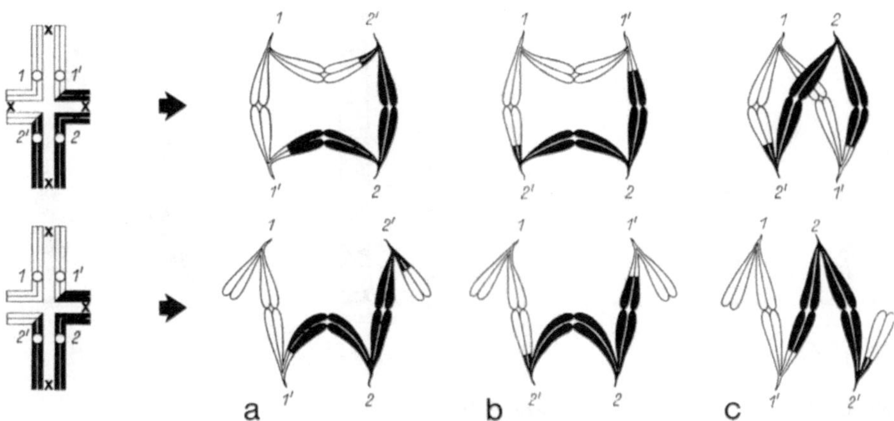

Abb. 3.16a–c. Die drei hauptsächlichen Verteilungstypen adjacent-1 (**a**), adjacent-2 (**b**) und alternate (**c**) bei einem heterozygoten Träger einer reziproken Translokation. Die Darstellung nimmt an, daß alle Chiasmata distal vom Translokationsbruchpunkt liegen. Nur ‚alternate' ergibt dann balancierte Genome. Die Verteilungen werden durch die Ausrichtung der Centromere in der Metaphase I bestimmt. Die obere Reihe gibt die Situation eines Rings, die untere Reihe die einer ‚Kette von vier' in der Metaphase I wieder. Weiß: Chromosom 1 und seine Derivate, schwarz: Chromosom 2 und seine Derivate. (Mod. nach Rieger 1976)

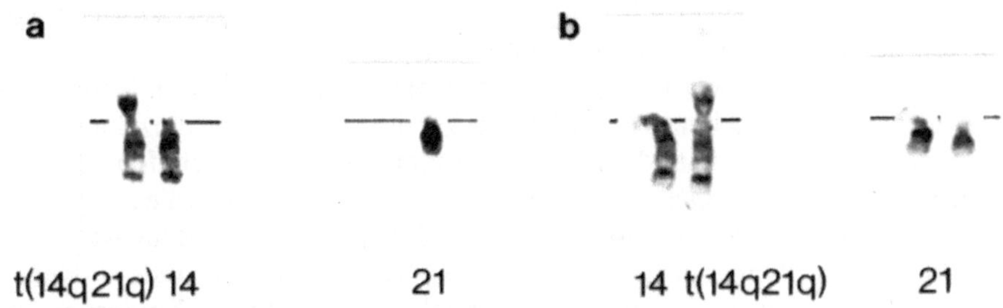

Abb. 3.17a, b. Zentrische Fusion der Chromosomen 14 und 21 beim Menschen. **a** Balancierter Karyotyp einer Frau mit dem Fusionschromosom und je einem der beiden akrozentrischen Chromosomen 14 und 21. **b** Unbalancierter Karyotyp des Sohnes von a mit Trisomie 21; er hat je ein normales Chromosom 21 von beiden Eltern und dazu das Fusionschromosom der Mutter geerbt. (E. Schwinger, Lübeck)

3.3.2 Strukturveränderungen ungeklärten Ursprungs

Fragile Stellen

In Säugetierchromosomen lassen sich durch Behandlung mit Methotrexat, Fluordesoxyuridin, Aphidicolin oder Distamycin, Lücken in der Anfärbung der Chromatiden oder gar Brüche induzieren, die nicht statistisch verteilt sind, sondern an definierten Chromosomenorten auftreten. Diese sog. fragilen Stel-

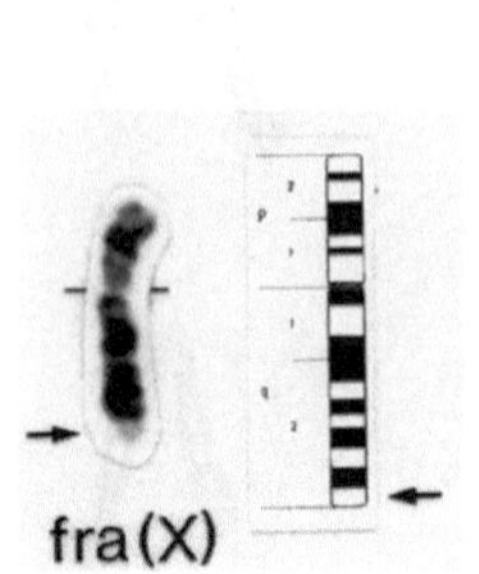

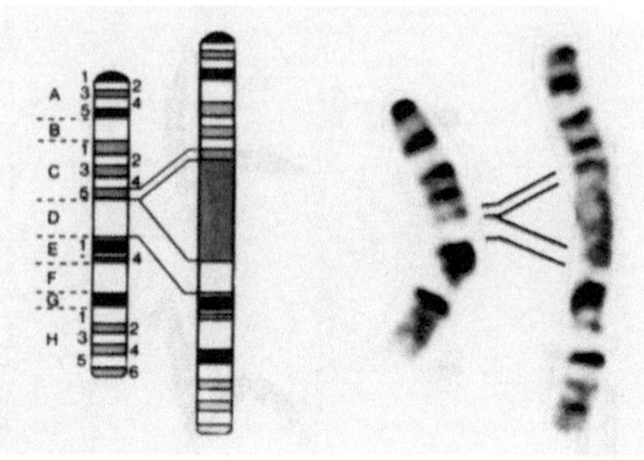

Abb. 3.18   **Abb. 3.19**

Abb. 3.18. Fragiles X-Chromosom des Menschen. Der Pfeil weist auf die fragile Stelle. (E. Schwinger, Lübeck)

Abb. 3.19. HSR in Chromosom 1 der Maus. Das Bild zeigt ein normales Chromosom 1 mit dem Standard-G-Bandenmuster und ein Chromosom 1 mit einer HSR. In diesem Beispiel handelt es sich um eine HSR, die über die Keimbahn vererbt wird. (Traut et al. 1984)

len sind ein normaler Bestandteil der Chromosomen. Sie kommen bei Mensch und Maus an phylogenetisch vergleichbaren Chromosomenpositionen vor und sind demnach in der Evolution konserviert.

Neben diesen allgemein vorkommenden fragilen Stellen wurden beim Menschen zusätzlich sog. **seltene fragile Stellen** kartiert, die nur bei einzelnen Individuen auftreten und wie andere Chromosomenanomalien nach den Mendelregeln vererbt werden. Die bekannteste dieser fragilen Stellen liegt auf dem X-Chromosom an der Position Xq27 (Abb. 3.18). Sie ist mit dem Auftreten eines klinischen Syndroms, des Marker(X)-Syndroms, verbunden. Neben anderen Merkmalen (s. Tabelle 3.2) ist angeborene geistige Behinderung für das Syndrom kennzeichnend.

„Double minutes" (DMs) und „homogeneously staining regions" (HSRs)

HSRs sind Chromosomensegmente, die sich mit der üblichen G-Banden-Färbung intermediär und ziemlich homogen anfärben (Abb. 3.19). Diese Färbungseigenschaft hat zu ihrem Namen geführt. DMs sind kleine Chromatinkugeln ohne Zentromere, die in einer Zelle neben den normalen Chromosomen vorkommen (Abb. 3.20). Ihr Durchmesser beträgt typischerweise etwa 0,3–0,5 µm, kann aber bis zur Größe eines menschlichen Chromosoms 21 reichen. Unter den größten DMs gibt es klar erkennbare ringförmige und stabförmige Gebilde. Selbst in ein und derselben Zelle findet man manchmal verschiedene Größen (Abb. 3.20a).

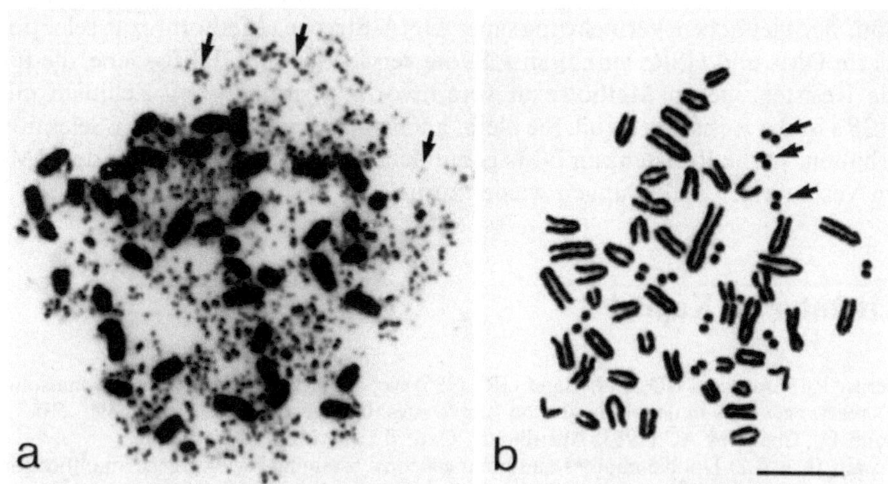

Abb. 3.20 a, b. Double minutes (DMs) in zwei verschiedenen SEWA-Zellinien, die sich ursprünglich vom selben Maus-Ascites-Tumor ableiten. **a** Kleine und sehr kleine DMs zwischen den normalen Mauschromosomen, **b** große DMs. Die Pfeile markieren einige der DMs. Maßstab 10 μm. (Levan und Levan 1980)

DMs kommen fast regelmäßig paarweise vor – daher der Name. Die beiden Partner sind – wie die beiden Chromatiden eines Chromosoms – die Produkte der Replikation. Sie werden aber in der Mitose nicht korrekt auf die Tochterzellen verteilt, da sie keine Centromere besitzen. Daß sie überhaupt für längere Zeit in einer Zellinie erhalten bleiben, war zunächst rätselhaft. Genaue Analysen ergaben, daß die Mehrzahl von ihnen bei der Mitose in die Bildung der Tochterkerne einbezogen wird, und nur wenige in der Spindel zurückbleiben. Sie werden – meist als Doppelstrukturen – an den normalen Chromosomen haftend zu den Polen gezogen. Möglicherweise hängen sie in oder an den Resten des Nukleolusmaterials, das die Chromosomenenden umhüllt.

DMS und HSRs scheinen sich gegenseitig auszuschließen. Normalerweise findet man entweder nur HSRs oder nur DMs. Aus Zellen mit DMs können Zellen mit HSRs hervorgehen und umgekehrt. Es sieht so aus, als könnten DMs in einen Chromosomenort als HSR integriert werden und auch umgekehrt wieder aus der HSR DMs entstehen.

Beide Chromosomenaberrationen wurden in kultivierten Zellinien entdeckt, die durch Selektion gegen Medikamente und Stoffwechselinhibitoren wie Methotrexat oder Phosphonacetyl-L-Aspartat resistent gemacht wurden. Sie sind außerdem hin und wieder mit Tumoren assoziiert. Besonders häufig wurden sie in Neuroblastomen gefunden (s. Kap. 11.6). In der Keimbahn von Tumorpatienten treten sie dagegen nicht auf. Sie sind also erst in den somatischen Zellinien des Tumors entstanden und werden nicht an die Nachkommen vererbt. Beim Menschen und bei der Maus wurden jedoch auch HSRs entdeckt, die über die Keimbahn an die Nachkommen weitergegeben werden (s. Abb. 3.19).

DMs und HSRs sind cytogenetische Ausdrucksformen von Genamplifikation, der vielfachen Vermehrung einer DNA-Strecke. Methothrexat-selektionierte DMs und HSRs enthalten z. B. die vervielfachten DHFR-Gene, die für die Resistenz gegen Methotrexat verantwortlich sind. In den Zellinien mit HSRs ist die Resistenz stabil. Sie bleibt auch nach dem Aufheben der Selektion erhalten. Ist die Resistenz an DMs gebunden, geht sie mit der Anzahl der DMs im Verlaufe der Zellteilungen wieder zurück.

Literatur zu Kapitel 3

Berger R, Bloomfield CD, Sutherland GR (1985) Report of the committee on chromosome rearrangements in neoplasia and on fragile sites. Cytogenet Cell Genet 40:490–535

Bond DJ, Chandley AC (1983) Aneuploidy. Oxford Univ Press, Oxford

Cowell JK (1982) Double minutes and homogeneously staining regions: gene amplification in mammalian cells. Ann Rev Genet 16:21–59

Dellarco VL, Voytek PE, Hollaender A (eds) (1985) Aneuploidy. Etiology and mechanisms. Plenum Press, New York

Djalali M, Adolph S, Steinbach P, Winking H, Hameister H (1987) A comparative mapping study of fragile sites in the human and murine genomes. Hum Genet 77:157–162

Epstein CJ (1988) Mechanisms of the effects of aneuploidy in mammals. Ann Rev Genet 22:51–75

Gropp A, Winking H (1981) Robertsonian translocations: Cytology, meiosis, segregation patterns and biological consequences of heterozygosity. In: Berry RJ (ed) Biology of the house mouse. Symp Zool Soc Lond 47:141–181

Kirk KM, Searle AG (1988) Phenotypic consequences of chromosome imbalance in the mouse. In: Daniel A (ed) The cytogenetics of mammalian autosomal rearrangement. Progress and topics in Cytogenetics, vol 8, Alan R Liss, New York, pp 739–768

Kobel HR, Du Pasquier L (1986) Genetics of polyploid Xenopus. TIG 2:310–315

Laird CD (1987) Proposed mechanism of inheritance and expression of the human fragile-X syndrome of mental retardation. Genetics 117:587–599

Muller HJ (1938) The remaking of chromosomes. Collecting Net (Woods Hole) 13:181–198

Nichols WW (1983) Viral interactions with the mammalian genome relevant to neoplasia. In: German J (ed) Chromosome mutation and neoplasia. Alan R Liss, New York, pp 317–332

Obe G, Natarajan AT (1980) Umweltbedingte Mutationen beim Menschen. Klinikarzt 9:271–289

Patterson D (1987) The causes of Down syndrome. Sci Amer 8:42–48

Schroeder TM (1982) Genetically determined instability syndromes. Cytogenet Cell Genet 33:119–132

Schwinger E, Froster-Iskenius U (1984) Das Marker-X-Syndrom. Klinik und Genetik. Ferdinand Enke Verlag, Stuttgart

Sybenga J (1975) Meiotic configurations. Springer-Verlag, Berlin Heidelberg New York

4 Molekulare Bestandteile

ÜBERSICHT

Chromosomen enthalten neben kleinen Molekülen drei Klassen von makromolekularen Stoffen, die in den folgenden Abschnitten vorgestellt werden:

- DNA (Kap. 4.1)
- RNAs (Kap. 4.2)
- Proteine (Kap. 4.3)

Während DNA und Proteine Bestandteile der Chromosomenstruktur sind, haben RNAs wahrscheinlich nur vorübergehend Kontakt mit den Chromosomen bei ihrer Synthese am Genort, manchmal während ihrer Reifung und in Sonderfunktionen bei der Replikation und der Telomerbildung.

4.1 DNA

Die DNA (**d**eoxyribo**n**ucleic **a**cid = Desoxyribonukleinsäure) ist als Träger der genetischen Information bekannt. Sie besitzt dafür eine sequentielle Organisation der Primärstruktur, in der die Information in verschlüsselter Form gespeichert und vererbt wird. Ihre Struktur erlaubt das Kopieren, Ablesen, Reparieren und Rekombinieren der genetischen Information. Für die korrekte Funktion ist neben der Primärstruktur die lokale Konformation wichtig, die entweder im Wechselspiel mit Proteinen oder durch spezielle Sequenzen der DNA allein erzeugt wird. Die DNA hat aber nicht nur die Funktion eines Trägers der genetischen Information, sondern ist als Baustoff zentraler Bestandteil der Chromosomenstruktur.

4.1.1 Zusammensetzung der DNA

Die DNA ist ein Polymer aus den Nukleotiden Desoxythymidin-, Desoxycytidin-, Desoxyguanosin- und Desoxyadenosin-Monophosphat (Abkürzungen: dTMP, dCMP, dGMP, dAMP). Diese Nukleotide bestehen aus je einer von vier organischen Basen, den Pyrimidinen Thymin und Cytosin und den Purinen Adenin und Guanin (Abkürzungen: T, C, A, G), jeweils einem Molekül

Pyrimidine

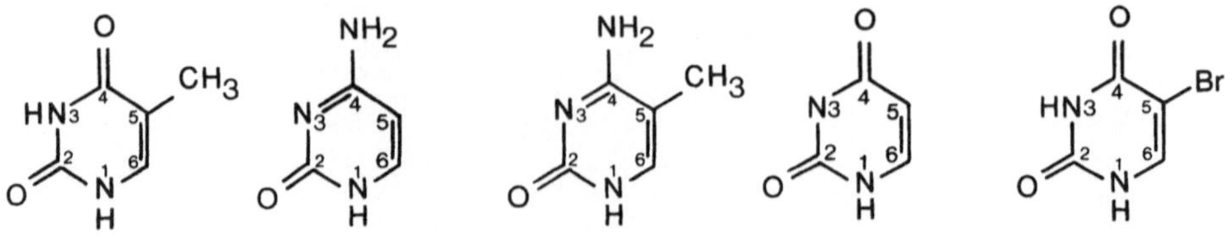

Thymin Cytosin 5-Methylcytosin Uracil 5-Bromuracil

Purine

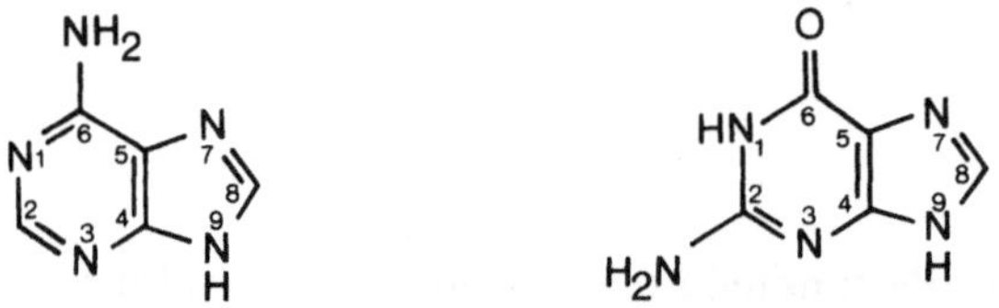

Adenin Guanin

Abb. 4.1. Die vier organischen Basen Thymin, Cytosin, Adenin und Guanin sind regelmäßige Bestandteile der DNA. Methylcytosin entsteht erst nach der Replikation der DNA durch Methylierung des Cytosins. RNA enthält Uracil statt Thymin. Bromuracil kommt natürlicherweise nicht vor. Es wird – experimentell eingesetzt – anstelle von Thymin in die DNA eingebaut. In den Nukleosiden bindet das 1'C-Atom des Zuckers an die Position 1 der Pyrimidine bzw. die Position 9 der Purine

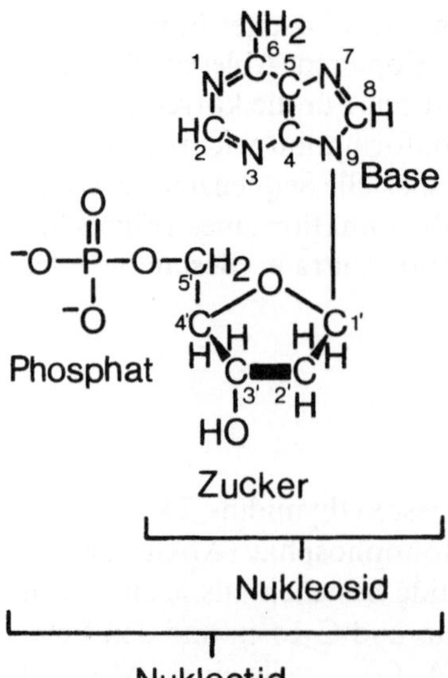

Abb. 4.2. Struktur der Nukleotide am Beispiel von Desoxyadenosin-5'-Monophosphat

der Pentose 2-Desoxy-D-Ribose und einem Phosphorsäurerest (Abb. 4.1 und 4.2). Neben den vier ‚klassischen' Basen kommen in der DNA weitere vor, die durch **Modifikation** aus den vier Basen erst nach deren Einbau in die DNA entstehen. Bei Eukaryonten ist nur das 5-Methylcytosin recht häufig, das durch Methylierung des Cytosins entsteht (s. Abb. 4.1).

Die Desoxyribose ist in N-glykosidischer Bindung am 1'-Kohlenstoffatom mit einer der vier Basen verbunden und bildet so die Nukleoside Thymidin (= Desoxythymidin), Desoxyguanosin, Desoxyadenosin und Desoxycytidin. Der Phosphatrest ist über eine Esterbindung an das 5'-C-Atom gebunden (s. Abb. 4.2). Bei der DNA-Synthese verlängert sich das polymere DNA-Molekül um solche Desoxyribosid-5'-Monophosphate. Dabei wird die Desoxyribose an der Hydroxylgruppe des 3'-C-Atoms mit dem Phosphatrest des folgenden Nukleotids verestert. Das DNA-Molekül hat daher ein Rückgrat aus einer monotonen Zucker-Phosphat-Kette. Seine Spezifität erhält es aus der **Sequenz** der vier Basen. Das DNA-Molekül besitzt durch die Verknüpfung der Phosphatreste mit dem Zucker in 3'- und 5'-Position eine Polarität. Man kann die beiden Enden eines linearen einzelsträngigen DNA-Moleküls als 5'- und 3'-Ende unterscheiden (Abb. 4.3).

DNA kommt in der Natur selten einzelsträngig vor. Normalerweise tritt sie in Form von Doppelsträngen auf, in der zwei Einzelstränge antiparallel miteinander verbunden sind. Das 3'-Ende des einen Strangs endet neben dem 5'-Ende des anderen (s. Abb. 4.3). Die beiden Stränge werden durch Wasserstoffbrückenbindungen zwischen den gegenüberliegenden Basen zusammengehalten und sind in Form einer **Doppelhelix** umeinander gewunden. Die vier Basen paaren sich nicht beliebig, sondern nur in zwei der zehn möglichen Kombinationen. In doppelsträngiger DNA finden sich ausschließlich die Paare Adenin–Thymin und Guanin–Cytosin. A und T können aufgrund ihrer Struktur zwei, G und C drei Wasserstoffbrücken miteinander ausbilden. Beide Paare setzen sich aus jeweils einem Pyrimidin, C oder T, und einem Purin, G oder A, zusammen. Daher haben sie eine annähernd gleiche Raumausfüllung in der Doppelhelix.

Da die beiden DNA-Einzelstränge komplementär zueinander sind, ist in der DNA der molare Anteil von Adenin gleich dem von Thymin und der von Guanin gleich dem von Cytosin. Die Bruttobasenzusammensetzung einer DNA-Spezies aus den vier Basen kann wegen dieser Gesetzmäßigkeit als **GC-Gehalt** (molarer Anteil von G + C) ausgedrückt werden. DNAs verschiedener Organismen unterscheiden sich in ihrer Basenzusammensetzung (Tabelle 4.1).

4.1.2 Nukleotidsequenz

Ihre Spezifität und ihre Eignung als **Informationsträger** erhält die DNA aus der nahezu unerschöpflichen Vielfalt von Anordnungsmöglichkeiten der vier Nukleotide. Da jede Position des Polymers mit einem der vier Nukleotide besetzt sein kann, beträgt die Zahl der verschiedenen möglichen Sequenzen S bei einer Länge des Polymers von n Nukleotiden $S = 4^n$. Für das Kopieren der

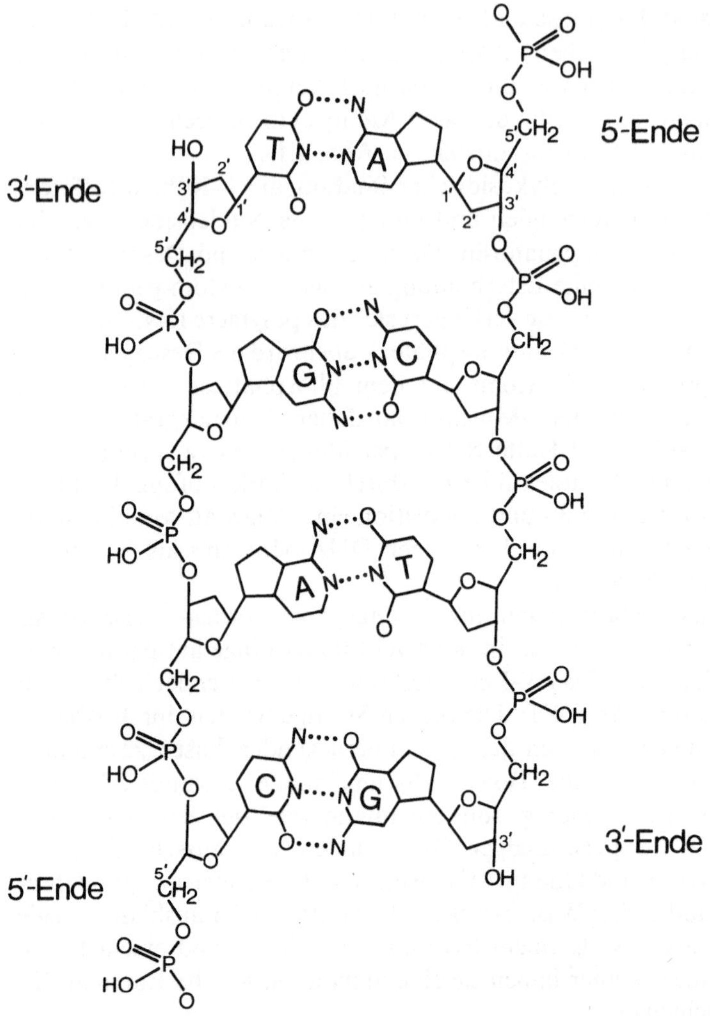

Abb. 4.3. Abgerollter DNA-Doppelstrang von vier Basenpaaren Länge. Die beiden Stränge verlaufen antiparallel. Die 3′- und 5′-Enden sind nach dem Kohlenstoffatom im Zuckermolekül benannt, das am Ende der Kette steht. Wasserstoffbrücken zwischen den Basenpaaren A-T und G-C sind punktiert wiedergegeben. (Mod. nach Dickerson 1983)

gespeicherten Information, die **Replikation** der DNA, und für das Ablesen der Information, die **Transkription** in eine RNA, ist die Basenpaarung die Voraussetzung. Bei der Transkription dient einer der beiden DNA-Einzelstränge als Matrize zur Synthese eines RNA-Stranges, bei der Replikation werden beide DNA-Einzelstränge als Matrizen für die sequenzgenaue Synthese neuer DNA-Stränge verwendet.

Tabelle 4.1. Bruttozusammensetzung verschiedener DNAs in molaren Prozentanteilen der Basen. (Aus Adams et al. 1986)

	Adenin	Thymin	Guanin	Cytosin	5-Methyl-cytosin	GC-Gehalt
Rind, Thymus	28,2	27,8	21,5	21,2	1,3	44,0
Ratte, Knochenmark	28,6	28,4	21,4	20,4	1,1	42,9
Hering, Testes	27,9	28,2	19,5	21,5	2,8	43,8
Paracentrotus lividus	32,8	32,1	17,7	17,3	1,1	36,1
Weizenkeime	27,3	27,1	22,7	16,8	6,0	45,5
Saccharomyces cerevisiae	31,3	32,9	18,7	17,1	–	35,8
Escherichia coli	26,0	23,9	24,9	25,2	–	50,1

4.1.3 Doppelhelixstruktur

Aus Röntgenbeugungsbildern erschlossen J. Watson und F. Crick 1953 erstmals die räumliche Struktur der DNA: die beiden Einzelstränge sind in Form einer Doppelhelix umeinander gewunden. Das Zucker-Phosphat-Rückgrat liegt außen. Innen stapeln sich geldrollenartig die planaren Moleküle der GC- und AT-Paare. Van der Waals-Kräfte und hydrophobe Wechselwirkungen zwischen den gestapelten Basen (stacking forces) stabilisieren die Doppelhelix. Weitere Röntgendiffraktionsstudien an DNA-Faserpräparaten und an DNA-Kristallen ergaben, daß die DNA in verschiedenen Konformationen, A, B, C und Z, auftreten kann, deren Vorkommen vom Feuchtigkeitsgehalt, dem Salzgehalt und der Basenzusammensetzung des DNA-Präparates abhängt. A-, B- und Z-Konformation sind in lebenden Zellen zu finden und werden deswegen im nächsten Abschnitt vorgestellt. Das lokale Vorkommen weiterer DNA-Konformationen in der Zelle (Tripel- und Quadrupelhelix) mit Basenpaarungen, die nicht vom Watson-Crick-Typ sind, wird z. Zt. diskutiert.

A-, B- und Z-DNA

In Tabelle 4.2 sind die A-, B- und Z-Form charakterisiert. A- und B-DNA sind rechtswendige Doppelhelices. In wäßrigem Milieu und damit auch in der lebenden Zelle kommt hauptsächlich die B-Konformation vor, stellenweise vermutlich auch die A-Konformation. Lokal ist in der Zelle die Z-Konformation vertreten. Sie ist eine linkswendige Doppelhelix, ihr Zucker-Phosphat-Rückgrat ist zickzackartig (daher der Name Z-DNA) gebogen (Abb. 4.4). RNA-Doppelstränge und DNA/RNA-Hybriden in wäßrigem Milieu ähneln der A-DNA.

In der rechtswendigen B-DNA besteht ein Umgang aus etwa 10 Basenpaaren. Zwischen den Zucker-Phosphat-Graten bilden sich zwei Furchen: eine kleine und eine große Furche (Abb. 4.4). Die große Furche eignet sich besonders gut für das Erkennen von DNA-Sequenzen durch Proteine. Der Boden

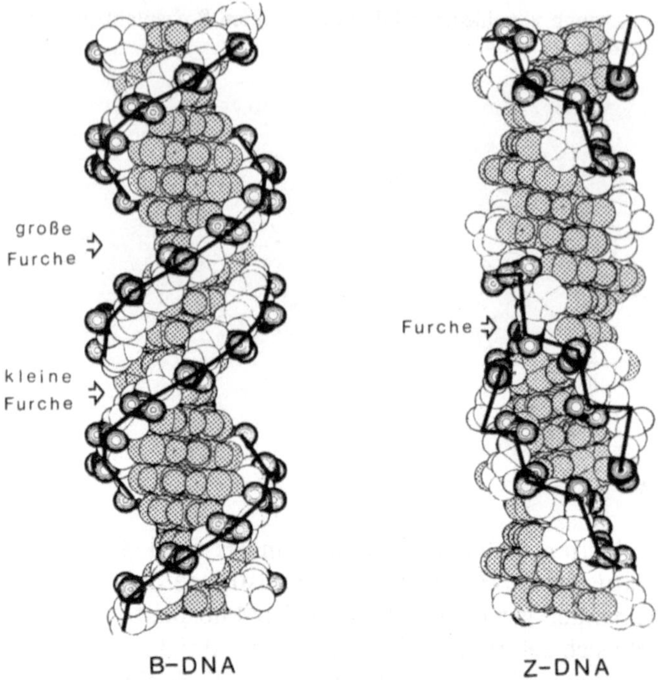

Abb. 4.4. B- und Z-DNA als van der Waals-Modelle. Die schwarze Linie zwischen den dunkel hervorgehobenen Phosphatresten soll den Verlauf des Zucker-Phosphat-Rückgrats verdeutlichen. Die Basen sind gerastert. Die einzige Furche der Z-DNA entspricht topologisch der kleinen Furche der B-DNA. (Mod. nach Rich 1983)

Tabelle 4.2. Struktureigenschaften der DNA-Doppelhelix nach kristallographischen Daten an kristallisierten Oligomeren. (Aus Dickerson 1983)

	A-DNA	B-DNA	Z-DNA
Windungsrichtung	rechts	rechts	links
Basenpaare pro Windung	10,9 bp	10,0 bp	12,0 bp
Helixlänge pro Basenpaar	0,292 nm	0,336 nm	G-C: 0,352 nm C-G: 0,413 nm
Helikale Versetzung pro Basenpaar	16,1° bis 44,1°	27,7° bis 42,0°	G-C: $-51{,}3°$ C-G: $-8{,}5°$
Lage der Helixachse	in der größeren Furche	zwischen den Basenpaaren	in der kleineren Furche

der Furche ist sequenzspezifisch mit Sauerstoff- und Stickstoffatomen gepflastert, die als Wasserstoffakzeptoren und -donatoren für die Kontaktaufnahme von Proteinen durch Wasserstoffbrückenbildung dienen können.

Alternierende Pyrimidin-Purin-Sequenzen, insbesondere alternierende CG-Folgen, haben die Fähigkeiten zur Bildung der linkswendigen Z-Konformation der DNA. Methylierung des Cytosins unterstützt diese Neigung noch. In der Zelle wird die Z-Konformation durch negative Superhelizität (s. unten) oder Z-DNA-bindende Proteine stabilisiert. Die Grundeinheit der Helix-Struktur in der Z-DNA ist das Dinukleotid, die Abfolge CG unterscheidet sich nämlich in allen molekularen Strukturparametern sehr stark von der Abfolge GC (s. Tabelle 4.2). Die Folge dieses Unterschieds ist der zickzackartige Verlauf des Zucker-Phosphat-Rückgrates (s. Abb. 4.4).

DNA-Kristalle, die aus kurzen synthetischen DNA-Stücken gezüchtet wurden, lieferten mit Hilfe der Röntgendiffraktion die genauen Daten für die in Tabelle 4.2 zusammengestellten Struktureigenschaften der A-, B- und Z-DNA. Bei solchen Untersuchungen zeigte sich, daß auch die Basenpaar-Stapel von der Anordnung idealer paralleler Flächen abweichen. Jedes Basenpaar hat in den verschiedenen DNA-Konformationen sein eigenes charakteristisches Ausmaß der Abweichung. Sowohl die Längsachse als auch die Querachse der Basenpaare kann gegen die Achse der DNA geneigt sein („base inclination" und „base roll"), und die beiden gepaarten Basen sind in unterschiedlichem Ausmaß gegeneinander verdreht („propeller twist").

Denaturieren und Renaturieren der Doppelhelix

Die DNA-Doppelhelix wird durch Erhitzen oder durch Alkalibehandlung in die Einzelstränge zerlegt (**denaturiert** oder **geschmolzen**). Die Einzelstränge nehmen dabei die Gestalt von ungeordneten Knäueln an. Der Schmelzpunkt ist abhängig von der Basenzusammensetzung der DNA und vom Salzgehalt der Lösung; er steigt mit dem GC-Gehalt der DNA und dem Salzgehalt der Lösung.

Die Einzelstränge können sich unter geeigneten Bedingungen auch wieder zu Doppelhelices zusammenfügen (**renaturieren, reassoziieren**). Die optimale Temperatur für die Renaturierung liegt etwa 25 °C unter der Schmelztemperatur. Die Fähigkeit, Doppelstränge zu bilden, ist nicht auf Einzelstränge der ursprünglichen Doppelhelices beschränkt. Auch andere ausreichend komplementäre Einzelstränge aus demselben oder anderen Genomen können molekular ,hybridisieren'. Selbst DNA-RNA-Hybride können gebildet werden. Die wichtigste Anwendung findet diese Eigenschaft beim Nachweis homologer bzw. komplementärer Sequenzen, wobei ein Partner der Reaktion, die Sonde oder ,Probe', radioaktiv markiert ist und durch Hybridisierung den anderen Partner kenntlich macht (Box 4.1). Renaturierte Doppelhelices haben bei perfekter Paarung wieder die ursprüngliche Schmelztemperatur. Basenfehlpaarungen in den komplementären Strängen („mismatch") machen sich in einer Erniedrigung des Schmelzpunktes bemerkbar.

4.1.4 Die Form der DNA-Fäden

Die DNA-Doppelhelices liegen je nach Herkunft und DNA-Sequenz in Form linearer Fäden, als kreuzförmige Strukturen oder als Ringe vor.

Box 4.1 Southern-Hybridisierung

Die gebräuchlichste molekularbiologische Methode ist eine Kombination von Gelelektrophorese und molekularer Hybridisierung. In der Southern-Hybridisierung kann man Restriktionsfragmente mit Sequenzhomologie zu einer Sonde nachweisen.

Dazu wird genomische DNA mit einem Restriktionsenzym verdaut (a) und die entstandenen Restriktionsfragmente werden durch Gelelektrophorese nach Größe aufgetrennt (b). Nach Denaturierung überträgt man das Muster der Fragmente vom Gel auf eine Membran (c). Nun wird die Membran mit einer radioaktiven, einzelsträngig gemachten DNA-Sonde unter Renaturierungsbedingungen inkubiert. Dabei bindet die Sonde an komplementäre DNA-Sequenzen auf der Membran (d). Dadurch markierte Restriktionsfragmente werden nach Exposition eines darauf gelegten Röntgenfilms als schwarze Bande sichtbar (e). Für die Markierung werden jetzt zunehmend nicht-radioaktive Verfahren eingesetzt.

(Beispiele: Abb. 10.6, 11.38)

Lineare DNA

Die etwa 2 nm dicken DNA-Fäden können z. B. in menschlichen Chromosomen eine Länge von einigen cm erreichen. Nach Isolation der DNA aus den Chromosomen findet man allerdings niemals so lange DNA-Stücke vor. Die extrem dünnen und langen Fäden sind in Lösungen den Scherkräften ausgesetzt, die sie selbst bei geringsten Bewegungen des Lösungsmittels in kürzere, stabilere Stücke zerreißen.

Die fadenförmigen DNA-Moleküle sind nach einer speziellen Präparation im Elektronenmikroskop erkennbar. Dabei zeigt sich eine gewisse Steifheit der DNA-Fäden. Je kürzer die Stücke linearer DNA sind, um so gerader und stabförmiger erscheinen sie in diesen Präparationen. Die Steifheit wird mit dem **Stapeleffekt** („stacking") der Basenpaare erklärt (s. voriges Kapitel). Trotzdem ist selbst die DNA kurzer Abschnitte biegbar. In Komplexen mit DNA-bindenden Proteinen, wie zum Beispiel dem lac-Repressor, wird der DNA-Faden winklig verbogen. In den Nukleosomen wird er sogar zweimal um einen Histonkern aus acht Histonmolekülen gewunden (s. Kap. 6, Chromatin).

Gebogene DNA

In Abhängigkeit von der Nukleotidsequenz kommen aber auch in sich gebogene DNA-Abschnitte vor. Sie fallen bei elektrophoretischer Auftrennung durch eine für ihre Größe zu geringe Wanderungsgeschwindigkeit auf. Ein Beispiel für solche sequenzabhängige Biegung ist die Kinetoplast-DNA der Trypanosomiden (Protozoa, Flagellata). Für die Biegung der Kinetoplast-DNA werden $(A)_{5-6}$-Strecken in einem Strang verantwortlich gemacht, die $(T)_{5-6}$-Strecken im anderen Strang gegenüberliegen (Abb. 4.5). Es ist noch nicht geklärt, durch welche Eigenschaft der Basen in diesen Strecken die Biegung zustandekommt, aber sie wiederholen sich im Abstand von zehn bis elf Basenpaaren und sind somit in Phase mit den Windungen der Doppelhelix. Der Beugeeffekt wird daher mit jeder Windung der Helix verstärkt.

```
           1         11        21        31        41        51
    5'  GAATTCCCAAAAATGTCAAAAAATAGGCAAAAAATGCCAAAAATCCCAAAC  3'
```

Zentrum der Biegung

Abb. 4.5. Die DNA-Sequenz der gebogenen Helix aus dem Kinetoplasten der Trypanosomide Leishmania tarentolae. Gezeigt wird der DNA-Strang mit den periodischen Folgen von $(A)_{5-6}$. (Nach Wu u. Crothers 1984)

Kreuzförmige DNA

Wiederholungen der Basensequenz gehören zu den häufig anzutreffenden
Besonderheiten der genomischen DNA. Sequenzwiederholungen sind entweder direkt (**direct repeat**) oder umgekehrt (**inverted repeat**). Die wiederholten
Sequenzblöcke sind dabei nach Art der Abb. 4.6 gleichsinnig oder im Gegensinn zueinander ausgerichtet. Ein Spezialfall des „direct repeat" ist der „**tandem repeat**", bei dem die Sequenzwiederholung unmittelbar aufeinanderfolgt.
Ein entsprechender Spezialfall des „inverted repeat" ist das **Palindrom**.

```
direct repeat     5'..GTGAGTT.....GTGAGTT..3'
                  3'..CACTCAA.....CACTCAA..5'


tandem repeat     5'..GTGAGTTGTGAGTT..3'
                  3'..CACTCAACACTCAA..5'


inverted repeat   5'..GTGAGTT.....AACTCAC..3'
                  3'..CACTCAA.....TTGAGTG..5'


Palindrom         5'..GTGAGTTAACTCAC..3'
                  3'..CACTCAATTGAGTG..5'
```

Abb. 4.6. Wiederholungen einer Sequenz
können in einem DNA-Molekül auf verschiedene Weise zueinander orientiert
sein. Das „tandem repeat" ist ein Spezialfall des „direct repeat", das Palindrom ein Spezialfall des „inverted repeat",
bei dem die Sequenzwiederholungen
ohne dazwischenliegende andere Sequenzen direkt aneinandergrenzen

Palindromische Sequenzen und „inverted repeats" können sich in zwei
Formen paaren:

- in normaler linearer DNA oder
- in einer kreuzförmigen Struktur („cruciform").

In der **Kreuzform** paart sich die DNA der Einzelstränge intramolekular und
bildet je eine Haarnadelschleife („hairpin loop") (Abb. 4.7). In entspannter
DNA ist die lineare DNA die stabile Form, da sie gegenüber der Kreuzform
thermodynamisch begünstigt ist. Dagegen begünstigt die Torsionsspannung in
negativ superhelikal gewundener DNA (s. unten) die Kreuzform.

Kodierungs- und Konformationsinformation

Wie die vorhergehenden Abschnitte zeigen, ist in der DNA-Sequenz nicht nur
eine Kodierungsinformation, sondern auch eine Information für die eigene
Konformation niedergelegt. Z-Konformation, gebogene Abschnitte und
Kreuzform werden durch spezifische DNA-Sequenzen bedingt oder ermög-
licht. Diese auffälligen sequenzabhängigen Strukturen sind nicht etwa seltene
Ausnahmen im Eukaryontengenom, sondern haben eine weite Verbreitung.
Sie erfüllen biologische Funktionen durch Bindung von speziellen Proteinen
und durch Beeinflussung der Superhelizität (s. S. 70).

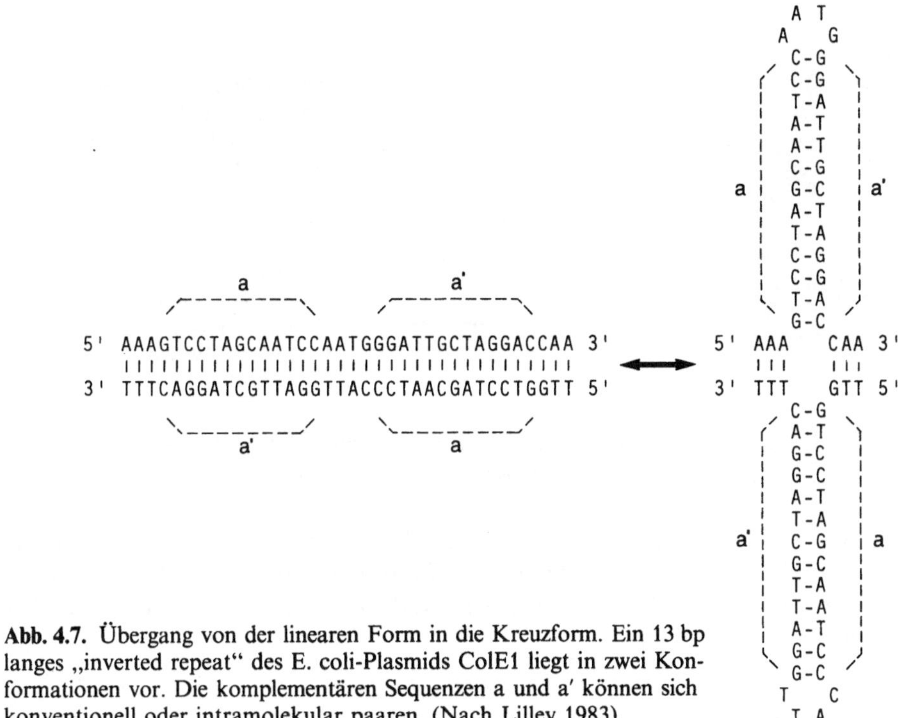

Abb. 4.7. Übergang von der linearen Form in die Kreuzform. Ein 13 bp langes „inverted repeat" des E. coli-Plasmids ColE1 liegt in zwei Konformationen vor. Die komplementären Sequenzen a und a' können sich konventionell oder intramolekular paaren. (Nach Lilley 1983)

DNA-Ringe

Ringförmige DNA-Moleküle sind von den meisten Plasmiden und vielen Viren- und Bakteriengenomen bekannt. In Eukaryontengenomen findet man ringförmige DNA in Mitochondrien und Plastiden. Chromosomale DNA enthält normalerweise keine Ringe. Die DNA der Chromosomen ist aber in Schleifendomänen organisiert, die sich wie Doppelstrang-Ringe verhalten, da ihre Ausgangspunkte in einer Matrix fixiert sind (s. Kap. 6, Chromatin). Die Gesetzmäßigkeiten, die für DNA-Ringe gefunden wurden und im folgenden dargestellt werden, gelten deswegen auch für chromosomale DNA.

DNA-Ringe sind entweder entspannt („**relaxed circles**") oder superhelikal gewunden („**supercoiled circles**"), d. h. die DNA ist zusätzlich zu den Doppelhelixwindungen umeinander verdrillt. Der Unterschied ist in Spreitungspräparaten im Elektronenmikroskop direkt sichtbar (Abb. 4.8), er macht sich aber auch in der Gelelektrophorese bemerkbar. Superhelikal gewundene Ringe bewegen sich im elektrischen Feld schneller durch ein Gel als entspannte Ringe.

Die in beiden Einzelsträngen kovalent geschlossenen DNA-Ringe können nicht einfach vom superhelikalen in den entspannten Zustand übergehen: Die DNA ist im Doppelstrang-Ring **topologisch fixiert**. Die beiden Ringformen sind topologisch verschiedene Isomere, sog. **Topoisomere**, der gleichen DNA. Erst die Aufhebung der topologischen Fixierung durch einen Einzelstrangbruch erlaubt dem superhelikal gewundenen und unter Torsionsspannung ste-

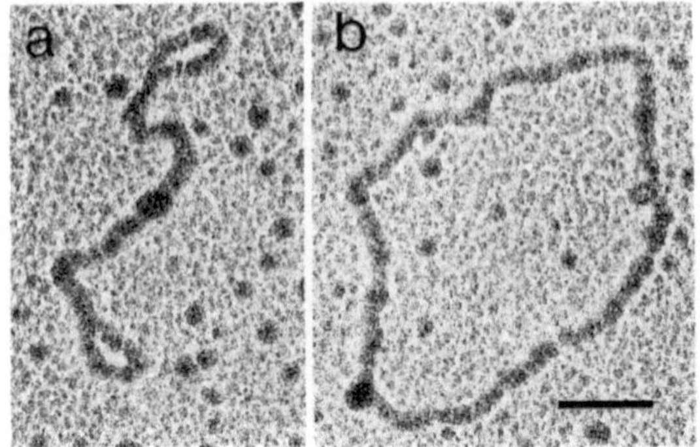

Abb. 4.8 a, b. Zwei topoisomere Formen eines DNA-Ringes. Superhelikal gewundener (**a**) und entspannter (**b**) DNA-Ring des Plasmids pBR322. pBR322 ist ein Konstrukt, das in der Gentechnik häufig als Vektor verwendet wird. Elektronenmikroskopische Aufnahme der gespreiteten DNA. Maßstab 0,1 µm. (K. W. Wolf, Lübeck)

henden Ring, in die entspannte Form überzugehen. Der unterbrochene Strang kann sich dann frei um den geschlossenen drehen. Einzelstrangbrüche sind der Grund dafür, daß man in länger stehenden Lösungen von superhelikal gewundenen DNA-Ringen einen größer werdenden Anteil an entspannten Ringen findet. In der Zelle können Enzyme, die **Topoisomerasen**, DNA-Ringe öffnen, den Torsionsgrad der DNA verändern und die Öffnung wieder schließen, also Topoisomere herstellen.

Topoisomerasen

Man kennt zwei Typen von Topoisomerasen. Topoisomerasen vom **Typ I** können Einzelstränge öffnen und wieder verschließen und dabei einen anderen Strang durch den Bruch treten lassen (Abb. 4.9 a–c). Die Überführung superhelikal gewundener Ringe in die entspannte Form (Abb. 4.9 c) erfordert kein ATP; die Energie stammt aus der Verdrillung. Ein anderer Typ von Topoisomerasen, **Topoisomerase II**, kann Doppelstränge schneiden und wieder verschließen (Abb. 4.9 d–f). Diese Enzyme sind in der Lage, zwei nach Art der Kettenglieder miteinander verbundene DNA-Doppelstrang-Ringe auseinanderzuführen, ohne daß sie ihre Sequenzintegrität verlieren (Abb. 4.9 d). Gyrase, eine Topoisomerase II von Prokaryonten, kann DNA unter ATP-Verbrauch superhelikal aufwinden (Abb. 4.9 f). Bisher bekannte Formen der Eukaryonten-Topoisomerase II können das allerdings nicht.

Maß für die Superhelizität

Topoisomerasen verändern durch Öffnen, Aufwinden oder Entwinden und Schließen des DNA-Rings die „**linking number**". Die „linking number" (L_k) gibt an, wie oft bei topologisch fixierter DNA der eine Strang um den anderen gewunden ist. Im entspannten Zustand entspricht die „linking number" der Zahl der Doppelhelixwindungen („**helical twists**", T_w), also etwa der Zahl der Basenpaare geteilt durch 10. In diesem Falle ist $L_k = T_w$. Anderenfalls ist die

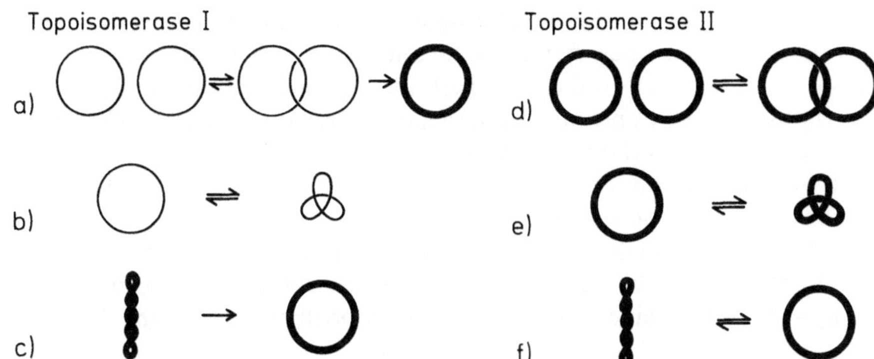

Abb. 4.9 a–f. Topoisomerasen können DNA-Moleküle öffnen, nach dem Durchtritt einer anderen DNA wieder schließen und dadurch topologisch verschiedene Isomere herstellen. Topoisomerase I kann: **a** einzelsträngige DNA-Ringe ineinander oder auseinander führen und, falls es sich um komplementären Ringe handelt, daraus einen Doppelstrangring machen, **b** einsträngige Ringe zu einem topologischen Knoten verknüpfen und **c** doppelsträngige DNA-Ringe durch Öffnen und Schließen eines Stranges relaxieren. Topoisomerase II kann doppelstängige DNA-Ringe **d** aus- und ineinander führen, **e** topologisch verknoten, **f** relaxieren (ohne ATP) oder superhelikal aufwinden (ATP-bedürftig). *Dünne Striche:* Einzelstrang-DNA; *dicke Striche:* Doppelstrang-DNA. (Mod. nach: Wang 1980)

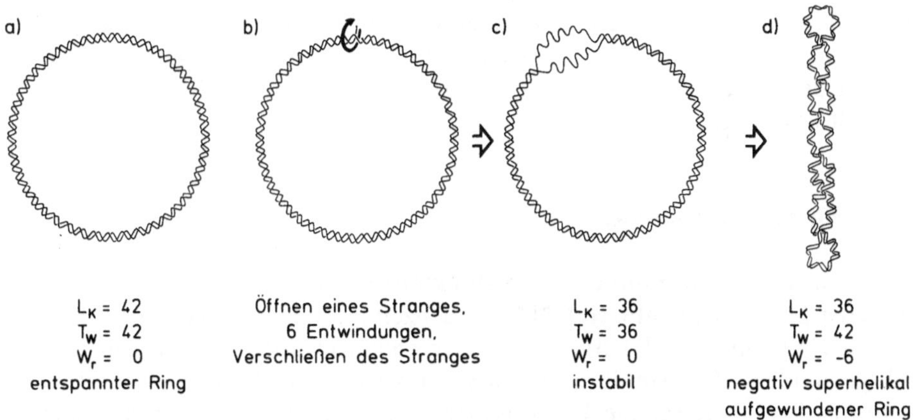

Abb. 4.10 a–d. Beispiel für den Zusammenhang zwischen „linking number" L_k, Doppelhelixwindungen T_w und Superhelizität W_r. Da $L_k = T_w + W_r$ ist und die DNA danach strebt, die Doppelhelixwindungen einzuhalten, muß sie sich superhelikal aufwinden, falls $L_k \neq T_w$ ist. (Mod. nach Saenger 1984)

Zahl der superhelikalen Windungen umeinander, die **Superhelizität** oder **„writhing number"** (W_r), noch zu den Doppelhelix-Windungen hinzuzuzählen, um die „linking number" zu erhalten: $L_k = T_w + W_r$. Für entspannte Ringe ist $W_r = 0$.

Der Zusammenhang zwischen „linking number" und Superhelizität ist in Abb. 4.10 schematisch dargestellt. Öffnen des einen Stranges, Drehen des einen freien Endes um den geschlossenen Strang und Wiederverbinden mit dem anderen freien Ende verändert die „linking number" um den Betrag der Drehungen. Da die DNA dazu tendiert, die Doppelhelixwindungen einzuhalten – T_w also konstant bleibt –, muß sich die DNA superhelikal aufwinden. Je nachdem ob sich L_k erhöht oder verringert, nimmt dadurch die Superhelizität W_r zu oder ab. Sie kann positive oder negative Werte annehmen, die Verdrillung dementsprechend linkswendig oder rechtswendig.

In der lebenden Zelle sind Ringe meist leicht negativ superhelikal gewunden. W_r ist negativ. Die „linking number" L_k ist dabei entsprechend der Formel $L_k = T_w + W_r$ kleiner als die Zahl der Doppelhelixwindungen T_w.

Interkalierende Moleküle

Negativ superhelikal gewundene DNA-Ringe werden ohne Brüche durch Substanzen entwunden, die sich zwischen die Basenpaare einschieben (**interkalieren**). Das können einige planare Moleküle wie z. B. das Ethidiumbromid. Sie verändern dabei die Konformation der DNA und vermindern die Zahl der Doppelhelixwindungen T_w pro DNA-Segment (Abb. 4.11). Da die DNA-Stränge kovalent geschlossen sind, bleibt die „linking number" konstant. Entsprechend der Formel $L_k = T_w + W_r$ nimmt der Wert W_r für Superhelizität zu. Die negative Superhelizität z. B. eines Plasmidringes geht mit zunehmender Interkalation erst gegen 0 und nimmt dann sogar positive Werte an. Die Ringe entspannen sich zunächst und werden durch weitere Interkalation bei Erhöhung der Ethidiumbromidkonzentration im Gegensinn positiv superhelikal verdrillt (Abb. 4.12).

Superhelizität und Funktion

Superhelizität hat vermutlich einen direkten Einfluß auf die Konformation spezieller DNA-Segmente. In DNA-Sequenzen mit der Fähigkeit zur Bildung von Z-DNA wird der Übergang von der rechtsgewundenen B-Form in die linksgewundene Z-Form durch negative Superhelizität des Ringes gefördert, da durch den Übergang die Torsionsspannung gemindert wird. In umgekehrter Richtung verändert die Annahme oder Aufgabe der Z-Konformation die

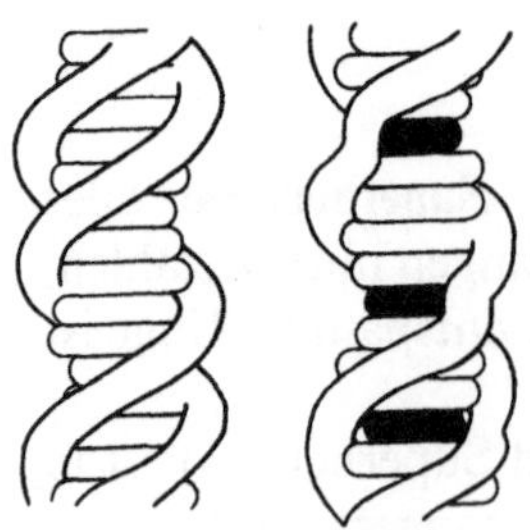

Abb. 4.11. Interkalation planarer Moleküle (schwarz) wie Ethidiumbromid, Acridinderivate oder Actinomycin zwischen die Basenpaare. Die Doppelhelix wird verzerrt, die Zahl der Doppelhelixwindungen pro DNA-Segment verringert. (Nach Waring 1981)

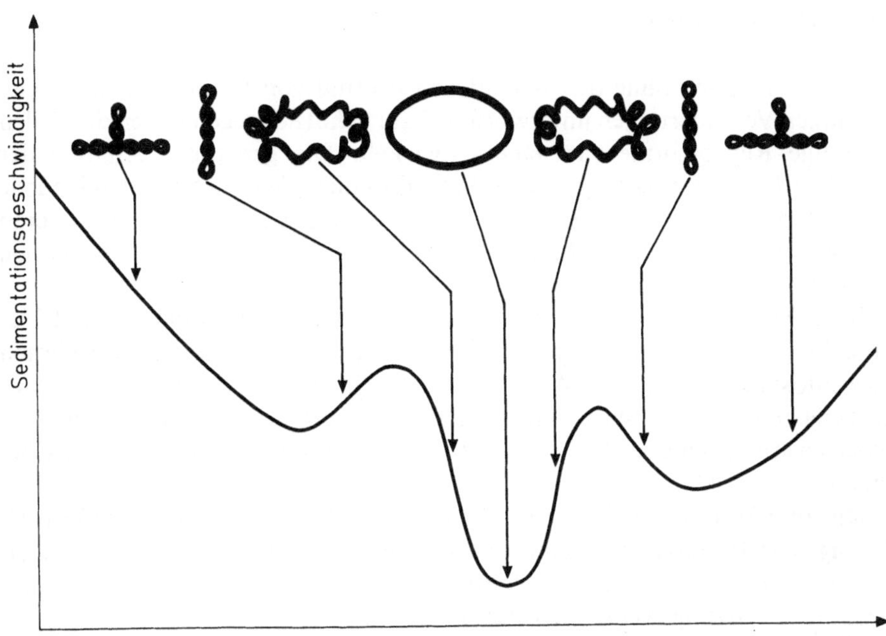

Abb. 4.12. Einfluß der Interkalation auf superhelikal gewundene DNA-Ringe. Mit zunehmender Konzentration der interkalierenden Substanz, hier Ethidiumbromid, werden die negativ superhelikal aufgewundenen Ringe zunächst in die entspannte Ringform und dann im Gegensinn (positiv) superhelikal aufgewunden. (Nach Bauer 1980)

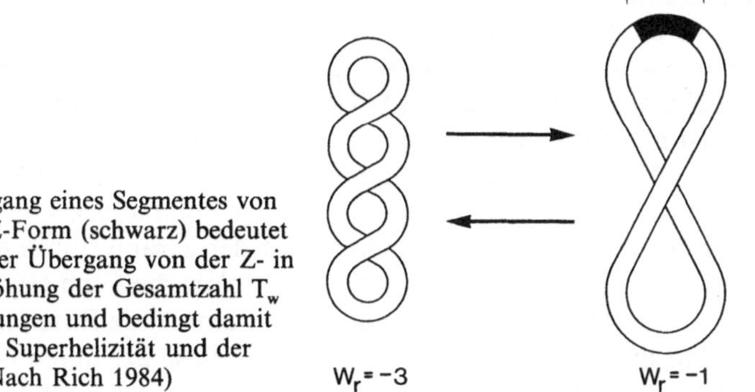

Abb. 4.13. Der Übergang eines Segmentes von der B- (weiß) in die Z-Form (schwarz) bedeutet eine Verminderung, der Übergang von der Z- in die B-Form eine Erhöhung der Gesamtzahl T_w der Doppelhelixwindungen und bedingt damit eine Veränderung der Superhelizität und der Torsionsspannung. (Nach Rich 1984)

Superhelizität (Abb. 4.13). Das gleiche gilt für „inverted repeats" beim Übergang von der linearen Form in die Kreuzform (vgl. Abb. 4.7). Negative Superhelizität begünstigt die für die Transkription und Replikation notwendige lokale Trennung der Einzelstränge. Veränderungen der Superhelizität durch regulierte Übergänge zwischen der B- und Z-Form spielen daher nach den derzeitigen Vorstellungen eine Rolle bei der Steuerung der Replikation und der Transkription.

4.1.5 DNA-Reparatur

Die DNA ist auch ohne den schädlichen Einfluß von Mutagenen ständigen
spontanen Veränderungen unterworfen. Zum Schutz dagegen haben die Zellen
vielfältige Reparaturmechanismen entwickelt. Die genetische Analyse der
Hefe *Saccharomyces cerevisiae* legt nahe, daß diese Art etwa 50 verschiedene
DNA-Reparaturenzyme besitzt. Es ist nicht zu erwarten, daß die höheren
Pflanzen und Tiere, die mehr DNA haben, mit weniger Reparaturenzymen
auskommen.

Beim Menschen ist eine Reihe von Erbkrankheiten bekannt, die auf Defekte im DNA-Reparatur-System zurückgehen. Dazu gehören Xeroderma
pigmentosum, die Fanconi-Anämie, das Cockayne-Syndrom, Ataxia telan-
giectasia und das Bloom-Syndrom. Patienten mit diesen Krankheiten sind
hypersensitiv gegenüber UV-Licht, Röntgenstrahlung oder mutagenen Che-
mikalien.

Die am häufigsten auftretende Form der DNA-Schädigung ist die **Depuri-
nierung**. Die Purinbasen Adenin und Guanin lösen sich unter Bruch der N-
Glykosyl-Bindung von der Desoxyribose. Eine menschliche Zelle verliert auf
diese Art schätzungsweise 5000 Purine pro Tag.

Eine andere regelmäßig auftretende Veränderung ist die **Desaminierung** der
Basen Cytosin, Adenin und Guanin. Die spontane Desaminierungsrate wird
auf etwa 100 pro menschliches Genom und Tag geschätzt. Die Desaminierung
verwandelt Cytosin in Uracil. Durch den Übergang von Cytosin zu Uracil
verändert sich die Paarungseigenschaft: Uracil verhält sich wie Thymin. Die
Desaminierung läßt, wenn sie nicht vorher erkannt und repariert wird, in der
nächsten Replikationsrunde ein A-T-Basenpaar anstelle des G-C-Paares entstehen. Einen ähnlichen Wechsel macht desaminiertes 5-Methylcytosin durch:
es wird zu Thymin und verändert seine Paarungseigenschaft entsprechend.
Von den vielfältigen Veränderungen durch mutagene Agentien ist die Bildung
von Thymin-Dimeren durch UV-Strahlung die bekannteste.

Fast alle Reparaturmechanismen beruhen auf der Doppelsträngigkeit der
DNA. Die geschädigte Region eines Stranges wird erkannt und herausgeschnitten, die Lücke durch eine DNA-Polymerase komplementär zu den
Basen im Partnerstrang aufgefüllt und der Strang durch eine Ligase wieder
geschlossen. In speziellen Fällen wird die Vorarbeit von Glykosilasen geleistet,
die veränderte, normalerweise nicht vorkommende Basen in der DNA erkennen und hydrolytisch entfernen. Für jede Base existieren mehrere spezifische
Glykosilasen. Die Reparatur wird anschließend wie oben geschildert durch
Herausschneiden und Doppelstrangauffüllung zu Ende geführt.

4.1.6 DNA-Replikation

Die komplementäre Basenpaarung in der doppelsträngigen DNA hat bei ihrer
Entdeckung sogleich auch einen Mechanismus für die Replikation nahegelegt:
beide Einzelstränge dienen als Matrize für die Synthese je eines neuen Stranges

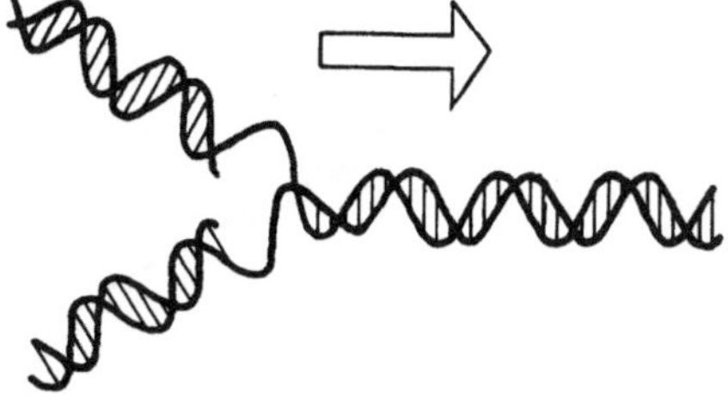

Abb. 4.14. Die Replikationsgabel schreitet in Pfeilrichtung voran. Beide Einzelstränge der Doppelhelix dienen als Matrize für die Synthese neuer Einzelstränge

(Abb. 4.14). Die DNA-Replikation ist **semikonservativ**: jede Tochter-Doppelhelix setzt sich aus einem alten und einem neu synthetisierten Einzelstrang zusammen. Das Substrat für die DNA-Polymerasen sind 5'-Nukleosid-Triphosphate, die unter Abspaltung von Pyrophosphat als 5'-Nukleosid-Monophosphate die Kette verlängern.

An der Stelle der DNA-Replikation öffnen sich die beiden DNA-Einzelstränge zu einer Y-förmigen Figur, der **Replikationsgabel** (Abb. 4.14). Die Replikationsgabel bewegt sich mit fortschreitender Replikation auf dem DNA-Faden voran. Alle bekannten DNA-Polymerasen können nur in 5'-3'-Richtung fortschreitend neue Nukleotide anhängen. Sie benötigen ein 3'OH-Ende einer basengepaarten Nukleinsäuresequenz, einen sog. *Primer*, für die Kettenverlängerung. Die Replikation ist deswegen an der Replikationsgabel asymmetrisch. Nur an einem Strang, dem „**leading strand**", ist die DNA-Synthese kontinuierlich; an dem anderen, dem „**lagging strand**", ist sie diskontinuierlich (Abb. 4.15a). An diesem Strang werden zunächst kurze, ca. 10 bp lange RNA-Stücke als Primer von einer Primase synthetisiert. An das 3'-Ende des Primers werden dann die nach ihrem Entdecker benannten **Okazaki-Fragmente** von der DNA-Polymerase in 5'-3'-Richtung synthetisiert. Okazaki-Fragmente sind bei Prokaryonten 1000 bis 2000 Nukleotide lang, bei Eukaryonten haben sie nur eine Länge von 100–200 Nukleotiden. Ein DNA-Reparaturenzym entfernt die Primer-RNA nach Erfüllung ihrer Aufgabe und füllt die entstehende Lücke auf. Der DNA-Strang wird schließlich durch eine Ligase geschlossen.

DNA-Polymerasen haben eine 3'-5'-Exonukleaseaktivität, die für ein Korrekturlesen der gerade eingebauten Nukleotide wichtig ist. Hin und wieder zufällig eingebaute Strukturvarianten der Basen kann die Exonuklease sofort wieder entfernen. Damit sind aber noch nicht alle an der Replikation beteiligten Faktoren genannt. Die DNA-Doppelhelix muß für die rasch voranschreitende Replikationsgabel geöffnet, dabei entwunden und offengehalten werden. Eine Helicase entwindet die DNA bei Prokaryonten. Weiter werden einzelstrangbindende Proteine benötigt (Abb. 4.15b). Sie halten die Einzelstränge ungepaart und verhindern die Bildung von „hair pin loops". Sie sind besonders reichlich auf dem „lagging strand" vorhanden, an dem die DNA-Synthese diskontinuierlich abläuft. Die bei der Entwindung notwendige Rotation der Doppelhelix wird durch Topoisomerasen ermöglicht.

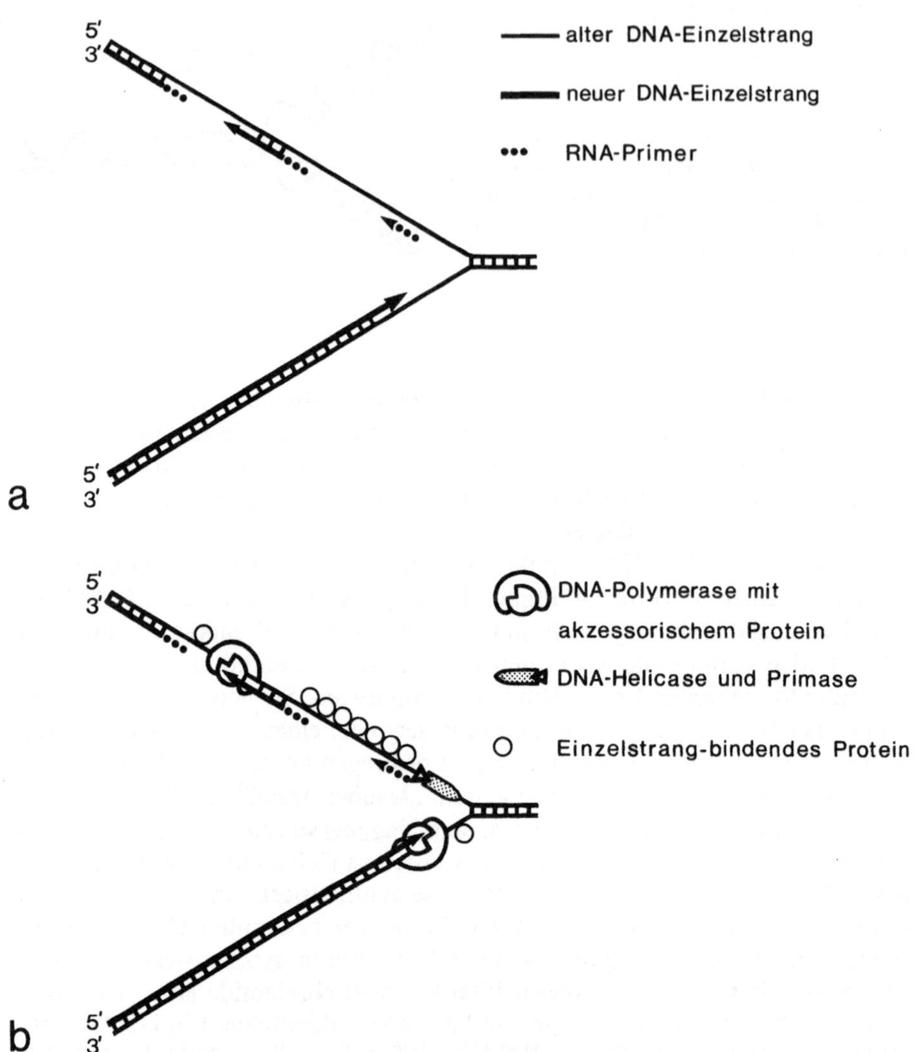

Abb. 4.15 a, b. DNA-Synthese an der Replikationsgabel. **a** Kontinuierliche DNA-Synthese auf dem „leading strand", diskontinuierliche DNA-Synthese auf dem „lagging strand". **b** Die Replikationsgabel des Bakteriophagen T4 mit den beteiligten Enzymen. Die T4-Polymerase ist das Produkt des T4-Gens 43. Die polymeraseakzessorischen Proteine, Produkte der T4-Gene 44, 62 und 45, halten die DNA in einer geeigneten Position für die Polymerase. Die Helicase, das Produkt des T4-Gens 41, öffnet die Doppelhelix und sorgt zusammen mit dem Produkt des T4-Gens 61 als Primase für die Synthese der RNA-Primer. Die Proteine wirken in einem Multienzymkomplex zusammen. Einzelstrangbindende Proteine, das Produkt des T4-Gens 32, stabilisieren die Einzelstränge. (Nach Alberts 1985)

Bei den Eukaryonten sind zwei Polymerasen, die Polymerase α, die mit einer Primase verbunden ist, und Polymerase δ, die durch PCNA („proliferating cell nuclear antigen") stimuliert wird, an der Replikation beteiligt. Nach einem derzeit diskutierten Modell ist der Polymerase α-Primase-Komplex für die diskontinuierliche Replikation des „lagging strand" verantwortlich, während der Polymerase δ-PCNA-Komplex die kontinuierliche Replikation des „leading strand" durchführt.

Lebenswichtige Gene erfordern eine hohe Genauigkeit des Replikationsvorganges. Je mehr solcher essentieller Gene ein Genom enthält, um so höher muß statistisch gesehen die Präzision des Replikationsvorganges sein, damit ein Organismus eine genügende Zahl lebensfähiger Nachkommen erzeugen kann. Kleine Genome wie die des RNA-Bakteriophagen Qβ mit etwa 4000 b Länge können sich einen weniger genau arbeitenden Replikationsapparat leisten. Größere Genome wie die der Prokaryonten und großen Bakteriophagen (z. B. T4 oder gar der Eukaryonten benötigen einen präziser arbeitenden Replikationsmechanismus. Der geschilderte recht kompliziert organisierte Vorgang der DNA-Replikation wird daher als eine Anpassung an die Erfordernis großer Genauigkeit bei großen Genomen gesehen.

4.1.7 Transkription

Bei der Transkription der genetischen Information in einen RNA-Strang wird nur einer der beiden DNA-Einzelstränge abgelesen. Er dient einer RNA-Polymerase als Matrize zur Synthese einer komplementären RNA. In der RNA tritt Uracil an die Stelle des Thymins, ein A in der Matrize wird daher zu U im Transkript. Im Gegensatz zur Replikation bleibt bei der Transkription der neusynthetisierte Strang nicht in Basenpaarung mit der Matrize, sondern wird frei. Die DNA-Doppelhelix entwindet und öffnet sich vor der transkribierenden RNA-Polymerase in die beiden Einzelstränge und schließt sich hinter ihr wieder (Abb. 4.16).

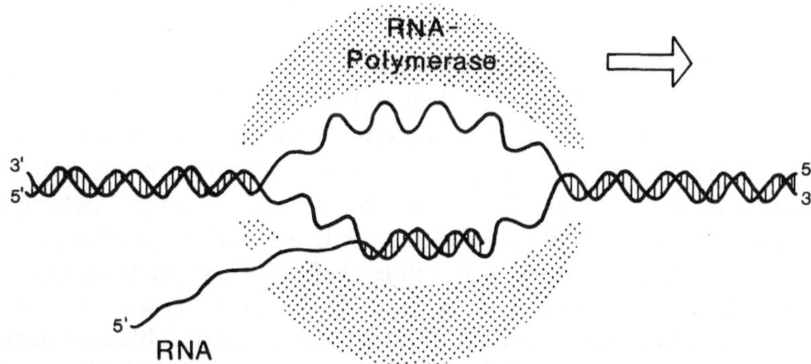

Abb. 4.16. Transkription einer RNA von einer DNA-Doppelhelix. Die Doppelhelix ist lokal geschmolzen. Der Pfeil gibt die Richtung der fortschreitenden Polymerase an

4.2 RNA

RNA (Ribonukleinsäure, ribonucleic acid) ist wie die DNA eine Polymerkette aus Nukleotiden. Sie entsteht im allgemeinen durch Transkription der DNA. RNAs sind die intermediären Informationsträger für die Expression der Gene. Sie stellen wichtige Komponenten des Proteinbiosyntheseapparates, und sie sind Bestandteile kleiner cytoplasmatischer und nukleärer Partikel. Aber sie sind, obwohl reichlich in Kernen und an Chromosomen vorhanden, vermutlich nicht an der Struktur der Chromosomen beteiligt.

4.2.1 Struktur der RNA

Die Monomere der RNA sind etwas verschieden von denen der DNA. Der Zuckeranteil ist eine Ribose anstelle der Desoxyribose. Die häufigsten Monomere sind die Ribonukleotide der vier Basen Adenin, Guanin, Cytosin und Uracil (s. Abb. 4.1). Uracil ersetzt das in der DNA vorkommende Thymin. Daneben gibt es eine Reihe seltener Bausteine wie 5-Methylcytosin, Inosin, Pseudouridin oder N^6-Isopentyl-adenosin. Sie entstehen nach der Transkription durch Modifikation der klassischen vier Nukleotide.

RNA-Moleküle können wie DNA-Moleküle durch Paarung komplementärer Basen Doppelhelices bilden. Auch RNA-DNA-Hybriddoppelstränge sind möglich. Uracil paart sich dabei wie Thymin. RNA-Doppelhelices sind rechtswendig und ähneln in den Struktureigenschaften der A-Konformation der DNA. RNAs kommen in der Zelle jedoch nicht in komplementären Doppelsträngen wie die DNA, sondern als Einzelstränge vor. Innerhalb des Stranges können aber komplementäre Sequenzen für intramolekulare Paarung sorgen. Von vielen RNAs sind Sekundärstrukturen mit doppelsträngigen Abschnitten und einzelsträngigen Schleifen bekannt (Abb. 4.17, 4.18).

4.2.2 RNA-Klassen

Drei RNA-Klassen, **mRNAs** (messenger RNAs), **rRNAs** (ribosomale RNAs) und **tRNAs** (transfer RNAs), haben Funktionen in der Proteinbiosynthese. Zwei weitere RNA-Klassen, **snRNAs** (small nuclear RNAs, kleine Kern-RNAs) und **scRNAs** (small cytoplasmic RNAs), sind Bestandteile kleiner Partikel im Kern bzw. Cytoplasma (Tabelle 4.3). Eine Gruppe heterogener hochmolekularer Transkriptionsprodukte im Kern wird als **hnRNA** (heterogeneous nuclear RNA) bezeichnet. Unter ihnen befinden sich auch die prä-mRNAs als Vorläufer der mRNAs. Nur wenige RNAs sind so, wie sie von der DNA transkribiert werden, bereits funktionstüchtig. Sie durchlaufen normalerweise erst einen Reifungsprozeß, in dem Basen modifiziert und Abschnitte entfernt oder zugefügt werden.

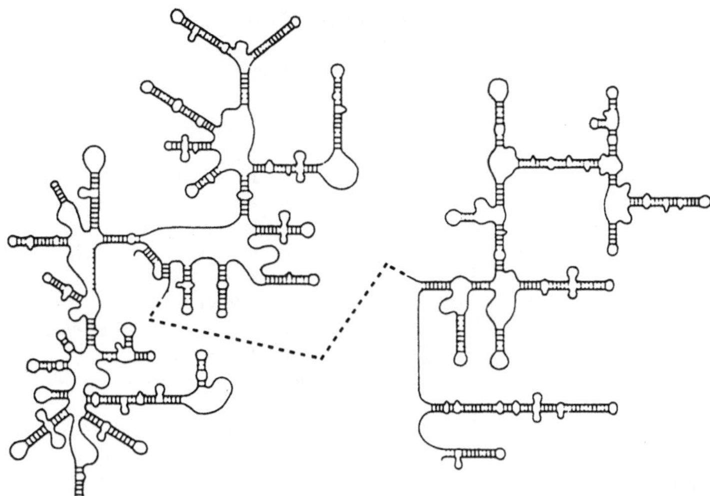

Abb. 4.17. Sekundärstruktur der 18S RNA von *Xenopus laevis* (Aus Brimacombe 1984)

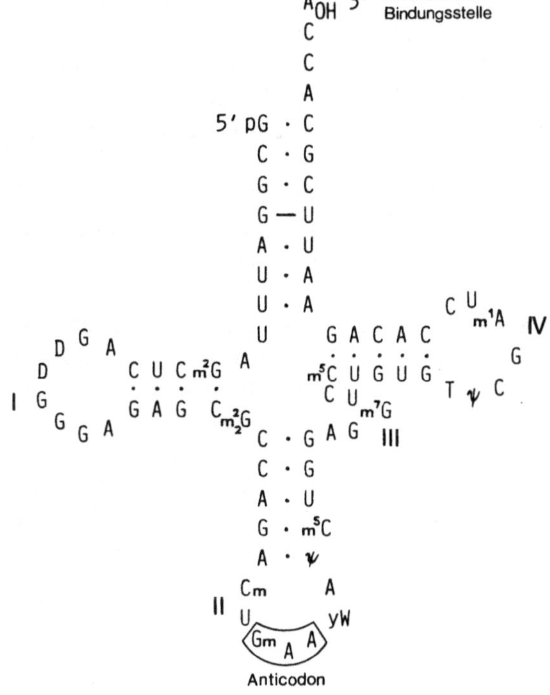

Abb. 4.18. Sekundärstruktur der Hefe tRNA^{Phe}. Gepaarte und ungepaarte Abschnitte ergeben eine Kleeblattform mit vier Schleifen (I, II, III und IV). Die Raumstruktur ist L-förmig. Wasserstoffbrükken werden durch Punkte symbolisiert, zwischen dem Ausnahmepaar G–U durch einen Strich. Neben den Standard-Nukleosiden kommen modifizierte Nukleoside vor: ψ Pseudouridin, Cm 2'0-Methylcytidin, m^{2}G N^2-Methylguanosin, m$_2^2$G N^2-Dimethylguanosin, m^{7}G 7-Methylguanosin, m^{1}A 1-Methyladenosin, Gm 2'-0-Methylguanosin

In der Zelle sind RNAs meist mit Proteinen zu Ribonukleoproteinen, **RNPs**, komplexiert. Mitochondrien und Plastiden haben eigene RNAs, die denen der Prokaryonten ähnlich sind. Sie werden im folgenden nicht behandelt.

Tabelle 4.3. Größe und Lokalisation von RNAs

	Größe	Lokalisation
mRNAs	mehrere Hundert – mehrere Tausend bp	mit Ribosomen assoziiert im Cytoplasma
28 S rRNA	3,6– 5,0 kb	in der großen Untereinheit der Ribosomen
18 S rRNA	1,6– 2,4 kb	in der kleinen Untereinheit der Ribosomen
5,8 S rRNA	158–162 b	in der großen Untereinheit der Ribosomen
5 S rRNA	116–121 b	in der großen Untereinheit der Ribosomen
tRNAs	70– 90 b	im Cytoplasma
snRNAs	100–300 b	in snRNPs im Kern
7 S RNA	305 bp	in ‚signal recognition particles' im Cytoplasma
hnRNAs	2– 14 kb	im Kern

mRNAs

mRNAs sind außerordentlich heterogen, da alle proteinkodierenden Gene in mRNAs transkribiert werden. Es gibt bei Eukaryonten sogar noch mehr verschiedene mRNA-Spezies als Gene. Manche Gene erzeugen nämlich durch unterschiedliche Prozessierung verschiedene mRNAs (s. Kap. 5.2). Die mRNA-Längen variieren von einigen hundert bis zu einigen tausend Nukleotiden. Reife Eukaryonten-mRNAs haben eine charakteristische Struktur (Abb. 4.19). Das 5'-Ende trägt eine Kappe („**cap**"). Sie besteht im einfachsten Fall aus einem 7-Methylguanosin, das über eine Triphosphatbrücke verkehrt, d. h. in 5'-Position, mit dem 5'-Transkript-Ende verbunden ist, sowie einigen weiteren methylierten Nukleotiden. Auf eine nicht-kodierende Region am 5'-Ende folgt der kodierende Abschnitt, der die Information für ein Protein trägt. Dieser Abschnitt enthält ein bei der Translation genutztes sog. **offenes Leseraster** (ORF, „**o**pen **r**eading **f**rame"), eine Nukleotidsequenz, die in einem Triplettraster eine ununterbrochene Aminosäuresequenz kodiert. Die Tripletts sind die Kodierungseinheiten (Kodons) für die Aminosäuren. Der Abschnitt beginnt mit dem AUG-Kodon für Methionin als Startkodon der Translation und endet mit einem Stopkodon. Dem kodierenden Abschnitt schließt sich eine weitere nicht-kodierende Region an. Die Mehrzahl der mRNAs besitzt am 3'-Ende einen Schwanz aus ca. 150–200 Adenosin-monophosphat-Resten. Ausnahmen davon sind die meisten Histon-mRNA-Moleküle.

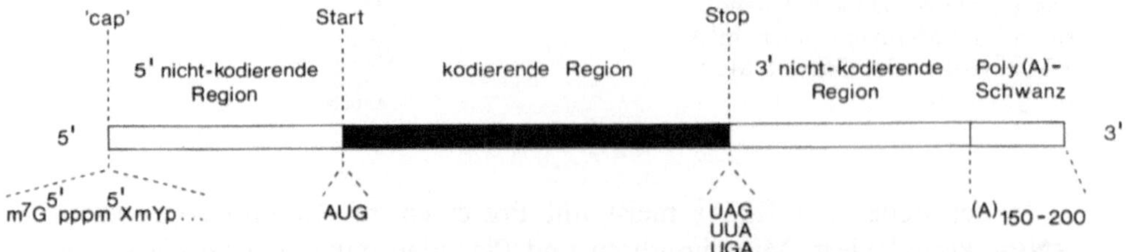

Abb. 4.19. Typischer Aufbau einer Eukaryonten-mRNA. Die angegebenen Sequenzen sind: „cap"-Struktur, Start- und Stopcodons für die Translation und Poly (A)-Schwanz

rRNAs

Die Hauptmenge der zellulären RNA ist in den Ribosomen enthalten. Man
kann vier Spezies ribosomaler RNA nach ihrer Größe unterscheiden. Sie werden aufgrund ihrer Sedimentationseigenschaften als 28S rRNA, 18S rRNA,
5,8S rRNA und 5S rRNA bezeichnet. Ihre Längen variieren in engen Grenzen
zwischen Organismenarten (s. Tabelle 4.3). 18S rRNA ist in der kleinen ribosomalen Untereinheit enthalten. Die übrigen drei Spezies kommen in der großen
ribosomalen Untereinheit vor (Abb. 4.20).

	Ribosom	Untereinheiten	RNAs	Proteine
		60S	28 S RNA (4718 b)	≈45
Abb. 4.20. Zusammensetzung	80S		5,8 S RNA (158 b)	
eines Ratten-Ribosoms aus			5 S RNA (121 b)	
4 RNAs und ca. 75 Proteinen		40S	18 S RNA (1874 b)	≈30

tRNAs

Transfer-RNAs sind kleine Moleküle von etwa 70–90 Nukleotiden Länge, die
bei etwa 4S sedimentieren. Sie haben die wichtige Funktion des Übersetzers in
der Proteinbiosynthese. tRNAs übersetzen den 3-Basen-Code der mRNA in
den Aminosäure-Code der Proteine. Dafür haben sie eine Region, die den
3-Basen-Code erkennt, das Anticodon, und eine Aminosäurebindungsstelle (s.
Abb. 4.18). Für jede der 20 verschiedenen Aminosäuren gibt es mindestens
eine, meist sogar mehrere tRNA-Spezies.

tRNAs enthalten einen hohen Anteil an ungewöhnlichen Nukleosiden. Am
häufigsten davon sind Methylcytosin und Pseudouridin. Als Sekundärstruktur
wird die Anordnung der basengepaarten und einsträngigen Bereiche der
tRNA aufgefaßt. Sie wurde als Kleeblattstruktur beschrieben (s. Abb. 4.18).
Die dreidimensionale tertiäre Struktur ähnelt einem L.

snRNAs und scRNAs

snRNAs sind Bestandteile von RNA-Proteinkomplexen im Kern, den
snRNPs („snurps"). Es sind kleine Moleküle von 100–200 Nukleotiden
Länge. Man kennt sechs verschiedene häufige Spezies, U1–U6, und eine Reihe
weiterer seltener Spezies („U", weil sie uracilreich sind). U1-, U2-, U5- und
U4/U6-Partikel sind beim Spleißen der mRNA beteiligt (s. Kap. 5.2.1).

scRNAs sind Bestandteile von kleinen cytoplasmatischen Partikeln, den
scRNPs („scyrps"). Das am genauesten bekannte dieser Partikel ist das „signal
recognition particle", das die Signalsequenz naszierender sekretorischer Proteine erkennt und darauf an einen Rezeptor in der Membran des endoplasmatischen Retikulums bindet. Die 7S RNA mit 305 b Länge ist Bestandteil dieses
Partikels.

4.3 Chromosomale Proteine

Bei den chromosomalen Proteinen werden **Histone** und **nicht-histonchromo-somale Proteine** unterschieden. Die Einteilung folgt nach rein praktischen Gesichtspunkten. Histone heben sich deutlich als recht gut charakterisierte, einheitliche Gruppe von den sehr uneinheitlichen nicht-histonchromosomalen Proteinen ab und stellen einen erheblichen Anteil der chromosomalen Proteine. Histone, Nicht-Histone und DNA kommen z. B. in gewaschenen Rattenleberkernen etwa in gleichen Massenanteilen vor.

Proteine bestehen aus Ketten von Aminosäuren, deren Sequenz in der Nukleotidsequenz der Gene kodiert ist. Sie werden durch Verbindung mit Molekülen anderer Stoffklassen modifiziert. Sie können auf diese Weise ohne Änderung der Aminosäuresequenz neue Eigenschaften bekommen. Bei Histonen sind Acetylierung oder Methylierung von Lysinresten und Phosphorylierung von Threonin- oder Serinresten bekannt. Wichtig für die Regulation von Proteinfunktionen sind außerdem allosterische Effekte, d. h. Änderungen ihrer Raumstruktur, die durch zeitweilige Bindung von anderen Molekülen ausgelöst werden. Solche Konformationsänderungen können z. B. auch die DNA-Bindung eines Proteins beeinflussen.

4.3.1 Histone

Histone sind eine Familie von kleinen basischen Proteinen, die an DNA binden und sich mit verdünnten Säuren, z. B. 0,25 normaler Salzsäure oder Schwefelsäure oder mit Salzlösungen, z. B. 2-molarem Natriumchlorid, extrahieren lassen. Ihre Aminosäurekette hat eine Länge von etwa 100 – 250 Aminosäuren mit einem hohen Anteil an Arginin und Lysin. Sie sind basisch; ihr isoelektrischer Punkt liegt bei mindestens 10, während durchschnittliche Proteine isoelektrische Punkte zwischen 4 und 9 haben.

In Eukaryontenzellen kommen fünf verschiedene **Histonspecies** vor:

- H1,
- H2A,
- H2B,
- H3 und
- H4.

Manchmal findet man zwei oder mehr Varianten einer Histonspecies. Regelmäßig treten außerdem modifizierte Histone auf. Bei Hühnererythrozyten kommt weiterhin ein als Histon H5 bezeichnetes Protein vor, das man als Variante von H1 auffaßt.

Alle Histone haben zumindest konservierte Abschnitte, wenn sie nicht wie H3 und H4 in der Evolution sogar in ganzer Länge stark konserviert wurden. Das Histon H4 der Erbse und das der Maus z. B. unterscheiden sich nur an zwei Positionen, in denen eine Aminosäure gegen eine andere ausgetauscht ist.

Zusammen mit der DNA bauen die Histone die Grundstruktur des Chromatins, die **Nukleosomen**, auf. Sie besitzen für diese Aufgabe die Fähigkeit, sowohl untereinander als auch an DNA zu binden. Ionen-Wechselwirkungen zwischen den basischen Aminosäuren und den Phosphorsäureresten des DNA-Rückgrats sind für die Bindung an DNA verantwortlich. Die Bindung untereinander beruht auf hydrophoben Wechselwirkungen. In Histonlösungen bilden sich schnell Komplexe. Die stabilsten unter ihnen sind H2A-H2B, H2B-H4 und H3-H4.

4.3.2 Nicht-histonchromosomale Proteine

Die nicht-histonchromosomalen Proteine sind keine einheitliche Gruppe. Sie umfassen alle chromosomalen Proteine außer den Histonen. Die Mehrzahl von ihnen wurde noch nicht identifiziert.

Zu den bekannten Nicht-Histonproteinen zählen die **HMG-Proteine** (**h**igh-**m**obility-**g**roup-Proteine), eine Gruppe von kleinen, relativ häufigen Proteinen, die dadurch ausgezeichnet sind, daß sie sich durch eine einfache Prozedur isolieren und reinigen lassen. Sie werden mit 0,35 M NaCl extrahiert und bleiben bei Fällung mit 2% Trichloressigsäure im Überstand. Diese Gruppe enthält im Säugetierchromatin vier Hauptkomponenten: HMG1, 2, 14 und 17. HMG1 und 2 bzw. HMG14 und 17 sind Paare von verwandten Proteinen.

Eine andere Gruppe von Nicht-Histonproteinen, die stark basischen **Protamine**, ersetzen in der Spermiogenese der Wirbeltiere die Histone. Bekannte Protamine sind das Salmin aus Lachssperma und das Clupein, das aus Heringssperma gewonnen wird. Im Gegensatz zu den konservierten Histonen sind diese Proteine zwischen den Arten recht verschieden.

Viele wichtige nicht-histonchromosomale Proteine haben mit DNA-Funktionen zu tun oder verwenden DNA als Enzymsubstrat. Dazu gehören u. a. die Enzyme, die an der Replikation, Transkription, Rekombination, Modifikation, Reparatur, Ligation und dem Abbau der DNA beteiligt sind. Bindung an DNA ist eine charakteristische Fähigkeit dieser Proteine.

4.3.3 DNA-Bindung

Sequenzspezifische und sequenzunabhängige Bindung von Proteinen an DNA sind bekannt. Histone z. B. binden an DNA fast jeder Sequenz. Regulationsfaktoren für die Transkription andererseits erkennen und binden spezifische DNA-Sequenzen. Wieder andere Proteine erkennen besondere DNA-Strukturen. HMG1 z. B. bindet präferentiell an kreuzförmige DNA. Rec1, das Rekombinationsenzym des Pilzes *Ustilago*, bevorzugt Z-DNA. Bei der DNA-Bindung von Proteinen spielen elektrostatische Anziehung und Wasserstoffbrückenbindung eine Rolle. Bei der unspezifischen Anheftung der DNA an Histone sind Ionenbindungen zwischen den negativ geladenen Phosphatresten der DNA und den positiv geladenen Aminogruppen, insbesondere der Argininreste, die wichtigste Ursache. Für die sequenzspezifische Bindung stehen in der DNA-Doppelhelix funktionelle Gruppen der Basenpaare zur Verfügung,

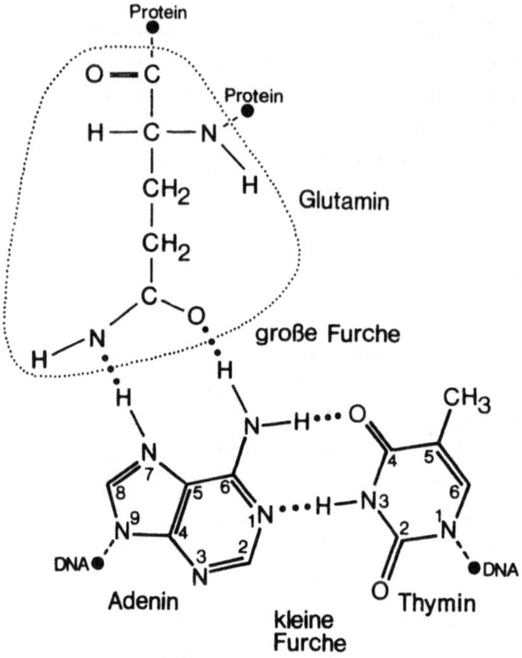

Abb. 4.21. Kontakt zwischen einer Aminosäure und einem Basenpaar. Zwei Wasserstoffbrückenbindungen werden zwischen dem Glutaminrest einer Erkennungshelix im DNA-bindenden Protein und dem Adeninrest der DNA in der großen Furche der B-DNA gebildet. Die Fortsetzung der DNA und Proteinkette ist durch „DNA" und „Protein" angedeutet. (Nach Ptashne 1987)

die in die große Furche der B-DNA ragen. Sie bieten genügend molekulare Merkmale für die Sequenzerkennung (Abb. 4.21). Kontakte zwischen ihnen und funktionellen Gruppen der Aminosäurereste testen die Paßgenauigkeit. Vier verschiedene Motive sind bisher für sequenzspezifisch DNA-bindende Proteine bekannt geworden: das Helix-turn-helix-Motiv, zwei Varianten von Zinkfingern und der Leucin-Reißverschluß. Sie werden im folgenden genauer besprochen.

Helix-turn-helix-Motiv

Das am längsten und besten bekannte Motiv für eine DNA-bindende Proteindomäne ist das Helix-turn-helix-Motiv (Abb. 4.22 a). Es wurde bei prokaryontischen Aktivator- und Repressormolekülen entdeckt und beschrieben. Es findet sich aber auch in Eukaryonten, z. B. im MATα2-Protein der Hefe, das bei der Regulation des Zelltyps eine Rolle spielt, und in den Homöodomänen von einigen *Drosophila*- und Wirbeltierproteinen, die Produkte von homöotischen Genen sind. Charakteristisch für dieses Motiv sind zwei kurze Helices, die durch einen „*β*-turn" im Winkel zueinander gehalten werden. Trotz großer Variabilität in der Aminosäuresequenz ist die räumliche Anordnung stark konserviert. Bei der Bindung an DNA liegt eine der beiden α-Helices, die **Erkennungshelix**, in der großen Furche der DNA und nimmt sequenzspezi-

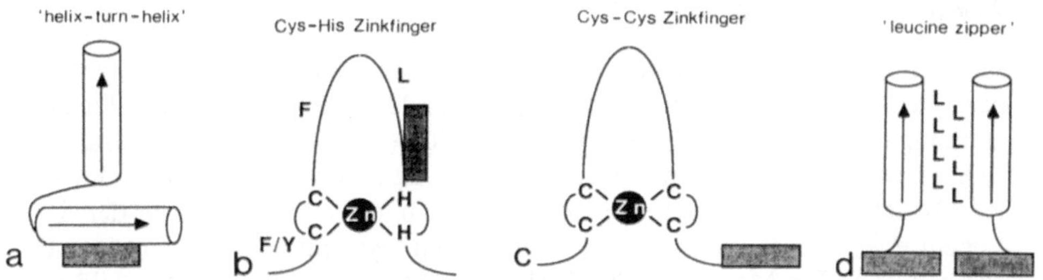

Abb. 4.22 a–d. Vier Strukturmotive für sequenzspezifisch DNA-bindende Proteine. Zylinder repräsentieren α-Helices. Die gerasterten Rechtecke deuten die Lage der Erkennungsregion für spezifische DNA-Sequenzen an. Die großen Buchstaben stehen für konservierte Aminosäure-Reste nach dem Ein-Buchstaben-Code: C = Cystein, F = Phenylalanin, H = Histidin, L = Leucin, Y = Tyrosin. (Aus Struhl 1989)

fische Kontakte mit den Basen auf. Die andere α-Helix liegt quer zur großen Furche und hat unspezifische Kontakte zur DNA.

Zinkfinger

Das Zinkfinger-Motiv wurde bei der Strukturanalyse von TFIIIA, einem Regulatorprotein von *Xenopus* für die Transkription der 5S RNA, entdeckt und bei einer ganzen Reihe von eukaryontischen Transkriptionsfaktoren wiedergefunden. Das charakteristische Merkmal ist eine fingerartige Struktur der Aminosäurekette, die durch ein komplex gebundenes Zinkion in dieser Form gehalten wird. Zwei Klassen von Zinkfingern lassen sich unterscheiden:

- Cys-His-Zinkfinger
- Cys-Cys-Zinkfinger

Cys-His-Zinkfinger. Beim Cys-His-Zinkfinger wird das Zinkion durch zwei Cystein- und zwei Histidin-Reste tetraederartig in Position gehalten (Abb. 4.22 b). Cys-His-Zinkfinger kommen z. B. bei TFIIIA von Xenopus und dem Produkt des Krüppel-Gens von *Drosophila* vor. Sie sind repetitiv. Mehrere solcher Finger – bei TFIIIA neun Finger – sind so hintereinandergeschaltet, daß sie an jeder Seite der DNA-Helix in die große Furche der aufeinander folgenden Windungen hineintasten. Dadurch kann das Protein an eine längere spezifische DNA-Sequenz binden.

Cys-Cys-Zinkfinger. Im Cys-Cys-Zinkfinger ist das Zinkion nur durch Cystein-Reste gebunden (Abb. 4.22 c). Es wurden vier oder sechs Cysteinreste ohne konservierte benachbarte Aminosäure-Positionen gefunden. Proteine wie die Steroidhormonrezeptoren und das GAL4-Genprodukt von Hefe, die diesen Fingertyp enthalten, besitzen immer nur einen einzigen Finger. Der Finger ist zwar an der DNA-Bindung beteiligt, für die Sequenzspezifität ist aber offenbar eine benachbarte Region verantwortlich.

Leucin-Reißverschluß

Beim GCN4-Transkriptionsaktivator der Hefe und den Proteinen der Onkogene jun, fos und myc wurde ein weiteres Motiv der sequenzspezifischen DNA-Bindung identifiziert, der Leucin-Reißverschluß („**leucine zipper**"). Charakteristisch ist eine Domäne mit vier oder fünf Leucinresten im Abstand von jeweils sieben Aminosäureresten. Die Region bildet eine α-Helix, in der die Leucinreste immer genau zwei Windungen voneinander entfernt sind (Abb. 4.22 d). Ein Modell für die Funktion sieht vor, daß sich Dimere bilden, indem die Leucinreste reißverschlußartig ineinander greifen und durch hydrophobe Wechselwirkungen zusammenhalten. An der DNA-Bindung ist der Reißverschluß nicht direkt beteiligt. Benachbarte Abschnitte der Aminosäurekette sind für diese Funktion verantwortlich.

Literatur zu Kapitel 4

Adams RLP, Knowler JT, Leader DP (1986) The biochemistry of the nucleic acids, 10th edn. Chapman & Hall, London

Allewell N (1988) Why does DNA bend? TIBS 13:193–195

Bianchi ME, Beltrame M, Paonessa G (1989) Specific recognition of cruciform DNA by nuclear protein HMG1. Science 243:1056–1059

Birnstiel ML (ed) (1988) Structure and function of major and minor small nuclear ribonucleoprotein particles. Springer-Verlag, New York

Campbell JL (1986) Eukaryotic DNA replication. Ann Rev Biochem 55:733–771

Collins A, Johnson RT, Boyle JM (eds) (1987) Molecular biology of DNA repair. J Cell Sci Suppl 6

Dickerson RE, Drew HR, Conner BN, Kopka ML, Pjura PE (1983) Helix geometry and hydration in A-DNA, B-DNA, and Z-DNA. Cold Spring Harbor Symp Quant Biol 47:13–24

Dreyfuss G (1986) Structure and function of nuclear and cytoplasmic ribonucleoprotein particles. Ann Rev Cell Biol 2:459–498

Frank-Kamenetskii M (1989) The turn of the quadruplex? Nature 342:737

Hyde JE, Igo-Kemenes T, Zachau HG (1979) The non-histone proteins of the rat liver nucleus and their distribution amongst chromatin fractions are produced by nuclease digestion. Nucl Acids Res 7:31–48

Johns EW (ed) (1982) The HMG chromosomal proteins. Academic Press, London

Lee JS, Latimer LJP, Haug BL, Pulleyblank DE, Skinner DM, Burkholder GD (1989) Triplex DNA in plasmids and chromosomes. Gene 82:191–199

Lindahl T (1982) DNA repair enzymes. Ann Rev Biochem 51:61–88

Rich A, Nordheim A, Wang AHJ (1984) The chemistry and biology of left-handed Z-DNA. Ann Rev Biochem 53:791–846

Saenger W (1984) Principles of nucleic acid structure. Springer-Verlag, New York

So AG, Downey KM (1988) Mammalian DNA polymerases α and δ: current status in DNA replication. Biochemistry 27:4591–4595

Struhl K (1989) Helix-turn-helix, zinc-finger, and leucine-zipper motifs for eukaryotic transcriptional regulatory proteins. TIBS 14:137–140

Vosberg HP (1985) DNA topoisomerases: enzymes that control DNA conformation. Curr Topics Microbiology and Immunology 114:19–102

Wang JC (1987) Recent studies on DNA topoisomerases. Biochem Biophys Acta 909:1–9

Wells DE (1986) Compilation analysis of histones and histone genes. Nucl Acids Res 14:r119–r149

Wells RD, Harvey SC (eds) (1988) Unusual DNA structures. Springer-Verlag, New York

Wu RS, Panusz HT, Hatch CL, Bonner WM (1986) Histones and their modifications. CRC Crit Rev Biochem 20:201–263

5 Die Zusammensetzung des Genoms

ÜBERSICHT

Die genetische Information ist in der Basensequenz der DNA kodiert. Neben der Information für RNAs, u. a. mRNAs mit der kodierten Information für die Proteine, enthält die DNA auch die genetische Information für die Kontrolle des Ablesens, des Prozessierens und der Translation der RNAs. Wie schon in Kap. 4 beschrieben, besitzt die DNA außerdem Abschnitte mit einer Konformationsinformation. Es gibt weiterhin DNA-Abschnitte, die wichtig für die Struktur und für die Funktion der Chromosomen als Verpackungs- und Transporteinheiten des genetischen Materials sind. Und schließlich gibt es große DNA-Strecken, die möglicherweise keine Funktion haben.

5.1 Die Komponenten des Eukaryontengenoms

Eukaryontengenome besitzen zwischen etwa $15 \cdot 10^6$ und $130 \cdot 10^9$ bp DNA (Tabelle 5.1). Sie sind somit zu komplex für eine direkte Untersuchung einzelner Sequenzen. Man kann heute aber jedes DNA-Stück durch molekulare Klonierung vermehren und in beliebiger Menge rein gewinnen (Box 5.1). Solche Stücke lassen sich sequenzieren und für alle molekularen Untersuchungen in vivo und in vitro einsetzen.

Kinetische Komponenten

In der Zeit vor der Einführung der Klonierungstechniken gehörten Renaturierungsexperimente neben der Ultrazentrifugation in CsCl-Gradienten zu den wichtigsten Hilfsmitteln für die Fraktionierung und Charakterisierung von DNAs. Aus der Reassoziationskinetik denaturierter DNA lassen sich Informationen über die Größe eines Genoms und die Konzentration seiner Komponenten gewinnen. Die Unterscheidung der DNA-Klassen beruhte auf diesen Experimenten.

Für ein **Reassoziationsexperiment** wird die DNA auf eine definierte Fragmentlänge geschert und durch Erhitzen zu Einzelsträngen geschmolzen; anschließend läßt man sie unter geeigneten Temperatur- und Salz-Bedingungen

Tabelle 5.1. Genomgrößen. DNA-Gehalte pro haploides Genom werden als DNA-Länge in bp und als Masse in g wiedergegeben.

	bp	g	Quelle
Escherichia coli	$4,1 \cdot 10^6$	$4,5 \cdot 10^{-15}$	Klotz LC, Zimm BH (1972)
Saccharomyces cerevisiae	$1,4 \cdot 10^7$	$1,5 \cdot 10^{-14}$	Petes TD (1980)
Caenorhabditis elegans (Nematode)	$0,08 \cdot 10^9$	$0,09 \cdot 10^{-12}$	Sulston JE, Brenner S (1974)
Drosophila melanogaster	$0,16 \cdot 10^9$	$0,18 \cdot 10^{-12}$	Cavalier-Smith T (1985)
Arabidopsis thaliana	$0,2 \cdot 10^9$	$0,2 \cdot 10^{-12}$	Cavalier-Smith T (1985)
Cassiopeia (Qualle)	$0,3 \cdot 10^9$	$0,33 \cdot 10^{-12}$	Sulston JE, Brenner S (1974)
Strongylocentrotus purpuratus (Seeigel)	$0,8 \cdot 10^9$	$0,89 \cdot 10^{-12}$	Cavalier-Smith T (1985)
Gallus domesticus	$1,1 \cdot 10^9$	$1,2 \cdot 10^{-12}$	Olmo E (1983)
Xenopus laevis (Krallenfrosch)	$2,8 \cdot 10^9$	$3,1 \cdot 10^{-12}$	Olmo E (1983)
Mus musculus	$3,0 \cdot 10^9$	$3,3 \cdot 10^{-12}$	Olmo E (1983)
Zea mays	$3,1 \cdot 10^9$	$3,4 \cdot 10^{-12}$	Nagl E et al. (1983)
Homo sapiens	$3,2 \cdot 10^9$	$3,5 \cdot 10^{-12}$	Olmo E (1983)
Triturus cristatus (Kammolch)	$17,3 \cdot 10^9$	$19,0 \cdot 10^{-12}$	Olmo E (1983)
Fritillaria assyriaca (Schachblume)	$115,8 \cdot 10^9$	$127,4 \cdot 10^{-12}$	Cavalier-Smith T (1985)
Protopterus aethiopicus (Lungenfisch)	$129,1 \cdot 10^9$	$142,0 \cdot 10^{-12}$	Olmo E (1983)

renaturieren und mißt den Anteil reassoziierter DNA-Moleküle. Trägt man den Anteil der reassoziierten Moleküle gegen den Logarithmus des Produktes $C_0 t$ aus der Konzentration C_0 (in mol Nukleotide/l) und der Zeit t (in sec) auf, so erhält man für Virus- und Prokaryonten-DNAs sigmoide Kurven, die der Kinetik einer Reaktion zweiter Ordnung entsprechen (Abb. 5.1, E. coli). Der $C_0 t_{1/2}$-Wert, bei dem die Hälfte der Moleküle reassoziiert ist, hat eine charakteristische Größe für jedes Genom. Er ist eine Funktion der Konzentration der jeweiligen Sequenzen in der Reassoziationsreaktion. Bei gegebener Nukleotidkonzentration ist er daher von der Komplexität des Genoms abhängig, d. h. von der Gesamtlänge der verschiedenen Sequenzen im Reaktionsgemisch. Die Komplexität entspricht der Größe des Genoms, sofern alle Sequenzen im Genom nur einmal vorkommen.

Die $C_0 t$-Kurve für die Reassoziation von Eukaryontengenomen ist jedoch keine einfache, sigmoide Kurve, sondern verläuft in Stufen (Abb. 5.1, Rind). Man kann daraus schließen, daß Eukaryontengenome aus mehreren kinetischen Komponenten bestehen, mindestens einer schnell reassoziierenden, einer mittelschnell reassoziierenden und einer langsam reassoziierenden Komponente. Die schnellere Reassoziation einer Komponente kommt dadurch zustande, daß sie im Reaktionsgemisch eine relativ höhere Konzentration als die langsam reassoziierende Komponente hat. Diese Komponente muß daher im Genom repetitiv sein. Das Experiment beweist, daß Eukaryontengenome einen erheblichen Anteil an solchen repetitiven Sequenzen besitzen, die in identischer oder sehr ähnlicher Form vielfach wiederholt vorkommen.

Box 5.1 Klonierung einer genomischen DNA-Sequenz

Für eine Klonierung benötigt man außer der Spender-DNA, die man klonieren möchte, einen Vektor, in den man die Spender-DNA einschließt, und einen Wirt, in dem sich der Vektor vermehrt. Als Vektoren werden speziell dafür konstruierte Plasmide oder Viren eingesetzt. Sie besitzen einen Replikationsstartpunkt (ori) und haben daher die Fähigkeit, autonom in der Wirtszelle replizieren zu können. Als Wirte dienen je nach Vektor Bakterien, Hefezellen oder Gewebekulturzellen von Säugetieren. Am einfachsten ist das Klonieren in *E. coli*.

Die gewünschte DNA-Sequenz wird mit dem Vektor-DNA-Molekül ligiert. Man schleust diese rekombinante DNA durch Transformation oder Infektion in den Wirt ein. Im Wirt repliziert der Vektor inklusive eingeschlossener Spender-DNA-Sequenz. Üblicherweise werden zunächst viele verschiedene Abschnitte gleichzeitig kloniert. Aus dem Gemisch werden die Klone mit der gewünschten Sequenz z. B. durch Hybridisierung mit einer molekularen Probe identifiziert und anschließend isoliert. Nach Vermehrung eines speziellen Klons werden die Zellen geerntet und daraus das rekombinante DNA-Molekül isoliert. Anschließend kann die Spender-DNA wieder von der Vektor-DNA getrennt werden.

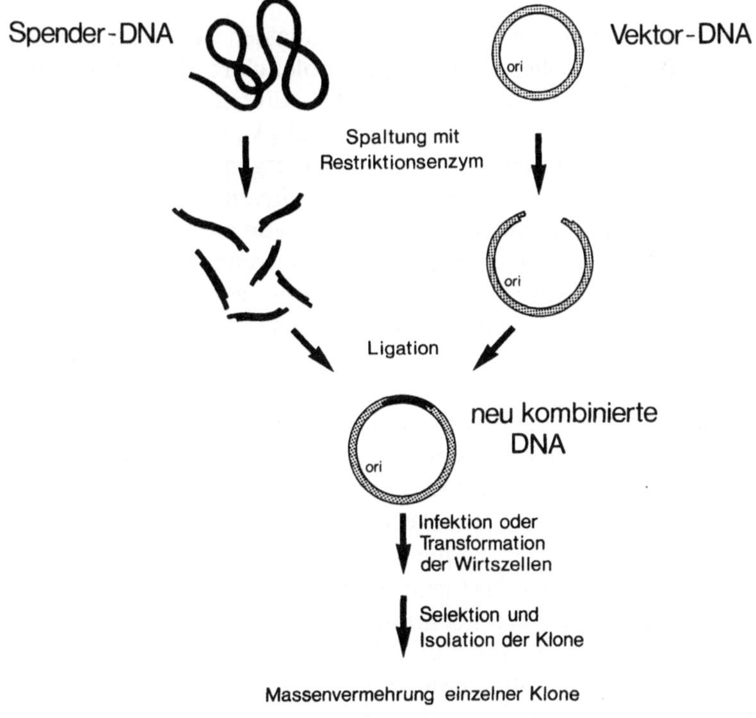

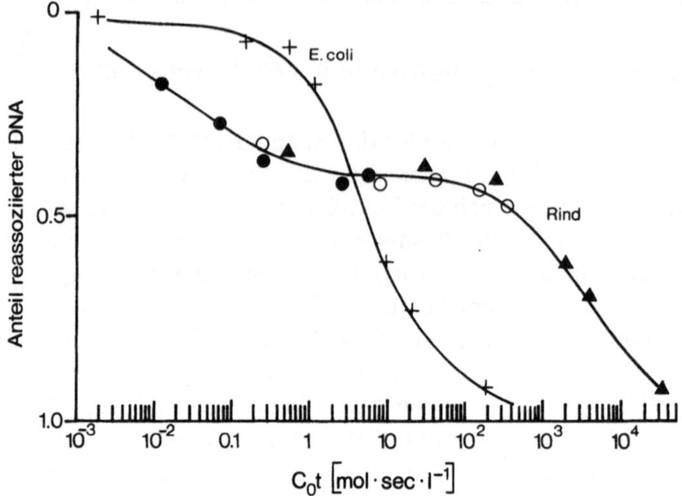

Abb. 5.1. Die Reassoziationskinetik von Rinder-DNA (Dreiecke und Kreise) als Beispiele einer Eukaryonten-DNA verglichen mit der sigmoiden *E. coli*-Reassoziationskurve (Kreuze). Die Symbole (gefüllte und offene Kreise, Dreiecke) geben die Zusammensetzung der Kurve aus Ansätzen mit niedriger, mittlerer und hoher DNA-Konzentration wieder. (Nach Britten u. Kohne 1968)

Einmalige und repetitive Elemente

Repetitive und nichtrepetitive DNA-Sequenzen lassen sich heute aus Genombibliotheken (Box 5.2) isolieren und durch molekulare Hybridisierung (s. a. Box 4.1) identifizieren und quantifizieren. Die Einteilung der DNA in drei kinetische Komponenten und damit in drei Häufigkeitsklassen hat sich dabei als künstlich erwiesen. Tatsächlich gibt es alle Übergänge von einmaligen über wenigrepetitive, mittelrepetitive bis zu hochrepetitiven Sequenzen. Als **mittelrepetitiv** werden **Sequenzen** mit einer Kopienzahl von etwa 10^2 bis 10^4 angesehen. Von **hochrepetitiven Sequenzen** spricht man, wenn sie in mindestens 10^4 bis 10^5 Exemplaren vorliegen. Die Klassengrenzen der repetitiven Sequenzen sind nicht fest definiert, sie dienen nur einer ungefähren Einordnung. Tabelle 5.2 gibt die relativen Anteile dieser Komponenten am menschlichen Genom wieder.

Zu den **einmaligen** („single copy") **Sequenzen** gehört die Mehrzahl der Gene. Zahlreiche Gene, wie z. B. Tubulin- oder Globingene kommen allerdings als Genfamilien mit mehreren leicht veränderten Mitgliedern vor. Die Gene für Histone oder rRNA bilden Blöcke von mittelrepetitiven Sequenzen. Die Mehrzahl der mittelrepetitiven Sequenzen ist allerdings zwischen andere Sequenzen eingestreut und über das Genom verteilt. Es sind überwiegend mobile genetische Elemente. Unter den hochrepetitiven Sequenzen finden sich neben einigen eingestreuten Sequenzen vor allem Satelliten-DNAs. Sie treten in Blöcken von tandemartig hintereinander geschalteten und vielfach wiederholten Sequenzen vor allem im Heterochromatin auf.

Box 5.2 Genombibliotheken

Genombibliotheken sind Aufsammlungen von zufällig klonierten Abschnitten eines Spendergenoms. Man kann ausrechnen, aus wievielen Klonen sie bestehen müssen, um mit hoher statistischer Wahrscheinlichkeit jede Sequenz des Genoms zu enthalten. Aus vollständigen Genombibliotheken lassen sich beliebige Sequenzen des Genoms isolieren.

Die Zahl der dazu notwendigen Klone ist abhängig von der Genomgröße, der durchschnittlichen Größe der klonierten Genomfragmente und der geforderten statistischen Wahrscheinlichkeit für die wenigstens einmalige Repräsentanz einer beliebigen Sequenz. Voraussetzung dafür ist, daß sich alle Sequenzen gleichmäßig gut klonieren lassen, was allerdings nicht immer zutrifft. Die Größe der Bibliothek läßt sich auch in **Genomäquivalenten** (DNA-Mengen von der Größe eines Genoms) ausdrücken. Die Länge der aneinandergereihten klonierten Abschnitte muß bei 95% Repräsentanz etwa 3,0 Genomäquivalente, bei 99% Repräsentanz etwa 4,6 Genomäquivalente betragen.

Art	Genomgröße	Zahl der notwendigen Zufallsklone mit 20 kb Spender-DNA bei	
		95% Repräsentanz	99% Repräsentanz
E. coli	$4,1 \cdot 10^6$ bp	613	942
Drosophila	$1,6 \cdot 10^8$ bp	$2,4 \cdot 10^4$	$3,7 \cdot 10^4$
Maus	$3,0 \cdot 10^9$ bp	$4,5 \cdot 10^5$	$6,9 \cdot 10^5$
Mensch	$3,2 \cdot 10^9$ bp	$4,8 \cdot 10^5$	$7,4 \cdot 10^5$

Tabelle 5.2. Zusammensetzung des menschlichen Genoms. (Aus Kao F 1985)

DNA-Komponenten	Ungefährer Anteil in %
Satelliten DNA	10
In Blöcken	5
Eingestreut	5
Invertierte Repeats	5
Mittel- und wenigrepetitive Sequenzen	20
Alu, Kpn	10
Andere	10
Einmalige Sequenzen, Genfamilien	65

Nicht alle Sequenzen im Eukaryontengenom sind von gleicher Wichtigkeit für den Organismus. Bei repetitiven Sequenzen kommt vermutlich der einzelnen Kopie einer Sequenz nur eine relativ geringe Bedeutung zu, während jede einzelne nichtrepetitive Sequenz essentiell sein kann. Wahrscheinlich ist aber eine Sequenzänderung auch bei der Hauptmenge der nichtrepetitiven DNA ohne biologische Konsequenz. Eine Funktion für den Organismus ist nämlich nur für die schätzungsweise 10 000 bis 100 000 Gene, ihre regulierenden Elemente und die für die Chromosomenorganisation verantwortlichen Sequenzen als gesichert anzunehmen. Die Gene gehören überwiegend zu den nichtrepetitiven DNA-Sequenzen, machen aber auch von dieser Komponente nur einen kleinen Anteil aus. Nur etwa 2–5% des gesamten Eukaryontengenoms besteht aus kodierenden Sequenzen. Die Funktion des überwiegenden Teils der DNA aller Häufigkeitsklassen ist unbekannt. Es ist umstritten, ob die Hauptmenge der Eukaryonten-DNA überhaupt eine spezielle Bedeutung hat, ob sie im wesentlichen Füllmaterial zur Erhöhung des DNA-Gehaltes darstellt, an dessen Sequenzgehalt nur geringe Anforderungen gestellt werden, oder aus Ballast besteht, der unfreiwillig mitgeschleppt wird (s. Kap. 12).

5.2 Gene und Genfamilien

Die generelle Struktur der Eukaryontengene ist gut bekannt. Dagegen ist unsere Kenntnis von der Regulation der Genaktivität und den dabei mitwirkenden Sequenzen noch unvollständig.

Die transkribierte Region wird beiderseits von nichttranskribierter DNA flankiert. Da die RNA in 5′-3′-Richtung synthetisiert wird, spricht man von der Region oberhalb („upstream") des Transkriptionsstarts als der 5′-flankierenden Region, von derjenigen unterhalb des Terminationspunkts als der 3′-flankierenden Region. Die 5′-flankierende Region enthält meist den **Promotor**.

Der Begriff Promotor ist nicht streng definiert. Er bezeichnet eine Region, an der die Polymerase bindet und in der meist auch die Transkriptionskontrolle ausgeübt wird. DNA-Sequenzen werden – wenn nicht anders gesagt – immer für den DNA-Strang angegeben, der dieselbe Polarität wie das Transkript hat.

Man unterscheidet nach den verschiedenen für die Transkription zuständigen RNA-Polymerasen.

- PolymeraseI-Gene (PolI-Gene),
- PolymeraseII-Gene (PolII-Gene) und
- PolymeraseIII-Gene (PolIII-Gene).

Die drei Polymerasen selbst können nach ihrer Empfindlichkeit gegenüber α-Amanitin unterschieden werden. PolymeraseII ist empfindlich gegenüber niedrigen, PolymeraseIII gegenüber hohen Konzentrationen von α-Amanitin, während PolymeraseI unempfindlich gegenüber α-Amanitin ist. In der nachfolgenden Besprechung werden die PolII-Gene entsprechend ihrer Bedeutung vorangestellt.

5.2.1 PolII-Gene

Proteinkodierende Gene werden von der Polymerase II transkribiert. PolII-Gene bestehen aus einem oder mehreren **Exons**, die in der mRNA exprimiert werden, und aus **Introns**, die nicht in der mRNA-Sequenz enthalten sind (Abb. 5.2). Die Exons werden zusammen mit den Introns in eine prä-mRNA transkribiert. Introns werden anschließend durch einen Spleißprozeß herausgeschnitten, so daß nur Exons in der reifen mRNA übrigbleiben (Abb. 5.2 b).

mRNA-Reifung

Kappe und poly(A)-Schwanz der reifen mRNAs (vgl. Abb. 4.19) werden nicht von der DNA transkribiert. Die Kappe wird sehr schnell an das freie 5′-Ende des wachsenden RNA-PolymeraseII-Transkripts angehängt. Sie verhindert vermutlich die Degradation der entstehenden RNA. Für die spätere Translation ist die Kappe unerläßlich; sie ist die Voraussetzung für die Bindung der mRNA an das Ribosom. Der poly(A)-Schwanz wird durch die poly(A)-Polymerase 10–30 Nukleotide nach einem Signal für die Polyadenylierung angefügt. Als Signal dient die Sequenz AAUAAA. Der poly(A)-Schwanz hat vermutlich Bedeutung für den Export der RNA-Moleküle aus dem Kern ins Cytoplasma. Außerdem erhöht er die Halbwertszeit der mRNA. Ein spezielles Protein, das poly(A)-bindende Protein, ist in vivo mit dem poly(A)-Schwanz assoziiert und bewirkt vermutlich den Schutz poly(A)-haltiger mRNAs vor den zellulären RNasen.

Bei der Reifung werden die Introns aus der Mitte der prä-mRNAs herausgeschnitten. Die freien Enden der Exons werden kovalent miteinander

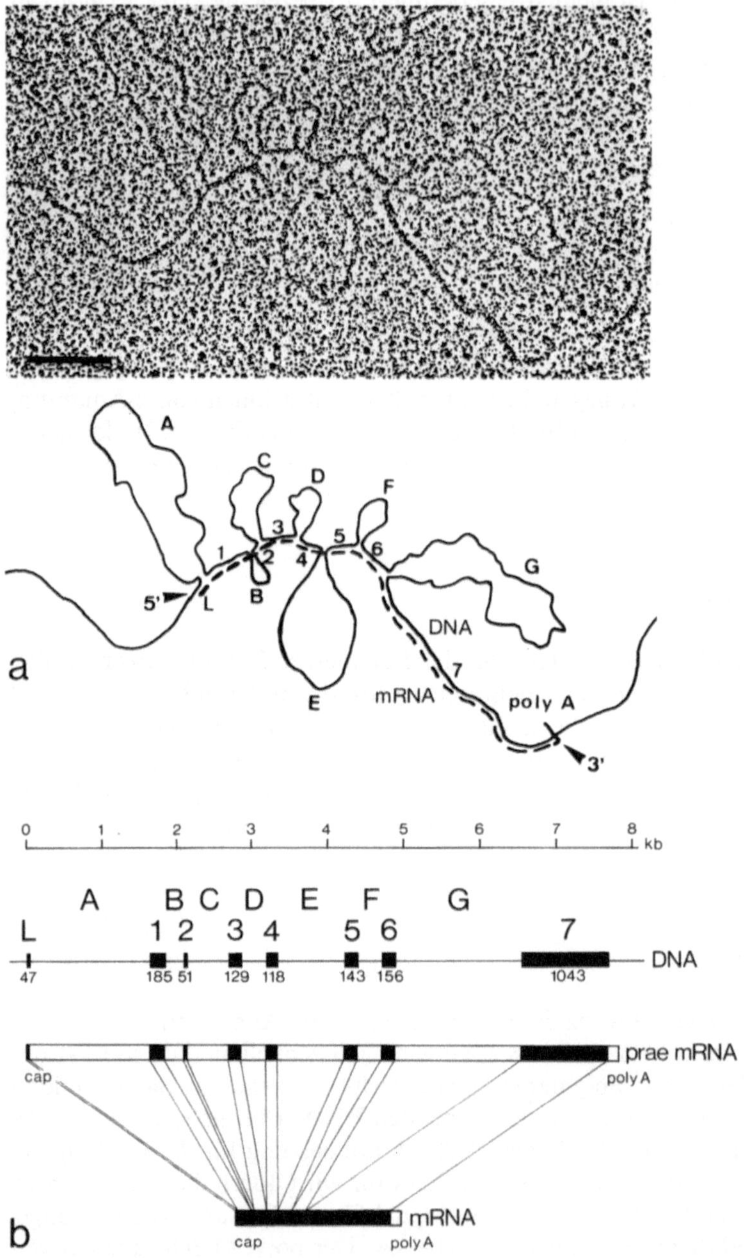

Abb. 5.2 a, b. Die Organisation des Ovalbumingens und die Reifung seiner mRNA. **a** Einzelsträngige DNA des Ovalbumingens wurde mit Ovalbumin-mRNA hybridisiert und nach Spreitung und Metallbedampfung im Elektronenmikroskop untersucht. Die acht Exons (L, 1–7) hybridisieren mit der RNA, die sieben Introns (A–G) finden keine komplementäre Strecke in der RNA und bilden daher Schleifen, sog. R-Loops (Aus Chambon 1981). **b** Aufbau des Ovalbumingens aus Exons und Introns. Die noch in der prä-mRNA enthaltenen Intron-Sequenzen werden während der Reifung entfernt

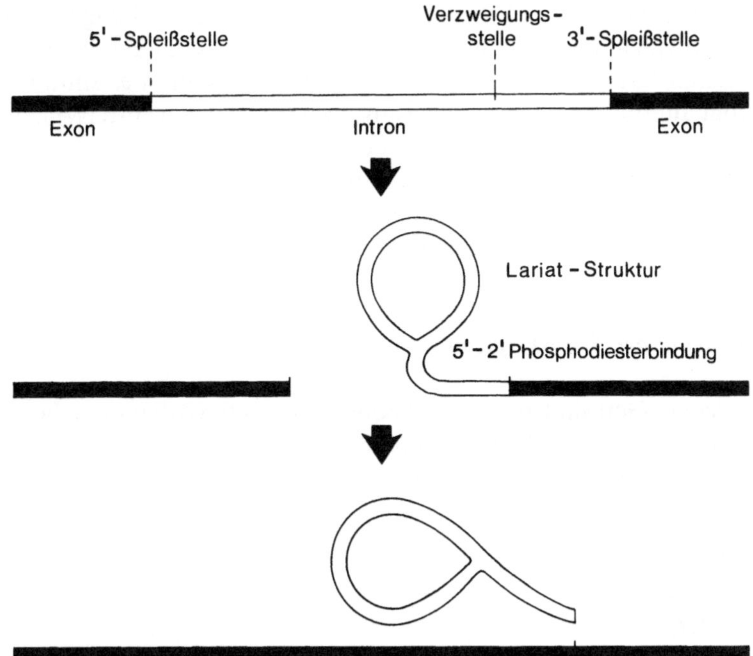

Abb. 5.3. Intron-Spleißen bei einer mRNA. Das 5'-Ende des Introns bindet in Form einer 5'-2' Phosphodiesterbindung an ein Nukleotid in der Nähe des 3'-Endes und bildet damit die Lariat-Struktur. Das Spleißen wird durch ein Spliceosom katalysiert, das hier nicht dargestellt ist. An dem Prozeß beteiligt sind die U1-, U2-, U5- und U4/U6-snRNP-Partikel. (Mod. nach Steitz 1988)

verbunden, sie werden **gespleißt**. Der Spleißprozeß wird von **Spliceosomen** (Komplexen aus mehreren snRNP-Partikeln) katalysiert und läuft in zwei Schritten ab. Zunächst wird die 5'-Spleißstelle geschnitten und das Ende des Introns mit einem Adenosin-Nukleotid in der Nähe der 3'-Spleißstelle verbunden. Dadurch entsteht eine lassoförmige Struktur („lariat") mit einem Nukleotid als Verzweigungsstelle. Dann wird die 3'-Spleißstelle geschnitten, die zwei Exons werden miteinander verbunden und das Intron wird freigesetzt (Abb. 5.3).

Die Signale für das RNA-Spleißen sind in der Evolution der Eukaryonten konserviert. Sowohl für die 5'-Spleißstelle (**Donor-Schnittstelle**) der Introns als auch für die 3'-Spleißstelle (**Akzeptor-Schnittstelle**) lassen sich Konsensussequenzen formulieren. Vollständig konserviert ist das Dinukleotid GT am 5'-Ende und das Dinukleoid AG am 3'-Ende des Introns.

In komplexen Transkriptionseinheiten wird aus dem primären Transkript während der RNA-Prozessierung nicht immer die gleiche reife RNA. Polyadenylierung und Spleißen können alternative Wege gehen und aus einem primären Transkript mehrere verschiedene mRNAs erzeugen. Beim Dihydrofolat-Reduktase(DHFR)-Gen der Maus sind zum Beispiel mehrere poly(A)-Stellen vorhanden. Je nach der genutzten poly(A)-Stelle entstehen verschieden lange

RNAs. Das bleibt in diesem Falle allerdings ohne Wirkung auf das Protein, da alle poly(A)-Stellen noch innerhalb der 3'-nicht-kodierenden Region liegen. In anderen Fällen, wie z. B. beim Gen für die μ-Kette des Immunglobulins, erzeugt alternative Polyadenylierung zwei verschiedene mRNAs, die in verschiedene Proteine, ein sezerniertes und ein membrangebundenes, translatiert werden. Ein Beispiel für alternatives Spleißen ist das Gen für menschliches Fibronektin. Bis zu zehn verschiedene Proteine werden durch Einbeziehen oder Auslassen unterschiedlicher Exons beim Spleißen erzeugt.

Elemente der Transkriptionskontrolle

Zu jedem Gen sind zusätzlich Sequenzelemente vorhanden, die nicht transkribiert, sondern von Proteinfaktoren erkannt werden und der Regulation der Transkription dienen. Als solche Elemente (Abb. 5.4) sind bisher bekannt:

- TATA-Box
- Upstream-Elemente
- Enhancer
- Silencer

Die **TATA-Box** ist eine kurze AT-reiche Strecke von 6–10 bp mit der Konsenussequenz $TATA^A_TA^A_T$. Sie liegt etwa 30 bp und damit drei DNA-Windungen vor dem Transkriptionsstart von fast allen PolII-Genen. Die TATA-Box bestimmt die Lage dieses Startpunkts. Verlängert oder verkürzt man experimentell die Distanz zwischen TATA-Box und dem ursprünglichen Transkriptionsstartpunkt, so verschiebt sich der tatsächliche Transkriptionsstart entsprechend.

Zwischen 40 und 110 bp vor dem Transkriptionsstart liegen ein oder mehrere **Upstream-Elemente**, die vermutlich für die Initiation verantwortlich sind. Dazu gehört die **CAAT-Box** mit der Konsensussequenz $GG^T_CCAA^T_ACT$ oder eine GC-reiche Strecke mit der Konsensussequenz CCGCCC oder der inversen Sequenz GGGCGG.

Enhancer sind genetische Elemente, die

- eine Aktivierung der Transkription der mit ihnen gekoppelten Gene bewirken und
- die Transkription unabhängig von ihrer Orientierung aktivieren.

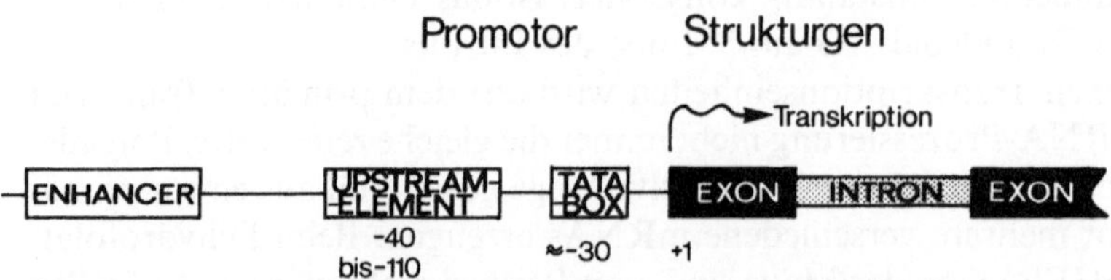

Abb. 5.4. Ein typisches PolII-Gen mit regulierenden Sequenzen

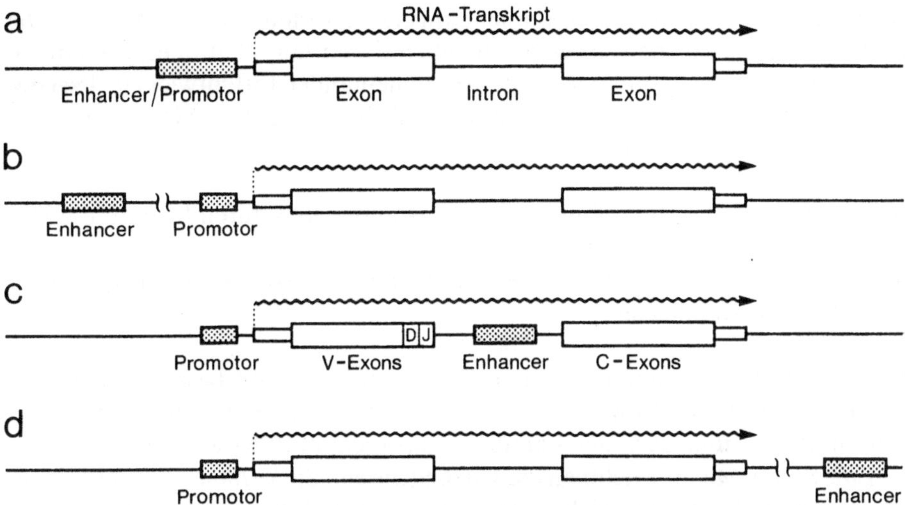

Abb. 5.5a–d. Transkriptionskontrolle von PolII-Genen durch Enhancer. **a** Bei einigen stark exprimierten Genen wie dem Insulin-, dem Elastasegen und der *frühen Region* von SV40 gehen Promotor und Enhancer innerhalb einer 300 bp-Region ineinander über. **b** Beim Lysozymgen des Huhns ist der Enhancer einige tausend bp vom Transkriptionsstart entfernt. **c** Der Enhancer liegt in einem Intron der funktionellen Immunglobulingene. Er gelangt durch somatische Rekombination während der Reifung der B-Lymphozyten dorthin. **d** Beim β-Globingen und den Genen für die T-Zell-Rezeptoren liegt der Enhancer unterhalb des Gens. (Aus Müller et al. 1988)

Sie üben diese Wirkung auch in einer Entfernung von mehr als 1000 bp und unabhängig von ihrer Position vor oder hinter dem Transkriptionsstart aus (Abb. 5.5). Enhancer haben mit der gewebespezifischen Expression der Gene zu tun. Die Unterscheidung zwischen Upstream-Element und Enhancer ist nicht immer möglich. Elemente mit dem gegenteiligen Effekt, **Silencer**, sind ebenfalls beschrieben worden. Sie liegen vor dem Transkriptionsstart.

Diese regulierenden Elemente werden, da sie mit dem regulierten Strukturgen auf demselben DNA-Molekül liegen, als **cis-regulierende Faktoren** („cis acting factors") bezeichnet. Sie entfalten ihre Wirkung durch Wechselwirkung mit diffusiblen **trans-regulierenden Faktoren** („trans acting factors") d. h. Proteinen mit sequenzspezifischem Bindungsvermögen. Dieses Prinzip gilt z. B. für die genetische Antwort auf Steroidhormone oder Schwermetalle. Ein Hormon-Rezeptor-Komplex oder ein Schwermetall-Protein-Komplex bindet an Sequenzen vor dem Transkriptionsstartpunkt und reguliert damit die Transkriptionsaktivität des nachfolgenden Gens.

Genfamilien und Gencluster

Viele PolII-Gene gehören **Genfamilien** an. Die Aktin-, Tubulin- oder Globingene bilden zum Beispiel solche Genfamilien. Genfamilien bestehen aus funktionierenden Genen und Pseudogenen mit Sequenzähnlichkeit und kommen in

Blöcken oder an ganz unzusammenhängenden Orten im Genom vor. Die funktionierenden Gene sind wahrscheinlich durch Duplikationen entstanden und haben sich im Laufe der Evolution voneinander fortentwickelt. **Pseudogene** sind Gene, die nicht oder kaum transkribiert werden. Man kennt zwei Typen von Pseudogenen:

- Pseudogene, die durch Duplikation entstanden und durch Mutation ineffizient geworden sind und
- ‚prozessierte‘ Pseudogene, die durch reverse Transkription aus einer mRNA entstanden sind.

Prozessierte Pseudogene haben daher keine Introns und besitzen einen poly(A)-Abschnitt am 3'-Ende. Sie können an beliebiger Stelle unabhängig von den anderen Mitgliedern der Familie in das Genom integriert sein.

Eine Sonderstellung nehmen die **Histongene** ein. Sie kommen meist in einem Block vor und zeichnen sich durch ihren hohen Repetitionsgrad aus. Das Genom enthält je nach Art zwischen etwa 100 und 1000 Einheiten. Die Einheiten stimmen genau überein. Es ist unbekannt, wie die Organismen den unweigerlich auftretenden Mutationen in den vielen Einheiten entgegenwirken und die Sequenz gleich halten.

5.2.2 PolI-Gene

Eukaryontische ribosomale RNAs werden mit Ausnahme der 5S RNA zusammen als lange, 6–15 kb große Moleküle von der PolymeraseI transkribiert. Die Transkripte werden von rDNA-Einheiten abgelesen, die im Eukaryontengenom normalerweise etwa 100–500mal vorkommen und tandemartig hintereinander angeordnet sind. Blöcke von solchen rDNA-Einheiten bilden die **NORs (n**ukleolusorganisierende **R**egionen), die auf einem bis wenigen Chromosomen in einem Chromosomensatz vorkommen.

Die Struktur einer einzelnen rDNA-Einheit gibt Abb. 5.6 wieder. Die Transkriptionseinheiten werden durch sog. **nichttranskribierte Spacer** (NTS in Abb. 5.6) getrennt. Innerhalb der Transkriptionseinheiten trennen **interne transkribierte Spacer** (ITS in Abb. 5.6) die 18S, 5,8S und 28S rRNA-kodierenden Abschnitte. Die Transkriptionseinheit beginnt mit einem **externen transkribierten Spacer** (ETS in Abb. 5.6) und endet je nach Art unterschiedlich weit im nicht-transkribierten Spacer. Der nicht-transkribierte Spacer wird also im Gegensatz zur ursprünglichen Annahme teilweise transkribiert, sein Name wurde dennoch beibehalten. Wie Abb. 5.7 zeigt, enthält er Enhancer und Promotoren für die Polymerase I.

Das erste biochemisch faßbare Produkt der rDNA in Säugerzellen ist eine 45S RNA. Aus der 45S RNA werden durch spezifisches Zerschneiden der großen Moleküle und Abbau der nicht benötigten Fragmente die drei schließlich im Ribosom vorhandenen RNA-Spezies, die 5,8S, die 18S und die 28S rRNA prozessiert (s. Abb. 5.6). Diese Vorgänge finden im Nukleolus statt.

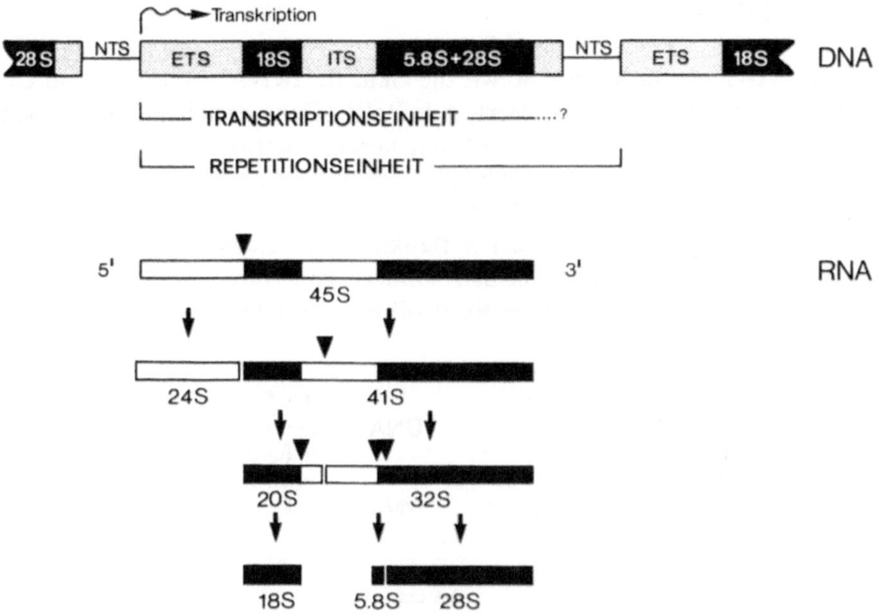

Abb. 5.6. Struktur eines ribosomalen Gens und Reifung des Transkriptionsproduktes. Ribosomale Gene kommen in Blöcken von tandemartig wiederholten Einheiten vor. ETS: äußerer transkribierter Spacer („external transcribed spacer"), NTS: nicht-transkribierter Spacer, ITS: innerer transkribierter Spacer. Das Ende des Transkripts wird sehr schnell abgebaut. Das erste biochemisch faßbare Transkriptionsprodukt in HeLa-Zellen ist eine 45S rRNA, die durch weiteres Prozessieren in die 5.8S, 18S und 28S rRNA zerlegt wird. Pfeilköpfe deuten die Schnittstellen an. Weißgelassene RNA-Abschnitte werden entfernt

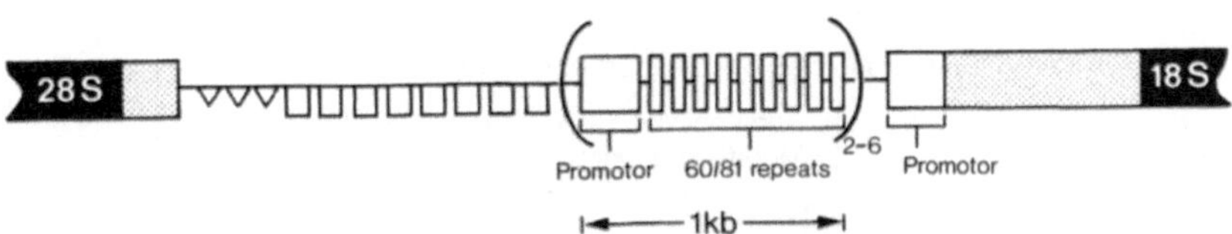

Abb. 5.7. Kontrollsequenzen des ribosomalen Gens von Xenopus liegen im nicht-transkribierten Spacer. Ein Promotor liegt am Beginn des transkribierten Abschnittes. Zusätzliche Promotoren und als Enhancer aufgefaßte sog. 60/81 Repeats liegen als zwei- bis sechsmal wiederholte Einheiten im nicht-transkribierten Spacer. (Nach Reeder RH 1984)

Die Sequenz der rRNAs ist bei den Eukaryonten sehr stark konserviert, so daß sogar pflanzliche und tierische rDNAs molekular miteinander hybridisieren können. Dazu steht eine Artspezifität der Polymerase I im Gegensatz. Die Polymerase I eines Säugers z. B. kann die Promotoren einer Amphibien-rDNA nicht erkennen.

5.2.3 PolIII-Gene

Die 5S RNA-Gene werden ebenso wie die Gene für tRNA, 7SL RNA und U6 von der Polymerase III transkribiert. Alle PolIII-Gene bestehen aus ziemlich kurzen DNA-Strecken. Ihre Promotoren liegen überraschenderweise meist innerhalb der kodierenden Sequenz; sie werden als **interne Kontrollregionen** bezeichnet (**ICR**, Abb. 5.8 und 5.9). U6-Gene haben Promotoren an konventionellerer Position, nämlich in der 5′-flankierenden Region. Polymerase III erkennt die Promotoren nicht selbst, sondern erst durch Vermittlung von Transkriptionsfaktoren, die an die Kontrollregion binden.

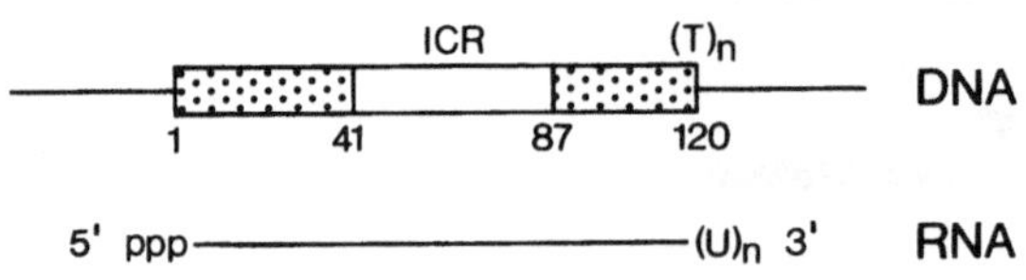

Abb. 5.8. Ein 5S RNA-Gen mit einer internen Kontrollregion (ICR) und einem oligo(T)-Trakt. (Nach Kingsman und Kingsman 1988)

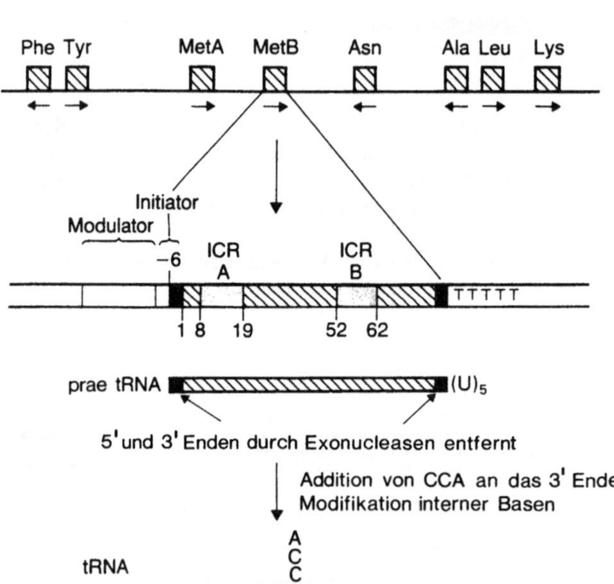

Abb. 5.9. Organisation von tRNA-Genen. Die obere Reihe zeigt ein Cluster von tRNA-Genen mit der Transkriptionsrichtung. Darunter ist die Organisation eines einzelnen tRNA-Gens dargestellt. Zwei ICR-Blöcke und eine 5′ gelegene Modulatorregion kontrollieren die Transkription. Das Transkript ist erst nach Prozessierung funktionstüchtig. (Nach Kingsman u. Kingsman 1988)

5S-Gene kommen beim Krallenfrosch *Xenopus*, bei dem sie besonders eingehend studiert wurden, in drei Familien mit zusammen etwa 20 000 Mitgliedern vor. Sie sind 120 bp lang und besitzen eine einzige innere Kontrollregion, an die der Transkriptionsfaktor TFIIIA bindet. Am 3′-Ende haben sie einen oligo(T)-Trakt, der als Terminationssignal dient. Die Transkripte werden in die Ribosomen eingebaut, ohne vorher prozessiert zu werden (s. Abb. 5.8).

Die tRNA-Gene (zusammen etwa 1000) haben dagegen einen ‚gespaltenen‘ internen Promotor. Zwei interne Kontrollregionen, Block A und Block B, sind für die Transkription notwendig (s. Abb. 5.9). Modulatorsequenzen in der 5′-flankierenden Region beeinflussen die Rate der Transkription. Die Transkripte (prä-tRNAs) durchlaufen einen Reifungsprozeß, bevor sie funktionstüchtig sind. An beiden Enden werden Nukleotide entfernt, am 3′-Ende wird das Trinukleotid CCA angehängt und viele interne Basen werden modifiziert (vgl. Abb. 4.18).

5.3 Blöcke von repetitiven Sequenzen: Satelliten-DNAs

Satelliten-DNAs wurden bei der Ultrazentrifugation in isopyknischen CsCl- oder Cs_2SO_4-Gradienten entdeckt (Abb. 5.10). In der Dichtegradientenzentrifugation vieler – leicht gescherter – Eukaryonten-DNAs zeigen sich nämlich häufig neben der relativ breiten **Hauptbande** ein oder mehrere **Nebenbanden**,

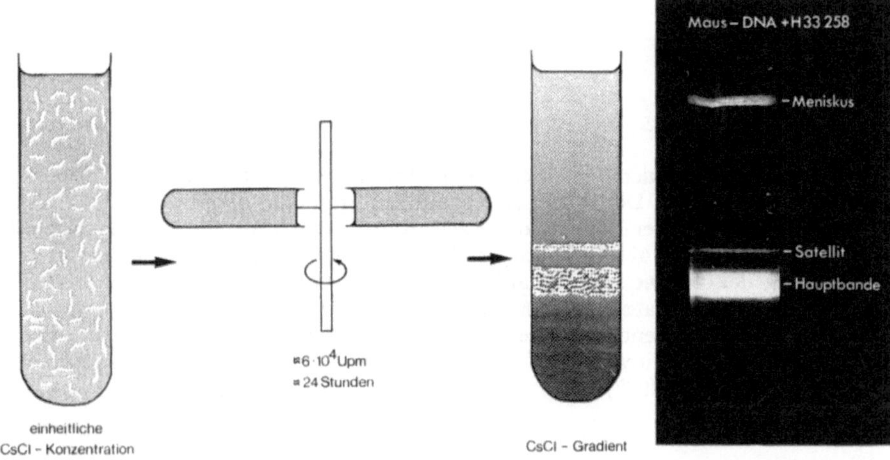

Abb. 5.10. Dichte-Satelliten bei isopyknischer Ultrazentrifugation von DNA. Aus einer homogenen Salzlösung formt sich bei hoher Zentrifugalbeschleunigung ein Konzentrationsgradient, in dem sich die DNA entsprechend ihrer Schwebdichte einstellt. Die Schwebdichte hängt von der Basenzusammensetzung der DNA ab. Je höher der GC-Gehalt um so größer ist die Schwebdichte. Bei vielen Eukaryonten-DNAs werden neben einer DNA-Hauptbande Satelliten in Form von einer bis mehreren Nebenbanden sichtbar. Das Foto zeigt Hauptbande und Satellit der Maus-DNA in einem Zentrifugenröhrchen, durch den Fluoreszensfarbstoff H33258 sichtbar gemacht

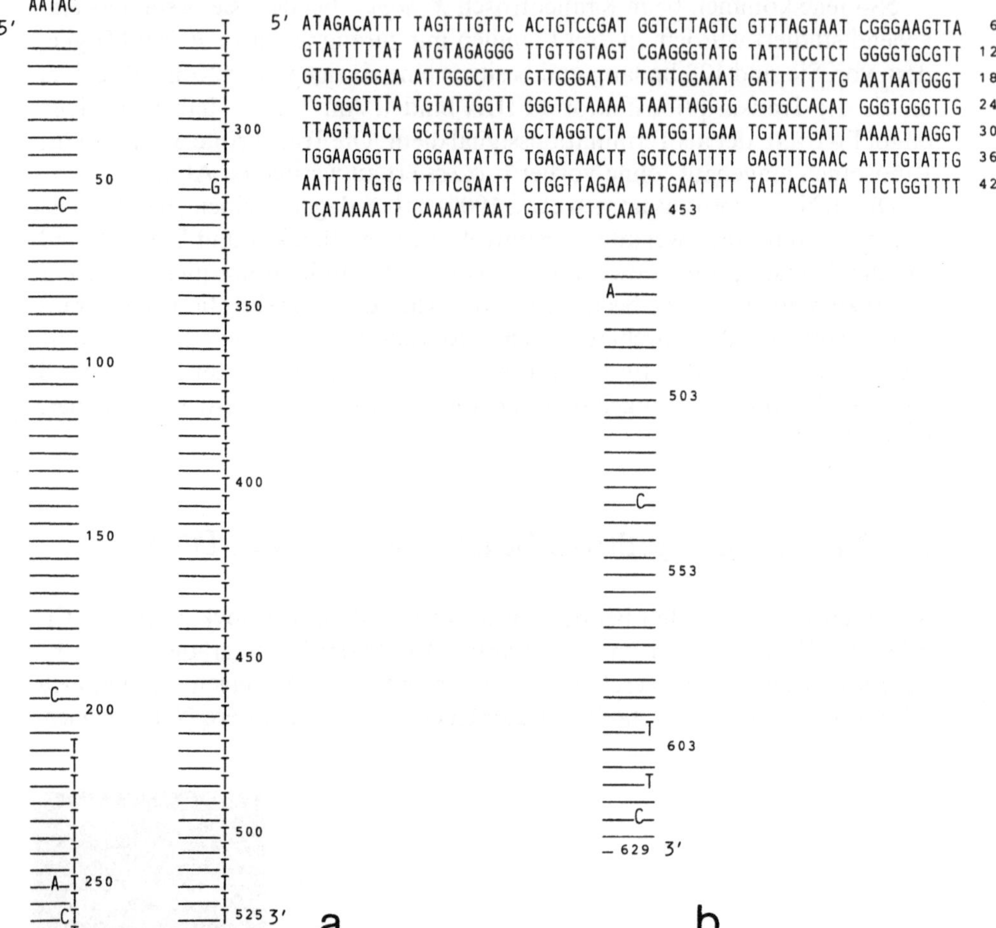

a   b

Abb. 5.11 a, b. Zwei klonierte und sequenzierte Abschnitte des 1,672 g cm^{-3}-Satelliten von *Drosophila melanogaster*. Der Satellit besteht aus Tandemrepeats der 5 bp-Sequenz AATAC (=CAATA, wenn bei der Zählung das Raster verschoben wird). Sie sind durch Striche angedeutet. **a** zeigt einen 525 bp langen Abschnitt. In einem Teil dieses Abschnittes wurde C gegen T ausgetauscht. Die neue Variante ist offensichtlich amplifiziert worden. Zusätzlich kommen einzelne Basenaustausche in verschiedenen Positionen verstreut vor. Sie müssen nach der Amplifikation entstanden sein. Bei **b** ist eine komplexe Sequenz, eine noch nicht beschriebene mittelrepetitive mobile Sequenz, in die Satelliten-DNA hineingesprungen. (Nach Lohe u. Brutlag 1987)

die **Satellitenbanden** (Abb. 5.10). Der Trenneffekt zwischen den Banden wird durch basenspezifische DNA-Liganden wie Silber- oder Quecksilberionen, Aktinomycin D oder den Fluoreszenzfarbstoff Hoechst 33258 gesteigert. Satelliten-DNAs haben sich als Familien gleicher oder ähnlicher Sequenzen erwiesen, die im Genom in sehr hoher Kopienzahl tandemartig wiederholt vorkommen. Meist handelt es sich um recht einfache kurze Sequenzeinheiten (Abb. 5.11). Satelliten-DNAs lassen sich in Dichtegradienten von der Hauptbande abtrennen, wenn ihre Schwebdichte aufgrund eines unterschiedlichen Brutto-GC-Gehaltes genügend weit von der der Hauptbande abweicht.

Satelliten-DNAs werden heute meist als auffällige Banden in der Elektrophorese restriktionsverdauter genomischer DNA oder zufällig als klonierte Fragmente entdeckt. Beim Vergleich der Sequenzen zeigte sich, daß die Dichte-Gradienten-Zentrifugation nicht immer einheitliche Sequenzfamilien erkennt. Die Dichtesatelliten der menschlichen DNA z. B. mußten nach Klonierung und Sequenzierung neu definiert werden (Tabelle 5.3).

Variabilität der Satellitensequenzen

Die Monomersequenzen der Satelliten können sehr kurze, einfache Sequenzen sein. Das Dinukleotid AT ist z. B. beim Satelliten verschiedener Krebse der Gattung *Cancer* die Basissequenz. Bei *Drosophila* finden sich Satelliten mit 5, 7 oder 10 bp Repeats, beim Menschen solche mit 5 bp oder 17 + 25 bp Repeats (Tabelle 5.3). Es können aber auch längere DNA-Segmente tandemartig wiederholt als Satelliten vorkommen. Der alphoide Satellit des Menschen besitzt ein 170 bp langes Monomer, und bei der Bermuda-Landkrabbe *Gecarcinus lateralis* hat die Monomersequenz eines Satelliten sogar die Länge von 2,07 kb.

Die Monomersequenzen divergieren und bilden Sequenzfamilien, die wiederum in Blöcken von ähnlichen Sequenzen angeordnet sein können. Der Aufbau aus Untereinheiten kann auch komplexer sein. Der Maussatellit, der etwa 10% der genomischen DNA ausmacht, zeigt nach Restriktionsverdau-

Tabelle 5.3. Satelliten von einfachen Sequenzen beim Menschen. Die klassischen als Dichtefraktionen definierten Satelliten I bis III enthalten als größere Komponente je einen Satelliten (1–3) mit einfacher Repeat-Einheit. Sie werden in der Tabelle charakterisiert. In Satellit I ist außerdem ein ♂-spezifischer Satellit mit 2,5 kb-Einheit vorhanden. Satellit II und III enthalten zusätzlich Anteile der alphoiden Sequenzfamilie. Der klassische Dichte-Satellit IV ist keine eigene Genomkomponente. Er enthält nur Sequenzen, die auch in III enthalten sind. (Quelle: Prosser et al. 1986)

Sequenzfamilie	Beschreibung des Satelliten	Dichte-Satellit, in dem die einfache Sequenz angereichert ist
Satellit 1	stark A + T-reiche Einheiten von 17 bp („A‘) und 25 bp („B‘), die sich abwechseln: A-B-A-B-A usw., ergibt eine Leiter mit dem Restriktionsenzym RsaI	I (Schwebdichte 1,687 g/cm^3)
Satellit 2	schwach konservierte 5 bp-Einheiten der Sequenz ATTCC, häufige HinfI und TaqI-Schnittstellen	II (Schwebdichte 1,693 g/cm^3)
Satellit 3	Sequenz (ATTCC)$_n$A$_C^T$TCGGGTTG, wobei n = 7–13 ist, ergibt eine 5 bp-Leiter mit HinfI	III (Schwebdichte 1,696 g/cm^3)

ung ein vorherrschendes Repeat-Muster von 234 bp. Wie aus Sequenzanalysen hervorgeht, besteht diese Einheit aus vier untereinander verwandten 58 und 60 bp-Segmenten, die sich ihrerseits wieder aus zwei 28 und 30 bp Stücken zusammensetzen.

Als mögliche Entstehungsweisen der Satelliten aus der Monomersequenz werden „slippage"-Replikation oder **ungleicher Schwesterstrangaustausch** bzw. ungleiches Crossingover (Abb. 5.12) diskutiert. Häufig nacheinander ablaufend, kann der eine wie der andere Vorgang die hochrepetitive Tandemanordnung der Satellitensequenzen hervorbringen.

Abb. 5.12. Variation in der Zahl der Tandem-Repeats kann durch ungleichen Schwesterstrangaustausch oder ungleiches Crossing-over erzeugt werden. Das wird dadurch erleichtert, daß die austauschenden DNA-Stränge auch bei Rasterverschiebung („slippage") Sequenzhomologie vorfinden

Typische Satelliten sind in Blöcken von konstitutivem Heterochromatin lokalisiert (s. Kap. 6.5). Nur in besonderen Fällen wie in manchen Amphibienoozyten findet man Satellitensequenzen unter den Transkripten repräsentiert. Translatiert werden sie auch dann nicht (s. Kap. 9.5).

Eingestreute Minisatelliten und „simple repeats"

Als **Minisatelliten** wurden kurze Sequenzen beschrieben, die wie die typischen Satelliten ein tandemartiges Wiederholungsmuster haben, aber nur in kleinen Blöcken mit geringem Repetitionsgrad vorkommen. Diese Blöcke sind zwischen andere Sequenzen eingestreut. So hat der bekannteste Minisatellit des Menschen beispielsweise eine Repeat-Länge von 16–62 bp mit einer nahezu konstanten GGGCAGGANG-Kernsequenz. Tandemblöcke von 3 bis 40 Repeats wurden im menschlichen Genom an etwa 1000 Loci gefunden.

Regelmäßig werden kurze Strecken von noch einfacheren Sequenzen zwischen Genen, in Introns, in Varianten von Alu-Elementen (s. Kap. 5.4.4) und in Satellitensequenzen gefunden. Es sind gewöhnlich Strecken von weniger als 100 bp, die aus nur einem oder wenigen, tandemartig wiederholten Nukleotiden bestehen. Beispiele sind poly(A), poly(G), poly(GT), poly(GA), poly(CAG) und poly(GATA). Sie kommen in allen daraufhin untersuchten Eukaryontengenomen vor und werden als „**simple repeats**" bezeichnet. Von ähnlich einfachen, typischen Satellitensequenzen unterscheiden sie sich nur durch ihre verstreute Lage und die Tatsache, daß sie nicht in so großen Blöcken wie jene vorkommen.

Strecken mit Tandem-Repeats von einfachen Sequenzen können biologische Bedeutung haben. Einige von ihnen wurden als „hot spots" für die

Rekombination erkannt. Manche Sequenzen erzeugen eine auffällige Raumstruktur der DNA. Poly(GT) · poly(CA)-Strecken z. B. sind potentiell Z-DNA-bildende Strecken und könnten für alle Funktionen verantwortlich sein, die man der Z-DNA zuschreibt (s. Kap. 4.1). Schließlich bestehen auch die Telomere der Chromosomen aus Repeats solcher einfachen Sequenzen (s. Kap. 7.3).

Da „simple repeats" bei allen Eukaryonten vorkommen, kann man schließen, daß sie in der Evolution stark konservierte Sequenzen sind. Das trifft vermutlich für eindeutig funktionelle Sequenzen wie die Telomersequenzen zu. Es ist aber bei vielen anderen „simple repeats" ebenso gut vorstellbar, daß gleichartige Folgen sehr einfacher Sequenzen unabhängig voneinander an verschiedenen Stellen im Genom entstanden sind. „Slippage"-Replikation und ungleicher Schwesterstrangaustausch werden wie bei den typischen Satelliten als Mechanismen für die Entstehung vorgeschlagen.

5.4 Mobile genetische Elemente

Einige DNA-Sequenzen können ihre Position im Genom verändern. Die Verlagerung genetischer Information von einem Locus zu einem anderen wird als **Transposition** bezeichnet, ein genetisches Element mit dieser Fähigkeit als **mobiles genetisches Element** oder **Transposon** (im weiteren Sinne). Die Rate, mit der Transpositionen erfolgen, ist sehr unterschiedlich. Sie reicht von Veränderungen in Evolutionszeiträumen bei den Alu- und LINE1-Elementen der Hominiden bis zu Transpositionen in jedem Individuum einer Generation beim P-Faktor von *Drosophila*. Durch Insertion von Transposons in Gene werden Genmutationen erzeugt, durch Exzision des Transposons, die in einigen Fällen möglich ist, können Revertanten zum Wildtyp entstehen.

Einige mobile Elemente spielen quantitativ eine erhebliche Rolle als **eingestreute repetitive Sequenzen** („interspersed repetitive elements"). Beim Menschen stellen sie etwa 20% der DNA (s. Tabelle 5.2). Diese Elemente sind recht heterogen, sowohl was die Sequenzen als auch was die Länge und die Kopienzahl betrifft. Man unterscheidet kurze repetitive DNA-Familien mit einer Länge von ein paar hundert Basenpaaren, **SINEs** („short interspersed repetitive elements") genannt, von langen repetitiven Familien, die **LINEs** („long interspersed repetitive elements") genannt werden (s. Kap. 5.4.4). Streng genommen gehören alle mobilen Elemente zu den eingestreuten repetitiven Sequenzen. Viele haben allerdings einen deutlich geringeren Repetitionsgrad als die Prototypen von SINEs und LINEs. Manche mobilen Elemente von *Drosophila* kommen nur in 0–50 Kopien in einem individuellen Genom vor (Abb. 5.13).

Mobile Elemente sind sehr verschieden in ihrer Struktur (Abb. 5.14). Man kann sie nach der Art ihrer terminalen Sequenzen und ihres Transpositions-

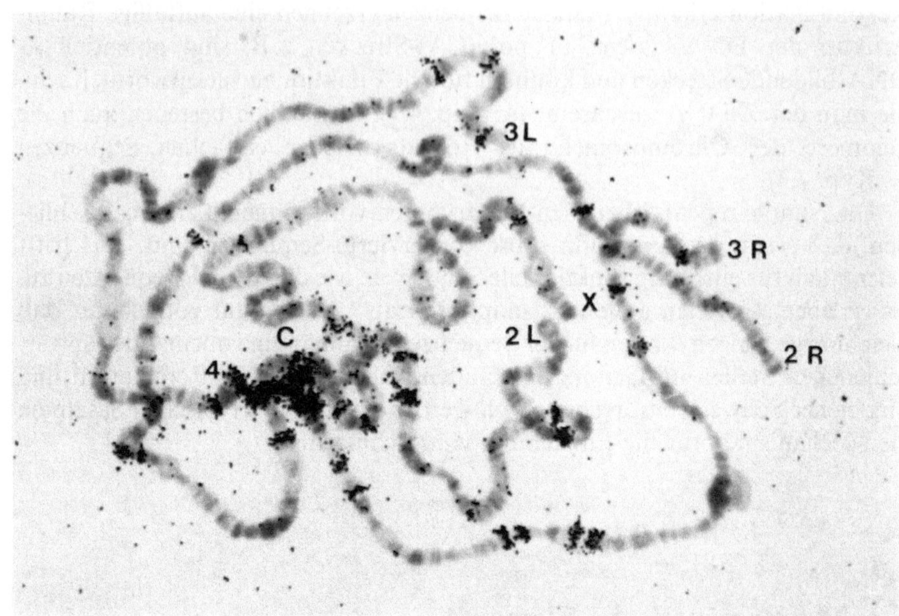

Abb. 5.13. Verteilung des mobilen Elementes 101F im Genom von *Drosophila melanogaster*. Speicheldrüsen-Chromosomen von *Drosophila* wurden mit ^{3}H-markierter DNA von 101F in situ hybridisiert (s. Box 10.2). Die Banden von Silberkörnern in der Autoradiographie zeigen Orte der 101F-Integration an. Die Chromosomenarme sind mit X,2L,2R,3L,3R und 4 bezeichnet, das Chromozentrum mit C. (Aus Pardue u. Dawid 1981)

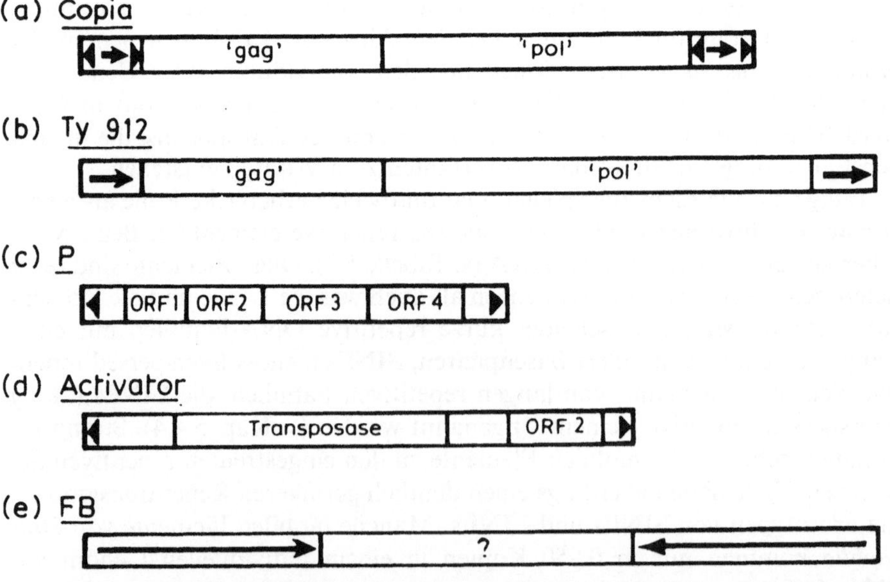

Abb. 5.14a–e. Struktur von Eukaryontentransposons. Die Pfeile deuten Repeats an. Die kurzen Pfeile für die kurzen Repeats sind relativ zu groß dargestellt. ORF steht für ein offenes Leseraster. (Aus Adams 1986)

mechanismus vorläufig in vier Gruppen einteilen, die in einer Übersicht in Tabelle 5.4 vorgestellt und weiter unten einzeln abgehandelt werden:

- in die retrovirusähnlichen **Retrotransposons** mit langen terminalen direkten Repeats
- die **Transposons mit kurzen terminalen invertierten Repeats**,
- die **Transposons mit langen terminalen invertierten Repeats** und
- die pseudogenähnlichen **Retroposons**.

Informationsträger (Intermediate) bei der Transposition sind, je nach Transposon, DNAs oder RNAs. Einige retrovirusähnliche Elemente, wie das Ty1-Element der Hefe oder das copiaähnliche 17.6-Element von *Drosophila*, kodieren offenbar eine reverse Transkriptase wie die Retroviren und transponieren über ein RNA-Intermediat. Andere, wie das Ac-Element des Mais oder das P-Element von *Drosophila* transponieren als DNAs. Sie enthalten die Information für eine Transposase, die die Transposition bewirkt. Die Mehrzahl der mobilen Elemente kodiert jedoch kein eigenes Transpositionsenzym, sondern wird passiv transponiert. Bei vielen Elementen ist der Mechanismus noch unbekannt.

Insertionsstelle

Für einige Transposons läßt sich als Zielort („target site") für die Insertion im Wirtsgenom eine mäßig konservierte Konsensussequenz formulieren. Die 9 bp lange Konsensussequenz des Zielorts für das Transposon TC1 von *Caenorhabditis* enthält im Inneren sogar ein streng konserviertes Dinukleotid, TA. TC1 inserierte bei 16 sequenzierten Insertionsstellen zwischen den Nukleotiden T und A. Offenbar gibt es auch „hot spots" für die Integration eines Transposons. Das Copia-Element inserierte zweimal unabhängig an fast derselben Stelle des white-Gens von *Drosophila*. Im allgemeinen ist allerdings die Insertionsstelle eines Transposons im Genom nicht auffällig spezifisch.

Allen Transposons ist gemeinsam, daß ein kurzer Abschnitt von wenigen Basenpaaren an der „target site" verdoppelt wird (Abb. 5.15, erste Zeile). Das integrierte Transposon wird deswegen von einem direkten Repeat eingeschlossen. Die Größe dieses duplizierten Abschnittes ist charakteristisch für das betreffende Transposon. Die Verdopplung kommt vermutlich dadurch zustande, daß die DNA beim Insertionsvorgang nicht glatt, sondern wie von manchen Restriktionsenzymen mit überstehenden Einzelstrangenden geschnitten wird und die Einzelstranglücken anschließend, nach der Integration des Transposons aufgefüllt werden.

Exzision

Bei einigen Transposons wie den P- und FB-Elementen von *Drosophila* oder den Ac- bzw. Ds-Elementen vom Mais ist Exzision nachgewiesen worden. Sie

Tabelle 5.4. Mobile genetische Elemente

Klasse	Vermutlicher Transpositionsmechanismus	Beispiele	Geschätzte Häufigkeit pro haploides Genom	Größe
● Retrotransposons: retrovirusähnliche Elemente mit langen direkten terminalen Repeats	über eine RNA-Zwischenstufe, einige Elemente kodieren eine eigene reverse Transkriptase	_Drosophila:_ copia [b] Maus: IAP Type I [b] Hefe: Ty [d] Mais: BS1 [a] Mensch: THE1 [g]	60 1000 30 1–5 10^4	5146 bp 7,3 kb 5918 bp 3,3 kb 2,3 kb
● Transposons mit kurzen terminalen invertierten Repeats	transponieren als DNA, Fähigkeit zur Exzision, P und Ac kodieren eine eigene Transposase	_Drosophila:_ P [b] Mais: Ac [a] _Caenorhabditis:_ Tc1 [b]	0–50 30–50 200	2907 bp 4563 bp 1,7 kb
● Transposons mit langen terminalen invertierten Repeats, die in sich tandemartig repetiert sind	unbekannt, Fähigkeit zur Exzision	_Drosophila:_ FB [b) c] Mais: Mu1 [a]	30 0–30	0,5–10 kb 1,4 kb
● Retroposons: pseudogenähnliche Elemente meist mit A-reichem Trakt am 3'-Ende eines Stranges	über eine RNA-Zwischenstufe	Mensch: Kpn (=LINE1) Mais: TZ86 [a] _Drosophila:_ F [e] Mensch: Alu [f] Maus: B1 [f]	10^4–10^5 50 50 3–$5 \cdot 10^5$ 10^5	6–7 kb 3,6 kb 4,7 kb 282 bp 129 bp

Daten aus: [a] Döring H, Starlinger P (1986); [b] Finnegan DJ (1985) [c] Collins M, Rubin GM (1983); [d] Clare J, Farabaugh P (1985) [e] Finnegan DJ, Fawcett DH (1986) [f] Rogers JH (1985) [g] Deka N et al. (1988).

Abb. 5.15. Target-site-Verdopplung und unsaubere Exzision bei einem AC-Element im wx-Gen und einem Ds-Element im Adh-Gen des Mais. Die Insertionsstelle ist unspezifisch, daher sind die 8 bp-Verdopplungen in den beiden Beispielen verschieden. Die von diesen Mutanten abgeleiteten Revertanten haben einige der duplizierten Basenpaare zurückbehalten und auch neue Basenpaare erworben. (Nach Döring u. Startlinger 1984)

wx-m9	CATGGAGA——Ac——CATGGAGA
Revertante	CATGGAGA…TGGAGA
Adh1-Fm335	GGGACTGA——Ds——GGGACTGA
Revertante 1	GGGACTGTCGGACTGA
Revertante 2	GGGACTGTCCGACTGA
Revertante 3	GGGACTGTC ACTGA
Revertante 4	GGGACTG GGACTGA

kann **sauber** oder **unsauber** sein. Bei sauberer Exzision verschwindet sowohl das Transposon als auch die Target-site-Verdopplung. Bei unsauberem Herausschneiden hinterlassen Transposons Spuren (**footprints**). Solche „footprints" wurden bei Ac- und Ds-Elementen sequenziert. Es handelt sich um Reste der Target-site-Verdopplung und manchmal um wenige zusätzliche Nukleotide (Abb. 5.15). Wenn das Element in einem Gen integriert war, wird durch saubere Exzision der ursprüngliche Phänotyp wiederhergestellt. Bei unsauberer Exzision ist das abhängig von der Art und Zahl der Basenpaare des „footprint".

5.4.1 Retrovirusähnliche Elemente

Die Transposons mit langen terminalen direkten Repeats (Tabelle 5.4, Abb. 5.14a, b) haben Ähnlichkeit mit endogenen Retroviren (s. Kap. 5.5). Diese Elemente werden daher auch **Retrotransposons** genannt. Die langen direkten Repeats erinnern an die LTRs („long terminal repeats") der Retroviren. Beim Copia-Element von *Drosophila* sind die LTRs wie bei den integrierten Proviren durch kurze invertierte Repeats begrenzt. Außerdem findet man Sequenzhomologie zum Integraseabschnitt des retroviralen pol-Gens. Die Ähnlichkeiten deuten auf einen gemeinsamen Ursprung der Retroviren und dieser Transposons. Für das Hefe-Transposon Ty1 ist nachgewiesen, daß wie bei den Retroviren ein RNA-Intermediat die genetische Information bei der Transposition trägt. Die ebenfalls hierher gehörenden IAP-Elemente („intracisternal A particle") der Maus werden als Retroviren ohne extrazelluläre Phase angesehen.

5.4.2 Transposons mit kurzen terminalen invertierten Repeats

Transposons mit kurzen terminalen invertierten Repeats wie das Ac-Element beim Mais und das P-Element von *Drosophila* sind die bekanntesten mobilen Elemente (s. Tabelle 5.4). Das Activator-Dissociator-System (Ac/Ds) gehört zu den klassischen mobilen ‚Kontrollelementen' beim Mais, die von Barbara McClintock bereits in den 50er Jahren durch genetische Untersuchungen nachgewiesen worden waren. Chromosomenbrüche und instabile Mutationen können durch diese Transposons entstehen. Ac-Elemente sind 4,5 kb lang und enthalten drei offene Leseraster, von denen vermutlich eines eine Transposase kodiert (Abb. 5.14d). Ac-Elemente können autonom transponieren. Ds-Elemente, die sich von Ac ableiten, haben diese Fähigkeit verloren, können aber in Gegenwart eines intakten Ac transponieren.

Die Hybriden-Dysgenesis von *Drosophila* wird ebenfalls durch Transposons verursacht. Stark verringerte Fertilität und Hypermutabilität mit chromosomalen Rearrangements kennzeichnen das Bild der Hybriden-Dysgenesis im sog. **P-M-System**. Sie tritt bei Kreuzungen zwischen P-Stämmen („paternal") als Väter und M-Stämmen („maternal") als Mütter auf. In den reziproken Kreuzungen, Mütter aus P-Stämmen und Väter aus M-Stämmen, bleibt dagegen die Hybriden-Dysgenesis aus.

Der Effekt wird durch **P-Elemente** verursacht (Abb. 5.14c). Sie sind innerhalb der P-Stämme stabil. P-Elemente werden mobilisiert, wenn sie durch Kreuzung in das Cytoplasma eines M-Stammes gelangen. Ein komplettes P-Element, auch **P-Faktor** genannt, ist 2907 bp lang. Es wird durch perfekte invertierte Repeats von 31 bp Länge begrenzt. Eine 8 bp lange Target Site-Duplikation flankiert das inserierte Element. Auf einem der beiden DNA-Stränge finden sich vier offene Leseraster, die wahrscheinlich zusammen eine Transposase kodieren. Unvollständige P-Elemente sind kürzer. Sie sind defekt in der Transposase und können ohne Hilfe eines kompletten P-Elementes (P-Faktor) nicht transponieren, selbst wenn sie in M-Plasma gelangen. Sie werden aber durch komplette P-Elemente in M-Plasma ebenfalls mobilisiert. Das Verhältnis zwischen P-Faktor und P-Element ist also ähnlich wie zwischen Ac und Ds beim Mais.

P-Elemente können auch durch Injektion in M-Eier eingebracht und dabei ins Genom inseriert werden. Klonierte P-Elemente eignen sich deswegen bei *Drosophila* als Vektoren für die Übertragung von Genen. Vektorkonstrukte auf der Grundlage des P-Elements sind das zur Zeit beste System zur Herstellung transgener Tiere.

5.4.3 Transposons mit langen terminalen invertierten Repeats

Zu den Transposons mit langen invertierten Repeats gehören Mu1, das den Mutator-Genotyp beim Mais verursacht und die FB-Elemente bei *Drosophila* (Tabelle 5.4). **FB-Elemente** (Foldback-Elemente, Abb. 5.14e) verdanken ihren Namen der Eigenschaft, intramolekular Haarnadel- oder Schleifenstrukturen zu bilden. Dabei renaturieren die invertierten Repeats zu Doppelsträngen. Die DNA besitzt in den invertierten Repeats eine satellitenartige Organisation mit tandemartig wiederholten kurzen DNA-Abschnitten. Allen gemeinsam ist eine konservierte 31 bp-Sequenz, die zu einer 20 bp- oder 10 bp-Sequenz verkürzt sein kann. Die Zahl dieser kurzen Einheiten bestimmt die sehr variable Länge der invertierten Repeats. Die DNA, die von den langen terminalen invertierten Repeats eingeschlossen wird, ist sowohl in der Sequenz wie auch in der Länge sehr variabel. Sie kann von 0 bis zu mehreren kb groß sein.

Die größten bekannten Transposons, die TE-Elemente von *Drosophila* (TE von „transposable element"), sind zusammengesetzte Transposons aus zwei FB-Elementen, die eine Strecke bis zu mehreren hundert kb einschließen. Das erste bekannt gewordene Transposon dieser Serie, TE1 von *Drosophila*, enthält das white-Gen zusammen mit dem nahe gelegenen Gen roughest. Dieses Element transponiert mit einer Rate von 10^{-3} an andere Stellen oder geht verloren. Das legt die Annahme nahe, daß jede DNA-Strecke, die von zwei aktivierten FB-Elementen eingeschlossen ist, auf diese Weise transponierbar wird.

5.4.4 Pseudogenähnliche Elemente

Die sonst so charakteristischen Termini mit direkten oder invertierten Repeats fehlen bei einer Gruppe von Transposons, die sich ursprünglich von prozessierten Pseudogenen (s. Kap. 5.2.1) ableitet und die von manchen Autoren als **Retroposons** bezeichnet werden (Tabelle 5.4). Eine Target-site-Verdopplung am Ort der Insertion ist jedoch meist erkennbar. Die überwiegende Menge der LINEs und SINEs des Menschen gehört zu diesem Typ. Sie stammen von revers transkribierten PolII- und PolIII-Gen-Transkripten ab. Ein erheblicher Teil des Eukaryontengenoms verdankt demnach seine Entstehung dem umgekehrten Fluß der genetischen Information von der RNA zur DNA. Wahrscheinlich breiten sie sich durch Retroposition aus: durch eine Folge von Transkription, reverser Transkription und Integration. Eingestreut repetitive Sequenzen kommen zwischen Genen, innerhalb von Genclustern, in Introns und auch zwischen Satelliten-DNA vor (Abb. 5.16). Nur in kodierenden Regionen wurden sie nicht gefunden. Vermutlich bedeuten Gene, die durch Insertion inaktiviert wurden, für ihre Träger einen Selektionsnachteil.

LINEs

LINEs (long interspersed repetitive elements), sind mehr als 5 kb große, hoch repetitive und im Genom verstreute Elemente. Zu einer als Wirbeltier-LINE1 (L1) bezeichneten Familie gehört die **Kpn-Familie** des menschlichen Genoms. Sie ist das prominenteste Beispiel für ein Derivat eines PolII-Pseudogens. Das Gen, von dem sich diese Elemente ursprünglich ableiten, ist noch nicht identifiziert worden. Die Kpn-Familie wurde so genannt, weil KpnI-Verdauung vier verschiedene Fragmente in der Elektrophorese erkennen läßt. Es sind Stücke einer größeren, 6–7 kb langen Sequenz, die zwei offene Leseraster, ein Polyadenylierungssignal und einen poly(A)-Schwanz am 3′-Ende enthält. Bei Mitgliedern dieser Familie können am 5′-Ende Abschnitte variabler Größen fehlen, die in einem vollständigen Element enthalten sind. Der Anteil der Kpn-Fa-

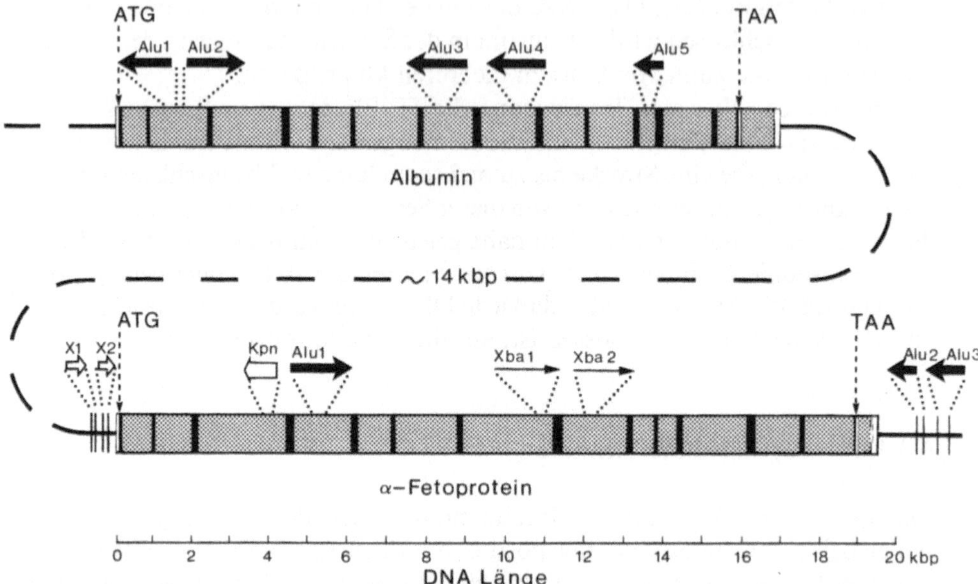

Abb. 5.16. Serum-Albumin- und alpha-Fetoprotein-Gen des Menschen mit eingewanderten Alu-, Kpn-, X- und Xba-Elementen. Beide Gene bestehen aus 15 Exons (schwarze und weiße Blöcke) und 14 Introns (gerasterte Blöcke). ATG und TAA sind Start- und Stopcodons für die Translation. Die eingewanderten Elemente liegen vor und hinter den Genen und in Introns. (Nach Ruffner 1987)

milie an der Gesamt-DNA des menschlichen Genoms wird auf 3−6% geschätzt. Es wird vermutet, daß L1 ein Enzym für die eigene Transposition kodiert.

SINEs

Prominente Mitglieder der **SINEs** („short interspersed repetitive elements") leiten sich von PolymeraseIII-Genen, wie tRNA- und 7SL-RNA-Genen ab. Beispiele sind die Alu-Familie des menschlichen Genoms und die B1-Familie der Maus, die von Genen für die 7SL RNA abstammen. Die Alu-Sequenz ist ein nicht-exaktes Dimer einer 130 bp Sequenz. Die B1-Sequenz der Maus ist ein Monomer. Einzelne Mitglieder der Alu-Familie sind untereinander ähnlich, aber nicht identisch in ihrer Nukleotidsequenz. Sie haben ein A-reiches 3′-Ende, das nicht vom 7SL-RNA-Gen stammt, sondern nachträglich im Verlaufe der Evolution der Alu-Sequenz erworben wurde. Flankiert werden sie von direkten Repeats (Target-site-Duplikationen), die eine Länge zwischen 7 und 20 bp haben und für jedes Alu-Mitglied verschieden sind. Die Alu-Familie ist die häufigste Familie im menschlichen Genom. Sie macht 3−6% der DNA aus und kommt in 300000 bis 500000 Kopien vor. 95% aller Klone einer menschlichen Genombibliothek aus 20 kb-Fragmenten enthalten mindestens eine Alu-Sequenz.

Die für PolIII-Gene charakteristische interne Kontrollregion ist bei den meisten Alu-Sequenzen erhalten geblieben. Die Elemente stehen damit für weitere Transkription durch Polymerase III und anschließende Retroposition zur Verfügung.

5.5 Retroviren

Virusintegration

Im Infektionszyklus eines Retrovirus wechseln DNA und RNA als Träger der genetischen Information ab (Abb. 5.17). Das Genom des Retrovirus besteht aus einer einsträngigen RNA. Nach Infektion einer Zelle wird durch reverse Transkription von der RNA eine DNA-Kopie hergestellt, die mit Hilfe einer Integrase in das Wirtsgenom integriert wird. Bei der Integration in das Wirts-genom wird wie bei den mobilen Elementen eine kurze Sequenz der Wirts-DNA an der Insertionsstelle so verdoppelt, daß das Virusgenom von diesem „direct repeat" eingeschlossen wird. Eine Target-site-Duplikation ist demnach für alle bekannten beweglichen Sequenzen charakteristisch. Das integrierte Virusgenom enthält an den beiden Enden lange direkte Repeats, die LTRs („long terminal repeats"), die bei der reversen Transkription in die DNA und der Replikation aus den beiden Enden des RNA-Genoms erzeugt werden. Von

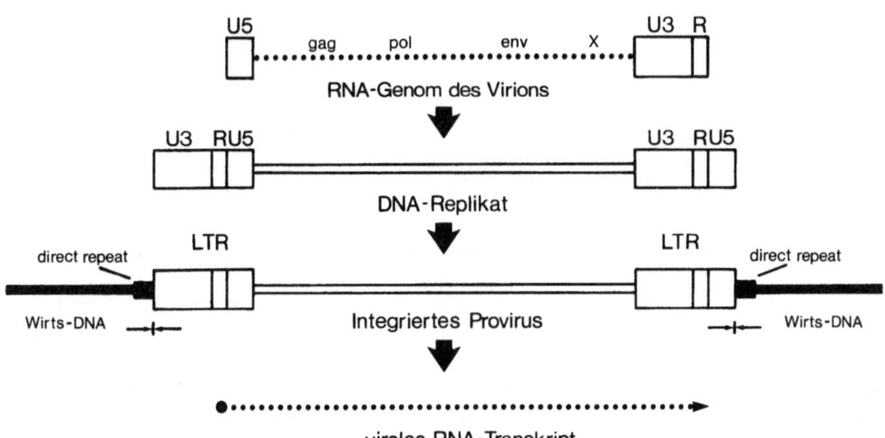

Abb. 5.17. Integration eines Retrovirus. Das Virusgenom (hier das Rinderleukämievirus) enthält die Gene gag, pol, env und ein unbekanntes Gen X. Ein Abschnitt am 5'-Ende (U5) und ein Abschnitt am 3'-Ende (U3, R) werden bei der Replikation des DNA-Transkriptes dupliziert und zu den beiden LTRs kombiniert. Bei der Integration entsteht eine target site-Duplikation („direct repeat") des Wirtsgenoms. Das Transkript umfaßt das ursprüng-liche Virusgenom. (Nach Dillon 1987)

der integrierten DNA, dem sog. **Provirus**, wird wieder eine Virus-RNA abgeschrieben, die in Viruspartikel verpackt wird.

Die Integration eines Virusgenoms muß nicht notwendigerweise wieder zur Produktion von Viren führen. Das Virusgenom kann stabil in das Wirtsgenom eingebaut sein und mit ihm zusammen repliziert werden. Sofern es in das Genom von Keimbahnzellen integriert ist, wird es an die Nachkommen vererbt. Das Mausgenom hat viele solche endogenen Retroviren akkumuliert. Etwa 0,1–1% des Mausgenoms besteht aus endogenen integrierten Retrovirussequenzen. Einige davon haben vollständige Genome, andere sind unvollständig. Die Maus ist die daraufhin am besten untersuchte Art. Vermutlich besitzen andere Wirbeltierarten ebenfalls endogene Retrovirus-DNA, wenn auch vielleicht in geringerer Menge.

Virale Gene

Komplette replikationskompetente Retrovirusgenome enthalten 3–4 Gene, die ihrerseits wieder aus mehreren kodierenden Einheiten zusammengesetzt sind (s. Abb. 5.17). Mindestens vorhanden sind gag, env und pol. Das Gen gag kodiert ein Protein des Virionkerns, env ein solches der Virionhülle; reverse Transkriptase und Integrase werden durch pol kodiert. Die Promotor- und Terminatorsequenzen für die Transkription liegen in den LTRs (Abb. 5.18).

Virusgenome können Gene des Wirts einschließen und als Passagiere mitnehmen. Das ist für viele onkogene Retroviren bekannt, die besonders intensiv studiert wurden. Sie haben zelleigene Gene, sog. **Protoonkogene**, die an der

```
          ←—U3---
Wirt——|←————— 5'LTR ----
GATGGACAGGTGTATGAAAGATCATGCCGACCTAGGAGCCGCCACCGCCCCGTAAACCAGACAGAGACGTCAGCTGCCAGAAAAGCTGGTGACGGCAGCT
   →→
 T.-Dupl.  inv.R.

GGTGGCTAGAATCCCCGTACCTCCCCAACTTCCCCTTTCCCGAAAAATCCACACCCTGAGCTGCTGACCTCACCTGCTGATAAATTAATAAAATGCCGGC
              CAAT-Box                                                          TATA-Box  poly(A)-Signal
        ---U3→|←—R---
CCTGTCGAGTTAGCGGCACCAGAAGCGTTCTTCTCCTGAGACCCTCGT..............GGTCCTCTGACCGTCTCCACGTGGACTCTCTCCTTTG
            Cap site
                  ---R →|←—U5---
CCTCCTGACCCCGCGCTCCAAGGGCGTCTGGCTTGCACCCGCGTTTGTTTCCTGTCTTACTTTCTGTTTCTCGCGGCCCGCGCTCTCTCCTTCGGCGCCC
          --·U5→
  ---- 5'LTR ——→|←—— --  Virus - Genom       --——→|←—3'LTR——→|←——Wirt
TCTAGCGGCCAGGAGAGACCGGCAAACAATTGGGGGCTCGTCCGGGATTGAT................CATTTGTATG....CAAACAGACAGGGAGGC
          inv.R.      PBS                                inv.R.   inv.R. T. Dupl.
```

Abb. 5.18. Struktur von LTRs. Dargestellt wird der DNA-Einzelstrang des Rinderleukämievirus mit der gleichen Polarität wie die Virus-RNA. Das komplette integrierte Rinderleukämievirus-Genom von 8714 bp wird durch eine 6 bp lange Target-site Duplikation (T. Dupl.) der Wirts-DNA eingeschlossen. Die 530 bp des 5'LTR und des 3'LTR sind identisch. Sie werden beiderseits durch 6 bp lange unvollständige „inverted repeats" (inv. R.) begrenzt. Transkriptionspromotoren, CAAT-Box und TATA-Box liegen im U3-Abschnitt. Die Cap-Site der Virus-RNA liegt am Beginn des R-Abschnittes. Das poly(A)-Signal im U3-Abschnitt erscheint erst im RNA-Transkript des 3'LTR. PBS ist die „primer binding site" für die Minus-Strang-DNA-Synthese. (Nach Sagata 1984 und Sagata 1985)

Regulation der Zellvermehrung beteiligt sind, als Onkogene integriert. Durch das Verlassen der normalen Sequenzumgebung sind sie der Kontrolle der zelleigenen cis-regulierenden Sequenzen entzogen. Die Folge ist eine ungehemmte Stimulation der Zellvermehrung. Die Aufnahme eines Wirtsgens schließt häufig den Verlust von Retrovirusgenen ein. Solche defekten Viren benötigen für ihre Vermehrung Helferviren, die in derselben Zelle vorkommen und die fehlenden Genprodukte substituieren.

5.6 DNA-Methylierung

Bei der bisherigen Betrachtung der Zusammensetzung des Genoms aus DNA-Sequenzen sind Modifikationen von Basen unberücksichtigt geblieben. Tatsächlich findet man bei vielen Eukaryonten, z. B. bei Wirbeltieren und höheren Pflanzen, einen beträchtlichen Anteil von Methylcytosin (vgl. Tabelle 4.1). Das ist aber keine generelle Eigenschaft. Andere Eukaryonten, z. B. Insekten (*Drosophila*) und Hefe, besitzen kein Methylcytosin.

Die Methylierung des Cytosins findet nach der Replikation statt. Die Methylgruppe wird durch eine Methylase vom S-Adenosylmethionin auf die Position 5 des Cytosins übertragen (vgl. Abb. 4.1).

Bei Wirbeltieren ist fast ausschließlich das Cytosin im Dinukleotid CG methyliert. Allerdings sind nicht alle CG-Dinukleotide methyliert. Die Zellen haben ein charakteristisches Methylierungsmuster, das bei der Teilung an die Tochterzellen weitergegeben wird. Die Weitergabe kommt dadurch zustande, daß frisch replizierte und damit nur in einem Einzelstrang methylierte DNA (hemimethylierte DNA) das Substrat für eine Erhaltungsmethylase ("maintenance methylase") ist. Entsprechend dem Methylierungsmuster der CG in einem Strang wird das CG-Dinukleotid im anderen Strang methyliert (Abb. 5.19).

Mit Hilfe des Restriktionsenzympaares MspI und HpaII kann man ein charakteristisches Methylierungsmuster erkennen. Die beiden Enzyme erkennen und schneiden dieselbe Vierbasen-Sequenz CCGG. HpaII ist dabei methylierungsempfindlich, MspI ist unempfindlich gegenüber Methylierung des

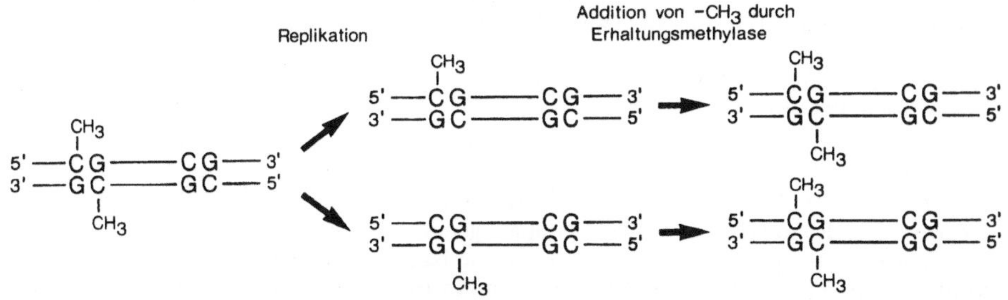

Abb. 5.19. Erhaltung des Methylierungsmusters bei Zellteilung. Replikation einer methylierten DNA erzeugt hemimethylierte Tochter-DNAs. Die hemimethylierten CG/GC-Stellen sind das Substrat für die Erhaltungsmethylase

mittleren Cytosins. Aus dem unterschiedlichen oder gleichen Muster an Fragmenten läßt sich die Methylierung erschließen.

Das Methylierungsmuster wird in Wirbeltieren während der Embryonalentwicklung verändert. Die spezielle Methylierung ist daher ein epigenetisches Phänomen. In der Spermien-DNA ist die Mehrheit der DNA stärker als in den Körperzellen methyliert. Das fügt sich zu der etwas groben Verallgemeinerung, daß Demethylierung Aktivierung von Genen bedeutet. Die Methylierung der Satelliten-DNA verhält sich genau umgekehrt. Satelliten-DNA ist in den Keimzellen weniger und in den Körperzellen stärker methyliert.

Die Mehrzahl der CG-Dinukleotide ist im Wirbeltiergenom methyliert. Über die DNA-Strecke inselartig verteilt treten aber unmethylierte Strecken in der Größenordnung von etwa 1000 bp auf. Solche Abschnitte werden als **HTF-Inseln** (von „Hpa tiny fragments") bezeichnet, da sie durch das methylierungsempfindliche Restriktionsenzym HpaII in kleine Fragmente zerschnitten werden. HTF-Inseln kommen in der Nähe von vielen Genen, besonders von Housekeeping-Genen vor. Sie stehen im Verdacht, eine Rolle bei der Kontrolle der Aktivität dieser Gene zu spielen.

Literatur zu Kapitel 5

Baker SM, Platt T (1986) PolI transcription: which comes first, the end or the beginning. Cell 47:839–840

Berg DE, Howe MM (eds) (1989) Mobile DNA. American Society for Microbiology, Washington D.C.

Bernstein P, Ross J (1989) Poly(A), poly(A) binding protein and the regulation of mRNA stability. TIBS 14:373–377

Bird AP (1986) CpG-rich islands and the function of DNA methylation. Nature 321:209–213

Dillon LS (1987) The gene. Its structure, function, and evolution. Plenum, New York

Dynan WS (1989) Modularity in promoters and enhancers. Cell 58:1–4

Epplen JT (1988) On simple GA$_\mathrm{C}^\mathrm{T}$A sequences in animal genomes: a critical reappraisal. J Heredity 79:409–417

Fanning TG, Singer MF (1987) LINE-1: a mammalian transposable element. Biochim Biophys Acta 910:203–212

Gierl A, Saedler H (1989) Maize transposable elements. Ann Rev Genet 23:71–85

Grandgenett DP, Mumm SR (1990) Unraveling retrovirus integration. Cell 60:3–4

Hadjiolov AA (1985) The nucleolus and ribosome biogenesis. Springer-Verlag, Wien New York

Hepburn AG, Belanger FC, Mattheis JR (1987) DNA methylation in plants. Developmental Genetics 8:475–493

Kingsman SM, Kingsman AJ (1988) Genetic engineering, an introduction to gene analysis and exploitation in eukaryotes. Blackwell Scientific Publication, Oxford

Knippers R (1982) Molekulare Genetik, 3. Aufl. Georg Thieme Verlag, Stuttgart

Korenberg JR, Rykowski MC (1988) Human genome organization: alu, lines, and the molecular structure of metaphase chromosome bands. Cell 53:391–400

Leff SE, Rosenfeld MG, Evans RM (1986) Complex transcriptional units: diversity in gene expression by alternative RNA processing. Ann Rev Biochem 55:1091–1117

Levinson G, Gutman GA (1987) Slipped-strand mispairing: a major mechanism for DNA sequence evolution. Mol Biol Evol 4(3):203–221

Lewin B (1990) Genes, 4th edn. Oxford Univ. Press, Oxford

Maniatis T, Reed R (1987) The role of small nuclear ribonucleoprotein particles in pre-mRNA splicing. Nature 325:673–678

Müller MM, Gerster T, Schaffner W (1988) Enhancer sequences and the regulation of gene transcription. Eur J Biochem 176:485–495

Padgett RA, Grabowski PJ, Konarska MM, Seiler S, Sharp P (1986) Splicing of messenger RNA precursors. Ann Rev Biochem 55:1119–1150

Parry HD, Scherly D, Mattaj JW (1989) 'Snurpogenesis': the transcription and assembly of UsnRNP components. TIBS 14:15–19

Proudfoot NJ (1989) How RNA polymerase II terminates transcription in higher eukaryotes. TIBS 14:105–110

Renkawitz R (1990) Transcriptional repression in eukaryotes. TIG 6:192–197

Sassone-Corsi P, Borrelli E (1986) Transcriptional regulation by trans-acting factors. Trends in Genetics 2:215–219

Schüle R, Muller M, Kaltschmidt C, Renkawitz R (1988) Many transcription factors interact synergistically with steroid receptors. Science 242:1418–1420

Schütz G (1988) Control of gene expression by steroid hormones. Biol Chem Hoppe-Seyler 369:77–86

Shapiro DJ, Blume JE, Nielsen DA (1987) Regulation of messenger RNA stability in eukaryotic cells. BioEssays 6:221–226

Shapiro MB, Senapathy P (1987) RNA splice junctions of different classes of eukaryotes: sequence statistics and functional implications in gene expression. Nucl Acids Res 15:7155–7174

Sollner-Webb B (1988) Surprises in polymerase III transcription. Cell 52:153–154

Tautz D, Renz M (1984) Simple sequences are ubiquitous repetitive components of eukaryotic genomes. Nucl Acids Res 12:4127–4138

Winnacker E-L (1987) From genes to clones. VCH Verlagsgesellschaft, Weinheim

6 Chromatinstruktur

ÜBERSICHT

Als Chromatin bezeichnet man die mit basischen Farbstoffen anfärbbare Substanz der Chromosomen und der Kerne. Biochemisch handelt es sich um den DNA-Proteinkomplex, den man aus Chromosomen und Kernen herauslösen kann.

Chromatin ist in Fäden organisiert. Man kann mindestens drei Organisationsstufen unterscheiden. Unterste Organisationsstufe ist der Nukleosomenfaden (Kap. 6.1). Dieser ist in der nächst höheren Stufe zum 30 nm-Faden kondensiert (Kap. 6.2). Der 30 nm-Faden seinerseits ist in Schleifendomänen organisiert (Kap. 6.3). Transkriptionell aktives Chromatin (Kap. 6.4) und das hochkondensierte Heterochromatin (Kap. 6.5) unterscheiden sich auf mindestens einer dieser Stufen von der Hauptmasse des Euchromatins.

6.1 Nukleosomenfaden

Spreitet man Chromatin in Puffern mit niedrigem Ionengehalt (≤ 1 mM NaCl) und betrachtet das Präparat mit dem Elektronenmikroskop, so erkennt man Fäden, die mit ca. 10 nm großen rundlichen Gebilden, den **Nukleosomen**, besetzt sind. Die Nukleosomen sind wie Perlen in einer Perlenkette auf dem DNA-Faden angeordnet (Abb. 6.1). Röntgenkleinwinkelstreuung von intaktem Chromatin ergibt neben dem charakteristischen DNA-Muster ein Signal, das ebenfalls auf Wiederholungen im Abstand von etwa 10 nm hinweist. Nukleosomen bilden die kleinste strukturelle Einheit des Chromatins.

Auch mit einer anderen Methode, der Nukleaseverdauung, läßt sich ein regelmäßiger Besatz des DNA-Fadens erschließen. Verdaut man Chromatin mit einer unspezifischen (d. h. nicht sequenzabhängigen) Endonuklease wie z. B. der Micrococcus-Nuklease, entfernt die Proteine aus solchen Proben und trennt die verbleibende DNA in der Gelelektrophorese auf, dann erhält man ein charakteristisches Muster von DNA-Banden. Nach vollständiger Nukleaseverdauung tritt nur eine einzelne Bande auf, nach unvollständiger Verdauung wird eine „Leiter" von Banden sichtbar (Abb. 6.2). Die Sprossen der Leiter repräsentieren DNA-Fragmente mit einer Länge von etwa 200 bp und

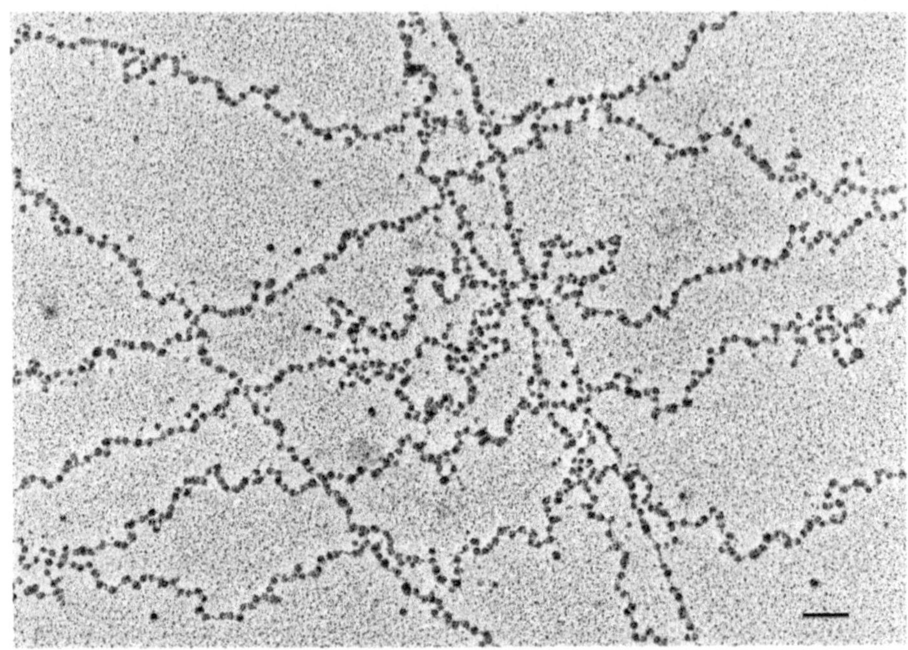

Abb. 6.1. Nukleosomenfäden. Spreitung von Chromatin in Puffer mit geringem Salzgehalt (ca. 1 mM NaCl) läßt das Nukleosomenmuster erkennen. EM-Aufnahme nach Bedampfung mit Platin-Iridium, Maßstab 0,1 µm. (U. Scheer, Würzburg)

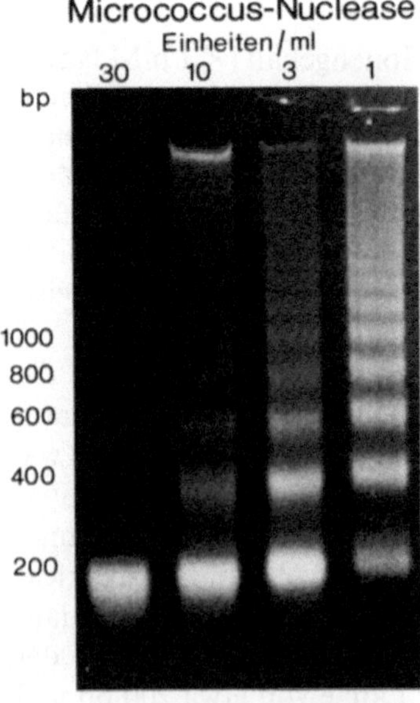

Abb. 6.2. Nukleosomale DNA. Verdauung von Chromatin mit Micrococcus-Nuklease (aus Staphylococcus) zeigt, daß die DNA in regelmäßigen Abständen geschützt ist. Bei vollständiger Verdauung entstehen DNA-Fragmente einer ziemlich einheitlichen Größe (1. und 2. Spur), bei unvollständiger Verdauung eine Serie vom Vielfachen der Basiseinheit (3. und 4. Spur). Für diese Darstellung wurden die DNA-Fragmente nach der Nukleasebehandlung durch Deproteinisierung des Chromatins freigesetzt und in der Gelelektrophorese aufgetrennt. Anschließend wurde die DNA mit dem Fluoreszenzfarbstoff Ethidiumbromid, der an DNA bindet, im Gel angefärbt und durch UV-Licht sichtbar gemacht. (Pfeiffer et al. 1975)

Vielfachen dieser Basislänge: 400, 600, 800 bp usw. Die DNA wird im Chromatin durch die Nukleosomen vor der Verdauung geschützt. Nur in regelmäßigen Abständen, nämlich zwischen den Nukleosomen, ist sie für die DNase zugänglich. Rund 200 bp DNA-Länge sind demnach einem Nukleosom zugeordnet.

Nackte DNA verhält sich ganz anders. Sie wird an zufälligen Positionen geschnitten. Das Ergebnis einer unvollständigen Verdauung ist eine kontinuierliche Serie von Fragmentgrößen, die nach Auftrennung in der Elektrophorese keine diskreten Banden, sondern einen „Schmier" ergibt.

Replizierte DNA wird sofort mit Nukleosomen assoziiert, so daß an der Replikationsgabel keine nukleosomenfreie DNA zu erkennen ist (s. S. 197). Die Art der Verteilung von neugebildeten und alten Nukleosomen auf die beiden DNA-Stränge ist noch umstritten. Es gibt sowohl Befunde für eine statistische Verteilung der alten und neuen Nukleosomen als auch solche für die Erhaltung der alten Nukleosomen auf dem „leading strand" und Neubildung auf dem „lagging strand".

Nukleosomen kommen – von einer Ausnahme abgesehen – in allen phylogenetischen Gruppen der Eukaryonten vor. Die Ausnahme ist die Gruppe der Dinoflagellaten. Diese Gruppe fällt auch durch das Fehlen von Histonen und den Besitz von völlig untypischen, in ihrer Struktur bisher unverstandenen Chromosomen auf.

Zusammensetzung der Nukleosomen

Nukleosomen bestehen aus den Histonen H2A, H2B, H3 und H4 und DNA-Abschnitten von rund 200 bp Länge. Das Histon H1 ist meistens ebenfalls Bestandteil eines Nukleosoms. Es kann aber auch fehlen oder durch Varianten wie z. B. das Histon H5 ersetzt sein. Je zwei Moleküle von H2A, H2B, H3 und H4 bilden einen Histonkern, um den sich die DNA-Helix in zwei Linkswindungen herumlegt (Abb. 6.3). Das Histon H1 spielt offensichtlich eine Sonderrolle, es ist nicht in den Histonkern einbezogen.

Nukleosomen lassen sich aus den vier Histonen H2A, H2B, H3 und H4 mit oder ohne H1 und mit nackter DNA in vitro rekonstituieren. Das so rekonstituierte Chromatin stellt sich in elektronenmikroskopischen Spreitungspräparaten und nach Nukleaseverdauung in der Gelelektrophorese wie natives nukleosomales Chromatin dar. Dabei spielt die Herkunft der DNA keine Rolle. Sie kann von dem gleichen Organismus stammen wie die Histone oder auch von einer anderen Art. Selbst Prokaryonten-DNA wird in Rekonstitutionsexperimenten mit den Histonen zur Nukleosomenfibrille organisiert. Die Nukleosomenstruktur ist offensichtlich nicht an eine bestimmte DNA-Sequenz gebunden. Ausnahmen sind die Homopolymere poly(dA)·poly(dT) und poly(dG)·poly(dC), die in vitro keine chromatinähnlichen Strukturen bilden.

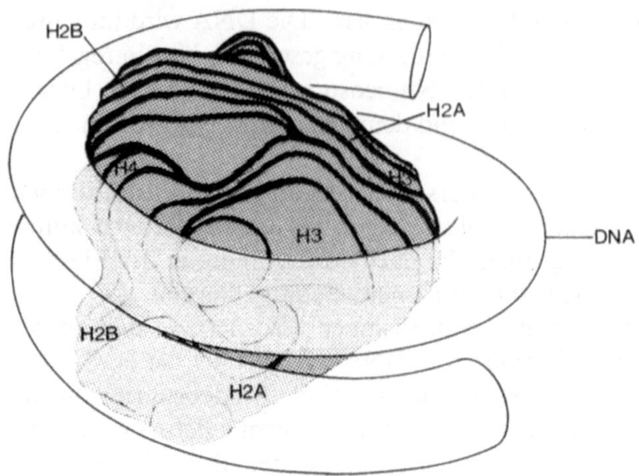

Abb. 6.3. Modell einer Nukleosomen-Core-Partikel mit 1¾ Windungen DNA und dem Histon-Oktamer. (Nach Kornberg u. Klug 1981)

Windungen der DNA um den Histonkern

Verdauungsexperimente mit DNase I geben Aufschluß über die Lage der DNA im Nukleosom. DNase I setzt im Abstand von etwa 10 bp Einzelstrangbrüche in der nukleosomalen DNA, während nackte DNA zufällig geschnitten wird. Der regelmäßige Abstand entspricht jeweils einer Helixwindung der B-DNA. Er zeigt, daß die nukleosomale DNA einseitig geschützt ist. Das ist am besten mit Windungen der DNA um einen Histonkern und einer dadurch gegebenen einseitigen sterischen Behinderung der DNase zu erklären.

Diese Anordnung wird durch kristallographische Untersuchungen bestätigt. Aus Nukleosomen-Core-Suspensionen lassen sich Kristalle züchten, die man mit elektronenmikroskopischen Methoden, durch Röntgendiffraktion und mit Neutronen-Scattering genauer vermessen und untersuchen kann. Nukleosomen sind demnach keilförmige Scheiben von 5,5 nm Dicke, einem Durchmesser von 11 nm und einer Steighöhe der beiden DNA-Windungen von 2,7 nm. In Neutronen-Scattering-Experimenten mit solchen Kristallen läßt sich der innere Proteinkern von der außen herum gewundenen DNA unterscheiden (Abb. 6.4).

Inkubiert man Chromatin mit Micrococcus-Nuklease, dann hört die Verdauung nicht bei DNA-Stücken von durchschnittlich 200 bp Länge auf. Die DNA-Verdauung macht erst bei 166 bp eine Pause und schreitet dann bis 146 bp fort. Das läßt einen abgestuften Verdauungsschutz erkennen. Bei den 146 bp-Partikeln, die als **Nukleosomen-Core-Partikel** bezeichnet werden, fehlt H1. Die DNA reicht nur für 1¾ Windungen. Die Partikel mit 166 bp DNA, die von manchen Autoren **Chromatosomen** genannt werden, sind die kleinsten Einheiten, die noch das Histon H1 enthalten. Die Strecke von 166 bp ist gerade

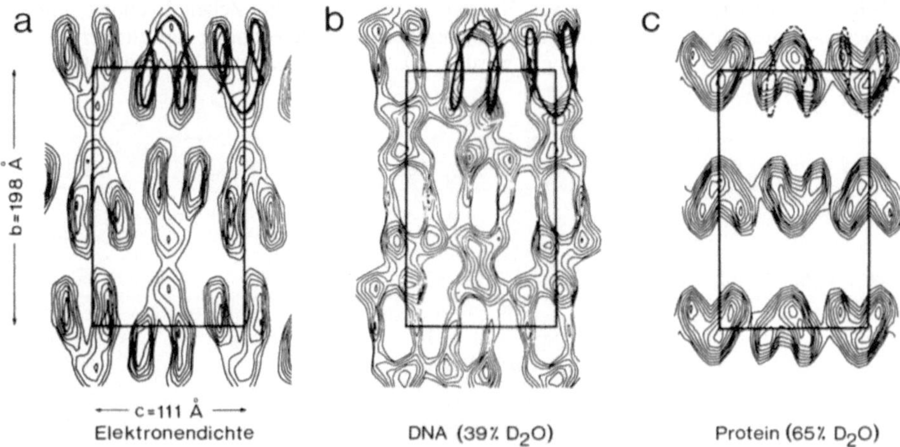

Abb. 6.4a–c. Elektronendichte- und Neutronen-Scattering-Karten von kristallisierten Nukleosomen-Core-Partikeln zeigen den Proteinkern und die um ihn herum verlaufende DNA. Der Verlauf der DNA ist zur Verdeutlichung in zwei Nukleosomen der Dichtekarten eingezeichnet. Die Karten geben eine Seitenansicht der Nukleosomenstapel wieder. **a** Elektronendichtediagramm aus Röntgendiffraktionsdaten und elektronenmikroskopischen Daten. **b** Neutronen-Scattering bei 39% D_2O läßt die DNA-Signale hervortreten. **c** Neutronen-Scattering in Gegenwart von 65% D_2O kontrastiert den Proteinanteil. (Richmond et al. 1983)

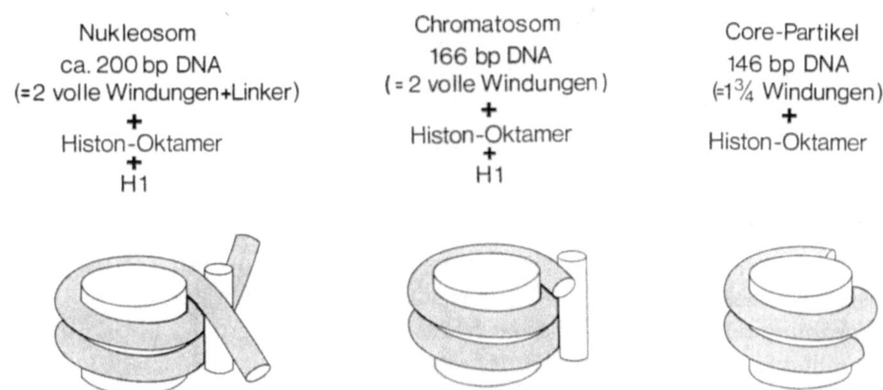

Abb. 6.5. Beziehungen zwischen Nukleosom, Chromatosom und Nukleosomen-Core-Partikel. Schematische Darstellung der Chromatinuntereinheit aus DNA (Schlauch), Histon-Oktamer (dicker Zylinder) und Histon H1 (dünner Zylinder). (Mod. nach Thomas 1984)

lang genug für zwei volle Windungen der DNA-Doppelhelix um den Histonkern (Abb. 6.5). Die über 166 bp hinausgehende DNA der Nukleosomen, der **„Linker"**, der die Nukleosomen miteinander verbindet, variiert je nach Gewebe und Organismus zwischen 0 und etwa 80 bp Länge. Meist haben die Nukleosomen eine DNA-Länge von ca. 190–200 bp. Der Linker besteht dann aus etwa 30 bp DNA (Tabelle 6.1).

Tabelle 6.1. Mittlere DNA-Längen von Nukleosomen ausgewählter Zellen. In einigen Fällen werden zwei unabhängige Bestimmungen angegeben. Zur Berechnung der Linker-Größe müssen von dem Wert 166 bp abgezogen werden. (Daten der Erbse aus Ull, Franco 1986; alle übrigen Werte aus Holde 1988)

Art	Zelltyp	bp
Bäckerhefe		162 ± 6
		165 ± 5
Neurospora crassa		170 ± 5
Erbse	Sproßachse des ungekeimten Embryo	175 ± 4
	Sproßachse des gekeimten Embryo	185 ± 5
	6 Tage alter Keimling	185 ± 3
Stylonychia	Makronukleus	217 ± 3
	Mikronukleus	202 ± 3
Seeigel (*Lytechinus pictus*)	Spermien	248 ± 3
	Morula, Blastula	213 ± 3
	Gastrula	217 ± 3
	Larve	230 ± 4
Huhn	Ovidukt	196 ± 1
	Erythroblasten	205 ± 2
	Erythrozyten	$216 \pm 5,$
		210 ± 3
Ratte	Leber	196 ± 1
	Niere	196 ± 1
	Knochenmark	192 ± 1
Kaninchen	Gliazellen	200 ± 6
	Neuronen des Cortex	162 ± 6
	Neuronen des Cerebellums	197 ± 6
Mensch	HeLa-Zellen	188 ± 1

Die räumliche Beziehung der Histone zur DNA wurde durch Crosslinking zwischen DNA und Histonen kartiert. Die Karten zeigen eine symmetrische Anordnung der vier Core-Histone relativ zu den 146 bp der Core-DNA und die Bindung des H1-Histons an die 10 bp jederseits der Core-DNA bis zur Länge von 166 bp (Abb. 6.6). Die DNA-Strecke von 146 bp wird von dem Oktamer der vier Core-Histone geschützt. Die weiteren Abschnitte bis 166 bp deckt das Histon H1 ab.

Die DNA-Helix ist in zwei Linkswindungen um den Histonkern geschlungen. Entfernt man die Histone, dann sollte man zwei negative superhelikale Windungen pro Nukleosom in einer topologisch fixierten DNA wie den ringförmigen Genomen von Viren oder den Schleifendomänen der Chromosomen (s. Kap. 6.3) erwarten. Jedes Nukleosom trägt aber zur Veränderung der „linking number" nur mit ca. -1 bei, wie am ringförmigen Genom von SV40 ermittelt wurde. Eine Lösung für dieses sog. **„linking number paradox"** wäre ein besonderer Verlauf der Linker-DNA zwischen den Nukleosomen, der mit einer Differenz von $+1$ eine der Linkswindungen aufhebt. Eine andere Lösung

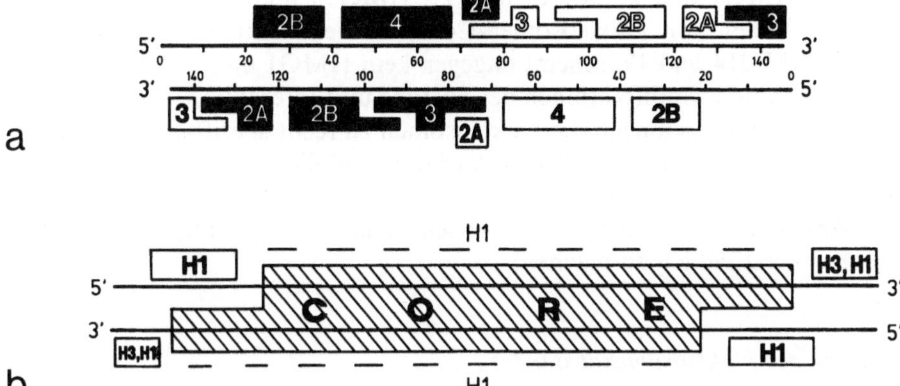

Abb. 6.6 a, b. Bindung der Histone an die DNA (**a**) der Nukleosomen-Core-Partikel und (**b**) des H1-haltigen Nukleosoms. Die beiden Moleküle der symmetrischen Histonpaare werden durch schwarze und weiße Kästen unterschieden. Die DNA-Einzelstränge werden mit der 5'-3'-Orientierung dargestellt. (Nach Mirzabekov et al. 1983)

wären Unterschiede in der Steighöhe der Doppelhelixwindungen. Wenn auf eine Doppelhelixwindung der DNA im Nukleosom nur etwa 10,0 bp kommen, während B-DNA in Lösung eine Steighöhe von etwa 10,4 bp hat, ergibt das pro Nukleosom etwa eine Rechtswindung mehr und kompensiert damit eine der nukleosomalen Linkswindungen.

Unterschiede in der Zusammensetzung

Nukleosomen sind trotz ihres prinzipiell gleichen Aufbaus nicht uniform. So kann das molare Verhältnis des H1-Histons zu den Core-Histonen zwischen verschiedenen Geweben oder Zelltypen variieren. In den Gliazellen des Rindergehirns kommt z. B. ein H1-Molekül auf ein Histon-Oktamer, während in den Nervenzellen desselben Gewebes durchschnittlich 0,45 H1-Moleküle pro Oktamer zu finden sind. Dementsprechend kann man eine Heterogenität der Nukleosomen in der Zelle erwarten. Es muß solche mit und ohne H1 geben. Das wird durch elektrophoretische Auftrennung der Mononukleosomen bestätigt.

Außerdem können die Histone verändert sein. Sie können durch Acetylierung, Phosphorylierung oder ADP-Ribosylierung modifiziert werden. H2A bildet mit dem Protein Ubiquitin Konjugate (uH2A), die Bestandteile von Nukleosomen-Core-Partikeln sind. Aber auch Varianten der Standardhistonmoleküle kommen in den Nukleosomen vor. Ganze Sätze von solchen Varianten treten in der Seeigelentwicklung phasenweise nacheinander in Erscheinung. In den Erythrozyten des Huhns wird das H1-Histon teilweise durch das Histon H5 ersetzt, das als Variante von H1 angesehen wird.

Die Vielfalt wird durch Bindung von Nicht-Histonproteinen an die Nukleosomen erhöht. Besonders gut belegt ist die Beteiligung der Nicht-Histonproteinpaare HMG1 und 2 bzw. 14 und 17. HMG14 und HMG17 binden an die DNA-Enden von Nukleosomen-Core-Partikeln. Aktives Chromatin ist reich an HMG14 und 17, scheint dagegen kein HMG1 und 2 zu enthalten.

Varianten und Modifikationen der Histone und Interaktionen mit anderen Proteinen können demnach die Nukleosomen zu recht spezifischen Einheiten machen. Es gibt jedenfalls genügend Variationsmöglichkeiten für die Struktur dieses so einheitlich wirkenden Chromatingrundbausteins, um unterschiedliches Verhalten des Chromatins in verschiedenen Genomkomponenten und Geweben verständlich zu machen.

Variation des Nukleosomenabstandes

Der am leichtesten zu erkennende Unterschied zwischen Nukleosomen betrifft die Länge der Linker-DNA. Die nukleosomale DNA variiert etwa zwischen 165 und 260 bp. Dem entsprechend kann der Linker Werte zwischen 0 und über 80 bp annehmen. Unterschiede zwischen Organismenarten kommen ebenso vor wie solche zwischen verschiedenen Geweben oder Entwicklungsstadien desselben Organismus (s. Tabelle 6.1).

Die Angaben über die Länge der nukleosomalen DNA beziehen sich im allgemeinen auf durchschnittliche Abstände in der Hauptmasse des Chromatins. Aber selbst innerhalb eines Kerns ist der Nukleosomenabstand nicht einheitlich. Er beträgt im Satellitenchromatin der Ratte 185 bp, während er in denselben Zellen in der Hauptmasse des Chromatins bei durchschnittlich 195 bp liegt. Ein anderes Beispiel liefern die 5S RNA-Gene in den Erythrozytenkernen von Xenopus. Sie haben einen Nukleosomenabstand von 175 bp, die Hauptmenge des Chromatins aber hat 189 bp. Die biologische Bedeutung dieser Variation ist unbekannt.

6.2 30 nm-Faden

In Puffern mit niedrigem Ionengehalt stellt sich das Chromatin als Nukleosomenfaden dar. Bei physiologischen Salzgehalten von etwa 100 mM Na$^+$ (oder 1 mM Mg^{2+} bzw. Ca^{2+}) liegt es dagegen als etwa 25–30 nm dicker Faden vor (30 nm-Faden, Abb. 6.7). Der Nukleosomenfaden ist höchstwahrscheinlich auch in vivo zum 30 nm-Faden kondensiert. In vitro kann der 30 nm-Faden leicht durch Erhöhung des Salzgehalts aus dem Nukleosomenfaden rekonstituiert werden. Für diesen Übergang zur supranukleosomalen Struktur ist das Histon H1 notwendig. Chromatin ohne H1 läßt sich nicht zum 30 nm-Faden rekonstituieren.

Wie der 30 nm-Faden im einzelnen aufgebaut ist, ist noch unsicher. Nach der Meinung der Mehrzahl der Untersucher handelt es sich um eine unregelmäßig, aber dicht gewundene Spirale, einen **Solenoid** (Abb. 6.8 und 6.9). Für die Feinstruktur des Solenoids wurden verschiedene Modelle vorgeschlagen.

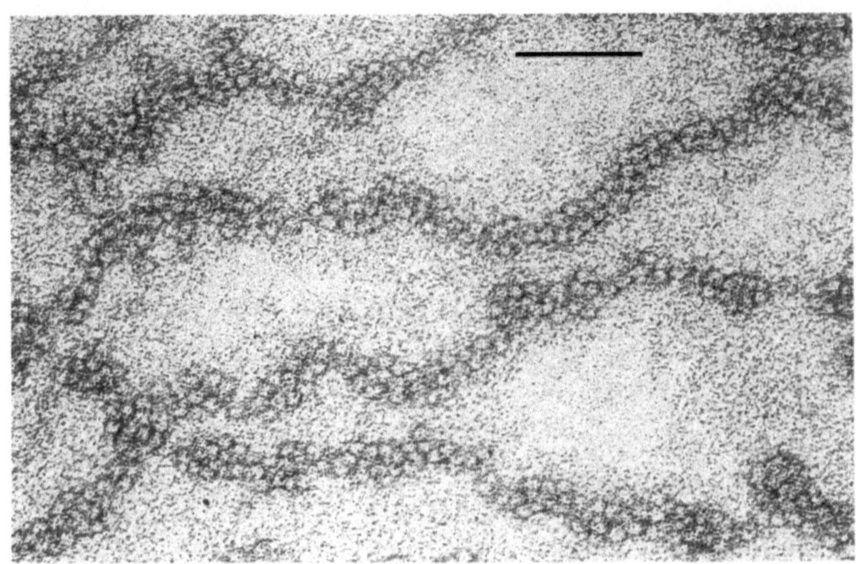

Abb. 6.7. 30 nm-Chromatin-Fäden aus Metaphasechromosomen von L929-Zellen der Maus. Das EM-Bild läßt die dichte Packung der Nukleosomen, nicht aber die Anordnung des Nukleosomenfadens erkennen. Maßstab: 0,1 µm. (Rattner u. Lin 1988)

Dabei handelt es sich im wesentlichen um Variationen eines Solenoidtyps mit einfachem Nukleosomenfaden (Abb. 6.9 a) oder eines Solenoidtyps aus einem Doppelfaden mit Zickzackanordnung der Nukleosomen (Abb. 6.9 b). Alternativ könnte der 30 nm-Faden aus einer Verdichtung der Nukleosomenfäden zu mehr oder weniger kugelförmigen Aggregaten von 6 oder mehr Nukleosomen, sog. **Superbeads**, bestehen. Mit dem Elektronenmikroskop werden je nach Objekt und Behandlung gleichmäßig dicke Fäden (Abb. 6.7) oder Superbeads (Abb. 6.10) gefunden. Eine Kette eng aufeinanderfolgender Superbeads ist allerdings im Elektronenmikroskop nicht sicher von einem Solenoid zu unterscheiden. Möglicherweise ist die supranukleosomale Struktur verschiedener Chromatinarten nicht gleich.

6.3 Schleifendomänen

Biochemische, licht- und elektronenmikroskopische Untersuchungen belegen eine Organisation des Chromatins in Schleifen. Löst man das Chromatin aus Rattenleberkernen durch Verdauung mit Micrococcus-Nuklease oder mit Restriktionsenzymen, so erhält man selbst bei kürzesten Verdauungszeiten nie wesentlich längere DNA-Stücke als etwa 75 kb in der löslichen Chromatinfraktion. Bei längeren Verdauungszeiten werden die Stücke kürzer und ein größerer Anteil des Chromatins geht in Lösung. Ein Teil des Chromatins aber

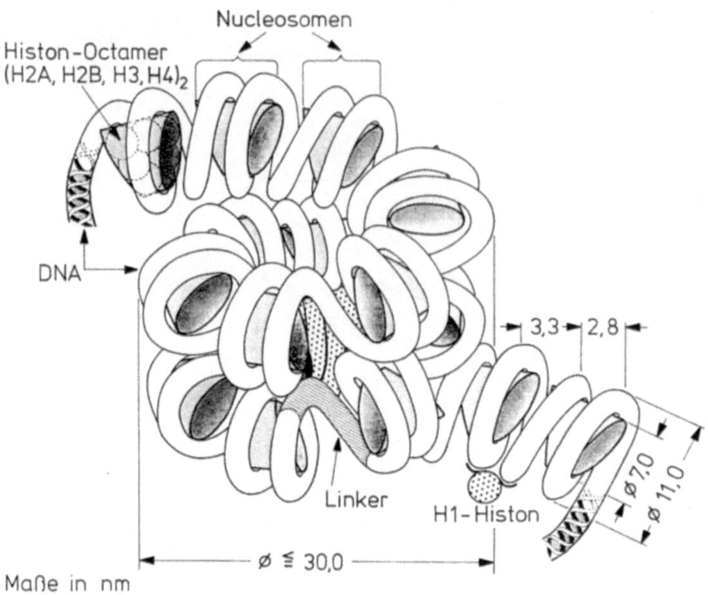

Abb. 6.8. Modell der Chromatinquartärstruktur. Das H1-Histon liegt im Inneren des 30 nm-Fadens. Die Struktur entspricht dem Modell a der Abbildung 6.9. (Nach Harbers u. Notbohm 1987)

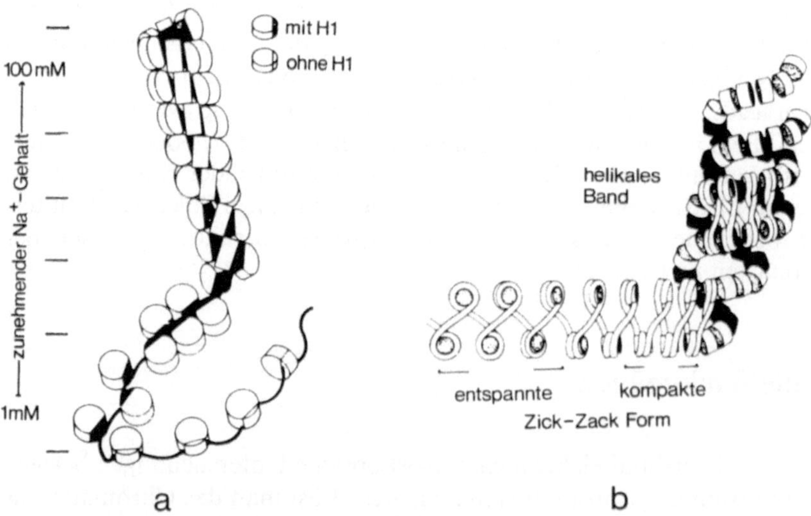

Abb. 6.9 a, b. Zwei helikale Modelle des 30 nm-Fadens. **a** Das klassische Solenoidmodell mit einer einreihigen Anordnung der Nukleosomen in den Umgängen. Die Darstellung interpretiert den Strukturübergang von niedrigem zu physiologischem Salzgehalt. (Nach Thoma et al. 1979). **b** Eine zweireihige Spirale, die die oft beobachtete Zickzackanordnung der Nukleosomenfäden als helikal gewundenes Band beibehält. (Nach Woodcock et al. 1984)

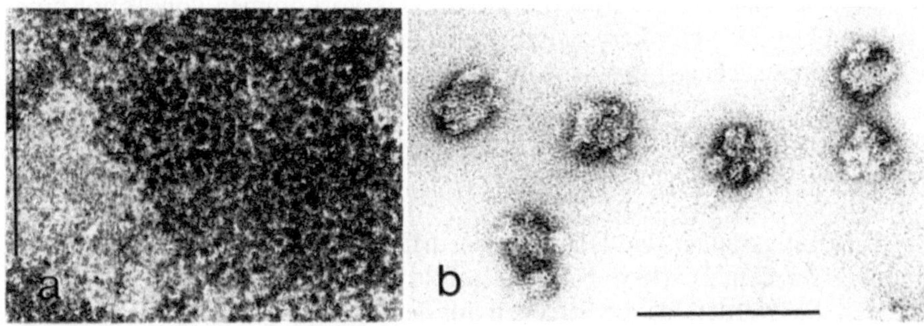

Abb. 6.10 a, b. Superbeads. **a** Ein Schnitt durch den Kern eines Hühnererythrozyten zeigt das Chromatin in Form globulärer Partikel. Maßstab 0,5 µm. **b** Die Partikel werden durch leichte Micrococcus-Nuklease-Verdauung in Gegenwart von 100 mM NaCl und 1 mM MgCl$_2$ freigesetzt und können dann isoliert werden. Maßstab 0,1 µm. (Aus Zentgraf u. Franke 1984)

Tabelle 6.2. Identifizierte Proteine in Scaffold-Präparationen aus Metaphasechromosomen und zwei unterschiedlich isolierten Kernmatrixpräparationen. Typ I-Matrixpräparationen entstehen bei Anwesenheit von Cu^{2+} oder Ca^{2+}, Typ II-Matrixpräparationen bei Abwesenheit von Cu^{2+} oder Ca^{2+} während der Isolationsprozedur. Typ I-Matrices zeigen im Elektronenmikroskop ein inneres Netzwerk, Typ II-Matrices sind leer. (Aus Lewis et al. 1984)

Protein	Metaphase-Scaffold	Kernmatrix Typ I	Kernmatrix Typ II
Sc1 (Topoisomerase II)	+	+	−
Sc2	+	?	−
Lamin A, B, C	−	+	+
RNA-Polymerase II	−	+	−

bleibt immer, auch bei langen Verdauungszeiten, unlöslich. Diese Verhältnisse muß man erwarten, wenn man annimmt, daß Chromatinschleifen vorhanden sind, die Nukleasen an zufälligen Punkten der Schleifen schneiden und die in einer Matrix verankerten DNA-Abschnitte unlöslich bleiben.

Im Elektronenmikroskop zeigen von Histon befreite mitotische Chromosomen DNA-Schleifen, deren Enden in einer Skelettstruktur, dem **Scaffold**, verankert sind (s. Kap. 7.1, S. 140). Die Schleifen stimmen in der DNA-Größenordnung mit den löslichen Chromatindomänen überein. Ähnliche Schleifen kann man an Interphasekernen beobachten. Sie sind nachweislich topologisch fixiert (vgl. Kap. 8.1). Auch in meiotischen Pachytänchromosomen (s. Kap. 9.1, S. 213) und in den Lampenbürstenchromosomen findet man das gleiche Konstruktionsprinzip (s. Kap. 9.5, S. 244).

Der Scaffold, an dem die Schleifen verankert sind, enthält eine Gruppe von hochmolekularen Nicht-Histon-Proteinen. Bei isolierten Scaffolds menschlicher Chromosomen ragen daraus mengenmäßig zwei Proteine, Sc1 und Sc2, mit der relativen Molmasse 170 000 bzw. 135 000 hervor (Tabelle 6.2). Sc1 ist als Topoisomerase II identifiziert worden. Das Vorkommen von Topoisomerase II am Ort der Verankerung der Schleifen läßt eine Funktion bei der Kontrolle der Superhelizität der Schleifendomänen erwarten.

MARs und SARs

Die Anheftungsstellen der DNA an der Matrix, **MARs** (**m**atrix **a**ttachment **r**egions) oder dem Scaffold, **SARs** (**s**caffold **a**ttachment **r**egions), lassen sich kartieren. Sie werden als die Strecken auf der DNA angesehen, die in histonextrahierten Kernen oder Chromosomen durch die Proteinreststruktur vor Nukleaseverdauung geschützt sind.

Im Histon-Gencluster von *Drosophila* sind die SARs Doppelregionen, die einmal in jedem 5 kb Histon-Gen-Repeat vorkommen. Die Abstände zwischen den Haftpunkten sind damit für Schleifendomänen unterdurchschnittlich kurz. Die beiden DNA-Strecken, die von dem Anheftungsprotein geschützt werden, haben je etwa 200 bp Länge. Sie werden von einer 100 bp-Region getrennt (Abb. 6.11). Wesentlich größer sind die Schleifendomänen in den untersuchten 320 kb der Umgebung des *rosy*-Locus von *Drosophila* (Abb. 6.12). Regelmäßig finden sich in der Anheftungsregion Blöcke der Topoisomerase II-Konsensussequenz $GTN^A_TA^T_CATTNATNN^G_A$. Neben diesen TopoII-Boxen sind zwei weitere Sequenzmotive in den Anheftungsregionen vorhanden, die T-Box mit der Konsensussequenz $TT^A_TT^T_ATT^T_ATT$ und die A-Box mit Konsensussequenz $AATAA^T_CAAA$ (Abb. 6.11). Auffällig ist außerdem die Nähe der Anheftungsstelle zu Enhancer-Elementen, die bei mehreren *Drosophila*genen (Adh, ftz, Sgs-4), aber auch bei Genen für die leichte und schwere Kette des Immunglobulins gefunden wurde. Anheftungsstellen der Schleifen sind in der

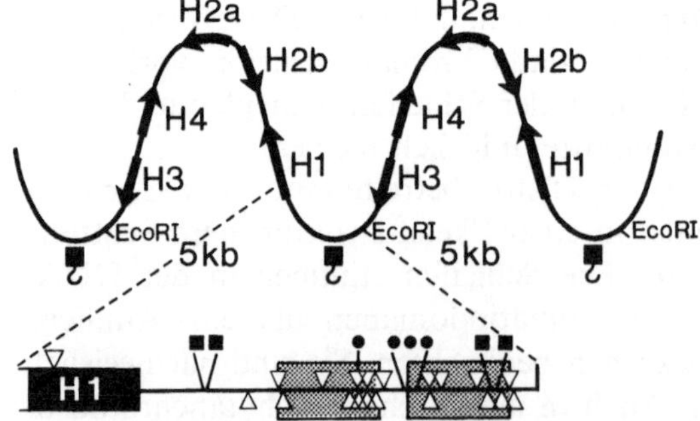

Abb. 6.11. Schleifendomänen. Im Histon-Gencluster entspricht das 5 kb-Repeat mit den Genen für alle fünf Histone einer Schleife. Die SARs (als Haken angedeutet) liegen in der nicht-transkribierten Region zwischen den Genen für H1 und H3. Eine 657 bp große Strecke wird unten vergrößert wiedergegeben. Die gerasterten Blöcke von ca. 200 bp sind ExonukleaseIII-resistente Abschnitte. Dreiecke sind Sequenzmotive mit Ähnlichkeit zur TopoII-Konsensussequenz. Kreise und Quadrate zeigen die Lage von 10 bp langen A- bzw. T-Boxen an. (Nach Gasser u. Laemmli 1987)

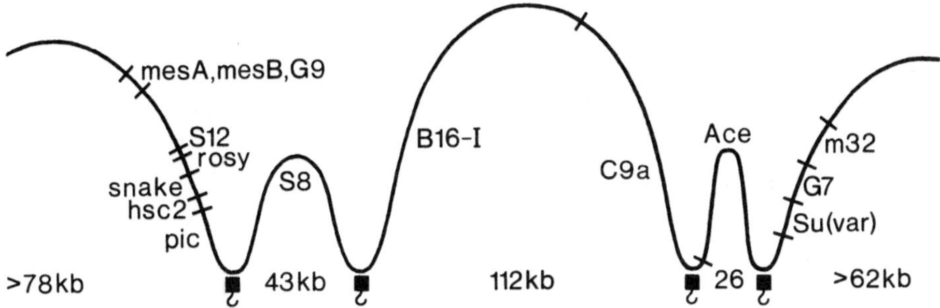

Abb. 6.12. Schleifendomänen. Schleifen und Gene in einer 320 kb langen DNA-Strecke von *Drosophila* mit dem rosy-, dem Ace-Locus und weiteren Orten mit Homologie zu definierten Transkripten. Die SARs sind als Haken angedeutet. (Nach Gasser u. Laemmli 1987)

Evolution konserviert worden. Die Anheftungsstelle der leichten Kappa-Kette des Mausimmunoglobulins bindet z. B. in vitro auch an isolierte Kernmatrix von Hefe.

6.4 Transkriptionell aktives Chromatin

Nur ein kleiner Anteil des Chromatins ist transkriptionell aktiv, die Hauptmenge ist inaktiv. Untersuchungen des Gesamtchromatins erfassen daher überwiegend Eigenschaften des inaktiven Chromatins. Aus elektronenmikroskopischen Beobachtungen geht hervor, daß die transkriptionell hochaktiven ribosomalen Gene nicht in Nukleosomen organisiert sind. Die Länge der Transkriptionseinheiten entspricht nämlich in etwa der Länge nackter DNA solcher Gene. Sie ist also nicht durch Windungen um Histonoktamere verkürzt. Die auf der DNA sichtbaren Partikel an der Basis der Transkripte werden als RNA-Polymerase I-Moleküle interpretiert (s. S. 192). Trotz des Fehlens typischer Nukleosomen wurden Histone immunologisch darauf nachgewiesen, sie liegen aber offenbar nicht in Nukleosomenform vor. Möglicherweise können sich die Nukleosomen öffnen, wie das Modell in Abb. 6.13 es zeigt. Für die hochaktiven Gene auf den Schleifen von Lampenbürstenchromosomen gilt das gleiche. Sie sind frei von Nukleosomen, besitzen aber Histone (Abb. 6.14, s. a. S. 247).

Weniger stark transkribierte Gene sind dagegen in Nukleosomen organisiert (Abb. 6.15). Es ist allerdings schwer vorstellbar, daß die Transkription um intakte Nukleosomen herumläuft. Anscheinend werden die Nukleosomen an der Position der Polymerase lokal entfaltet oder entfernt.

Auffällig ist die erhöhte Nukleaseempfindlichkeit vieler aktiver Gene. Das gilt vor allem für DNase I, aber auch für Micrococcus-Nuklease. Sie betrifft eine DNA-Strecke, die weit über das Gen hinausgeht. In der Gegend des Ovalbumingens vom Huhn hat die DNase-empfindliche Region eine Größe

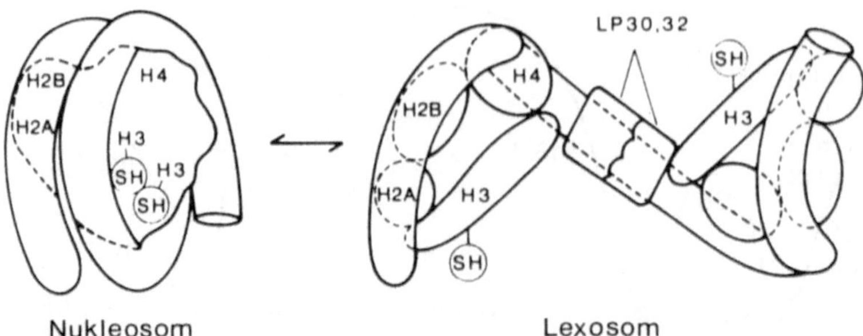

Abb. 6.13. Modell für den reversiblen Übergang von der Nukleosomenstruktur zu einer offenen Struktur. Die beiden Strukturen, Nukleosom und Lexosom, sind Modelle für die Partikel, die aus inaktiven bzw. aktiven ribosomalen Einheiten von Physarum u isolieren sind. Zwei Nicht-Histonproteine, LP30 und LP32, die in aktivem ribosomalen Chromatin vorkommen, sind nach diesem Modell auf der Brücke zwischen den aufgeklappten Hälften zu finden. (Nach Prior et al. 1983)

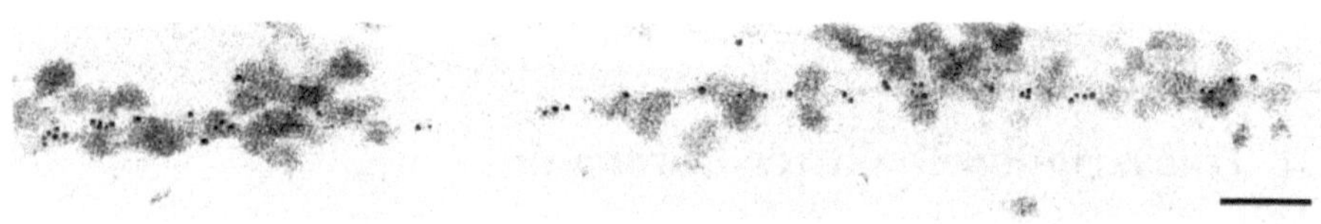

Abb. 6.14. Immuno-Gold-Nachweis von Histon auf der nukleosomenfreien DNA-Achse einer hochaktiven Lampenbürstentranskriptionseinheit von *Triturus cristatus*. Indirekter elektronenmikroskopischer Immunnachweis mit Anti-H2B und Goldpartikeln (s. Box 6.1). Maßstab 0,1 µm. (U. Scheer, Würzburg)

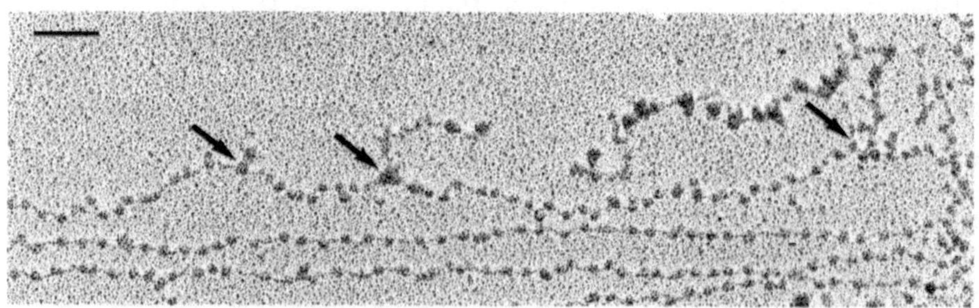

Abb. 6.15. Eine mäßig oft transkribierte Transkriptionseinheit aus kultivierten Zellen von *Xenopus*. Die Pfeile zeigen auf die Punkte, an denen Transkripte vom Nukleosomenfaden ausgehen. Die Transkripte sind mit Proteinen assoziiert. Sie werden von links nach rechts länger, die Transkriptionsrichtung ist demnach von links nach rechts. (Scheer 1987)

Box 6.1 Indirekter Immunnachweis

Antikörper erkennen spezielle Strukturen der Antigene – geeignete Bedingungen vorausgesetzt – in licht- oder elektronenmikroskopischen Präparaten ebenso wie solche, die auf Membranen immobilisiert wurden (Immunoblots). Der Nachweis läuft in folgenden Schritten ab:

- Inkubation mit dem gewählten Antikörper z. B. aus Kaninchen, der an das Antigen bindet.

- Inkubation mit einem zweiten, aber markierten Antiserum gegen den ersten Antikörper, z. B. mit Anti-Kaninchen-Antiserum. Dadurch entsteht ein markierter Komplex aus Antigen, Antikörper 1 und Antikörper 2.

- Nachweis des markierten Komplexes. Die Markierung kann aus einem gekoppelten Fluoreszenzfarbstoff, z. B. FITC oder Rhodamin (für Fluoreszenzmikroskopie) oder aus kolloidalem Gold bestehen (für Licht- und Elektronenmikroskopie). Auch Enzyme, z. B. Peroxidase oder alkalische Phosphatase, die ein unlösliches Reaktionsprodukt abgeben, können zur Markierung mit dem Antikörper gekoppelt sein (für Licht-, Elektronenmikroskopie, Immunoblots).

(Beispiele: Abb. 6.14)

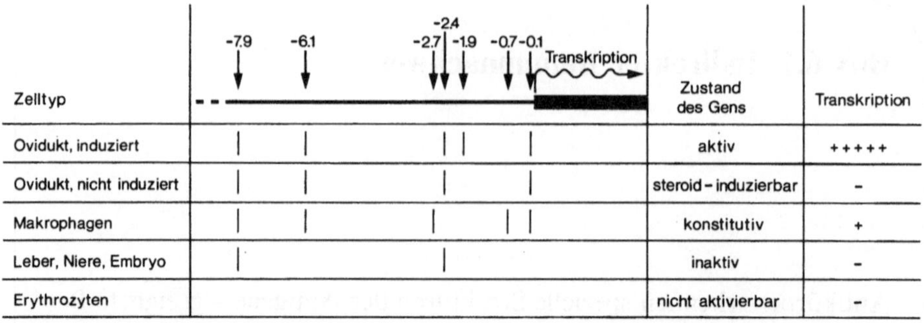

Zelltyp	Positionen DNaseI-hypersensitiver Orte (kb)	Zustand des Gens	Transkription
	−7.9 −6.1 −2.7 −2.4 −1.9 −0.7 −0.1 → Transkription		
Ovidukt, induziert	| | | | |	aktiv	+ + + + +
Ovidukt, nicht induziert	| | | |	steroid – induzierbar	−
Makrophagen	| | | | |	konstitutiv	+
Leber, Niere, Embryo	| |	inaktiv	−
Erythrozyten		nicht aktivierbar	−

Abb. 6.16. DNaseI-hypersensitive Orte in der 5′-flankierenden Region des Lysozymgens verschiedener Gewebe des Huhns. Sie werden durch ihren Abstand in kb vom Transkriptionsstart gekennzeichnet. Die Orte fallen mit Positionen von Enhancern zusammen und sind wahrscheinlich für die gewebespezifische Aktivität des Gen verantwortlich. (Nach Sippel et al. 1986)

von etwa 100 kb. Man vermutet, daß jeweils eine ganze Schleifendomäne empfindlich oder unempfindlich ist. Viele transkriptionsaktive Gene haben darüber hinaus eine oder mehrere DNaseI-hypersensitive Stellen im 5′-flankierenden Bereich.

Die hypersensitiven Stellen sind nicht nur in der Gegend von aktiven Genen, sondern auch von z. Z. inaktiven, aber aktivierbaren Genen zu finden. Gewebespezifisch aktive Gene, die im Verlaufe der Entwicklung angeschaltet werden, entwickeln charakteristische DNase-hypersensitive Stellen, die auch bei einer anschließenden Inaktivierung erhalten bleiben und über mehrere Zellgenerationen vererbt werden. Ein gut untersuchtes Beispiel dafür ist das Lysozymgen des Huhns (Abb. 6.16). Die hypersensitiven Stellen haben wahrscheinlich mit der Regulation der Genaktivität zu tun. Beim Lysozymgen stimmt die Mehrzahl der hypersensitiven Stellen mit Positionen überein, an denen Enhancer entdeckt wurden.

6.5 Heterochromatin

Im Lichtmikroskop fallen neben den geringer kondensierten Bereichen auch stärker kondensierte Chromatinbereiche im Interphasekern auf. E. Heitz bezeichnete 1928 dieses Material als **Heterochromatin**. Im Gegensatz zu dem übrigen Chromatin, dem **Euchromatin**, bleibt es nach der Mitose kondensiert. Auffällige weitere Eigenschaften des Heterochromatins sind seine späte Replikation in der S-Phase, das weitgehende Fehlen von Transkription und die Tendenz, mit anderen Heterochromatinbereichen zu verkleben.

Feinstruktur

Der höhere Kondensationsgrad, das auffälligste Merkmal des Heterochromatins, läßt vermuten, daß dieses Chromatin anders organisiert ist als das Euchromatin. Tatsächlich findet man aber im Elektronenmikroskop bei einem Vergleich zwischen Euchromatin und Heterochromatin auf der Ebene der Nukleosomenfäden keine Unterschiede.

Dagegen könnte die supranukleosomale Struktur verschieden sein. In einem günstigen Objekt, den Chromosomen von Tenebrio, bei dem euchromatische und konstitutiv heterochromatische Regionen sicher unterscheidbar nebeneinander vorkommen, wurden im Heterochromatin auffällig dickere „30 nm-Fäden" als im Euchromatin entdeckt (Abb. 6.17). Die Erhaltung dieser Struktur ist abhängig von der Anwesenheit von Mg^{2+}-Ionen, sonst geht sie in die Faserstruktur des Euchromatins über. Da der Übergang reversibel ist, muß man annehmen, daß speziell dafür verantwortliche Faktoren, vermutlich Proteine, mit dem Heterochromatin verbunden sind. Die Mg^{2+}-Abhängigkeit der kompakten Heterochromatinstruktur wurde auch an Säugerheterochromatin beobachtet. Der Nachweis für ein allgemeines Vorkommen dieser Eigenschaften steht aber noch aus.

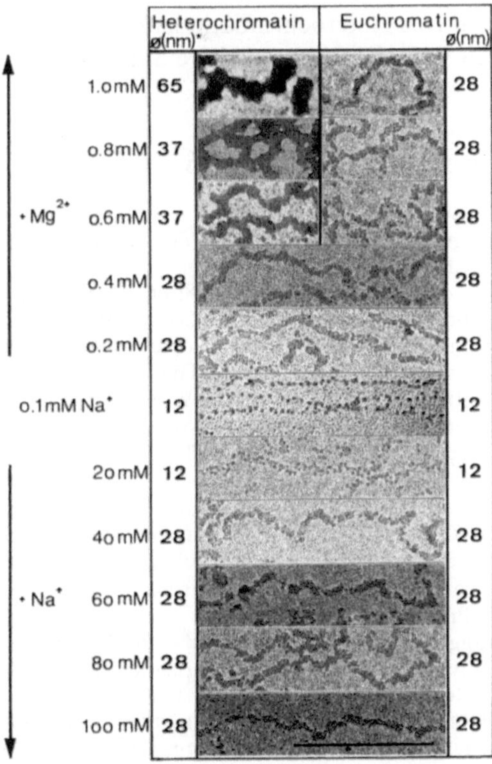

Abb. 6.17. Chromatinstruktur bei unterschiedlichem Salzgehalt des Mediums in Chromosomen des Mehlkäfers *Tenebrio molitor*. EM-Aufnahmen von Spreitungspräparaten, die mit Phosphorwolframsäure kontrastiert wurden. (Aus Weith 1985)

Konstitutives und fakultatives Heterochromatin

Man unterscheidet zwei Arten von Heterochromatin:

- konstitutives Heterochromatin und
- fakultatives Heterochromatin.

Von konstitutiv heterochromatischen Chromosomen und Chromosomensegmenten nimmt man an, daß sie in allen Zellen und Entwicklungsstadien heterochromatisch sind. Bei fakultativem Heterochromatin ist das betreffende Chromosom oder Chromosomensegment nur in einem Teil der Zellen eines Organismus oder in einem Teil seiner Entwicklungsstadien heterochromatisch, in anderen dagegen euchromatisch. Homologe Chromosomen in diploiden Chromosomensätzen ermöglichen eine einfache Unterscheidung. Sind beide homologen Chromosomen oder sind homologe Abschnitte beider Chromosomen heterochromatisch, handelt es sich um konstitutives Heterochromatin. Ist nur eines der beiden Homologen heterochromatisch, dann ist es fakultativ heterochromatisch.

Fakultativ heterochromatisch ist z. B. der väterliche Chromosomensatz bei Schildläusen (s. Kap. 11.1) oder das inaktive X-Chromosom weiblicher Säuger (s. Kap. 11.3). Ihre Sequenzzusammensetzung unterscheidet sich nicht von der der euchromatischen Partner. Ein Beispiel für konstitutives Heterochromatin ist das centromerennahe Heterochromatin der meisten Chromosomen. Konstitutives Heterochromatin ist durch C-Bandenfärbung nachweisbar. Es enthält meistens hochrepetitive Satellitensequenzen (s. Kap. 7.5).

Literatur zu Kapitel 6

Allegre C, Subirana JA (1989) The diameter of chromatin fibers depends on linker length. Chromosoma 98: 77–80
Cocherill PN, Garrard WT (1986) Chromosomal loop anchorage sites appear to be evolutionarily conserved. FEBS Letters 204: 5–7
Dodge JD (1985) The chromosomes of dinoflagellates. Intern Rev Cyt 94: 5–19
Eissenberg JC, Cartwright IL, Thomas GH, Elgin SCR (1985) Selected topics in chromatin structure. Ann Rev Genet 19: 485–536
Felsenfeld G, McGhee JD (1986) Structure of the 30 nm chromatin fiber. Cell 44: 375–377
Gasser SM, Laemmli UK (1987) A glimpse at chromosomal order. Trends in Genetics 3: 16–22
Holde KE van (1988) Chromatin. Springer-Verlag, New York
Igo-Kemenes T, Hörz W, Zachau HG (1982) Chromatin. Ann Rev Biochem 51: 89–121
Reeves R (1984) Transcriptionally active chromatin. Biochem Biophys Acta 782: 343–393
Verma RS (ed) (1988) Heterochromatin, molecular and structure aspects. Cambridge Univ Press, Cambridge
Wang JC (1982) The path of DNA in the nucleosome. Cell 29: 724–726
Yaniv M, Cereghini S (1986) Structure of transcriptionally active chromatin. CRC Critical Reviews in Biochemistry 21: 1–26
Zentgraf H, Franke WW (1984) Differences of supranucleosomal organization in different kinds of chromatin: cell type-specific globular subunits containing different numbers of nucleosomes. J Cell Biol 99: 272–286

7 Mitosechromosomen

ÜBERSICHT

Chromosomen im Stadium der Mitose sind die Transportformen, in denen das genetische Material der Zelle bei der Zellteilung erbgleich auf die Tochterzellen verteilt wird. Die sehr großen DNA-Moleküle der Chromosomen müssen dafür zu hochkondensierten Transporteinheiten verpackt werden (Kap. 7.1). Die Chromosomen müssen Ansatzstellen für den Spindelmechanismus ausbilden (Kap. 7.2). Überraschenderweise sind auch die Chromosomenenden wichtig für die mitotische Stabilität (Kap. 7.3). Aus Centromeren, Telomeren, Sequenzen für die autonome Replikation und einer genügenden Menge unspezifischer zusätzlicher DNA kann man funktionierende synthetische Chromosomen herstellen (Kap. 7.4). Wir kennen somit alle für die Funktion als Transporteinheiten des genetischen Materials wichtigen Elemente.

Die Unterteilung der Mitosechromosomen in unterschiedlich anfärbbare Banden (Kap. 7.5) zeigt, daß der genetische Inhalt der Chromosomen inhomogen verteilt ist. Die Banden haben eine große praktische Bedeutung als Hilfe bei Kartierungen und Karyotypanalysen, für Strukturuntersuchungen und für die klinisch-cytogenetische Diagnostik.

7.1 Anordnung der DNA im Chromosom

Das Einstrangmodell

Die Anordnung der DNA im Chromosom ist in der Vergangenheit Gegenstand sehr unterschiedlicher Hypothesen gewesen. Die Vorstellungen bewegten sich zwischen einem Modell mit vielen parallel angeordneten DNA-Fäden (**Vielstrangmodell**) über eines mit zwei parallel angeordneten DNA-Fäden (**binemes Chromosomenmodell**) bis zu einem mit einem einzigen DNA-Faden (eine Doppelhelix, **Einstrangmodell**). Es gab Modelle mit durchgehendem DNA-Faden und komplizierter Faltung des Fadens neben solchen mit unterbrochenen, durch Protein-Linker verbundenen DNA-Stücken. Für das Vielstrangmodell dienten die Polytänchromosomen (s. Kap. 11), für das Einstrangmodell die Lampenbürstenchromosomen (s. Kap. 9) als Vorbild. Zur Zeit wird nur noch das Einstrangmodell ernsthaft in Betracht gezogen.

Für den Aufbau einer Chromatide aus einer einzigen durchgehenden Doppelhelix sprechen mehrere Argumente:

- Genetische Befunde. Die Reinheit der Gameten, d. h. die Präsenz nur jeweils eines einzigen Allels im Genom der Gameten, läßt sich am zwanglosesten mit nur einem DNA-Faden (einer DNA-Doppelhelix) an jedem Genort erklären. Die Existenz der Kopplungsgruppen wird am ehesten durch die Annahme verständlich, daß dieser Faden durchgehend alle Gene des Chromosoms verbindet.
- Replikation der chromosomalen DNA. Die Markierung der DNA während der DNA-Synthese und ihre Verteilung auf die Chromatiden entspricht dem Verhalten eines einzigen DNA-Doppelstranges mit semikonservativer Replikation.
- Größe der DNA-Moleküle. Äußerst schonend lysierte DNA-Moleküle haben ‚Chromosomengröße‘, d. h. eine DNA-Länge, die dem erwarteten Genomanteil der Chromosomen entspricht. Bei Hefe werden DNA-Moleküle in Chromosomengröße durch Pulsfeld-Gelelektrophorese aufgetrennt und gemessen (s. Kap. 10). Bei *Drosophila* konnte die Größe durch Viskoelastizitätsmessung der DNA bestimmt werden.
- Kinetik der DNaseI-Verdauung. DNase I ruft Einzelstrangbrüche hervor. Die Kinetik der Entstehung von Chromosomenbrüchen in Lampenbürstenchromosomen entspricht bei DNaseI-Verdauung Zwei-Treffer-Ereignissen in den Schleifen und Vier-Treffer-Ereignissen in den Achsen (s. Kap. 9.5). Das erfüllt die Erwartungen an die Anwesenheit eines einzigen DNA-Fadens aus zwei Einzelsträngen in den Schleifen (entsprechend einer Chromatide) und von zwei DNA-Fäden mit insgesamt vier Einzelsträngen in den Achsen (entsprechend zwei Chromatiden).

Größere Rückfaltungen, bei denen der DNA-Faden einen Chromosomenort mehrfach passieren würde, sind unwahrscheinlich, da sich die Gene in linearer Reihenfolge wie in der genetischen Karte auf dem Chromosom kartieren lassen (s. Kap. 10) und die Enden der DNA-Moleküle an den Chromosomenenden lokalisiert sind (Kap. 7.3.2). Das DNA-Molekül läuft daher vermutlich ununterbrochen von einem Telomer zum anderen Telomer durch das Centromer und durch beide Chromosomenarme hindurch.

DNA-Packung und Chromatinstruktur

Die DNA-Moleküle der Chromosomen sind im Verhältnis zu den Dimensionen der Zelle und des Zellkernes extrem groß. Eine wohlorganisierte Verpakkung dieser Riesenmoleküle zur Verkürzung der Fadenlänge ist eine der mechanischen Voraussetzungen für das Funktionieren der erbgleichen Zellteilung. Auf ein durchschnittliches menschliches Chromosom entfallen etwa $3 \cdot 10^9/23$ bp DNA, also ca. $1{,}3 \cdot 10^8$ bp mit einer Länge von ungefähr 4 cm. Ein durchgehender DNA-Faden von dieser Länge ist in der mitotischen Metaphase in einem Chromosom von durchschnittlich etwa 4 µm Länge untergebracht. Der Verkürzungs-Faktor beträgt daher rund 10 000:1.

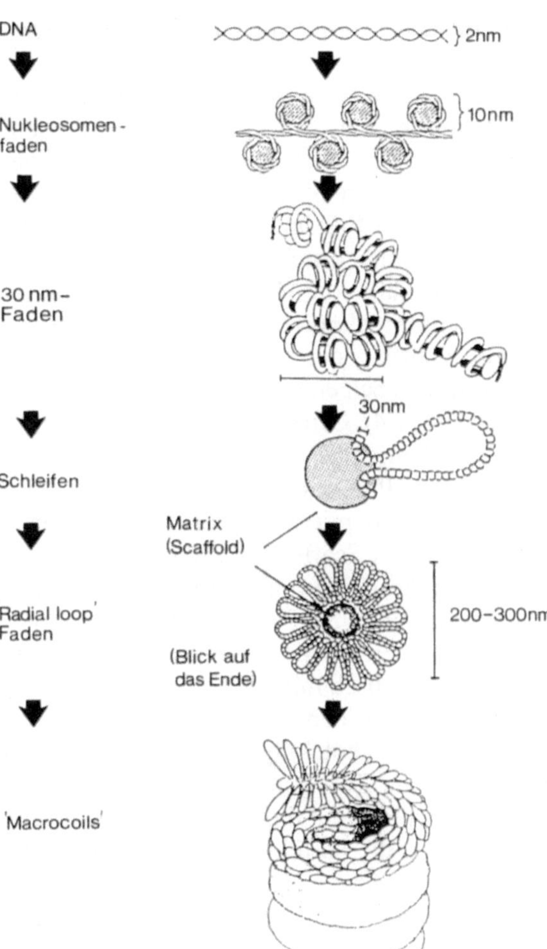

Abb.7.1. Modell der Chromatidenstruktur eines Mitosechromosoms. Das Modell gibt die Stufen der Verpackung des DNA-Fadens wieder. Die Schritte bis zu den Schleifen gelten auch für Interphasechromosomen. (Zusammengestellt nach Pienta u. Coffey 1984; Rattner u. Lin 1985)

Diese Verkürzung des DNA-Fadens wird in den Chromosomen durch eine Verpackung in mehreren Stufen erreicht (Abb. 7.1). Die Organisation in Nukleosomen ist die erste Stufe der Verkürzung des Fadens, die Kondensation der Nukleosomen zum 30 nm-Faden die zweite. Die Chromatinorganisation ist auf diesen beiden Stufen in Mitosechromosomen und Interphasechromosomen prinzipiell gleich (s. Kap. 6). Sehr wahrscheinlich gilt das auch für die nächst höhere Organisationsstufe, für die Schleifendomänen, die in einer Matrix verankert sind. Die beiden letzten Stufen der Chromatinkondensation in Mitosechromosomen sind der **Radial-loop-Faden** und die **Macrocoils** (s. S. 140). Vorläufig spricht nichts dafür, daß auch sie in Interphasekernen vorkommen.

Chromosomen-Scaffold und Chromatinschleifen

Totalpräparate von mitotischen Metaphasechromosomen, die man nach Gefriertrocknung oder nach Critical-point-Trocknung erhält, zeigen die eng gepackten vorspringenden 30 nm-Fäden in den beiden Chromatiden. Die dichte Packung läßt innere Strukturen und den prinzipiellen Aufbau nicht erkennen (Abb. 7.2). Mehr Information über die interne Struktur erhält man, wenn man die Chromosomen durch Behandlung mit 2 M NaCl, Heparin oder Lithium-3,5-diiodsalicylat von Histonen befreit und auf Objektträgernetze für die Elektronenmikroskopie zentrifugiert. Dann wird eine Reststruktur, der **Scaffold**, sichtbar, der von einem Hof nackter DNA-Schleifen umgeben ist (Abb. 7.3). Die Schleifen laufen aus dem Scaffold heraus und wieder in diesen zurück (Abb. 7.4). Offensichtlich hält der Scaffold die DNA-Schleifen zusammen. Er ist damit eine wichtige Achsenstruktur der Chromosomen. In lichtmikroskopischen Präparaten ist diese Achse durch Silberfärbung darstellbar. Die Schleifen werden mit den Schleifendomänen aus Chromatinpräparationen gleichgesetzt, der Scaffold mit der Matrix, in der die Enden der Schleifendomänen verankert sind (vgl. Kap. 6.3 und 8.1).

Hoch gereinigte Scaffold-Präparationen menschlicher Chromosomen enthalten als vorherrschende Komponenten zwei Proteine, Sc1 und Sc2 (Tabelle 6.2). Sc1 ist identisch mit der Topoisomerase II. Antikörper gegen Topoisomerase II binden an den Scaffold (Abb. 7.5). Im Durchschnitt kommen etwa 3 Topoisomerasemoleküle auf eine Schleife. Es ist ungeklärt, ob die DNA einen Anteil am Zusammenhang der Scaffold-Proteine hat, ob also die Proteinkomponente allein die Achsenstruktur organisiert oder beide Komponenten zusammen die Stabilität der Achsenstruktur bedingen.

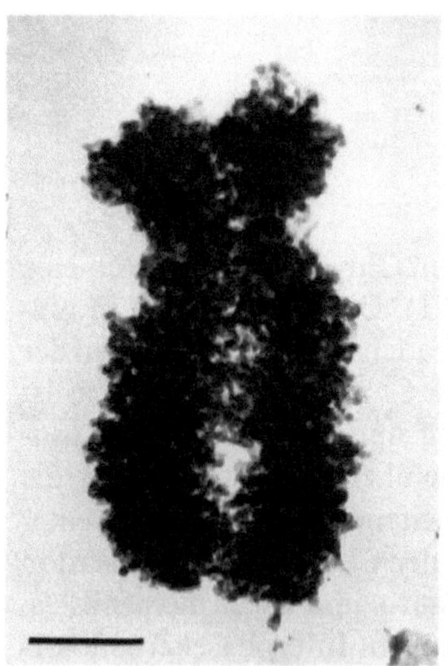

Abb. 7.2. Totalpräparat eines Mitosechromosoms. Die EM-Aufnahme eines gefriergetrockneten Chromosoms des Chinesischen Hamsters macht den Aufbau aus dicht gepackten 30 nm-Chromatinfäden sichtbar. Maßstab 1 µm. (Aus Nasedkina u. Slesinger 1982)

Abb. 7.3. Menschliches Mitosechromosom nach Entfernen der Histone. Ein Restkörper aus Nicht-Histonen, der Scaffold, hält die DNA zusammen, die ihn wie ein Halo umgibt. EM-Aufnahme eines Spreitungspräparates. Maßstab 1 µm. (Laemmli et al. 1978)

Topoisomerase II wurde als essentiell für die Kondensation und die Trennung der mitotischen Chromosomen erkannt. Weitere vermutete Funktionen bei der Transkription der DNA und bei der Regulation der Superhelizität der Schleifendomänen kommen hinzu.

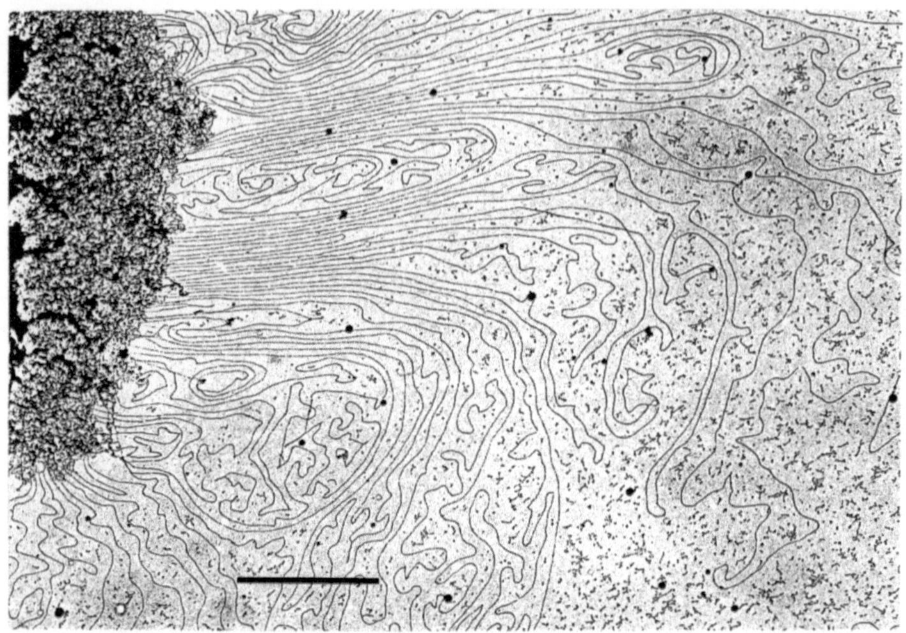

Abb. 7.4. DNA-Schleifen eines Mitosechromosoms nach Entfernung der Histone. Die beiden Enden einer DNA-Schleife sind offenbar im Scaffold an der gleichen Stelle verankert. EM-Aufnahme eines Spreitungspräparates, Maßstab 1 µm. (Laemmli et al. 1978)

In vivo sind die DNA-Schleifen der Chromosomen zu den 30 nm-Fibrillen kompaktiert. Eine eindimensionale Anordnung der Schleifen entlang des Scaffold würde nicht ausreichen, um die gesamte DNA unterzubringen. Daher wurde von Marsden und Laemmli (1979) das **Radial-loop-Modell** vorgeschlagen. Die Schleifen sind in diesem Modell rund um den Scaffold spiralig angeordnet. Diese Struktur stellt die Chromosomenachse – genauer: die Chromatidenachse – dar (s. Abb. 7.1, Radial loop-Faden).

Macrocoils

Chromatiden erscheinen in licht- und elektronenmikroskopischen Präparaten meist als einigermaßen gestreckte Gebilde. Vorbehandlung der Chromosomen auf dem Objektträger in Puffer mit niedrigem oder hohem Salzgehalt macht aber Spiralen der Chromatiden sichtbar, die der spiraligen Struktur des Scaffold (Abb. 7.5) entsprechen und als ‚Macrocoils‘ oder – nach ihrem Entdecker bei menschlichen Chromosomen – **Ohnuki-Coils** bezeichnet werden. Das gleiche bewirkt der Fluoreszenzfarbstoff H33258 oder 5-Azacytidin, wenn es während des Wachstums zugegeben wird. Einzelne Zellinien zeigen auch ohne Vorbehandlung eine ausgeprägte Spiralstruktur (Abb. 7.6). Ganz regelmäßig und ohne Vorbehandlung ist zudem bei Tieren und Pflanzen die spiralige Struktur der Chromatiden in der zweiten Reifeteilung zu sehen (s. Abb. 2.7 i).

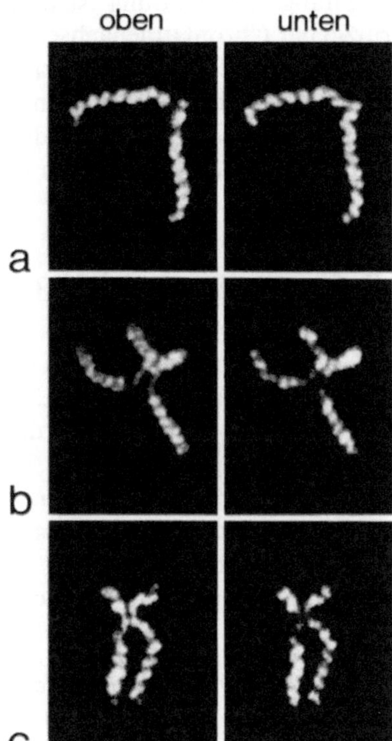

Abb. 7.5 a–c. Der Scaffold reagiert mit Anti-Topoisomerase II-Antikörpern. Fokussierung auf eine obere (linke Bilder) und eine untere Ebene (rechte Bilder) der HeLa-Chromosomen läßt eine helikale Aufwindung des Scaffolds erkennen. Die Schwesterchromatiden sind meist im Gegensinn aufgewunden. **a** akrozentrisches Chromosom, **b, c** metazentrische Chromosomen. Indirekte Immunfluoreszenz, LM-Aufnahmen. (Aus Boy de la Tour u. Laemmli 1988)

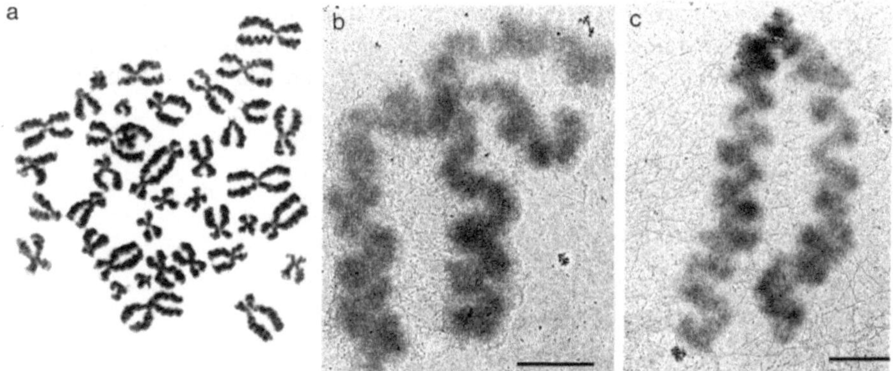

Abb. 7.6 a–c. Spiralige Struktur der Chromatiden. **a, b** Menschliche Chromosomen aus der Zellinie COLO320-HSR ohne Vorbehandlung, **c** Chromosomen der Maus-Zellinie L929 nach Vorbehandlung mit H33258. **a** LM-Aufnahme, **b, c** zeigen als Grundstruktur einen Faden von 200–300 nm Durchmesser. EM-Aufnahmen von unfixierten Totalpräparaten. Maßstab 1 µm. (Aus Rattner u. Lin 1985)

Spiralige Aufwindung ist daher wahrscheinlich eine generelles Struktur-
prinzip der Chromatidenachse, das nur wegen der engen Windungen und der
ungenügenden Präparation nicht regelmäßig zu erkennen ist. Sie ist die letzte
Stufe der Verkürzung des Chromatinfadens zum Mitosechromosom (Abb. 7.1,
Macrocoils). Die Kontraktion dieser Spirale kann man für die allgemein beobachtete Metaphasekontraktion der Chromosomen verantwortlich machen.

7.2 Centromer und Kinetochor

Jedes Chromosom benötigt ein und nur ein Centromer, um regelmäßig und in
konstanter Zahl in der Mitose auf die Tochterzellen verteilt zu werden. Die
Chromosomen wandern mit dem Centromer voran zu den Spindelpolen
(Abb. 7.7a; s.a. Abb. 2.2 und 2.3). Die allermeisten Chromosomen gehören zu
diesem Typ der **monozentrischen** oder **monokinetischen** Chromosomen. Als
Ausnahmen findet man **holokinetische** Chromosomen, bei denen die Spindelfasern auf einem größeren Teil der polwärts gerichteten Chromosomenfläche
ansetzen und die sich daher parallel auf die Pole zu bewegen (Abb. 7.7b).

Gibt es telozentrische Chromosomen?

Über die Frage, ob es Chromosomen mit wirklich endständigem Centromer
(**telozentrische Chromosomen**) gibt, wird seit langem diskutiert. Der Grund
liegt darin, daß es schwer vorstellbar ist, daß Centromere und Telomere zu-
sammenfallen können. Tatsächlich besitzen viele stabförmige Chromosomen
einen winzigen zweiten Arm, der in den verbleibenden Fällen so klein sein
könnte, daß er der Beobachtung entgeht. Auf der anderen Seite sprechen
Beobachtungen von lebensfähigen stabförmigen Chromosomen, die aus der
Spaltung eines metazentrischen Chromosoms in der Centromerregion hervorgegangen sind, also einer sog. **zentrischen Fission** ihre Entstehung verdanken,
für die Existenz echter telozentrischer Chromosomen. Da im Lichtmikroskop

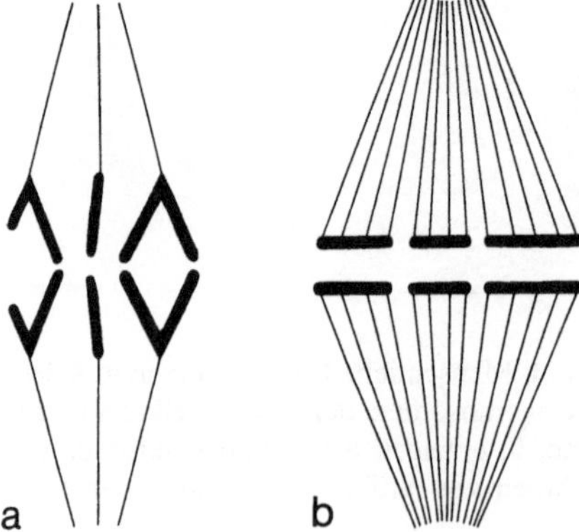

Abb. 7.7a, b. Chromosomenbewegung in der
Anaphase bei **a** monokinetischen und **b** holokinetischen Chromosomen

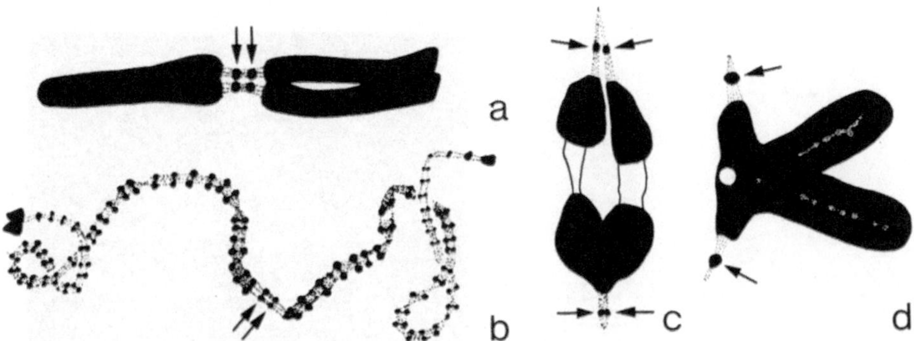

Abb. 7.8a–d. Auffällige Chromomere (Pfeile) in der Centromerregion von Chromosomen.
a Frühe mitotische Metaphase von *Hyacinthus orientalis*, **b** Pachytän des Roggens, *Secale cereale*, **c** Metaphase I der Meiose von *Tradescantia virginiana*, **d** Metaphase I der Meiose von *Mecostethus grossus* (Heuschrecke). (Aus Lima-de-Faria 1956)

Chromosomenabschnitte von weniger als etwa 2000 kb DNA-Länge nicht sichtbar sind, könnten centromerische und telomerische Sequenzen dicht nebeneinander vorkommen, ohne daß diese als Funktionsstrukturen im Lichtmikroskop zu trennen sind.

7.2.1 Monozentrische Chromosomen

Die Centromerregion ist lichtmikroskopisch in konventionellen Mitosechromosomenpräparaten nur als primäre Konstriktion, als Knickpunkt der angewinkelten Chromosomenarme oder als Haftpunkt der ansonsten schon voneinander gelösten Chromatiden zu erkennen. Diese Region des Spindelfaseransatzes ist in vielen Chromosomen im Vergleich zu den Chromosomenarmen deutlich unterkondensiert. Bei einigen Pflanzenarten ist die Centromerregion durch ein bis zwei abgegliederte kondensierte Stellen, sog. **Chromomere**, abgehoben (Abb. 7.8). Noch auffälliger ist dies in meiotischen Chromosomen einiger Pflanzen-, aber auch Tierarten. Der eigentliche Spindelfaseransatz liegt dabei – wenigstens in einigen gut untersuchten Fällen – nicht direkt auf den Chromomeren, sondern in der weniger stark kondensierten Region vor oder zwischen den Chromomeren. Man kann vermuten, daß die Chromomere in der Hauptsache auf das perizentrische Heterochromatin (s. unten) zurückzuführen sind. Bei der überwiegenden Mehrzahl aller Organismen sind in der Mitose solche abgehobenen centromerischen Chromomere nicht zu sehen.

Nachweis der Centromere

In C-gebänderten monozentrischen Chromosomen (C-Bänderung s. Kap. 7.5) sieht man regelmäßig eine Bande aus konstitutivem Heterochromatin, in die das Centromer eingebettet ist. Sie wird in Chromosomen, die keine weiteren

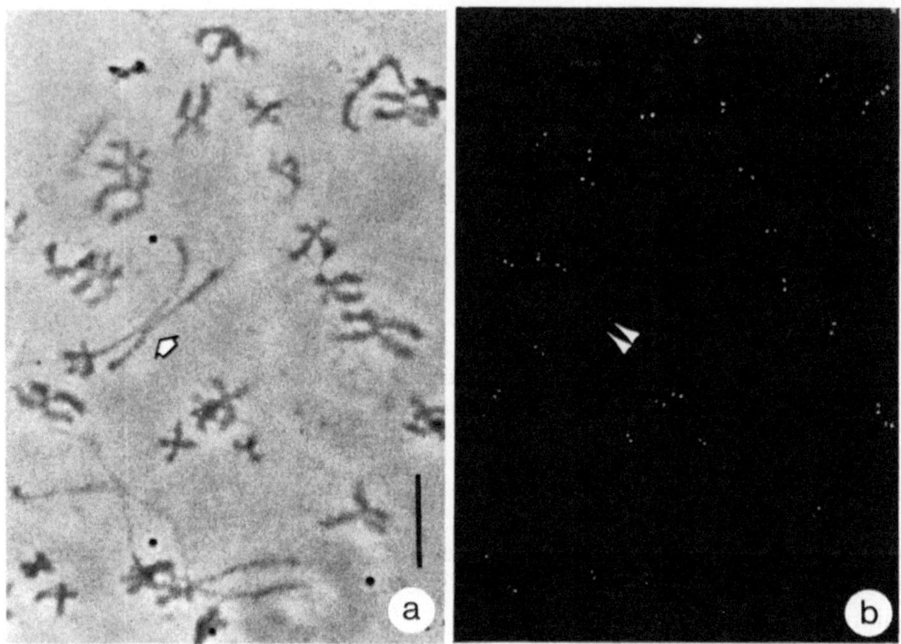

Abb. 7.9a, b. Kinetochore von menschlichen HeLa-Zellen durch Immunfluoreszenz mit einem Anticentromeren-Autoimmunserum dargestellt. **a** Phasenkontrast, **b** Immunfluoreszenz. Die leuchtenden Doppelpunkte sind die Kinetochore, die Pfeile zeigen auf ein Kinetochor, das durch mechanische Streckung geteilt wurde. Maßstab 10 µm. (Aus Earnshaw u. Rothfield 1985)

C-Banden haben, zur Lokalisation des Centromers verwendet. Die C_d-Technik („centromeric **d**ots") färbt innerhalb des heterochromatischen Abschnitts bei menschlichen Chromosomen allein die Centromere, vermutlich nur die Kinetochore, an. Es gibt allerdings nur wenige Berichte über die Anwendung dieser Technik.

Kinetochore von Wirbeltieren werden heute üblicherweise immunologisch nachgewiesen. Sklerodermie-Patienten mit CREST-Syndrom (**C**alcinosis, **R**aynaud-Phänomen, Oesophagus-Dysmotilität, Sklerodaktylie, **T**elangiectasie) produzieren nämlich Antikörper gegen die eigenen Kinetochore. Man verwendet die Seren dieser Patienten, um Kinetochore in Mitosechromosomen (Abb. 7.9) und Präkinetochore in Interphasechromosomen zu erkennen. Umgekehrt wird die Markierung von Kinetochoren routinemäßig zur Diagnose des CREST-Syndroms verwendet.

Kinetochortypen

Die Ansatzstellen der Mikrotubuli an den Chromosomen liegen auf den beiden polwärts gerichteten Flächen des Chromosoms. Bei einigen Organismen sind die Mikrotubuli ohne elektronenmikroskopisch erkennbare zusätzliche Feinstrukturen im Chromatin verankert: sie inserieren direkt. Beispiele dafür sind die Chromosomen von Amöben und von Hefe. Bei den meisten Organismen haben die Ansatzstellen eine spezielle Differenzierung erfahren, die man im Elektronenmikroskop an Ultradünnschnitten erkennen kann. Man unterscheidet neben weniger gut charakterisierten Formen zwei Grundtypen des Kinetochors:

- den trilaminaren Typ und
- den Ball-and-cup-Typ.

In Tabelle 7.1 ist der Kinetochortyp einer Auswahl von Organismen aufgelistet.

Die Mehrzahl der höheren Pflanzen, aber auch manche Insekten besitzen **Ball-and-cup-Kinetochore**. Die Mikrotubuli inserieren bei diesem Typ in einer mehr oder weniger kugelförmigen Masse, die in die Chromosomenoberfläche eingesenkt ist (Abb. 7.10).

Der **trilaminare Typ** findet sich bei allen Wirbeltieren und einigen anderen Gruppen. Er hat eine dreilagige Struktur aus zwei elektronendichten Platten,

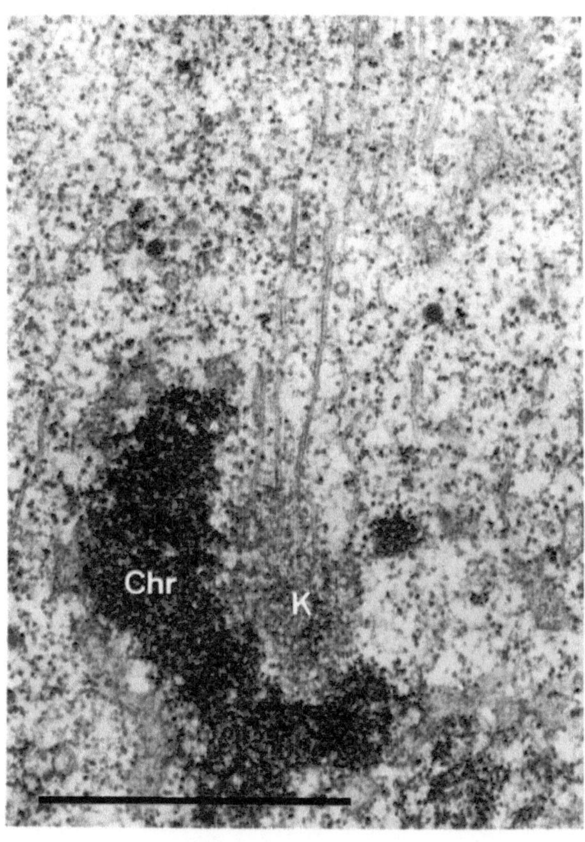

Abb. 7.10. Ball-and-cup-Kinetochor des Strudelwurms *Mesostoma ehrenbergi*. Die Spindelfasern tauchen tief in den Kinetochor hinein. (Chr: Chromosom, K: Kinetochor) Maßstab 1 μm. Ultradünnschnitt durch ein MetaphaseI-Bivalent, EM-Aufnahme (Aus Fuge 1987)

Tabelle 7.1. Kinetochoren bei ausgewählten Organismen. (Aus Bostock u. Sumner 1978 und Pimpinelli u. Goday 1989)

Taxon	Kinetochortyp	
	Mitose	Meiose
Pflanzen		
● Algae		
– *Cladophora*	trilaminar	
– *Spirogyra*	trilaminar	
● Bryophyta		
– *Mnium*	trilaminar	
● Angiosperma		
– *Allium*	„ball-and-cup“	
– *Cyperus*	„ball-and-cup“, polyzentrisch	
– *Haemanthus*	„ball-and-cup“	
– *Lilium*	„ball-and-cup“	
– *Luzula*	„ball-and-cup“, polyzentrisch	„ball and cup“, polyzentrisch
– *Tradescantia*	„ball-and-cup“	
Tiere		
● Protozoa, Rhizopoda		
– *Amoeba*	direkte Insertion	
– *Aulacantha*	direkte Insertion	
– *Pelomyxa*	direkte Insertion	
● Protozoa, Ciliata		
– *Nyctotherus*	trilaminar, holozentrisch	
– *Blepharisma*	direkte Insertion	
● Nematoda		
– *Parascaris*	Kinetochorplatte, holozentrisch	keine Kinetochorplatte
– *Caenorhabditis*	trilaminar, holozentrisch	
● Insecta, Orthoptera		
– *Gryllus*		„ball-and-cup“
– *Melanoplus*		„ball-and-cup“
● Insecta, Hemiptera		
– *Dysdercus*	trilaminar, polyzentrisch	direkte Insertion
– *Oncopeltus*	trilaminar, holozentrisch	direkte Insertion
– *Philaenus*		direkte Insertion
– *Rhodnius*	trilaminar, holozentrisch	direkte Insertion
● Echinodermata		
– *Strongylocentrotus*	trilaminar	
● Echiuroidea		
– *Urechis*	trilaminar	trilaminar
● Aves		
– *Columba*	trilaminar	
● Mammalia, Marsupialia		
– *Potorous*	trilaminar	
● Mammalia, Eutheria		
– *Cricetulus*	trilaminar	
– *Homo* (HeLa-Zellen)	trilaminar	
– *Mus* (L-Zellen)	trilaminar	
– *Muntiacus*	trilaminar	
– *Rattus*	trilaminar	

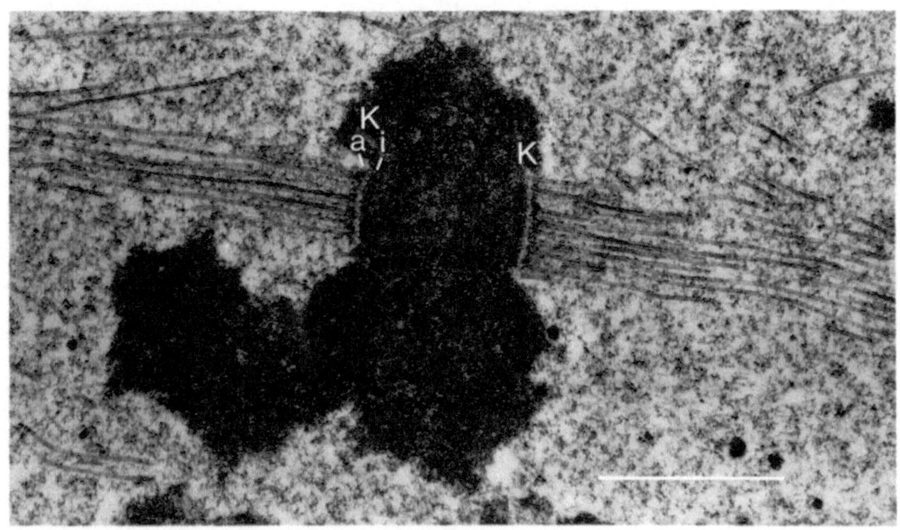

Abb. 7.11. Trilaminarer Kinetochor eines Metaphasechromosoms der Alge *Oedogonium*. Die Kinetochore (K) sind auf die beiden Spindelpole ausgerichtet. Die innere elektronendichte Schicht (i) liegt dem Chromatin an. Sie wird durch eine elektronendurchlässige (helle) mittlere Schicht von der elektronendichten äußeren Schicht (a) getrennt. Kinetochormikrotubuli inserieren überwiegend in der äußeren Schicht. Maßstab 1 μm. (Aus Schibler u. Pickett-Heaps 1987)

die eine elektronendurchlässige, vermutlich materialarme Schicht einschließen. Die überwiegende Zahl der Chromosomenmikrotubuli setzt in der äußeren Schicht an, einige reichen bis in die innere Platte oder bis in das darunterliegende Chromatin (Abb. 7.11).

Die äußere wie vermutlich auch die innere Kinetochorplatte des trilaminaren Kinetochors enthalten Chromatin. Das Chromatin der äußeren Platte läßt sich isolieren und im Elektronenmikroskop darstellen. Die Chromatinfäden in der Kinetochorplatte sind parallel angeordnet (Abb. 7.12). Abb. 7.12b zeigt modellhaft, wie man sich den Zusammenhang zwischen dem Chromatin der beiden Kinetochorscheiben und dem des übrigen Chromosoms vorstellen kann.

Autoantikörper von CREST-Patienten binden an die beiden Kinetochorplatten. Mit Hilfe solcher polyklonalen Anti-Kinetochor-Antikörper wurde in menschlichen Chromosomen eine Familie von drei **Kinetochorproteinen,** CENP-A, CENP-B und CENP-C (CENP, Centromer-Proteine) identifiziert. Diese Proteine sind mengenmäßig reduziert oder fehlen völlig in dem inaktiven Kinetochor stabiler dizentrischer Chromosomen (s. Kap. 7.2.3). Sie sind daher vermutlich notwendige Bestandteile für die Funktion der Kinetochore.

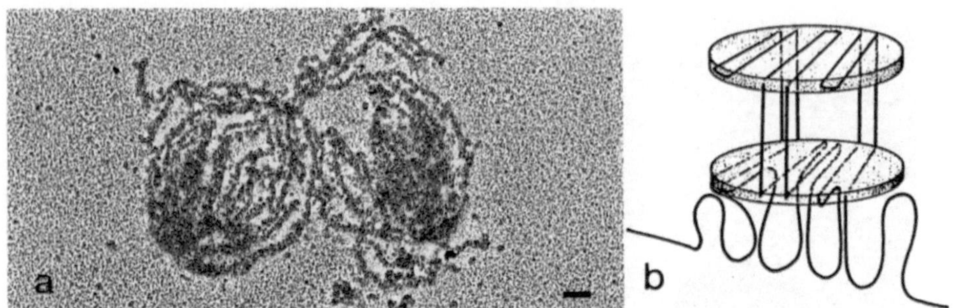

Abb. 7.12. a, b. Die Chromatinstruktur des trilaminaren Kinetochors. **a** Zwei äußere Kinetochorplatten des chinesischen Muntjak (*Muntiacus reevesi*) mit parallelen Chromatinfäden. Die besonders nukleaseresistenten Platten wurden durch Nukleaseverdauung der Chromosomen isoliert und als Totalpräparate im Elektronenmikroskop dargestellt. Maßstab 0,1 μm. **b** Ein Modell für den Verlauf der Chromatinschleifen; sie ziehen aus der Chromosomenachse in die innere und äußere Kinetochorplatte. (Aus Rattner 1986)

7.2.2 Centromer-DNA

Die Frage, ob die Centromer-DNA das Centromer und das Kinetochor nur organisiert, oder ob sie die dazu notwendigen speziellen Proteine auch kodiert, wurde in der Vergangenheit kontrovers diskutiert. Für Hefechromosomen, deren Centromer-DNA jetzt bekannt ist, konnte geklärt werden, daß die Centromer-DNA nicht transkribiert wird. In ihrer Nähe befinden sich zwar transkribierte Sequenzen, sie sind aber, wie aus Versuchen mit künstlichen Chromosomen hervorgeht (s. Kap. 7.4), nicht essentiell für die Centromerfunktion.

Centromer-DNA-Sequenzen der Bäckerhefe wurden durch „**chromosome walking**" von nahe gelegenen Genen aus gefunden oder aber durch **direkte Selektion** erhalten. Die Hefecentromersequenzen verleihen nämlich Plasmiden in Hefe die für Chromosomen charakteristische mitotische Stabilität. Sie erlauben direkte „Selektion": ohne jeden weiteren Selektionsdruck bleiben daher nur solche Klone übrig, deren Plasmide funktionelle Centromersequenzen enthalten.

Die von verschiedenen Hefechromosomen isolierten Centromersequenzen sind einander ähnlich, aber nicht identisch. Die Zusammenstellung von zehn Centromersequenzen in Abb. 7.13 zeigt drei Elemente, die in allen Centromeren vorkommen. Element I ist eine konservierte 8 bp-Sequenz. Ihm folgt mit Element II eine 78–86 bp lange Region mit hohem AT-Gehalt. Daran schließt sich die partiell konservierte etwa 25 bp lange Sequenz von Element III an.

Jedes Hefechromosom nimmt mit nur einem einzigen Mikrotubulus Kontakt auf. Es wird angenommen, daß dies an dem 220–250 bp langen DNA-Segment geschieht, das die drei Elemente enthält. Es ist als Chromatin nukleasegeschützt. Ihm folgen links und rechts je eine nukleasehypersensitive Stelle und anschließend Nukleosomen, die relativ zur DNA-Sequenz eine fixierte Position haben (Abb. 7.14).

```
CEN1    TCTTGTCACATG.........85 bp (95% A+T).........TGTTTTTGTTTTCCGAAGCAGTCAAAGT
CEN3    ATAAGTCACATG.........84 bp (93% A+T).........TGTATTTGATTTCCGAAAGTTAAAAAAG
CEN4    AAAGGTCACATG.........78 bp (92% A+T).........TGTTTATGATTACCGAAACATAAAACCT
CEN6    TTTCATCACGTG.........85 bp (94% A+T).........AGTTTTTGTTTTCCGAAGATGTAAAATA
CEN7    ATATATCACGTG.........86 bp (93% A+T).........TGTTTTTGCCTTCCGAAAAGAAAATAGT
CEN10   CTTAATCACGTG.........86 bp (94% A+T).........TGTTTATGATTTCCGAACCTAAATATAC
CEN11   ATAAGTCACATG.........85 bp (95% A+T).........TGTTCATGATTTCCGAACGTATAAAATA
CEN14   GTTAGTCACGTG.........85 bp (93% A+T).........TGTATTTGTCTTCCGAAAAGTAAAATAA
CEN15   TAATATCACGTG.........86 bp (91% A+T).........TGTATATGACTTCCGAAAAATATATATT
CEN16   ATAGATCACATG.........83 bp (95% A+T).........TGGTTAAGATTTCCGAAAATAGAAATAT

Consensus  A             A
           GTCACGTG......78-86 bp (91-95% A+T)......TGTTTATG.TTTCCGAAA....AAA
Sequenz-
element        I                 II                        III
```

Abb. 7.13. Sequenzen von zehn Centromeren der Hefe *Saccharomyces cerevisiae*. CEN1 ist die Centromersequenz des Chromosoms 1, CEN3 die des Chromosoms 3 usw. Unten ist die Konsensussequenz der drei konservierten Sequenzelemente I, II und III der Hefecentromere angegeben. (Daten aus Clarke u. Carbon 1985)

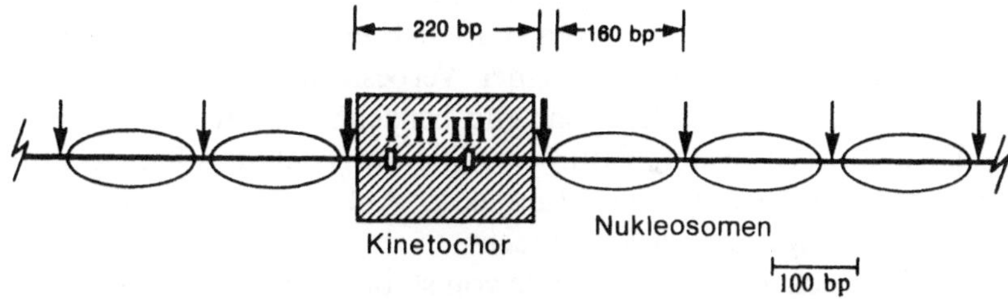

Abb. 7.14. Chromatinstruktur der Hefecentromere. Im Chromatin ist ein etwa 220 bp langer Abschnitt nukleasegeschützt, vermutlich durch ein Nukleosom und durch Kinetochorprotein. Die benachbarten Nukleosomen sind in Phase. Dünne Pfeile zeigen DNase-sensitive Stellen, dicke Pfeile hypersensitive Stellen an. (Nach Clarke u. Carbon 1985)

Die Bedeutung der drei Elemente und der flankierenden Sequenzen für die Funktion wurde durch In-vitro-Mutagenese geprüft. Zirkuläre Plasmide, die vollständige Centromersequenzen der Hefe enthalten, sind mitotisch stabil: sie werden als Minichromosomen wie echte Hefechromosomen in der Mitose auf die Tochterzellen verteilt. Die flankierenden Sequenzen konnten durch andere ersetzt werden. Sie haben demnach keine spezielle Bedeutung. Auch die exakte Länge von Element II scheint nicht wichtig zu sein. Äußerst empfindlich reagierten Plasmide, wenn die konservierten Sequenzen im Element III verändert wurden. Der Austausch eines einzigen C in Position 13 oder 14 gegen ein T ließ die Stabilität der Minichromosomen erheblich sinken. Der gleiche destabilisierende Effekt wurde in natürlichen Hefechromosomen sichtbar, wenn deren Centromer-DNA gegen die in vitro mutierte ausgetauscht wurde.

Von höheren Eukaryonten sind Centromer-DNA-Sequenzen noch nicht bekannt. Sie sind aber vermutlich komplizierter organisiert. Schon die Centromere der Spalthefe *Schizosaccharomyces pombe* sind wesentlich komplexer als die der Bäckerhefe Saccharomyces. Sie umfassen bei den drei Chromosomen der Spalthefe jeweils etwa 40, 70 und 100 kb DNAs. Darunter sind zwei wenig repetitive konservierte DNA-Motive, dg und dh, die etwa 4 kb Länge haben und in allen drei Chromosomen vorkommen.

7.2.3 Unorthodoxes Centromerverhalten

Stabile dizentrische Chromosomen

Dizentrische Chromosomen werden immer wieder in Gewebekulturzellen angetroffen. Aber auch in Organismen trifft man hin und wieder solche aberranten Chromosomen an. Dizentrische Chromosomen müssen daher nicht in jedem Fall instabil sein.

Wenn die Centromere dicht beieinander liegen, bereitet der dizentrische Zustand offenbar kaum Probleme in der Mitose. Beobachtungen sowohl an mutierten Pflanzenchromosomen als auch an künstlichen dizentrischen Minichromosomen der Hefe zeigen, daß sich eine Verkürzung des Abstandes zwischen den Centromeren in einer Verbesserung der Stabilität auswirkt. Chromosomen mit stabilen, sehr eng benachbarten Kinetochoren kommen anscheinend auch in der Natur vor. Die ausgedehnten Kinetochore der X-Chromosomen des indischen Muntjak (s. Abb. 2.15) sind z. B. aus mehreren Kinetochoreinheiten zusammengesetzt.

Beim Menschen sind sogar Fälle von stabilen dizentrischen Chromosomen bekannt, bei denen die beiden Centromere weit auseinanderliegen. Dazu gehören isodizentrische Chromosomen, unter denen isodizentrische X-Chromosomen relativ am häufigsten sind (s. Kap. 3.3.1). Eines der beiden Centromere ist in solchen Fällen offenbar inaktiv. Die Stelle des inaktiven Centromers ist durch das C-, Q- oder G-Bandenmuster gut markiert. Es fehlt aber die C_d-Bande an dieser Stelle, ebenso wie die primäre Konstriktion. Außerdem sind die mit CREST-Seren nachweisbaren Kinetochorproteine stark vermindert oder fehlen ganz, während sie im aktiven Centromer vorhanden sind. Stabile dizentrische Chromosomen sind demnach in der Regel **funktionell monozentrisch**.

Die Inaktivierung des einen Centromers könnte auf Mutation beruhen oder eine bloß funktionelle Inaktivierung sein. Wahrscheinlich muß man die Ursache noch differenzierter betrachten, wie Experimente mit künstlichen dizentrischen Minichromosomen der Hefe zeigen. Getestet wurden Konstrukte mit einer Mutation im Sequenzelement II. In einem monozentrischen Minichromosom führte die Mutation nicht zu einem Verlust der Stabilität. Erst in Konkurrenz mit einem Wildtypcentromer in dizentrischen Minichromosomen wurde das mutierte Centromer funktionslos. Diese dizentrischen Konstrukte verhalten sich daher wie die beschriebenen dizentrischen menschlichen Chromosomen funktionell monozentrisch.

Neozentrische Aktivität

Auch der umgekehrte Fall, die Aktivierung vorher unsichtbarer Centromere kommt vor. Dieses **neozentrische Aktivität** genannte Phänomen wurde in Inzuchtlinien von Mais, Roggen und anderen Gräsern beobachtet. Es ist auf einzelne Linien beschränkt, betrifft nur die heterochromatischen Telomerregionen einzelner Chromosomen und tritt nur in den beiden meiotischen Teilungen auf (Abb. 7.15). Das Ausmaß neozentrischer Aktivität variiert zwischen verschiedenen Pflanzen derselben Linie und sogar zwischen verschiedenen Antheren derselben Pflanze.

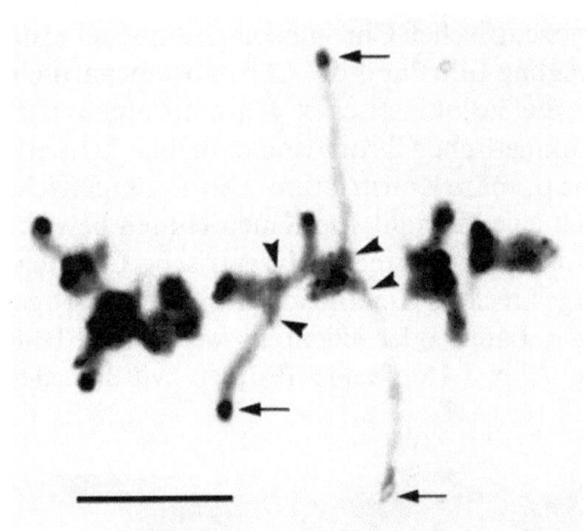

Abb. 7.15. Neozentrische Aktivität von zwei Chromosomen des Roggens in der meiotischen Metaphase II. Pfeile: Telomere mit neozentrischer Aktivität, Pfeilköpfe: Centromere, C-gebändertes Präparat. Maßstab 10 μm. (Aus Viinikka 1985)

Dennoch haben neozentrische Telomere offenbar eine spezifische genetische Struktur. In F1-Hybriden zwischen Linien mit und ohne neozentrische Aktivität beim Roggen waren nämlich erwartungsgemäß in der Meiose nur zwei der vier homologen Telomere als Centromere aktiv.

Die Beobachtungen lassen sich mit der Annahme interpretieren, daß einzelne Linien und Stadien einen Überschuß an Kinetochorproteinen produzieren und daß Chromatinregionen mit unterschiedlicher Effizienz um die Bindung dieser Proteine konkurrieren.

Verlust einer Chromosomenart in Zellhybriden

Auf einem ähnlichen Prinzip könnte auch der Verlust von Chromosomen in Zellhybriden beruhen. In Maus-Mensch-Zellhybriden gehen bevorzugt die menschlichen Chromosomen verloren. Ganz schnell geht der Verlust, wenn Chromosomen von sehr weit entfernten Arten zusammengebracht werden. So können zwar Spalthefe (*Schizosaccharomyces*)-Chromosomen in Spalthefe-

Maus-Hybriden replizieren, sie bleiben aber nur erhalten, wenn sie einer starken positiven Selektion ausgesetzt werden. Die Centromere der Chromosomen waren in den Elternarten der Hybriden ganz sicher voll funktionell. In den Hybriden konkurrieren sie mit artfremden Centromeren, sei es um Spindelfasern oder um Kinetochorproteine, und erweisen sich dabei als nicht völlig gleichwertig.

7.2.4 Holokinetische Chromosomen

Eine natürlich vorkommende Variante in der kinetischen Organisation der Chromosomen sind die holokinetischen Chromosomen. Holokinetische Chromosomen sind in der Mitose ebenso stabil wie monozentrische. Während bei monozentrischen Chromosomen eine Stelle, das Centromer, in der Anaphasebewegung führt und die Chromosomenarme nachgezogen werden, entfernen sich die holokinetischen Chromosomen parallel zueinander (s. Abb. 7.7). Holokinetische Chromosomen haben kein erkennbares Centromer und auch keine primäre Konstriktion. Die holokinetische Chromosomenbewegung wird durch eine Vielzahl von Kinetochoren bewirkt, die über die Länge des Chromosoms verteilt sind (**polyzentrische Chromosomen**), oder durch ein einziges langgestrecktes Kinetochor, das die polwärtigen Flächen des Chromosoms auf ganzer Länge oder jedenfalls weitgehend bedeckt (**holozentrische Chromosomen**, Abb. 7.16). Beide Formen wurden elektronenmikroskopisch nachge-

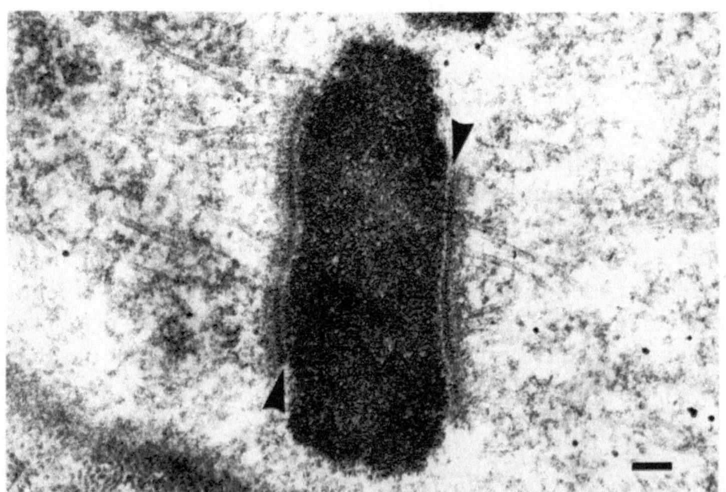

Abb. 7.16. Holozentrische Organisation eines Chromosoms aus dem Mikronukleus des Ciliaten *Nyctotherus ovalis*. Dem Chromosom liegen auf beiden Seiten Kinetochorplatten an. Die Mikrotubulusorganisation ist durch eine Vinblastinvorbehandlung gestört. Das Chromosom ist ein Sammelchromosom, das – hier nicht sichtbar – aus kleineren Einheiten zusammengesetzt ist. EM-Aufnahme eines Ultradünnschnitts. Maßstab 0,1 μm. (Eichenlaub-Ritter u. Ruthmann 1982)

wiesen. Der Nematode *Parascaris* besitzt z. B. holozentrische Chromosomen mit einem durchgehenden geschichteten Kinetochor, während die Cyperacee *Luzula* polyzentrisch ist und mehrere Ball-and-cup-Kinetochore pro Chromosom besitzt.

Bei den höheren Pflanzen haben zwei Familien, Juncaceen und Cyperaceen sowie die Liliaceen-Gattung *Chionographis* diesen Chromosomentyp. Am besten untersucht ist die Gattung *Luzula*. Im Tierreich ist das Vorkommen weit verstreut und phylogenetisch unzusammenhängend. Unter den Insekten stellen die Hemipteren und Schmetterlinge die bekanntesten Vertreter. Bei Spinnentieren besitzen Wassermilben und die Skorpiongattung *Tityus* holokinetische Chromosomen. Nematoden, wie z. B. *Parascaris* und *Caenorhabditis*, haben holokinetische Chromosomen in der Keimbahn. Holokinetische Chromosomen sind demnach in der Evolution der Organismen mehrfach entstanden (vgl. Tabelle 7.1).

Die besondere zentrische Organisation dieser Chromosomen bewirkt, daß Chromosomenfragmente und eine Vielzahl von Translokationen in diesen Organismen mitotisch stabil sind. Organismen mit holokinetischen Chromosomen werden daher erst bei wesentlich höheren Dosen von Röntgenstrahlen steril als Organismen mit monokinetischen Chromosomen.

Chromosomen müssen sich nicht notwendigerweise auch in der Meiose holokinetisch verhalten, wenn sie in der Mitose holokinetisch sind. Wanzen z. B. haben holokinetische Chromosomen in der Mitose und monokinetische Chromosomen in der Meiose. Die in der Mitose über die ganzen Chromosomen ausgedehnte Kinetochoraktivität ist in der Meiose auf einen kleinen Bereich eingeschränkt.

7.3 Telomere

Natürliche Chromosomenenden (**Telomere**), haben besondere Eigenschaften, die sie von bloßen Bruchenden unterscheiden. McClintock entdeckte, daß frische Bruchenden beim Mais im Gegensatz zu natürlichen Bruchenden dazu neigen, miteinander zu verschmelzen. Sie sind klebrig. Sie verschmelzen dagegen nicht mit natürlichen Chromosomenenden. Natürliche Chromosomenenden sind gegen das Verschmelzen geschützt.

Außerdem spielen Telomere bei der Replikation der chromosomalen DNA eine Rolle. Da DNA-Polymerasen nur in 3'-3'-Richtung arbeiten und nur an ein vorhandenes 5'-Ende Nukleotide addieren können, werden die Enden linearer DNA-Moleküle unvollständig repliziert, sofern nicht spezielle Vorsorge für die Enden getroffen sind. Nach Entfernen des notwendigen RNA-Primers entsteht am 5'-Ende eine Replikationslücke (Abb. 7.17). Chromosomen mit solchen einfachen DNA-Enden verlieren im Verlaufe der Replikationszyklen von den Enden her mehr und mehr Material. Da natürliche Chromosomenenden stabil bleiben, muß eine spezielle Struktur oder ein spezieller Mechanismus der Telomere vorhanden sein, der die Erhaltung der DNA bis zu

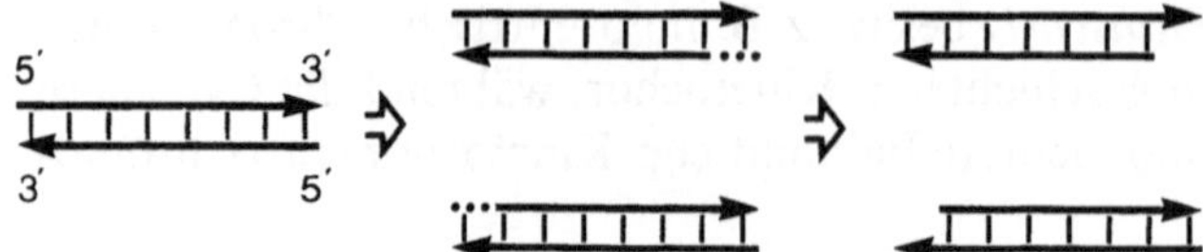

Abb. 7.17. Replikation linearer DNA-Moleküle ohne spezielle terminale Sequenzen. Ein 5'RNA-Primer (gestrichelt) hinterläßt nach seiner Entfernung eine nicht auffüllbare Lücke im neu synthetisierten Strang

den Enden gewährleistet. Man kann demnach ein Telomer funktionell als essentiellen Abschnitt am Ende eines linearen Chromosoms definieren, der für die komplette Replikation und die Stabilität des Chromosoms benötigt wird.

Eine weitere Eigenschaft der Telomere betrifft ihre Beziehung zur Kernhülle. Die Chromosomenenden sind wenigstens im Zygotän und Pachytän der Meiose mit der Kernhülle verbunden (s. S. 209). Die meisten Autoren nehmen an, daß das auch für die mitotische Interphase zutrifft. Dreidimensionale Rekonstruktion der etwas ungewöhnlichen Polytänkerne von *Drosophila* zeigt aber, daß nicht alle Chromosomen in der Nähe der Kernhülle enden (s. S. 186).

7.3.1 Cytogenetik der Telomere

Im Mikroskop läßt sich von der speziellen Struktur der Telomere nichts erkennen. C-Banden-Färbungen zeigen bei manchen, aber nicht bei allen Arten Blöcke von konstitutivem Heterochromatin an den Chromosomen-Enden. Die Funktion dieser heterochromatischen Segmente ist ebenso unklar wie die von anderen Heterochromatinsegmenten. Die Blöcke der eigentlichen Telomersequenzen, mit denen Eukaryontenchromosomen ausgerüstet sind, fallen im Mikroskop nicht auf. Sie werden erst durch In-situ-Hybridisation sichtbar (s. Kap. 7.3.2).

Programmierte Entstehung neuer Telomere

Der Nematode *Parascaris* hat wenige große Chromosomen in der Keimbahn. In der Entwicklung gehen bei der Bildung der Somazellen große Teile des Chromatins verloren; man spricht von **Chromatindiminution**. Gleichzeitig zerfallen die großen Chromosomen in mehrere kleine Chromosomen (s. Kap. 11). Geht man davon aus, daß alle Somachromosomen normale Telomere besitzen, dann müssen entweder Telomere, die vor der Chromatindiminution zwischen anderen Sequenzen eingeschlossen waren, bei diesem Prozeß freigesetzt werden, oder es werden nach der Diminution Telomere generiert und angefügt. Das Entstehen neuer Telomere jedenfalls dieser Art, ist in der Entwicklung programmiert.

Einen prinzipiell ähnlichen Vorgang beobachtet man bei hypotrichen Ciliaten, wie *Stylonychia* und *Oxytricha*. Die Chromosomen bleiben im Mikronukleus, der die Keimbahn repräsentiert, vollständig erhalten. Während der Neubildung des Makronukleus geht dagegen je nach Species 80%–98% der DNA verloren. Der Rest wird in lineare Stücke von 0,3–20 kb zerlegt. Diese Stücke sind ähnlich wie vollständige Chromosomen in der Replikation stabil. Sie müssen also Telomere besitzen.

7.3.2 Die molekulare Struktur der Chromosomenenden

Um das Problem der Replikationslücke am 5′-Ende zu lösen, wurden in der Vergangenheit viele Modellvorstellungen entwickelt, die vor allem auf den bekannten Verhältnissen bei Viren aufbauen. Die in den letzten Jahren tatsächlich gefundenen Verhältnisse stimmen mit keinem viralen Modell überein.

Telomer-Repeats

Zunächst bei *Oxytricha* und Hefe, dann bei immer mehr Eukaryonten ist es gelungen, die DNA der Chromosomenenden zu sequenzieren. Sie bestehen – vielleicht mit Ausnahme von *Drosophila* – aus Blöcken von einfachen Repeats. Die Telomersequenzen sind untereinander recht ähnlich. Der generelle Aufbau der Monomere ist $\binom{T}{A}_{1-4}G_{1-8}$, wenn man von der etwas komplizierteren Sequenz bei *Schizosaccharomyces* absieht (Tabelle 7.2). Man kann die beiden Einzelstränge als **G-reich** und **C-reich** unterscheiden. Der G-reiche Strang zeigt immer auf das molekulare Ende und bildet – jedenfalls bei *Oxytricha* – einen 3′-Überhang (Abb. 7.18).

Die Telomersequenz des Menschen TTAGGG ist höchstwahrscheinlich identisch mit der aller Wirbeltiere. Sie hybridisiert nämlich in der In-situ-Hybridisation nicht nur mit den Telomeren menschlicher Chromosomen, sondern auch mit denen aller untersuchten Wirbeltiere, von den Fischen bis zu den Säugern. Dieselbe Sequenz findet sich bei dem Flagellaten *Trypanosoma* wieder.

Die Struktur dieser einfachen Telomer-Repeats ist demnach stark konserviert, wenn man die phylogenetische Distanz zwischen Hefen, Sporozoen, Flagellaten, Ciliaten, höheren Pflanzen und Wirbeltieren in Betracht zieht. Hefetelomere können sogar ohne Verlust der Stabilität in linearen Plasmiden oder künstlichen Hefechromosomen gegen Telomere von *Tetrahymena, Oxytricha* oder Menschen ausgetauscht werden. Die Telomersequenzen ersetzen einander funktionell trotz der Sequenzunterschiede zwischen den Arten.

```
5′ CCCCAAAACCCCAAAACCCC.........GGGGTTTTGGGGTTTTGGGGTTTTGGGGTTTTGGGG 3′
3′ GGGGTTTTGGGGTTTTGGGGTTTTGGGGTTTTGGGG.........CCCCAAAACCCCAAAACCCC 5′
```

Abb. 7.18. Telomersequenz T_4G_4 an den beiden Enden der Mehrzahl der DNA-Moleküle aus dem Makronukleus des Ciliaten *Oxytricha*. Die 3′-Enden sind überhängende Einzelstrangenden. (Nach Pluta et al. 1984)

Tabelle 7.2. Tandemartig wiederholte einfache Telomersequenzen von Eukaryonten. Die dargestellte 5′-3′-Sequenz ist vom Inneren zum Ende des Chromosoms orientiert. (Aus Forney et al. 1987 und Hastie u. Allshire 1989)

Gattung	Telomersequenz
Physarum	$(T_nAGGG)_n$
Dictyostelium	$(TG_{1-8})_n$
Saccharomyces	$(TG_{1-3})_n$
Schizosaccharomyces	$(T_{1-2}ACA_{0-1}C_{0-1}G_{1-8})_n$
Arabidopsis	$(TTTAGGG)_n$
Trypanosoma	$(TTAGGG)_n$
Plasmodium	$(TT_C^TGGG)_n$
Tetrahymena, Glaucoma	$(TTGGGG)_n$
Stylonychia, Oxytricha	$(TTTTGGGG)_n$
Homo	$(TTAGGG)_n$

Bei *Oxytricha* wurden spezielle Proteine gefunden, die an die Telomere binden. Es handelt sich um zwei Proteine mit den relativen Molmassen 55000 und 26000. Sie schützen in vitro die letzten etwa 100 bp DNA an jedem Ende vor einem Abbau durch DNAsen. Das könnte auch in vivo neben einem Schutz vor Reparaturenzymen oder Rekombinasen eine wichtige Funktion der Telomerproteine sein.

Telomeraseaktivität

Wenn auch die einfachen Telomersequenzen konserviert sind, so ist doch die Zahl ihrer Wiederholungen nicht konserviert. Die Telomerlänge nimmt im Verlaufe des logarithmischen Wachstums einer *Tetrahymena*kultur um 4–10 bp pro Zellgeneration zu. Noch auffälliger ist der Zuwachs bei eingeführten artfremden Telomersequenzen: Lineare Plasmide mit *Tetrahymena*telomeren werden in Hefe durch Hefetelomersequenzen verlängert. Das ist eine Leistung der artspezifischen Telomerase.

Eine Telomerase (**Telomer-Terminal-Transferase**) wurde in Ciliaten und HeLa-Zellen identifiziert, kommt also wohl generell vor. Sie ist ein Ribonukleoprotein und verlängert ohne Gegenwart eines Templates Telomersequenzen tandemartig um Telomer-Repeats. Als Primer wird dabei die G-reiche Sequenz, z. B. $(TTGGGG)_4$, akzeptiert, nicht aber die komplementäre C-reiche Sequenz.

Wenn die Chromosomen ohne Template ständig verlängert werden, ist das Problem der 5′-Lücke bei der Replikation nicht mehr gegeben. Die in einer Replikationsrunde aufgetretene Lücke kann leicht wieder ausgeglichen werden, solange überhaupt noch Telomersequenzen vorhanden sind, die als Primer für die Telomerase dienen können.

7.4 Synthetische Chromosomen

Mitotische Stabilität

Eukaryontenchromosomen werden im Verlauf der Mitosezyklen mit hoher Präzision an die Zellnachkommen weitergegeben. Die Präzision ist meßbar: bei Hefe geht nur in einer unter $10^4 - 10^5$ Mitosen ein natürliches Chromosom verloren (Abb. 7.19, letzte Zeile).

Konstruktion künstlicher Chromosomen

Die für die mitotische Stabilität bekannten Elemente der Chromosomenstruktur sind das Centromer, die Telomere und Sequenzelemente, die die Replikation der chromosomalen DNA in der Interphase initiieren. Bei Hefe wurden die drei Strukturelemente der Chromosomen bereits kloniert und in ihrer DNA-Sequenz aufgeklärt (Abb. 7.20). Es sind autonom replizierende Sequenzen (**ARS**), die entweder aus den Hefechromosomen oder dem 2 μ-Plasmid der Hefe stammen, die Centromerabschnitte (**CEN**) und die Telomerabschnitte (**TEL**), die von Hefechromosomen stammen, aber auch durch *Tetrahymena-*

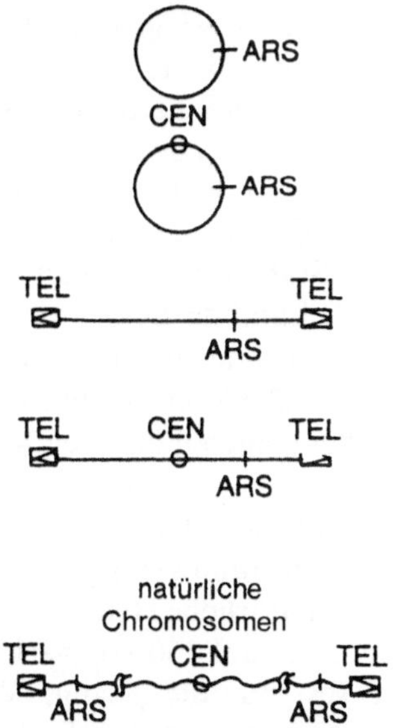

Plasmide oder synthetische Chromosomen	Größe in kb	durchschnittliche Kopienzahl pro Zelle	Verlust pro Zelle pro Generation	regelmäßige Segregation in der Meiose
⭕ ARS (CEN)	2–20	viele	$>10^{-1}$	–
⭕ ARS	10–20	1	10^{-2}	+
	~100	1	10^{-3}	N.D.
TEL —— TEL (ARS)	10–20	viele	$>10^{-1}$	–
TEL CEN TEL (ARS)	10–16	viele	$>10^{-1}$	+/–
	~50	1	10^{-2}	+
	~140	1	10^{-3}	N.D.
natürliche Chromosomen TEL CEN TEL (ARS ARS)	$~10^2 > 10^3$	1	$10^{-4}–10^{-5}$	+

Abb. 7.19. Das Verhalten zirkulärer und linearer synthetischer Chromosomen verglichen mit natürlichen Hefechromosomen. ARS: autonom replizierende Sequenz, CEN: Centromersequenz, TEL: Telomersequenz. (Nach Blackburn 1985)

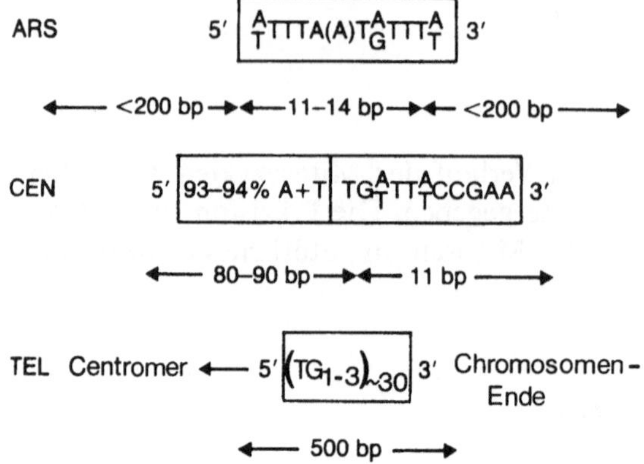

Abb. 7.20. Essentielle DNA-Sequenzen der Funktionselemente von Hefechromosomen. ARS: autonom replizierende Sequenz, CEN: Centromersequenz, TEL: Telomersequenz. (Nach Blackburn 1985)

telomere ersetzt werden können. Hefezellen lassen sich gut transformieren. Man kann daher verschiedene Konstrukte aus diesen DNA-Elementen zusammen mit einem selektierbaren Gen in vitro herstellen, in Hefezellen einbringen und auf ihre Eignung als mitotisch und meiotisch stabile Chromosomen testen.

Die Ergebnisse solcher Untersuchungen sind in Abb. 7.19 zusammengestellt. **Ringförmige Plasmide** mit einem ARS-Element (das nötig ist, damit sie überhaupt in der Hefezelle repliziert werden) haben hohe Kopienzahlen und sind mitotisch instabil: mehr als eines unter 10 Plasmiden geht in jeder Mitose verloren. Ihr Verhalten ist weit entfernt von dem natürlicher Chromosomen. Deutlich chromosomenähnlichere Eigenschaften zeigen ringförmige Plasmide, die ein CEN-Element enthalten. Die Kopienzahl ist bei diesen zirkulären Minichromosomen auf 1 begrenzt (also wie bei natürlichen Chromosomen), und die mitotische Verlustrate beträgt nur 10^{-2} bis 10^{-3}, wobei größere Konstrukte die stabileren sind. Auch in der Meiose ist eine geordnete Segregation gewährleistet. **Lineare Plasmide**, die aus einem linearen ARS-haltigen DNA-Molekül und Telomersequenzen an beiden Enden bestehen, schneiden ebenso schlecht ab wie ringförmige Plasmide ohne Centromer. Lineare Konstrukte mit einem Centromer sind überraschenderweise sogar deutlich chromosomenunähnlicher als ringförmige von gleicher Größe. Die Stabilität verbessert sich, wenn diese Konstrukte mit einer Fremd-DNA (z. B. Lambda-DNA) verlängert werden. Die Verlustrate liegt bei künstlichen Chromosomen mit etwa 140 kbp Länge nur noch in der Größenordnung 10^{-3}. Die Kopienzahl ist auf 1 begrenzt. Auch die Segregation in der Meiose ist bei längeren linearen Konstrukten mit Centromer chromosomenähnlich.

Damit verhalten sich diese Konstrukte fast wie natürliche Chromosomen. Der verbleibende Unterschied von ein bis zwei Größenordnungen in der Verlustrate hängt vermutlich nicht damit zusammen, daß natürliche Hefechromosomen immer noch größer als die synthetischen sind. Ein auf 150 kbp verkleinertes ChromosomIII-Derivat hatte nämlich im Test nur die geringe Verlustrate von 10^{-5}, nicht anders als das größere Ausgangschromosom. Es müssen daher andere Faktoren hinzukommen, die die natürlichen Chromosomen noch perfekter machen.

Den vorgestellten Konstrukten fehlt – bis auf den selektierbaren Marker – nur der genetische Inhalt von natürlichen Chromosomen. Es sind leere, aber ansonsten vollständige Chromosomen, die ihrer Rolle als stabile Vehikel für die Verteilung des genetischen Materials bei der Zellteilung gerecht werden. Künstliche Hefechromosomen werden inzwischen als Vektoren für die Klonierung sehr großer, d. h. mehr als 100 kb langer, DNA-Stücke verwendet (YAC-Vektoren, „yeast artificial chromosomes"). Genombibliotheken von *Drosophila*, Maus und Mensch in künstlichen Hefechromosomen sind wichtige Hilfsmittel in der Analyse der Genomorganisation geworden.

Künstliche Hefechromosomen als Chromosomenmodelle

Die erfolgreiche In-vitro-Konstruktion stabiler Chromosomen erlaubt es, Probleme und Konzepte der klassischen cytogenetischen Forschung experimentell anzugehen. So wird z. B. die Vorstellung H. J. Mullers, daß ein Chromosom genau ein Centromer und an den beiden Enden je ein Telomer haben muß (vgl. Kap. 3.3.1), durch künstliche Chromosomen vollständig bestätigt. Lineare Konstrukte mit nur einem oder keinem Telomer lassen sich gar nicht in Hefe klonieren. Konstrukte ohne Centromer (**azentrische Chromosomen**, s. Abb. 7.19, 1. und 3. Zeile), und Konstrukte mit zwei Centromeren (**dizentrische Chromosomen**) sind mitotisch instabil.

Die Einordnung der Chromosomen in die Äquatorialebene der Spindel ist wahrscheinlich die Folge von gleichmäßigem Zug der Spindelfasern auf die Kinetochore der beiden Schwesterchromatiden. Die geordnete Verteilung der Chromatiden setzt also den Zusammenhalt der Chromatiden bis kurz vor Beginn der Anaphase voraus. Nach einer plausiblen Hypothese halten Schwesterchromatiden durch *Konkatenation* der Schleifendomänen zusammen: die DNA-Schleifen der Schwesterchromatiden sind gemäß dieser Hypothese topologisch – nicht kovalent! – miteinander verkettet. Beim Übergang von der Metaphase zur Anaphase wird die Verkettung der Schwesterstränge unter Mithilfe der Topoisomerase II gelöst, die Schwesterstränge werden zu den Polen gezogen. Diese Hypothese wird durch den Befund gestützt, daß Topoisomerase II für die Trennung der mitotischen Chromosomen notwendig ist. Die bei synthetischen Chromosomen notwendige Mindestmenge von etwa 150 kb DNA wird als Untergrenze für eine ausreichende Konkatenation angesehen.

In einem Punkt aber weichen sowohl natürliche als auch künstliche Hefechromosomen von den Chromosomen der meisten Eukaryonten ab. Ihnen fehlt die charakteristische Kondensation des Chromatins in der Mitose. Sie sind daher ein unvollständiges Modell für den Normalfall der Eukaryontenchromosomen. Die Kondensation hängt vermutlich mit der weitaus größeren DNA-Menge der meisten Eukaryontenchromosomen zusammen. Gerade die geringe DNA-Menge der Hefechromosomen hat allerdings die beschriebenen Untersuchungen begünstigt.

7.5 Konstitutives Heterochromatin: C-Banden

Färbetechniken, die in den letzten zwei Jahrzehnten entwickelt wurden, lassen
über die bereits besprochenen Centromere und Telomere hinaus eine lineare
Organisation der Chromosomen in unterscheidbare Abschnitte, sog. **Banden**,
erkennen (Tabelle 7.3). Chromosomen sind in der Längsachse nicht einheitlich, sondern haben lokal unterschiedliche Zusammensetzungen.

Am weitesten verbreitet sind **C-Banden**. Sie sind bei fast allen Organismen-
gruppen nachzuweisen. Die C-Banden-Färbung enthält in der üblichen Methode nach Sumner einen Denaturierungs-Renaturierungsschritt und eine
Giemsa-Färbung. C-Banden mit überdurchschnittlichem AT-Gehalt der
DNA werden auch mit den AT-spezifischen Fluoreszenzfarbstoffen Quinacrin, DAPI oder H33258 sichtbar. Solche mit GC-reicher DNA lassen sich
durch Chromomycin A_3 oder Mithramycin anfärben (Abb. 7.21). C-Band-po-
sitives Chromatin wird allgemein als **konstitutives Heterochromatin** angesehen.
Wenn auch nicht in jedem Fall nachgewiesen, so hat sich doch in vielen Fällen
gezeigt, daß das in der Metaphase anfärbbare C-Bandenmaterial in der Interphase kondensiert bleibt, also wirklich heterochromatisch ist. **Fakultatives
Heterochromatin** wie das inaktive X der Säuger reagiert dagegen negativ mit
der C-Banden-Technik. Es gibt jedoch auch konstitutives Heterochromatin,
das sich nicht als C-Bande in der Metaphase darstellen läßt. Ein Beispiel dafür
sind die B-Chromosomen der Heuschrecke *Myrmeleotettix*, die ein Muster

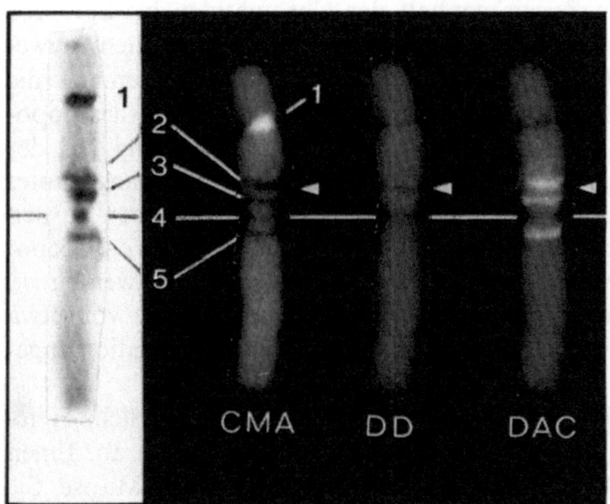

Abb. 7.21. C-Banden im M-Chromosom von *Vicia faba*. Das Chromosom enthält fünf
C-Banden (links). Bande 1 ist mit einer NOR assoziiert, sie ist mit Chromomycin A anfärb-
bar (CMA), enthält also eine GC-reiche DNA. Banden 2, 3 und 5 färben sich stark mit
DAPI + Actinomycin (DAC); sie enthalten demnach AT-reiche DNA. Bande 4 ist das Hete-
rochromatin der Centromerregion, es reagiert weder mit Chromomycin (CMA), noch mit
DAPI + Actinomycin (DAC) oder Distamycin + DAPI (DD). (D. Schweizer, Wien)

Tabelle 7.3. Bänderungstechniken und andere Färbeverfahren für die Differenzierung von Chromosomensegmenten

Häufigste Technik	Weitere Techniken u. U. nur für Untergruppen von Banden	Dargestellte Chromosomensegmente	Organismen, deren Chromosomen mit der Technik differenziert werden
C	Q, G-11, N, DAPI, DIPI, H33258, Immun-Nachweis für Methylcytosin	C-Banden (konstitutives Heterochromatin, von A+T- bis G+C-reich)	Pflanzen, Tiere
G Q	AT-spezifische Fluorochrome wie DAPI, DIPI und H33258	G-Banden (G- und Q-positive Banden sind R-negativ)	Höhere Wirbeltiere, einzelne andere Tiere und Pflanzen
R	T, GC-spezifische Fluorochrome wie Chromomycin A_3, Mithramycin	R-Banden (R-positive Banden sind G- und Q-negativ)	Höhere Wirbeltiere
Replikationsbänderung		Je nach Zeitpunkt des BrdU-Einbaus in der S-Phase: früh oder spät replizierende Segmente	Wirbeltiere, Pflanzen
Immunnachweis mit Anti-Kinetochor-Antikörpern	C_d	Kinetochore	Wirbeltiere
Ag-NOR	Immunnachweis mit Anti-Nukleolus-Antikörpern; N	NORs, die in der vorausgegangenen Interphase aktiv waren	Tiere, Pflanzen

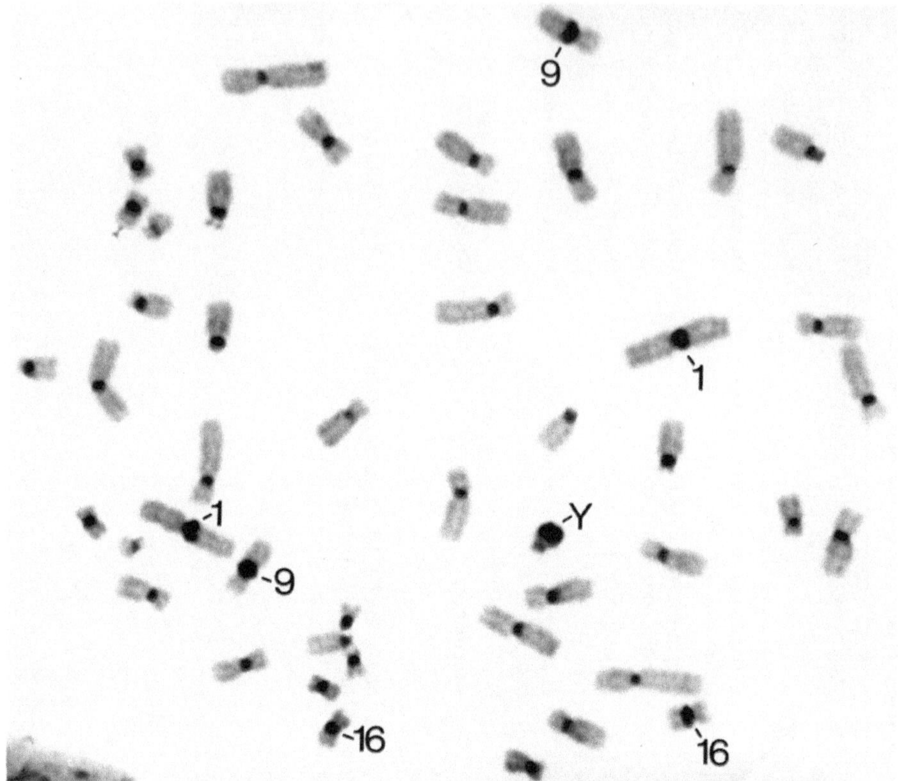

Abb. 7.22. C-Bandenmuster eines menschlichen 46,XY-Chromosomensatzes. Auffällig sind die starken centromerischen C-Banden der Chromosomen 1, 9 und 16. Beim Y ist der überwiegende Teil des langen Arms C-Band-positiv. (T. Schroeder-Kurth, Heidelberg)

von C-band-positivem und C-Band-negativem Material zeigen, aber in der Interphase vollständig heterochromatisch sind.

Lage der C-Banden

Bevorzugte Orte für C-Banden sind:

- Umgebung der Centromere (**perizentrische** oder **proximale C-Banden**)
- Umgebung der Chromosomenenden (**telomerische** oder **distale C-Banden**).

Aber auch **interkalare** oder **interstitielle C-Banden**, die keine Beziehungen zu diesen Funktionsorten haben, kommen vor, darunter regelmäßig das **NOR-assoziierte Heterochromatin**. Verteilung und Ausmaß der C-Banden ist charakteristisch für jedes Chromosom und jede Spezies. Insgesamt hat das C-Bandenmuster bei den Chromosomen einer Spezies trotz aller Unterschiede gewisse Ähnlichkeiten. Sie haben den gleichen „Stil" (Abb. 7.22, 7.23, 7.24). Auffal-

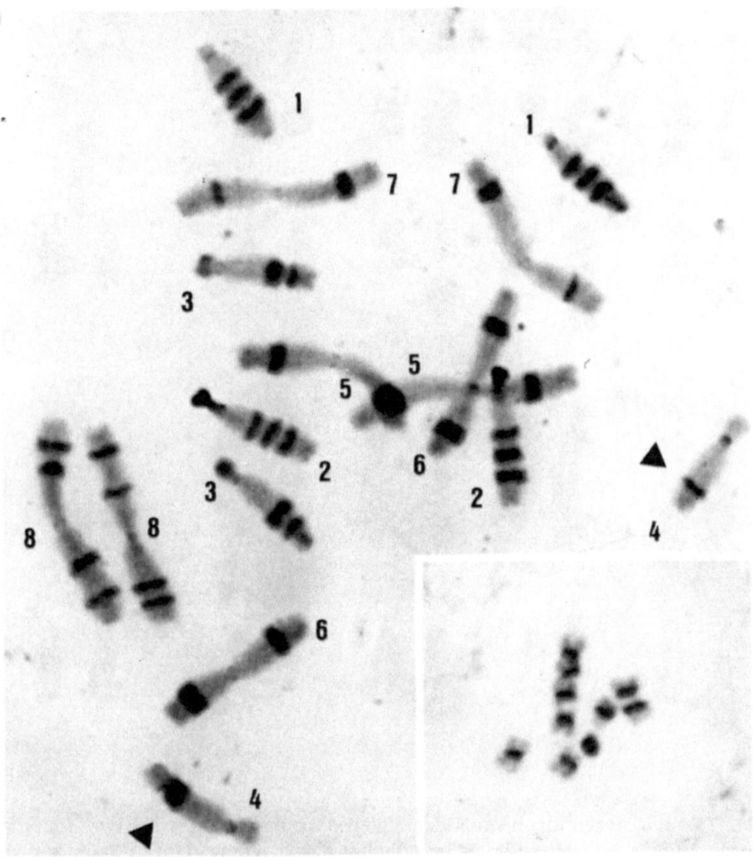

Abb. 7.23. Heterochromatinblöcke (C-Banden) in den Chromosomen von *Anemone blanda* (2n = 16) und (Insert) *Arabidopsis thaliana* (2n = 10). Auffällig ist die Heterozygotie für einen Heterochromatinblock (Dreiecke) im Chromosom 4 von *Anemone*. (D. Schweizer, Wien)

lend unähnlich sind nur einzelne besondere Chromosomen eines Satzes, wie die Geschlechtschromosomen oder die B-Chromosomen.

Ziemlich regelmäßig werden die Centromere von C-Banden eingeschlossen. Die **perizentrischen C-Banden** können recht klein sein, wie beim Menschen (Abb. 7.22). Sie können aber auch große Teile der Chromosomenarme umfassen, wie bei der Tomate oder beim Mehlkäfer. In manchen Fällen ist sogar ein ganzer Chromosomenarm heterochromatisch, so etwa beim Y des Menschen oder dem von *Drosophila*. Holokinetische Chromosomen haben dagegen entweder gar keine oder multiple C-Banden.

Recht oft findet man **distale C-Banden** in der Nachbarschaft oder unter Einschluß der Telomere. C-Banden, die weder Beziehung zu den Centromeren noch zu den Telomeren haben, sind seltener. Die Lage dieser **interkalaren C-Banden** ist nicht völlig beliebig, sondern gehorcht gewissen Regeln. Hetero-

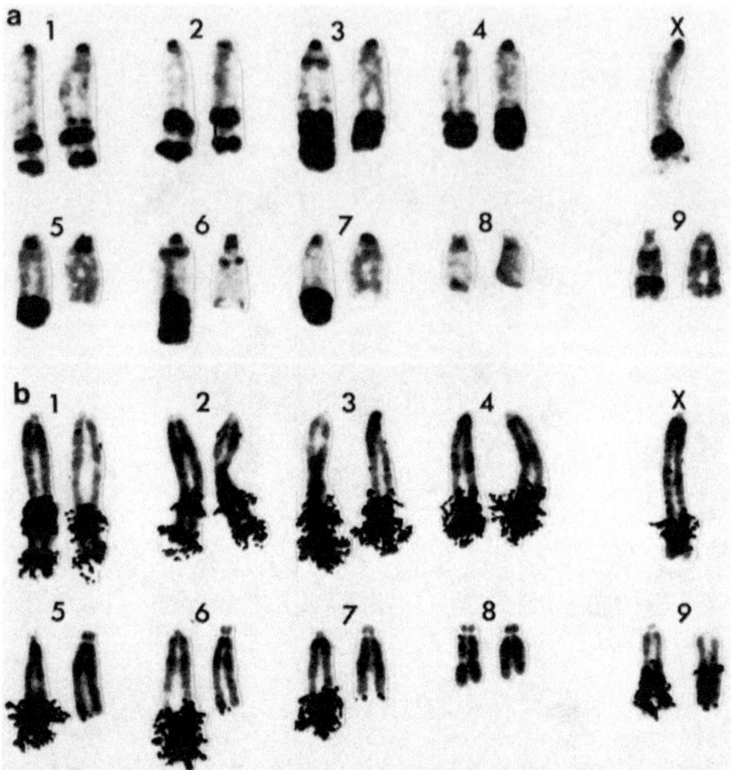

Abb. 7.24 a, b. Polymorphismus der Heterochromatinblöcke bei der Heuschrecke *Atractomorpha similis*. **a** C-gebänderter männlicher Karyotyp aus einer Population von New South Wales, Australien. **b** In-situ-Hybridisation mit der DNA eines klonierten 179 bp-Satelliten von *Atractomorpha*. Die Silberkörner zeigen die Lokalisation des Satelliten in den Heterochromatinblöcken an. Das Individuum ist heterozygot für Heterochromatinblöcke in den Chromosomen 3, 5, 6 und 7. (Aus John et al. 1986)

chromatische Segmente haben in verschiedenen Chromosomen eines Satzes die Neigung, den gleichen Abstand vom Centromer einzuhalten. Heitz nannte das **äquilokale Heterochromatie**. Die Eigenschaft ist besonders deutlich ausgeprägt bei den Heterochromatinblöcken einiger Liliaceen (Abb. 7.23) und bei einigen Heuschrecken (Abb. 7.24). Das Phänomen läßt sich in der Chromosomenevolution mit einem DNA-Austausch zwischen nicht-homologen Chromosomen in der Interphase erklären, wenn die Chromosomen in der Rabl-Konfiguration nebeneinander angeordnet sind (s. S. 187).

Variabilität der C-Banden

Zu den auffälligen Merkmalen der C-Banden gehört ihre Variabilität. Populationen von Tier- und Pflanzenarten mit reichem C-Bandenmuster sind häufig polymorph für eine oder mehrere Banden (Abb. 7.23). Einen extremen Fall von Polymorphismus zwischen Populationen und innerhalb von Populationen bietet die Heuschrecke *Atractomorpha similis* (Abb. 7.24). Beim Menschen kommen Varianten in der Länge des heterochromatischen langen Y-Arms vor. Auch Unterschiede in der Menge an perizentrischem Heterochromatin zwischen verschiedenen Individuen wurden registriert und als Normvarianten beschrieben. Sie sind ohne sichtbare Effekte für den Phänotyp.

Zusammensetzung des C-Bandenchromatins

Hochrepetitive Satelliten-DNA ist regelmäßig in Abschnitten von konstitutivem Heterochromatin lokalisiert (Abb. 7.24). Konstitutives Heterochromatin und C-Banden werden daher von vielen Autoren mit Blöcken von Satelliten-DNA gleichgesetzt. In Segmenten mit Satelliten-DNA muß aber nicht ausschließlich Satelliten-DNA vorkommen. Mittelrepetitive Sequenzen sind in Blöcke von Satelliten-DNA eingestreut (s. Abb. 5.11b), und das Vorkommen einmaliger Sequenzen zwischen Satellitensequenzen ist nirgends auszuschließen. Es gibt aber auch C-Banden, deren DNA insgesamt nur geringfügig oder nicht nachweisbar repetitiv ist.

Durch welche Struktur oder Zusammensetzung des Chromatins unterscheiden sich die C-Band-positiven Chromosomenabschnitte von den C-Band-negativen? Es ist naheliegend zu prüfen, ob die Nachweismethode selbst eine Antwort darauf gibt. Die **C-Bänderungstechnik** enthält in der üblichen Form einen Denaturierungsschritt in Alkali, eine Inkubation in Puffer und die anschließende Färbung. Dieses Vorgehen bewirkt in den C-Band-negativen Abschnitten einen Verlust von DNA und Protein und somit einen Verlust an anfärbbarer Substanz. In den C-Band-positiven Regionen ist dagegen das Chromatin relativ gut geschützt. Die Unterschiede im Materialverlust werden nicht durch den unterschiedlichen Kondensationsgrad verursacht. Anders als in der Interphase ist der Kondensationsgrad von Eu- und Heterochromatin in den mitotischen Metaphasechromosomen gleich. Die Brutto-Basenzusammensetzung der DNA ist ebenfalls als Ursache auszuschließen, da es C-Banden mit hohem, mittlerem und niedrigem GC-Gehalt gibt. Da die übliche C-Bandentechnik einen Denaturierungs-Renaturierungsschritt enthält, liegt es nahe, den hohen Repetitionsgrad der DNA in den Satelliten-DNA-haltigen C-Banden und die damit verbundene rasche Renaturierung als Ursache für die Stabilität der C-Banden anzusehen. Das könnte für viele Fälle zutreffen, wird aber durch das Vorkommen von C-Banden mit geringem Repetitionsgrad der DNA als generelles Prinzip unwahrscheinlich gemacht. Außerdem kann man C-Banden auch ohne Denaturierung erhalten. Eine Verlängerung der Trypsinierung in der G-Bänderungsmethode nach Seabright läßt das G-Bandenmuster in ein C-Bandenmuster übergehen. Man muß daher an ein oder mehrere spezielle, noch unbekannte Proteine denken, die charakteristisch für das Chromatin der C-Band-positiven Regionen sind, die das Chromatin schützen und indirekt für den Ausfall verantwortlich sind.

C-Banden sind genarme Segmente

Bietet man Zellen in der Interphase ^{3}H-Uridin an und prüft autoradiographisch den Einbau in RNA, dann stellt man fest, daß heterochromatische Bereiche **transkriptionsinaktiv** sind. In Anbetracht der großen, aber für den Phänotyp folgenlosen Variabilität der C-Banden sollte man annehmen, daß sie völlig genleer sind. Tatsächlich aber kartieren bei der Tomate und beim Chromosom II von *Drosophila* einzelne Gene im perizentrischen Heterochromatin. Ein besonders bemerkenswerter Fall sind die im heterochromatischen Y von *Drosophila* befindlichen Fertilitätsgene, die in der Gametogenese aktiv werden. Insgesamt sind aber deutlich weniger Gene als in vergleichbaren euchromatischen Abschnitten vorhanden. Das konstitutive Heterochromatin – jedenfalls das, was wir bei dem begrenzten Auflösungsvermögen im Lichtmikroskop als einheitliche heterochromatische Region erkennen – ist genarm, wenn auch nicht immer vollständig genleer.

Funktion und Auswirkungen von C-Banden

Eine unmittelbare Auswirkung auf den Phänotyp haben Blöcke von Heterochromatin nicht. Dagegen wirkt sich die Anwesenheit von Heterochromatinblöcken auf die Verteilung der Chiasmata in der Meiose (s. Kap. 9.3), auf die Genomgröße und ihre Folgen (s. Kap. 12) und auf die Reihenfolge der Centromerentrennung in der Mitose aus: je größer die perizentrische Heterochromatinmenge ist, desto später trennen sich die Schwesterchromatiden in der Mitose der Maus.

Eine gesicherte biologische Funktion des Heterochromatins ist nicht bekannt. Eine der Hypothesen schreibt ihm eine Schutzfunktion für das Euchromatin zu. Grundlage dafür ist die Beobachtung, daß das Heterochromatin im Interphasekern vorzugsweise der Kernhülle anliegt. Nach der **Bodyguard-Hypothese** von T. C. Hsu schützt das Heterochromatin, den essentiellen Teil des Genoms, das Euchromatin, indem es mutagene Agentien abfängt.

7.6 G-, Q- und R-Banden

Bei den höheren Wirbeltieren (Reptilien, Vögel und Säuger) lassen sich nicht nur heterochromatische Segmente als C-Banden darstellen und von euchromatischen unterscheiden, sondern auch die euchromatischen Abschnitte selbst werden bei Verwendung geeigneter Techniken in Banden gegliedert (s. Tabelle 7.3). Die bekanntesten sind die Q-, G- und R-Bandentechniken („Quinacrin", „Giemsa", „reversed banding"). Die Q-Bandentechnik wurde als erste dieser Techniken vor etwa 20 Jahren von L. Zech und T. Caspersson entdeckt. Alle verwendeten Techniken rufen in euchromatischen Regionen entweder ein G-Muster oder ein R-Muster hervor; z. B. ist das mit dem Fluoreszenzfarbstoff

Quinacrin-dihydrochlorid oder Quinacrin Mustard dargestellte Q-Bandenmuster ein G-Bandenmuster mit zusätzlichen AT-reichen konstitutiv heterochromatischen Banden. G-Banden- und R-Bandenmuster sind komplementär zueinander. Nach Empfehlungen des „Standing Committee on Human Cytogenetic Nomenclature" spricht man von positiven und negativen Banden (nicht von Banden und Interbanden). Eine positive G-Bande entspricht daher einer negativen R-Bande, und eine negative G-Bande entspricht einer positiven R-Bande. In der Praxis werden aber im allgemeinen die Ausdrücke G-Banden und R-Banden für die jeweils positiven Banden benutzt. So hat die Chromosomenbänderung selbst ohne exakte Kenntnisse ihrer Ursachen einen erheblichen Nutzen eingebracht. Das Bandenmuster mit G-, Q-, R- oder verwandten Bänderungstechniken ist so detailreich und charakteristisch, daß z. B. beim Menschen alle Chromosomen und viele ihrer Strukturveränderungen identifiziert werden können (s. Abb. 2.17 und Kap. 3).

Veränderung des Bandenmusters in der Pro- und Metaphase

Die Zahl erkennbarer G- und R-Banden ändert sich im Laufe der mitotischen Pro- und Metaphase. Die Entwicklung des Bandenmusters wurde besonders genau beim Menschen studiert. Das früheste analysierbare Stadium in der mittleren Prophase enthält ca. 2000 Banden pro haploidem Chromosomensatz (positive und negative Banden immer zusammen gerechnet). Die Zahl der erkennbaren Banden wird mit zunehmender Kondensation der Chromosomen geringer (Abb. 7.25). Ein gut auswertbarer Chromosomensatz in der humancytogenetischen Routineuntersuchung hat zwischen 200 und 400 Banden. Die Metaphasekondensation geht noch weiter und zwar bis zu einem Punkt, an dem auch bei den größeren Chromosomen nur wenige positive G-Banden pro

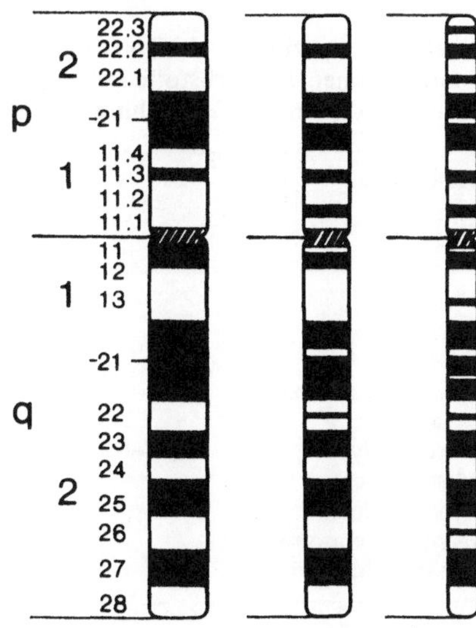

Abb. 7.25. Die Entwicklung des G-Bandenmusters im X-Chromosom des Menschen vom 850-Banden-Stadium (ganz rechts) über das 550-Banden-Stadium (Mitte) zum 400-Banden-Stadium (links) während der mitotischen Prophase. Die Chromosomen wurden für das Schema auf gleiche Länge gebracht. (Nach ISCN 1981)

Chromosom zu sehen sind. Karten für die Stadien mit 400, 500 und 850 Banden sind zur Vereinheitlichung der Bandenbezeichnung vom „Standing Committee on Human Cytogenetic Nomenclature" veröffentlicht worden (s. Abb. 2.17, Abb. 7.25).

In G-gebänderten Chromosomen scheinen positive G-Banden mit zunehmender Kondensation der Chromosomen zu verschmelzen und dadurch negative Banden auszulöschen. Umgekehrt erwecken R-gebänderte Chromosomen den Eindruck, daß positive R-Banden unter Verlust von negativen verschmelzen. Beides zusammen kann nicht voll zutreffen.

Mechanismus der G- und R-Banden-Färbung

Die klassischen G- und R-Bänderungstechniken sind rein empirische Verfahren. Sie bieten wenige Anhaltspunkte, die auf die Zusammensetzung der positiven und negativen G-Banden schließen lassen. Ohne Vorbehandlung werden Chromosomen durch das in beiden Bänderungsverfahren verwendete Giemsa-Farbstoffgemisch nur gleichmäßig, ohne Bandenmuster angefärbt. Erst die Vorbehandlung in Form einer Alterung und kurzer Trypsinbehandlung bzw. einer Inkubation in einem Puffer verursacht eine differentielle Anfärbung. Sie beruht vermutlich auf einem differentiellen Verlust von Proteinen und nicht von DNA.

Mehr Information erhält man von den Fluoreszenzfarbstoffen mit bekannter Basenspezifität, die für die Chromosomenbandenfärbung eingesetzt werden. Der Ausfall der Färbung ist bei diesen Farbstoffen nicht von der Vorbehandlung abhängig. A/T-spezifische Farbstoffe erzeugen im wesentlichen ein G-(Q)-Muster, G/C-spezifische Farbstoffe rufen ein R-Bandenmuster der Chromosomen hervor (Tabelle 7.4). Wenn ein unspezifisch bindender Fluoreszenzfarbstoff wie Acridinorange oder Ethidiumbromid in Verbindung mit ei-

Tabelle 7.4. Spezifität von DNA-bindenden Fluoreszenzfarbstoffen. Die Farbstoffe oder Kombinationen der Farbstoffe mit basenspezifischen – auch nicht-fluoreszierenden – DNA-Liganden werden zur Darstellung von Banden verwendet. (Aus Schweizer 1981)

Farbstoff	Spezifität	
	der Bindung	der Quantenausbeute
Hoechst 33258	A–T	
DAPI, DIPI	A–T	
Quinacrin	schwach G–C	A–T
Quinacrin mustard	alkyliert G–C	A–T
Daunomycin	–	A–T
Chromomycin A_3	G–C	
Mithramycin	G–C	
Olivomycin	G–C	
7-Aminoactinomycin D	G–C	
Ethidiumbromid	–	

ner basenspezifisch bindenden, nicht fluoreszierenden Substanz benutzt wird, die um die Bindungsstelle konkurriert, ist das Ergebnis ebenfalls vorhersagbar. In Kombination mit dem G-C-bindenden Actinomycin D erhält man ein G-(Q)-Bandenmuster, in Kombination mit den A/T-spezifischen DNA-Liganden, Netropsin oder Methylgrün ein R-Bandenmuster. In der unterschiedlichen Anfärbbarkeit mit basenspezifischen DNA-Liganden zeigt sich eine unterschiedliche Sequenzverteilung und damit ein unterschiedlicher genetischer Gehalt in G- und R-Banden.

G- und R-Bandenmuster werden auch auf eine grundsätzlich andere Weise erzeugt. Studiert man die Replikation der chromosomalen DNA z. B. durch BrdU- Einbau in der frühen oder späten S-Phase- und FPG-Färbung (Box 7.1) in der Mitose, dann erhält man ein Replikationsbandenmuster, das – abhängig vom Zeitpunkt des Einbaus – entweder überwiegend einem R- oder einem G-Bandenmuster entspricht (s. S. 196). Sieht man von der Ausnahme des inaktiven X-Chromosoms bei weiblichen Säugern ab (s. Kap. 8.4), so repliziert R-Banden-DNA früh, G-Banden-DNA spät in der S-Phase: Die Replikation ist im Säugergenom bimodal.

G- und R-Banden-DNA

Wie in den vorangegangenen Absätzen dargestellt, unterscheiden sich G- und R-Banden der Chromosomen in mehr als einer Eigenschaft voneinander. Die verschiedenartigen Methoden zur Darstellung des Bandenmusters verdeutlichen Unterschiede im Replikationszeitpunkt, im GC-Gehalt und vermutlich im Gehalt an Nicht-Histon-Proteinen.

Man kann den Unterschied im Replikationszeitpunkt nutzen, um mit Hilfe von BrdU-Inkorporation in der späten S-Phase in methotrexat-synchronisierten Zellen spät replizierende G-Banden-DNA und früh replizierende R-Banden-DNA zu isolieren. BrdU-markierte DNA ist nämlich schwerer als unmarkierte DNA und daher durch Ultrazentrifugation im isopyknischen Dichtegradienten von der leichteren, nicht markierten DNA zu trennen. Die Analyse der Basenzusammensetzung der beiden Fraktionen ergab, daß G-Banden-DNA 3,3% AT-reicher ist als R-Banden-DNA. Ein Unterschied in dieser Richtung war nach dem Färbeverhalten mit basenspezifischen Fluoreszenzfarbstoffen zu erwarten. Auch dieser Unterschied im GC-Gehalt läßt sich nutzen, um B- und R-Banden-DNA aufzutrennen, da die Schwebdichte unmarkierter DNA im isopyknischen Dichtegradienten in der Ultrazentrifugation vom GC-Gehalt abhängt. Die Fraktionen gleicher Schwebdichte, **Isochore** genannt, enthalten, je nach Schwebdichte, vorzugsweise G- oder R-Banden-DNA.

Das Vorkommen von Genen und DNA-Familien in den beiden DNA-Fraktionen wurde mit Southern-blot-Hybridisation studiert. Charakteristisch ist eine Trennung des Genoms. Gene für **Housekeeping-Funktionen**, d. h. für die basalen Funktionen jeder Zelle zur Aufrechterhaltung der Struktur und des Stoffwechsels, befinden sich nur in der R-Banden-DNA, während gewebespe-

Box 7.1 Fluoreszenz-plus-Giemsa-Nachweis (FPG)
von BrdU-substituierter DNA in Chromosomen

Bietet man Zellen BrdU an, so wird dies anstelle von Thymidin in die
DNA eingebaut. Der Einbau läßt sich direkt durch Fluoreszenzverlust
nachweisen. Chromosomensegmente mit BrdU-substituierter DNA
fluoreszieren nach Hoechst 33258-Färbung schwächer als normale
DNA. BrdU quencht die Fluoreszenz.

BrdU-haltige Hoechst 33258-gefärbte DNA wird bei UV-Bestrahlung schnell degradiert, sie wird durch Photolyse aus Chromosomen
freigesetzt. Färbt man daher solcherart behandelte Chromosomen mit
Giemsa nach, so nehmen BrdU-freie Chromosomenabschnitte mehr
Farbe an – sie werden dunkler gefärbt – als BrdU-haltige Abschnitte. In
beiden DNA-Einzelsträngen BrdU-substituierte Abschnitte lassen sich
durch ihre noch schwächere Anfärbung von Abschnitten unterscheiden,
die nur in einem Strang substituiert sind.

(Beispiele: Abb. 8.2, 8.22)

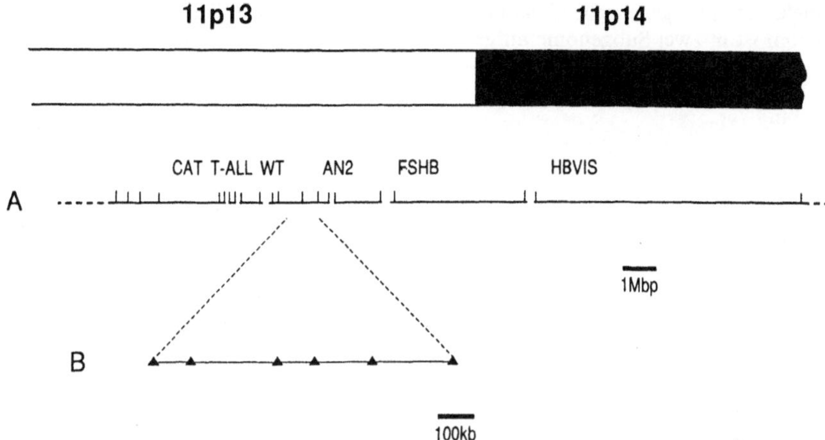

Abb. 7.26. Physikalische Karte der Chromosomenregion 11p13-11p14 des Menschen. (*A*) NotI-Schnittstellen (senkrechte Striche) treten in der G-negativen Bande gehäuft auf. Sie sind Hinweise auf das Vorkommen von methylierungsfreien HTF-Inseln. In dieser Region kartieren mehrere bekannte Gene wie die für Katalase (CAT), Wilm's Tumor (WT) usw. (*B*) Positionen von HTF-Inseln (Dreiecke) in einem Ausschnitt der Region. (Aus Bickmore u. Sumner 1989)

zifische Gene in beiden Fraktionen zu finden sind. HTF-Inseln nicht-methylierter CG-Dinukleotide, die mit Housekeeping-Genen und manchen gewebespezifischen Genen verbunden sind, finden sich deutlich häufiger in R-Banden als in G-Banden. Die Abstände zwischen HTF-Inseln liegen in R-Banden in einer Größenordnung von 100 kb, in G-Banden um 1 Mb (Abb. 7.26). G-Banden-DNA ist insgesamt relativ arm an Genen. AluI-Sequenzen des Menschen und die verwandten B1-Sequenzen der Maus haben sich vorzugsweise in der R-Banden-Fraktion ausgebreitet. Umgekehrt sind L1-Elemente bevorzugt in der G-Banden-DNA zu finden. Nur wenige Sequenzfamilien sind in beiden Fraktionen gleichermaßen vertreten. G- und R-Banden-DNA verhalten sich demnach wie mäßig getrennte Subgenome in der DNA des Euchromatins (Tabelle 7.5).

Die Aufteilung in die beiden Subgenome hat anscheinend funktionelle Bedeutung. Anders ist das Vorkommen der Housekeeping-Gene im R-Bandengenom und vieler gewebespezifisch exprimierter Gene im G-Bandengenom nicht zu verstehen. Selektiv werden in verschiedenen Geweben die spezifischen Gene aktiv. Dabei werden normalerweise spät replizierende früh replizierend. Das gilt z. B. für das Beta-Globin-Gen. Es ist in der hämatopoietischen MEL-(murine erythroleukemia)-Zellinie aktiv und repliziert früh, während es in HeLa-Zellen, die sich von einem menschlichen Cervixkarzinom ableiten, inaktiv ist und spät repliziert. Anscheinend ist frühe Replikation eines Gens eine notwendige, wenn auch nicht hinreichende Bedingung für die Transkription.

Tabelle 7.5. Der genetische Gehalt der R- und G-Banden bei Säugern. Das euchromatische Genom ist in zwei Subgenome aufgeteilt. (Aus Holmquist u. Motara 1987)

R-Banden (R-Band positiv, G-Band-negativ)	G-Banden (G-Band positiv, R-Band-negativ)
Früh replizierend	Spät replizierend
G + C-reich	A + T-reich
Alle konstitutiven und viele gewebs-spezifischen Gene	Gewebs-spezifische Gene
GGGCGGG-Promotoren	TATA-Promotoren, CAAT-Boxen
Langsame Sequenz-Veränderung	Schnelle Sequenzveränderung
CCGG-reich	CCGG-arm
Reich an HTF-Inseln	Arm an HTF-Inseln
Reich an SINEs wie Alu (Mensch), B1 (Maus)	Reich an LINEs
Hepatitis B-Virus Bovine leukemia virus	Mouse mammary tumour virus
Gemeinsame SINEs, prozessierte Pseudogene, SV 40	

Evolution der Chromosomenbänderung

Während C-Banden bei Pflanzen und Tieren weit verbreitet sind, findet man typische G- und R-Banden nur bei höheren Wirbeltieren, den Reptilien, Vögeln und Säugetieren regelmäßig. Dem stehen Einzelbefunde bei Pflanzen, Amphibien, Fischen und Insekten gegenüber. Auch mit basenspezifischen Fluoreszenzfarbstoffen sind G- und R-Muster nur in Chromosomen höherer Wirbeltiere regelmäßig zu erzeugen.

Bei manchen Pflanzen, Amphibien und Insekten wurden allerdings Replikationsbanden gefunden, ohne daß bei diesen Arten auch G-Banden nachzuweisen waren. Die Trennung in ein früh- und ein spätreplizierendes euchromatisches Subgenom ist offenbar weiter verbreitet als der Besitz von G- und R-Banden. Nach einer plausiblen Hypothese war daher die Trennung in zwei Subgenome der erste Schritt in der Evolution der Banden. Der unterschiedliche GC-Gehalt der G-Banden hat sich gemäß dieser Hypothese erst durch die unterschiedliche Ausbreitung mobiler Elemente innerhalb der beiden Subgenome entwickelt.

Literatur zu Kapitel 7

Allshire RC, Cranston G, Gosden JR, Maule JC, Hastie ND, Fantes PA (1987) A fission yeast chromosome can replicate autonomously in mouse cells. Cell 50:391–403
Bickmore WA, Sumner AT (1989) Mammalian chromosome banding – an expression of genome organization. TIG 5:144–148
Blackburn EH (1985) Artificial chromosomes in yeast. TIG 1:8–12

Blackburn EH, Szostak JW (1984) The molecular structure of centromeres and telomeres. Ann Rev Biochem 53:163–194

Brinkley BR, Tousson A, Valdivia MM (1985) The kinetochore of mammalian chromosomes: structure and function in normal mitosis and aneuploidy. In: Dellarco VL, Voytek PE, Hollaender A (eds) Aneuploidy. Etiology and Mechanisms, p 243–265. Plenum Press, New York

Chapman GP (1985) The evolved chromosomes of higher plants. Intern Rev Cytol 94:107–126

Chikashiga Y, Kinoshita N, Nakaseko Y, Matsumoto T, Murakami S, Niwa O, Yanagida M (1989) Composite motifs and repeat symmetry in S. pombe centromeres: direct analysis by integration of NotI restriction sites. Cell 57:739–751

Clarke L, Carbon J (1985) The structure and function of yeast centromeres. Ann Rev Genet 19:29–56

Earnshaw WC, Rothfield N (1985) Identification of a family of human centromere proteins using autoimmune sera from patients with scleroderma. Chromosoma 91:313–321

Gall JG (1981) Chromosome structure and C-value paradox. J Cell Biol 91:3s–14s

Gasser SM, Laemmli UK (1987) A glimpse at chromosomal order. Trends in Genetics 3:16–22

Godward MBE (1985) The kinetochore. Intern Rev Cytol 94:77–105

Gottschling DE, Zakian VA (1986) Telomere proteins: specific recognition and protection of the natural termini of Oxytricha macronuclear DNA. Cell 47:195–205

Greider CW, Blackburn EH (1985) Identification of a specific telomere terminal transferase activity in Tetrahymena extracts. Cell 43:405–413

Haapala O (1985) Structural concepts of chromosome axis. Hereditas 103:23–31

Hadlaczky G (1985) Structure of metaphase chromosomes of plants. Intern Rev Cytol 94:57–76

Hastie ND, Allshire RC (1989) Human telomeres: fusion and interstitial sites. Trends in Genetics 5:326–331

Holmquist GP (1989) Evolution of chromosome bands: molecular ecology of noncoding DNA. J Mol Evol 28:469–486

John B, Miklos GLG (1979) Functional aspects of satellite DNA and heterochromatin. Int Rev Cytol 58:1–114

Koshland D, Rutledge L, Fitzgerald-Hayes M, Hartwell LH (1987) A genetic analysis of dicentric chromosomes in Saccharomyces cerevisae. Cell 48:801–812

Latt SA, Juergens LA, Matthews DJ, Gustashaw KM, Sahar E (1980) Energy transfer-enhanced chromosome banding. Cancer Genet Cytogenet 1:187–196

Meyne J, Ratliff RL, Moyzis RK (1989) Conservation of the human telomere sequence $(TTAGGG)_n$ among vertebrates. PNAS 86:7049–7053

Murray AW, Szostak JW (1985) Chromosome segregation in mitosis and meiosis. Ann Rev Cell Biol 1:289–315

Murray AW, Szostak JW (1987) Artificial chromosomes. Sci Amer 257(5):60–70

Pimpinelli S, Goday C (1989) Unusual kinetochores and chromatin diminution in Parascaris. Trends in Genetics 5:310–315

Rattner JB, Lin CC (1985) Radial loops and helical coils coexist in metaphase chromosomes. Cell 42:291–296

Rieder CL (1982) The formation, structure, and composition of the mammalian kinetochore and kinetochore fiber. Intern Rev Cytol 79:1–58

Schweizer D (1981) Counterstain-enhanced chromosome banding. Hum Genet 57:1–14

Schweizer D, Loidl J (1987) A model for heterochromatin dispersion and the evolution of C-band patterns. Chromosomes Today 9:61–74

Schweizer D, Loidl J, Hamilton B (1987) Heterochromatin and the phenomenon of chromosome banding. In: Hennig W (ed) Structure and function of eukaryotic chromosomes. Springer-Verlag, Berlin Heidelberg New York, pp 235–269

Steinbrück G (1986) Molecular reorganization during nuclear differentiation in Ciliates. In: Henning W (ed) Germ line–soma differentiation. Springer-Verlag, Berlin Heidelberg New York, pp 105–174

Sumner AT (1990) Chromosome banding. Unwin Hyman, London
Therman E, Trunca C, Kuhn EM, Sarto GE (1986) Dicentric chromosomes and the inactivation of the centromere. Hum Genet 72:191–195
Uemura T, Ohkura H, Adachi Y, Morino K, Shiozaki K, Yanagida M (1987) DNA topoisomerase II is required for condensation and separation of mitotic chromosomes in S. pombe. Cell 50:917–925
Zakian VA, Runge K, Wang S-S (1990) How does the end begin? Trends in Genetics 6:12–16

8 Struktur und Funktion des Interphasekerns und der Interphasechromosomen

ÜBERSICHT

In der Interphase sind die Chromosomen in einem Zellkern vereinigt, der von einer Kernhülle umschlossen wird. Wir unterscheiden die Eukaryonten u. a. nach diesem Merkmal von den Prokaryonten. Der Einschluß der DNA in ein eigenes Kompartiment war ein bedeutendes Ereignis in der Evolution. Der Gewinn für die Zelle läßt sich mit der besseren Möglichkeit zur Organisation größerer DNA-Mengen und mit der höheren Leistungsfähigkeit spezialisierter Zellkompartimente erklären.

Die Kernhülle muß nach jeder Mitose neu gebildet werden. Sie grenzt das Chromatin vom Plasma ab und reguliert den Stoffaustausch zwischen den Kompartimenten (Kap. 8.1). Im Interphasekern entfaltet die DNA der Chromosomen ihre wichtigsten Funktionen: Replikation und Transkription. Die Chromosomen sind allerdings gewöhnlich nicht individuell erkennbar. Man muß ihre Lage durch molekulare Sonden oder indirekt aus der Anordnung in der Mitose erschließen (Kap. 8.2). Die Aktivitäten sind daher nur in Ausnahmefällen, wie etwa bei den Nukleolen (Kap. 8.3) oder den Polytänchromosomen (s. Kap. 11.5), einzelnen Chromosomen direkt zuzuordnen. Die Replikation der DNA und die Neubildung der Schwesterchromatiden (Kap. 8.4) dient bereits der Vorbereitung der nächsten Mitose.

8.1 Die Struktur des Interphasekerns

Kernhülle

Im Elektronenmikroskop erkennt man die Kernhülle, die zwei Reaktionsräume voneinander trennt (Abb. 8.1). Sie grenzt das **Karyoplasma** (auch **Nukleoplasma** genannt) mit den Chromosomen vom **Cytoplasma** ab und besteht aus der **äußeren Kernmembran**, der **inneren Kernmembran** und der **Lamina**, einer dünnen Schicht, die der Innenseite der inneren Kernmembran anliegt und die Verbindung zum Chromatin herstellt. Die Kernhülle besitzt **Kernporen**, die dem Materialaustausch zwischen Karyoplasma und Cytoplasma dienen. Äußere und innere Membran gehen an den Kernporen ineinander über (Abb. 8.2). Das Lumen zwischen beiden Membranen, der **perinukleäre Raum**,

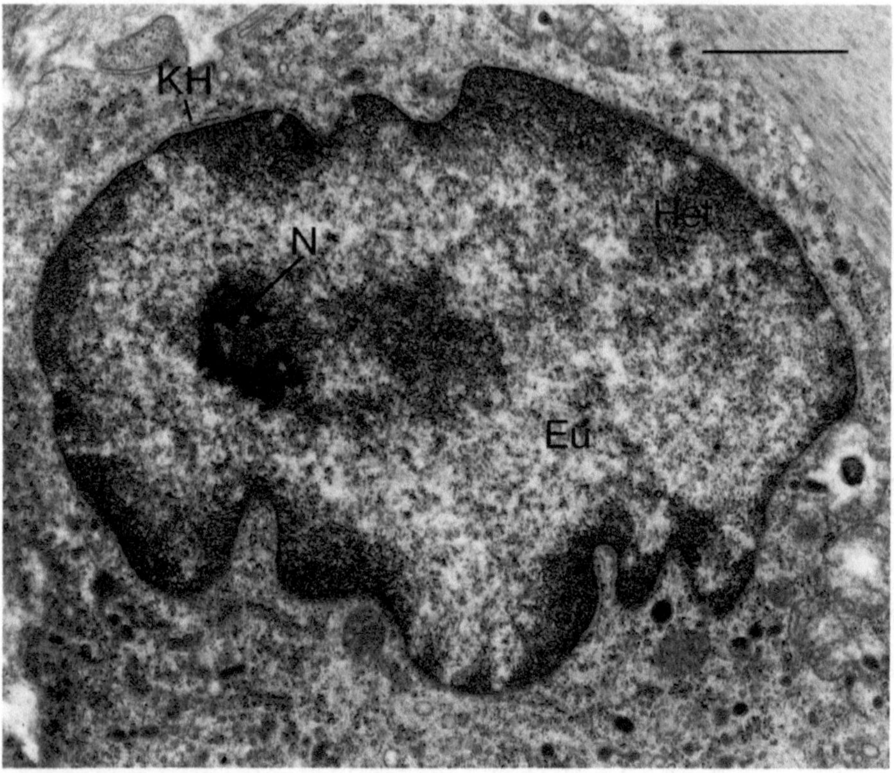

Abb. 8.1. Interphasekern aus dem Bindegewebe der menschlichen Trachea. Eu: Euchromatin, Het: Heterochromatin, KH: Kernhülle, N: Nukleolus. Ultradünnschnitt, EM-Aufnahme, Maßstab 1 µm. (U. Schramm, Lübeck)

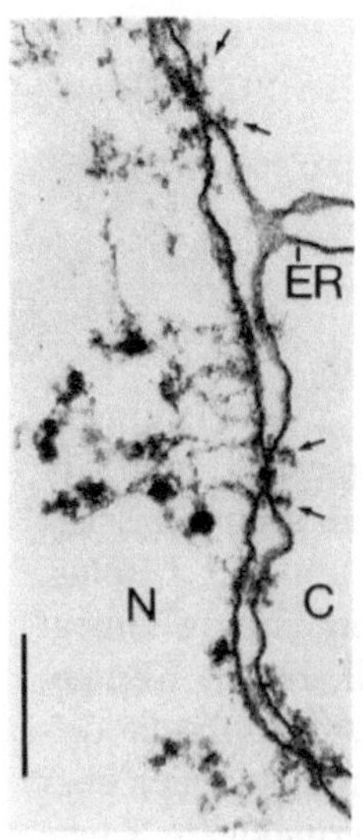

Abb. 8.2. Querschnitt durch die isolierte Kernmembran einer Oocyte des Salamanders *Pleurodeles waltli*. Die innere Kernmembran (auf der Kernseite: N) und die äußere Kernmembran (auf der Cytoplasmaseite: C) sind an den Kernporen miteinander verbunden. Pfeile weisen auf Ringkomponenten des Porenkomplexes. Die äußere Kernmembran geht in das endoplasmatische Retikulum (ER) über. Maßstab: 0,2 µm. (Franke et al. 1981)

hat Kontinuität mit den Zisternen des endoplasmatischen Retikulums. Die äußere Membran kann sogar mit Ribosomen besetzt sein.

Der inneren Kernmembran liegt die Lamina an (Abb. 8.3). In manchen Zellen ist sie als eine 30–100 nm dicke Schicht zwischen Chromatin und Kernmembran in Ultradünnschnitten im Elektronenmikroskop sichtbar. In vielen Zelltypen ist sie aber dünner und kann dann nur immunologisch nachgewiesen werden.

Die Lamina besteht ganz oder überwiegend aus 1–4 verschiedenen Proteinen, den **Laminen**, mit relativen Molmassen zwischen 60 000 und 75 000. Sie haben Sequenzverwandtschaft mit den cytoplasmatischen intermediären Filamenten. In der Tat besteht die Lamina aus einem Maschenwerk intermediärer Filamente (Abb. 8.4). Von den drei immunologisch verwandten Laminen A, B und C, die in Leberzellkernen und kultivierten Säugetierzellen vorkommen, hat Lamin B die größte Affinität zur Kernmembran, stellt daher vermutlich in vivo den Kontakt zur Kernmembran her.

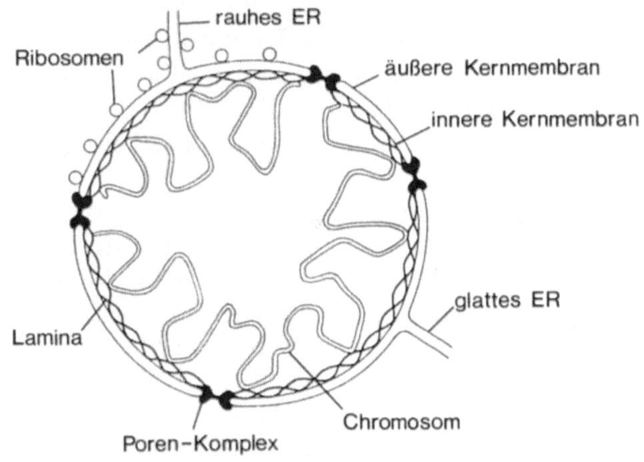

Abb. 8.3. Schematische Darstellung der Kernhülle. Sie besteht aus der inneren und der äußeren Kernmembran und der Lamina. Innere und äußere Kernmembran sind an den Porenkomplexen miteinander verbunden. Die äußere Kernmembran hat Kontinuität mit dem rauhen und dem glatten endoplasmatischen Retikulum. Die Chromosomen haben Kontakt mit der Lamina. (Nach Gerace 1986)

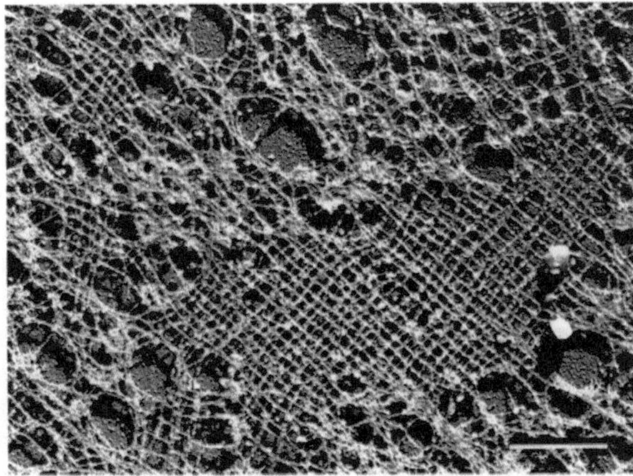

Abb. 8.4. Die Kernlamina in der Aufsicht. Isolierte Lamina einer *Xenopus*oocyte wurde mit Metalldampf schrägbeschattet. An gut erhaltenen Stellen erkennt man ein Maschenwerk von etwa rechtwinklig sich kreuzenden 10 nm-Filamenten. EM-Aufnahme, Maßstab 0,5 µm. (Aus Aebi et al. 1986)

Kerne, die mit 2 M NaCl und dem nicht-ionischen Detergenz Triton X-100 behandelt werden, verlieren neben Histonen und vielen Nicht-Histonproteinen ihre Kernmembran. Die Lamina bleibt bei dieser Behandlung stabil. Auch wenn dazu noch die DNA durch DNAse-Behandlung extrahiert wird, behält die Lamina oft die Form und Größe des ursprünglichen Kerns. Das läßt vermuten, daß die Stabilisierung der Kernhülle und der Kernform eine biologische Funktion der Lamina ist. Eine weitere Funktion der Lamina ist wahrscheinlich eine mechanische Verbindung der Chromosomen mit der Kernhülle. Die Lamina hat nämlich sowohl Kontakt zur Kernmembran als auch – vermutlich über ein weiteres Protein, Perichromin – zum Chromatin. Dieser Funktion kommt eine entscheidende Rolle beim Wiederaufbau der Kernhülle nach der Mitose zu.

Auflösung und Neubildung der Kernhülle

Bei den höheren Eukaryonten wird die Kernhülle während der Mitose abgebaut. Die Mitose ist offen – im Gegensatz zur geschlossenen Mitose vieler niederer Eukaryonten. Die Kernmembran zerfällt dabei in Vesikel, Lamin B bleibt mit den Vesikeln assoziiert, die Laminaproteine A und C dissozieren und verteilen sich im Plasma, während die Chromosomen kondensieren. In der Telophase werden diese Vorgänge umgekehrt; die Kernhülle wird wieder hergestellt.

Abbau der Kernmembran, Dissoziation der Lamine und Kondensation der Chromosomen werden bei Wirbeltieren durch den „maturation promoting factor" (**MPF**) ausgelöst. Diese Vorgänge können auch in vitro in einem zellfreien System durch MPF induziert werden (Abb. 8.5). Dissoziation und Polymerisation der Lamine gehen mit einer Veränderung im Grad der Phosphorylierung einher. Während der Mitose sind Lamine 4–7mal so hoch phosphoryliert wie während der Interphase.

Der Wiederaufbau der Kernhülle geschieht um das Chromatin herum. Liegen die Chromosomen in der Telophase weit auseinander, so umgeben sich Gruppen von ihnen oder sogar einzelne Chromosomen mit einer eigenen Hülle. Bei vielen Tiergruppen geschieht das ganz regelmäßig während der ersten Furchungsteilungen. Die so entstandenen Teilkerne werden **Karyomere** genannt. Eine ähnliche Erscheinung tritt als cytologischer Unfall z. B. nach Bestrahlung auf: einzelne Chromosomen oder Chromosomenarme liegen weit ab von der Hauptmasse der Chromosomen und bilden dann eigene Kerne, sog. **Mikronuklei.** Diese Eigenschaft wird für einen Mutagenitätstest ausgenutzt, den Mikronukleustest, bei dem nach einer Behandlung mit einem Mutagen der Anteil der mikronukleushaltigen Zellen ausgezählt wird.

Die Zelle bildet eine Kernhülle auch um artfremdes Chromatin. Injiziert man nackte DNA des Bakteriophagen Lambda in *Xenopus*oocyten, so wird die DNA zu Chromatin kondensiert und mit einer vollständigen Kernhülle aus Lamina und Membranen umgeben. Man kann daraus schließen, daß die Wiederausbildung der Kernmembran gegen Ende der Mitose ein Vorgang ist, an dem die chromosomale DNA völlig passiv beteiligt ist. Das Cytoplasma der

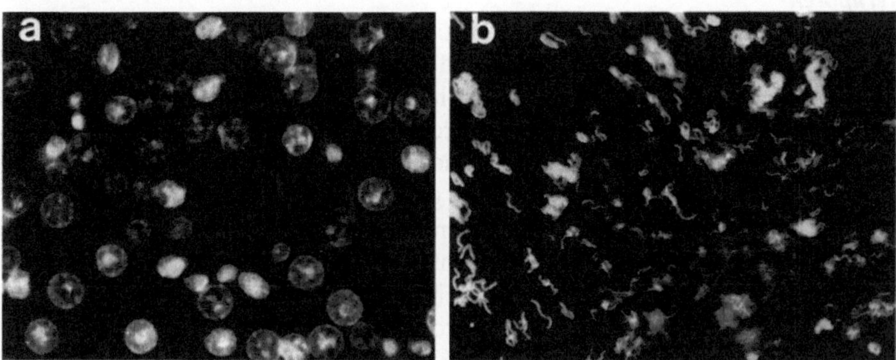

Abb. 8.5a, b. Zerfall der Kernhülle und Chromosomenkondensation in einem zellfreien System, ausgelöst durch MPF. Isolierte Rattenleberkerne wurden dazu in einem mitotischen Extrakt aus *Xenopus*eiern mit einem ATP-regenerierenden System aus ATP, Kreatinphosphat und Kreatinkinase inkubiert. **a** Intakte Zellkerne zu Beginn der Inkubation. **b** 3 h nach Beginn ist die Kernhülle aufgelöst, und die Chromosomen sind in unterschiedlichem Maße kondensiert. Da Kerne der G0-Phase verwendet wurden, bestehen die Chromosomen nur aus einer Chromatide. Fluoreszenzaufnahmen nach Färbung mit Bisbenzimid. (Newport u. Spann 1987)

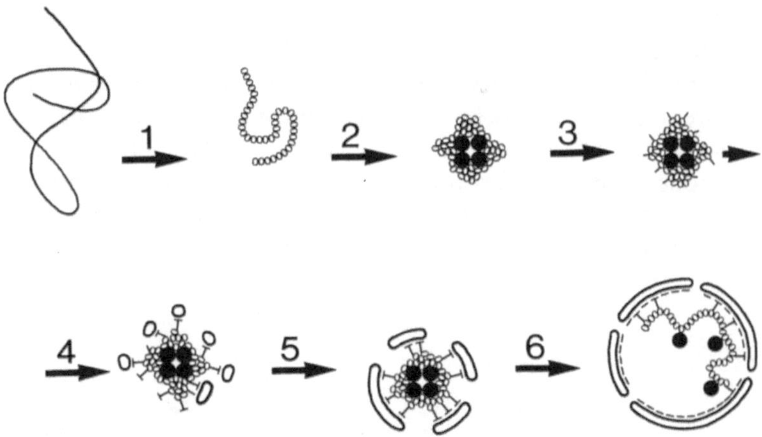

Abb. 8.6. Kernbildung um nackte DNA in einem *Xenopus*oocytenextrakt. Das Modell faßt beobachtete und postulierte Schritte zusammen. Schritt *1*: Verpackung in Nukleosomen. Schritt *2*: Chromatinkondensation, auch die Bindung von Scaffoldproteinen und die Bildung der Schleifendomänen könnte in diesem Schritt stattfinden. Schritt *3*: Das Chromatin erlangt die Fähigkeit, Lamine zu binden. Schritt *4*: Lamine und Mebranvesikel binden. Schritt *5*: Die Membranvesikel verschmelzen zur Doppelmembranhülle. Schritt *6*: Wachstum des Kerns mit Dekondensation des Chromatins. (Nach Newport 1987)

*Xenopus*oocyten hat – abgesehen von der DNA – einen so reichen Vorrat an den erforderlichen Komponenten des Kerns gespeichert, daß zu diesem Experiment nicht einmal intakte Zellen notwendig sind. Die Kernbildung um nackte DNA läuft auch in zellfreien Systemen ab, die aus Extrakten von Oocyten gewonnen werden (Abb. 8.6).

Kernporen

Der Stoffaustausch zwischen Kern und Cytoplasma muß den Weg über die Kernporen nehmen. Sie sind die Durchlässe durch die doppelte Kernmembran. Auch die Lamina ist bei den Poren unterbrochen. Der Stoffaustausch wird dadurch erleichtert, daß das wandständige, hochkondensierte Heterochromatin an diesen Stellen Durchgänge geringerer Dichte freiläßt (s. Abb. 8.1).

Kernporen sind nicht einfach Löcher in der Kernhülle, an deren Rändern innere und äußere Kernmembran kontinuierlich ineinander übergehen, es sind vielmehr aus mehreren Bestandteilen sehr regelmäßig aufgebaute Porenkomplexe mit einem äußeren Durchmesser von 120 nm und einer 8strahligen Symmetrie (Abb. 8.7). Die Öffnung in der Kernmembran ist rund und hat einen Durchmesser von 90 nm. Sie wird von 8 breiten Speichen verengt. Manchmal ist ein zentraler Pfropfen von ca. 35 nm Durchmesser vorhanden. Es ist aber nicht sicher, ob er einen regulären Bestandteil des Porenkomplexes darstellt oder nur eine Partikel ist, die gerade durchgeschleust oder zurückgehalten wird. Über und unter der Öffnung ist ein Ring mit einem Außendurchmesser von 120 nm aus je 8 globulären Untereinheiten mit den Speichen verbunden. Manchmal sind auch fädige Verlängerungen der Untereinheiten erkennbar (s. Abb. 8.2).

Die Anzahl der Kernporen variiert stark. Sie liegt zwischen etwa 3 Poren/ μm^2 Kernoberfläche in metabolisch inaktiven Zellen wie den kernhaltigen roten Blutkörperchen des Huhns oder den Säugetierlymphozyten und über 60 Poren/μm^2 in den hochaktiven Amphibienoocyten oder der Grünalge *Acetabularia*. Leber-, Nieren- und Gehirnzellen besitzen etwa 10–20 Poren/μm^2. Eine hohe Dichte von Kernporen findet man auch in den „annulate lamellae", die als Stapel von überschüssigem Kernmembranmaterial angesehen werden und sowohl im Cytoplasma als auch im Karyoplasma angetroffen werden.

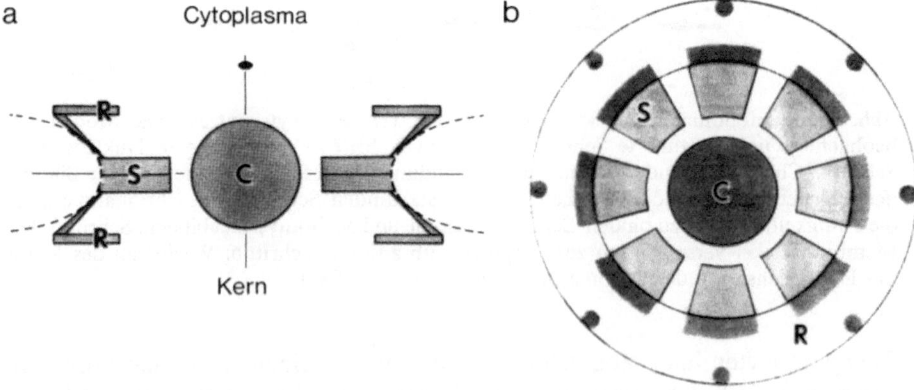

Abb. 8.7a, b. Schematische Darstellung eines Porenkomplexes **a** im Querschnitt und **b** in der Projektion der Aufsicht. R: Ring, S: Speichen, C: zentraler Pfropfen. (Nach Unwin u. Milligan 1982)

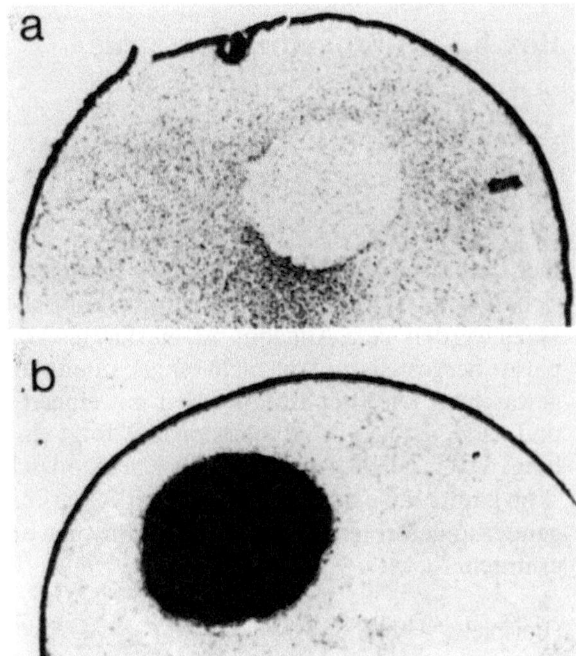

Abb. 8.8a, b. Verhalten von mikroinjizierten Proteinen. **a** ^{125}J-Tubulin und **b** eine ^{35}S-markierte Karyoplasmaproteinfraktion wurden in das Cytoplasma von *Xenopus*oocyten injiziert. Die Autoradiogramme (Box 8.1) zeigen, daß Tubulin vom Kern ausgeschlossen, die Karyoplasmaproteinfraktion aktiv in den Kern aufgenommen wird. (Aus Robertis 1983)

Stoffaustausch zwischen Kern und Plasma

Stoffe mit genügend kleinem Durchmesser diffundieren durch den Porenkomplex. Ihre Konzentration im Kern und Cytoplasma gleicht sich daher aus, sofern sie nicht in einem der beiden Kompartimente gebunden werden. Der Diffusionskanal im Porenkomplex hat einen effektiven Durchmesser von etwa 10 nm, wie aus der Wanderung von injizierten Dextran- und Goldpartikeln ermittelt wurde. Größere Partikel werden ausgeschlossen, kleinere können passieren. Die Porenkomplexe wirken insofern als Molekularsieb.

Der Durchtritt von größeren Partikeln ist prinzipiell möglich, wird aber durch den Porenkomplex kontrolliert. Das betrifft sowohl den Transport von RNAs aus dem Kern als auch den von Proteinen in den Kern. In das Cytoplasma injizierte Proteine sind daher nach kurzer Zeit entweder nur im Plasma oder im Kern oder in beiden Kompartimenten anzutreffen (Abb. 8.8). Zu den Proteinen, die im Kern angereichert werden, den sog. **karyophilen Proteinen**, gehören z. B. das Nukleoplasmin von *Xenopus* und das T-Antigen des SV 40 (simian virus 40).

Nukleoplasmin kommt reichlich in den Kernen von *Xenopus*oocyten vor. Der Transport von Nukleoplasmin wurde in vitro in einem System von *Xenopus*-oocytenextrakten und hinzugefügten Kernen studiert. Die Aufnahme in den Kern ist ATP-abhängig, temperaturabhängig und effizienter als durch bloße Diffusion erklärbar. Sie erfüllt damit alle Bedingungen für einen aktiven Transport. Beschichtet man Goldpartikel bis zu einer Größe von 17 nm

Box 8.1 Mikroautoradiographie

Der Einbau radioaktiver Substanzen in Zellen oder Chromosomen läßt sich durch Autoradiographie mikroskopischer Präparate verfolgen. Dazu werden nach Angebot ^{3}H-markierter Vorstufen cytologische Präparate hergestellt und die nicht eingebauten radioaktiven Vorstufen ausgewaschen. Die Präparate werden mit einer Fotoemulsion überzogen, und nach genügender Expositionszeit folgt eine fotografische Entwicklung, die ein Silberkornbild in der Emulsionsschicht erzeugt. Im Mikroskop kann man aus der Verteilung der Silberkörner und den darunterliegenden angefärbten Zellen die radioaktiv gewordenen Zellkomponenten ermitteln.

(Beispiele: Abb. 8.8, 8.28)

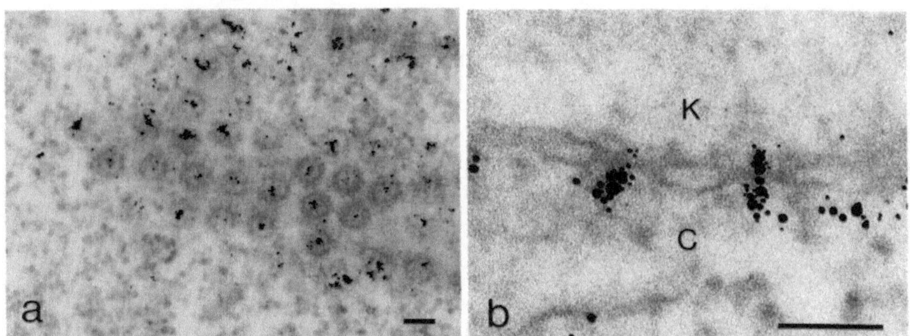

Abb. 8.9 a, b. Transport von nukleoplasminbeschichteten Goldpartikeln durch die Kernporen. **a** Alle im Tangentialschnitt getroffenen Kernporen zeigen Goldpartikel, die durch die Mitte der Poren treten. Die *Xenopus*oocyte wurde eine Stunde nach Injektion der Partikel fixiert. **b** Querschnitt durch die Kernmembran bei stärkerer Vergrößerung. Das Bild gibt eine Situation 15 min nach Injektion der Goldpartikel wieder. K: Kern, C: Cytoplasma. Maßstab 0,1 µm. (Aus Feldherr et al. 1984)

Durchmesser mit Nukleoplasmin, so werden selbst sie aktiv durch die Poren geschleust (Abb. 8.9).

Für den Transport in den Kern ist bei Proteinen eine Signalsequenz verantwortlich. Im T-Antigen von SV 40 ist es eine Sequenz aus sieben Aminosäuren: Pro-Lys-Lys-Lys-Arg-Lys-Val. Immunologisch damit verwandte Sequenzen sind auch in einigen weiteren im Kern angereicherten Proteinen zu finden. Koppelt man gentechnisch diese Signalsequenz an normalerweise nicht in den Kern aufgenommene Proteine, wie menschliches Serumalbumin oder Rinderserumalbumin, so werden sie aktiv in den Kern aufgenommen.

Chromatinorganisation und Kernmatrix

Interphasekerne zeigen im Licht- und Elektronenmikroskop ziemlich regelmäßig drei Komponenten:

- Euchromatin,
- Heterochromatin und
- einen oder mehrere Nukleolen (s. Abb. 8.1).

Das **Euchromatin** ist meist recht homogen. Es kann aber auch insgesamt eine schollige oder grobfädige Struktur haben. **Heterochromatin** liegt bevorzugt der Lamina an oder ist mit dem Nukleolus assoziiert. Der Nukleolus besteht zu einem geringen Teil aus Chromatin, überwiegend ist er aus Ribonukleoproteinen zusammengesetzt (s. Kap. 8.3).

Löst man das Chromatin aus isolierten, mit Hilfe eines Detergenz membranfrei gemachten Kernen, dann bleibt eine Reststruktur übrig, die **Kernmatrix,** „nuclear cage" oder „nuclear scaffold" genannt wird. Sie setzt sich aus der Lamina, den Porenkomplexen und je nach Behandlung einem Nukleolusrestkörper und einem internen Netzwerk zusammen (Abb. 8.10). Das interne

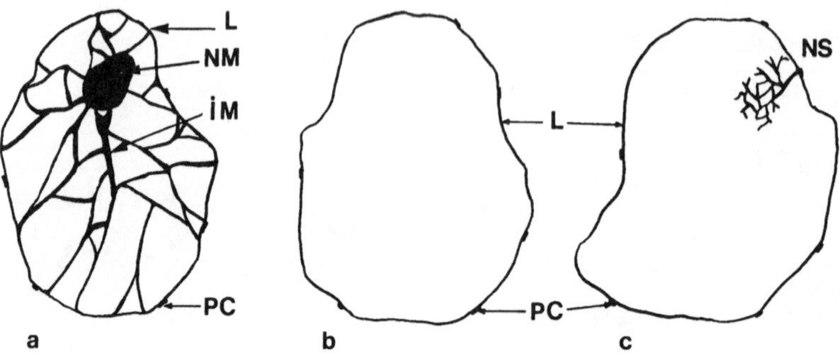

Abb. 8.10 a–c. Kernskelette in Ultradünnschnitten nach verschiedenen Isolationsprozeduren, **a** aus Lamina (L), Porenkomplexen (PC), nukleolärer Matrix (NM) und innerer Matrix (IM), **b** aus Lamina und Porenkomplexen, **c** aus Lamina, Porenkomplexen und einem Nukleolusskelett (NS) bestehend. (Aus Hubert u. Bourgeois 1986)

Netzwerk besteht aus Fibrillen, denen RNPs angelagert sind. Die Darstellung eines internen Netzwerkes ist von den Isolationsbedingungen abhängig. Daher ist es umstritten, ob es durch Präzipitation entsteht und ein Präparationsartefakt ist oder ob es auch in vivo vorkommt. Dem unterschiedlichen Erscheinungsbild der Kernmatrix im Elektronenmikroskop entspricht eine unterschiedliche Proteinzusammensetzung der Matrixpräparationen (s. Tabelle 6.2).

Lysiert man Zellen in einem nicht-ionischen Detergenz und extrahiert die Histone z. B. mit 2 M NaCl, so erhält man Matrixpräparationen mit intakter DNA, sog. **Nukleoide**. Die DNA ist darin in Form von Schleifen organisiert, deren Enden an die Matrix gebunden sind. Das Verhalten dieser Schleifen zeigt, daß sie negativ superhelikal aufgewunden und topologisch fixiert sind. Gibt man nämlich Ethidiumbromid in niedriger Konzentration zur Nukleoidpräparation, so entfaltet sich ein Hof von DNA-Schleifen um die Matrix, wie sich im Fluoreszenzmikroskop erkennen läßt. Ethidiumbromid kompensiert durch Interkalation die negative Superhelizität der DNA (vgl. Kap. 4). Erhöht man die Ethidiumbromidkonzentration immer weiter, so verkleinert sich der DNA-Hof wieder. Die zusätzlich interkalierenden Ethidiumbromidmoleküle verdrillen die DNA-Schleifen superhelikal in der Gegenrichtung. Setzt man dagegen durch vorsichtige DNaseI-Behandlung Einstrangbrüche, dann entfaltet sich der DNA-Hof auch ohne Ethidiumbromidinterkalation, und er ist durch hohe Ethidiumbromidkonzentrationen nicht mehr zu reduzieren. Einzelsträngige DNA ist nämlich topologisch nicht fixiert: sie kann frei um ihre eigene Achse rotieren.

Die Größe dieser Schleifen stimmt in etwa mit der Größe der DNA-Schleifen von mitotischen Chromosomen und der Schleifendomänen von Chromatinpräparationen überein. Das spricht dafür, daß es sich in allen drei Fällen um die gleiche Struktur handelt und die Schleifenorganisation der Mitosechromosomen während der Interphase beibehalten wird. Die kartierten MARs und SARs („matrix attachment regions" und „scaffold attachment regions", s. Kap. 6) der chromosomalen DNA binden in vitro an isolierte Kernmatrices. Sie binden allerdings nur an solche Präparationen der Kernmatrix, deren inneres Maschenwerk erhalten geblieben ist. Die biochemisch definierten und unter der Bezeichnung Matrix zusammengefaßten Anheftungspunkte der Schleifendomänen sind daher wahrscheinlich mit dem im Elektronenmikroskop erkennbaren inneren Maschenwerk verbunden.

Da die Enden der DNA-Schleifen an der Matrix fixiert sind, ist die Matrix für die Organisation und Superhelizität der Schleifendomänen verantwortlich. Die dafür notwendige Toposiomerase II ist ein Bestandteil des inneren Maschenwerks von Kernmatrixpräparationen (s. Tabelle 6.2). Neben der Schleifenorganisation wird die Kernmatrix mit weiteren wichtigen biologischen Funktionen in Verbindung gebracht. Vermutlich ist der Replikationsvorgang an die Matrix gebunden. Sowohl während des regulären Replikationszyklus als auch bei Reparatursynthesen der DNA findet man nämlich frisch synthetisierte DNA mit der isolierten Matrix assoziiert. Es wird ferner für wahrscheinlich gehalten, daß auch die Transkriptionsaktivität mit der Matrix assoziiert ist. Die Ungewißheit in beiden Fällen hängt damit zusammen, daß der Zusammenhang durch Präzipitation bei der Isolation der Matrix vorgetäuscht sein kann.

8.2 Anordnung der Chromosomen im Interphasekern

Chromosomenterritorien

Von den heterochromatischen Chromosomen und Chromosomenabschnitten abgesehen, erscheinen die Chromosomen im Interphasekern der meisten Gewebe und Organismen wie aufgelöst. Man könnte deswegen annehmen, daß die DNA jedes Chromosoms ziemlich gleichmäßig über den Kern verteilt ist. Träfe das zu, dann müßte ein UV-Strahl durch den Kern die meisten oder alle Chromosomen treffen. Das ist jedoch nicht der Fall. Getroffene Segmente der Chromosomen lassen sich z. B. durch ^{3}H-Thymidin-Angebot für die fällige Reparatursynthese und durch Autoradiographie in der folgenden Mitose lokalisieren. Nur wenige Chromosomen zeigen nach Bestrahlung mit einem UV-Strahl von 1–2 µm Durchmesser Anzeichen von Strahlenläsionen.

Man kann ein Chromosom im Interphasekern durch In-situ-Hybridisation mit chromosomenspezifischen DNA-Proben lokalisieren. Markiert man gleichzeitig alle Abschnitte des Chromosoms mit einer chromosomenspezifischen Bibliothek von DNA-Sequenzen, so wird sichtbar, daß sich das Chromosom in der Interphase nicht durch den ganzen Kern erstreckt sondern ein relativ enges, gut begrenztes Areal hat (Abb. 8.11).

Die Chromosomen nehmen demnach Territorien ein, die sich nur wenig oder gar nicht durchdringen. 3D-Rekonstruktionen von Drosophila-Polytänchromosomen in intakten Speicheldrüsenkernen bestätigen diesen Sachverhalt. Der räumliche Verlauf der Polytänchromosomen ist in den Rekonstruktionen vollständig zu verfolgen. Man erkennt, daß die Arme verschiedener Chromosomen weder durcheinander laufen, noch umeinander geschlungen sind (Abb. 8.12). Eine vollständige räumliche Trennung der Chromosomenter-

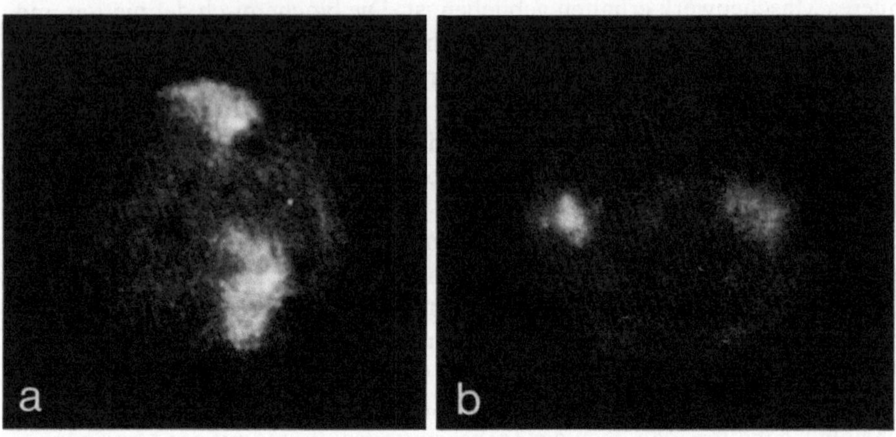

Abb. 8.11 a, b. Territorien der menschlichen Chromosomen 7 (**a**) und 8 (**b**) in Interphasekernen. Die Chromosomen wurden mit einer Bibliothek markierter chromosomenspezifischer DNA-Fragmente in situ hybridisiert und durch indirekte Immunfluoreszenz nachgewiesen. (Aus Lichter et al. 1988)

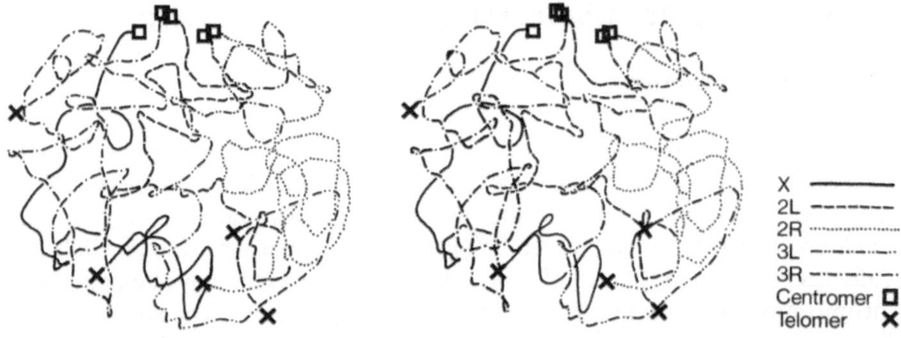

Abb. 8.12. Stereopaar einer dreidimensionalen Rekonstruktion der Polytänchromosomen in einem Speicheldrüsenkern von *Drosophila melanogaster*. Die beiden Figuren können mit einem Stereobetrachter oder durch Schielen zu einem dreidimensionalen Bild vereinigt werden. Auf diese Weise läßt sich jeder Chromosomenarm vom Centromer bis zum Telomer räumlich verfolgen. Die Struktur wurde aus optischen Schnitten fluoreszenzgefärbter Speicheldrüsenkerne mit Computerunterstützung rekonstruiert. (Nach Hochstrasser et al. 1986)

ritorien ist andererseits schwer vorstellbar, da spontane und induzierte Translokationsereignisse ein Mindestmaß an Kontakten zwischen nicht-homologen Chromosomen voraussetzen.

Kontakte der Chromosomen mit der Kernhülle

In normalen Interphasekernen ist nicht sicher auszumachen, welche Abschnitte der Interphasechromosomen Kontakt mit der Kernhülle haben. Auffällig ist nur die Konzentration des Heterochromatins an der Kernhülle (s. Abb. 8.1), so daß man davon ausgehen kann, daß zumindest die größeren heterochromatischen Segmente der Chromosomen – mit Ausnahme des NOR-assoziierten Heterochromatins – regelmäßig die Kernhülle berühren.

Das geht auch aus den oben beschriebenen 3D-Rekonstruktionen der Speicheldrüsenkerne von *Drosophila* hervor, in denen die Interphasechromosomen als Polytänchromosomen (s. Kap. 11.5) sichtbar sind (s. S. 308). Nur 15 definierte Abschnitte wurden mit statistischer Regelmäßigkeit in Kontakt mit der Kernhülle angetroffen, 14 davon stimmen mit der Lage von interkalaren heterochromatischen Segmenten überein.

In der frühen meiotischen Prophase, vom Leptotän bis zum Pachytän, sind regelmäßig die Telomere in der Kernhülle verankert. Für die sehr spezialisierten Polytänchromosomen von *Drosophila* trifft das offensichtlich nicht zu: regelmäßig sind einige Telomere von der Kernhülle entfernt anzutreffen (vgl. Abb. 8.12). Es ist deswegen zumindest unsicher, ob in normalen Interphasekernen neben heterochromatischen Segmenten auch Telomere regelmäßig mit der Kernhülle Kontakt haben.

Rabl-Orientierung der Chromosomen

C. Rabl hatte 1885 beobachtet, daß Chromosomen in der Prophase der Mitose dieselbe Ausrichtung wie in der Telophase der vorausgegangenen Mitose haben. Die Centromere sind nach einer Seite, die Telomere der freien Chromosomenarme zur Gegenseite ausgerichtet. Rabl schloß daraus, daß die Chromosomen auch während der Interphase diese Orientierung beibehalten. Mehrere neuere Befunde sprechen dafür, daß die **Rabl-Orientierung** der Chromosomen in Interphasekernen weit verbreitet ist, wenn nicht gar allgemein vorkommt.

So zeigen Muntjakchromosomen der G2-Phase ebenso wie solche der G1-Phase Rabl-Orientierung, wenn sie durch Zellfusion mit teilungsbereiten anderen Zellen vorzeitig zur Kondensation gezwungen werden (PCC, s. Kap. 8.4.2). Selbst Chromosomen aus Lymphozyten der G0-Phase behalten die polarisierte Ausrichtung bei, obwohl die Zellen über Jahre in dieser Phase verharren.

Räumliche Beziehungen der Chromosomen zueinander

Immer wieder wurde erwogen, ob Chromosomen festgelegte Positionen in Interphasekernen einnehmen. Eine feste Chromosomenposition ist allerdings bisher nur von der Spermiogenese der Amphibien bekannt geworden: Ein auffälliger heterochromatischer Chromatinblock ist immer an der Kernhülle in Akrosomnähe zu finden.

Dagegen wird bis heute die Frage kontrovers beantwortet, ob die Chromosomen im Interphasekern relativ zueinander bevorzugte Anordnungen einnehmen. Diskutiert wird in diesem Zusammenhang die Paarung homologer Chromosomen, die Assoziation definierter nicht-homologer Chromosomen und die räumliche Beziehung der beiden haploiden Sätze zueinander.

Bei den Dipteren sind die homologen Chromosomen regelmäßig in der Interphase gepaart. In den Polytänchromosomen ist die Paarung sogar so perfekt, daß die Homologen zusammen wie ein Chromosom erscheinen (s. S. 308). Aber auch die Anordnung der Mitosechromosomen in den diploiden Zellen von Dipteren ist auffällig: die homologen Chromosomen liegen in der mitotischen Metaphse immer in unmittelbarer Nachbarschaft zueinander (s. S. 308). In den meisten Säugetierzellen sind andererseits die Chromosomen sicher nicht regelmäßig somatisch gepaart. Das wurde durch In-situ-Hybridisation mit Proben für spezifische Chromosomen nachgewiesen. Homologe Chromosomen liegen in Interphasekernen unregelmäßig weit voneinander entfernt (s. Abb. 8.11).

In Ermangelung direkter Untersuchungsmöglichkeiten bei den meisten Arten wurden die Lagebeziehungen der Chromosomen in der Metaphase als Indiz für ihre Lagebeziehungen in der Interphase ausgewertet. Elektronenmikroskopische 3D-Rekonstruktionen von Ultradünnschnittserien durch Metaphasen erlauben die exakte Beschreibung der relativen Lage, in günstigen Fällen auch das Identifizieren der Chromosomen aus dem Volumenverhältnis der Arme. Mit diesem analytischen Hilfsmittel wurden Regeln für die **Anordnung der Chromosomen** bei einer Reihe von Grasarten gefunden:

- Homologe Chromosomen sind nicht assoziiert.
- Die beiden haploiden Chromosomensätze sind räumlich separiert, entweder nebeneinander oder in konzentrischer Anordnung umeinander (Abb. 8.13).
- Innerhalb der haploiden Sätze sind die Chromosomen bevorzugt so angeordnet, daß gleich lange Arme heterologer Chromosomen einander benachbart sind (Abb. 8.14).

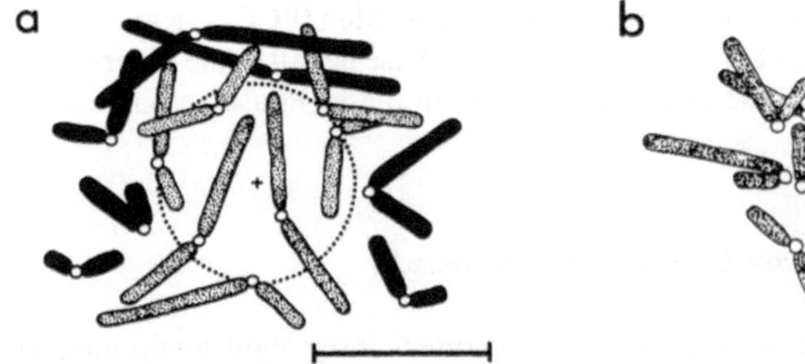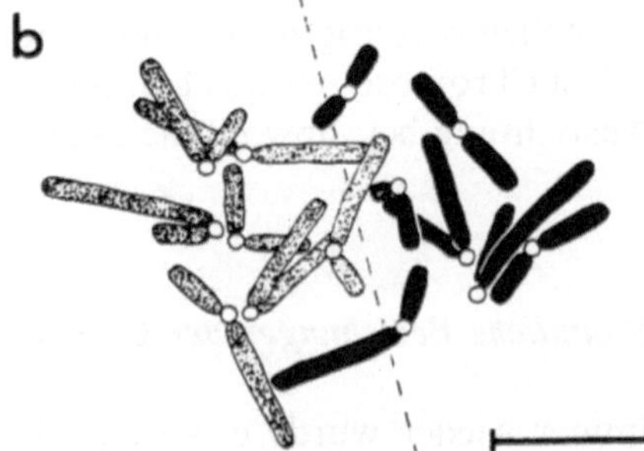

Abb. 8.13a, b. Separation der elterlichen Genome. **a** Konzentrische Anordnung der elterlichen Genome in einem *Hordeum vulgare* × *Secale africanum*-Bastard; das haploide *H. vulgare*-Genom ist punktiert dargestellt. **b** *Hordeum vulgare*; die beiden haploiden Genome liegen nebeneinander, die Linie trennt vollständige Genome voneinander. Polansichten von Metaphaseplatten, die aus Ultradünnschnittserien rekonstruiert werden. Maßstab 5 µm. (Aus Bennett 1984)

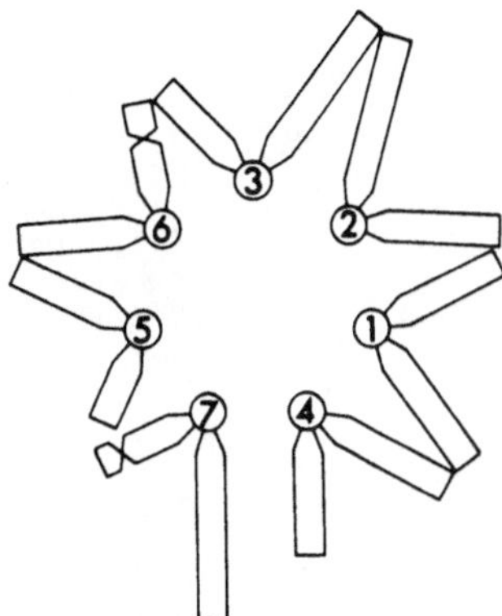

Abb. 8.14. Häufigste Anordnung der Metaphasechromosomen in der unzerstörten Spindel. Ein haploider Satz (n = 7) der Gersten. Die Längendifferenzen nebeneinanderliegender Chromosomen-Arme sind bei dieser Anordnung minimiert. (Aus Bennett 1982)

Die biologische Bedeutung dieser regelmäßigen Anordnung ist unbekannt. Erwogen werden mechanische Vorteile bei der Mitose und eine koordinierte Funktion regelmäßig benachbarter Genorte heterologer Chromosomen im Interphasekern.

8.3 Nukleolen

Die Orte der Ribosomenbiogenese, die Nukleolen, sind neben Heterochromatin die auffälligsten Strukturen eines Interphasekerns im Lichtmikroskop. Ihre vorherrschenden Bestandteile sind RNA und Protein. In autoradiographischen Studien der ^{3}H-Uridin-Inkorporation machen sich Nukleolen als Orte mit der höchsten Transkriptionsaktivität im Kern bemerkbar.

Im Elektronenmikroskop kann man typischerweise drei Bestandteile des Nukleolus unterscheiden:

- die granuläre Komponente, die aus 15–20 nm großen Partikeln besteht,
- die dichte fibrilläre Komponente mit 4–10 nm dicken Fäden und
- die fibrillären Zentren, die 5 nm dicke Fäden neben nukleosomalen Fäden und supranukleosomalen Strukturen enthält (Abb. 8.15).

Ziemlich regelmäßig ist der Nukleolus mit Heterochromatin assoziiert, das in das Kernlumen hineinragt. Eine weitere Struktur wird erst sichtbar, wenn Matrixpräparationen hergestellt werden: ein Gerüst, das als **nukleoläre Matrix** Teil der Kernmatrix ist (s. Abb. 8.10).

NORs und Nukleolenbildung

Die Nukleolen werden in jeder Mitose aufgelöst und anschließend wieder neu gebildet. Nukleolen formen sich an speziellen Chromosomenorten, den **Nukleolenbildungsorten (NORs,** „nucleolus **organizing regions**"). Je nach Spezies findet man einen oder wenige NORs pro haploidem Chromosomensatz. In

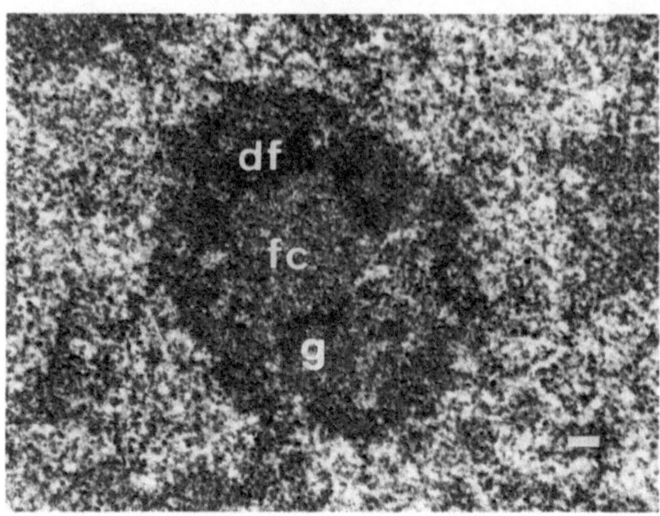

Abb. 8.15. Nukleolus eines menschlichen Lymphocyten. fc: fibrilläres Zentrum; df: dichte fibrilläre Komponente; g: granuläre Komponente. Elektronenmikroskopische Aufnahme eines Ultradünnschnitts, kontrastiert mit Uranylazetat-Bleizitrat, Maßstab 0,1 μm. (Aus Schwarzacher u. Wachtler 1983)

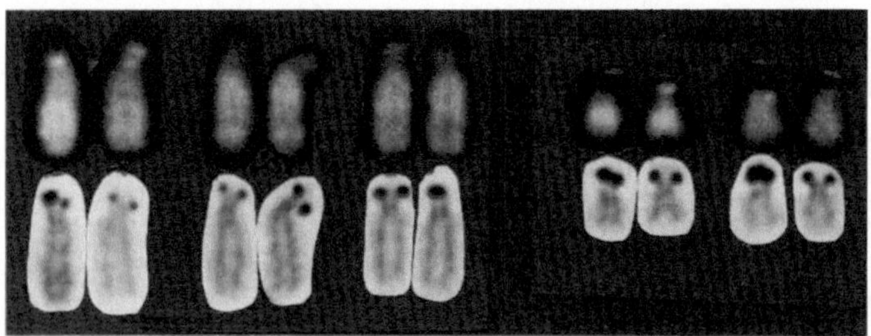

Abb. 8.16. NORs in menschlichen Chromosomen. Die großen akrozentrischen Chromosomen 13, 14 und 15 und die kleinen akrozentrischen Chromosomen 21 und 22 haben NORs, wie die AgNOR-Färbung zeigt (untere Reihe). Sekundäre Konstriktionen sind in einigen Fällen in der Q-Bandenfärbung (obere Reihe) zu erkennen. (Aus Mikelsaar u. Schwarzacher 1978)

vielen Fällen markieren sekundäre Konstriktionen die Lage der NORs in den Mitosechromosomen. Beim Menschen tragen die akrozentrischen Chromosomen 13, 14, 15, 21 und 22 NORs. Diese Chromosomen haben in der Region des NOR eine sekundäre Konstriktion, die ein kleines endständiges Chromosomenstück, einen sog. Satelliten, vom Rest des Chromosoms abtrennt (Abb. 8.16).

Für den Nachweis der NORs in den Chromosomen wurde eine Silberimprägnationstechnik, die **Ag-NOR-Färbung**, entwickelt. Sie beruht darauf, daß einzelne Nukleolusproteine wie das Nukleolin präferentiell mit $AgNO_3$ reagieren und daß Reste dieser Nukleolusproteine an den NORs in der Mitose haften

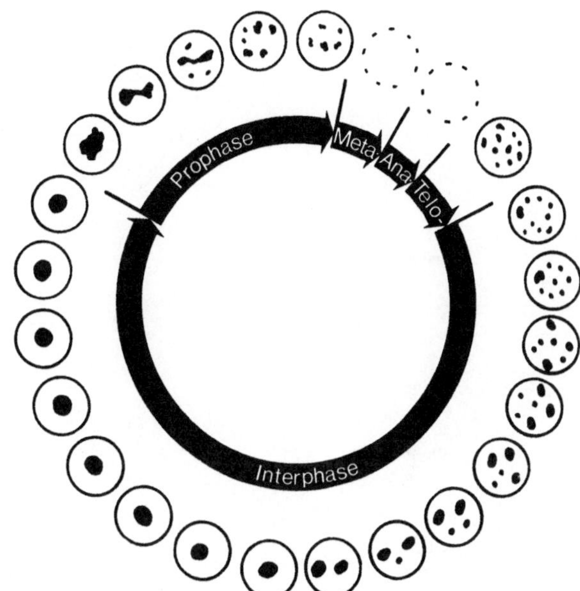

Abb. 8.17. Zyklische Veränderung der Nukleoli im Mitosezyklus menschlicher embryonaler Nierenzellen. (Nach Anastassova-Kristeva 1977)

bleiben. Alle zehn NORs des Menschen enthalten ribosomale DNA (rDNA), die Zahl der Ag-NOR-positiven NORs variiert aber von 4–10 zwischen verschiedenen Individuen. Da die Ag-NOR-Technik nur solche NORs markiert, die in der vorangegangenen Interphase aktiv waren, weist das auf eine individuelle Variabilität der NOR-Aktivität hin.

Jeder aktive NOR kann einen Nukleolus organisieren. Die maximale Zahl der Nukleolen entspricht der Zahl der aktiven NORs in der Zelle. Meist findet man aber weniger. Die Zahl der Nukleolen geht in der Interphase des Zellzyklus durch Verschmelzen zurück (Abb. 8.17).

Ribosomenbiogenese

NORs enthalten Tandem-Repeats von rDNA, der genetischen Information für ribosomale RNAs. In elektronenmikroskopischen Spreitungspräparaten erscheinen die aktiven rDNA-Einheiten eines NOR als tandemartige Wiederholungen von Transkriptionseinheiten mit nicht-transkribierten Spacern (Abb. 8.18). Die Transkriptionseinheiten sind dicht besetzt mit RNP-Fibrillen, deren Länge vom Transkriptionsstart aus gradientenartig zunimmt. Sie verleihen den Transkriptionseinheiten das Aussehen von Tannenbäumen. Die dicht nebeneinanderliegenden Partikel an der Basis der RNP-Fibrillen sind RNA-PolymeraseI-Moleküle, die für die Transkription der rDNA verantwortlich sind.

Mit ^{3}H-Uridin-Pulsmarkierung erweist sich die dichte fibrilläre Komponente als Ort der Transkription der rDNA, während die fibrillären Zentren Chromatin ohne erkennbare Aktivität enthalten (Abb. 8.19). Abgeschrieben wird zunächst eine 45S RNA, die dann in mehreren Schritten zu den drei

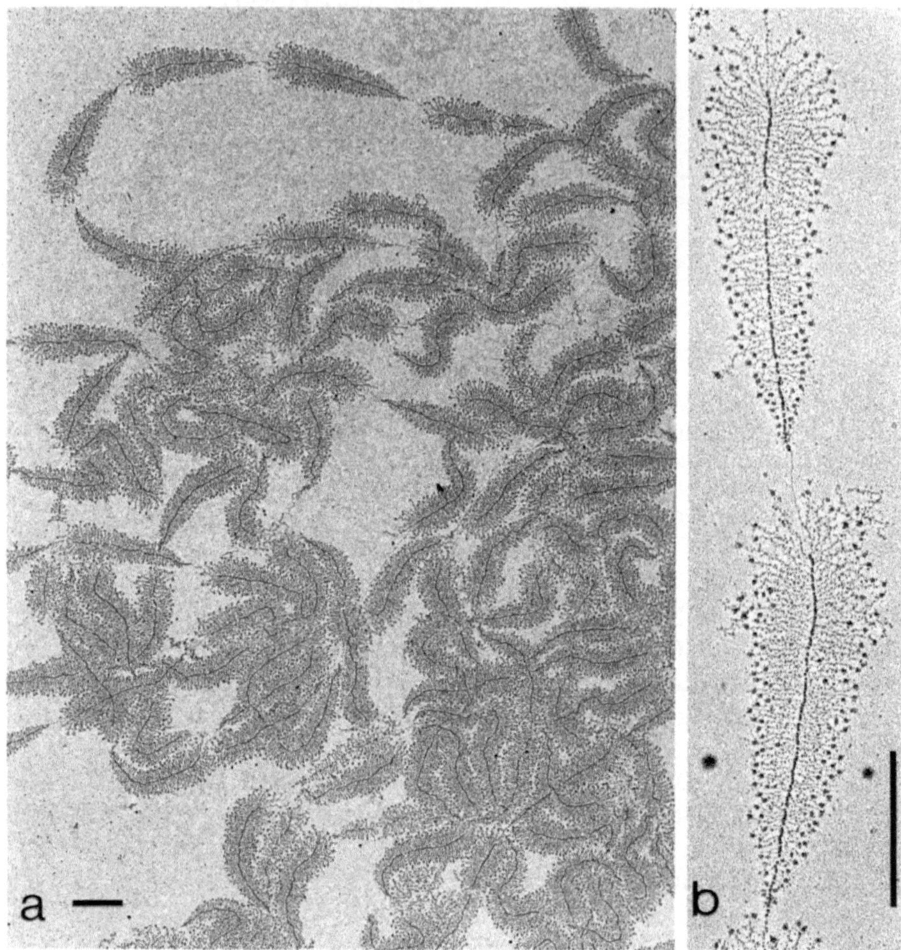

Abb. 8.18 a, b. Tandem-Repeats aktiver ribosomaler Transkriptionseinheiten aus dem Nukleolus einer Oocyte des Molchs *Pleurodeles*. EM-Aufnahmen eines Spreitungspräparates, Maßstab 1 µm. **a** Übersichtsbild; **b** zwei Transkriptionseinheiten: naszierende RNP-Fäden gehen dicht gedrängt von der DNA-Achse aus. Die Partikel an der Basis der RNP-Fäden werden als PolymeraseI-Molekül angesehen. (Aus Scheer 1987)

rRNAs, 28 S, 18 S und 5.8 S, prozessiert wird (s. Kap. 5.2.2). 5 S rRNA wird an einem anderen Chromosomenort von der RNA-Polymerase III transkribiert und gelangt von dort in den Nukleolus. Die ribosomalen Proteine werden im Plasma synthetisiert und in den Kern importiert. Im Nukleolus werden die rRNAs prozessiert und mit den Proteinen vereinigt. Die granuläre Komponente der Nukleolen ist die Zone, in der die Vorstufen zur großen und kleinen ribosomalen Untereinheit reifen (vgl. Abb. 4.20). Die Untereinheiten werden schließlich aus dem Kern ausgeschleust und im Plasma zu funktionstüchtigen Einheiten aktiviert.

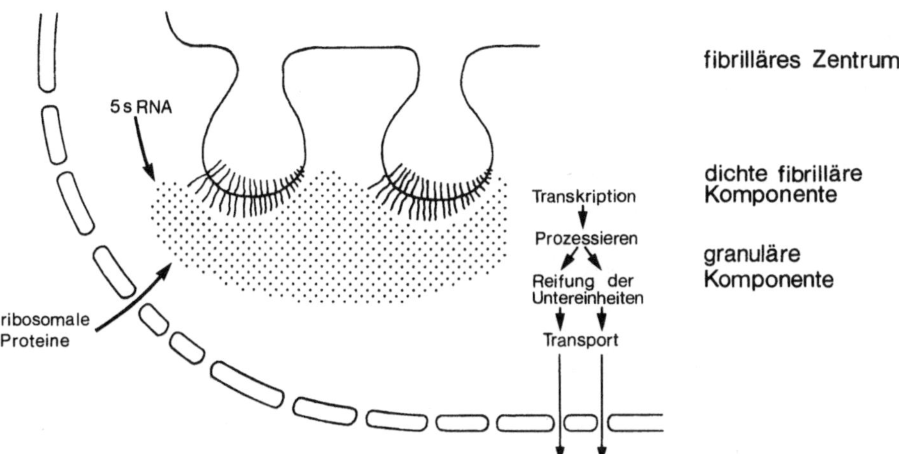

Abb. 8.19. Schematische Darstellung der Funktion des Nukleolus bei der Ribosomenbiogenese. (Nach Sommerville 1986)

Nukleoläre Dominanz

In Artbastarden zwischen den Krallenfröschen *Xenopus laevis* und *Xenopus borealis* wurde beobachtet, daß nur die NORs einer Art, in diesem Fall die von *X. laevis,* aktiv sind. Das Phänomen wird **nukleoläre Dominanz** genannt. Gleichartige Beobachtungen wurden in Artkreuzungen von *Drosophila* und von verschiedenen Pflanzenarten gemacht. Auch bei somatischen Zellhybriden zwischen Maus und Mensch werden nur die NORs einer Species exprimiert. Je nach den verwendeten Ausgangszellinien sind entweder die menschlichen NORs oder die Maus-NORs unterdrückt. Die ribosomalen Gene der unterdrückten NORs werden nicht transkribiert. Für die nukleoläre Dominanz sind wahrscheinlich speciesspezifische Transkriptionsfaktoren und bzw. oder die unterschiedliche Ausstattung der rDNA mit Enhancern verantwortlich.

8.4 Verdopplung der Chromosomen

8.4.1 Replikation der chromosomalen DNA

Semikonservative Replikation

In klassischen Experimenten mit ^{3}H-Thymidineinbau hat J. H. Taylor 1957 gezeigt, daß die DNA eines Chromosoms semikonservativ repliziert wird. Nach der S-Phase mit ^{3}H-Thymidineinbau sind in der ersten Mitose beide Chromatiden eines Chromosoms markiert. In der nächsten S-Phase wird nur kaltes (nicht markiertes) Thymidin angeboten. In der darauffolgenden Mitose unterscheiden sich die beiden Chromatiden. Eine Chromatide ist markiert, die

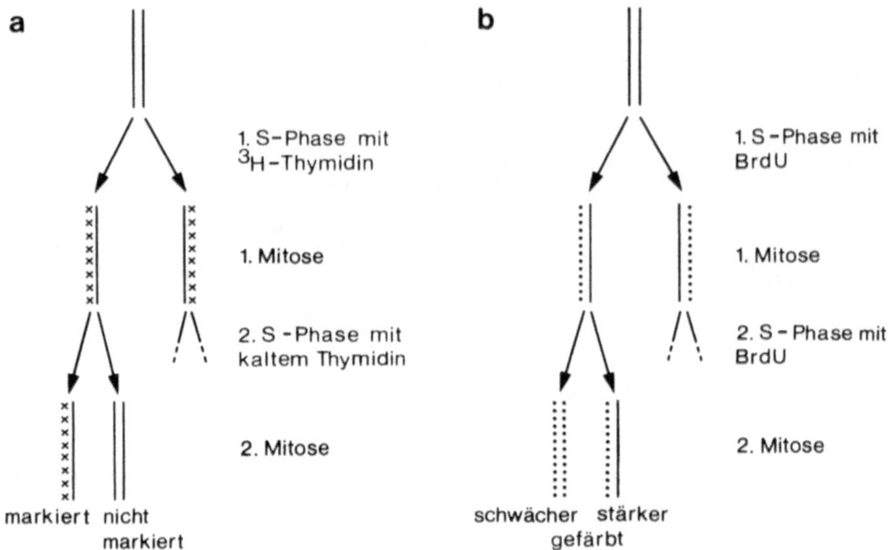

Abb. 8.20 a, b. Semikonservative Replikation der Chromosomen: die eine Schwesterchromatide eines Chromosoms enthält nach zwei Replikationszyklen einen alten und einen neuen DNA-Einzelstrang, die andere zwei neue DNA-Einzelstränge. **a** Markierung mit ³H-Thymidin und Nachweis durch Autoradiographie. **b** Markierung mit BrdU und Nachweis mit dem Fluoreszenzfarbstoff H33258 oder mit dem Fluoreszenz-plus-Giemsa-Verfahren. Die Markierung verursacht eine schwächere Anfärbung

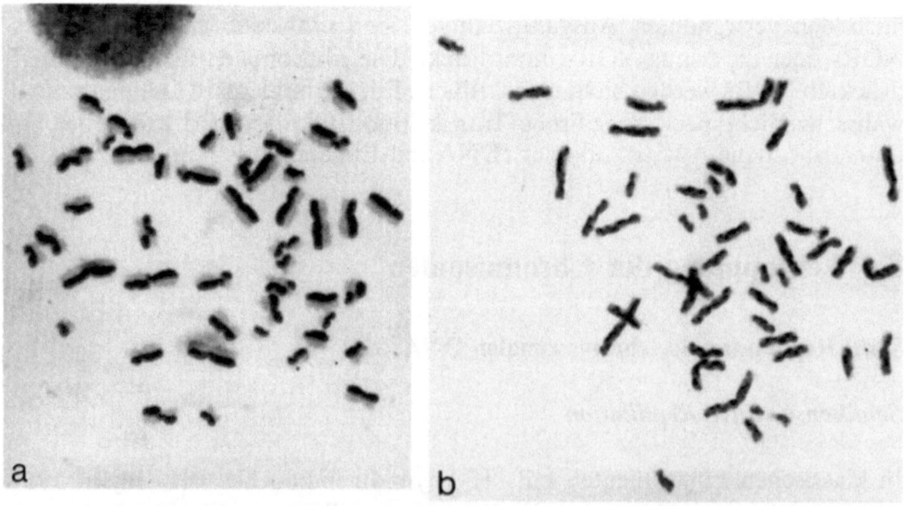

Abb. 8.21 a, b. Semikonservative Replikation der Chromosomen und Schwesterstrangaustausch. Differentielle Darstellung der Schwesterchromatiden nach zwei Runden BrdU-Inkorporation und Fluoreszenz-plus-Giemsa-Färbung. **a** Metaphase eines gesunden Menschen mit wenig Schwersterstrangaustausch; **b** erhöhter Schwesterstrangaustausch (Harlekinmuster) bei einem Patienten mit Bloom-Syndrom. (T. Schroeder-Kurth, Heidelberg)

andere ist unmarkiert (Abb. 8.20a). Die Chromatiden enthalten offenbar je eine DNA-Doppelhelix, deren Einzelstränge bei der Replikation als Matrizen für die Synthese neuer Einzelstränge dienen und vollständig auf die beiden Tochterchromatiden verteilt werden. Heute werden solche Untersuchungen in der Regel mit BrdU-Einbau anstelle von ^{3}H-Thymidin durchgeführt. Das Verfahren kommt ohne Autoradiographie aus und hat daher den Vorteil eines größeren Auflösungsvermögens (Abb. 8.20b, 8.21).

Hin und wieder springt die Markierung zum Schwesterstrang über, aber in jeder Position ist nur ein Strang markiert. Der Markierungswechsel zeigt einen **Schwesterstrangaustausch (SCE,** „sister chromatid exchange") an, der im Interphasekern stattgefunden hat (s. Kap. 8.4.2).

Früh- und spätreplizierende Komponenten

Die Replikation eines Chromosoms findet weder in allen Segmenten gleichzeitig statt, noch läuft eine einzige Replikationswelle über das Chromosom. Inkorporationsstudien mit ^{3}H-Thymidin oder BrdU zu verschiedenen Zeiten der S-Phase zeigen vielmehr, daß die Replikation blockweise oder bandenweise synchronisiert ist. Man kann die Banden grob in frühe und späte Banden einteilen, je nachdem, ob sie in der frühen oder späten S-Phase replizieren. Säugetierchromosomen sind besonders eingehend untersucht worden. Die in den Säugetierchromosomen vorhandenen R-Banden replizieren früh, G- und C-Banden replizieren spät in der S-Phase (Abb. 8.22).

Die asynchrone und meistens späte Replikation der C-Banden ist charakteristisch für Heterochromatin. Das gilt aber nicht nur für das konstitutive Heterochromatin sondern auch für fakultatives Heterochromatin. In vielen Tiergruppen mit XY- oder X0-Geschlechtsbestimmung wie z. B. Säugetieren und Heuschrecken wird das X-Chromosom in der Spermatogenese heterochromatisch. Der Übergang vom euchromatischen in den fakultativ heterochromatischen Zustand fällt mit dem Übergang von früher zu später Replikation zusammen. Ähnlich verhält sich auch das X-Chromatin in den somatischen Zellen der weiblichen Säugetiere. Von den beiden X-Chromosomen ist das eine euchromatisch und das andere heterochromatisch. Das euchromatische X repliziert zusammen mit den autosomalen R- und G-Banden, während das inaktive und fakultativ heterochromatische X überwiegend spät repliziert (s. S. 294), obwohl sein R- und G-Bandenmuster unverändert ist. Die späte Replikation beim fakultativen Heterochromatin wird demnach zumindest nicht direkt von der Sequenz der replizierenden DNA diktiert, sondern hängt mit einer Modifikation der DNA oder mit der veränderten Chromatinorganisation zusammen.

Replikons

Man kann nach kurzzeitigem ^{3}H-Thymidinangebot Faser-Autoradiographien einzelner replizierender DNA-Fäden anfertigen. In solchen Faser-Autoradio-

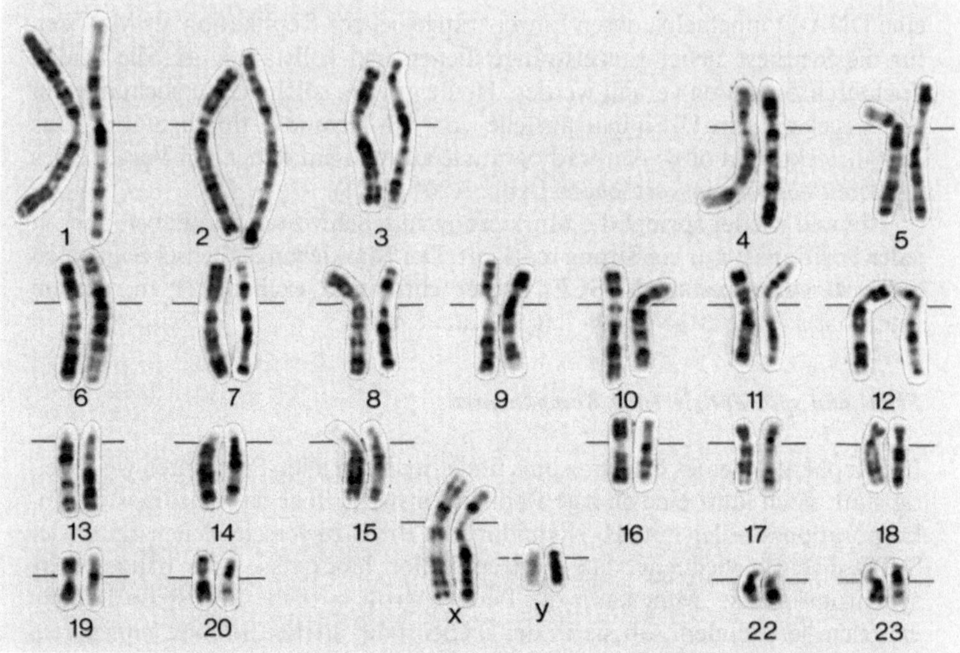

Abb. 8.22. Replikationsbanden in den Chromosomen des Menschen. In jedem Chromosomenpaar dieser Zusammenstellung zeigt das linke das Muster früh replizierender, das rechte das Muster spät replizierender Banden als dunkle Banden. Die Muster sind komplementär zueinander. Das linke Muster entspricht einem R-Bandenmuster, das rechte einem G-Bandenmuster. Die Replikationsbanden wurden durch BrdU-Angebot in der frühen S-Phase oder späten S-Phase und Nachweis mit der FPG-Technik sichtbar gemacht. Die DNA der dunklen Banden hat daher im BrdU-freien Abschnitt der S-Phase repliziert. (W. Vogel, Ulm)

graphien erkennt man an dem Silberkornbild die replizierenden Abschnitte (Abb. 8.23). In günstigen Fällen findet man mehrere synchron replizierende Abschnitte auf einem Faden: die DNA eines Eukaryontenchromosoms besteht aus vielen Replikationseinheiten, sogen. **Replikons**. Von Startpunkten, den **Replikationsorigins**, ausgehend breitet sich die Replikation in beide Richtungen, bidirektional, aus, wie man aus den Faser-Autoradiographien ablesen kann (Abb. 8.23). Dadurch bilden sich **Replikationsblasen** („bubbles" oder „eyes") mit zwei Replikationsgabeln, die sich in entgegengesetzte Richtungen fortbewegen (Abb. 8.24). Mit fortschreitender Replikation vergrößern sich daher die Blasen. Die Replikationsrunde ist beendet, wenn alle Nachbarblasen miteinander verschmolzen sind (Abb. 8.25).

Im Gegensatz zu Prokaryonten wird bei Eukaryonten jedes Replikon nur einmal in jedem Zellzyklus repliziert. Das zeigt sich in Zellfusionsexperimenten. Zellen der G1-Phase lassen sich durch Zellfusion mit S-Phase-Zellen zur Replikation induzieren. G2-Phase-Zellen sind nicht induzierbar. Eine erneute Initiation der Replikation ist blockiert.

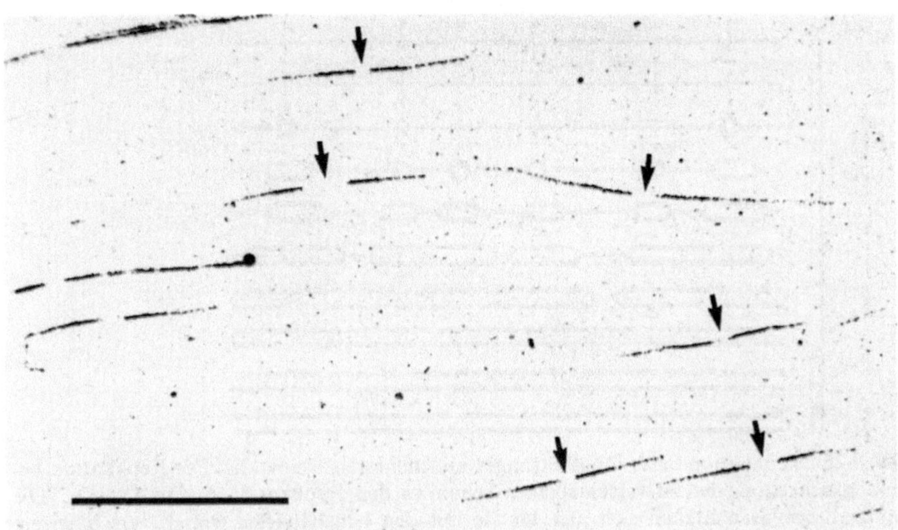

Abb. 8.23. Faser-Autoradiographie replizierender DNA aus einer menschlichen Fibroblastenzelle. Die Pfeile zeigen auf die Initiationspunkte. Den Zellen wurde 30 min lang eine hohe und weitere 150 min eine geringere ^{3}H-Thymidin-Konzentration angeboten. Anschließend wurden die Zellen lysiert und von den Präparaten Autoradiographien angefertigt. Synthese während der ‚heißen' Bedingungen ergibt dichte, während der ‚warmen' Bedingungen unterbrochene Silberkornspuren. (Aus Yurov u. Liapunova 1977)

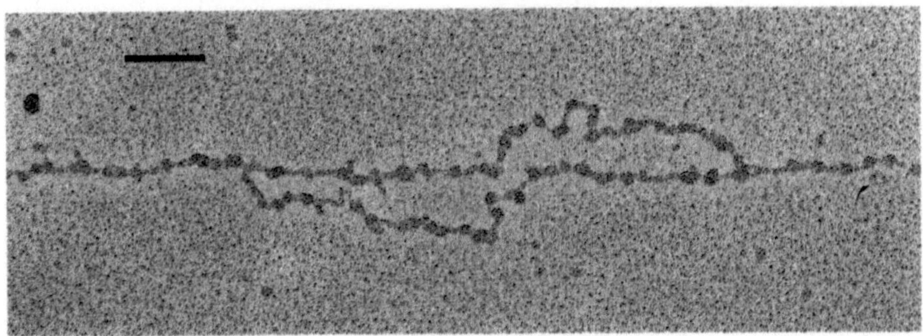

Abb. 8.24. Replikationsblase mit Nukleosomen aus dem Blastoderm von *Drosophila*. Maßstab 100 nm. (Aus McKnight u. Miller 1977)

Die Replikation wird bei Eukaryonten von den Polymerasen α und δ katalysiert, die mit mehreren anderen Proteinen in komplexen Replikationsmaschinen, den **Replisomen**, zusammenarbeiten (s. Kap. 4.1.6). In *Xenopus*eiern, einem Modellsystem für Replikation, replizieren sie beliebige injizierte DNA-Sequenzen ohne besondere Anforderungen an die Sequenz der Replikationsorigins. Das könnte allerdings eine Besonderheit dieser Zellen sein. Bei Prokaryonten, Viren und Hefe sind nämlich Replikationsorigins mit definierten

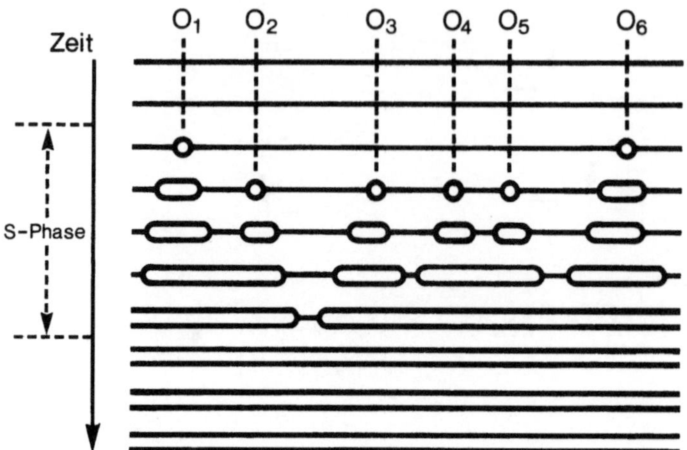

Abb. 8.25. Replikation eines DNA-Stranges mit mehreren Replikons. Die Replikation beginnt gleichzeitig oder zu verschiedenen Zeiten an den Replikationsorigins $O_1 - O_6$. Die Replikationsblasen breiten sich aus, bis sie mit den benachbarten Blasen verschmelzen. (Verändert nach Blumenthal et al. 1974)

DNA-Sequenzen assoziiert. Bei der Hefe *Saccharomyces* sind solche Sequenzen als ARS-Elemente („autonomously replicating sequences") beschrieben worden (Abb. 7.20). Nach einer Modellvorstellung bindet ein Initiatorprotein an diese Sequenz. In seiner unmittelbaren Nachbarschaft findet sich eine andere Sequenz, die sich mit besonders geringem Energieaufwand entwinden läßt, ein „**DNA unwindig element**" (**DUE**), das als Eintrittstelle des Replisoms dient.

Replikongröße und Replikationsgeschwindigkeit

Die Replikationsgeschwindigkeit und die Größe der Replikons lassen sich aus der Faser-Autoradiographie ermitteln. Die Größe der einzelnen Replikons schwankt. Die meisten liegen zwischen etwa 50 und 300 kb Länge. Die Geschwindigkeiten für die Fortbewegung der Replikationsgabeln liegen zwischen 0,3 und 3,3 kb min^{-1} (Tabelle 8.1). Initiationszeitpunkte und Replikongrößen sind im Genom nicht zufällig verteilt. Benachbarte Replikons haben eine ähnliche Größe und werden koordiniert initiiert. Die Replikationsbanden der Chromosomen werden dementsprechend als Blöcke ähnlich großer und synchron replizierender Replikons angesehen.

Die Größe der Replikons ist allerdings nicht für alle Zelltypen einer Species streng festgelegt. Beim Teichmolch *Triturus vulgaris* sind die Replikons in der langen prämeiotischen S-Phase durchschnittlich dreimal so lang wie in den sich rasch teilenden embryonalen Zellen. Bei *Drosophila* wurden in einer Zellinie in der Zellkultur Replikons von durchschnittlich 13 μm Länge gefunden, während die embryonalen Blastodermzellen im Schnitt Replikons von nur 3−4 μm

Tabelle 8.1. Replikongröße und Replikationsgeschwindigkeit. Längen wurden in kb umgerechnet: 1 μm = 3 kb. (Daten aus Blumenthal et al. 1974; Callan 1974; Hand 1975; Yurov u. Liapunova 1977; Francis u. Bennett 1982)

	Dauer der S-Phase	Durchschnittliche Replikongröße	Geschwindigkeit der Replikationsgabel
Roggen, Wurzelmeristen, 23 °C	–	60 – 75 kb	$0,6 \text{ kb} \cdot \text{min}^{-1}$
Drosophila melanogaster, Furchungskerne	3,4 min	3,4 kb	$2,6 \text{ kb} \cdot \text{min}^{-1}$
Drosophila melanogaster, Zellkultur, 20 °C	10 h	28 und 57 kb	$2,6 \text{ kb} \cdot \text{min}^{-1}$
Triturus vulgaris, Neurula, 18 °C	4 h	120 kb	$0,3 \text{ kb} \cdot \text{min}^{-1}$
Triturus vulgaris Spermatocyten, 18 °C	200 h	≫ 300 kb	$0,6 \text{ kb} \cdot \text{min}^{-1}$
Maus, L929-Zellen	?	90 – 750 kb	$0,5 – 3,3 \text{ kb} \cdot \text{min}^{-1}$
Chinesischer Hamster, fibroblastenähnliche Zellinie	6 – 7 h	240 kb – 1,2 Mb	$2,4 \text{ kb} \cdot \text{min}^{-1}$

Länge enthalten (Tabelle 8.1). In manchen Zellen werden also Replikationsorigins eröffnet, die in anderen inaktiv sind. Blastodermzellen von *Drosophila* müssen sich alle 9–10 min teilen. Die Eröffnung zusätzlicher Replikationsorigins ist daher in diesem Fall als Anpassung an die Teilungsgeschwindigkeit zu verstehen. Offenbar sind in der DNA mehr potentielle Replikationsorigins vorhanden als in der Regel genutzt werden. Auch von der Bäckerhefe ist bekannt, daß normalerweise nur wenige der kartierten ARS-Elemente von natürlichen Chromosomen in der Replikation aktiv werden.

8.4.2 Neubildung der Chromatiden

Die beiden Tochterdoppelhelices werden unmittelbar nach der Replikation in Chromatin verpackt (s. Abb. 8.24). Sie organisieren sich in zwei Schwesterchromatiden, die im Zellzyklus erst sichtbar werden, wenn sich die Chromosomen beim Eintritt in die nächste Mitose kondensieren.

PCCs

Man kann jedoch die Chromatiden aus verschiedenen Interphaseabschnitten durch Fusion der Interphasezelle mit einer mitotischen Zelle zur vorzeitigen Kondensation zwingen und dadurch sichtbar machen. Solche vorzeitig kondensierten Chromosomen, **PCCs** („**p**rematurely **c**ondensed **c**hromosomes"), sind gerade wegen ihrer vorzeitigen Kondensation keine echten Interphasechromosomen, aber sie geben Momentaufnahmen vom Zustand der Chroma-

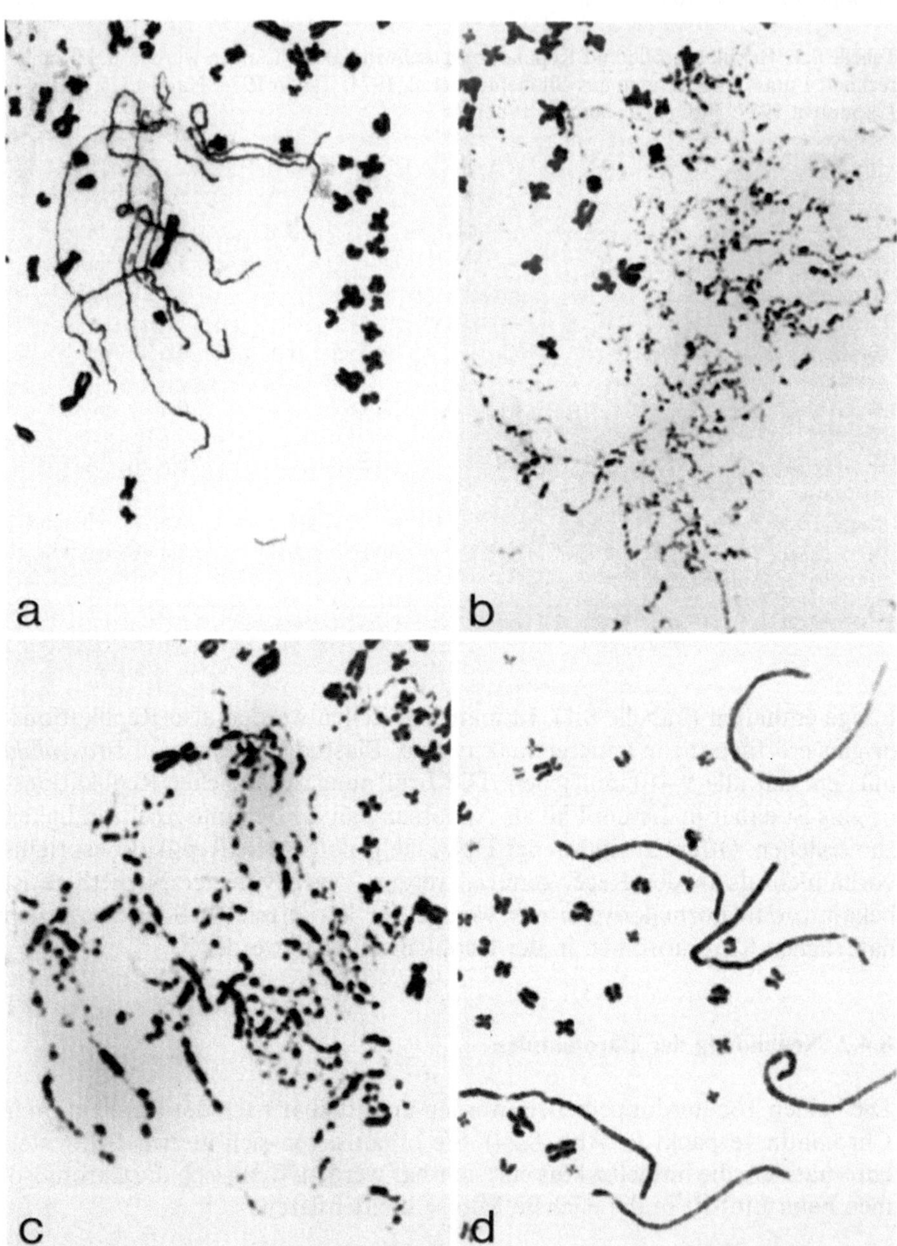

Abb. 8.26a–d. PCCs im Zellzyklus. Muntjakfibroblasten wurden in verschiedenen Phasen des Zellzyklus mit mitosebreiten HeLa-Zellen fusioniert und die Chromosomen so zur vorzeitigen Kondensation gezwungen. Die wenigen großen Muntjakchromosomen (2n = 7), vgl. Abb. 2.18) lassen sich gut von den zahlreichen immer gleich stark kondensierten kleinen menschlichen Chromosomen unterscheiden. **a** G1-Phase. Die Muntjakchromosomen sind gleichmäßig dünn, sie bestehen nur aus einer Chromatide. **b** Frühe S-Phase. Die Muntjakchromosomen erscheinen wie aufgelöst. **c** Späte S-Phase. Die Muntjakchromosomen bestehen bereits streckenweise aus zwei Chromatiden und erscheinen an diesen Stellen dick. **d** G2-Phase. Die Muntjakchromosomen bestehen aus zwei vollständigen Chromatiden. (Aus Sperling 1982)

tiden wieder. Man kann mit Hilfe der PCC-Technik die Neubildung der Chromatiden verfolgen.

PCCs der G1-Phase bestehen aus einer Chromatide (Abb. 8.26 a). Sie werden mit fortschreitender G1-Phase immer länger. Unmittelbar vor Eintritt in die S-Phase sind individuelle Chromosomen nicht mehr unterscheidbar. Das Maximum an Dekondensation erreichen PCCs in der frühen S-Phase. In der S-Phase erscheinen die PCCs wie pulverisiert: kondensierte Abschnitte wechseln mit dekondensierten ab. Viele Stellen sind so stark dekondensiert, daß sie im Lichtmikroskop als Lücken in den Chromosomenfäden erscheinen (Abb. 8.26 b). ^{3}H-Thymidininkorporation und Autoradiographie weisen diese Lücken als diejenigen Chromosomenabschnitte aus, die gerade repliziert werden. Im Rasterelektronenmikroskop erkennt man, daß es Abschnitte mit geringer Dichte sind, die Kontinuität der Chromosomen in Wirklichkeit also nicht unterbrochen ist. In der mittleren S-Phase sind viele Abschnitte bereits kondensiert und in einigen Fällen als doppelt zu erkennen. Sie enthalten DNA, die ihre Replikation beendet hat. Der Anteil dieser Abschnitte nimmt im Verlaufe der S-Phase zu (Abb. 8.26 c). G2-Phase-PCCs besitzen wie Prophasechromosomen zwei vollständige Chromatiden ziemlich gleichmäßiger Dichte (Abb. 8.26 d). Sie sind somit für die Mitose vorbereitet.

Schwesterstrangaustausch

In Replikationsstudien wurden regelmäßig Fälle von Schwesterstrangaustausch (SCE, „sister chromatid exchange") entdeckt. Bei einem SCE werden die Tochter-DNA-Doppelhelices zwischen den Tochterchromatiden ausgetauscht (s. Abb. 8.21). Die SCE-Rate wird durch viele mutagene und carcinogene Agentien wie z.B. UV-Strahlen oder Mitomycin C gesteigert. Auch in DNA-reparaturdefekten Zellen, z.B. von Patienten mit Bloom-Syndrom, ist die SCE-Rate stark erhöht (s. Abb. 8.21 b).

Die Erhöhung der SCE-Rate wird als sehr empfindlicher Test für mutagene Agentien benutzt. Die SCE-Rate wird nämlich schon bei einer um den Faktor 10–100 geringeren Konzentration von mutagenen Agentien bewirkt, als sie sonst zur Auslösung von Mutationen erforderlich ist. Deswegen bestand auch der Verdacht, daß die mutagene Wirkung von BrdU oder ^{3}H-Thymidin, die für den Nachweis notwendig sind, eine Spontanrate vortäuscht, demnach SCEs spontan überhaupt nicht vorkommen. Tatsächlich wirkt sich die Erhöhung der BrdU- oder ^{3}H-Thymidindosen in einer Erhöhung der SCE-Rate aus. Bei Verwendung immer geringerer Dosen stellt sich aber eine SCE-Rate ein, die bei noch weiterer Verringerung nicht unterschritten wird. SCEs gibt es offenbar auch ohne äußere mutagene Einflüsse.

Der Mechanismus ist nicht bekannt. Im Gegensatz zur Auslösung anderer Chromosomenaberrationen führen nur DNA-Schäden zu SCEs während der S-Phase. Ursache für ein SCE ist daher ein Ereignis entweder direkt an der Replikationsgabel oder unmittelbar nach der Replikation. Röntgenstrahlen, die Doppelstrangbrüche und Chromosomenmutationen induzieren, erhöhen die SCE-Rate nur unwesentlich.

Anordnung der Chromatiden

Die Mitose kann nach einer S-Phase im Zellzyklus spontan ausfallen oder experimentell unterdrückt werden. Bei einer solchen sog. **Endoreduplikation** werden die Chromatiden nicht voneinander getrennt. In der Mitose, die auf die nächste Replikationsrunde folgt, entstehen daher **Diplochromosomen**. Sie bestehen aus vier statt aus zwei zusammenhängenden Chromatiden. Verkleben oder Verketten der Chromatinschleifen hält die Chromatiden zusammen (Abb. 8.27).

Induziert man in Gegenwart von ^{3}H-Thymidin eine Endoreduplikation und untersucht nach der zweiten Replikationsrunde – mit kaltem Thymidin – die entstandenen Diplochromosomen, dann zeigen die vier Chromatiden eine charakteristische Anordnung. Regelmäßig sind die beiden äußeren Chromatiden markiert, während die inneren unmarkiert bleiben (Abb. 8.28). Die DNA-Einzelstränge der Ursprungschromatide sind demnach in die beiden inneren Chromatiden gelangt. Die beiden DNA-Einzelstränge, die in der ersten Runde neugebildet wurden, wurden auf die äußeren Chromatiden verteilt. Der Vorgang der Chromatidenreorganisation läuft im Interphasekern also räumlich geordnet ab.

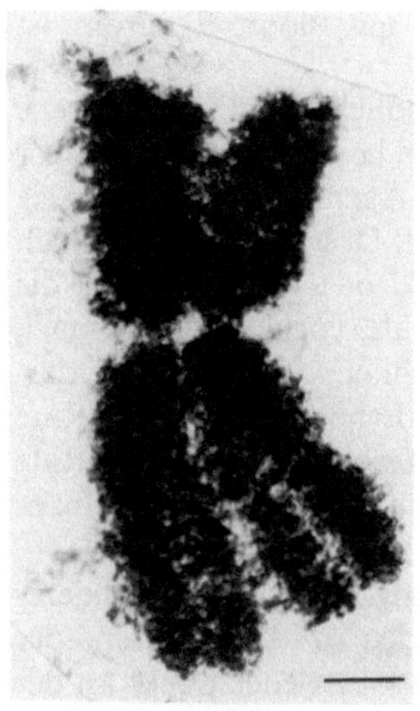

Abb. 8.27. Diplochromosom aus einer HeLa-Zelle. Die Centromere sind deutlich getrennt, die Chromatiden sind an den Chromosomenarmen miteinander verbunden. EM-Aufnahme eines Totalpräparates, Maßstab 1 µm. (Aus Goyanes u. Schvartzman 1981)

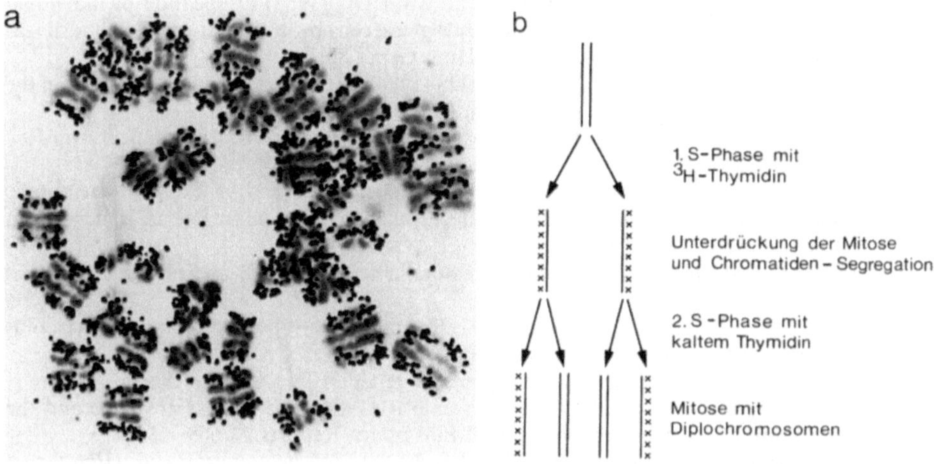

Abb. 8.28 a, b. Anordnung der Chromatiden in Diplochromosomen. **a** Diplochromosomen einer Fibroblastenzellinie des Menschen; die äußeren Chromatiden sind in der Autoradiographie markiert. (Schnedl 1967) **b** Anlage des Experiments und Erklärung des Markierungsmusters

Literatur zu Kapitel 8

Avivi L, Feldman M (1980) Arrangement of chromosomes in the interphase nucleus of plants. Hum Genet 55:281–295

Babu KA, Verma RS (1985) Structural and functional aspects of nucleolar organizer regions (NORs) of human chromosomes. Intern Rev Cyt 94:151–176

Bennet MD (1984) Towards a general model for spatial law and order in nuclear and karyotypic architecture. Chromosomes Today 8:190–202

Cremer T, Baumann H, Nakanishi K, Cremer C (1984) Correlation between interphase and metaphase chromosome arrangements as studied by laser-UV-microbeam experiments. Chromosomes Today 8:203–212

Franke WW (1987) Nuclear lamins and cytoplasmic intermediate filament proteins: a growing multigene family. Cell 48:3–4

Gasser SM, Laemmli UK (1987) A glimpse at chromosomal order. TIG 3:16–22

Gerace L, Burke B (1988) Functional organization of the nuclear envelope. Ann Rev Cell Biol 4:335–374

Gollin SM, Wray W, Hanks SK, Hittelman WN, Rao PN (1984) The ultrastructural organization of prematurely condensed chromosomes. J Cell Sci Suppl 1:203–221

Hadjiolov AA (1984) The nucleolus and ribosome biogenesis. Springer-Verlag, Wien New York

Hand R (1978) Eucaryotic DNA: organization of the genome for replication. Cell 15:317–325

Hochstrasser M, Mathog D, Gruenbaum Y, Saumweber H, Sedat JW (1986) Spatial organization of chromosomes in the salivary gland nuclei of Drosophila melanogaster. J Cell Biol 102:112–123

Huber J, Bourgeois CA (1986) The nuclear skeleton and the spatial arrangement of chromosomes in the interphase nucleus of vertebrate somatic cells. Hum Genet 74:1–15

Izaurralde E, Mirkovitch J, Laemmli UK (1988) Interaction of DNA with nuclear scaffolds in vitro. J Mol Biol 200:111–125

Lichter P, Cremer T, Borden J, Manuelidis L, Ward DC (1988) Delineation of individual human chromosomes in metaphase and interphase cells by in situ suppression hydribization using recombinant DNA libraries. Hum Genet 80:224–234

Nelson WG, Pienta KJ, Barrack ER, Coffey DS (1986) The role of the nuclear matrix in the organization and function of DNA. Ann Rev Biophys Chem 15:457–475

Newport JW, Forbes DJ (1987) The nucleus: structure, function, and dynamics. Ann Rev Biochem 56:535–565

Newport J, Spann T (1987) Disassembly of the nucleus in mitotic extracts: membrane vesicularization, lamin disassembly, and chromosome condensation are independent processes. Cell 48:219–230

Reeder RH (1985) Mechanisms of nucleolar dominance in animals and plants. J Cell Biol 101:2013–2016

Reimer G, Raska T, Tan EM, Scheer U (1987) Human autoantibodies: probes for nucleolus structure and function. Virchows Arch B 54:131–143

Sandberg AA (ed) (1982) Sister chromatid exchange. Alan R. Liss, New York

Scheer U, Dabauvalle M, Merkert H, Benavente R (1988) The nuclear envelope and the organization of the pore complexes. Cell Biol Intern Reports 12:669–689

Schubert J, Rieger R (1981) Sister chromatid exchanges and heterochromatin. Hum Genet 57:119–130

Schwemmle S, Mehnert K, Vogel W (1989) How does inactivation change timing of replication in the human X chromosome? Hum Genet 83:26–32

Sommerville J (1986) Nucleolar structure and ribosome biogenesis. Trends in Biochem Sciences 11:438–442

Sperling K (1982) Cell cycle and chromosome cycle: morphological and functional aspects. In: Rao PN, Johnson RT, Sperling K (eds) Premature chromosome condensation. Academic Press, New York, pp 43–78

Taylor JH (1987) Replication of DNA in eukaryotic chromosomes. In: Hennig W (ed) Structure and function of eukaryotic chromosomes. Springer-Verlag, Berlin Heidelberg New York, pp 173–191

Umek RM, Linskens MHK, Kowalski D, Hubermann JA (1989) New beginnings in studies of eukaryotic DNA replication origins. Biochim Biophys Acta 1007:1–14

Vogel W, Autenrieth M, Mehnert K (1989) Analysis of chromosome replication by a BrdU antibody technique. Chromosoma 98:335–341

Wolff S (ed) (1982) Sister chromatid exchange. John Wiley & Sons, New York

9 Struktur und Funktion der meiotischen Chromosomen

ÜBERSICHT

Die Meiose besteht aus zwei Zellteilungen, denen eine einzige S-Phase vorgeschaltet ist. Die Mechanismen, denen die Chromosomenbewegung unterliegt, sind in Mitose und Meiose gleich. Es besteht daher kein Zweifel, daß sich die meiotischen Teilungen phylogenetisch von Mitosen ableiten.

Auffällig komplizierter als in der Mitose, nämlich mit Homologenpaarung und Chiasmabildung, verläuft die Prophase der ersten Teilung (vgl. Kap. 2.3). Die Chromosomen besitzen in diesem Stadium außerdem spezielle Strukturanpassungen, die den mitotischen Chromosomen fehlen. Eine Schlüsselrolle für das Verständnis der Meiose hat das Stadium mit vollständig gepaarten Homologen, das Pachytän (Kap. 9.1). Die Paarung der Homologen (Kap. 9.2), deren Mechanismus noch weitgehend unbekannt ist, wird als Voraussetzung für die Funktion der Meiose in der genetischen Rekombination (Kap. 9.3) und der geordneten Reduktion des Chromosomensatzes (Kap. 9.4) verstanden.

Besonders auffällige Meiosechromosomen sind die Lampenbürstenchromosomen mit ihren großen Chromatinschleifen, die als Anpassungen an hohe Transkriptionsleistungen verstanden werden (Kap. 9.5). Vermutlich sind auch sog. diffuse Stadien, die in der Meiose vieler Arten zwischen Stadien mit normal kondensierten Chromosomen auftreten, Anpassungen an die Transkriptionsaktivität.

9.1 Pachytänbivalente

Das Pachytän nimmt einen langen Abschnitt der meiotischen Prophase ein. Es hat eine Schlüsselrolle für das Verständnis der Meiose. Das Pachytän ist das Stadium mit vollständiger Homologenpaarung. Nur die heteromorphen Geschlechtschromosomen bleiben – falls vorhanden – in vielen Arten unvollständig oder gar nicht gepaart. Eine Paarung der homologen Chromosomen ist die Voraussetzung für die regelhafte Segregation der Chromosomen in der Meiose und wahrscheinlich auch für die Rekombination.

Das Chromatin ist im Pachytän entlang den Achsen in **Chromomere und Interchromomere** aufgeteilt; das sind kurze Segmente mit hoher Chromatinkondensation und Zwischenabschnitte (Abb. 9.1a, 9.2). Das Chromomeren-

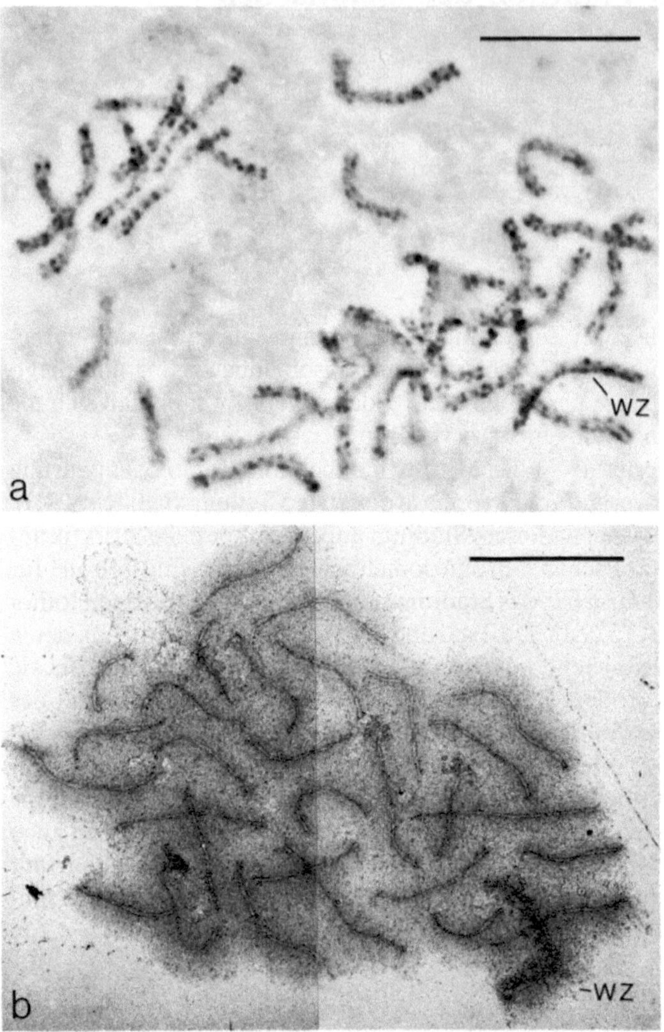

Abb. 9.1 a, b. Chromomerenmuster und SCs von Pachytänbivalenten. Weiblicher Chromosomensatz der Mehlmotte *Ephestia kuehniella*. **a** Lichtmikroskopische Präparation. Der Satz zeigt 29 autosomale Bivalente mit homologem Chromomerenmuster der gepaarten Chromosomen und einem ungleichen Muster der Geschlechtschromosomen im WZ-Bivalent. Das W-Chromosom ist heterochromatisch. **b** Die synaptonemalen Komplexe (SCs) mit anhängendem Chromatin in einem Spreitungspräparat im Elektronenmikroskop. Die Chromomeren sind aufgelöst, ein Chromatinhof umgibt die SCs, nur das Heterochromatin des W-Chromosoms ist noch nicht voll entfaltet. Maßstab 10 µm. (Aus Traut et al. 1986)

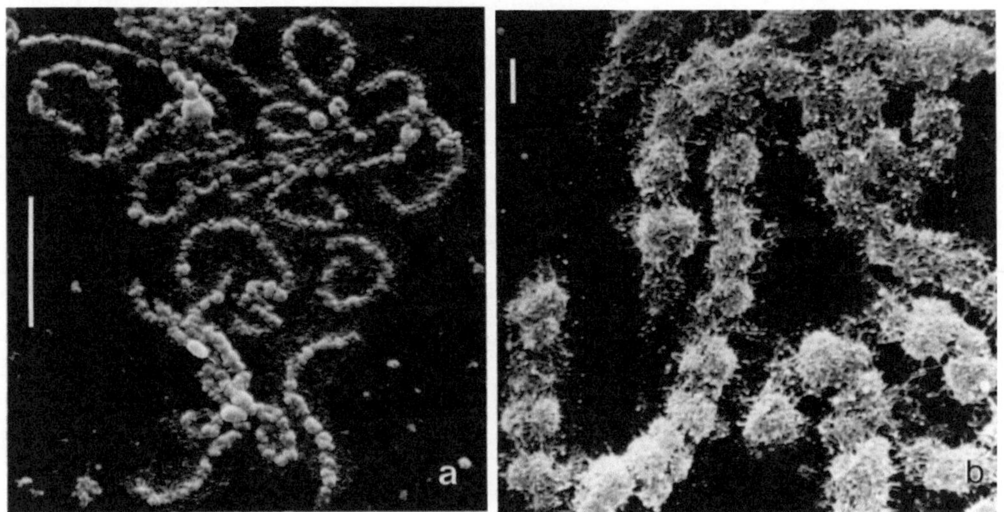

Abb. 9.2 a, b. Chromomerenmuster menschlicher Pachytänbivalente aus der Spermatogenese. **a** Ganzer Chromosomensatz, Maßstab 10 µm. **b** Einzelne Bivalente bei stärkerer Vergrößerung, Maßstab 1 µm. Rasterelektronenmikroskopische Aufnahmen. (Aus Sumner 1986)

muster ist für jedes Chromosom spezifisch. Bei Säugetieren stimmt es ziemlich gut mit dem G-Banden-Muster der mitotischen Chromosomen überein.

Die absolute Länge der Chromosomen verändert sich im Laufe des Pachytäns, die relative Länge der Bivalente zueinander bleibt jedoch einigermaßen konstant. Wenn ein ausgeprägtes Chromomerenmuster oder spezielle Orientierungspunkte wie Centromeren, Nukleolen oder auffällige Verdickungen, die heterochromatischen **knobs**, erkennbar sind, lassen sich alle Bivalente identifizieren. Man kann daher Karyotypen von Pachytänchromosomen erstellen. Abb. 9.3 zeigt als Beispiel den Pachytänkaryotyp der Tomate. Die Cytogenetik der Pflanzen beruhte in der Zeit vor Einführung der C-Bänderungstechnik fast ausschließlich auf Analysen des Pachytänchromosomensatzes.

Synaptonemale Komplexe

Die homologen Chromosomen werden im Pachytän durch eine besondere Struktur, den **synaptonemalen Komplex (SC**, „synaptonemal complex"), zusammengehalten (Abb. 9.1 b), der im Lichtmikroskop mit Silberfärbung darstellbar ist, dessen Struktur aber nur in Ultradünnschnitten oder in Spreitungspräparaten mit dem Elektronenmikroskop zu erkennen ist. Das Chromomerenmuster ist in Spreitungspräparaten von SCs aufgelöst (vgl. Abb. 9.1 a, b). Individuelle Chromosomen können daher nur identifiziert werden, wenn sie sich durch besondere Orientierungspunkte, auffällige Längenunterschiede oder Armverhältnisse auszeichnen.

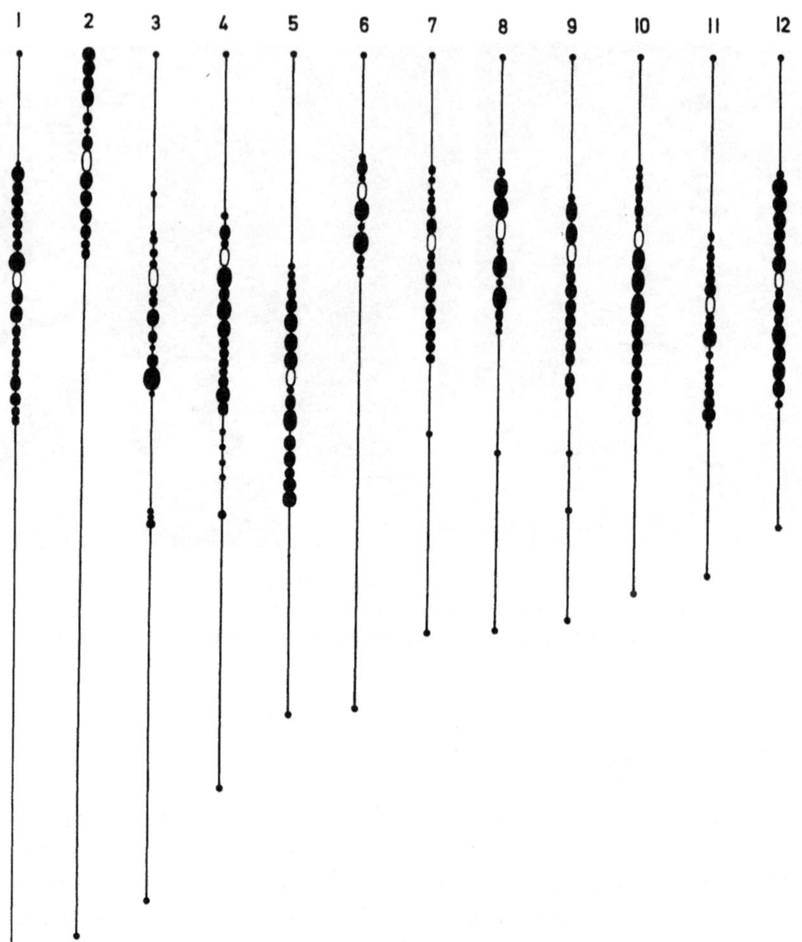

Abb. 9.3. Pachytänchromosomenkarte der Tomate, *Lycopersicon esculentum. Helle* Ellipsen symbolisieren die Centromere. Das Heterochromatin ist durch *ausgefüllte* Kreise und Ellipsen dargestellt. Die Chromosomen besitzen ausgedehntes perizentrisches Heterochromatin. Zusätzlich sind einzelne heterochromatische „knobs" auf den Amen zu erkennen. (Nach Khush u. Rick 1968)

Der SC ist – von kleineren Varianten abgesehen – bei allen Eukaryontengruppen einheitlich aufgebaut. Immer sind die beiden **lateralen Elemente** und das **zentrale Element** vorhanden (Abb. 9.4). Der Spalt zwischen den lateralen Elementen hat eine lichte Weite von etwa 100 nm (80–120 nm), in seiner Mitte liegt das zentrale Element. Viele **transversale Fasern** verbinden die lateralen Elemente mit dem zentralen Element (Abb. 9.5, 9.6). Sie dienen wahrscheinlich dazu, die lateralen Elemente zusammenzuhalten.

Manchmal sind die lateralen Elemente in der Centromerregion etwas dünner oder dicker als in den übrigen Regionen, aber weder in der Centromerre-

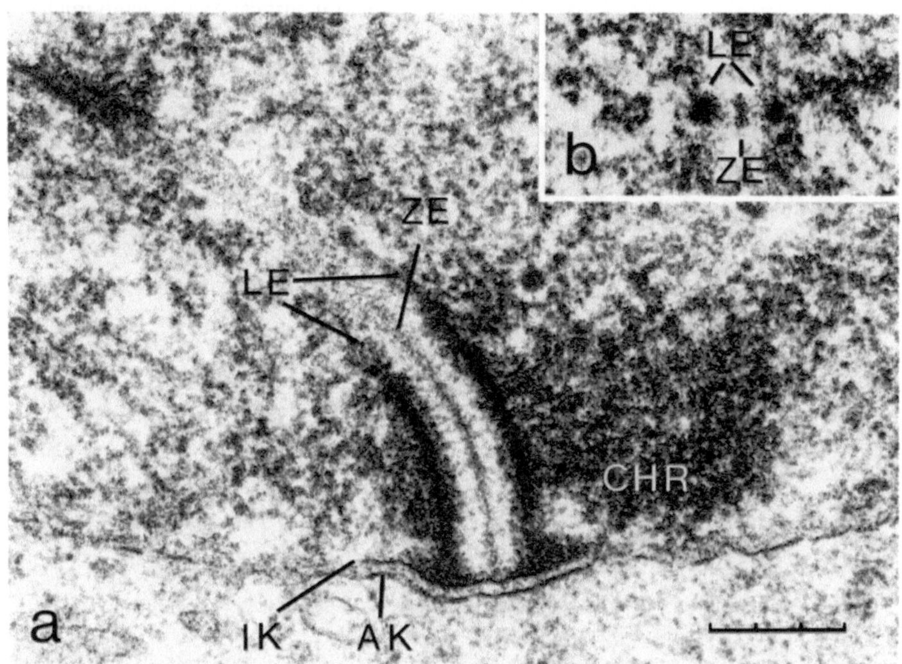

Abb. 9.4a, b. SCs der Maus. **a** Längsschnitt mit der Anheftungsstelle an der inneren Kernmembran einer Spermatocyte. **b** Querschnitt. LE: laterale Elemente; ZE: zentrales Element; IK: innere Kernmembran; AK: äußere Kernmembran; CHR: Chromatin. EM-Aufnahmen von Ultradünnschnitten, Maßstab 0,3 µm. (K. W. Wolf, Lübeck)

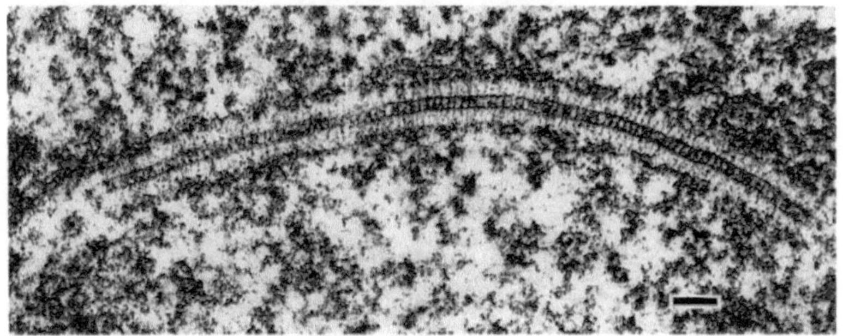

Abb. 9.5. Synaptonemaler Komplex des Käfers *Blaps cribrosa*. Die lateralen Elemente sind hier ziemlich unauffällig, das quergebänderte zentrale Element und die transversalen Fasern sind deutlich. EM-Aufnahme eines Ultradünnschnitts, Maßstab 0,1 µm. (Aus Wahrman 1981)

gion noch im NOR sind regelmäßig spezielle Ausformungen des SCs zu erkennen. Nur die beiden Enden sind meist deutlich abgehoben. Sie bilden Endknöpfe, die mit der inneren Kernmembran verbunden sind (vgl. Abb. 9.4, s.a. S. 233). Bei höheren Pflanzen fehlen auch solche Endknöpfe meist (Abb. 9.7). Besonderheiten zeigen dagegen häufig die SCs der Geschlechtschromosomen

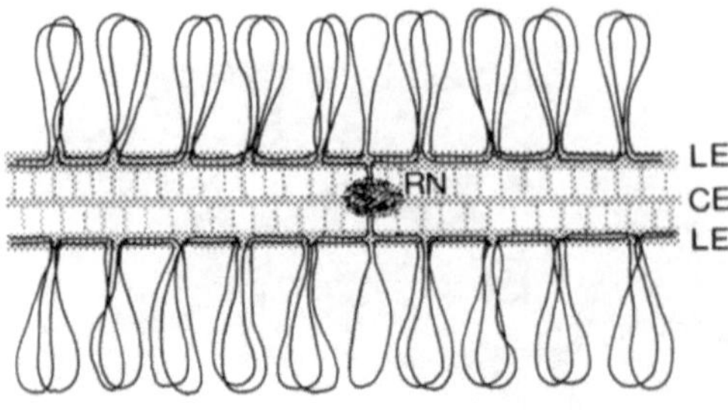

Abb. 9.6. Modell der SC-Organisation mit entfalteten Chromatinschleifendomänen und einem Recombination nodule. Durchgehende Linien deuten den Verlauf der DNA bzw. des Chromatins an. LE: laterales Element; CE: zentrales Element; RN: Recombination nodule. Transversale Filamente verbinden die beiden lateralen Elemente mit dem zentralen Element. (Verändert nach Debus 1978)

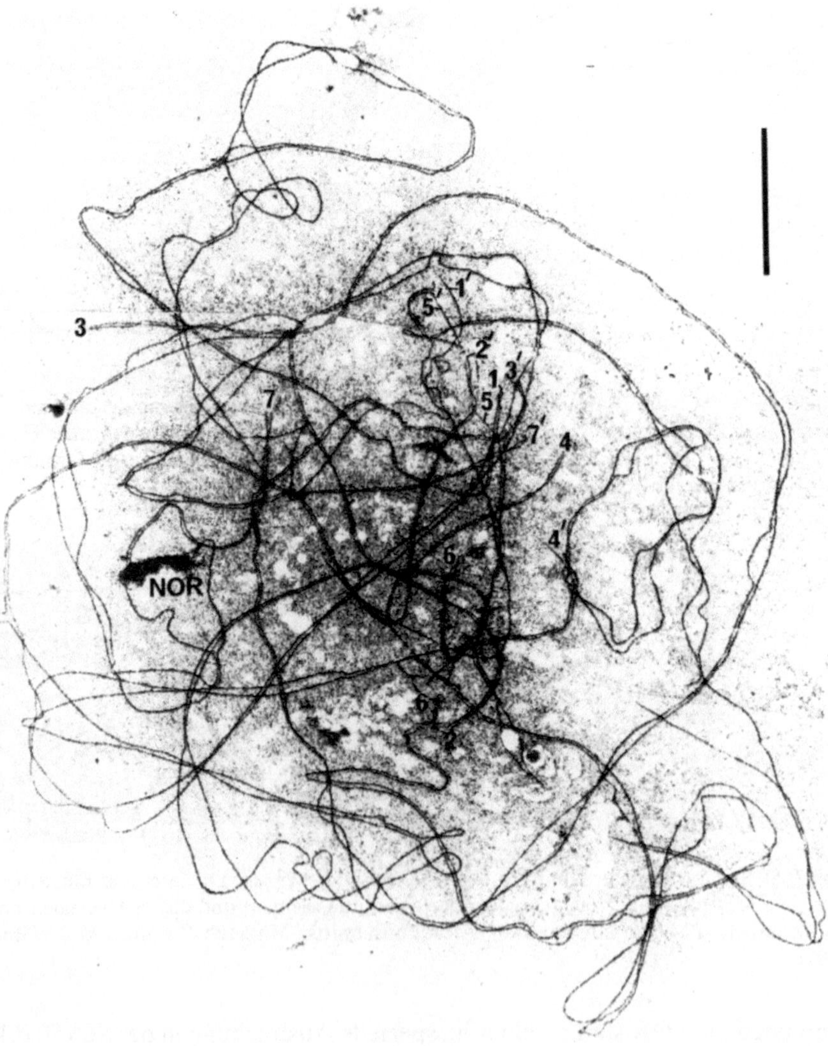

Abb. 9.7. Zygotän des Roggens. Die Paarung ist an mehreren Punkten entlang den Bivalenten initiiert worden. (Aus Gillies 1985)

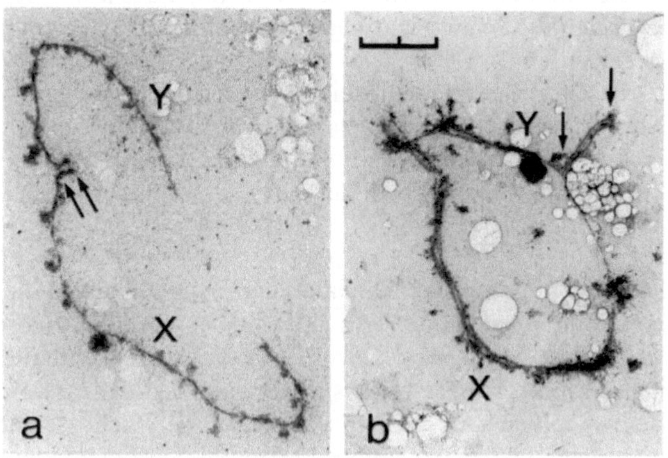

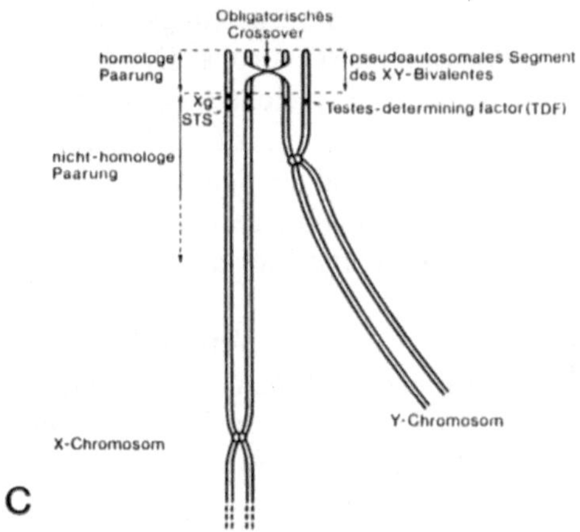

Abb. 9.8 a–c. Paarung im XY-Bivalent des Menschen. **a, b** SCs der XY-Bivalente mit unterschiedlich weit ausgedehnter Paarung (*Pfeile*). Elektronenmikroskopische Spreitungspräparate, Maßstab 2 μm (R. Johannisson, Lübeck). **c** Schematische Darstellung: X- und Y-Chromosom sind nur in der kleinen pseudoautosomalen Region, die etwa 4% der Y-Länge umfaßt, vollständig homolog. In dieser Region findet regelmäßig ein Crossover statt. Die Paarung geht weit über diese Region hinaus. Die Genorte für Xg (Blutgruppe), STS (Steroidsulfatase) und TDF (Geschlechtsbestimmung) werden nicht ausgetauscht. Das X-Chromosom wurde im Schema unvollständig wiedergegeben. (Nach Burgoyne 1986)

im heterogameten Geschlecht. Je nach Species findet man unvollständige oder fehlende Paarung und Verdickung oder Verdopplung der ungepaarten Abschnitte (Abb. 9.8).

In einigen Organismen haben die lateralen Elemente ein gebändertes Aussehen, das auf einer Querscheibenstruktur beruht. Die Bänderung kann gleichmäßig sein, wie bei dem Insekt *Locusta*, oder aus alternierenden dünnen und dicken Bändern bestehen wie bei dem Ascomyceten *Neottiella*. Bei Insekten hat auch das zentrale Element eine Querstreifung (vgl. Abb. 9.5). Die

Streifen werden in diesem Fall durch zahlreiche kurze Stäbe erzeugt, wie man bei geeigneter Schnittrichtung in Ultradünnschnitten von zentralen Elementen erkennen kann.

Kugelförmige oder ellipsoide Körper, die **Recombination nodules**, liegen auf dem SC zwischen den beiden lateralen Elementen (Abb. 9.6. s. a. S. 233). Sie werden aufgrund ihrer Verteilung entlang den SCs mit Crossoverereignissen und der anschließenden Bildung von Chiasmata in Zusammenhang gebracht (s. Kap. 9.3).

Chromatinorganisation. Die lateralen Elemente bilden die Achsen der gepaarten Chromosomen oder sind jedenfalls eng mit den Achsen verbunden. Ähnlich wie die Scaffolds der Mitosechromosomen enthalten die lateralen Elemente Topoisomerase II. Das Chromatin liegt den lateralen Elementen hauptsächlich außen an (vgl. Abb. 9.1 und 9.4). Nach geeigneter Präparation erkennt man im Elektronenmikroskop Nukleosomenfäden, die in Schleifen organisiert sind und in den lateralen Elementen ankern (Abb. 9.9). Ein kleiner Anteil der DNA, vermutlich die Anheftungsstellen der Schleifen, bleibt bei Verdauung durch Nukleasen im SC zurück. Das Chromatin hat also bis zu den Schleifendomänen prinzipiell die gleiche Organisation wie in Mitose- und Interphasechromosomen. Im Gegensatz zur radialen Ausrichtung der Schleifen in mitotischen Chromosomen sind die Schleifendomänen im SC allerdings nur nach einer Seite – nach außen – ausgerichtet. Abb. 9.6 gibt ein Modell der SC-Organisation und der Chromatinorganisation im SC wieder.

Zusammensetzung der SCs. Durch Verdauungsexperimente mit DNasen, RNasen und Proteinasen wurde DNA, RNA und Protein in den lateralen Elementen nachgewiesen. Die zentralen Elemente und die transversalen Fasern bestehen offenbar nur aus Protein.

Hauptbestandteile des SC sind:

- DNA und
- wenige Proteine mit relativen Molmassen zwischen 26000 und 190000.

Dies wurde an massenisolierten Ratten-SCs ermittelt. Gegen einige dieser Proteine wurden monoklonale Antikörper gewonnen und mit ihrer Hilfe die Proteine im SC lokalisiert. Zwei Proteine mit den relativen Molmassen 30000 und 33000 sind in den lateralen Elementen zu finden (Abb. 9.10a). Im Zygotän kommen sie sowohl in den gepaarten, als auch in den noch ungepaarten Abschnitten vor. Ein anderes Protein mit der relativen Molmasse 125000 liegt an der Innenseite der lateralen Elemente (Abb. 9.10b) und kommt nur in gepaarten Strecken vor. Diese Proteine sind spezifisch für meiotische Zellkerne vom Leptotän bis zum Diplotän. In somatischen Zellkernen sind sie immunologisch nicht nachweisbar. SCs enthalten demnach Proteine, die speziell für diese Chromosomenstruktur synthetisiert werden.

Andere Proteine kommen sowohl in SCs als auch in Mitosechromosomen vor. Dazu gehören Topoisomerase II und die Kinetochorproteine, die mit dem CREST-Serum reagieren (s. Kap. 7.2.1). Topoisomerase II kommt in den late-

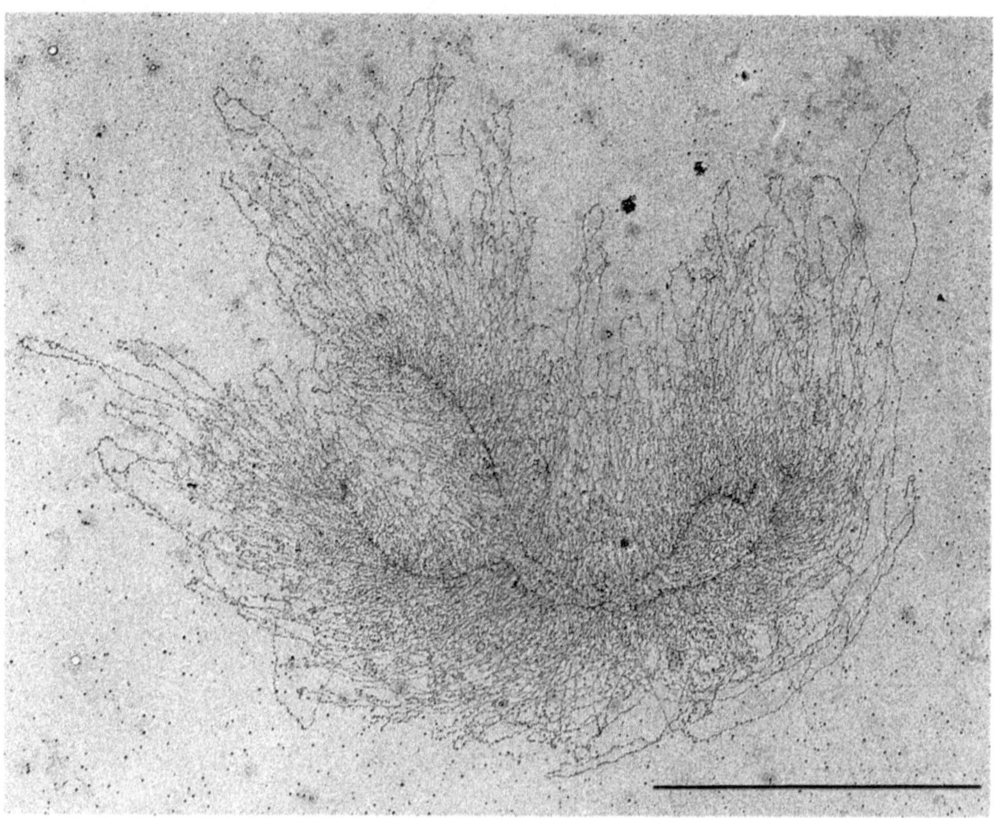

Abb. 9.9. Chromatinorganisation im Pachytän. Die Nukleosomenfäden sind in Schleifen angeordnet, deren Basen in den lateralen Elementen zusammenlaufen. Die supranukleosomale Struktur des Chromatins ist in dieser Präparation durch den niedrigen Ionengehalt des Spreitungsmediums aufgelöst, die lateralen Elemente haben sich teilweise getrennt. Das Bild zeigt ein Bivalent aus einer Oocyte von *Ephestia kuehniella*. EM-Aufnahme, Maßstab 10 µm. (Aus Weith u. Traut 1980)

ralen Elementen auf ganzer Länge vor. Die Kinetochorproteine sind an charakteristischer Position, die der Centromerregion entspricht, mit den SCs verbunden, wahrscheinlich vermittelt durch das Chromatin, das am SC hängt. Sie bilden sog. **Präkinetochore**, wie sie auch in Interphasekernen vorkommen.

9.2 Homologenpaarung in der Meiose

Die Paarung der homologen Chromosomen ist wichtig für die Segregation und – vermutlich – für die homologe Rekombination in der Meiose. Man untersucht den Mechanismus der Homologenpaarung, indem man ihn in strukturheterozygoten oder polyploiden Chromosomensätzen auf die Probe stellt. In

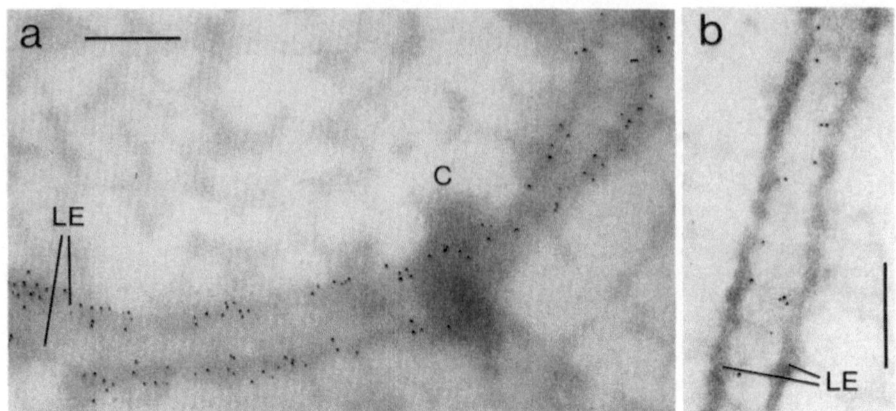

Abb. 9.10 a, b. Lokalisation von SC-Proteinen durch Immunogoldnachweis. **a** Ein gegen Ratten-SCs gewonnener monoklonaler Antikörper bindet in gespreiteten Ratten-SCs an die lateralen Elemente (LE). Er erkennt zwei häufige Proteine mit den relativen Molmassen 30000 und 33000. C Centromer. **b** Ein anderer Antikörper, der ein SC-Protein mit der relativen Molmasse 125000 erkennt, bindet an die Innenseiten der gepaarten lateralen Elemente. Beide: Maßstab 0,2 µm, EM-Aufnahme. (Aus Moens et al. 1987)

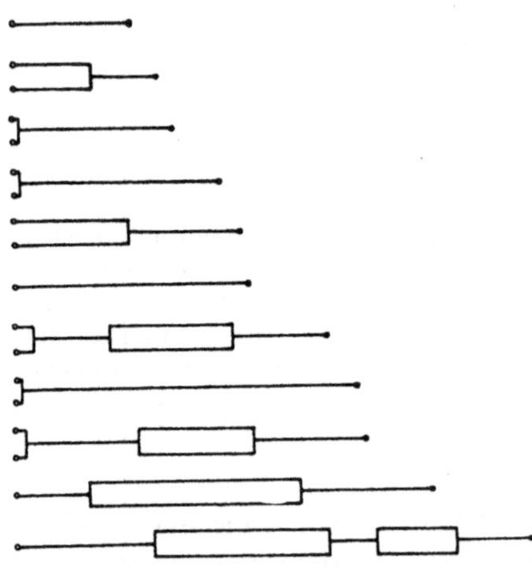

Abb. 9.11. Gepaarte und ungepaarte Chromosomenregionen in einem Spermatocytenkern der Heuschrecke *Schistocerca gregaria* im mittleren Zygotän. Die Centromere der allesamt akrozentrischen Chromosomen sind durch offene Kreise angedeutet. (Aus Jones u. Croft 1986)

der folgenden Darstellung werden daher neben dem Normalverlauf mehrere solcher Sonderfälle vorgestellt.

Entwicklung der SCs

Man kann die Chromosomenpaarung anhand der Entstehung der SCs im Elektronenmikroskop verfolgen. Laterale Elemente treten zum ersten Mal im Leptotän auf. Sie werden in diesem Stadium auch **axiale Elemente** genannt und sind als Achsen der noch ungepaarten Chromosomen anzusehen. Das Chromatin umgibt diese Achsenstruktur allseits. Im Zygotän vollzieht sich die Paarung der homologen Chromosomen, die **Synapsis**. Die lateralen Elemente homologer Chromosomen treten zusammen und schließen sich reißverschlußartig zum SC. Dabei wird das zentrale Element gebildet, und das Chromatin verlagert sich einseitig auf die äußere Hälfte der lateralen Elemente.

Die Synapsis beginnt meist an den Enden und schreitet zur Mitte hin fort, bis die Homologen auf ganzer Länge gepaart sind. Sie kann aber auch an mehreren Stellen gleichzeitig beginnen (vgl. Abb. 9.7 und 9.11). Dabei werden häufig einzelne Chromosomen oder ganze Bivalente zwischen den sich schließenden SCs gefangen (Abb. 9.12). Die meisten dieser „**interlockings**" werden bald wieder aufgelöst. Dazu müssen DNA und laterale Elemente durch andere hindurchtreten, ohne daß die DNA ihre ursprüngliche Sequenz verliert. Vermutlich wirkt dabei eine Topoisomerase II mit, die topologische Veränderungen dieser Art bei der DNA katalysiert (s. Kap. 4). Wenn alle autosomalen SCs vollständig gepaart sind, beginnt definitionsgemäß die Phase des Pachytäns.

Mit dem Übergang vom Pachytän zum Diplotän lösen sich die SCs auf. Reste bleiben nur noch dort erhalten, wo sich Chiasmata befinden (Abb. 9.13). Zu diesem Zeitpunkt – aber nicht nur zu diesem – treten bei manchen Organismen **Polykomplexe** im Kern auf. Dies sind Strukturen, die als Aggregate überschüssiger SC-Bausteine angesehen werden (Abb. 9.14). Offenbar können die Proteinkomponenten des SC auch ohne Chromatin zu SC-ähnlichen Strukturen aggregieren.

Präsynaptische Ausrichtung der Homologen

Der Paarungsvorgang würde erleichtert, wenn die Homologen schon vor der Synapsis in etwa parallel zueinander ausgerichtet wären. Für die Chromosomen einiger Organismen trifft das tatsächlich zu. Fliegen haben somatische Paarung (Paarung homologer Chromosomen in somatischen Zellen). Bei *Drosophila* treten die homologen Chromosomen bereits in der ersten Mitose nach der Befruchtung zusammen und sind in den Zellen der Keimbahn und des Somas gepaart (Kap. 11.5). Manche Pflanzenarten besitzen wahrscheinlich

Abb. 9.12a, b. „Interlockings", beim Vorgang der Chromosomenpaarung eingefangene Chromosomen (**a**) und Bivalente (**b**) des Seidenspinners *Bombyx mori*. Kurze Querstriche deuten die Insertionsstellen in der Kernmembran an. Dreidimensionale Rekonstruktion von Ultradünnschnittserien durch Spermatocytenkerne. (Aus Holm u. Rasmussen 1980)

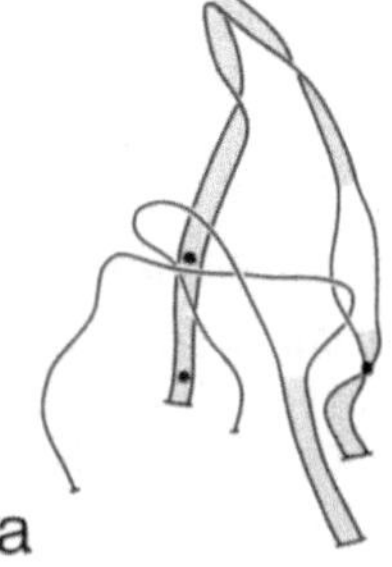
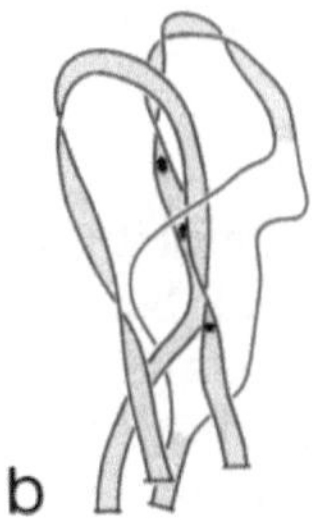

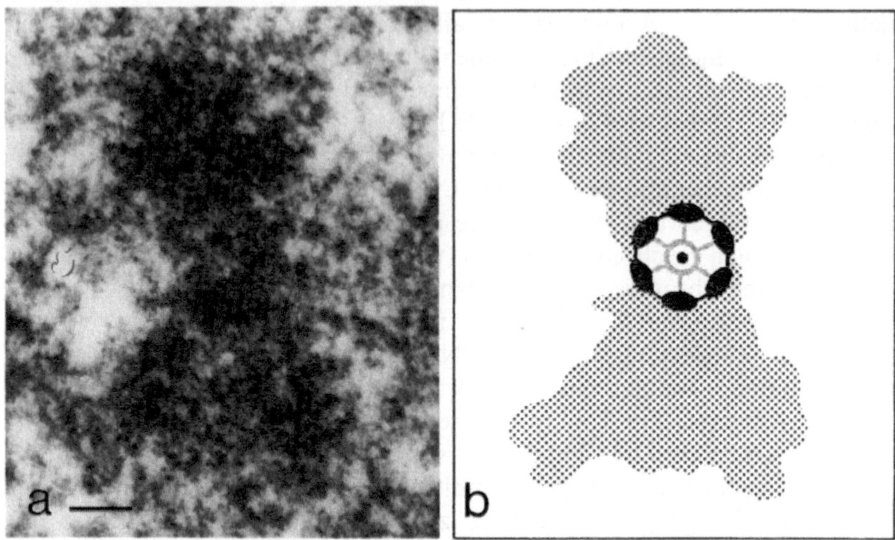

Abb. 9.13a, b. Feinstruktur des Chiasmas im späten Diplotän. **a** Ultradünnschnitt durch ein Chiasma von *Bombyx mori*. **b** Vorschlag für eine Ringstruktur mit radialen Filamenten, die als Rest des SC interpretiert wird und die homologen Chromosomen (oberhalb und unterhalb der Struktur) miteinander verbindet. Maßstab 0,1 µm. (Aus Holm u. Rasmussen 1980)

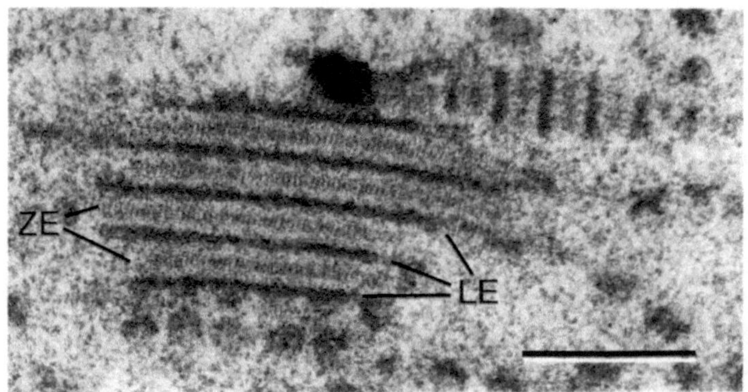

Abb. 9.14. Polykomplexe in einem Oocytenkern der Mücke *Aedes aegypti*. Die quergeschnittenen Stapel von chromosomenfreien SCs haben den typischen Aufbau aus den lateralen Elementen (LE) und den für Insekten charakteristischen gestreiften zentralen Elementen (ZE). Maßstab 0,5 µm. (Aus Fiil u. Moens 1973)

gegenseitig ausgerichtete Homologe in der letzten prämeiotischen Mitose. Auch bei dem Pilz *Sordaria* sind die Homologen schon vor der eigentlichen Synapsis zueinander ausgerichtet, hier allerdings erst unmittelbar vor der SC-Bildung. Wie durch 3-D-Rekonstruktionen aus Ultradünnschnittserien von *Sordaria* ermittelt wurde, sind die homologen lateralen Elemente bei der präsynaptischen Ausrichtung überall weniger als 300 nm voneinander entfernt. Das Problem der Homologenerkennung ist allerdings bei Organismen mit präsynaptischer Ausrichtung nicht beseitigt, sondern nur in ein anderes Entwicklungsstadium verlagert.

Andere Organismen, wie die besonders gut untersuchten Arten Mensch und Seidenspinner, zeigen überhaupt keine präsynaptische Ausrichtung. Die homologen lateralen Elemente nähern und paaren sich fortschreitend Segment für Segment. Eine gegenseitige Ausrichtung der Homologen vor der Synapsis ist zumindest nicht generell vorhanden und nicht Vorbedingung für die Paarung.

Wenn auch keine allgemeine präsynaptische Ausrichtung vorkommt, so erleichtert doch wenigstens die Anheftung der Telomere an der inneren Kernmembran, die bei der Mehrzahl der Organismen zu finden ist, die gegenseitige Kontaktaufnahme. Bewegungen der Chromosomenenden werden dadurch auf zwei Dimensionen eingeschränkt. Die Kontaktaufnahme wird noch gefördert, wenn die Chromosomen im Leptotän und Zygotän im Bukett angeordnet und die Telomere auf einen begrenzten Abschnitt der Kernmembran zusammengedrängt sind. Es ist deswegen nicht verwunderlich, daß die SC-Bildung bei vielen Arten bevorzugt an den Telomeren beginnt.

Homologe und nicht-homologe Paarung

In diploiden Chromosomensätzen findet man in der Meiose die homologen Chromosomen regelmäßig miteinander gepaart. Homologe Chromosomensegmente liegen sich dabei direkt gegenüber. Man kann daraus leicht den falschen Schluß ziehen, daß nur homologe Segmente in der Lage seien, sich zu paaren. Wie B. McClintock schon in den 30er Jahren nachgewiesen hat und wie sich in SC-Untersuchungen in den letzten Jahren immer wieder zeigte, ist die Fähigkeit zur Paarung nicht allein auf streng homologe Abschnitte beschränkt. Man kann nicht-homologe Paarung allerdings nur in heteromorphen Geschlechtschromosomenpaaren, bei Strukturheterozygoten und in unbalancierten Genomen beobachten.

So geht die Paarung im menschlichen XY-Bivalent weit über das Centromer des Y hinaus. Bis zu 72% des Y können mit dem X gepaart sein, obwohl nur ein Stück von etwa 4% des Y zum X homolog ist (vgl. Abb. 9.8).

Haploide Chromosomensätze sollten überhaupt keine Paarung zeigen. Dennoch paaren sich Chromosomen in haploiden Meiosen sowohl untereinander als auch mit sich selbst. Bis zu 60% der gesamten Chromosomenlänge können bei haploider Gerste gepaart sein. Diploide Gerste zeigt hingegen durchaus nur konventionelle Paarung der Homologen. Das gleiche Phänomen wurde beim Mais, bei der Tomate und beim Löwenmäulchen (*Antirrhinum*) beobachtet. In Ermangelung homologer Abschnitte dehnt sich die Paarung auf nicht-homologe Abschnitte aus.

Zwei Phasen der Chromosomenpaarung. In der Meiose von triploiden und tetraploiden Individuen des Seidenspinners werden zwei Phasen der Chromosomenpaarung sichtbar. In triploiden Oocyten paaren sich in der ersten Phase entweder zwei der homologen Chromosomen und das dritte bleibt als Univalent übrig, oder die drei homologen Chromosomen bilden Trivalente. Dies geschieht meist durch Wechsel der SC-Paarungspartner, seltener durch Ausbildung von Tripelkomplexen, in denen ein SC drei laterale Elemente verbindet (Abb. 9.15).

In der zweiten Phase verwandeln sich die Trivalente in vollständig und konventionell gepaarte Bivalente einerseits (Abb. 9.16 a) und Univalente andererseits (Abb. 9.16 b). Diese Univalente bleiben teils ungepaart, teils paaren sie sich nicht-homolog mit anderen Univalenten oder durch Rückfaltung mit sich selbst. In tetraploiden Oocyten sind nach einer anfänglichen Multivalentbildung zum Schluß fast ausschließlich vollständig gepaarte Bivalente übrig. Dieser als **Korrektur** bezeichnete Vorgang (Rasmussen 1977) kann erfolgen, wenn keine Chiasmata vorhanden sind. Bei weiblichen Seidenspinnern ist er möglich, weil die Meiose weiblicher Schmetterlinge achiasmatisch (ohne crossover und ohne Chiasmata) ist. Bei polyploiden Pflanzen und Tieren mit normaler, chiasmatischer Meiose wie z. B. auch den tetraploiden Männchen des Seidenspinners, verhindern dagegen Chiasmata die Auflösung der Multivalente.

Ein Paarungsvorgang in zwei Phasen wurde auch aus Untersuchungen an Strukturheterozygoten der Maus erschlossen. In der ersten Phase, im Zygotän bis evtl. zum frühen Pachytän, paaren sich nur homologe Abschnitte, während Abschnitte ohne passende homologe Segmente ungepaart bleiben. In der zweiten Phase, spätestens im mittleren Pachytän, paaren sich vorher ungepaart gebliebene Abschnitte mit nicht-homologen Abschnitten. Duplikations- und Inversionsschleifen lösen sich dabei unter zunehmender nicht-homologer Paarung auf. Die lateralen Elemente gleichen sich in ihrer Länge im Bivalent aneinander an, bis reguläre SCs entstehen, die sich nicht mehr von den anderen

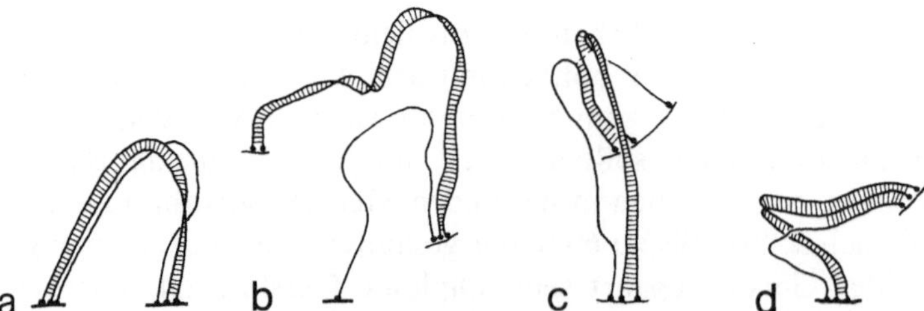

Abb. 9.15 a–d. Chromosomenpaarung in den Oocyten triploider Seidenspinner. Die drei jeweils homologen Chromosomen sind im frühen Pachytän in unterschiedlichen Paarungskonfigurationen zu finden: als Bivalente plus Univalente (**a, b**), als Trivalente mit wechselnden Partnern (**c**) oder als Trivalente mit Tripelkomplexen (**d**). Die Enden inserieren in der Kernmembran, die hier durch einen Querstrich angedeutet ist. Dreidimensionale Rekonstruktionen aus Ultradünnschnittserien. (Nach Rasmussen 1977)

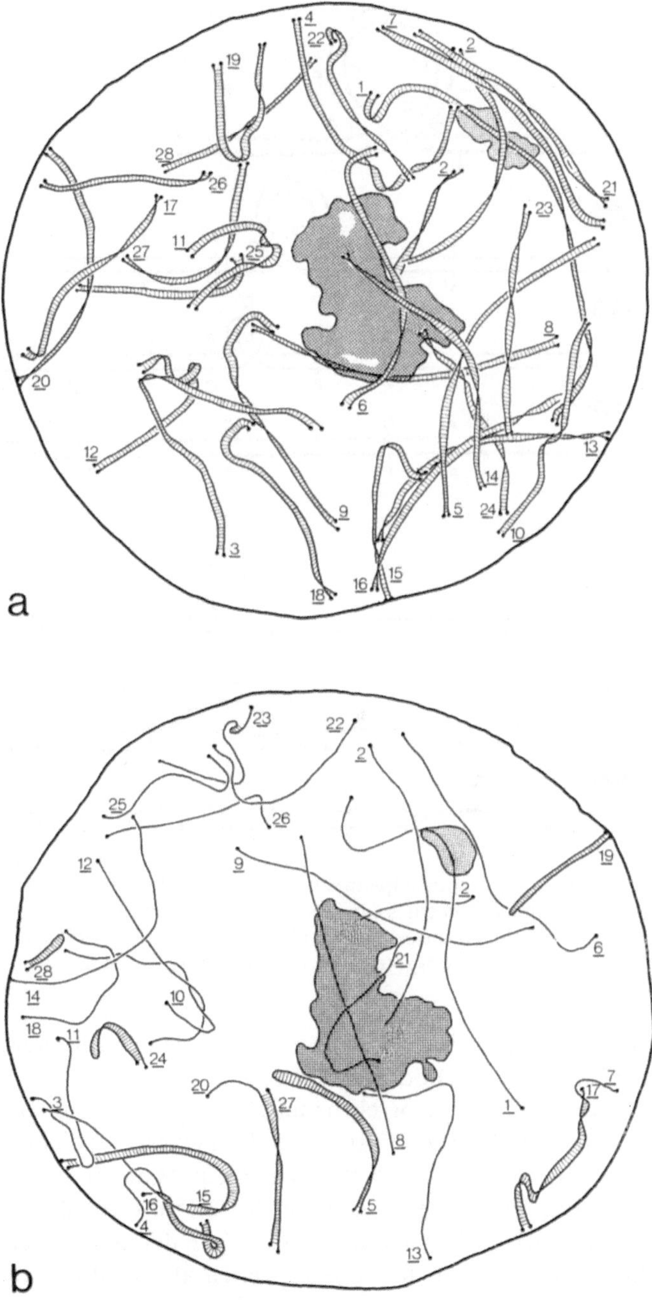

Abb. 9.16 a, b. Korrektur der Chromosomenpaarung in der Oocyte eines triploiden Seidenspinners. Im späten Pachytän sind nur noch **a** vollständig gepaarte Bivalente und **b** Univalente mit unterschiedlichem Ausmaß an nicht-homologer Paarung zu erkennen. Ihre Enden sind in der Kernhülle inseriert. Der Umriß gibt die Kernhülle des größten Anschnitts wieder. Die beiden Darstellungen sind Rekonstruktionen eines Kernes aus einer Ultradünnschnittserie. (Aus Rasmussen 1977)

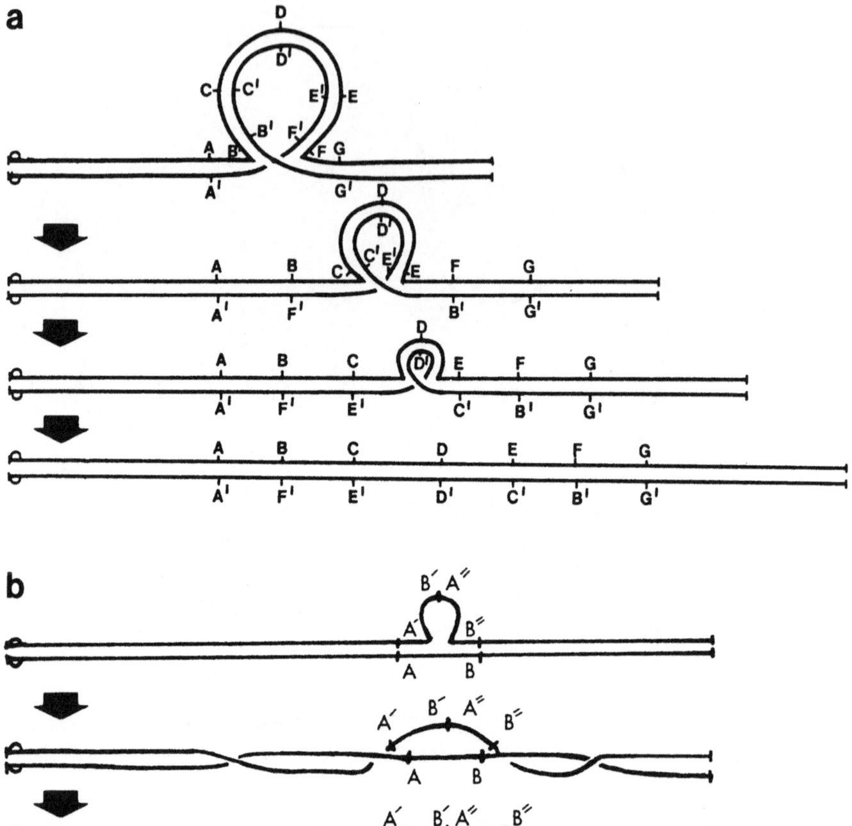

Abb. 9.17a, b. „Synaptic adjustment" in autosomalen Bivalenten der Maus. **a** Eine Schleife, die auf die Duplikation eines Chromosomensegments zurückgeht, wird unter Paarung nichthomologer Regionen ausgeglichen. (Nach Moses et al. 1981). **b** Eine Paarungsschleife in einem Inversionsheterozygoten löst sich auf. (Nach Moses et al. 1982)

unterscheiden (Abb. 9.17). Dieses Phänomen wurde „**synaptic adjustment**" genannt (Moses und Poorman 1981).

Beide Vorgänge, Korrektur und „synaptic adjustment", sind nicht auf die genannten Objekte beschränkt, sondern wurden auch bei weiteren Arten beobachtet. Es ist möglich, daß es sich im Grunde um dieselbe Zellaktivität handelt; denn beide Vorgänge führen zur Ausbildung regulärer, unverzweigter SCs. Allerdings trifft die Annahme, daß sich in der ersten Phase nur homologe Abschnitte paaren und sich in der zweiten alle strukturheterozygoten Bivalente durch „synaptic adjustment" normalisieren, nicht für alle Fälle zu. Einerseits paaren sich in der ersten Phase nicht nur streng homologe Chromosomensegmente – manche kleineren Inversionen werden, obwohl heterozygot, direkt in die Bildung eines gestreckten SC einbezogen –, andererseits haben manche Arten überhaupt kein „synaptic adjustment". Beim Mais z. B. bleiben Inversionsschleifen bis ins späte Pachytän hinein erhalten.

Für die Homologenpaarung notwendige Abschnitte. Heterochromatinblöcke haben bei der Homologenpaarung keine besondere Bedeutung. Unterschiedliche Größe oder gar vollständiges Fehlen in einem der Homologen stört die Paarung nicht. Heterochromatinblöcke paaren sich allerdings häufig später als euchromatische Blöcke und zeigen im Diplotän normalerweise keine Chiasmata.

Dagegen wurden beim Mais und bei *Drosophila* spezifische Abschnitte kartiert, die Bedeutung für die sog. **effektive Paarung** haben, d. h. für die Paarung, die eine homologe Rekombination ermöglicht. Dazu wurden Serien von Inversionen und Translokationen eines Chromosoms in ihrer Wirkung als Crossover-Suppressoren in strukturheterozygoten Bivalenten kartiert. Bestuntersuchtes Chromosom ist das X-Chromosom von *Drosophila*. Die Crossover-Suppression reicht bei Strukturheterozygotie in einem Chromosomensegment immer bis zu definierbaren Grenzen, die als **Paarungszentren** interpretiert werden. Das *Drosophila*-X enthält vier solche Paarungszentren (Abb. 9.18).

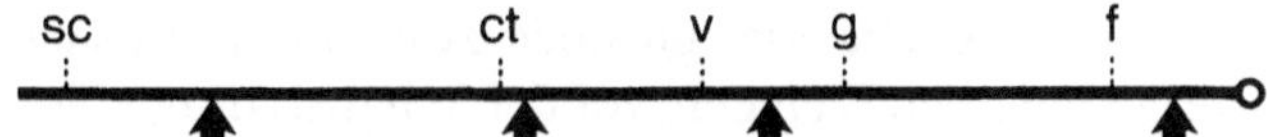

Abb. 9.18. Grenzen der Crossover-Suppression durch Strukturheterozygotie. Die Pfeile geben die Grenzen auf der genetischen Karte des X-Chromosoms von *Drosophila melanogaster* an. sc, ct, v, g und f sind Genmarken für die Kartierung. (Nach Hawley 1980)

Nach einer z. Zt. diskutierten Hypothese sind bei Säugetieren die früh replizierenden Chromosomensegmente für die homologe und effektive Chromosomenpaarung verantwortlich. Das sind in dem ausgeprägten Bandenmuster dieser Organismen die R-Banden (G-negative Banden).

Reziproke Translokationen bei Chromosomen der Maus belegen die Bedeutung der G-negativen Segmente. Im Pachytän verursachen die Translokationschromosomen meist die Bildung von Tetravalenten. In ihnen konkurrieren homologe und nicht-homologe Paarung miteinander. Liegen beide Bruchpunkte in G-negativen Banden, dann bleibt die Paarung streng homolog. Liegt ein Bruchpunkt oder liegen beide Bruchpunkte in G-positiven Banden, dann erstreckt sich die SC-Bildung häufig über den Bruchpunkt hinaus in den Bereich der benachbarten G-Banden. Diese nicht-homologe Paarung, die selbst bei Konkurrenz mit homologer Paarung auftreten kann, wird G-Synapsis genannt.

Mechanismus der Homologenpaarung. Zur Homologenpaarung müssen sich die Homologen

● als homolog erkennen und
● aufeinander zu bewegen.

Meist wird angenommen, daß homologe Basensequenzen der chromosomalen DNA bei der Homologenerkennung eine direkte oder indirekte Rolle spielen.

Das Erkennen von Homologie ist nach einer z.Zt. diskutierten Hypothese ein Nebenprodukt von Genkonversionsereignissen, bei der ohnehin die molekulare Homologie geprüft wird (s. Kap. 9.3). Nach einer anderen Hypothese spielt das Muster eingestreut repetitiver Sequenzen, an denen **Konnektoren** (Proteinverbindungsstücke) haften, die entscheidende Rolle. Das Abstandsmuster der Haftstellen ist nach dieser Hypothese für jedes Chromosomensegment charakteristisch; Homologenerkennung beruht darauf, daß die Chromosomen mit der besten Übereinstimmung im Muster der Haftstellen die stabilsten Verbindungen miteinander eingehen.

Eine Funktion bei der Homologenerkennung besitzt möglicherweise die **zygDNA**. Sie hebt sich dadurch von der übrigen DNA ab, daß ihre Replikation von der prämeiotischen S-Phase in das Zygotän verschoben ist. Bei *Trillium* und *Lilium* macht diese Komponente etwa 0,2% der Gesamt-DNA aus. Sie ist in Strecken von durchschnittlich 5 kb über das Genom verstreut. Inhibition der zygDNA-Replikation blockiert die Chromosomenpaarung.

Für das Aufeinander-zu-bewegen homologer Abschnitte wurde die Aktivität von kontraktilen Filamenten vermutet. Der Nachweis kontraktiler Proteine im SC ist aber derzeit noch zweifelhaft. Tatsächlich werden homologe Orte der lateralen Elemente vor der Synapsis durch fädige Brücken zusammengehalten, in deren Mitte jeweils ein Recombination nodule liegt. Das wurde in Leptotän-Zygotän-Spreitungspräparaten einiger Pflanzenarten beobachtet (Abb. 9.19). Der Zusammenhang mit Recombination nodules (s. Kap. 9.3) legt nahe, daß es sich bei den Fäden um Chromatinfäden und nicht um aktinähnliche Filamente handelt. Die Brücken könnten bei der Rekombination, bei der Erkennung der Homologen, bei der Annäherung der Homologen oder in mehreren dieser Funktionen eine Rolle spielen.

Homologen- und Homöologenpaarung. Allopolyploide Arten, die mehr als einen diploiden Satz enthalten, bieten einen Test für die Stringenz der Homologenpaarung, d.h. für die zur Homologenpaarung notwendige Genauigkeit

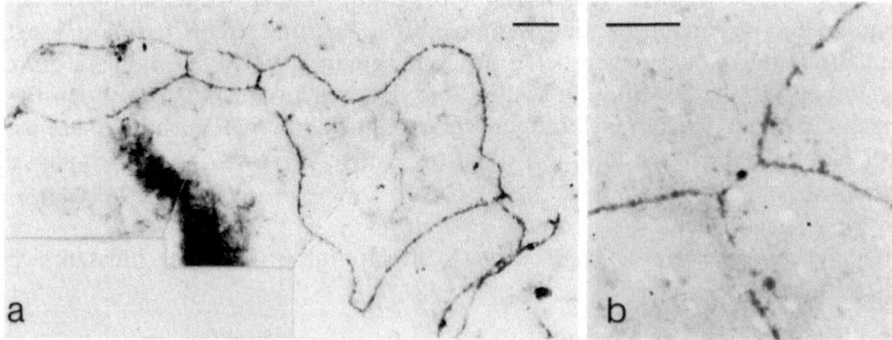

Abb. 9.19 a, b. Recombination nodules verbinden die beiden homologen lateralen Elemente über Fäden. **b** Eine einzelne Verbindung bei stärkerer Vergrößerung. Zygotänstadium von *Psilotum nudum*, Maßstab 1 µm. EM-Aufnahme von Spreitungspräparaten. (Aus Anderson u. Stack 1988)

der Übereinstimmung zwischen den Homologen. Besonders geeignete Testobjekte sind solche Arten, in denen nahe verwandte – homöologe – Chromosomensätze mit homologen Chromosomensätzen konkurrieren.

Ein gut untersuchtes Beispiel ist der allohexaploide Weizen *Triticum aestivum*. Er setzt sich aus den diploiden Genomen der Arten *Triticum monococcum, T. searsii* und *T. tauschii* zusammen und hat die Chromosomenzahl $2n = 6x = 42$ (s. Kap. 12.3). Im Zygotän findet man regelmäßig Multivalente, an denen bis zu sechs Chromosomen beteiligt sind. Sowohl homologe als auch homöologe Chromosomen gehen Paarungen miteinander ein. Im Pachytän sind nur noch reguläre Bivalente übriggeblieben, d.h. die Multivalente sind korrigiert worden. Man zählt deswegen regelmäßig 21 Bivalente in der Diakinese und in der Metaphase I. Die Paarung bleibt nur in den Homologen erhalten und führt nur zwischen ihnen zu Chiasmata. Die Chromosomen können offenbar bei der Korrektur und/oder beim Crossover zwischen Homologen und Homöologen unterscheiden.

Für die Kontrolle der Multivalentbildung ist beim Weizen in der Hauptsache das Gen Ph verantwortlich. Ph liegt auf dem langen Arm des Chromosoms 5B und kommt normalerweise in zweifacher Dosis vor. Es unterdrückt die Bildung von Chiasmata zwischen Homöologen. In Pflanzen, die aufgrund von Kreuzung oder Deletion kein Exemplar von Ph haben, werden Chiasmata auch zwischen Homöologen gebildet. Multivalente in der Metaphase I sind dann das Ergebnis. Im umgekehrten Fall, wenn die Gendosis von Ph auf sechs erhöht wird, vermindert sich die Zahl der Chiasmata so weit, daß nicht einmal mehr in jedem Bivalent eines vorkommt. Die Zahl der Bivalente verringert sich auf weniger als 21, statt dessen entstehen entsprechend viele Univalente. Wie aus der Beschreibung im vorigen Absatz deutlich wird, reguliert Ph nicht die Unterscheidung zwischen Homologen und Homöologen in der Paarungsphase. Offen bleibt daher, ob Ph die Anforderungen an Homologie beim Crossover oder nur den Zeitpunkt des Crossovers relativ zur Korrektur beeinflußt. Je nachdem nämlich, ob Crossover-Ereignisse vor oder nach der Korrektur oder gar nach Beginn des Diplotäns stattfinden, entstehen entweder Multivalente, Bivalente oder Univalente.

9.3 Rekombination: Konversion, Crossover und Chiasmata

Rekombination ist ein so auffälliges Merkmal der Meiose in genetischen Experimenten oder in Chromosomenfiguren der späten meiotischen Prophase I, daß man darüber leicht die mitotische Rekombination vernachlässigt. Tatsächlich wurde mitotische Rekombination bei *Drosophila* schon vor langer Zeit in somatischen Geweben nachgewiesen. Sie kommt auch bei anderen Organismen vor. Mitotische Rekombination ist einer von mehreren Mechanismen der DNA-Reparatur; Doppelstrangbrüche können wahrscheinlich nur über homologe Rekombination repariert werden. Bei Hefe nutzt man sie für gentechnische Experimente aus: Eingeschleuste Gene werden durch homologe mitotische Rekombination in das Genom integriert. Dennoch ist Rekombination ganz überwiegend mit der Meiose verbunden. **Intrachromosomale** meiotische **Rekombination** ist bei Hefe zwischen 100- und 1000mal häufiger als mitotische Rekombination. (Zur **interchromosomalen Rekombination**, der freien Rekombination ungekoppelter Faktoren, s. Kap. 2.4.)

Crossover und Genkonversion

Aus genetischen Experimenten, vorzugsweise mit Pilzen, kennen wir zwei unterschiedliche Formen der intrachromosomalen Rekombination: Crossover und Konversion. **Crossover** ist ein reziproker Austausch von Erbfaktoren, an dem flankierende Genmarken üblicherweise beteiligt sind. **Konversion** ist ein einseitiger, nicht-reziproker Austausch, bei dem ein Allel zugunsten eines anderen verloren geht. Flankierende Genmarken sind bei manchen dieser Ereignisse reziprok ausgetauscht, bei anderen nicht, d. h. Konversionen können sich im Zusammenhang mit einem Crossover oder auch ohne ein Crossover vollziehen.

Während sich bei Kreuzungsexperimenten mit höheren Pflanzen und Tieren das Verhalten der homologen Genorte der vier DNA-Doppelstränge im allgemeinen nur statistisch ermitteln läßt – die grundlegenden Erkenntnisse über das Crossover und die Anordnung der Gene wurden so bei *Drosophila* gewonnen – kann man bei Pilzen eine Tetradenanalyse durchführen, d. h. die Meioseprodukte einer einzelnen Meiozyte analysieren. Wie Abb. 9.20 zeigt, gehen bei dem Ascomyceten *Neurospora* acht linear hintereinander liegende Ascosporen in einem Ascus geordnet aus einer Meiose und einer anschließenden Mitose hervor. Sie repräsentieren die an der Meiose beteiligten, inzwischen replizierten, 8 DNA-Einzelstränge, die in der einschlägigen Literatur auch als **Halbchromatiden** bezeichnet werden.

Abb. 9.21 zeigt typische Verteilungen von phänotypischen Genmarken in solchen Asci. Vorherrschend sind reguläre 4:4-Verteilungen. Die Art der Verteilung gibt Auskunft über die Wirkung eines Crossovers. Das Markiergen wird in Ascus a mit den homologen Centromeren in der ersten meiotischen Teilung verteilt. In den Asci b, c und d segregiert es wegen eines Crossovers zwischen dem Centromer und dem Markiergenlocus erst in der zweiten meiotischen Teilung. Die Verteilung der Genmarken in diesen Asci zeigt, daß sich ein Crossover jeweils nur zwischen zwei der vier DNA-Doppelstränge abspielt. Nur zwei der vier Chromatiden sind an einem einzelnen Crossover-Ereignis beteiligt.

Crossover sind reziproke Rekombinationsereignisse. Sie verändern zwar das Muster der Segregation in den Asci, verschieben aber nicht die reguläre 4:4-Verteilung der genetischen Marken (Abb. 9.21 b–d). Neben diesen reziproken Austauschen treten auch Konversionen, d. h. nicht-reziproke Rekombinationen auf, die sich in 6:2-, 5:3- oder irregulären 4:4-Verhältnissen äußern (Abb. 9.21 e–i). 6:2-Verhältnisse zeigen Konversionen eines der vier an der Meiose beteiligten DNA-Doppelstränge einer Chromatide an. 5:3- und

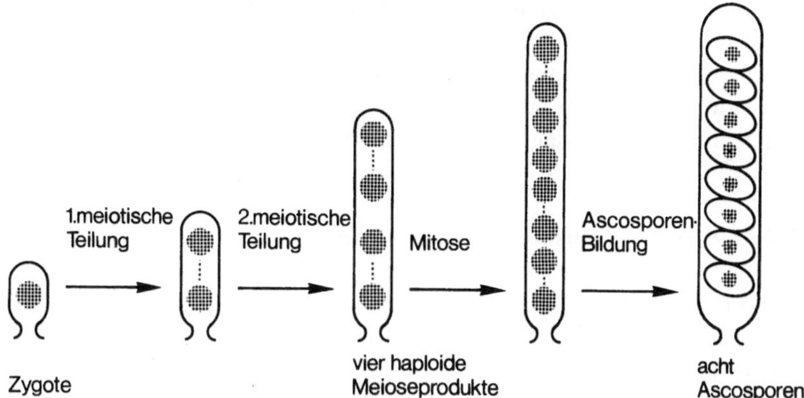

Abb. 9.20. Herkunft und Anordnung der acht Ascosporen in einem Ascus von *Neurospora*. (Nach Suzuki et al. 1981)

Abb. 9.21 a–i. Segregationen in einer Pilzkreuzung des Typs + × m. Ascus **a** reflektiert die Segregation der Genmarke in der ersten meiotischen Teilung. **b, c** und **d** geben Segregationen der Marke in der zweiten meiotischen Teilung wieder. Diese Verteilungen sind die Folge eines Crossovers zwischen der Marke und dem Centromer. Aus den Verteilungen in **e** bis **i** lassen sich Genkonversionsereignisse erschließen. 6:2- und 2:6-Verteilungen zeigen die Konversion eines DNA-Doppelstrangs (einer Chromatide) an. 5:3, 3:5- und irreguläre 4:4-Verteilungen sind Anzeichen von Einzelstrangkonversionen, sog. Halbchromatidenkonversionen

irreguläre 4:4-Verhältnisse werden auf das Vorkommen von Heteroduplex-DNA (Hybrid-DNA) in den rekombinierten DNA-Doppelsträngen zurückgeführt. Sie zeigen Einzelstrang-Konversionen an und kommen durch postmeiotische Segregation zustande.

Genkonversion ist nicht auf Pilze beschränkt. Nachdem auch bei *Drosophila* durch genetische Feinanalysen Genkonversion regelmäßig zu finden war, konnte man mit einem allgemeinen Vorkommen bei Eukaryonten rechnen. Genetische Analysen beim Mais bestätigen diese Erwartung. Konversionen machen sich nicht durch Chiasmabildung bemerkbar. Sie haben möglicherweise auch eine entscheidende Funktion bei der gegenseitigen Erkennung homologer Chromosomen (vgl. Kap. 9.2). Prinzipiell ähnliche Konversionsereignisse spielen sich nach DNA-Sequenzdaten vom Menschen und von der Maus auch unterhalb eines Genoms zwischen ähnlichen Sequenzen ab. Sie spielen eine Rolle bei der Angleichung von DNA-Sequenzen (vgl. Kap. 12.1).

Molekularer Mechanismus der Rekombination

Basierend vor allem auf den Ergebnissen der Prokaryonten- und der Pilzgenetik wurden molekulare Modelle der Rekombination entwickelt, deren Einzelschritte sich experimentell testen lassen. Elemente der zur Zeit favorisierten Modelle der Rekombination sind:

- Entstehung von Einzel- oder Doppelstrangbrüchen am Rekombinationsort
- Bildung von Heteroduplex-DNA
- Reparatursynthese der DNA zur Füllung von Einzelstranglücken und zur Korrektur von Heteroduplex-DNA
- Ligation der Einzelstrangbrüche
- Ausbildung einer Holliday-Figur
- Verschiebung der Holliday-Figur entlang der DNA durch „branch-migration"
- Enzymatische Auflösung der Holliday-Figur in den zwei möglichen Schnittrichtungen, von denen die eine zum Crossover, die andere zu einem Austausch ohne Crossover führt

Das **Modell von Holliday** (Abb. 9.22) war das erste weithin diskutierte Modell der molekularen Rekombination. Es geht von Brüchen in Einzelsträngen mit gleicher Polarität und an homologen DNA-Orten aus (Abb. 9.22 a). Die gebrochenen Einzelstränge werden symmetrisch ausgetauscht (Abb. 9.23 b) und die Brüche ligiert. Die Überkreuzung der Einzelstränge ergibt die sog. **Holliday-Figur** („Holliday junction") (Abb. 9.22 c, e). Die vier Einzelstränge treffen hier in Form einer Kreuzung zusammen, wie man am deutlichsten aus Abb. 9.23 entnehmen kann. Die Verzweigungsstelle kann sich durch Diffusion in eine der vier Richtungen der Kreuzung entlang der DNA verschieben („**branch migration**") und damit den Heteroduplexabschnitt vergrößern oder verkleinern. Durch Zerschneiden von zwei Einzelsträngen in der Kreuzung wird die Holliday-Figur aufgelöst. Die Schnitte können entweder durch die ehemals überkreuzten Stränge gehen (Abb. 9.22 c), dann kann das Resultat zur Konversion ohne Crossover führen, oder durch die ursprünglich nicht überkreuzten Stränge (Abb. 9.22 e), dann ist das Resultat ein Crossover. In der Nähe des Crossovers treten Abschnitte auf, die ebenfalls zur Konversion führen können. Aus Hefe und von den Bakteriophagen T 4 und T 7 sind Endonukleasen isoliert worden, die Holliday-Figuren in der vom Modell geforderten Weise auflösen.

Zur Konversion führen Heteroduplexstrecken mit eventuell vorhandenen Mismatch-Strecken, in denen die Einzelstränge nicht vollständig komplemen-

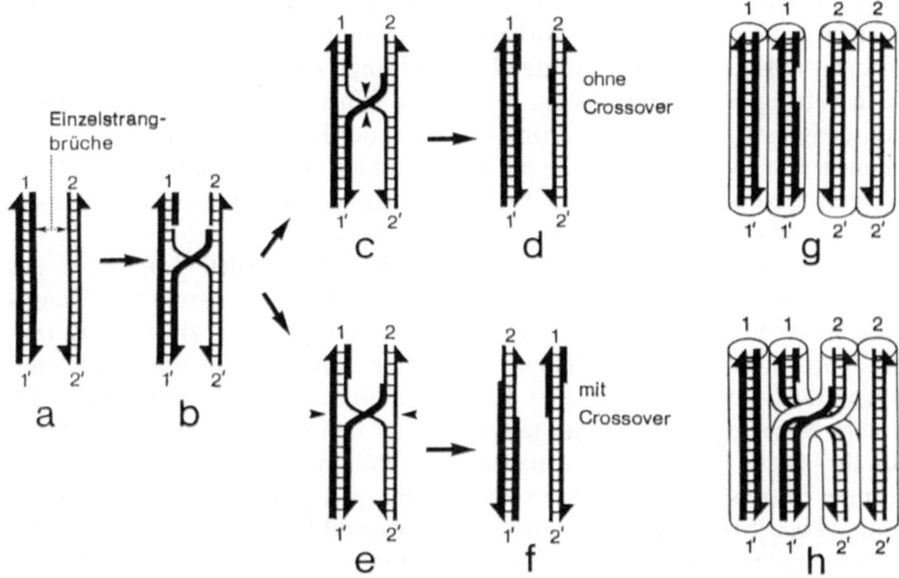

Abb. 9.22 a–h. Das Holliday-Modell der genetischen Rekombination. Jeder Einzelstrang wird durch eine Linie dargestellt. Dicke und dünne Linien symbolisieren die beiden beteiligten homologen DNA-Moleküle, Pfeilköpfe in **c** und **e** zeigen die beiden möglichen Schnittrichtungen bei der Auflösung der Holliday-Figur an. An der Eukaryontenmeiose nehmen vier Chromatiden teil. Nur je zwei Homologe interagieren an einer definierten Position. Die Konsequenzen der Rekombinationsvorgänge für die vier Chromatiden sind in **g** und **h** dargestellt

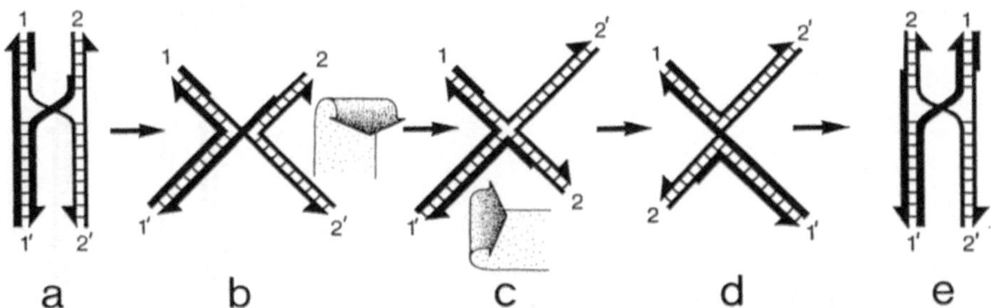

Abb. 9.23 a–e. Isomerisierung der Holliday-Figur. Alle dargestellten Formen sind topologisch gleichwertig. Die Gleichwertigkeit von **b**, **c** und **d** wird durch Drehung zweier Arme in Pfeilrichtung erkennbar. Die Holliday-Figur kann sich durch „branch migration" in Richtung 1, 1', 2 oder 2' verschieben

tär sind. Mismatch-Sequenzen bleiben entweder erhalten oder werden ganz oder teilweise durch DNA-Reparatursynthese korrigiert. Ob die Korrektur zum Wildtyp oder zur Mutantensequenz hin erfolgt, ist nicht vorhersagbar.

Alle beobachteten Spaltungsverhältnisse lassen sich an diesem Modell erklären. Man muß allerdings beachten, daß das Modell – ebenso wie die folgenden – nur das Schicksal der beiden an einem einzelnen Punkt rekombinierenden Doppelhelices verfolgt. In der Eukaryontenmeiose sind aber vier Chromatiden mit je einer Doppelhelix vorhanden, von denen an jedem Austauschereignis die im Modell berücksichtigten DNA-Stränge zweier homologer Chromatiden beteiligt sind. Abb. 9.22 g, h zeigt die Konsequenzen der Rekombinationsereignisse für alle vier Chromatiden. Bei der Konversion ohne Crossover trennen sich die beiden beteiligten Chromatiden wieder voneinander. Beim Crossover bleibt eine reziproke Verknüpfung der beiden Chromatiden bestehen. Sie entwickelt sich im Diplotän zum Chiasma.

Eine Weiterentwicklung ist das **Meselson-Radding-Modell** (Abb. 9.24), das die an den E. coli-Enzymen DNA-Polymerase I und recA gewonnenen Kenntnisse verarbeitet. Dieses Modell macht die Annahme von reziproken Einzelstrangbrüchen überflüssig. Ein einziger Einzelstrangbruch in einem der beteiligten DNA-Doppelstränge leitet die Rekombination ein. Die am 3'-Ende des Bruchs einsetzende DNA-Synthese verdrängt den gebrochenen Einzelstrang vor ihr. Diese Aktivität ist von der DNA-Polymerase I bekannt. Der verdrängte Einzelstrang wandert in eine homologe Stelle des anderen Doppelstranges ein (**Stranginvasion**, Abb. 9.24 b). Vorbild für diesen Schritt des Modells ist das recA-Protein, zu dessen Leistungen das Einpassen eines Einzelstranges in einen homologen DNA-Doppelstrang gehört. Der dabei in eine Schleife verdrängte homologe Einzelstrang („D-loop") wird durch Nukleasen partiell abgebaut; freie Enden werden ligiert (Abb. 9.24 c, d, e). Die entstandene Holliday-Figur hat die schon besprochenen Eigenschaften. Sie kann sich durch „branch migration" verschieben. Schneiden der ursprünglich äußeren oder der ursprünglich inneren Einzelstränge löst die Holliday-Figur auf (Abb. 9.24 f–i). Je nachdem endet der Rekombinationsvorgang dadurch mit einem Crossover oder ohne ein Crossover. Die Heteroduplexabschnitte, die in beiden Fällen auftreten, können Konversionen zur Folge haben.

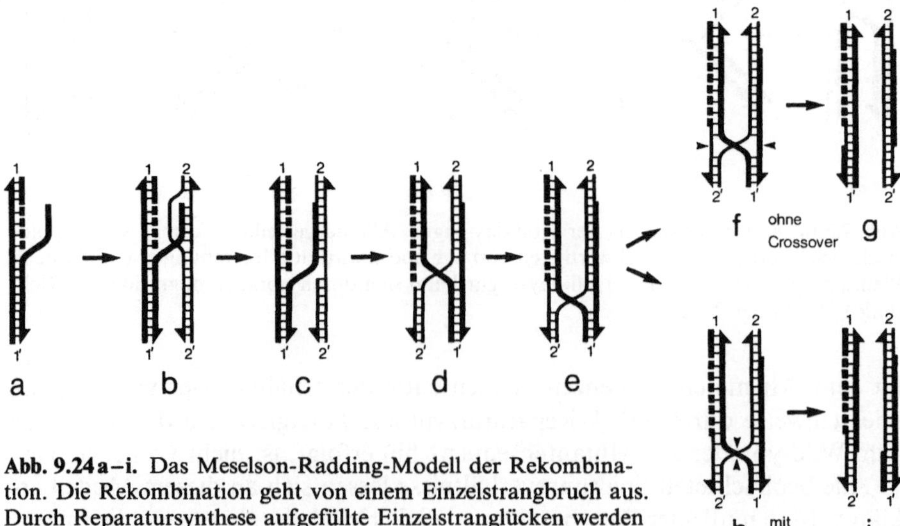

Abb. 9.24 a–i. Das Meselson-Radding-Modell der Rekombination. Die Rekombination geht von einem Einzelstrangbruch aus. Durch Reparatursynthese aufgefüllte Einzelstranglücken werden als unterbrochene Linien dargestellt

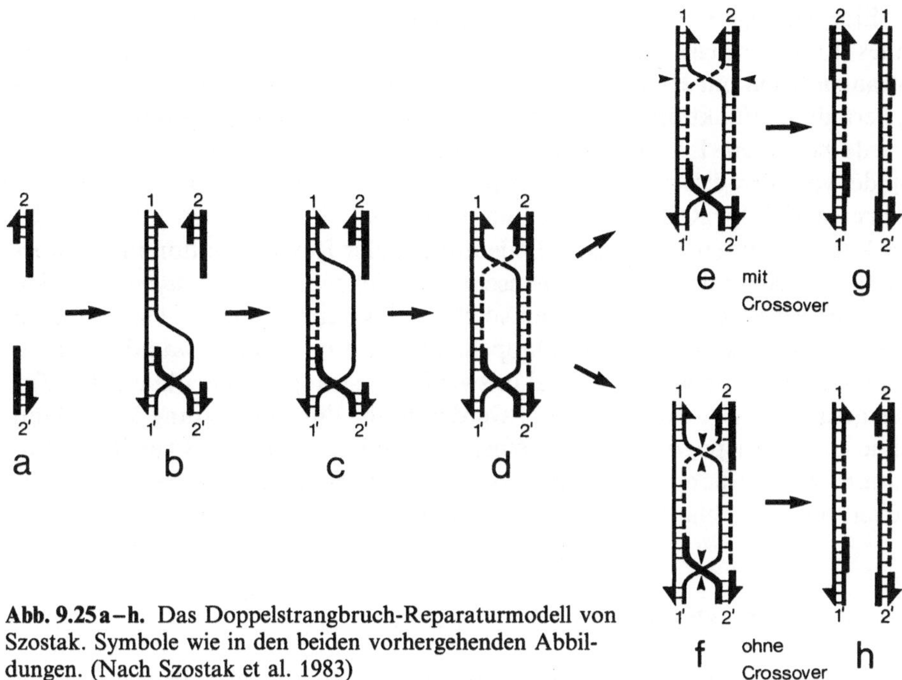

Abb. 9.25a–h. Das Doppelstrangbruch-Reparaturmodell von Szostak. Symbole wie in den beiden vorhergehenden Abbildungen. (Nach Szostak et al. 1983)

   Ausgangspunkt der Rekombination kann aber auch ein Doppelstrangbruch in einer der DNA-Doppelhelices sein, wie aus den Ergebnissen von Rekombinationsexperimenten zwischen Plasmiden und homologen Regionen in Hefechromosomen hervorgeht. Diese Kenntnis wird in dem **Doppelstrangbruch-Reparaturmodell von Szostak** verarbeitet (Abb. 9.25). Exonukleolytischer Abbau erzeugt freie 3′-Enden an den Bruchstellen (Abb. 9.25a). Ein freies 3′-Ende verdrängt im homologen DNA-Strang einen Einzelstrang, der einen „D-loop" bildet (Abb. 9.25b). Der „D-loop" wird nach diesem Modell nicht abgebaut, sondern hat eine wichtige Funktion. DNA-Synthese am eingewanderten 3′-Ende verdrängt weitere Einzelstrangabschnitte und vergrößert damit den „D-loop", bis das 3′-Ende am anderen Ende des Doppelstrangbruchs darauf homologe Sequenzen für die Renaturierung zum Doppelstrang findet (Abb. 9.25c). Reparatursynthese füllt die fehlenden Strecken auf (Abb. 9.25d). Die verbleibenden Einzelstrangbrüche werden durch Ligation geschlossen. Zwei Einzelstrangkreuzungen sind dabei entstanden. Es sind Holliday-Figuren, die sich durch „branch migration" weiter voneinander entfernen können. Je nachdem, welche Stränge bei der Auflösung der Holliday-Figuren geschnitten werden, ist das Resultat eine Rekombination mit oder ohne Crossover (Abb. 9.25g, h). Auch nach diesem Modell können in den verschiedenen Abschnitten des Rekombinationsortes unterschiedliche Segregationen von genetischen Marken erwartet werden. Wie oben schon dargestellt, werden die Verhältnisse noch durch Mismatch-Reparatur der Heteroduplices kompliziert.

Eine wichtige Funktion bei den beiden neueren Modellen ist das Einpassen eines Einzelstranges in die homologe Position eines Doppelstranges, die **Stranginvasion** mit **Heteroduplexbildung**. Das RecA-Protein von *E. coli* katalysiert diese Funktion. Ein Enzym mit offenbar gleicher Funktion, Rec 1, wurde bei einem Eukaryonten, dem Pilz *Ustilago,* gefunden. Dieses Protein bindet vorzugsweise an Z-DNA. Es kann deswegen sein, daß die Z-Konformation eine wichtige Rolle in der Rekombination von Eukaryonten hat. Besonderes Interesse für eine eventuelle Bedeutung in der Rekombination finden aber die **B-Z-Grenzen** der DNA. In menschlichen Zellen und in *Drosophila* wurden Proteine gefunden, die speziell an solche B-Z-Grenzen binden. Da an diesen Stellen eine links gewundene Doppelhelix auf eine rechts gewundene trifft, kann sich der Doppelstrang lokal in zwei Einzelstränge teilen, ohne daß dafür der gesamte DNA-Faden gedreht werden muß. Ein Einzelstrang kann dann ohne ein Bruchereignis mit Hilfe eines recA-ähnlichen Enzyms zur Rekombination in einen homologen Doppelstrang einwandern, was weitere Möglichkeiten für den Ablauf der Rekombination ergibt.

Crossover führt zum Chiasma

Der Zusammenhang zwischen Crossover und Chiasma war in der klassischen cytogenetischen Forschung über lange Zeit hypothetisch, bis er in den 30er Jahren sichergestellt wurde. Das 1:1-Verhältnis zwischen genetisch ermittelten Crossovern und cytologisch sichtbaren Chiasmata ließ sich statistisch nachweisen, als mit dem Mais eine Art mit gut analysierbarer Meiose auch genetisch gut kartiert war. Der Summe von 1169 Morgan-Einheiten (cM, $=1\%$ Austausch) für die Gesamtlänge aller Kopplungsgruppen stehen durchschnittlich 27 Chiasmata pro Meiozyte gegenüber. Da man für jedes Crossover eine

Tabelle 9.1. Genomgröße und durchschnittliche genetische Austauschhäufigkeit. Die mit * bezeichneten Werte sind Mindestwerte, da keine guten Marken für die Chromosomenenden bekannt sind. n. b. = nicht bestimmt.

Art	Haploides Genom[a]	Morgan-Einheiten	Durchschnittliche DNA-Länge pro Morgan-Einheit	Errechnete Zahl der Crossover pro Meiozyte	Beobachtete Zahl der Chiasmata pro Meiozyte
Hefe	$1,4 \cdot 10^7$ bp	5000 cM *	$2,8 \cdot 10^3$ bp/cM	100 *[b]	n. b.
Drosophila	$1,6 \cdot 10^8$ bp	287 cM	$5,6 \cdot 10^5$ bp/cM	5,7[e]	n. b.
Mais	$3,1 \cdot 10^9$ bp	1169 cM *	$2,7 \cdot 10^6$ bp/cM	23 *[d]	27[d]
Maus	$3,0 \cdot 10^9$ bp	1445 cM *	$2,1 \cdot 10^6$ bp/cM	29 *[c]	25,4[c]

[a] Quelle der DNA-Gehalte s. Tabelle 7.1
[b] Mortimer u. Schild (1984)
[c] Imai u. Moriwaki (1982); Hillyerd (1988)
[d] Coe (1984)
[e] Lindsley u. Grell (1944)

Austauschhäufigkeit von 50%, d.h. 50 Morgan-Einheiten, ansetzen muß, kann man rund 23 Crossover errechnen, was eine recht gute Übereinstimmung mit dem gefundenen Wert für Chiasmata ist. Bei der Maus kommt man zu einer ähnlich guten Übereinstimmung zwischen Chiasmata und Crossover (Tabelle 9.1). Den direkten Beweis für den Zusammenhang von Chiasma und Crossover führte K. Stern in den 30er Jahren mit einem Experiment, in dem er gleichzeitig genetische und cytogenetische Marken des X-Chromosoms von *Drosophila* einsetzte und nachwies, daß dem genetisch nachweisbaren Austauschereignis ein cytologisch sichtbares entsprach.

Bei der Zuordnung des genetisch nachweisbaren Crossovers und des im Mikroskop sichtbaren Chiasma standen sich die klassische Theorie und die Chiasmatyptheorie von Janssen gegenüber. Die **klassische Theorie** nahm an, die Schwesterstränge (Chromatiden) hätten in einem früheren Stadium abschnittweise ihre Partner gewechselt und würden dadurch im Diplotän die sichtbaren Chiasmata erzeugen. Ein Bruch im Chiasma in der Anaphase und anschließende Bruchheilung würde dann den genetischen Austausch, das Crossover, bewirken. Kurz: das Crossover ist die Folge eines Chiasmas.

Auf der anderen Seite postulierte die **Chiasmatyptheorie**, daß durch ein Bruch- und Fusionsereignis in einem früheren Stadium die Chromatiden homologer Chromosomen verknüpft worden sind und dadurch im Diplotän ein Chiasma bilden. Kurz: das Crossover ist die Ursache für das Chiasma. In vielen cytogenetischen Experimenten wurde die Chiasmatyptheorie bestätigt. Eine entscheidende Beobachtung war: Schwesterstränge wechseln nicht den Partner, sie bleiben bis zur Metaphase I in Kontakt miteinander.

Den direkten Beweis für die Richtigkeit der Chiasmatyptheorie liefert die Technik der differentiellen Markierung der Schwesterstränge (Abb. 9.26). Crossover-Ereignisse, d.h. Bruch und wechselseitige Verknüpfung der homologen DNA-Doppelhelices, werden sichtbar, wenn sie zwischen verschieden

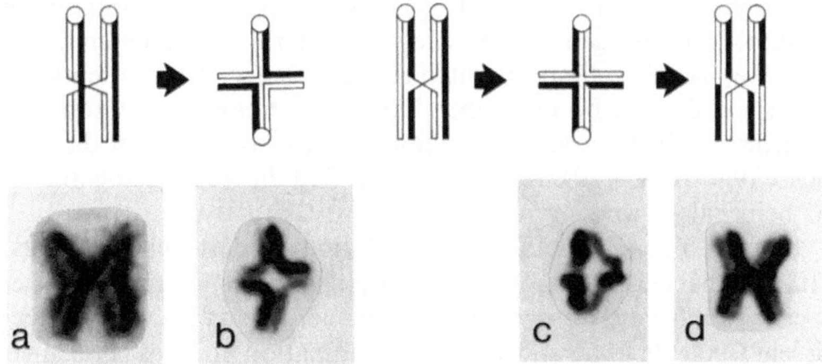

Abb. 9.26a–d. Crossover und Chiasmata in der weiblichen Meiose der Maus. Die differentiell gefärbten Schwesterstränge werden durch Inkorporation von BrdU in der vorletzten prämeiotischen S-Phase und anschließende FPG-Färbung (Fluoreszenz plus Giemsa) dargestellt. Crossover zwischen verschieden gefärbten homologen Strängen führten zu sichtbarem Austausch (**c, d**), zwischen gleich gefärbten zu unsichtbarem Austausch (**a, b**). Chiasmata entstehen und bleiben am Ort des Crossovers. Die Figuren **c** und **d** sind topologisch gleichwertig. (Fotos aus Polani et al. 1981)

markierten homologen Strängen abgelaufen sind. Die Beobachtungen zeigen, daß Schwesterstränge stets eng miteinander verbunden bleiben und ein Crossover an Ort und Stelle zu einem Chiasma führt.

Zeitpunkt des Crossover

Den Zeitpunkt, zu dem die meiotischen Crossover-Ereignisse stattfinden, kann man vorläufig nur eingrenzen. Crossover finden frühestens nach der Replikation der DNA in der prämeiotischen S-Phase statt; denn Tetradenanalysen bei Pilzen zeigen nach einem Crossover-Ereignis immer zwei von vier Zellen als reziproke Rekombinanten (vier von acht bei Neurospora, s. Abb. 9.21). Auch in den Diplotän- und Diakinesebivalenten mit differentiell gefärbten Schwittersträngen (Abb. 9.26) sind immer nur zwei von vier Chromatiden bei einem Crossover-Ereignis rekombiniert. Das Crossover muß also nach der Verdopplung der Chromatiden eingetreten sein. Spätestmögliches Stadium ist das Pachytän, denn im Diplotän sind Crossover bereits als Chiasmata offensichtlich vorhanden.

Überoptimaler Temperaturanstieg erhöht bei Pilzen und Lebermoosen die Austauschrate. Die sensible Phase für den Temperatureinfluß auf die Crossover-Rate liegt ebenfalls zwischen der späten prämeiotischen Interphase und dem Pachytän. Besonders plausible Stadien für Crossover-Ereignisse sind das Zygotän und das Pachytän, wenn mit Hilfe der SCs homologe Abschnitte der Chromosomen in räumlicher Nähe zueinander gehalten werden und sich damit günstige Gelegenheiten für das Zusammentreffen homologer Loci bieten.

Recombination nodules

Die Rekombination nodules liegen als rundliche bis elliptische elektronendichte Körper auf den SCs zwischen den lateralen Elementen (Abb. 9.27, s. a. Abb. 9.6). An Zygotänpräparaten einiger Pflanzenarten erkennt man, daß sie schon vor der SC-Bildung über Fäden mit homologen Orten der lateralen Elemente verbunden sind. An diesen Orten konvergieren die lateralen Elemente (vgl. Abb. 9.19). Man nimmt an, daß die Verbindung auch im fertigen SC beibehalten wird.

Innerhalb der Zygotän-Pachytän-Periode ändert sich das Verhalten und – häufig – die Gestalt der Recombination nodules. Man unterscheidet daher zwei Typen, für die verschiedene Namen vorgeschlagen wurden. Sie werden in diesem Buch als **frühe** und **späte** Recombination nodules bezeichnet. Bei *Drosophila* haben frühe Recombination nodules eine ellipsoide, späte eine kugelige Gestalt. Frühe Nodules sind zahlreicher als späte Nodules. Bei *Drosophila*, beim Menschen und der Mehrzahl der untersuchten Arten werden etwa doppelt so viele frühe wie späte Recombination nodules gefunden. Bei der Tomate und der Zwiebel sind es sogar über 20mal so viele. Frühe Nodules sind statistisch über die SCs verteilt. Späte Nodules zeigen dagegen die gleiche Art von

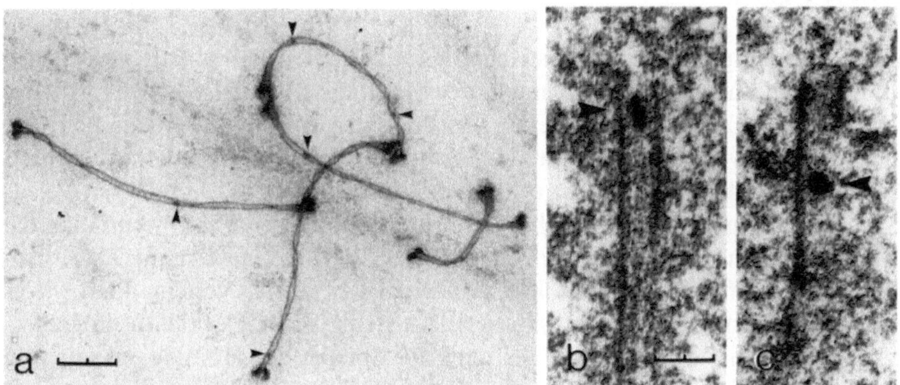

Abb. 9.27 a–c. Recombination nodules. **a** Fünf SCs der Maus mit je ein bis zwei Recombination nodules (*Pfeilköpfe*). EM-Aufnahme eines Spreitungspräparates, Maßstab 2 μm. (R. Johannisson, Lübeck.) **b, c** Recombination nodules in der Spermatogenese des Seidenspinners *Bombyx mori*. EM-Aufnahmen von Ultradünnschnitten, Maßstab 0,2 μm. (Aus Holm u. Rasmussen 1980)

Interferenz wie Crossover oder Chiasmata; d. h. die Anwesenheit eines Recombination nodule verringert die Wahrscheinlichkeit für das Auftreten eines zweiten in der Nähe.

Die Übereinstimmung der späten Nodules in Lage und Zahl mit den Crossover und Chiasmata geht noch weiter. Große Chromosomen haben mehr Recombination nodules und mehr Chiasmata als kleine Chromosomen, aber sogar die kleinsten Chromosomen haben regelmäßig ein Recombination nodule bzw. ein Chiasma. Späte Recombination nodules sind ebenso wenig wie Chiasmata in heterochromatischen Regionen zu finden. Die Korrelation zwischen Chiasmata bzw. Crossover-Ereignissen und den späten Recombination nodules in Lage und Zahl macht es sehr wahrscheinlich, daß sie entsprechend ihrem Namen eine Funktion bei der Rekombination haben. Für eine Rolle beim genetischen Austausch spricht auch, daß sie mit DNA-Synthese assoziiert sind, die man nach den molekularen Modellen als Reparatursynthese am Ort der Rekombination erwarten muß. Recombination nodules werden als besonders große Multienzymkomplexe interpretiert, in denen viele an der Rekombination beteiligte Proteine vereinigt sind.

Von der Vielzahl der frühen Recombination nodules bleiben vermutlich nur diejenigen als späte Recombination nodules übrig, die entweder die Ursache für ein Crossover sind oder ein bereits vollzogenes Crossover anzeigen. Es ist zur Zeit nicht möglich, zwischen diesen beiden Deutungen zu unterscheiden. Nach einer z. Zt. diskutierten Hypothese haben beide Typen mit Rekombination zu tun, die frühen Nodules mit Konversionsereignissen und die späten mit Crossover-Ereignissen.

Meiose-Figuren

Die Ausbildung der charakteristischen Kreuz- und Ringfiguren der Bivalente
im Diplotän, in der Diakinese und in der Metaphase I hängt von der Lage und
der Zahl der Chiasmata ab. Bei Organismen mit großen Chromosomen, wie
z. B. den Schwanzlurchen oder den Heuschrecken, lassen sich Verlauf und
Verknüpfung der einzelnen Chromatiden gut verfolgen (s. Abb. 2.8).

Viele Diakinese- und MetaphaseI-Figuren versteht man erst, wenn man die
Veränderungen beim Übergang vom Diplotän zur Diakinese kennt. Die Chromatiden verkürzen sich. Homologe entfernen sich so weit voneinander, wie es
die Verknüpfung über die Chiasmata zuläßt (Abb. 9.28). Der relativ entspann-
teste Zustand ist offenbar der, bei dem die Ebenen der Homologen vor und
nach einem Chiasma senkrecht zueinander stehen. Aus einem Bivalent mit

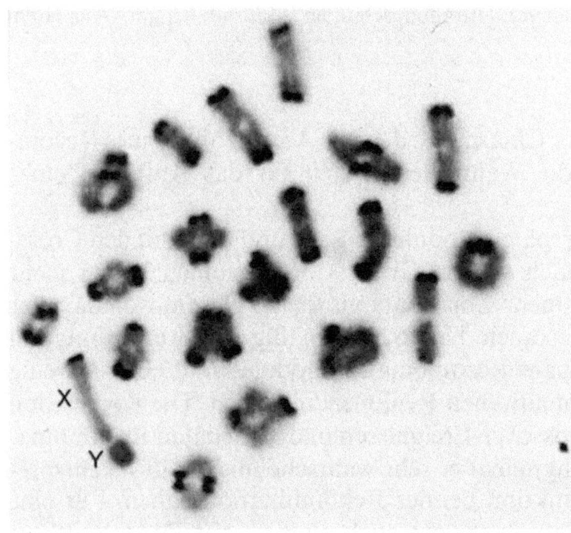

Abb. 9.28. Diakinese der Maus.
Die C-Bandenfärbung markiert
das centromerennahe Ende der
akrozentrischen Chromosomen.
Die 19 autosomalen Bivalente
haben variable Figuren mit
einem oder zwei Chiasmata,
das XY-Bivalent ist stets terminal gepaart. Die Centromere
der Homologen haben sich so
weit voneinander entfernt, wie
die Lage der Chiasmata zuläßt
(H. Winking, Lübeck)

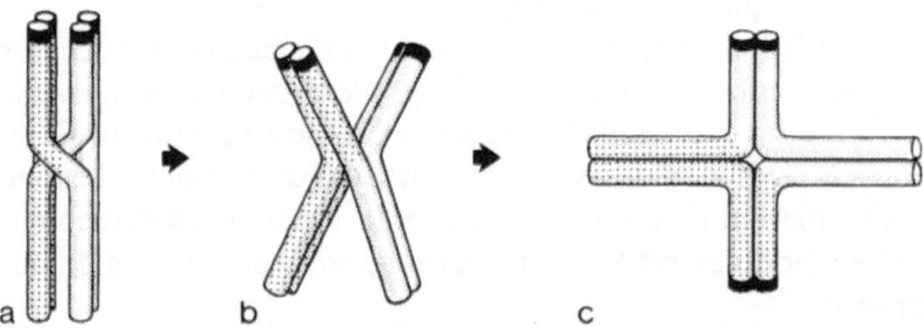

Abb. 9.29 a–c. Umwandlung eines Bivalents mit einem Chiasma in die Kreuzform. Die drei
Figuren sind topologisch gleichwertig. Schwesterstränge bleiben immer miteinander verbunden. Die hypothetische Form in Pachytän (**a**), Diplotän (**b**), Diakinese (**c**)

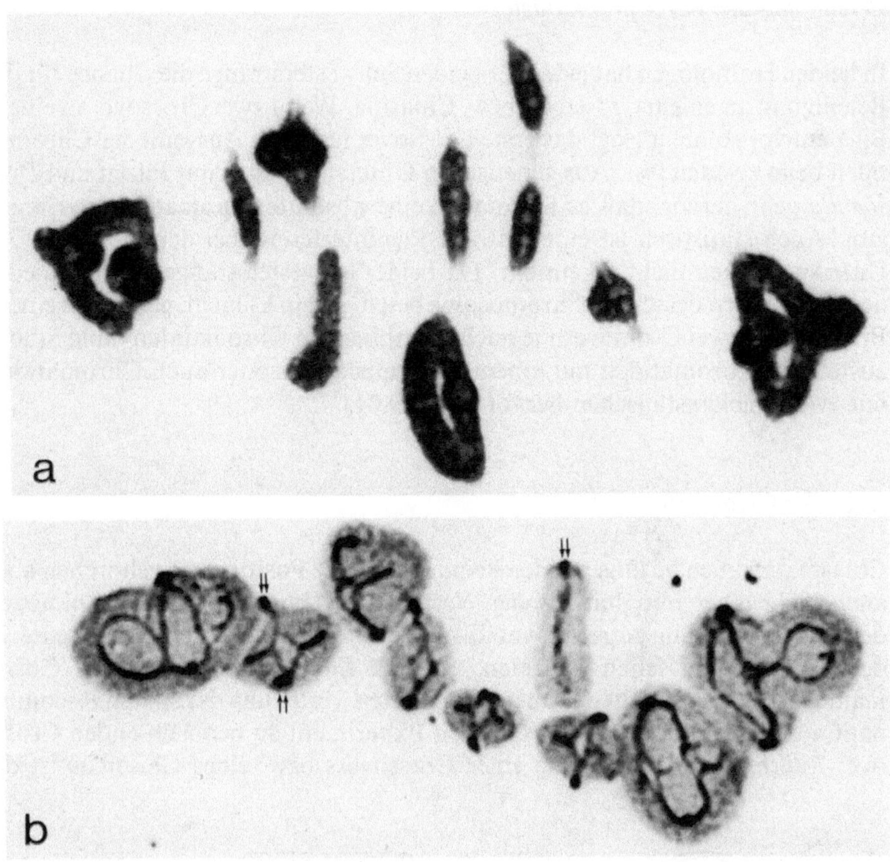

Abb. 9.30a, b. Metaphase I der Heuschrecke *Chorthippus jucundus.* **a** Chromosomen in konventioneller Orcein-Färbung, **b** mit Silberfärbung zur Darstellung der Chromosomenachsen. Pfeile zeigen auf Kinetochore. (Aus Rufas et al. 1988)

einem Chiasma entsteht so ein Kreuz ohne Überschneidungen in der Diakinese (Abb. 9.29), aus Bivalenten mit zwei und mehr Chiasmata bilden sich mehr oder weniger komplizierte Ringformen (Abb. 9.30).

Nicht selten sieht man Bivalente, die nur noch an den Enden zusammenhängen („end-to-end association" oder „terminal association"). Beim XY-Bivalent des Menschen oder der Maus ist das ganz regelmäßig der Fall (Abb. 9.28). Sie können durch fast terminale Crossover zustande kommen. Beim XY-Bivalent von Mensch und Maus ist das inzwischen gut belegt. Eine weitere Möglichkeit, die aber z. Zt. sehr kritisch betrachtet wird (s. S. 238), ist „Terminalisation" der Chiasmata, eine Verschiebung der Chiasmata zu den Telomeren. Als dritte Möglichkeit wird erwogen, daß eine terminale Assoziation auch ohne jedes Chiasma erhalten bleiben kann. Dieser Fall tritt aber mit Sicherheit nicht generell ein, wenn einem Bivalent ein Chiasma fehlt.

Beteiligung der vier Chromatiden

In beiden Homologen hat jeder der beiden Schwesterstränge die Chance für die Beteiligung an einem Crossover bzw. Chiasma. Wenn zwei Crossover in einem Bivalent vorkommen, legt das erste Crossover nicht die Auswahl der Chromatiden beim zweiten fest. Aus genetischen Untersuchungen mit Pilzen und *Drosophila* geht hervor, daß es jedenfalls keine absolute **Chromatideninterferenz** gibt. Auch statistisch ist eine Chromatideninterferenz bei der Mehrzahl der Untersuchungen nicht erkennbar. Da beide Schwesterstränge an verschiedenen Crossovern desselben Chromosoms beteiligt sein können, gehen aus einem Bivalent mit zwei Crossovern je nach Kombination Chromatiden ohne Stückaustausch, Chromatiden mit einem Stückaustausch oder auch Chromatiden mit zwei Stückaustauschen hervor (Abb. 9.31).

Lage der Chiasmata

Chiasmata haben im allgemeinen keine festgelegte Position, sie gehorchen aber auch nicht einer rein statistischen Verteilung (Abb. 9.32). Einschränkungen der Gleichverteilung betreffen vor allem die heterochromatischen Segmente, in denen Chiasmata selten auftreten, und die **Chiasmainterferenz**. Die Chiasmainterferenz entspricht der oben diskutierten Verteilung der späten Recombination nodules und der im genetischen Experiment zu beobachtenden Crossover-Interferenz: in der Nähe eines Crossovers bzw. eines Chiasmas ist die

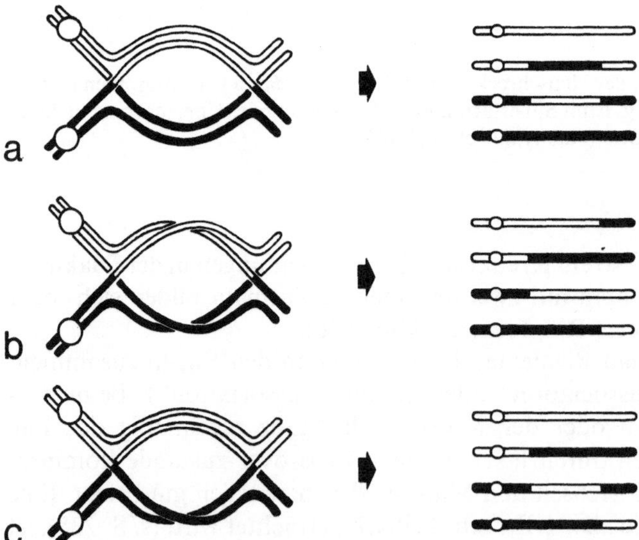

Abb. 9.31 a–c. Zwei Chiasmata in einem Bivalent können zu Chromatiden ohne Stückaustausch, mit einem oder zwei Stückaustauschen führen, je nachdem, welche Schwesterstränge an den Chiasmata beteiligt sind. An den Austauschereignissen nehmen in **a** zwei, in **b** vier und in **c** drei Chromatiden teil. (Nach White 1973)

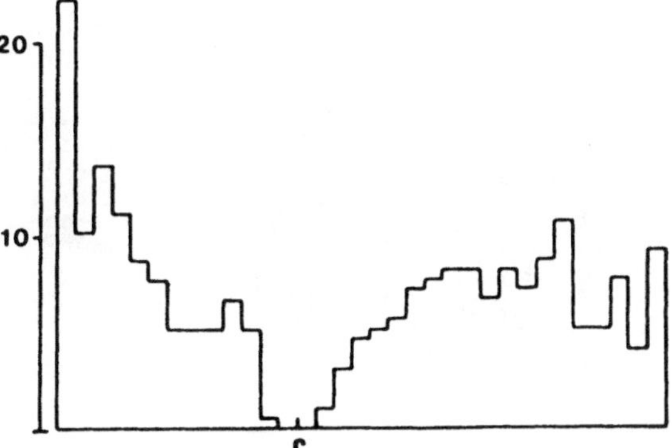

Abb. 9.32. Häufigkeitsverteilung der Chiasmata in L3-Bivalenten der Heuschrecke *Chorthippus brunneus*. Das Chromosom ist in Abschnitte von 5% des langen Arms eingeteilt. Das Centromer liegt bei C. (Aus Jones 1987)

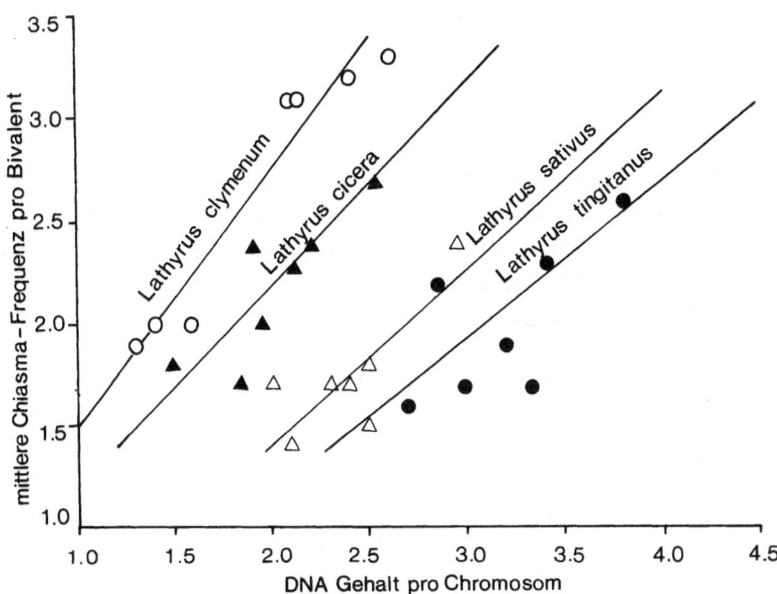

Abb. 9.33. Chiasmahäufigkeit in Abhängigkeit von der Chromosomengröße bei vier Arten der Platterbse. Alle vier Arten haben n = 7 Chromosomen, aber unterschiedliche Gesamt-DNA-Gehalte. Gleiche Symbole bedeuten Meßpunkte für die gleiche Species. (Nach Rees u. Narayan 1988)

Wahrscheinlichkeit für das Auftreten eines weiteren Crossovers bzw. Chiasmas reduziert.

Auch die Verteilung der Chiasmata über den Chromosomensatz folgt nicht rein statistischen Gesetzmäßigkeiten. Zwar haben große Chromosomen in einem Chromosomensatz regelmäßig mehr Chiasmata als kleine Chromosomen (Abb. 9.33, s.a. Abb. 9.30), legt man aber eine Poisson-Verteilung zugrunde, dann sind Bivalente ohne Chiasma wesentlich seltener als bei zufälliger Verteilung der Chiasmata zu erwarten wäre. Wir kennen den Mechanismus nicht, der für mindestens ein Chiasma pro Bivalent sorgt. Es ist aber anzuneh-

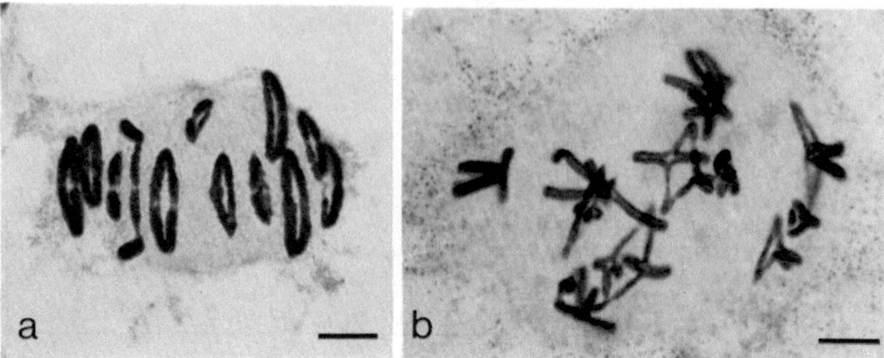

Abb. 9.34a, b. Unterschiedliche Verteilung der Chiasmata in der männlichen und weiblichen Meiose von *Triturus helveticus.* Die Chiasmata liegen in der Metaphase I von Spermatocyten distal (**a**), in der Metaphase I von Oocyten interkalar (**b**). Maßstab 10 µm. (Aus Callan u. Perry 1977)

men, daß er einem starken Erhaltungsselektionsdruck unterliegt; denn Bivalente ohne Chiasma verlieren meist ihren Zusammenhalt. Die entstehenden Univalente neigen zu meiotischem **Nondisjunction**, das zu Aneuploidie und im Gefolge damit zu Sterilität und Letalität führt (s. Kap. 9.4).

Chiasmata können auf die proximale oder distale Chromosomenregion beschränkt sein. Wenn dieses Phänomen in einer Art vorkommt, tritt es meist nur in einem Geschlecht auf. Beim Fadenmolch *Triturus helveticus* sind z. B. die Chiasmata in der weiblichen Meiose mehr oder weniger zufallsverteilt, während sie in der männlichen Meiose streng lokalisiert nur an den Chromosomenenden zu finden sind (Abb. 9.34). Streng lokalisierte terminale oder proximale Chiasmata leisten keinen Beitrag zur Rekombination des genetischen Inhalts der Chromosomen. Sie gleichen in dieser Hinsicht der achiasmatischen Meiose, bei der Crossover und Chiasmata vollständig unterdrückt sind (s. Kap. 9.4).

Gibt es Chiasmaterminalisation?

C.D. Darlington fand in der Diakinese und Metaphase I von einigen Blütenpflanzen regelmäßig mehr terminale Chiasmata als im Diplotän und schloß daraus, daß Chiasmata von ihrer ursprünglichen Position zum Chromosomenende hin verlagert werden können, daß sie **terminalisiert** werden. Auch die Zahl sichtbarer Chiasmata soll auf diese Weise abnehmen, wenn mehrere Chiasmata zum selben Chromosomenende hin terminalisiert werden.

Während Terminalisation zunächst als generelles Prinzip in der Homologenpaarung aufgefaßt wurde, traten später Zweifel am Vorkommen der Terminalisation bei experimentell wichtigen Organismen auf. Seit sich die Schwesterchromatiden durch BrdU differentiell markieren lassen, kann das Vorkommen von Terminalisation direkt geprüft werden. Schwesterstrangmarkierungen von meiotischen Chromosomen der Maus (s. Abb. 9.26) und verschiedener Heuschrecken, wie Schistocerca und Locusta ergaben keine Anhaltspunkte für eine Verschiebung der Chiasmata. Terminalisation ist daher kein generelles Phänomen. Zur Zeit wird sogar diskutiert, ob die an sich überzeugenden Beobachtungen an Pflanzen nicht anders interpretiert werden müssen.

Zahl der Chiasmata

Der Zusammenhang zwischen Chromosomengröße und Zahl der Chiasmata läßt vermuten, daß immer im Mittel gleich große Abschnitte rekombiniert werden. Das gilt aber nur für einen Vergleich innerhalb einer Art. Vergleicht man gleich große Chromosomen, d. h. Chromosomen mit gleichem DNA-Gehalt, aus verschiedenen Arten miteinander, dann ist die Chiasmafrequenz selbst bei nahen Verwandten ganz verschieden (s. Abb. 9.33). Das zeigt auch Tabelle 9.1, in der die Genomgrößen und Crossover-Häufigkeiten genetisch gut untersuchter Eukaryontenarten zusammengestellt sind. Obwohl z. B. das Genom der Hefe rund 300mal kleiner ist als das des Mais, enthält es doch mindestens dreimal so viele Crossover. Die durchschnittliche Zahl der Rekombinationsereignisse pro Genom und die durchschnittliche DNA-Länge pro Rekombinationsereignis sind artspezifische Größen.

Crossover-Suppression und interchromosomale Effekte

Translokationen und andere Strukturveränderungen in Chromosomen beeinflussen die Lage von Crossovern, wenn sie im heterozygoten Zustand vorkommen. Es ist naheliegend, Schwierigkeiten bei der Paarung homologer Segmente dafür verantwortlich zu machen. Crossover-Suppression ist insbesondere in genetischen Experimenten mit *Drosophila* genau untersucht worden. Strukturheterozygotie verhindert das Auftreten von Crossovern innerhalb kartierbarer Grenzen um die Bruchpunkte herum (s. Abb. 9.18).

Bei Inversionsheterozygoten kommt noch eine andere Form der Crossover-Suppression hinzu. Wenn trotz der Strukturheterozygotie ein Crossover innerhalb der Inversionsschleife auftritt, entstehen unbalancierte Gameten, die zu letalen Zygoten führen. Das Crossover erscheint innerhalb der Schleife vollständig „unterdrückt", weil die Crossover-Produkte nicht lebensfähig sind.

Schwieriger sind interchromosomale Effekte der Strukturheterozygotie zu verstehen. In der Mehrzahl der Fälle erhöht die Anwesenheit einer Strukturheterozygotie die Austauschrate in anderen Chromosomen. Kann dies noch durch einen begrenzten Vorrat an Rekombinationsmöglichkeiten formal erklärt werden, so kann die Erklärung nicht zutreffen, wenn – wie in selteneren Fällen – die Austauschrate in anderen Chromosomen verringert wird. Ein ganz ähnlicher Effekt geht von der Anwesenheit von B-Chromosomen auf die Chiasmafrequenz im Chromosomensatz aus. Meist erhöhen B-Chromosomen die Chiasmafrequenz, seltener erniedrigen sie sie.

9.4 Chromosomenverteilung in der Meiose

Bedeutung der Chiasmata für die Homologensegregation

Homologe Chromosomen mit mindestens einem Chiasma bleiben bis zur Metaphase I verbunden. Die Überkreuzung der Chromatiden in den Chiasmata hält die Homologen zusammen. Das funktioniert aber nur, weil die Schwesterchromatiden miteinander verbunden bleiben. Ähnlich wie in der Mitose haften Schwesterchromatiden auch in der Meiose bis zur Metaphase I aneinander.

Bivalente nehmen eine stabile Position in der Spindel ein, da an ihnen dank der Ausrichtung der Centromere gleichmäßige Zugkräfte ansetzen können (s. Kap. 2). Bei der Mehrzahl der Arten mit monozentrischen Chromosomen sind die Centromere der beiden Homologen in der ersten meiotischen Teilung zu den beiden Polen ausgerichtet. Man spricht von **Koorientierung** der Bivalente. Durch diese Eingliederung in die Spindel ist die korrekte Verteilung gesichert. Univalente, die durch das Fehlen eines Chiasmas entstehen, werden zufällig verteilt. In 50% solcher Fälle erwartet man daher Nondisjunction, eine Fehlverteilung der Chromosomen. Die Folge ist Aneuploidie der Gameten.

Auffällig verhalten sich einige heteromorphe Geschlechtschromosomen in der Meiose. Während z. B. für den Menschen oder die Maus eine homologe Region mit Paarung und Crossover-Bildung für einen Zusammenhalt der Geschlechtschromosomen sorgt und somit korrekte Segregation sichert, fehlt z. B. bei der Sandratte *Psammomys obesus* oder dem Waldlemming *Myopus schisticolor* eine typische Paarung von X und Y. Laterale Elemente werden zwar ausgebildet, sie bilden aber keinen synaptonemalen Komplex. Dennoch hängen die Chromosomen bis zur Metaphase I zusammen und werden offenbar regelmäßig verteilt (Abb. 9.35). Bei Myopus wird zwischen X und Y in Ultradünnschnitten ein Material sichtbar, das anscheinend als Klebstoff fungiert und damit das Chiasma in seiner Funktion für die Segregation der Chromosomen ersetzt.

 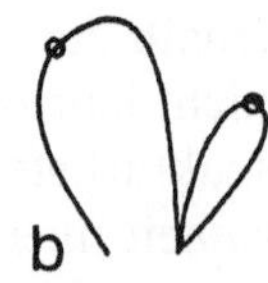 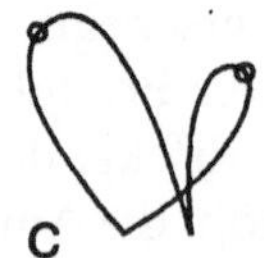 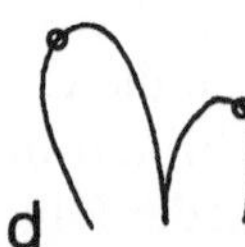

Abb. 9.35 a–d. Endassoziation von X- und Y-Chromosom der Sandratte *Psammomys obesus*. **a, b, c** und **d** sind die im späten Pachytän gefundenen Formen der Endassoziation der lateralen Elemente. Am weitaus häufigsten ist **a**. Vollständig getrennte Chromosomen wurden nicht gefunden. (Ashley u. Moses 1980)

Bei manchen Arten mit normaler chiasmatischer Meiose gibt es zusätzliche Mechanismen, die die Gefahr von Nondisjunction mindern. Bei Hefe werden künstliche Chromosomen auch ohne Sequenzhomologie und ohne Crossover zu 90% gleichmäßig verteilt. Bei *Drosophila*weibchen tritt ein zweites Verteilungssystem in Aktion, wenn Bivalente ohne ein Crossover geblieben sind. Es wird **distributive Paarung** genannt. Der Mechanismus ist nicht auf Sequenzhomologie angewiesen, sondern verteilt Chromosomen gleicher Größe. Das kleine vierte Chromosomenpaar hat z. B. in der normalen Meiose der Weibchen nur in etwa 3–4% der Meiosen ein Crossover, wird aber im allgemeinen richtig verteilt. Auch X-Chromosomen mit einer Crossover-Suppression, die über die gesamte Chromosomenlänge reicht, werden meist korrekt verteilt. Der zugrundeliegende chiasma-unabhängige Verteilungsmechanismus reicht aber nicht aus, um regelmäßig ganze Chromosomensätze korrekt zu verteilen. Rekombinationsdefiziente Mutanten von *Drosophila* haben daher eine hohe Nondisjunction-Rate.

Achiasmatische Meiose

Bei einer ganzen Reihe von Organismen werden Crossover und Chiasmabildung in der Meiose eines Geschlechtes unterdrückt. Sie kommen aus weit voneinander entfernten Verwandtschaftsgruppen wie Protozoen, Anneliden, Mollusken, Arachnomorphen, Crustaceen, Insekten und Pflanzen. Manchmal haben einzelne Arten isoliert in ihrer Verwandtschaftsgruppe achiasmatische Meiose entwickelt wie z. B. die Schachblume *Fritillaria amabilis*. In anderen Fällen besitzen ganze Verwandtschaftsgruppen wie z. B. die Schmetterlinge und die mit ihnen verwandten Köcherfliegen einheitlich achiasmatische Meiose in einem Geschlecht. Achiasmatische Meiose ist ganz sicher unabhängig voneinander in verschiedenen Verwandtschaftsgruppen entstanden.

Die bekanntesten Fälle achiasmatischer Meiose stellen die ♂♂ von *Drosophila* und vieler anderer Dipteren und die ♀♀ der Schmetterlinge dar. Bei Angehörigen dieser Gruppen ist das gleichzeitige Fehlen von Chiasmata und Crossover belegt. Der genetische Austausch ist auf interchromosomale Rekombination beschränkt. Im jeweils anderen Geschlecht, bei Fliegenweibchen oder Schmetterlingsmännchen, kommt normale chiasmatische Meiose vor, so daß der genetische Austausch innerhalb der Species ungestört ist. Eine Ausnahme bilden die Enchytraeiden (Annelida, Oligochaeta) mit achiasmatischer Meiose in beiden Geschlechtern.

Auffällig ist bei natürlich vorkommender achiasmatischer Meiose das Zusammenhalten der Bivalente bis zur Metaphase I und damit die ungestörte Chromosomenverteilung. Bei den Drosophila ♂♂ ist dafür die somatische Paarung verantwortlich. Nicht einmal ein synaptonemaler Komplex wird gebildet. Die homologen Autosomen, die bis dahin durch somatische Paarung verbunden sind, ‚öffnen' sich in der Metaphase I und hängen dann nur noch an Kontaktpunkten zusammen. Bei XY-Bivalenten wurden die als **Collochore** bezeichneten Kontaktpunkte genau lokalisiert. Sie liegen in heterochromatischen Segmenten.

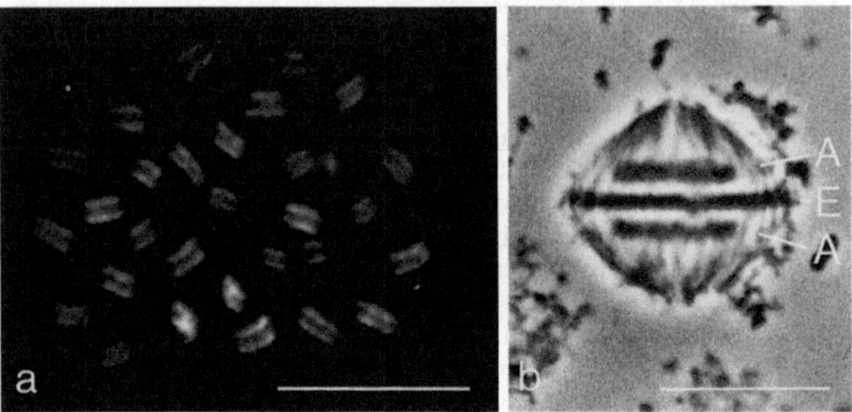

Abb. 9.36a, b. Achiasmatische Meiose bei einem Schmetterling. Die Homologen sind nicht durch Chiasmata verbunden sondern werden von Material zusammengehalten, das sich vom SC ableitet und als sog. Eliminationschromatin in der Anaphase liegenbleibt. **a** Metaphase I der weiblichen Meiose von *Ephestia kuehniella*. Fluoreszenzfärbung der DNA. (Aus Traut u. Rathjens 1973) **b** Isolierte Anaphase I-Spindel im Phasenkontrast. *A:* Anaphaseplatte; *E:* Eliminationschromatin. Maßstab 10 µm. (K. W. Wolf, Lübeck)

Bei den Schmetterlingsweibchen dagegen findet sich ein normales Pachytän mit SCs, wenn auch ohne Recombination nodules. Das Diplotän fällt aus. Unter Verkürzung gehen die Bivalente in die Metaphase I über. Modifiziertes SC-Material hält dabei die Homologen zusammen und dient für die korrekte Verteilung der Homologen als Chiasmaersatz. Es bleibt bei der Segregation der Chromosomen in der Metaphaseebene liegen (Abb. 9.36). Ursprünglich war dieses Material als **Eliminationschromatin** beschrieben worden. DNA ließ sich aber nicht nachweisen.

Neben den natürlich auftretenden Fällen von achiasmatischer Meiose wurden bei gut untersuchten Arten, wie z. B. bei den Lilien, auch achiasmatische Mutanten gefunden. In diesen Fällen führt aber das Fehlen von Chiasmata zum Zerfallen der Bivalente in Univalente und im Gefolge damit zu Fehlverteilungen in der Meiose.

9.5 Lampenbürstenchromosomen

Im Diplotän mancher, aber nicht aller Tierarten haben die Chromosomen eine Form, die an Flaschenbürsten bzw. die früher gebräuchlichen Bürsten zum Reinigen der Glaszylinder von Petroleumlampen erinnert. J. Rückert gab ihnen deswegen im Jahre 1892 den Namen Lampenbürstenchromosomen. Charakteristisch sind die entfalteten Chromatinschleifen, die von der Chromosomenachse ausgehen und als Orte besonders hoher Transkriptionsaktivität erkannt wurden. Die generelle Organisation des Chromatins in Schleifendomänen wird so bei Lampenbürstenchromosomen bereits im Lichtmikroskop sichtbar. Allerdings ist zur Zeit noch ungewiß, ob die Schleifendomänen der Mitosechromosomen mit denen der Lampenbürstenchromosomen identisch sind.

Vorkommen

Lampenbürstenchromosomen wurden erstmalig von W. Flemming 1882 in den Oocyten von Salamandern entdeckt. Molche und Salamander sind auch heute noch bevorzugte Untersuchungsobjekte für diese Chromosomen. Sie wurden aber auch in den Oocyten von Vögeln, Reptilien, Haien und Knochenfischen, manchen Mollusken und einigen Insekten gefunden. Lampenbürstenschleifen sind vorübergehende Merkmale der Chromosomen. Sie entwickeln sich erst im Verlaufe der Oogenese und werden nach einer Phase maximaler Entfaltung wieder eingezogen. In der Metaphase sind sie vollständig verschwunden.

Lampenbürstenchromosomen kommen nicht nur in der Oogenese, sondern auch in der Spermatogenese vor. Ein besonders gut untersuchtes Objekt sind die Lampenbürstenschleifen des Y-Chromosoms in den Spermatocyten von *Drosophila hydei* und verwandten Arten. Bei den Pflanzen besitzt die Meeresalge *Acetabularia* Lampenbürstenchromosomen im sogenannten Primärkern, dem einzigen Kern dieser Pflanze vor der Bildung der Gameten. Man kann in diesem Falle darüber streiten, ob es sich um einen mitotischen oder einen meiotischen Kern handelt. Mit geeigneter Methodik lassen sich vermutlich bei allen mitotischen und meiotischen Chromosomen Schleifendomänen nachweisen. Daher sollte der Begriff ‚Lampenbürstenchromosom‘ für solche Fälle vorbehalten bleiben, in denen die Schleifen natürlicherweise entfaltet sind und Orte hoher Transkriptionsaktivität darstellen. In diesem Sinne besitzen die Säugetiere keine Lampenbürstenchromosomen. Die Ausbildung von typischen Lampenbürstenchromosomen hängt in den geprüften Fällen mit einem raschen Zellwachstum und damit verbundenen sehr hohen Anforderungen an die RNA-Syntheseleistung der Chromosomen zusammen.

Struktur

Die Lampenbürstenchromosomen in den Oocyten der Amphibien, speziell der Urodelen, sind besonders groß (Abb. 9.37). Sie haben bis zu einigen hundert Mikrometern Länge, und der Umfang ihrer Schleifen kann bis etwa 200 µm betragen. Das ist der Grund dafür, daß sie auch für die Lichtmikroskopie sehr geeignet sind. Sie gehören neben den Polytänchromosomen zu den bestuntersuchten Chromosomen. Wegen ihrer Besonderheit wurden Lampenbürstenchromosomen für viele grundlegende Untersuchungen über die Struktur und Funktion der Chromosomen ausgenutzt. Die folgende Beschreibung bezieht sich auf die Lampenbürstenchromosomen der Molche und Salamander. Vermutlich ist die Organisation bei den weniger günstigen Objekten ähnlich.

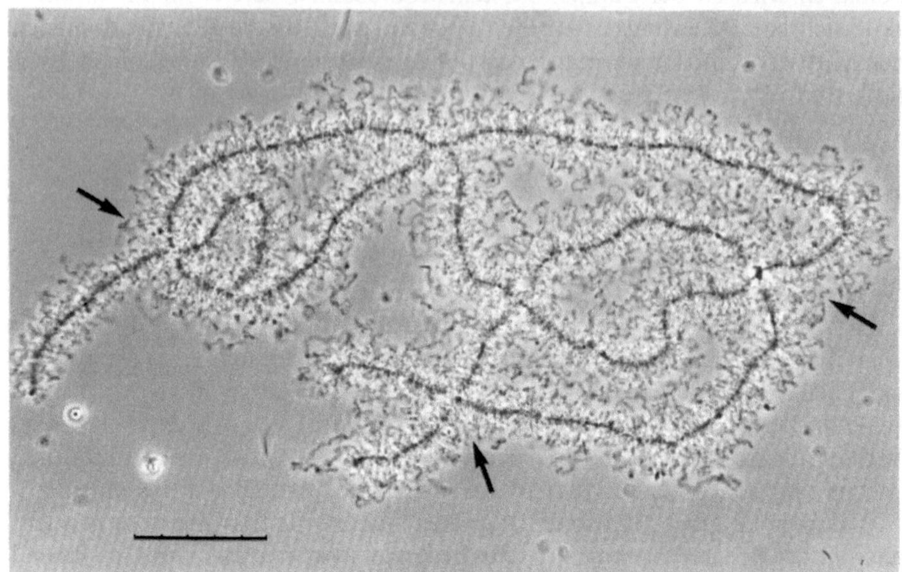

Abb. 9.37. Lampenbürstenchromosomen aus der Oocyte der *Notophthalmus viridescens*. Das Bivalent hat die charakteristische Diplotänfigur mit Chiasmata (Pfeile), jedes der beiden homologen Chromosomen besitzt eine Doppelreihe von Schleifen entsprechend seiner Zusammensetzung aus zwei hier nicht erkennbaren Chromatiden. Phasenkontrastaufnahme, Maßstab 5 µm. (J. G. Gall, Baltimore)

Die Achsen sind an vielen Stellen zu Chromomeren verdickt. An den meisten dieser Chromomeren entspringen Lampenbürstenschleifen. Bei manchen Arten ist die Centromerregion durch ein oder mehrere auffällige Chromomere repräsentiert; bei anderen ist sie so unauffällig, daß sie nicht sicher kartiert werden kann. Die Telomere sind immer als Chromomere ausgebildet, Lampenbürstenchromosomen enden nicht mit einer Schleife.

Die Lampenbürstenchromosomen haben im übrigen die Merkmale echter Diplotänbivalente (s. Abb. 9.37). Homologe Chromosomen sind durch Chiasmata verbunden. Überraschenderweise liegen die Chiasmata immer in den Achsen, nicht in den Schleifen. Die Schwesterchromatiden sind zwar in den Achsen nicht getrennt sichtbar, aber sie zeigen sich in den paarigen Schleifen. Jede einzelne Schleife ist also in einem Bivalent viermal vorhanden.

Die Schleifen bestehen aus einem DNA-Faden, der von einer Matrix aus Protein und RNA umhüllt wird. Die Kontinuität der Schleifen wird durch die DNA aufrechterhalten. Verdauung mit DNase zerbricht nämlich die Schleifen und löst sie schließlich ganz auf. Nach Auflösung der Matrix durch RNase und Proteinasen ist die Schleife zwar nicht mehr im Lichtmikroskop erkennbar, die DNA-Achse ist aber noch im Elektronenmikroskop nachweisbar. Erst die Protein- und RNA-Hülle macht die Schleifen auch im Lichtmikroskop sichtbar.

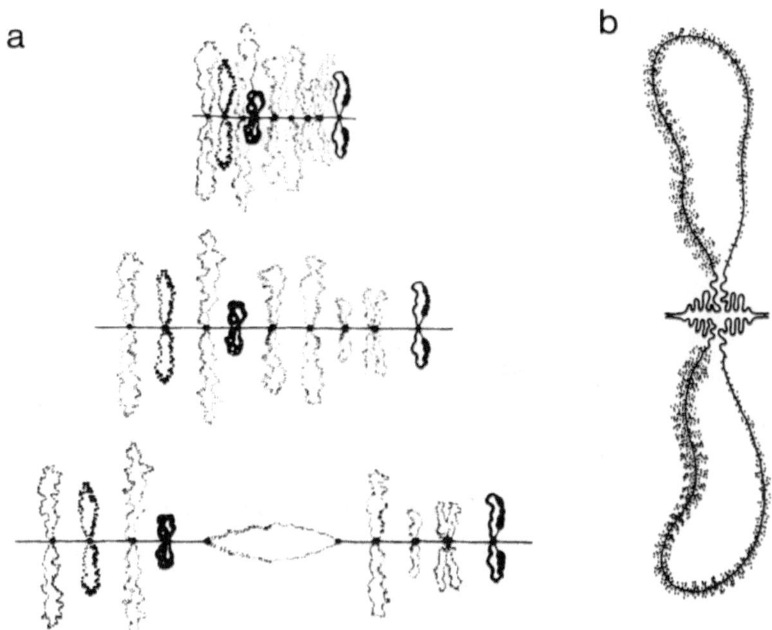

Abb. 9.38. a Querteilung eines Chromomers unter Zug. (Aus Callan 1963.) **b** Interpretation eines Chromomers und seiner Beziehung zu einem Paar Lampenbürstenschleifen. (Aus Gall 1956)

Die Verdauung mit DNase zerbricht nicht nur die Schleifen, sondern auch die Achsen. Die Bruchentstehung bei DNaseI-Behandlung folgt in den Schleifen in etwa einer 2-Treffer-Kinetik, in den Achsen einer 4-Treffer-Kinetik, d. h. einer exponentiellen Beziehung zwischen Zeit und Wirkung, bei der zwei bzw. vier Ereignisse räumlich nahe beieinander auftreten müssen, um gemeinsam einen Effekt zu erzeugen. Da DNaseI Einstrangbrüche hervorruft, bestätigt das die Vorstellung, daß die Schleife eine DNA-Doppelhelix enthält (Einstrangmodell der Chromosomen) und in den Achsen zwei DNA-Doppelhelices verlaufen, die jeweils den Zusammenhalt der Struktur bedingen.

Werden die Achsen von Lampenbürstenchromosomen unabsichtlich oder absichtlich – z. B. mit dem Mikromanipulator – überdehnt, so treten Brüche zuerst innerhalb der Chromomeren auf. Die Brüche liegen genau zwischen den Ursprüngen der beiden Schleifenenden, so daß nunmehr die Schleifen Brücken zwischen den Bruchenden bilden (Abb. 9.38 a). Das Ergebnis zeigt an, daß eine Kontinuität der Struktur zwischen den Achsen, den Chromomeren und den Schleifen besteht (Abb. 9.38 b).

Die Schleifen variieren innerhalb eines Chromosomensatzes. Der normale Schleifentyp hat eine glatte bis leicht fädige Matrix. Vereinzelt heben sich Schleifen durch höhere lichtbrechende Einschlüsse, durch eine besondere Form oder durch das regelmäßige Verschmelzen der Matrix benachbarter

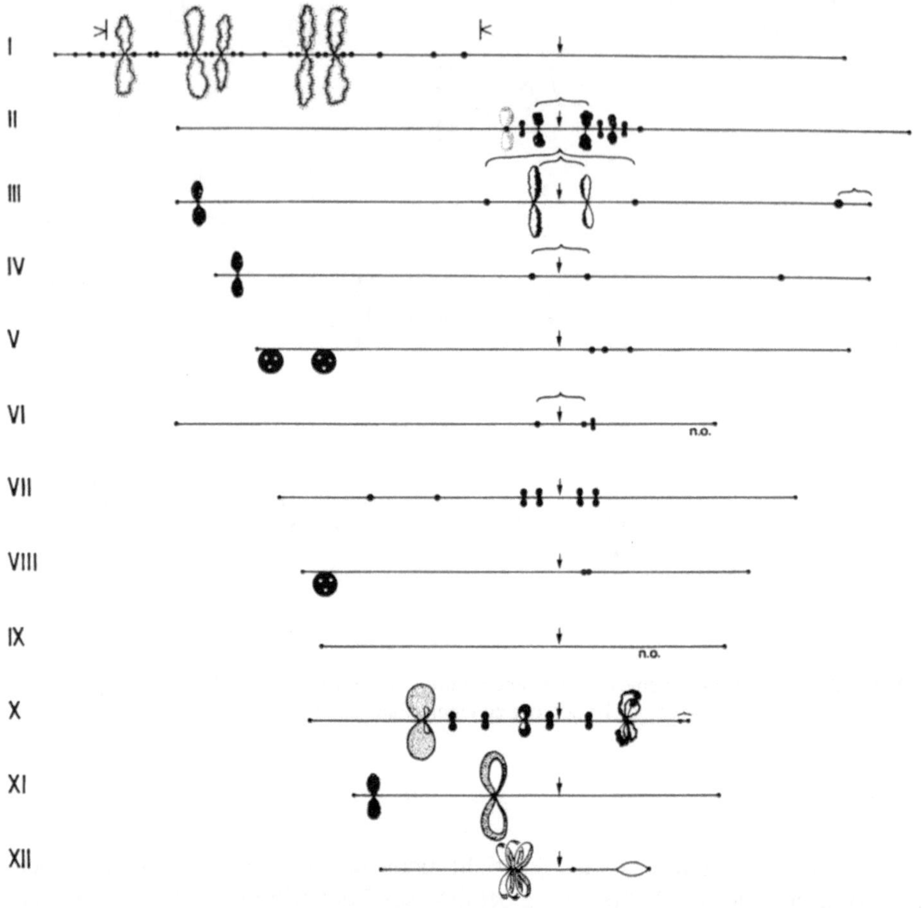

Abb. 9.39. Karte der Lampenbürstenchromosomen von *Triturus cristatus carnifex*. Für die Kartierung eignen sich regelmäßig auftretende ungewöhnliche Schleifen, die als Landmarken dienen. Pfeile zeigen die Position des Centromers an, n.o. die nukleolusorganisierenden Regionen. Die Klammern grenzen Strecken ein, die häufig miteinander verschmolzen sind. In Chromosom I werden die Grenzen einer heteromorphen Region durch Pfeilköpfe markiert. (Aus Callan u. Lloyd 1960)

Schleifen ab. Andere Schleifen fallen als Riesenschleifen auf. Die Position und die Struktur solcher auffälliger Schleifen im Chromosomensatz sind konstante, erbliche Merkmale. Diese Schleifen werden deswegen zusammen mit anderen Merkmalen als Orientierungspunkte für die Erstellung von Lampenbürstenkaryotypen verwendet (Abb. 9.39).

Transkription

Die Lampenbürstenschleifen sind Orte hoher Transkriptionsaktivität. Die Transkripte sind in der Schleifenmatrix enthalten. In elektronenmikrosko-

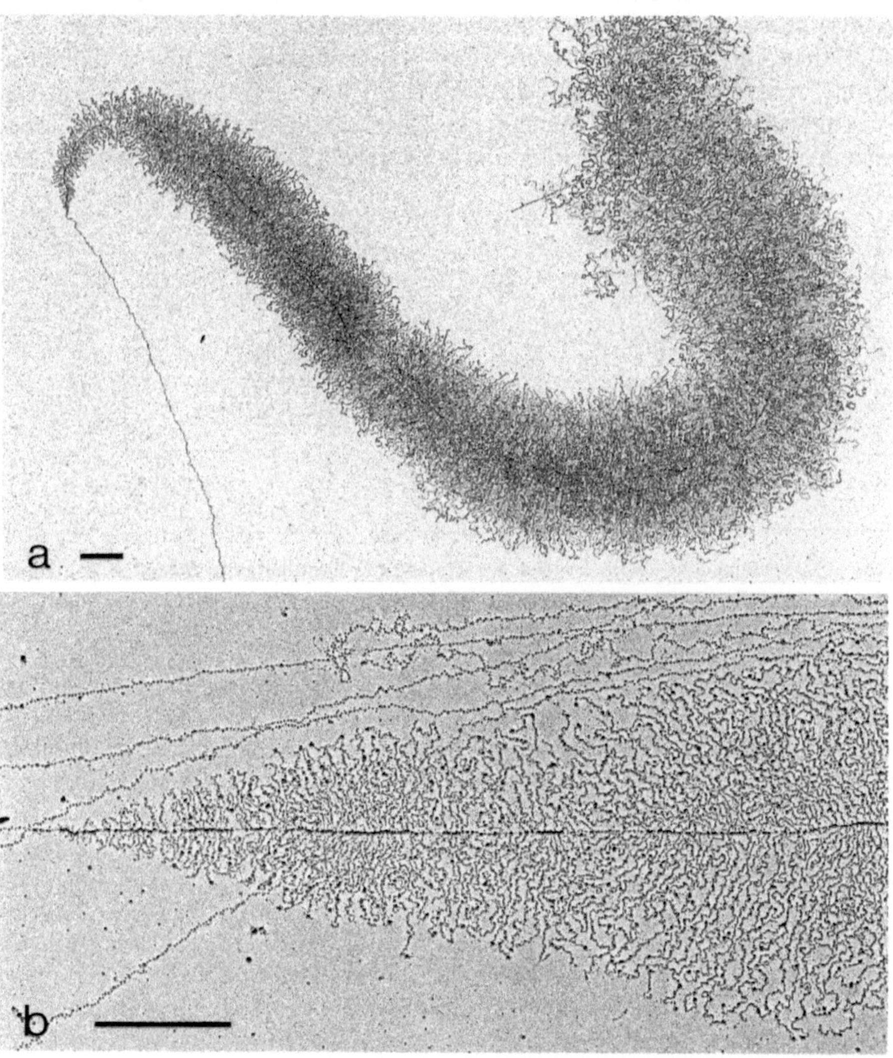

Abb. 9.40. a Anfang der Transkriptionseinheit von Lampenbürstenschleifen des Molchs *Pleurodeles*. (U. Scheer, Würzburg) **b** Eine andere Transkriptionseinheit bei stärkerer Vergrößerung. Die DNA-Achse ist außerhalb der Transkriptionseinheit mit Nukleosomen besetzt. Die etwas größeren, elektronendichten Objekte auf dem DNA-Faden an der Basis der Transkripte sind RNA-Polymerase II Partikel. Maßstab = 1 µm. EM-Aufnahmen von Spreitungs-Präparaten. (Aus Scheer 1987)

pischen Spreitungspräparaten erkennt man in Transkriptionseinheiten der Lampenbürstenschleifen eine Achse, den DNA-Faden, der mit RNA-PolymeraseII-Molekülen besetzt ist, und davon ausgehende Transkripte, RNAs bzw. Ribonukleoproteide (Abb. 9.40). Der Besatz mit Transkripten ist so dicht, daß die RNA-Polymerase-Partikel an der Basis der Transkripte aneinanderstoßen (Abb. 9.40 b).

Den Längengradienten der naszierenden Transkripte kann man schon im Lichtmikroskop in günstigen Schleifen an der Dichte der Matrix erahnen. Das Matrixmaterial nimmt am einen Ende gradientenartig zu und endet dann abrupt. Aus dem Gradienten läßt sich die Transkriptionsrichtung ablesen. Schleifen enthalten meist eine, manchmal auch zwei und mehr Transkriptionseinheiten. Die Transkriptionsrichtung kann dabei gleich- oder gegenläufig sein (Abb. 9.41).

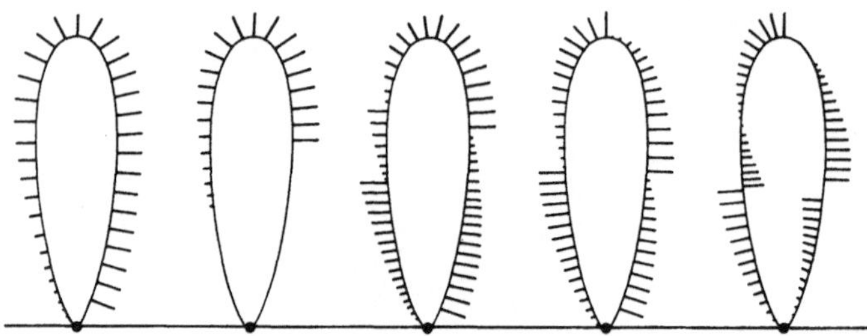

Abb. 9.41. Verschiedene Anordnungen der Transkriptionseinheiten in Schleifen von Lampenbürstenchromosomen. (Aus Scheer et al. 1976)

Eine gängige Hypothese nimmt an, daß in den Oocyten im Lampenbürstenstadium recht unkontrolliert transkribiert wird. Dagegen spricht, daß nicht alle Gene unter den Oocytentranskripten zu finden sind. Andererseits steht, wenn man vom Histon-Gencluster absieht, der Nachweis definierter Gene als Schleifentranskriptionseinheiten noch aus.

Besondere Aufmerksamkeit verdient in diesem Zusammenhang die Entdekkung, daß in den Molchoocyten in ungewöhnlichem Maße Satelliten-DNA-Sequenzen transkribiert werden, die üblicherweise nicht oder nur in geringfügigem Anteil unter Transkripten vertreten sind. Sie verdanken ihre Entstehung vermutlich einem Durchleseprozeß und werden beim Prozessieren entfernt. Bei der Mehrzahl der untersuchten Arten sind deswegen die Satellitentranskripte nicht im Cytoplasma zu finden.

Y-spezifische Schleifen bei Drosophila

Das zweite besonders gut bekannte System ist das der Lampenbürstenschleifen des Y-Chromosoms von *Drosophila*. Diese Lampenbürstenschleifen sind in den Spermatocyten I von *Drosophila hydei*, aber auch von verwandten Arten zu finden. Gegenüber den Lampenbürstenchromosomen in den Oocyten der Amphibien fällt dabei die Besonderheit auf, daß nur das Y-Chromosom Schleifen ausbildet, die Autosomen die Spermatogenese aber ohne Lampenbürstenschleifen durchlaufen. Bei D. hydei kann man fünf verschiedene Schlei-

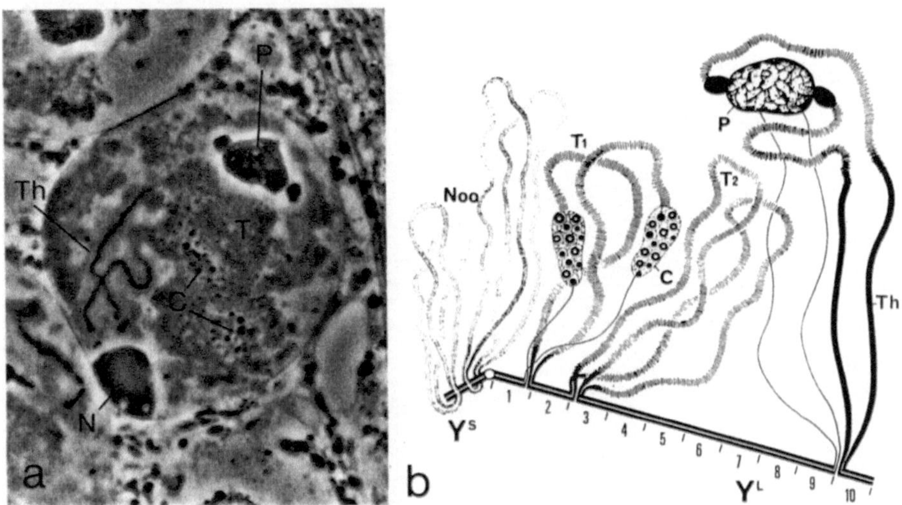

Abb. 9.42 a, b. Y-chromosomale Lampenbürstenschleifen bei *Drosophila hydei*. Noo: „nooses", Schlingen; T, T1, T2: „tubular ribbons", Tubulibänder; P: Pseudonucleoli; Th: „threads", Fäden; C: „clubs", Keulen. **a** Phasenkontrastaufnahme eines ungefärbten Spermatocytenkerns. (Aus Hess 1964) **b** Kartierung der Schleifenorte auf dem Y-Chromosom. Y^S: kurzer Arm des Y; Y^L: langer Arm des Y. (Aus Hess 1973)

fen unterscheiden, sie kommen – entsprechend der Zahl der Schwesterchromatiden – doppelt vor (Abb. 9.42 a).

Jede der fünf Schleifen ist an ihrer charakteristischen Struktur im Lichtmikroskop zu erkennen. Sie werden als

- **Keulen** („clubs"),
- **Tubulibänder** („tubular ribbons")
- **Pseudonucleoli**,
- **Fäden** („threads") und
- **Schlingen** („nooses") bezeichnet.

Mit Hilfe von Chromosomenmutanten wurden sie an definierten Stellen auf dem Y-Chromosom kartiert (Abb. 9.42 b).

Jeder einzelne dieser fünf Schleifenorte ist notwendig für die Ausbildung funktionstüchtiger Spermien. Chromosomenmutanten, denen eine Schleife fehlt, zeigen Unregelmäßigkeiten in der Spermiogenese. Sie sind nie fertil. Es ist aber auch kein spezifischer Defekt, etwa das Fehlen eines Organells oder die Blockierung eines Morphogeneseschritts, beim Fehlen eines Schleifentyps zu bemerken. Elektronenmikroskopische Untersuchungen der Spermiogenese zeigen vielmehr, daß ganz unspezifisch die allgemeine Organisation der Spermien gestört ist.

Die Transkriptionseinheiten der Schleifen sind extrem groß. Sie variieren zwischen 260 kb und 1500 kb. Entsprechend lang sind die Transkripte, die aber nicht gestreckt sind, sondern durch Proteine zu auffällig gefalteten Ribo-

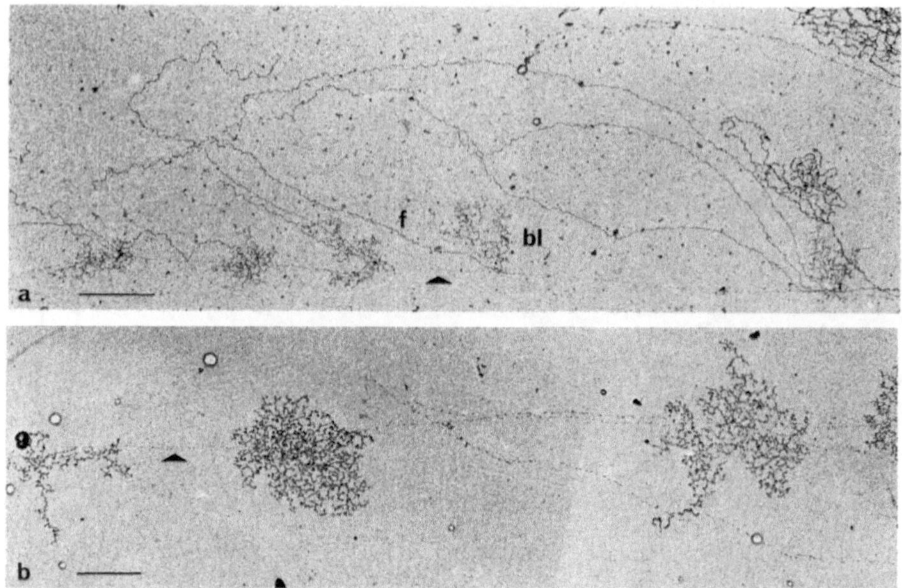

Abb. 9.43 a, b. DNA-Achse (Pfeilköpfe) und charakteristisch gefaltete Transkripte zweier Lampenbürstenschleifen des Y-Chromosoms von *Drosophila hydei*. **a** Naszierende Transkripte im Faden; **b** im Pseudonukleolus. EM-Aufnahme von Spreitungspräparaten. Maßstab 1 µm. (Aus Loos et al. 1984)

nukleoproteinstrukturen verkürzt werden. Jede der Schleifen ist an ihren charakteristischen Transkriptstrukturen zu erkennen (Abb. 9.43).

Auch die molekulare Struktur der Schleifentranskriptionseinheiten ist ungewöhnlich. Jede Schleife besteht aus vielfach tandemartig wiederholten DNA-Sequenzen einer Sequenzfamilie, zwischen die große Abschnitte anderer repetitiver Elemente eingestreut sind. Die bisher bekannten Sequenzdaten machen es unwahrscheinlich, daß es sich bei den Transkriptionseinheiten der Schleifen um proteinkodierende Gene handelt. Wahrscheinlich haben sie eine regulierende Funktion für andere Gene. Eine der vorgeschlagenen Hypothesen nimmt an, daß die Transkripte die Aufgabe haben, für die Spermiogenese wichtige Proteine zu binden und damit für den späteren Gebrauch zu speichern.

Literatur zu Kapitel 9

Abel WO (1971) Rekombination. Fortschritt der Botanik 33:199–213
Ashley T (1990) G-bands and chromosomal meiotic behavior. Chromosomes Today 10:311–320
Callan HG (1986) Lampbrush chromosomes. Springer-Verlag, Berlin Heidelberg New York
Chandley AC (1986) A model for effective pairing and recombination at meiosis based on early replicating sites (R-bands) along chromosomes. Hum Genet 72:50–57

Cooper KW (1964) Meiotic conjunction elements not involving chiasmata. PNAS 52:1248–1255

Dawson DS, Murray AW, Szostak JW (1986) An alternative pathway for meiotic chromosome segregation in yeast. Science 234:713–717

Ellis N, Goodfellow PN (1989) The mammalian pseudoautosomal region. TIG 5:406–410

Grell RF (1976) Distributive pairing. In: Ashburner M, Novitski E (eds) The genetics and biology of Drosophila, Bd 1a. Academic Press, London, pp 435–486

Hennig W (1987) The Y chromosomal lampbrush loops of Drosophila. In: Hennig W (ed) Structure and function of eukaryotic chromosomes. Springer-Verlag, Berlin Heidelberg New York, pp 133–146

Heyting C, Dietrich AJJ, Moens PB, Dettmers RJ, Offenberg HH, Redeker EJW, Vink ACG (1989) Synaptonemal complex proteins. Genome 31:81–87

John B (1976) Myths and mechanisms of meiosis. Chromosoma 54:295–325

John B, King M (1985) Pseudoterminalisation, terminalisation, and non-chiasmate modes of terminal association. Chromosoma 92:89–99

John B (1990) Meiosis. Cambridge University Press, Cambridge

Jones RN, Rees H (1982) B Chromosomes. Academic Press, London

Lucchesi JC, Suzuki DT (1968) The interchromosomal control of recombination. Ann Rev Genet 2:53–86

Macgregor HC (1977) Lampbrush chromosomes. In: Li HJ, Eckhardt R (ed) Chromatin and chromosome structure. Academic Press, London, pp 339–357

Maguire MP (1984) The mechanism of meiotic homologue pairing. J Theor Biol 106:605–615

Moens PB (ed) (1987) Meiosis. Academic Press, Orlando

Moens PB, Earnshaw WC (1989) Anti-topoisomerase II recognizes meiotic chromosome cores. Chromosoma 98:317–322

Murray AW, Szostak JW (1985) Chromosome segregation in mitosis and meiosis. Ann Rev Cell Biol 1:289–315

Rasmussen SW, Holm PB (1980) Mechanics of meiosis. Hereditas 93:187–216

Roder GS, Stewart SE (1988) Mitotic recombination in yeast. Trends in Genetics 4:263–267

Smithies O, Powers PA (1986) Gene conversion and its relation to homologous chromosome pairing. Phil Trans R Soc Lond B 312:291–302

Szostak JW, Orr-Weaver TL, Rothstein RJ (1983) The double-strand-break repair model for recombination. Cell 33:25–35

Wettstein D von, Rasmussen SW, Holm PB (1984) The synaptonemal complex in genetic segregation. Ann Rev Genet 18:331–413

Whitehouse HLK (1982) Genetic recombination. John Wiley & Sons, Chichester

10 Kartierung des Genoms

ÜBERSICHT

Das Genom kann auf sehr unterschiedliche Weise beschrieben werden:

- als Karyotyp mit einer bestimmten Zahl und Form der Chromosomen,
- als Gesamtheit der Gene und ihrer Kopplungsgruppen oder
- als DNA-Moleküle von einer bestimmten Größe und Sequenz.

Die Beschreibungen erfassen somit sehr verschiedene Ebenen der genetischen Organisation und beruhen zudem auf sehr unterschiedlichen Techniken (Abb. 10.1).

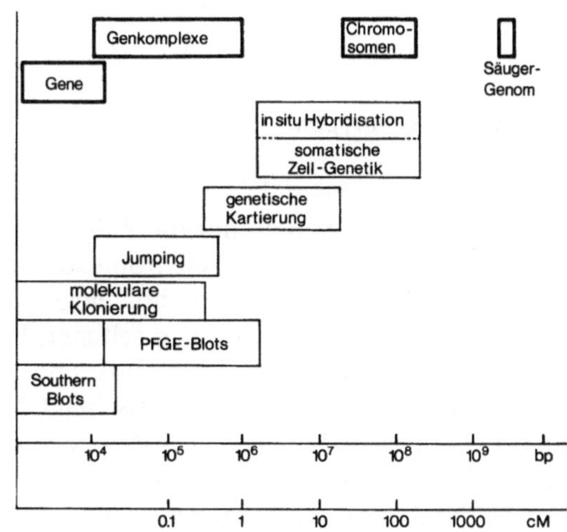

Abb. 10.1. Ein Vergleich der Komponenten des Säugergenoms und der Techniken, mit denen es kartiert und beschrieben wird. Durch Klonierung in Plasmiden werden Strecken bis ca. 10 kb, in Phagen bis ca. 20 kb, in Cosmiden bis ca. 45 kb und in künstlichen Hefechromosomen (YACs, *yeast artificial chromosomes*) bis zu einigen hundert kb Spender-DNA erfaßt. „Jumping"-Klone enthalten nur die Endstücke großer DNA-Abschnitte. Genetische Kartierung, Kartierung mit somatischen Zellhybriden und In-situ-Hybridisation werden in diesem Kapitel beschrieben. Southern-blots (mit konventioneller Elektrophorese, Box 4.1) und PFGE-blots (mit Pulsfeldgelelektrophorese hergestellt) dienen dem Nachweis homologer DNA-Sequenzen in kleineren oder größeren DNA-Restriktionsfragmenten. Molekularer (bp) und genetischer Maßstab (cM, Morgan-Einheiten). (Verändert nach Poustka u. Lehrach 1986)

Von vielen Eukaryontenarten wurden die Karyotypen beschrieben (Kap. 10.1), nur von wenigen Arten liegen einigermaßen dichte genetische Karten vor (Kap. 10.2). DNA-Sequenzen wurden von vielen kleinen Abschnitten beschrieben, aber von einer Kenntnis der vollständigen DNA-Sequenz und damit einer kompletten Beschreibung eines Genoms sind wir noch sehr weit entfernt. Molekulare, genetische und chromosomale Beschreibungen des Genoms entstehen zunächst unabhängig voneinander, wachsen aber mit verbesserten Techniken und zunehmenden Kenntnissen zu einer gemeinsamen und kompletten Beschreibung zusammen (Kap. 10.3).

10.1 Karyotypen

Der DNA-Gehalt haploider Genome von Eukaryonten variiert zwischen 0,009 und 700 pg (s. Tabelle 4.1, s. a. S. 339). Entsprechend unterschiedlich sind Größe und Zahl der Chromosomen bei verschiedenen Arten. Die Beschreibung der Karyotypen wird üblicherweise formalisiert. Man erhält auf diese Weise **Karyogramme**, d. h. schematisierte graphische Darstellungen der Chromosomensätze. Karyogramme von Standardchromosomensätzen dienen als Grundlage für die Bezeichnung von Chromosomenabschnitten und -aberrationen.

Mitotische Karyotypen

Bei Arten mit niedrigem DNA-Gehalt und vielen Chromosomen ist es manchmal schon schwierig, auch nur die Zahl der Chromosomen festzustellen. Eine vollständige Beschreibung des Chromosomensatzes mit Identifikation der einzelnen Chromosomen erfordert ausreichende Strukturmerkmale. Größe und Centromerenindex reichen nur in seltenen Fällen zur Unterscheidung individueller Chromosomen aus. Eine Hilfe sind NORs und das C-Bandenmuster, das man regelmäßig bei monozentrischen Chromosomen darstellen kann. Detailliert beschreiben lassen sich Mitosechromosomen nur in günstigen Fällen, wie z. B. bei den Säugetieren, wenn man mit speziellen Färbetechniken ein R- oder G-Bandenmuster erzeugen kann, das die Chromosomen vollständig überzieht. Mit dieser reichen Differenzierung können Mitosechromosomen nicht nur identifiziert, sondern in ca. 200 bis maximal 2000 Banden gegliedert und kartiert werden (s. Abb. 2.17 und Kap. 7.6).

Karyotypen von meiotischen Chromosomen und Polytänchromosomen

In speziellen Fällen sind auch andere Chromosomenformen für eine Kartierung geeignet oder den Mitosechromosomen überlegen. Sehr gut eignen sich

– besonders bei höheren Pflanzen – lichtmikroskopische Präparationen der
Pachytänbivalente für eine Kartierung. Dabei gibt das Muster der Chromomeren neben auffälligen „knobs" und den NORs die morphologischen Anhaltspunkte für das Identifizieren und Kartieren der Bivalente (s. Abb. 9.3,
Kap. 9.1). Die günstigsten Verhältnisse für eine Kartierung bieten die Polytänchromosomen der Dipteren, die eine Sonderform der Interphasechromosomen
sind. Bei *Drosophila melanogaster* kann man etwa 5500 Banden und ebenso
viele Interbanden unterscheiden (s. Kap. 11.5).

Elektrophoretische Karyotypen

Für Eukaryontengenome mit sehr geringem DNA-Gehalt gibt es seit wenigen
Jahren eine neue Möglichkeit, Karyotypen darzustellen. Mit Hilfe der Pulsfeld-Gelelektrophorese lassen sich DNA-Moleküle bis zu einer Größe von
etwa 6 Mb voneinander trennen. DNA-Moleküle in vollständiger Größe aus
den Chromosomen von Hefen wie *Saccharomyces* (Abb. 10.2) oder *Schizosaccharomyces* und von Protozoen wie *Plasmodium* und *Trypanosoma* werden
dadurch elektrophoretisch trennbar.

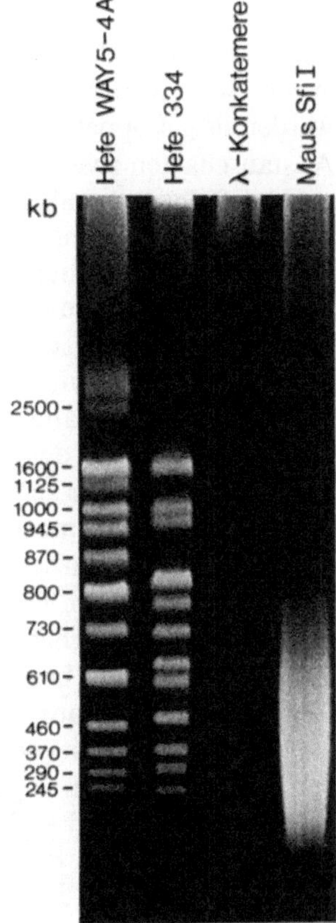

Abb. 10.2. Elektrophoretische Karyotypen der Hefe.
Chromosomale DNAs der *Saccharomyces cerevisiae*-
Stämme WAY5-4A und 334 wurden neben Konkate-
meren von Lambda-DNA und SfiI-restriktionsver-
dauter Maus-DNA in der Pulsfeld-Gelelektrophorese
aufgetrennt. Die Größe der chromosomalen DNA-
Moleküle variiert zwischen verschiedenen Hefestämmen.
(M. Grüneberg, Lübeck)

Die Methode der Pulsfeld-Gelelektrophorese bietet ein erhebliches Potential für die Kartierung von DNAs. Durch Southern-Blot-Hybridisierung (s. Box 4.1) der Pulsfeld-Gele können damit Gene direkt auf Chromosomen lokalisiert werden. Leider verhindert z. Zt. noch die begrenzte Trennleistung eine direkte Darstellung der DNA-Moleküle von größeren Chromosomen, wie sie bei der Mehrzahl der Eukaryonten vorkommen. Ein durchschnittliches menschliches Chromosom hat z. B. ein DNA-Molekül von rund 100 Mb.

10.2 Lokalisation von Genen und anderen DNA-Sequenzen

Sobald Chromosomen unterschieden oder gar kartiert werden können, möchte man den genetischen Inhalt der Chromosomen und Chromosomensegmente identifizieren. Die klassischen Methoden dazu sind indirekt und erlauben nur unter besonders günstigen Umständen die genaue Lokalisation eines Gens.

Kopplungsgruppen und Genkarten

Gene werden in der klassischen Genetik an ihren mutierten Allelen erkannt. Wenn zwei Gene nahe genug beieinander auf demselben Chromosom liegen, werden sie gekoppelt vererbt. Von **Kopplung** spricht man, wenn die meiotischen Austauscharten zwischen den beiden Loci unter 50% liegen. 50% Austausch sind bei freier Rekombination der Gene zu erwarten. Mit Hilfe der Kreuzungsgenetik lassen sich daher die Gene zu **Kopplungsgruppen** ordnen. Dazu muß ein Elternteil für mindestens zwei Genorte heterozygot sein. Die meiotischen Austauschraten zwischen den Loci dienen als genetische Abstände bei der Kartierung der Kopplungsgruppe. 1% Austausch entspricht einer Einheit in der Genkarte („map unit", Morgan-Einheit, Centimorgan, cM). Zusammengerechnet kann die Länge einer Kopplungsgruppe weit über 50 cM betragen. Selbst Gene, die auf demselben Chromosom liegen, können also frei rekombinieren, sofern sie nur genügend weit voneinander entfernt liegen. Gene, die auf verschiedenen Chromosomen liegen, rekombinieren dagegen immer frei.

Nur für wenige eukaryontische Organismen ist diese Analyse so weit gediehen, daß das Genom von einem einigermaßen dichten Netz von Genmarken abgedeckt wird. Bierhefe, *Drosophila, Caenorhabditis,* Maus und Mais sind die kreuzungsgenetisch bestuntersuchten Organismen. In bezug auf die Zahl beschriebener Gene kann der Mensch es mit *Drosophila* aufnehmen. Weit über 3000 Gene sind bereits bekannt. Bezüglich der Kartierung der Kopplungsgruppen steht der Mensch dagegen z. Zt. noch hinter *Drosophila* zurück. Anders als bei Labortieren und -pflanzen lassen sich beim Menschen Kopplungs- und Segregationsdaten zwischen verschiedenen Genen nur aus zufällig geeigneten Konstellationen bei Familienuntersuchungen gewinnen. Außerdem sind die meisten Gene nur durch seltene Erbkrankheiten definiert.

Kartierung mit somatischen Zellhybriden

Eine große Hilfe für die Genlokalisation auf Chromosomen, speziell beim Menschen, sind kultivierte Linien von somatischen Zellhybriden. Geeignet für die Kartierung sind **Zellhybriden** zwischen verschiedenen Arten wie z. B. Maus und Mensch oder chinesischer Hamster und Mensch. Solche Zellhybriden verlieren aus unbekannten Gründen im Laufe der Kultur spontan Chromosomen einer der beiden Ursprungsarten. In Mensch-Nager-Hybridzellen z. B. gehen bevorzugt menschliche Chromosomen verloren. Deswegen lassen sich durch Subkultivierung Zellinien mit unterschiedlichen Restbeständen an menschlichen Chromosomen herstellen. Im Extremfall besitzt eine Hybridzelllinie nur noch ein menschliches Chromosom.

Aus der Kenntnis der Chromosomenzusammensetzung der Zellinien und der Ausprägung oder Nichtausprägung eines menschlichen Enzyms in einer Batterie solcher Zellinien läßt sich das Gen für das Enzym auf einem menschlichen Chromosom lokalisieren. Ganz ähnlich wie die Anwesenheit oder Abwesenheit eines Genproduktes kann man direkt durch Southern-Hybridisation oder PCR (Polymerase-Ketten-Reaktion) die Präsenz oder das Fehlen eines menschlichen Gens oder einer anderen DNA-Sequenz in den Hybridzellinien prüfen und damit das Gen bzw. das DNA-Fragment einem bestimmten Chromosom zuordnen (Abb. 10.3).

Auf diese Weise auf einem Chromosom lokalisierte Gene bezeichnet man als **syntänisch** („syntenic") im Unterschied zu gekoppelt (= in einem genetischen Experiment aus der Rekombinationsrate ermittelt). Eine größere Zahl von menschlichen Genen und anderen DNA-Sequenzen wurde auf diese Weise ihren Chromosomen zugeordnet.

RFLP-Marken

Verdaut man DNAs verschiedener Individuen aus einer natürlichen Population mit einem Restriktionsenzym (Box 10.1) und prüft die entstandenen DNA-Fragmente mit Hilfe der Southern-Hybridisierung (s. Box 4.1) auf Homologie mit Sonden einmaliger Sequenzen, so entdeckt man, daß die homologen Sequenzen nicht immer dieselben Restriktionsfragmentlängen haben. Populationen können polymorph für die Länge von bestimmten Restriktionsfragmenten sein, sie besitzen **RFLPs** (**R**estriktionsfragmentlängen-**P**olymorphismen). Die jeweilige Fragmentlänge wird wie ein mendelndes Allel an die Nachkommen weitergegeben. Es kann daher wie ein Gen durch Segregationsanalyse oder durch molekulare Verfahren kartiert werden. Damit werden die für eine Kartierung verwertbaren Marken erheblich vermehrt, eine Feinkartierung ist auch für menschliche Genome technisch realisierbar. Die Zahl der möglichen RFLP-Marken ist nämlich fast unbegrenzt. Im Durchschnitt unterscheiden sich zwei homologe Chromosomen des Menschen alle 200 bis 500 bp. Mit etwas Geduld beim Durchprobieren verschiedener Restriktionsenzyme wird man also für die Mehrzahl zufällig ausgewählter „single-copy" DNA-Sonden einen Polymorphismus finden.

menschliche Chromosomen

Hybrid-linie	1	2	3	4	5	6	7	8	9	10	11	12	13	14	15	16	17	18	19	20	21	22	X	β-Polymerase
33	+	−	−	−	+	+	+	−	−	−	−	−	−	−	+	−	−	−	−	−	−	+	±	−
34	+	+	+	+	+	+	−	+	+	−	+	+	+	+	+	+	+	+	+	+	+	+	±	+
35	+	−	−	+	+	+	−	+	−	−	−	−	−	+	+	+	+	+	+	+	+	−	±	+
36	+	+	+	+	+	+	−	+	+	−	+	+	+	+	+	+	+	+	+	+	+	+	±	+
37	−	−	−	−	−	+	+	+	−	−	−	−	−	−	+	−	−	−	+	+	+	−	±	+
38	−	−	−	+	−	+	+	+	+	−	−	−	−	+	+	p	−	−	+	+	+	−	±	+
39	−	−	−	−	−	+	−	−	−	−	−	−	−	+	+	−	−	−	−	+	−	−	±	−
40	−	−	+	+	−	+	−	−	+	−	−	+	−	+	+	−	+	−	−	+	+	+	±	−
41	−	+	−	+	−	+	+	−	+	−	−	−	−	+	+	+	−	−	+	−	+	−	±	−
42	−	−	−	+	+	−	−	−	−	−	−	−	−	−	−	−	−	−	−	−	−	+	±	−
43	−	−	−	−	−	−	−	−	−	−	−	−	−	−	−	−	−	−	−	−	−	+	±	−
44	+	−	−	+	+	+	−	+	+	+	−	+	+	+	+	+	+	−	+	+	+	−	±	+
45	p	−	−	+	+	+	+	+	−	+	q	+	−	+	+	p	−	−	+	+	+	−	±	+
46	+	−	−	−	+	+	−	−	−	−	−	−	−	+	−	q	+	+	+	+	+	+	±	−
47	−	−	+	+	−	+	+	+	+	+	+	+	−	+	+	+	−	−	−	+	+	+	±	+
48	−	p	−	−	+	−	−	+	+	−	q	−	−	−	−	−	+	−	−	−	+	−	±	+

Abb. 10.3. Lokalisation des Gens für DNA-Polymerase β auf dem menschlichen Chromosom 8 mit einer Batterie Hybridzellinien. Die Mensch-Hamster-Hybridzellinien 33−48 enthalten unterschiedliche menschliche Chromosomen, angezeigt mit + oder −, p für den kurzen Arm und q für den langen Arm. Eine DNA-Sonde für die DNA-Polymerase β hybridisiert mit charakteristischen EcoRI-Fragmenten menschlicher genomischer DNA in einem Teil der Hybridzellinien (s. letzte Spalte). Anwesenheit oder Abwesenheit dieser Fragmente ist nur mit der Anwesenheit oder Abwesenheit von Chromosom 8 vollständig konkordant. Diskordanz mit dem X-Chromosom wurde in einer anderen Versuchsreihe ermittelt. (Daten aus McBride et al. 1987)

Box 10.1 Restriktionsenzyme

Restriktionsendonukleasen vom Typ II schneiden die DNA an bzw. in definierten Sequenzen. Bei den in der Tabelle aufgeführten Beispielen wird nur die Sequenz in 5'-3'-Richtung dargestellt, die Schnittstelle wird mit / angegeben. AluI erzeugt glatte Enden, PstI überstehende 3'-Enden. Alle übrigen hier aufgeführten Enzyme lassen überstehende 5'-Enden entstehen. Die Enzyme MspI und HpaII haben dieselbe Erkennungssequenz, sie sind **isoschizomer**. MspI ist aber im Gegensatz zu HpaII unempfindlich gegenüber Methylierung des mittleren Cytosins.

Name	Erkennungssequenz
AluI	AG / CT
BamHI	G / GATCC
EcoRI	G / AATTC
EcoRII	/ CC $^{A}_{T}$GG
HindIII	A / AGCTT
HpaII	C / CGG
MspI	C / CGG
PstI	CTGCA / G
SalI	G / TCGAC
Sau3AI	/ GATC
NotI	GC / GGCCGC

Solche Restriktionsfragmentlängen-Änderungen beruhen im einfachsten Fall auf Mutation einer Restriktionserkennungssequenz. Durch die Mutation eines Nukleotids wird entweder eine neue Schnittstelle für das betreffende Enzym eröffnet oder eine bisher vorhandene geschlossen. Im Regelfall wird man daher für ein bestimmtes Restriktionsenzym und eine bestimmte Sonde nicht mehr als zwei solcher Fragmentlängenallele in einer Population erwarten (s. z. B. Familie in Abb. 10.4).

Ein anderer Typ von Fragmentlängen-Polymorphismen ist durch das Auftreten mehrerer verschiedener Fragmentlängenallele charakterisiert. Er wird außerdem durch mehrere Restriktionsenzyme erkannt. Es handelt sich um hypervariable DNA-Loci, die unterschiedliche Zahlen eines Tandem-Repeats enthalten und deshalb **VNTR-Loci** (variable **n**umber of **t**andem **r**epeats) genannt werden (Abb. 10.5). Neue VNTR-Allele können durch Rasterverschiebung („slippage") in der meiotischen Rekombination oder beim Schwesterstrangaustausch entstehen (vgl. Kap. 5.3). Solche Loci sind für die Kartierung besonders günstig, da heterozygote Träger häufig zu finden sind (Abb. 10.6).

RFLPs werden in erheblichem Maße praktisch eingesetzt, z. B. für die Pränataldiagnose menschlicher Erbkrankheiten. Man braucht dafür Proben, die möglichst eng mit dem Genort für die betreffende Krankheit gekoppelt sind, am besten eine Probe direkt vom Genort. Voraussetzung für eine Diagnose sind „informative" RFLPs, d. h. Fragmentlängen, die bei den entscheidenden Genotypen des Stammbaumes unverwechselbar sind und zusammen mit dem defekten Gen weitergegeben werden (s. Abb. 10.4). Mit der Isolation neuer

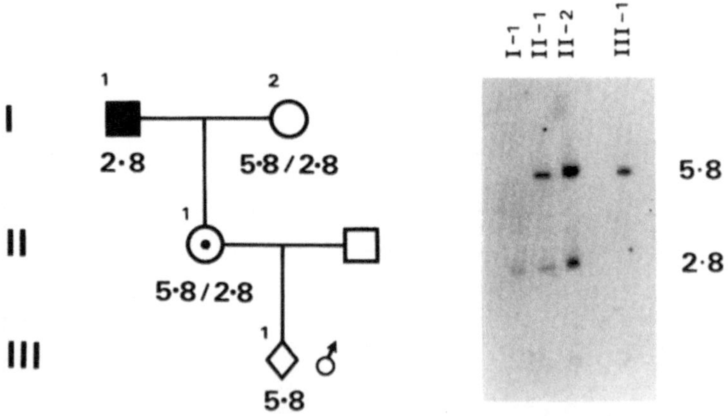

Abb. 10.4. Pränataldiagnose der X-chromosomalen Hämophilie A. Die Autoradiographie zeigt die beiden Fragmente von 2,8 kb und 5,8 kb Länge, die durch Verdauung mit dem Restriktionsenzym BglII und nach Southern-Hybridisierung mit der X-chromosomalen Sonde DX13 nachgewiesen wurden. Das X-Chromosom des kranken Großvaters (I-1) ist durch das 2,8 kb-Fragment markiert. Die Mutter (II-1) muß Konduktorin sein, da sie das X-Chromosom ihres Vaters geerbt hat. Der männliche Fötus (III-1) hat das 5,8 kb-Fragment der Mutter erhalten. Da der Locus der DX13-Probe, wie aus anderen Untersuchungen bekannt ist, 8 cM vom Hämophilie-Locus entfernt liegt, ist der untersuchte Fötus mit 92% Wahrscheinlichkeit gesund. (Aus Old 1986)

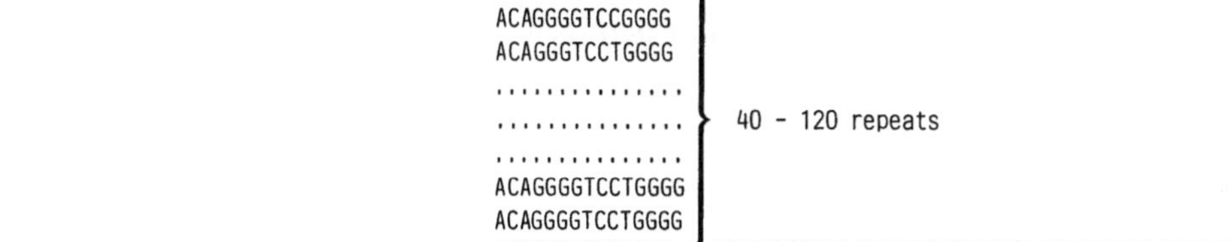

Abb. 10.5. DNA-Sequenz eines VNTR-Locus. Die dargestellte Sequenz endet 315 Nukleotide stromaufwärts vor dem menschlichen Insulingen auf Chromosom 11. Ein 14–15 bp langes Oligonukleotid ist mit geringfügigen Sequenzänderungen je nach RFLP-Allel zwischen 40- und 120mal wiederholt. (Daten aus Bell et al. 1982)

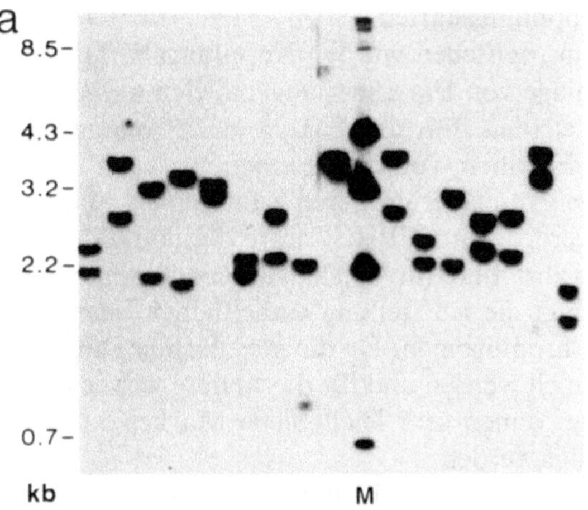

Abb. 10.6 a, b. Restriktionsfragmentlängen-Allele eines VNTR-Locus. **a** Southern-Hybridisierung der MspI-geschnittenen DNA von 16 nichtverwandten Menschen mit der DNA-Probe pYNH24. 19 Fragmentlängenallele sind in dieser Aufsammlung unterscheidbar. Alle Individuen sind heterozygot. **b** Eine Familienuntersuchung über drei Generationen zeigt den Erbgang der großelterlichen Allele 1–8. *M*: Größenmarken. (Aus Nakamura et al. 1987)

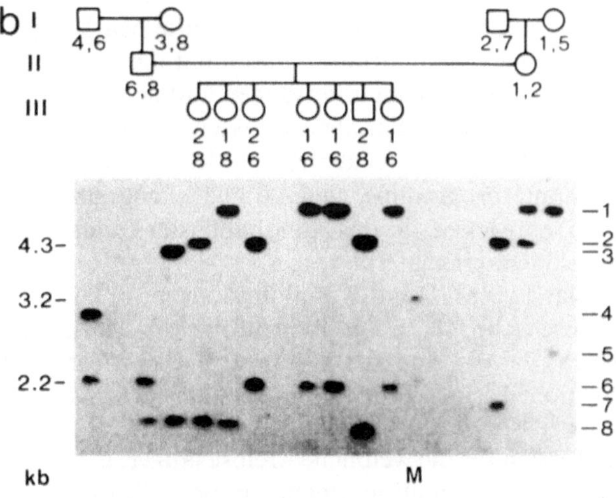

Sonden werden in absehbarer Zeit die meisten Erbkrankheiten pränatal diagnostiziert werden können, sofern nur genügend Familiendaten im Einzelfall zu erhalten sind.

Kopplungskarten mit RFLP-Marken

Da sich RFLP-Sonden schneller isolieren lassen als neue, phänotypisch sichtbare Gene, sind Kopplungskarten für RFLP-Marken leichter zu erstellen als konventionelle genetische Karten. Vollständige und recht dichte Kopplungskarten mit RFLP-Marken wurden z. B. für mehrere Pflanzenarten wie Mais und *Arabidopsis* erarbeitet. Bei kreuzungsgenetisch ungünstigen Organismen wie dem Menschen ist dies sogar der einzig gangbare Weg für die Konstruktion von Kopplungskarten.

Beim Menschen wurden Kopplungskarten für alle Chromosomen auf der Grundlage von Fragmentlängenallelen aufgestellt, die mit RFLP-Sonden erkannt werden. Für die Analyse des Erbgangs eignen sich am besten kinderreiche Familien, von denen möglichst auch die Eltern und Großeltern leben. Zellinien von einer größeren Zahl von Familien, die als Referenzfamilien dienen, werden am CEPH (Centre d'étude du polymorphism humain) in Paris aufbewahrt und für solche Untersuchungen zugänglich gemacht. Das beschleunigt die Aufstellung einheitlicher genetischer Karten für die menschlichen Chromosomen. Da die genetischen Daten für diese Familien am CEPH gesammelt werden und für die weitere wissenschaftliche Arbeit zur Verfügung stehen, können sehr leicht neue Marken in die bereits bestehenden Karten eingefügt werden.

In der klassischen Kopplungsanalyse, z. B. bei *Drosophila*, werden die Rekombinationsabstände aus großen, speziell dafür durch Kreuzung hergestellten Nachkommenschaften relativ zu zwei oder drei anderen Genmarken berechnet. Für Kopplungsanalysen beim Menschen stehen jedoch damit verglichen immer nur sehr kleine Nachkommenschaften zur Verfügung, die zudem nur zufallsmäßig für bestimmte Marken informativ sind. Man wählt daher eine andere Strategie und nutzt die Möglichkeit, dasselbe Material mit immer neuen Sonden untersuchen und den gleichzeitigen Erbgang vieler Marken in denselben Familien erfassen zu können. Für die Auswertung dieses reichhaltigen, aber lückenhaften Materials in sog. **Multilocusanalysen** wurden Computerprogramme wie z. B. das Programm LINKAGE (Lathrop et al. 1985) entwickelt, die das Handhaben der Daten und die Berechnung der Kopplungsdaten erleichtern.

Das Ergebnis sind Kopplungskarten für die weibliche und die männliche Meiose (Abb. 10.7). Die Reihenfolge der Marken ist in beiden Geschlechtern gleich; das ist eine Bestätigung für die Richtigkeit der Reihung. In vielen Positionen sind aber die Abstände, d.h. die Rekombinationsraten, geschlechtsspezifisch signifikant verschieden. Regelmäßig sind beim Menschen die Karten für die weibliche Meiose länger, d. h., daß in der weiblichen Meiose mehr Rekombinationsereignisse pro Chromosom vorkommen als in der

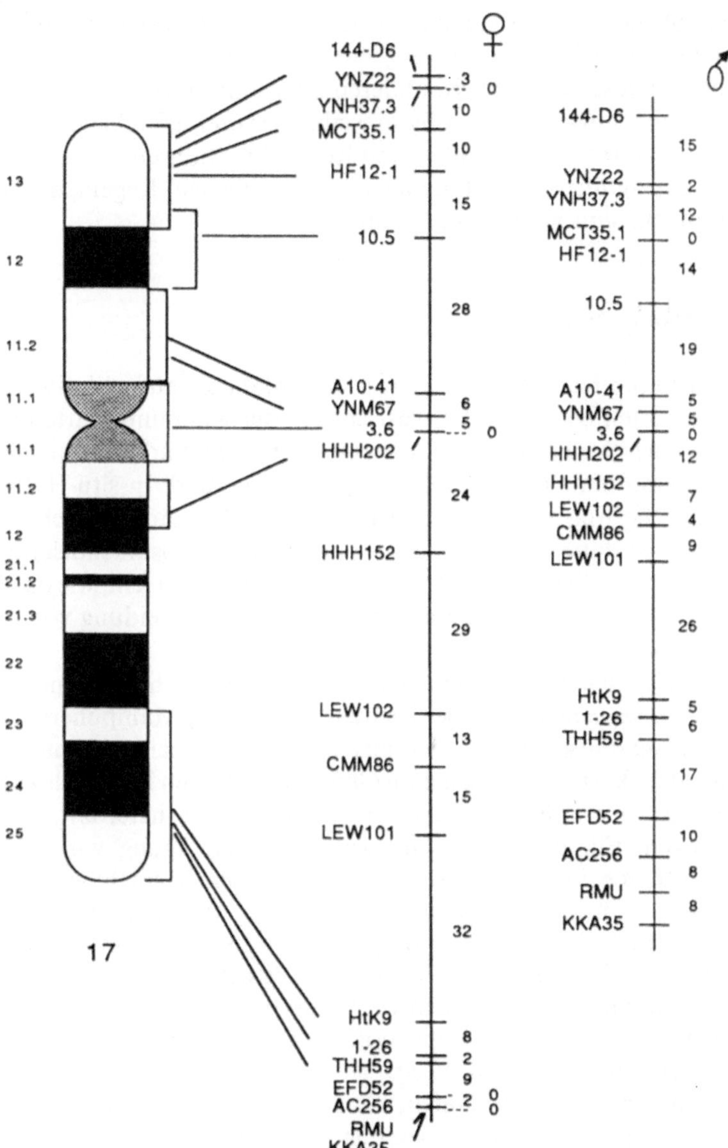

Abb. 10.7. Kopplungskarten für 21 RFLP-Marken des menschlichen Chromosoms 17. Abstände zwischen den Marken in cM. Die Kopplungskarten für die weibliche (♀) und männliche Meiose (♂) zeigen signifikante Unterschiede. An den Enden der beiden Chromosomenarme ist die männliche Rekombinationsrate höher als die weibliche, in der Mitte der Arme ist die weibliche Rekombinationsrate höher als die männliche. Für einige der Marken ist die ungefähre Lokalisation auf dem Chromosom bekannt und durch Klammern an der Chromosomenkarte angezeigt. Die Orientierung der Kopplungskarte relativ zum Chromosom ergibt sich aus der Lokalisation dieser Marken. (Aus Nakamura et al. 1988)

männlichen Meiose. Entsprechend sind die Intervalle zwischen vielen Marken in der weiblichen Meiose verglichen mit denselben Intervallen in der männlichen Meiose gespreizt. In anderen Abschnitten treten Rekombinationsereignisse aber etwa gleich häufig in weiblicher und männlicher Meiose auf, und in wieder anderen Abschnitten sind Rekombinationsereignisse in der männlichen Meiose signifikant häufiger als in der weiblichen. Regeln, die eine Voraussage erlauben, sind noch nicht bekannt.

Physikalische Karten

Genetische Karten sind relative Karten, da sie auf meiotischen Rekombinationswerten beruhen. Die Ausrichtung der Kopplungskarte relativ zur Chromosomenkarte sowie die Lage einzelner Gene und ihrer absoluten Abstände bestimmt man durch Deletionskartierung und In-situ-Hybridisation. Der klassische Weg ist die **Deletionskartierung**. Die cytogenetische Kartierung von Genen ist dabei um so genauer, je mehr Chromosomendeletionen zur Verfügung stehen. Sie ist auch im günstigsten Fall nur so fein, wie das Bandenmuster der Chromosomen eine Kartierung und Unterscheidung von Chromosomensegmenten zuläßt.

Die besten Voraussetzungen für eine Feinkartierung mit dieser Methode bietet *Drosophila* wegen der leichten genetischen Manipulierbarkeit und wegen des hochauflösenden Bandenmusters der Polytänchromosomen. Mit Hilfe der Deletionskartierung kann man Gene auf einzelnen Banden lokalisieren. Kleine Deletionen werden nämlich von *Drosophila* bei heterozygotem Vorkommen ertragen. Für die Kartierung wird die Ausprägung von rezessiven Allelen geprüft, die in solche strukturheterozygoten Tiere hineingekreuzt wurden. Liegt das mutierte Gen in einem Bereich, der im homologen Chromosom deletiert ist, dann prägt es sich in der mutierten Form aus. Liegt es dagegen außerhalb dieses Bereiches, dann prägt es sich nicht aus. Die Ausprägung wird vom vorhandenen dominanten Wildtypallel überdeckt. Mit überlappenden Deletionen kann die Lokalisation auf wenige Banden oder eine einzige Bande eingeengt werden (Abb. 10.8).

Auch mit Hybridzellinien, die Deletionen enthalten, kann eine Deletionskartierung durchgeführt werden. So definieren die vier Deletionen in Abb. 10.9 in einer Aufsammlung von Mensch-Hamster-Hybridzellinien vier Regionen des menschlichen Chromosoms 3. An der Anwesenheit bzw. Abwesenheit eines untersuchten Enzyms oder der Anwesenheit bzw. Abwesenheit des homologen DNA-Fragmentes in den vier Zellinien erkennt man, in welchem der Chromosomenabschnitte das Gen oder das DNA-Fragment liegt.

Der direkte Weg für die Lokalisation ist die molekulare Hybridisation von DNA-Sequenzen auf mitotischen Chromosomen. Diese sog. **In-situ-Hybridisation** (Box 10.2) eignet sich besonders gut für die repetitiven Satellitensequenzen, da dann in den Chromosomen ausreichend Substrat für die Hybridisierung vorhanden ist. Für Single-copy-Sequenzen ist die Situation bei den Polytänchromosomen von *Drosophila* mit ihrer etwa 1000fachen lateralen Verviel-

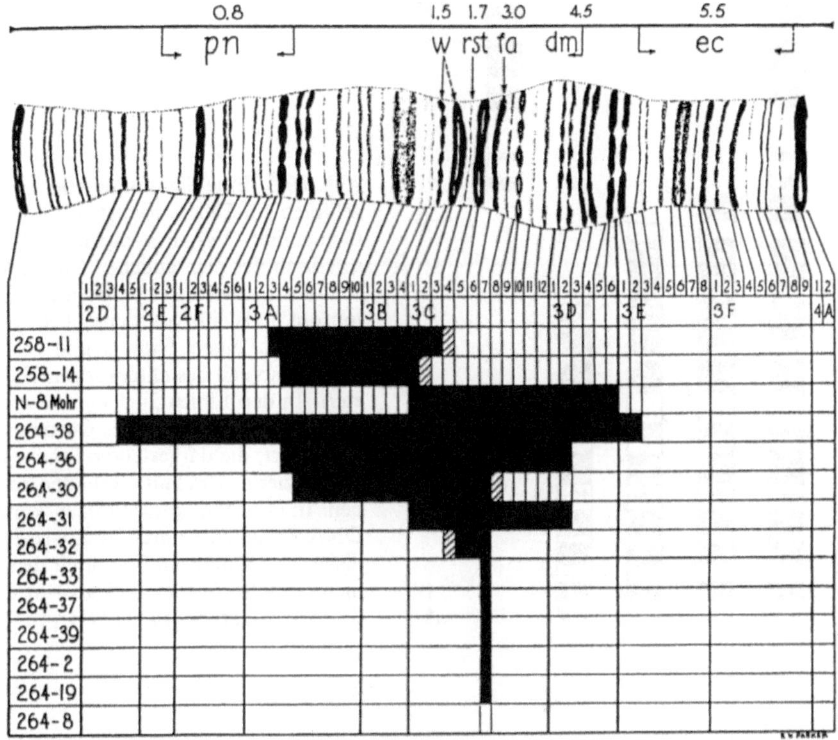

Abb. 10.8. Deletionskartierung am linken Ende des X-Chromosoms von *Drosophila melanogaster*. Ganz oben ist ein Ausschnitt aus der Genkarte des X-Chromosoms mit den Positionen (0,8; 1,5 usw. in cM von einem Ende aus gerechnet) der Gene (pn, w usw.), darunter der betreffende Abschnitt der Polytänchromosomenkarte (2D1, 2D2 usw.) dargestellt. Das Diagramm zeigt in schwarz die chromosomal kartierten Deletionen, unsichere Regionen wurden schraffiert. Ausprägung oder Nichtausprägung der Gene in den Strukturheterozygoten grenzt die Zuordnung der Gene auf Banden oder Chromosomensegmente ein. (Aus Slizynska 1938)

fachung der chromosomalen DNA ähnlich günstig (s. Abb. 5.13). In Mitosechromosomen sind dagegen Single-copy-Sequenzen nur einmal pro Chromatide verfügbar, und nur ein Bruchteil der Chromosomen gibt bei In-situ-Hybridisation mit einer ^{3}H-markierten homologen Probe ein Signal. Für die Lokalisation einer einzigen Sequenz müssen daher viele Mitosen ausgewertet werden, um die Häufung der Silberkörner über einem bestimmten Chromosomensegment zu belegen (Abb. 10.10). Die Lage hat sich erheblich verbessert, seit besonders große DNA-Sonden und nicht-radioaktive Markierung eingesetzt werden können. Die Kartierung menschlicher Chromosomen mit In-situ-Hybridisation macht z. Zt. rasche Fortschritte.

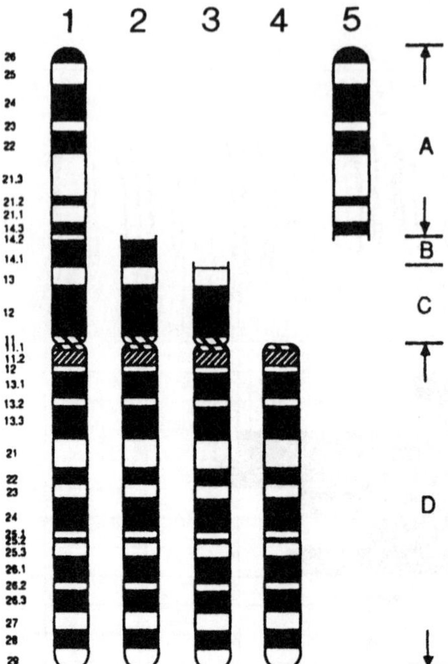

Abb. 10.9. Eine Sammlung von Hybrid-zellinien zur Deletionskartierung von Genen und DNA-Fragmenten auf Abschnitten des menschlichen Chromosoms 3. Linie 1 enthält das vollständige Chromosom 3 als einziges menschliches Chromosom auf einem Hintergrund von Chromosomen des chinesischen Hamsters. In den Linien 2–5 sind unterschiedliche Abschnitte des Chromosoms 3 deletiert, die dargestellten Stücke als translozierte Abschnitte erhalten geblieben. In der DNA dieser Linien können DNA-Fragmente durch Southern-Hybridisierung erkannt und dadurch den Segmenten A, B, C oder D zugeordnet werden. (Aus Gerber et al. 1988)

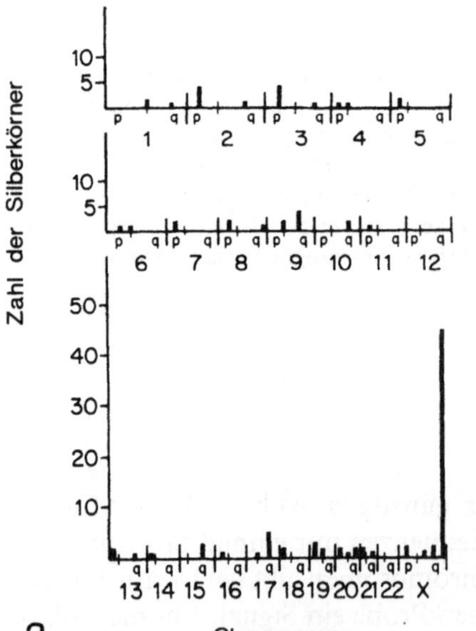

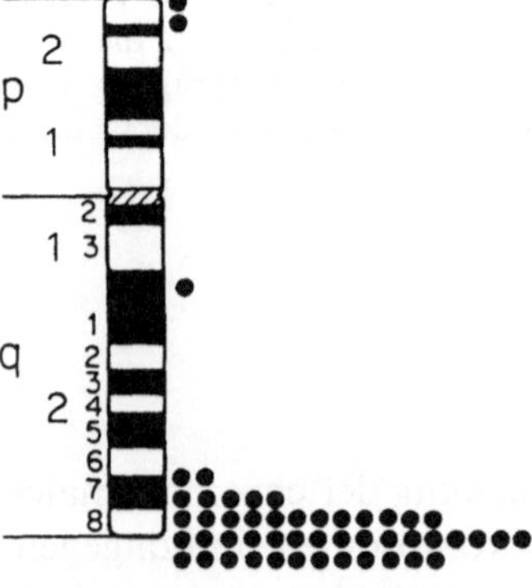

Abb. 10.10 a, b. Lokalisation des G6PD-Gens durch In-situ-Hybridisation auf menschlichen Chromosomen. Ein kloniertes ^{3}H-markiertes genomisches Fragment vom 3′-Ende des menschlichen G6PD-Gens diente als Sonde. **a** Verteilung der Silberkörper über dem Chromosomensatz. Die Markierung über einem distalen Abschnitt von Xq hebt sich deutlich vom Hintergrund ab. **b** Verteilung der Silberkörner auf dem X-Chromosom. Die Konzentration über Xq28 weist diese Bande als Ort des Gens aus. (Nach Martin-DeLeon et al. 1985)

Box 10.2 In-situ-Hybridisation

Die DNA der Chromosomen läßt sich direkt als Substrat für die moleku-lare Hybridisierung verwenden. Die DNA wird dabei ‚in situ‘, d. h. in den Chromosomen eines mikroskopischen Präparats, mit einer markier-ten DNA-Sonde hybridisiert. Ursprünglich wurden nur radioaktiv mar-kierte Sonden verwendet, heute sind überwiegend Biotin- oder Digoxi-genin-markierte Sonden in Gebrauch.

Die chromosomale DNA wird durch Erhitzen oder Alkalibehand-lung denaturiert und mit der markierten und denaturierten DNA einer klonierten DNA-Sonde für mehrere Stunden bei Hybridisierungstempe-ratur inkubiert. Nach dem Auswaschen der überschüssigen Sonde kön-nen die Hybridmoleküle nachgewiesen werden. Bei radioaktiver Markie-rung dient die Autoradiographie mit einer Fotoemulsion als Nach-weismethode. Die nicht-radioaktiven Methoden verwenden einen im-munologischen Nachweis, wobei schließlich ein Fluoreszenzfarbstoff oder das Produkt eines Enzyms wie der alkalischen Phosphatase die Hybridmoleküle anzeigt.

(Beispiele: Abb. 5.13, 7.24, 11.6)

Genetische Abstände und chromosomale Lokalisation

Wann immer Gene und andere DNA-Abschnitte auf den Chromosomen kartiert wurden, entsprach die im Chromosom gefundene Reihenfolge der Anordnung in der genetischen Karte (s. Abb. 10.7). Es war aber schon sehr früh bei der Kartierung der *Drosophila*gene aufgefallen, daß die Chromosomenkarte andere Abstände zwischen den Genen als die aus meiotischen Rekombinationsdaten erschlossene genetische Karte (= Kopplungskarte) anzeigt (Abb. 10.11). Die Rekombinationshäufigkeiten in der Meiose sind offensichtlich in verschiedenen Bereichen des Chromosoms unterschiedlich. In heterochromatischen Abschnitten finden z. B. sehr wenige Rekombinationsereignisse statt.

Merkmale der Chromosomenstruktur wie Heterochromatinbanden genügen allerdings nicht, um die veränderten Abstände in der genetischen Karte zu erklären. Vermutlich spielt die Verteilung von **Hotspots** der Rekombination eine wichtige Rolle. Bei Eukaryonten wurden solche Hotspots in der DNA gefunden. Sie werden mit vermuteten rekombinationsfördernden Sequenzen wie „simple repeats" in Zusammenhang gebracht. Außerdem haben unbekannte Eigenschaften der weiblichen und männlichen Meiose Einfluß auf die genetischen Abstände. Das zeigen die Unterschiede zwischen weiblichen und männlichen Kopplungskarten des Menschen (s. Abb. 10.7) und der Maus.

Bei *Drosophila* wurden Karten hergestellt, die auf der Rate strahleninduzierter mitotischer Rekombination basieren. Strahleninduzierte mitotische Rekombinationsereignisse scheinen alle Chromosomenabschnitte recht gleichmäßig zu betreffen. Ihre Frequenz ist in etwa proportional zur Länge des Chromosomenabschnittes. Karten dieser Art stimmen daher sehr viel besser mit den Chromosomenkarten der Mitosechromosomen überein als die genetischen Karten (Abb. 10.11).

Chromosomen- und segmentspezifische DNA-Bibliotheken

Chromosomenspezifische DNA-Sequenzen brauchen heute nicht mehr zufallsmäßig isoliert und kloniert zu werden. Man kann DNA-Bibliotheken solcher Sequenzen aus sortierten Chromosomen erstellen. Für das Sortieren müssen die Chromosomen suspendiert und mit geeigneten Fluoreszenzfarbstoffen angefärbt werden. Einige Chromosomen unterscheiden sich durch ihre Fluoreszenzsignale im Durchflußcytophotometer so gut von anderen Chromosomen, daß sie im Histogramm als getrennte Peaks erscheinen (Abb. 10.12). Kombination zweier Farbstoffe mit unterschiedlichen Emissionsspektren macht die Signale von weiteren Chromosomen unterscheidbar (Abb. 10.13). Die Chromosomen werden nach diesen Signalen in einem Cell-Sorter getrennt und gesammelt (Abb. 10.14). Aus der DNA der Chromosomen werden dann die chromosomenspezifischen DNA-Bibliotheken hergestellt.

Um auch die letzten im Durchflußcytometer nicht trennbaren menschlichen Chromosomen isolieren zu können, wurden somatische Hybridzellinien von

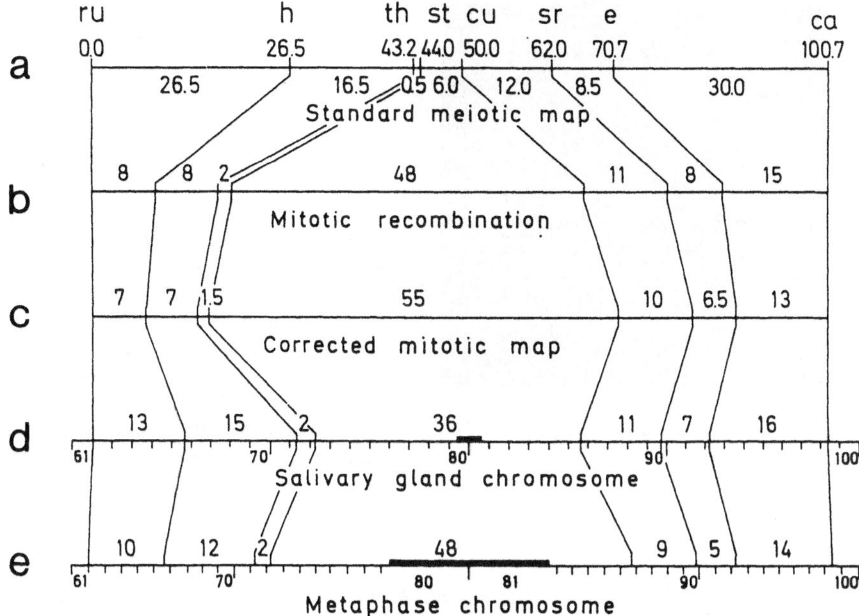

Abb. 10.11 a–e. Vergleich verschiedener Karten des Chromosoms 3 von *Drosophila melanogaster*. Kartiert sind die in der obersten Reihe angegebenen Gene mit ihren Positionen in der genetischen Karte. Die Karten sind **a** die genetische Karte, die auf der angegebenen Häufigkeit meiotischer Rekombinationsereignisse beruht, **b** eine Karte, die auf der mitotischen Austauschhäufigkeit nach Röntgenbestrahlung beruht, **c** eine korrigierte mitotische Karte, in die unsichtbar gebliebene Doppelaustausche einkalkuliert wurden, **d** eine Karte, die die normierten Abstände der Gene auf den polytänen Speicheldrüsen-Chromosomen wiedergibt, und **e** eine Karte, die die Abstände auf den mitotischen Metaphasechromosomen wiedergibt. Die letzte Karte basiert auf der Speicheldrüsen-Chromosomenkarte, korrigiert für die durch Unterreplikation fehlenden Teile. Die beste Übereinstimmung besteht zwischen der mitotischen Rekombinationskarte und der mitotischen Chromosomenkarte. In den beiden Chromosomenkarten bedeuten dünne Linien = Euchromatin, dicke Linien = Heterochromatin. (Aus Becker 1974)

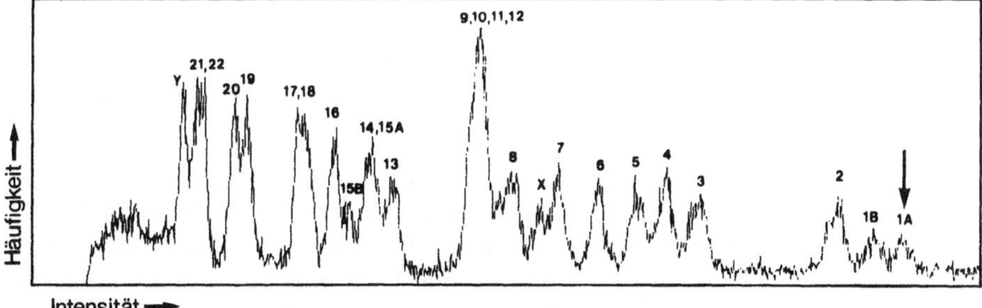

Abb. 10.12. Durchflußcytophotometrie von menschlichen Chromosomen. Die fluoreszenzgefärbten Chromosomen werden im Durchflußcytophotometer nach ihrer Fluoreszenzintensität einzeln oder gruppenweise unterschieden. Der Pfeil weist auf ein variantes Chromosom 1. (Nach Young 1986)

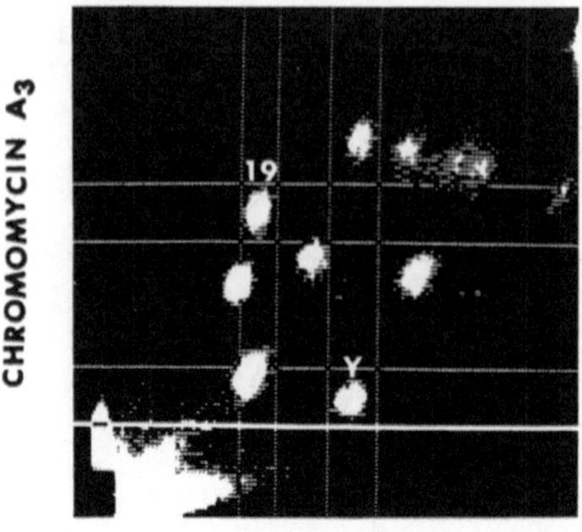

Abb. 10.13. Zweidimensionales Durchflußcytometer-Histogramm nach Anfärbung mit den Fluoreszenzfarbstoffen Chromomycin A3 und Hoechst 33258. Der Ausschnitt zeigt den Bereich der kleinen Chromosomen des Menschen. Die Fenster des Cell-Sorters sind so gesetzt, daß das Y-Chromosom und das Chromosom 19 getrennt gesammelt werden können. (Aus Deaven et al. 1986)

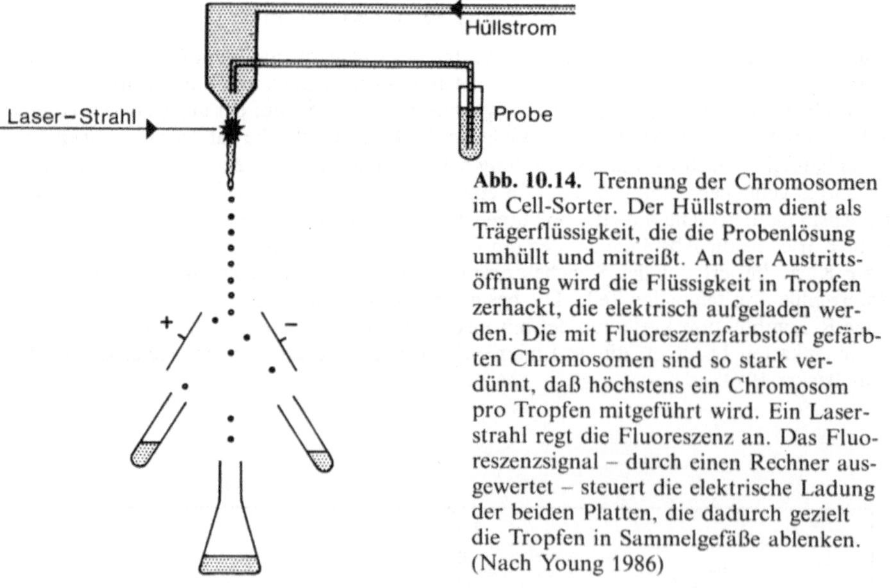

Abb. 10.14. Trennung der Chromosomen im Cell-Sorter. Der Hüllstrom dient als Trägerflüssigkeit, die die Probenlösung umhüllt und mitreißt. An der Austrittsöffnung wird die Flüssigkeit in Tropfen zerhackt, die elektrisch aufgeladen werden. Die mit Fluoreszenzfarbstoff gefärbten Chromosomen sind so stark verdünnt, daß höchstens ein Chromosom pro Tropfen mitgeführt wird. Ein Laserstrahl regt die Fluoreszenz an. Das Fluoreszenzsignal – durch einen Rechner ausgewertet – steuert die elektrische Ladung der beiden Platten, die dadurch gezielt die Tropfen in Sammelgefäße ablenken. (Nach Young 1986)

Mensch und Hamster mit nur wenigen menschlichen Chromosomen eingesetzt. Alle menschlichen Chromosomen wurden auf eine dieser Arten unter internationaler Mitwirkung am Los Alamos National Laboratory und am Lawrence Livermore National Laboratory isoliert und zur Herstellung von DNA-Bibliotheken verwendet. Die chromosomenspezifischen DNA-Bibliotheken sind der American Type Culture Collection übergeben worden und können von dort bezogen werden.

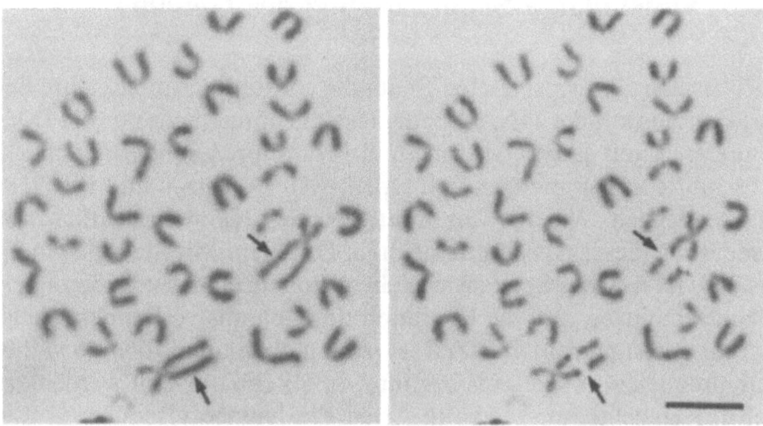

Abb. 10.15. Mikrodissektion eines Chromosomensegmentes für die Mikroklonierung. Bei der Mikroklonierung werden konventionelle – aber ungefärbte – Chromosomenpräparate benötigt. In einer Ölkammer unter dem Mikroskop schneidet und kratzt man mit Hilfe eines Mikromanipulators die gewünschten Chromosomen oder Chromosomenabschnitte aus ca. 100 Mitosen heraus und sammelt sie in einem kleinen Tropfen. In nl-Volumina wird die DNA isoliert und für die Erstellung einer Bibliothek in einen Vektor ligiert. Die Phasenkontrastfotos zeigen ein Chromosomenpräparat der Maus vor und nach der Mikrodissektion eines kleinen Chromosomenabschnittes aus dem Robertsonschen Translokations-Chromosomenpaar. Maßstab 10 µm. (Aus Weith et al. 1987)

Selbst von winzigen Segmenten der Chromosomen lassen sich gezielt DNA-Bibliotheken herstellen, wenn man die Chromosomen unter mikroskopischer Kontrolle zerschneidet und die DNA-Moleküle für die Klonierung im Nanolitermaßstab aufbereitet. Mikrodissektion (Abb. 10.15) und Mikroklonierung können für alle DNA-Segmente angewendet werden.

Die sog. **Subtraktionsklonierung** liefert ebenfalls Klone von spezifischen Abschnitten. Dazu braucht man DNAs von zwei Genomen, die sich in dem einen Chromosomenabschnitt unterscheiden. Das eine ist z. B. ein vollständiges Genom, während das andere in diesem Abschnitt deletiert ist. Man verwendet die einzelsträngig gemachte DNA beider Genome in einem gemeinsamen Reassoziationsansatz, in dem durch Anwesenheit von Phenol (**PERT-Technik,** **P**henol **e**nhanced **r**eassociation **t**echnique) die Reassoziation um ein Vielfaches beschleunigt wird. Dabei muß die DNA des unvollständigen Genoms die des vollständigen Genoms um ein Vielfaches übertreffen. Die DNA des unvollständigen Genoms hat zufällige, durch mechanische Scherkräfte entstandene Enden, während die des vollständigen Genoms leicht klonierbare, mit einem Restriktionsenzym geschnittene Enden besitzt. Doppelsträngige DNA mit definiert geschnittenen Enden wird nach der Reassoziation überwiegend aus der deletierten Region stammen und kann dann kloniert werden.

10.3 Vollständige Sequenzierung des Genoms

Ziel der Kartierung ist letzten Endes die vollständige molekulare Beschreibung des Genoms auf der DNA-Ebene. Dazu gehören nicht nur die DNA-Strecken von Genen mit Exons, Introns und Promotoren sondern auch intergenische Abschnitte mit einmaligen und repetitiven Sequenzen und Blöcken von Satellitensequenzen. Wie aus den vorangehenden Kapiteln deutlich wird, liegt die Bedeutung dieser Abschnitte noch im Dunkeln. Mit der vollständigen Kenntnis der DNA-Sequenz ist zwar nicht automatisch das vollständige Verständnis für die Funktion und die Evolution des Genoms verbunden, sie ist aber eine Voraussetzung dafür. Zur Zeit ist noch nicht einmal für *E. coli* die komplette Basensequenz des Genoms bekannt. In absehbarer Zeit werden aber vermutlich für einzelne, ausgewählte Arten die Nukleotidsequenzen des gesamten Genoms vorliegen. Dazu gehört nicht nur die Sequenzierung des menschlichen Genoms. Zumindest eine Teilsequenzierung des Mausgenoms wird als Nebenergebnis abfallen. Zur Zeit laufen aber ebenfalls Bestrebungen, die Genome der Hefe *Saccharomyces cerevisiae*, der Fliege *Drosophila melanogaster*, des Nematoden *Caenorhabditis elegans* und der Blütenpflanze *Arabidopsis thaliana* zu sequenzieren. Die Genome dieser Arten sind sehr viel kleiner als Säugergenome. *Drosophila* hat etwa 1/20 und Hefe nur etwa 1/200 der Größe des menschlichen Genoms. Sie sind daher viel schneller zu sequenzieren. Durch Vergleich der verschiedenen Arten bietet sich die Chance, allgemeine Konstruktionsprinzipien zu erkennen, wichtige konservierte Sequenzen und Arrangements von Sequenzen von weniger wichtigen, zufälligen Kombinationen zu unterscheiden.

Das Human-genome-Projekt

Die größten Anstrengungen werden z. Zt. für die Sequenzierung des menschlichen Genoms unternommen. Die besonderen Bemühungen um das menschliche Genom werden von dem speziellen Interesse des Menschen an seinem eigenen Genom und von der erwarteten praktischen Nutzung der Kenntnisse getrieben. Die Nutzanwendung bezieht sich vor allem auf menschliche Erbkrankheiten. Wenn die vollständige Sequenz des menschlichen Genoms bekannt ist, wird jede beliebige Erbkrankheit relativ schnell im molekularen Maßstab kartiert werden können. Aus der DNA-Sequenz des betroffenen Gens kann die Proteinstruktur des Gens ermittelt und mit deren Kenntnis der Krankheitsmechanismus erschlossen oder erforscht werden. Sequenzproben zur Diagnose lassen sich durch Synthese oder Klonierung gezielt erzeugen und einsetzen.

Das Human-genome-Projekt der vollständigen Sequenzierung des menschlichen Genoms wird auf etwa 15–20 Jahre veranschlagt, sofern die hohen Kosten für das Projekt aufgebracht werden können. Dabei sind erhoffte große Fortschritte in der Klonierung, in der automatischen Sequenzierung und in der Software für die Handhabung der Sequenzdaten schon einkalkuliert.

Bottom-up-Strategie. Die Genomgröße des Menschen von $3-4 \cdot 10^9$ bp erfordert besondere Strategien für die Sequenzierung. Man kann nicht – wie beim Bakteriophagen Lambda – darauf warten, daß zufällig ausgewählte klonierte und sequenzierte Strecken zu einer kontinuierlichen Sequenz zusammenwachsen.

Eine Strategie sieht die Herstellung eines Satzes von überlappenden, geordneten Cosmidklonen für jedes Chromosom als Vorbedingung für die Sequenzierung vor. Das Ausmaß dieser Aufgabe geht weit über die bisher durchgeführten „chromosome walks" hinaus. Für ein durchschnittliches menschliches Chromosom mit etwa $1,6 \cdot 10^8$ bp werden 8000 geordnete Cosmidklone mit 40 kb Insertgröße benötigt, selbst wenn man nur etwa 50% Überlappung auf jeder Seite einkalkuliert. Die konventionelle Art, überlappende Klone zu finden, indem man Fragmente von den Enden eines Klons zum Suchen des nächsten aus einer Genombibliothek benutzt, würde mehrere tausend Einzelschritte beim „chromosome walk" erfordern und wäre viel zu langsam.

Die physikalische Feinkartierung einer großen Zahl von Cosmidklonen könnte eine Abhilfe bieten. Mit Hilfe geeigneter Computerprogramme ließen sich überlappende Restriktionsmuster erkennen und die Klone in eine geordnete Reihenfolge bringen. Ein alternativer Vorschlag sieht eine Charakterisierung möglichst vieler Klone durch Hybridisierung mit einer Palette von synthetischen Oligonukleotiden vor. Auch dabei würden Computerprogramme helfen, die Mustervergleiche durchzuführen und die wahrscheinlichste Reihenfolge der Klone zu errechnen. Die so geordneten Fragmente könnten dann mit kleinstmöglicher Redundanz sequenziert werden, um die komplette Nukleotidsequenz der Chromosomen zu ergeben.

Top-down-Strategie. Eine prinzipiell andere Strategie geht von der Kartierung der Chromosomen aus. Die Aufstellung von genetischen Karten der einzelnen Chromosomen mit molekularen Marken ist zur Zeit in Arbeit. Die Marken sind zum Teil noch weit voneinander entfernt (s. Abb. 10.7). In die bereits erstellten Karten können aber weitere Marken leicht eingefügt werden. Das Nahziel sind genetische Karten aller menschlichen Chromosomen mit Marken, die nicht mehr als 1 cM Abstand haben. In diesem Raster sind alle Gene und klonierten DNA-Fragmente recht genau relativ zu den Marken zu kartieren.

Auch die Aufstellung physikalischer Karten menschlicher Chromosomen mit absoluten Abständen auf dem DNA-Molekül ist in greifbare Nähe gerückt. Ähnlich wie bei der Restriktionskartierung kleinerer DNA-Strecken im Kilobasenbereich können jetzt auch größere DNA-Strecken im Megabasenbereich kartiert werden. Die Pulsfeld-Gelelektrophorese bietet die notwendige Technik zur Trennung und Größenbestimmung von DNA-Restriktionsfragmenten bis zur einer Größe im Megabasenbereich. Bis jetzt sind nur Teile von Chromosomen kartiert worden. Es wird aber erwartet, daß in absehbarer Zukunft auch Restriktionskarten ganzer Chromosomen vorliegen. Dann können alle DNA-Fragmente im absoluten Maßstab auf der DNA kartiert werden.

In den nächsten Schritten sollen die nach dieser Strategie kartierten DNA-Marken dazu dienen, aus einer Genombibliothek in künstlichen Hefechromosomen Klone zu isolieren, in denen diese Marke vorkommt. Überlappende Klone werden dann ihrerseits konventionell physikalisch kartiert und in kleinere Stücke zerlegt, die dann sequenziert werden können.

Die beiden gegensätzlichen Strategien schließen sich nicht aus. Wahrscheinlich müssen sogar beide verwendet werden. Zur Überwindung größerer Strekken mit repetitiven Sequenzen wird vermutlich nur eine Top-down-Strategie helfen können, während in Abschnitten mit vorwiegend einmaligen Sequenzen die Bottom-up-Strategie überlegen ist.

Literatur zu Kapitel 10

Becker HJ (1976) Mitotic recombination. In: Ashburner M, Novitski E (eds) The genetics and biology of Drosophila, vol 1 c. Academic Press, London, pp 1019–1087

Carle GF, Olson MV (1985) An electrophoretic karyotype for yeast. Proc Natl Acad Sci USA 82:3756–3760

Committee on Mapping and Sequencing the Human Genome (1988) Mapping and sequencing of the human genome. National Academy Press, Washington DC

Dausset J, Cann H, Cohen D, Lathrop M, Lalouel J-M, White R (1990) Centre d'étude du polymorphisme humain (CEPH): collaborative genetic mapping of the human genome. Genomics 6:575–577

Davies KE (ed) (1986) Human genetic diseases, a practical approach. IRL Press, Oxford

Gray JW, Langlois RG (1986) Chromosome classification and purification using flow cytometry and sorting. Ann Rev Biophys Biophys Chem 15:195–235

Harper ME, Saunders GF (1981) Localization of single copy DNA sequences on G-banded human chromosomes by in situ hybridization. Chromosoma 83:431–439

ISCN (1978) An international system for human cytogenetic nomenclature. High-resolution banding. Cytogenet Cell Genet 31:1–23

Kemp DJ, Corcoran LH, Coppel RL, Stahl HD, Bianco AE, Brown GV, McKusick V (1983) Mendelian inheritance in man, 6th edn. The John Hopkins Univ. Press, Baltimore

Lathrop GM, Lalouel JM, Julier C, Ott J (1985) Multilocus linkage analysis in humans: detection of linkage and estimation of recombination. Ann J Hum Genet 37:482–498

Lichter P, Tang C, Call K, Hermanson G, Evans GA, Housman D, Ward DC (1990) High-resolution mapping of human chromosome 11 by in situ hybridization with cosmid clones. Science 247:64–69

Lüdecke H-J, Senger G, Claussen U, Horsthemke B (1989) Cloning defined regions of the human genome by microdissection of banded chromosomes and enzymatic amplification. Nature 338:348–350

Modi WS, Nahs WG, Ferrari AC, O'Brien SJ (1987) Cytogenetic methodologies for gene mapping and comparative analyses in mammalian cell culture systems. Gene Anal Techn 4:75–85

Nakamura Y, Leppert M, O'Connell P et al. (1987) Variable number of tandem repeat (VNTR) markers for human gene mapping. Science 235:1616–1622

Van Dilla MA et al. (1986) Human chromosome-specific DNA libraries: construction and availability. Biotechnology 4:537–552

White R (1985) DNA-sequence polymorphisms revitalize linkage approaches in human genetics. TIG 1:177–181

White R, Lalouel J (1988) Kartierung von Chromosomen mit DNA-Markern. Spektrum der Wissenschaft 1988 (4):80–89

11 Chromosomen und Entwicklung

ÜBERSICHT

Die befruchtete Eizelle erhält mit den mütterlichen und väterlichen Chromosomen die für die Entwicklung notwendige genetische Ausstattung. Diese Ausstattung wird an die Zellen der Keimbahn und an die somatischen Zellen weitergegeben. Abweichungen vom normalen Chromosomensatz in der Zygote führen zu Mißbildungen oder sind letal (s. Kap. 3). Manchmal ist es für eine normale Entwicklung sogar notwendig, daß der Keim seine Chromosomen gleichmäßig von beiden Eltern erhält (Kap. 11.1). Bei vielen Organismen sorgt ein regulärer Unterschied in der Ausstattung mit Geschlechtschromosomen bei Weibchen und Männchen einer Art für die Geschlechtsdetermination (Kap. 11.2). Die daraus folgenden Probleme für die unterschiedliche Dosierung geschlechtschromosomaler Gene müssen durch Dosiskompensationsmechanismen gelöst werden (Kap. 11.3).

Keimbahnzellen und alle Körperzellen besitzen im einfachsten Fall den gleichen Chromosomensatz. Vielfach wird aber das Genom in somatischen Zellinien verändert. Manche Organismen eliminieren keimbahnbegrenzte Chromosomen oder Chromosomenteile (Kap. 11.4). Häufiger kommt es im Soma zu Polyploidisierungen des Genoms, seltener zur Vermehrung einzelner Gene, zur Genamplifikation (Kap. 11.5). Nur in einzelnen somatischen Zellinien wie den Stammzellen der antikörperproduzierenden Zellen wird die DNA programmiert rearrangiert. Einige spontane Rearrangements führen zur Krebsbildung (Kap. 11.6).

11.1 Imprinting der Chromosomen

Man sollte erwarten, daß mütterliches und väterliches Genom in einem Embryo völlig gleichwertig sind. Dieser Erwartung entspricht die Reziprozitätsregel Mendels: reziproke Kreuzungen reinerbiger Stämme haben das gleiche Ergebnis. Zahlreiche bekannte Fälle von Parthenogenese bzw. Gynogenese zeigen darüber hinaus, daß der mütterliche Chromosomensatz – evtl. nach Verdopplung – in der Lage ist, die normale Entwicklung des Keimes zu steuern. Zumindest von Pflanzen ist auch der umgekehrte Fall, die vollständige Entwicklung aus einem rein väterlichen Genom bekannt (Merogonie, Androgenese).

Mütterliches und väterliches Genom sind in einem Keim nicht in jedem Falle gleichwertig. Sie können sich in ihrer Wirkung unterscheiden, auch wenn die genetische Zusammensetzung gleich ist. Die beiden Genome haben eine Erinnerung an ihre mütterliche oder väterliche Herkunft. Das Phänomen wird **genomisches Imprinting** genannt.

Inaktivierung väterlicher Chromosomen

Ein Erinnerungsvermögen an die mütterliche oder väterliche Herkunft zeigen u. a. die Chromosomen der Sciariden (Trauermücken) und Cocciden (Schild-läuse). Beim sog. Lecanoidentyp der Schildläuse wird einer der beiden haplo-iden Chromosomensätze regelmäßig heterochromatisch (Abb. 11.1). Markiert man durch strahleninduzierte Chromosomenbrüche den mütterlichen oder den väterlichen Chromosomensatz, so erkennt man, daß immer nur die väterli-chen Chromosomen heterochromatisch werden. Mütterliche und väterliche Chromosomen werden demnach in der Zelle unterschieden. Die Unterschei-dung reicht bis in die Gametogenese: in der zweiten meiotischen Teilung segre-gieren ursprünglich mütterliche und väterliche Genome, und nur das mütter-liche bildet funktionstüchtige Spermien aus.

Der Vorgang, der die Chromosomen bei der Passage durch die mütterliche bzw. väterliche Keimbahn verschieden werden läßt und dadurch für die Zelle unterscheidbar macht, ist nicht genauer bekannt. Der Begriff „Imprinting" soll andeuten, daß es sich um Veränderungen in der Art einer Prägung handelt, nicht um Veränderung des genetischen Inhalts der Chromosomen.

Transplantation von Vorkernen

Bei Säugetieren wurde die Gleichwertigkeit der Genome experimentell geprüft. Transplantiert man den männlichen Vorkern aus einem befruchteten Ei der Maus in ein anderes Ei, dessen weiblicher Vorkern entfernt wurde, so ist die

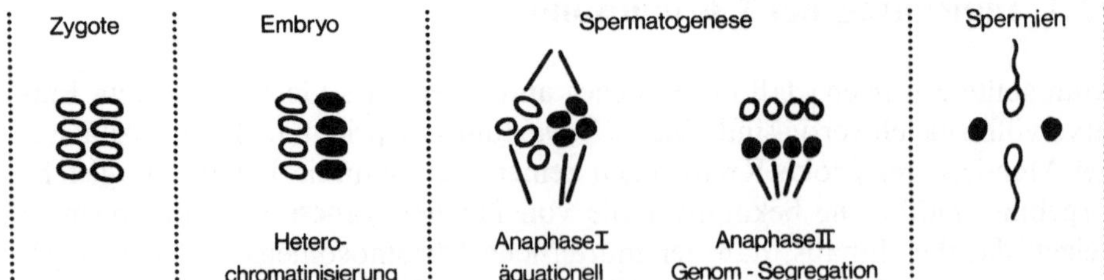

Abb. 11.1. Inaktivierung und Elimination des väterlichen Chromosomensatzes in männli-chen Schildläusen vom Lecanoidentyp. Euchromatische Chromosomen sind in dieser sche-matischen Darstellung weiß, heterochromatische schwarz dargestellt. Funktionelle Spermien enthalten nur Chromosomen der Mutter. (Nach Ergebnissen von Brown u. Nur 1964)

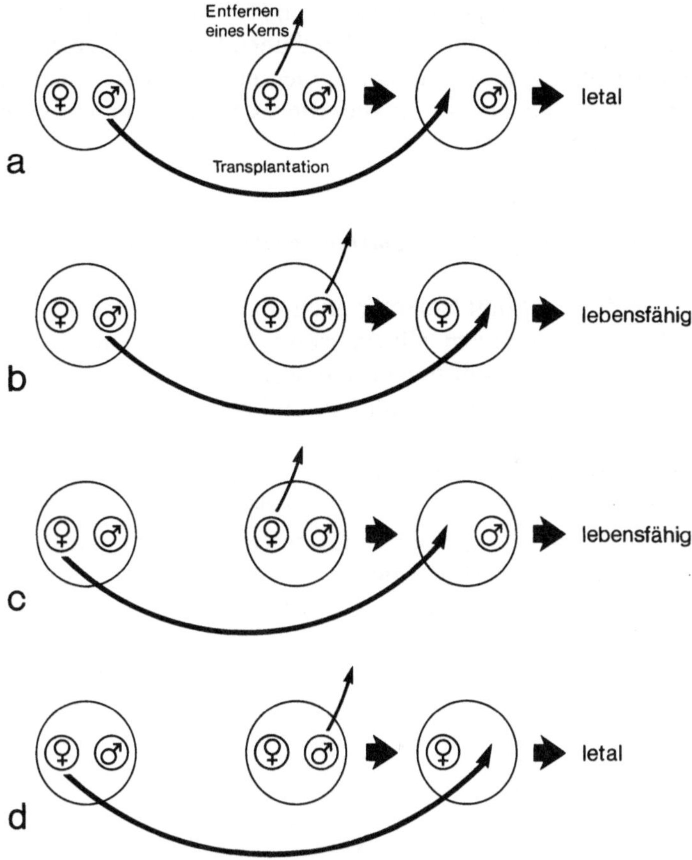

Abb. 11.2 a–d. Transplantation von Vorkernen der Maus. Ein Vorkern wird aus einer befruchteten Eizelle entfernt und durch einen Vorkern aus einer anderen befruchteten Eizelle ersetzt. Die Vorkerne wurden zur Unterscheidung genetisch markiert. (Nach Experimenten von McGrath u. Solter 1984; Barton et al. 1984)

entstehende Kombination aus zwei väterlichen Genomen nicht in der Lage, eine normale Entwicklung zu steuern (Abb. 11.2a). Wird dagegen vorher der männliche Vorkern entfernt, dann ist die entstehende Kombination lebensfähig (Abb. 11.2b). Mit dem residenten mütterlichen Genom und dem transplantierten väterlichen Genom entwickelt sich ein normaler Keim. Mütterliche und väterliche Genome sind funktionell nicht gleichwertig. Transplantiert man andererseits weibliche Vorkerne in Eier, die einen weiblichen Vorkern enthalten, so erkennt man, daß auch die Kombination zweier mütterlicher Genome letal ist (Abb. 11.2d), während die Kombination eines transplantierten weiblichen mit einem residenten männlichen Vorkern wiederum zu einem lebensfähigen Keim führt (Abb. 11.2c). Mauskeime benötigen zur normalen Entwicklung ein mütterliches und ein väterliches Genom.

Die Beeinträchtigung der Entwicklung ist in rein mütterlichen und rein väterlichen Kombinationen verschieden. In Keimen mit zwei mütterlichen

Genomen sind die extraembryonalen Hüllen und die Plazenta unterentwickelt,
während sich der Embryo in den frühen Stadien noch relativ normal entwik-
kelt. Keime mit zwei väterlichen Genomen verhalten sich dagegen genau umgekehrt: sie haben gut entwickelte extraembryonale Gewebe, während der
Embryo unterentwickelt ist.

Imprinting spezifischer Segmente des Mausgenoms

Mit Hilfe von komplementär aneuploiden Gameten kann man Zygoten mit
vollständig diploidem Chromosomensatz, aber unausgewogener Herkunft
herstellen. Damit läßt sich prüfen, welches Chromosom und welcher Chromosomenabschnitt in der weiblichen und männlichen Keimbahn funktionell ungleichwertig wird.

Aneuploide Gameten können mit Kombinationen von Translokationen bei
der Maus hergestellt werden. So werden z. B. mit Hilfe der Robertson-Translokation Rb(11.13) gezielt Gameten erzeugt, die nullisom oder disom für das
Chromosom 11 sind. Befruchtet ein Spermium mit Disomie für Chromosom
11 ein Ei mit Nullisomie für Chromosom 11, so entsteht ein zahlenmäßig
ausgeglichener Karyotyp. Zygoten mit diesem Karyotyp sollten sich eigentlich
normal entwickeln. Das trifft aber nicht zu. Stammen beide Chromosomen 11
von der Mutter, so sind die neugeborenen Jungtiere regelmäßig im Wachstum

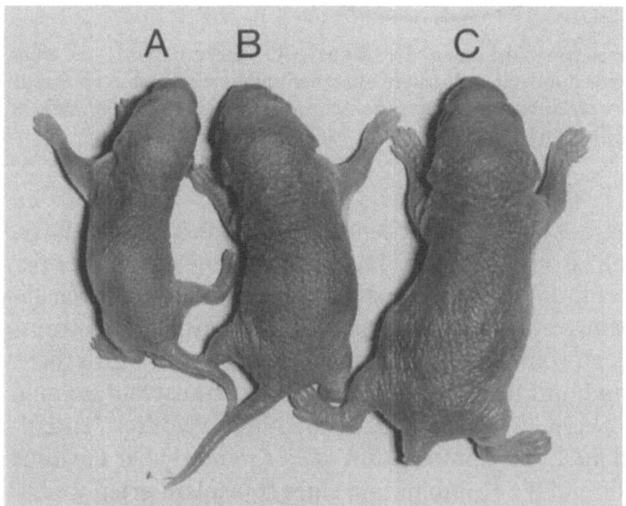

Abb. 11.3. Drei Wurfgeschwister der Maus mit ausgeglichenem Karyotyp. Das kleine Tier *A*
hat beide Chromosomen 11 von der Mutter geerbt; das normale Tier *B* hat je ein Chromosom
11 von der Mutter und dem Vater erhalten; das überdurchschnittlich groß gewachsene Tier *C*
hat beide Chromosomen 11 vom Vater. Der kurze Schwanz beruht auf Homozygotie des
Markiergens vt („vestigial tail"). (Aus Cattanach 1986)

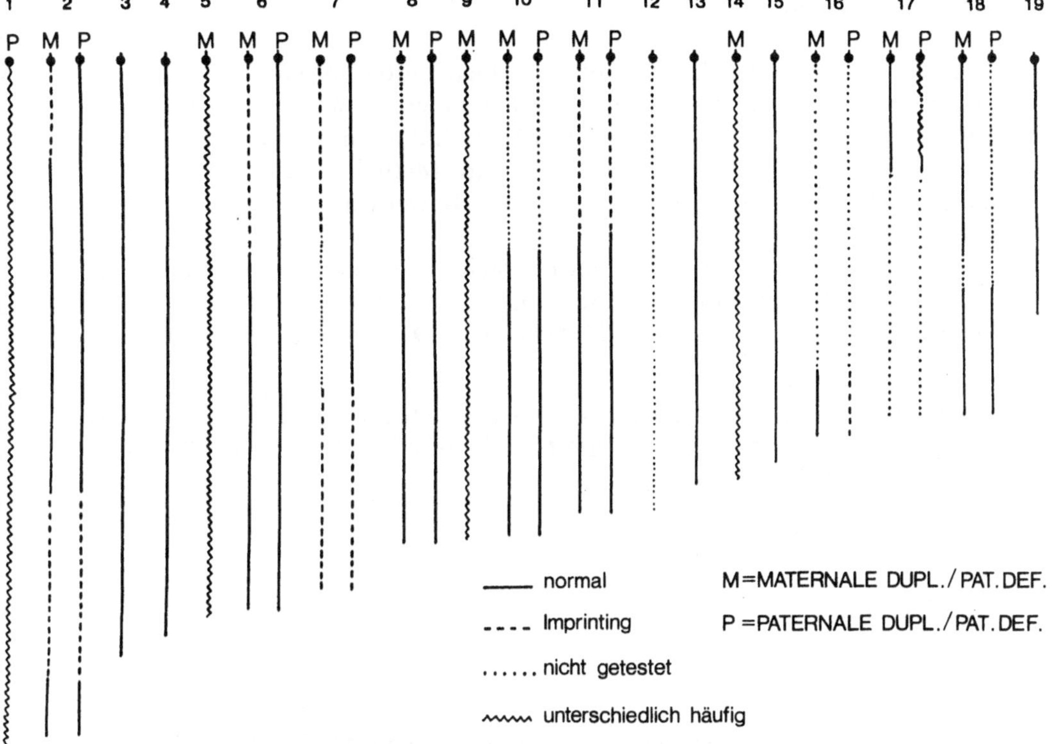

Abb. 11.4. Imprinting im Mausgenom. M gibt das Verhalten bei maternaler Duplikation und paternaler Defizienz, P das Verhalten bei paternaler Duplikation und maternaler Defizienz wieder. Manchmal ist aus unbekannten Gründen die Transmission von Chromosomen unterschiedlich häufig. (Nach Cattanach u. Beechey 1990)

zurückgeblieben. Der Effekt ist genau umgekehrt, wenn beide Chromosomen 11 vom Vater stammen: die Tiere sind regelmäßig größer als normal (Abb. 11.3). Der Imprinting-Effekt hält jedoch nur für eine Generation an. Väterliche Chromosomen verhalten sich nach Passage durch eine Tochter wie mütterliche Chromosomen, mütterliche nach Passage durch einen Sohn wie väterliche.

Bei anderen Chromosomen sind andere Eigenschaften betroffen. In einigen Fällen führt eine rein mütterliche Herkunft, in anderen eine rein väterliche Herkunft zu abnormer Entwicklung. Wieder andere Chromosomen lassen keinen Einfluß der Herkunft erkennen. Die Chromosomenabschnitte, die den Imprinting-Effekt zeigen, können durch Verwendung reziproker Translokationen eingegrenzt werden. Abb. 11.4 zeigt eine Karte mit den Regionen, die entweder in der Mutter oder im Vater ein Imprinting erfahren. Beim derzeitigen Stand der Untersuchung ist unklar, ob jeweils nur ein Gen innerhalb eines solchen Chromosomenabschnitts oder ein Chromosomensegment mit allen darin enthaltenen Genen vom Imprinting betroffen ist.

Spezifische Methylierungsmuster

Da der Imprinting-Effekt nur über eine Generation vorhält, kann er nicht durch Mutationen der betroffenen Gene hervorgerufen worden sein. Mögliche Ursachen für das Imprinting sind DNA-Modifikation oder die Verbindung der DNA mit speziellen Proteinen. Z. Zt. wird Methylierung der DNA in der Diskussion favorisiert, da transgene Mäuse Hinweise auf die Beteiligung von **DNA-Methylierung** geben.

Einige Transgene (durch Transformation in ein Genom eingebrachte Gene) zeigen nämlich Imprinting. Ebenso verhält sich z. B. ein in das Mausgenom integriertes Konstrukt mit c-myc (Tabelle 11.1). Das c-myc-Gen wird im Herz-

Tabelle 11.1. Imprinting bei einem Transgen. Ein in das Mausgenom integriertes Konstrukt aus c-myc mit einem Immunglobulinsegment im Rous-Sarkom-Virus exprimiert c-myc je nach Herkunft. (Aus Swain et al. 1987)

Transgen vererbt	Aktivität im Herzmuskel	Methylierungsmuster im Transgen
Von der Mutter	nicht exprimiert	methyliert
Vom Vater	exprimiert	untermethyliert

muskel der Nachkommen exprimiert, wenn es von der Mutter übertragen wurde, aber nicht exprimiert, wenn es vom Vater vererbt wurde. Es wird wieder aktiv, wenn es vom Vater über die Tochter an deren Nachkommen übertragen wurde. Parallel zum Imprinting-Effekt ändert sich das Methylierungsmuster in der DNA des Transgens. Das Transgen ist **methyliert**, wenn es von der Mutter ererbt wurde, und **untermethyliert**, wenn es über den Vater in das Genom gelangte. Die Hypermethylierung, die in der weiblichen Keimbahn erworben wurde, wird in der männlichen Keimbahn wieder entfernt. Imprinting könnte also auf einer spezifischen Methylierung oder Demethylierung beruhen, die während der Gametogenese im weiblichen oder männlichen Geschlecht erworben wird und ihrerseits für die Aktivität des Gens verantwortlich ist.

11.2 Geschlechtsbestimmung

Die Entscheidung über die Entwicklung eines Keims zum weiblichen oder männlichen Geschlecht wird entweder durch genetische Faktoren (**genotypische Geschlechtsbestimmung**) oder durch Umweltfaktoren (**phänotypische Geschlechtsbestimmung**) herbeigeführt. Beispiele für phänotypische Geschlechtsbestimmung geben *Bonellia* und Schildkröten. Bei der Echiuroiden *Bonellia* hängt die geschlechtliche Entwicklung der noch undifferenzierten Larven von der Anwesenheit oder Abwesenheit eines adulten Weibchens ab.

Bei vielen Schildkröten und anderen Reptilien ist Temperatur der entscheidende Faktor. Die Entwicklung zu Weibchen oder Männchen wird von der Umgebungstemperatur der Gelege bestimmt.

Bei der Mehrzahl getrenntgeschlechtlicher Arten entscheidet primär ein chromosomaler, sozusagen monofaktorieller Mechanismus über das zukünftige Geschlecht eines Keims. Er sorgt für die Ausstattung der Zygote mit den geschlechtsspezifischen Chromosomen. Genotypische Geschlechtsbestimmung resultiert in selteneren Fällen aus der freien Rekombination mehrerer genetischer Faktoren auf verschiedenen Chromosomen. Eine solche polyfaktorielle Geschlechtsbestimmung findet man bei dem Aquarienfisch *Xiphophorus helleri*, bei verschiedenen Landasseln und einigen Flohkrebsen der Gattung *Gammarus*. Andere genotypische Geschlechtsbestimmungsmechanismen beruhen auf der Haploidie oder Diploidie der Träger, wie z. B. bei den Hymenopteren, oder auf dem Genotyp der Mutter, der über einen maternalen Faktor das Geschlecht der Nachkommen bestimmt, wie z. B. bei den Dipteren *Sciara* und *Chrysomya*.

Geschlechtschromosomenmechanismen

Unterschiede zwischen Arten in der Ausstattung mit Geschlechtschromosomen lassen sich auf zwei Grundtypen zurückführen:

- Heterogametie im männlichen Geschlecht (♀♀ XX, ♂♂ XY)
- Heterogametie im weiblichen Geschlecht (♀♀ WZ, ♂♂ ZZ)

Heterogametie im männlichen Geschlecht besitzen z. B. die Säugetiere und die Fliegen; Heterogametie im weiblichen Geschlecht ist charakteristisch für Vögel und Schmetterlinge. Genetisch sind diese beiden Typen am Erbgang von X- oder Z-gebundenen Genen zu identifizieren. Auch Kreuzungen mit geschlechtsumgekehrten Individuen geben eine eindeutige Aussage über den Geschlechtsbestimmungstyp (Abb. 11.5).

Nicht immer sind die Geschlechtschromosomen auch im cytologischen Präparat erkennbar. Das Geschlechtschromosomenpaar kann in beiden Geschlechtern im mikroskopischen Bild vollständig gleich (**homomorph**) erscheinen. Meist sind das XY- und das WZ-Paar allerdings mehr oder weniger **heteromorph**, d. h. strukturell voneinander verschieden. Das reicht von geringfügigen Unterschieden, die nur durch Bänderungstechniken sichtbar werden, bis zu auffällig in Größe oder Form verschiedenen Geschlechtschromosomen (Abb. 11.6). Endpunkt morphologischer Differenzierung ist ein fehlendes Y- bzw. W-Chromosom.

In beiden Typen, XY und WZ, kommen Zahlenvarianten vor (Tabelle 11.2). So kann das unpaare Geschlechtschromosom (Y oder W) fehlen, das heterogamete Geschlecht also die Konstitution X0 und Z0 besitzen. Einen XX-X0-Geschlechtsbestimmungsmechanismus besitzen z. B. die meisten Heuschreckenarten, ein Z0-ZZ-Mechanismus kommt bei dem Schmetterling *Orthosia gracilis* vor. Gar nicht selten findet man multiple Geschlechtschromosomen. Sie

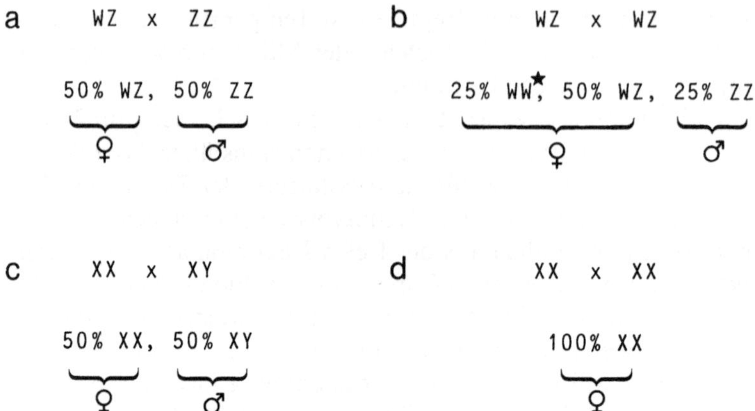

Abb. 11.5a–d. Kreuzungen mit normalen (**a, c**) und geschlechtsumgewandelten (**b, d**) Tieren. In den Nachkommenschaften werden charakteristische Geschlechtsverhältnisse erwartet. Der WZ-Geschlechtsbestimmungstyp wurde in dieser Weise für *Xenopus* und den Axolotl, der XY-Typ für den Grasfrosch *Rana temporaria* und den Fisch *Oryzias latipes* ermittelt. * Die WW-Kombination kann letal sein

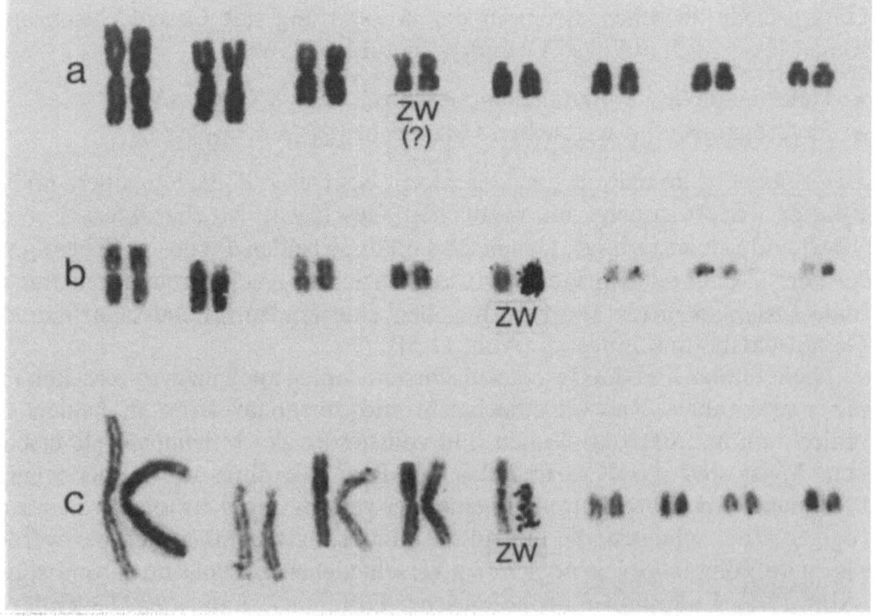

Abb. 11.6a–c. Übergang von homomorphen zu heteromorphen Geschlechtschromosomen bei Schlangen. Die Silberkörner zeigen in diesen In-situ-Hybridisationspräparaten die Anwesenheit von simple repeats vom Typ (GATA)$_n$ an. Die Ausbreitung der simple repeats geht der morphologischen Differenzierung voraus. **a** Teilkaryotyp von *Python reticulatus* aus der Familie der Boidae mit homomorphem WZ-Paar, **b)** der Kobra *Naja naja naja* aus der Familie der Elapidae mit homomorphem WZ-Paar, das aber sehr stark mit (GATA)$_n$ besetzt ist, **c** heteromorphes WZ-Paar mit (GATA)$_n$ von *Natrix piscator* aus der Familie Colubridae. (Jones u. Singh 1985)

Tabelle 11.2. Beispiele für Karyotypen mit Geschlechtschromosomen

Systematische Einheit	2n-Chromosomen-Konstitution	
	♀♀	♂♂
Spermatophyta		
Bryonia dioica	20,XX	20,XY
Melandrium album	24,XX	24,XY
Fragaria elatior	42,WZ	42,ZZ
Nematoda		
Caenorhabditis elegans	6,XX (♀)	5,X
Orthoptera		
Locusta migratoria	24,XX	23,X
Coleoptera		
Tenebrio molitor	20,XX	20,XY
Diptera		
Drosophila melanogaster	8,XX	8,XY
Lepidoptera		
Bombyx mori	56,WZ	56,ZZ
Ephestia kuehniella	60,WZ	60,ZZ
Witlesia murana	$59,W_1W_2Z$	58,ZZ
Orthosia gracilis	27,Z	28,ZZ
Pisces		
Xiphophorus maculatus		
vom Rio Jamapa (Mexiko)	48,XX	48,XY
vom Belize River (Belize)	48,WZ	48,ZZ
Amphibia		
Pleurodeles waltlii	24,WZ	24,ZZ
Triturus vulgaris	24,XX	24,XY
Xenopus laevis	36,WZ	36,ZZ
Rana temporaria	26,XX	26,XY
Reptilia		
Elaphe radiata	30,WZ	30,ZZ
Aves		
Gallus domesticus	ca. 78,WZ	ca. 78,ZZ
Mammalia		
Homo sapiens	46,XX	46,XY
Mus musculus	40,XX	40,XY
Gerbillus gerbillus	42,XX	$43,XY_1Y_2$
Muntiacus muntjak	6,XX	$7,XY_1Y_2$

sind vermutlich durch Translokation oder Fusion zwischen Geschlechtschromosomen und Autosomen entstanden, seltener durch Fission eines Geschlechtschromosoms. An Stelle eines unpaaren Chromosoms können dann zwei oder mehr Chromosomen auftreten. Unter den Säugetieren besitzen z. B. der Gerbil und der indische Muntjak (s. Abb. 2.15) eine XY_1Y_2-Konstitution im männlichen und eine XX-Konstitution im weiblichen Geschlecht. Umge-

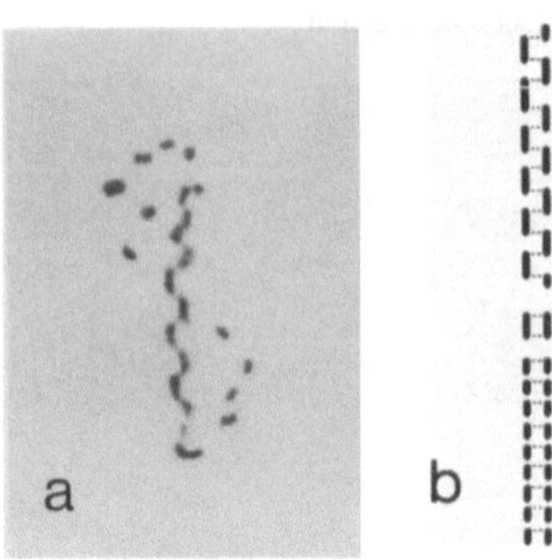

Abb. 11.7a, b. Paarung multipler Geschlechtschromosomen. 10 Bivalente und eine Kette von
13 Chromosomen in einer Spermatocyte I der
Termite *Kalotermes approximatus* mit einem
$33,X_1X_2X_3X_4X_5X_6X_7Y_1Y_2Y_3Y_4Y_5Y_6$ Karyotyp.
a im Lichtmikroskop, **b** schematische Darstellung. (Aus Syren u. Luykx 1981)

kehrt können mehrere X-Chromosomen einem oder keinem Y-Chromosom
gegenüberstehen. Die Mehrzahl der Fangheuschrecken (*Mantodea*) besitzt
Geschlechtschromosomenformeln vom Typ $X_1X_1X_2X_2$-♀♀ und X_1X_2Y-♂♂;
die überwiegende Zahl der Spinnenarten hat einen $X_1X_1X_2X_2$-$X_1X_2$0-Mecha-
nismus. Manche Termiten haben besonders komplizierte Verhältnisse
(Abb. 11.7). Die komplexeste Geschlechtschromosomensituation wurde in einer Rasse der Termite *Kalotermes approximatus* gefunden: einige Männchen
haben den Karyotyp
$33,X_1X_2X_3X_4X_5X_6X_7X_8X_9X_{10}Y_1Y_2Y_3Y_4Y_5Y_6Y_7Y_8Y_9,$
während die zugehörigen Weibchen
$34,X_1X_1X_2X_2X_3X_3X_4X_4X_5X_5X_6X_6X_7X_7X_8X_8X_9X_9X_{10}X_{10}$-Karyotypen
besitzen.

In allen Fällen, auch in denen mit multiplen Geschlechtschromosomen,
werden nur zwei verschiedene Gametensorten im heterogameten Geschlecht
erzeugt und nur eine im homogameten Geschlecht. Die beiden Gametensorten
im heterogameten Geschlecht sind die weibchenbestimmenden und die männchenbestimmenden Gameten. In einigen Arten mit multiplen Geschlechtschromosomen sorgt die besondere Form der Chromosomenpaarung z.B.
zweier X-Chromosomen mit einem Y dafür, daß in der Meiose vollständige
Sätze der multiplen Geschlechtschromosomen segregieren. Ein extremes Beispiel dafür gibt Abb. 11.7. Formalgenetisch handelt es sich bei der Vererbung
der Geschlechtschromosomen um das Mendelsche Rückkreuzungsschema
eines heterozygoten monohybriden Bastards mit seinem rezessiven Elter:
Aa × aa. Der Erbgang bei einem Chromosomenmechanismus der Geschlechtsbestimmung ist insofern formal monofaktoriell, selbst wenn multiple Geschlechtschromosomen beteiligt sind oder wenn – wie bei *Drosophila* – mehrere
geschlechtsbestimmende Faktoren auf den Geschlechtschromosomen liegen.

Geschlechtschromosomenmechanismen dieser Art bewirken in der Regel
zweierlei:

- Sie bestimmen einen Keim zur Entwicklung entweder des weiblichen oder
  des männlichen Geschlechts.
- Sie sorgen für ein ausgeglichenes Geschlechtsverhältnis in der Nachkommenschaft bzw. in der Population.

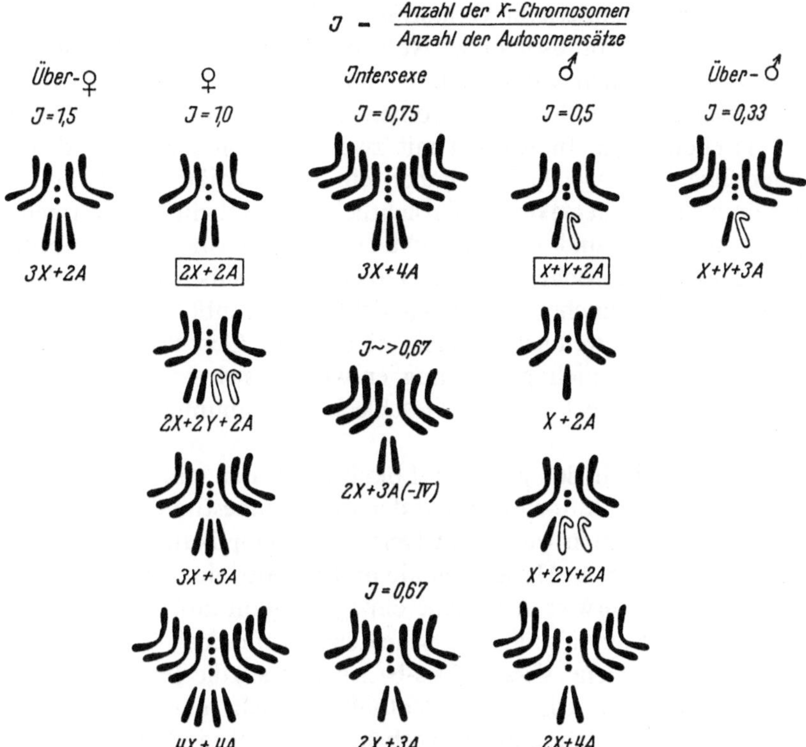

Abb. 11.8. Die Wirkung von Autosomensätzen (A) und Geschlechtschromosomen (X, Y) auf die Geschlechtsbestimmung von *Drosophila*. Die Geschlechtsausbildung hängt nur vom Verhältnis X:A ab. (Nach Untersuchungen von C.B. Bridges aus Kühn 1961)

Lokalisation geschlechtsbestimmender Faktoren bei Drosophila

Die Präsenz eines XY-Geschlechtsbestimmungsmechanismus sagt noch nicht viel über die Zahl und die Lage der geschlechtsbestimmenden Faktoren aus. Er gibt nicht einmal Auskunft darüber, ob die Anwesenheit bzw. Abwesenheit des Y-Chromosoms oder die Zahl der X-Chromosomen über das Geschlecht entscheidet.

Bei *Drosophila melanogaster* lassen sich leicht Aneuploide herstellen, die die Rolle der Geschlechtschromosomen in der Geschlechtsbestimmung erhellen. XXY-Tiere sind bei *Drosophila* fertile Weibchen, X0-Tiere sind sterile Männchen. Über das Geschlecht entscheidet demnach die Zahl der X-Chromosomen: 1X-Tiere werden zu Männchen, 2X-Tiere zu Weibchen. Das Y-Chromosom trägt Fertilitätsfaktoren, spielt aber keine Rolle in der Geschlechtsbestimmung.

Weitere Aufschlüsse erbrachten triploide und tetraploide Individuen (Abb. 11.8). Tiere mit vier Autosomensätzen und vier X-Chromosomen sind Weibchen, solche mit vier Autosomensätzen und zwei X-Chromosomen dagegen Männchen. Nicht die absolute Zahl der X-Chromosomen entscheidet über das Geschlecht, sondern ihr Verhältnis relativ zu den Autosomen. Ein 1:1-Verhältnis von X-Chromosomen zu Autosomensätzen (X:A) determiniert einen Keim zum Weibchen, ein Verhältnis von 0,5:1 läßt ein Männchen entstehen. Individuen mit drei X-Chromosomen und vier Autosomensätzen (X:A = 0,75:1) ebenso wie Individuen mit zwei X-Chromosomen und drei Autosomensätzen (X:A = 0,67:1) haben ein intermediäres Verhältnis, sie entwickeln sich zu **Intersexen**. Offensichtlich verweiblicht eine Vermehrung der X-Chromosomen und vermännlicht eine Vermehrung der Autosomen den Keim. Das Übergewicht der X-chromosomalen, weibchenfördernden oder der autosomalen, männchenfördernden Erbfaktoren gibt den Ausschlag für die Entwicklung des weiblichen oder männlichen Geschlechts. Ist das Übergewicht einer Seite nicht groß genug, entwickeln sich sexuelle Zwischenstufen, die Intersexe. Diese Form der Geschlechtsbestimmung wird als **Balancetyp** bezeichnet.

Die Suche nach der genauen Lokalisation der männchenbestimmenden Faktoren auf den Autosomen und der weibchenbestimmenden Faktoren auf den X-Chromosomen wurde mit Deletionen, Duplikationen und Translokationen aufgenommen. Hyperdiploide und Hypotriploide wurden dazu hergestellt. Allerdings erwies sich keine einzige Region auf den Autosomen oder dem X-Chromosom als allein entscheidend. Auf dem X-Chromosom fördern mindestens zwei Gene, sis-a und sis-b („sisterless") die Tendenz zur weiblichen Entwicklung. Das X-Chromosom enthält also mehr als einen weibchenbestimmenden Faktor, erst zusammen ergeben sie die vollständige Wirkung. Auf den Autosomen konnte keine einzige Region als Locus eines männchenbestimmenden Faktors erkannt werden. Männchenbestimmende oder -fördernde Faktoren sind demnach offenbar über den Autosomensatz verstreut. Allein die Konzentration einer genügenden Dosis weibchenbestimmender Faktoren auf dem X-Chromosom von *Drosophila* macht das XY-Paar zum funktionierenden Geschlechtschromosomenpaar.

Der männchenbestimmende Faktor auf dem Säugetier-Y. Die Geschlechtsentscheidung bei Säugetieren beruht auf einem wesentlich anderen Mechanismus. Prüft man die in Abb. 11.9 zusammengetragenen normalen und aneuploiden Karyotypen des Menschen, dann fallen die Unterschiede zu *Drosophila* sofort auf. X0-Konstitution führt zu einem weiblichen Phänotyp, der XXY-Karyotyp entwickelt sich zu einem männlichen Phänotyp. Entscheidend für die Geschlechtsentwicklung ist nicht die Zahl der X-Chromosomen sondern die Anwesenheit oder Abwesenheit eines Y-Chromosoms. Das Y-Chromosom verdankt diese Wirkung einem epistatischen männchenbestimmenden Faktor, der sich kartieren läßt. Er wird **TDF** („testis **d**etermining **f**actor") beim Menschen und **TDY** bei der Maus genannt. (Epistatisch nennt man Erbfaktoren, die in ihrer Wirkung nicht-allele Faktoren überlagern.)

Eine Mutante der Maus, Sxr („**sex-r**eversed") ist für die Analyse der Geschlechtsbestimmungsverhältnisse bei Säugern wichtig geworden. Sxr läßt Embryonen ohne Y-Chromosom, aber mit zwei cytologisch erkennbaren X-Chromosomen zu Männchen werden. Die Mutation beruht auf einem Rear-

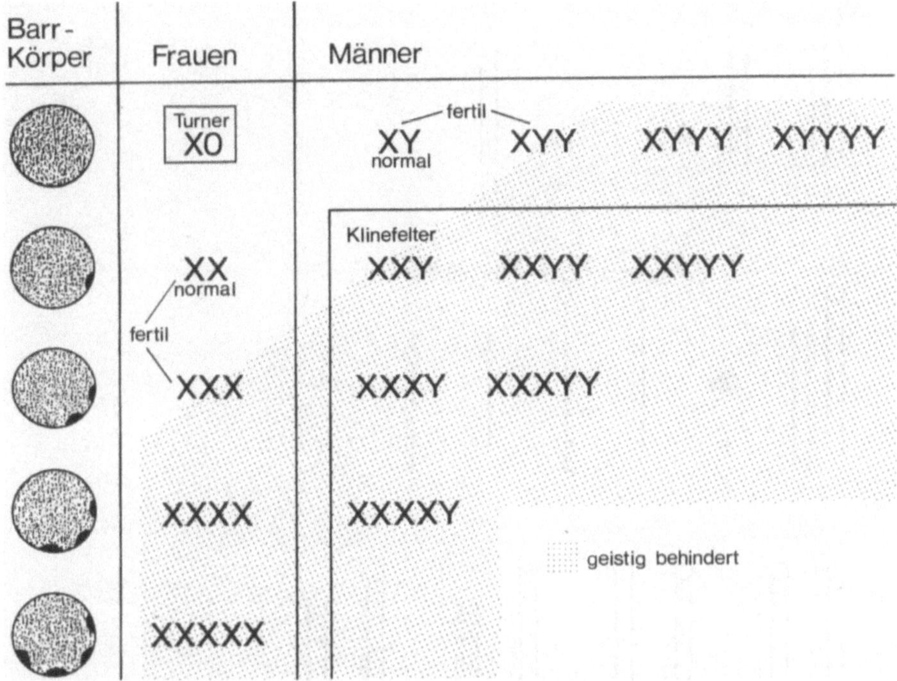

Abb. 11.9. Einfluß der Geschlechtschromosomenkonstitution auf die Geschlechtsentwicklung und die Ausbildung von Barr-Körpern (X-Chromatin) beim Menschen. Der Zusammenhang zwischen Barr-Körpern und X-Chromosomen wird in Kap. 11.3 behandelt. Die im Schema angedeutete teilweise Behinderung für XXX-, XXY- und XYY-Karyotypen tritt selten auf. (Nach Therman 1985)

rangement des Y-Chromosoms (Abb. 11.10). Eine proximale Region des Chromosoms ist dupliziert und an das distale Ende versetzt worden, das sich in der Meiose mit dem distalen Ende des X paart. In der distalen Region findet in der Meiose regelmäßig ein Crossing-over statt, das je eine der beiden Chromatiden von X und Y betrifft. Ein Teil der Spermien erhält auf diese Weise ein X-Chromosom mit dem Sxr-Segment. XX_{Sxr}-Zygoten, die aus der Befruchtung mit diesen Spermien resultieren, entwickeln sich zu Männchen. Das auf das X übergegangene Chromosomensegment enthält offensichtlich den TDY-Faktor der Maus.

Auch beim Menschen entwickeln sich einige Individuen entgegen ihrem chromosomalen Geschlecht. Sowohl XY-Frauen als auch XX-Männer sind gefunden worden. Das Y-Chromosom besitzt bei einigen der XY-Frauen Deletionen des kurzen Arms. TDF liegt demnach auf dem kurzen Arm des menschlichen Y-Chromosoms. Ganz entsprechend den Verhältnissen bei XXSxr-Mäusen besitzen einige XX-Männer ein X-Chromosom mit einem zusätzlichen translozierten Segment. Die translozierten Segmente wurden mit klonierten DNA-Sonden des menschlichen Y-Chromosoms als Y-Segmente identifiziert. Die Deletionen und Translokationen können sehr klein sein. Mit

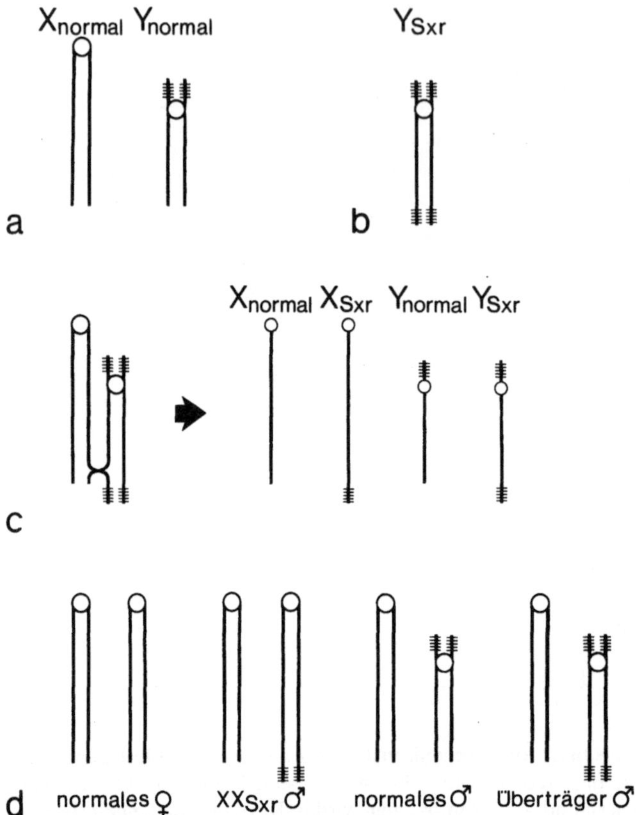

Abb. 11.10 a–d. Sxr-Übertragung bei der Maus. Das Y-Segment, das den Männchenbestimmter TDY trägt und in diesem Schema durch Schraffur hervorgehoben wurde, ist mit (GATA)-Repeats molekular markiert. Sein Schicksal konnte daher durch In-situ-Hybridisation und Southern-Hybridisation mit poly(GATA)-Sonden verfolgt werden. **a** Normale X- und Y-Chromosomen. **b** Das rearrangierte Y_{Sxr} ist durch ein intrachromosomales Rearrangement entstanden. **c** Crossover zwischen X und Y_{Sxr} im terminalen Bereich erzeugt vier veschiedene Gameten. **d** Befruchten sie normale Eizellen, so resultieren daraus vier verschiedene Genotypen, darunter XX_{Sxr} ♂. (Nach Ergebnissen von L. Singh u. K. W. Jones aus Hansmann 1982, Roberts et al. 1988)

Hilfe der molekularen Sonden wurden bei einigen XY-Frauen auch mikroskopisch nicht sichtbare Deletionen des Y-Chromosoms, bei einigen XX-Männern mikroskopisch unsichtbare Translokationen des Y-Chromosoms aufgedeckt. Mindestens ein Teil der XX-Männer und der XY-Frauen entsteht demnach durch Translokation oder Deletion eines Y-Segmentes, das vermutlich TDF enthält. Diese Fälle wurden benutzt, um TDF molekular zu kartieren (Abb. 11.11). Dabei zeigte sich, daß nur ein kleiner Bereich des Y notwendig und hinreichend ist, um die Testisentwicklung zu determinieren. Es handelt sich um das Intervall 1 in Abb. 11.11. TDF muß in diesem Bereich des menschlichen Y-Chromosoms liegen. Der Bereich, in dem TDF liegt, wurde durch weitere Fälle auf etwa 35 kb eingegrenzt und daraus schließlich eine starke

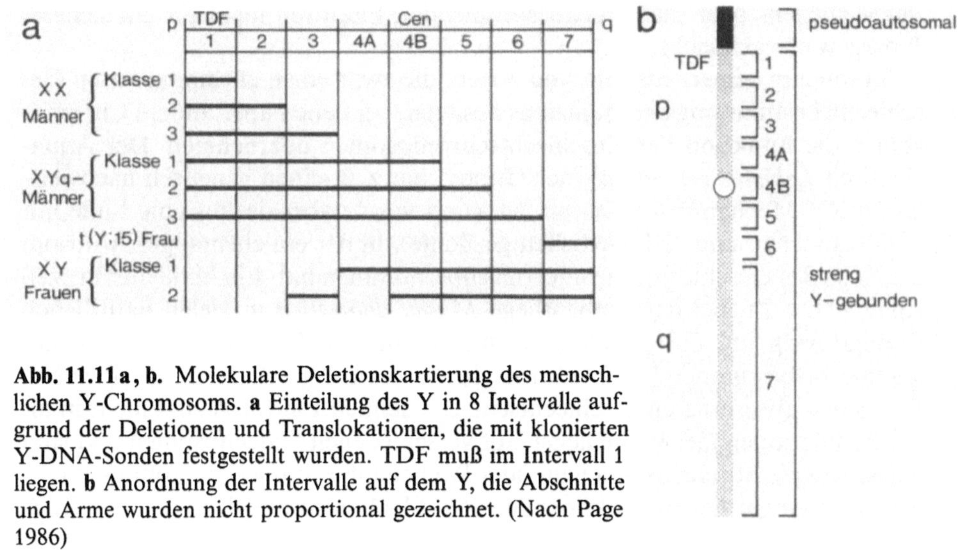

Abb. 11.11 a, b. Molekulare Deletionskartierung des menschlichen Y-Chromosoms. **a** Einteilung des Y in 8 Intervalle aufgrund der Deletionen und Translokationen, die mit klonierten Y-DNA-Sonden festgestellt wurden. TDF muß im Intervall 1 liegen. **b** Anordnung der Intervalle auf dem Y, die Abschnitte und Arme wurden nicht proportional gezeichnet. (Nach Page 1986)

konservierte DNA-Strecke isoliert, die Homologie zur DNA aller männlichen aber nicht den weiblichen Säugetieren hat. Diese DNA-Strecke ist wahrscheinlich der gesuchte TDF; Transformation von XX-Zygoten mit der entsprechenden Strecke der Maus läßt nämlich männliche Mäuse daraus entstehen.

Lokalisation geschlechtsbestimmender Faktoren bei anderen Organismen. Nur bei wenigen weiteren Organismen mit chromosomalem Geschlechtsbestimmungsmechanismus ist mehr als die Chromosomenkonstitution bekannt. Diese Fälle zeigen aber, daß sich hinter der einfachen Chromosomenverteilung vielfältige Formen der primären Geschlechtsbestimmung verbergen.

Beim Seidenspinner *Bombyx mori* z. B., der einen WZ-ZZ Geschlechtsbestimmungsmechanismus besitzt, sorgt (mindestens) ein epistatischer Weibchenbestimmer auf dem W-Chromosom für die Entwicklung zum Weibchen. Bei einem anderen Schmetterling mit WZ-ZZ Mechanismus, dem Schwammspinner *Lymantria dispar*, hat dagegen das W-Chromosom nach den klassischen Untersuchungen Richard Goldschmidts einen verweiblichenden, maternalen Effekt auf alle Nachkommen. Die Geschlechtsbestimmung erfolgt bei dieser Art in einem Balancemechanismus ähnlich dem von *Drosophila*. Männchen entwickeln sich nur, wenn die männchenbestimmenden Faktoren im ZZ-Karyotyp mit der doppelten Dosis Z-Chromosomen ein Übergewicht haben. Das Gewicht der männchenbestimmenden Faktoren reicht dagegen im WZ-Karyotyp bei einfacher Dosis Z-Chromosomen nicht aus, um den maternalen, verweiblichenden Effekt aufzuwiegen. Daher entstehen Weibchen. Das Gewicht oder die „Stärke" der geschlechtsbestimmenden Faktoren hat bei *Lymantria* in verschiedenen Rassen unterschiedliche Werte, ist aber in jeder Rasse ausgewogen, so daß immer WZ-Weibchen und ZZ-Männchen entstehen. Bei Kreuzungen zwischen Rassen entstehen Intersexe, wenn die „Stärke" der weibchen- oder männchenbestimmenden Faktoren nicht für ein sicheres Übergewicht ausreicht.

Besonders bemerkenswert sind Arten, die zwar einen chromosomalen Geschlechtsbestimmungsmechanismus besitzen, bei denen aber andere Chromosomen die Funktion der Geschlechtschromosomen übernehmen. Der Aquarienfisch *Lebistus reticulatus*, der Guppy, hat z. B. einen genetisch nachweisbaren XY-Mechanismus. Durch Selektion wurde aber daraus eine Linie mit XX-Männchen und XX-Weibchen gezüchtet, in der ein ehemaliges Autosom die Rolle des Geschlechtschromosoms übernommen hat. Ein ähnlicher Prozeß spielt sich z. Zt. bei der Stubenfliege *Musca domestica* in vielen natürlichen Populationen ab. Das zytologisch gut erkennbare XY-Paar wird in seiner geschlechtsbestimmenden Funktion durch vormalige Autosomen abgelöst. Die neuen autosomalen geschlechtsentscheidenden Faktoren sind nicht in allen Populationen gleich. Sie liegen auf verschiedenen Chromosomen und sind entweder epistatische Männchen- oder Weibchenbestimmer. So kommt es entweder zu einem neuen funktionellen XY-Mechanismus oder zu einem WZ-Mechanismus.

Verschiedene Geschlechtsbestimmungsmechanismen koexistieren somit hin und wieder in ein- und derselben Art. Von *Chironomus tentans* sind bei einem haploiden Satz von insgesamt n=4 Chromosomen zwei nicht-homologe Chromosomen als Y-Chromosomen bekannt. Sie sind durch Inversionen markiert und können so identifiziert werden. Die Anwesenheit eines der beiden Y-Chromosomen bewirkt die Entwicklung zum Männchen. Die Fliege *Megaselia scalaris* ist in dieser Hinsicht ein Extremfall. Die Position eines epistatischen männchenbestimmenden Faktors entscheidet darüber, welches der drei Chromosomen die Rolle des Geschlechtschromosoms spielt. Der Faktor kann transposonartig mit einer niedrigen Rate seinen Platz im Genom wechseln und in ein anderes Chromosom springen. Jedes der drei vorhandenen Chromosomenpaare kann somit zum funktionellen Geschlechtschromosomenpaar werden.

Die Steuerung der Geschlechtsdifferenzierung

Die bisher behandelten Faktoren stellen im Organismus das entscheidende, primäre Signal für die Differenzierung entweder zum weiblichen oder zum männlichen Geschlecht dar. Dieses Signal wirkt bei keiner der beiden besonders gut untersuchten Arten, der Fliege *Drosophila melanogaster* oder dem Nematoden *Caenorhabditis elegans*, direkt auf die geschlechtsspezifischen Differenzierungsgene; es ist vielmehr in beiden Arten eine Kaskade von Kontrollgenen eingeschaltet, die als genetische Schalter funktionieren und schließlich die Aktivierung bzw. Inaktivierung der geschlechtsspezifischen Differenzierungsgene auslösen.

Am genauesten sind die Verhältnisse für die somatische geschlechtliche Differenzierung von *Drosophila melanogaster* bekannt (Abb. 11.12). Das primäre geschlechtsbestimmende Signal ist das Verhältnis der X-Chromosomen

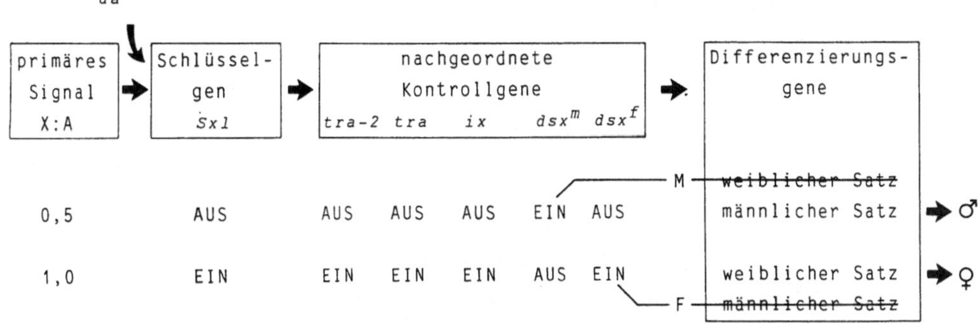

Abb. 11.12. Die genetische Hierarchie der Geschlechtsdifferenzierung bei *Drosophila*. Das primäre geschlechtsbestimmende Signal löst eine Kaskade von Genaktivitäten aus, die auf der Ebene des mRNA-Spleißens reguliert werden. Für die weibchenspezifische Aktivität von Sxl ist das maternale Genprodukt von da erforderlich. (Nach Nöthiger u. Steinmann-Zwicky 1987)

zu Autosomensätzen (s. S. 285). Dieses reguliert die Aktivität des Gens Sexlethal (Sxl). Sxl ist das Schlüsselgen für die Geschlechtsentwicklung. Es steuert über wenigstens drei zwischengeschaltete Gene, tra-2, tra und ix, das Gen dsx, das seinerseits die Aktivität der geschlechtsspezifischen Differenzierungsgene kontrolliert. Erst diese sind für die Ausprägung der weibchentypischen und männchentypischen Merkmale verantwortlich.

Die Steuerung erfolgt in dieser Kaskade von Genaktivitäten nicht auf der Ebene der Transkriptionskontrolle sondern durch differentielles Spleißen der mRNAs. Bei dsx entstehen dadurch zwei unterschiedliche funktionelle Genprodukte. Bei Sxl und tra ist nur das weibliche Genprodukt funktionell, während das männliche nicht-funktionell ist. Diese Gene sind deswegen nur für die Weibchen essentiell, bei den Männchen können sie fehlen, ohne Schaden anzurichten.

Die Geschlechtsdifferenzierung wird bei dem Nematoden *Caenorhabditis* in überraschend ähnlicher Weise gesteuert. Von der genetischen Steuerung der Geschlechtsdifferenzierung bei anderen Organismen haben wir dagegen wesentlich weniger Kenntnisse. Das gilt auch für die Säuger. Bei den Säugern ist die Ausbildung von Hoden der früheste bisher bekannte Effekt von TDF. Alle weiteren geschlechtsspezifischen Merkmale hängen vom Vorhandensein bzw. dem Fehlen der Hoden ab. Die einwandernden primordialen Keimzellen entwickeln sich in Hoden zu Spermien und in Ovarien zu Eizellen. Hormone der Leydigschen Zwischenzellen (Testosteron) und der Sertoli-Zellen („anti-Muellerian hormone") steuern die Differenzierung der männlichen Ausführgänge. Andere Merkmale sind allein vom Testosteron abhängig. Bei Abwesenheit der Hoden fehlen beide Hormone, und in der Folge entsteht ein weiblicher Phänotyp.

11.3 Dosiseffekt und Dosiskompensation der Geschlechtschromosomen

Die schädliche Wirkung aneuploider Chromosomenbestände auf die Entwicklung und auf das Funktionieren eines Organismus zeigt, daß für viele Gene nicht nur die Anwesenheit, sondern auch die Dosierung wichtig ist (vgl. Kap. 3). X- oder Z-gebundene Gene sind aber regelmäßig einer unterschiedlichen Dosierung ausgesetzt. Einige Organismen wie Vögel und Schmetterlinge ertragen offenbar die unterschiedliche Dosiswirkung dieser Chromosomen, andere wie *Drosophila* und die Säugetiere, haben Mechanismen für die Dosiskompensation X-gebundener Gene entwickelt.

Hyperaktivität des X bei Drosophila

Die Aktivität X-chromosomaler Gene von *Drosophila* kann auf drei verschiedene Weisen bestimmt werden:

- durch Vergleich der phänotypischen Effekte X-gebundener mutierter Gene in Weibchen und Männchen,
- an der Menge des Genprodukts oder der Enzymaktivität und
- aufgrund der Transkription des X-Chromosoms in den Polytänchromosomen mit Hilfe von ^{3}H-Uridin-Angebot und Autoradiographie.

Mit allen drei Methoden zeigt sich, daß die einfache Dosis X-gebundener Gene in Männchen so viel Aktivität wie die doppelte Dosis im Weibchen entfaltet. *Drosophila* besitzt einen **Dosiskompensationsmechanismus**. Die Dosiskompensation betrifft fast alle untersuchten X-gebundenen Gene. Zu den wenigen bisher gefundenen Ausnahmen gehören die Gene für Dotterproteine, die aber normalerweise nicht in Männchen ausgeprägt werden, und die ribosomalen Gene. Der Dosiskompensationsmechanismus arbeitet auf der Ebene der Transkription, wie der Vergleich der ^{3}H-Uridin-Aufnahme bei X-Chromosomen von Weibchen und Männchen zeigt.

Die Frage, ob dabei die X-chromosomale Aktivität der Weibchen auf das Maß der Männchen herunterreguliert wird oder vielmehr umgekehrt die Aktivität bei den Männchen auf das Maß der Weibchen hinaufreguliert wird, ist nur durch einen Vergleich mit den Autosomen zu entscheiden. Bei einem autoradiographischen Vergleich der ^{3}H-Uridin-Aufnahme entsprach die durchschnittliche Transkriptionsleistung pro Längeneinheit bei den X-Chromosomen der Weibchen in etwa der der Autosomen. Das spricht dafür, daß die Transkriptionsaktivität des einzigen X-Chromosoms im Männchen auf das Niveau der beiden X-Chromosomen im Weibchen zusammen angehoben wird. Die Antwort auf die Frage ist noch klarer bei transgenen Tieren. Das autosomale Gen rosy, das die Xanthindehydrogenase kodiert, wurde durch P-Element-Transformation sowohl in Autosomen als auch in X-Chromosomen integriert. Nach Integration in das X-Chromosom verhält es sich wie andere

X-chromosomale Gene dosisreguliert. Vergleicht man die Enzymaktivitäten, dann entspricht eine X-chromosomale Dosis des Gens im Weibchen einer autosomalen Dosis, eine X-chromosomale Dosis im Männchen dagegen zwei autosomalen Dosen. X-chromosomale Gene sind im Männchen hyperaktiv.

Der Mechanismus der Dosiskompensation muß in der Lage sein, die vorhandenen X-Chromosomen zu zählen, um je nach der Zahl die Genaktivität der X-gebundenen Gene zu steuern. Einige Elemente des Mechanismus sind bereits bekannt. Die geschlechtsspezifische Höhe der Transkription wird über die Schalterstellung des Sxl-Gens reguliert, das auch für die Geschlechtsausprägung somatischer Merkmale eine Schlüsselfunktion hat. Sxl benötigt für diese Funktion weitere Gene wie mle („maleless") und msl-1, -2, -3 („male-specific lethal"), die in der Geschlechtsausprägung keine Rolle spielen. Die Schalterstellung von Sxl wird wiederum vom Verhältnis X-Chromosomen:Autosomensätze kontrolliert (s. Abb. 11.12, Kap. 11.2).

Die Aktivitätssteuerung könnte sich auf dem Niveau einzelner Gene oder dem des ganzen Chromosoms abspielen. Die Aktivität von Genen, die durch P-Element-Transformation in das X-Chromosom gelangt sind, ist in einigen Fällen **dosiskompensiert** (wie z. B. bei rosy, s. oben) in anderen Fällen **dosisabhängig**. Das entscheidet die Frage also nicht. Werden kleine X-chromosomale Abschnitte auf Autosomen transloziert, so verhalten sie sich weiter wie X-chromosomale Abschnitte und unterliegen der Dosiskompensation. Das gleiche gilt auch für das X-gebundene Gen Sgs-4, das durch P-Element-Transformation zusammen mit einer das 5'-Ende flankierenden DNA-Strecke von 840 bp in ein Autosom integriert wurde. Es bleibt am neuen Chromosomenort dosisreguliert. Eine Basenänderung an der Position -344 reicht aber aus, um die Fähigkeit zur Dosiskompensation aufzuheben. Die Regulation erfolgt demnach vermutlich nicht auf der Ebene des ganzen Chromosoms sondern über die regulierende 5'-Region der beteiligten Gene wie in vielen anderen Fällen der Genregulation auch.

Inaktivierung und Heterochromatinisierung des X bei Säugern

Die X-Chromosomenkonstitution der Säuger ist ähnlich der von *Drosophila*. Im Gegensatz zu denen von *Drosophila* sind aber die X-Chromosomen der Säuger fakultativ heterochromatisch. In normalen weiblichen Zellen ist eines der beiden X-Chromosomen euchromatisch, das andere ist heterochromatisch und als **X-Chromatin** – auch **Geschlechtschromatin** oder nach seinem Entdekker **Barr-Körper** genannt – in den Interphasekernen sichtbar (Abb. 11.13). Das einzige X der männlichen Säuger ist in somatischen Zellen euchromatisch. Aneuploide für die Geschlechtschromosomen wie Menschen mit XXX-, XYY-Karyotypen, Klinefelter- oder Turner-Syndrom zeigen die Regeln auf, nach denen X-Chromosomen entweder euchromatisch oder heterochromatisch sind: in einem diploiden Satz ist immer nur ein X-Chromosom euchromatisch, alle weiteren sind heterochromatisch (s. Abb. 11.9). In polyploiden Zellen sind dagegen mehr als ein X-Chromosom euchromatisch. Tetraploide haben z. B.

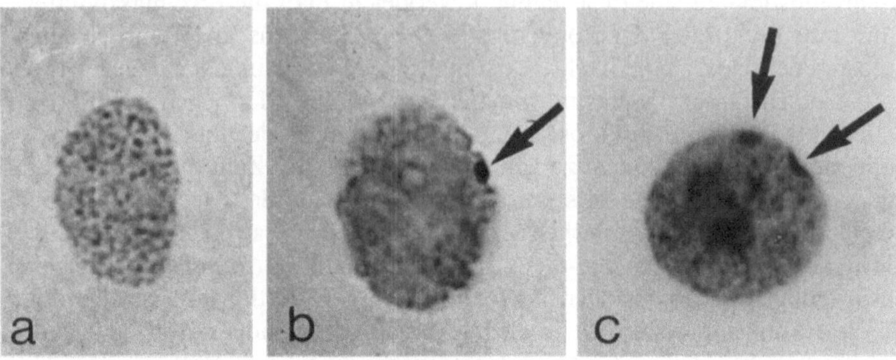

Abb. 11.13a–c. X-Chromatin in Mundschleimhautzellen des Menschen, **a** eines normalen Mannes (46,XY), **b** einer normalen Frau (46,XX), **c** einer 47,XXX-Frau. (b,c: U. Mittwoch, London)

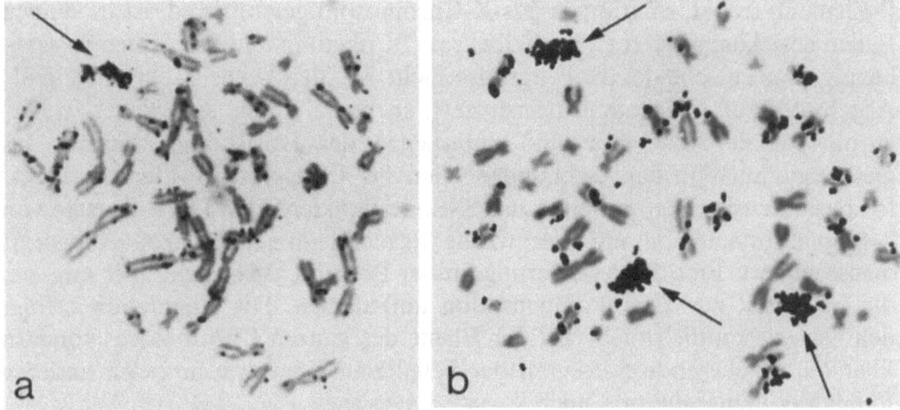

Abb. 11.14a, b. Späte Replikation des inaktiven X-Chromosoms (*Pfeile*) beim Menschen. Die Silberkörner markieren in diesen Autoradiographien den Einbau von ^{3}H-Thymidin während der späten S-Phase. **a** Eine normale Frau mit 46,XX-Karyotyp und einem spät replizierenden X, **b** ein 49,XXXXY-Karyotyp mit drei spät replizierenden X-Chromosomen. (Aus Mittwoch 1967)

zwei euchromatische X-Chromosomen. Auf je einen diploiden Autosomensatz kommt ein euchromatisches X-Chromosom, während alle übrigen X-Chromosomen heterochromatisch sind.

Die heterochromatischen X-Chromosomen zeigen das für Heterochromatin charakteristische späte Replikationsverhalten. Während das euchromatische X zusammen mit den frühen und späten Banden der Autosomen repliziert, ist die Replikation der heterochromatischen X-Chromosomen fast ganz in die späte Replikationsphase verschoben (Abb. 11.14). Nur zwei frühe Banden im distalen Bereich des kurzen Arms und eine im proximalen Bereich des langen Arms replizieren zusammen mit den entsprechenden Banden im euchromatischen X (Abb. 11.15).

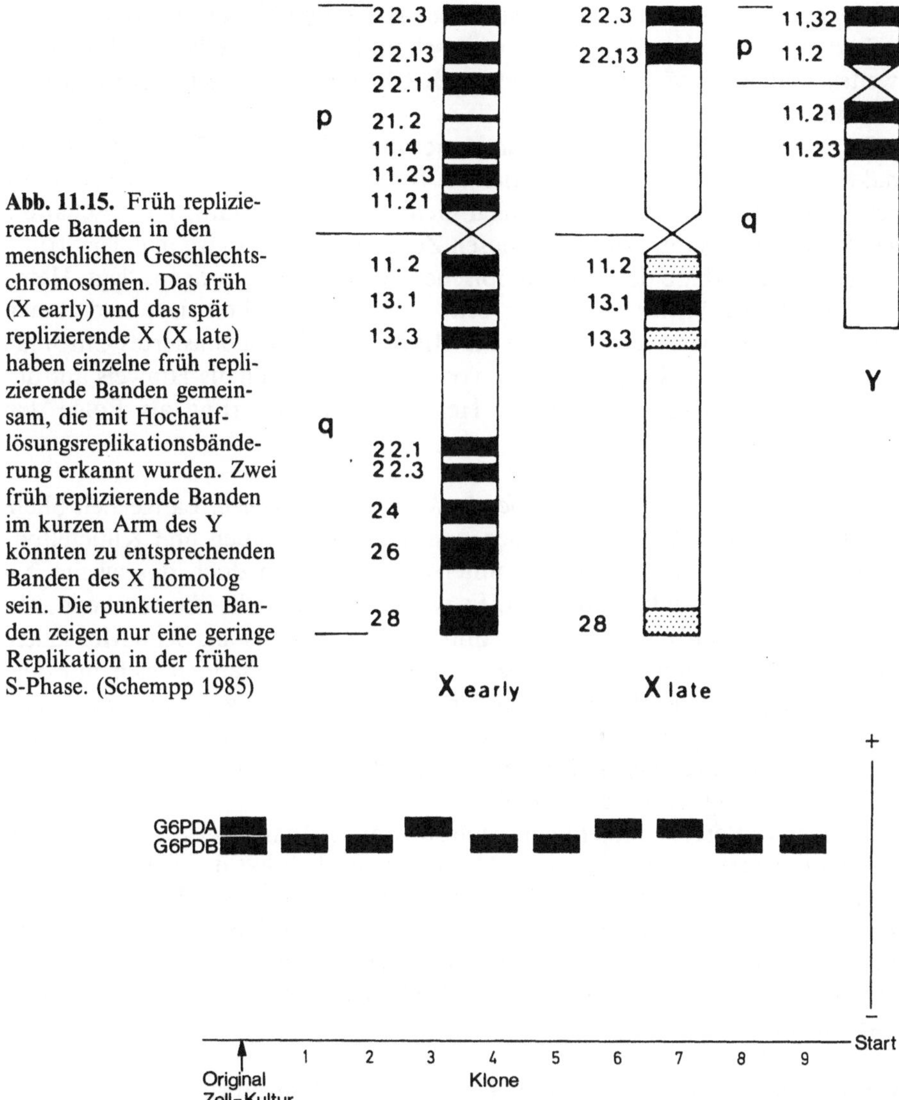

Abb. 11.15. Früh replizierende Banden in den menschlichen Geschlechtschromosomen. Das früh (X early) und das spät replizierende X (X late) haben einzelne früh replizierende Banden gemeinsam, die mit Hochauflösungsreplikationsbänderung erkannt wurden. Zwei früh replizierende Banden im kurzen Arm des Y könnten zu entsprechenden Banden des X homolog sein. Die punktierten Banden zeigen nur eine geringe Replikation in der frühen S-Phase. (Schempp 1985)

Abb. 11.16. Expression der G6PD-Varianten A und B in den kultivierten Zellen einer heterozygoten Frau. Die beiden Varianten lassen sich durch Elektrophorese trennen. Aus einzelnen Zellen gezogene Klone exprimieren immer nur eine der beiden Varianten; die ursprüngliche Zellkultur ist ein Gemisch aus verschiedenen Klonen. (Nach Harris 1980)

Die Aktivität X-chromosomal kodierter Enzyme, z. B. der Glucose-6-Phosphat-dehydrogenase (G6PD), ist in weiblichen und männlichen somatischen Zellen gleich. Prüft man heterozygote, X-gekoppelte Gene, dann findet man in jeder einzelnen Zelle immer nur ein Allel ausgeprägt (Abb. 11.16). Mit der Heterochromatinisierung des X-Chromosoms ist eine Inaktivierung der darauf gelegenen Gene verbunden. Säugetiere haben demnach einen Dosiskompensationsmechanismus für die X-Chromosomen, der ganz anders als der von

Drosophila funktioniert. Er erlaubt immer nur einem X-Chromosom in jeder diploiden somatischen Zelle euchromatisch und aktiv zu bleiben, während ein zweites und evtl. weitere vorhandene X-Chromosomen heterochromatisch und inaktiv werden.

Es liegt nahe, die Heterochromatinisierung als Ursache für die genetische Inaktivität anzusehen. In einem kleinen Teil der Zellen ist das X-Chromatin nicht sichtbar, die X-chromosomalen Gene sind aber dennoch abgeschaltet. Das Heterochromatin kommt in diesen Zellen möglicherweise in einer Struktur vor, die unterhalb des mikroskopischen Auflösungsvermögens liegt. Heterochromatin ist bisher molekular sehr schlecht charakterisiert und daher schwer nachweisbar, wenn es nicht im Mikroskop als kondensiertes Chromatin erscheint. Der Befund wird aber von einigen Autoren als Hinweis auf die umgekehrte Reihenfolge bewertet: Heterochromatinisierung als Folge der Inaktivierung.

Segmente im menschlichen X, die der Inaktivierung entgehen. Lange Zeit blieb rätselhaft, wieso sich Turner-Frauen von normalen Frauen und Klinefelter-Männer von normalen Männern unterscheiden, wenn doch das zweite X-Chromosom vollständig inaktiv ist. Es war deswegen nicht überraschend, als entdeckt wurde, daß ein kleiner Abschnitt des X-Chromosoms beim Menschen auch im inaktivierten X-Chromosom aktiv bleibt. Es handelt sich um den distalen Abschnitt des kurzen Arms, in dem die Gene Xg (Blutgruppe) und STS (Steroidsulfatase) liegen. Das STS-Gen scheint genau auf der Grenze des aktiven Segmentes zu liegen. Im inaktiven X ist es zwar aktiv, hat aber weniger Aktivität als das Gen im aktiven X.

Ein kleiner Bereich entgeht demnach sowohl der Inaktivierung als auch der Replikationsverschiebung (s. Abb. 11.15). Vermutlich hat der Abschnitt aber nichts mit der Unterdrückung des Turner-Phänotyps in XX-Frauen zu tun. Diese Funktion wird einem anderen, mehr proximal gelegenen Abschnitt des kurzen Arms zugeschrieben, in dem eine weitere, früh replizierende Bande liegt. Wahrscheinlich werden mehrere Abschnitte bei der Inaktivierung ausgelassen wird.

Welches X wird inaktiviert? Mary F. Lyon hatte 1961 zur Erklärung der damals bekannten genetischen Daten von Mäusen die Hypothese aufgestellt, daß in weiblichen Tieren nur eines der beiden X-Chromosomen aktiv ist und daß die Entscheidung darüber, welches der beiden X-Chromosomen inaktiviert wird, im frühen Embryo fällt und in jeder Zelle zufällig getroffen wird. Die Zellen geben die einmal getroffene Entscheidung an alle Deszendenten in der Zellteilungsfolge weiter. Die **Lyon-Hypothese** wurde seitdem für die plazentalen Säugetiere immer wieder bestätigt.

Am auffälligsten ist die zufällige Inaktivierung eines der beiden X-Chromosomen bei X-gebundenen Genen, die die Haut bzw. das Fell betreffen. Das gilt z. B. für das Gen tabby bei der Maus, calicut bei der Katze oder ein Gen, das für die Schweißdrüsenausbildung in der Haut des Menschen notwendig ist. Heterozygote Individuen bilden an der Körperoberfläche ein Mosaik von

Flecken, die die Merkmale entweder des einen oder des anderen Allels ausprägen. Andere Gewebe zeigen dasselbe Phänomen. Zellkulturen von Heterozygoten, die auf eine Zelle zurückgehen, prägen immer nur entweder das Allel des einen oder das des anderen X-Chromosoms aus (s. Abb. 11.16). Alle weiblichen Säuger sind somit somatische Mosaike für heterozygote, X-gebundene Gene (von wenigen Ausnahmen abgesehen, s. oben). Intermediäre oder kodominante Ausprägung von X-gebundenen Merkmalen bei Heterozygoten kommt nur aufgrund der Summierung von Zellen mit verschiedenen aktiven X-Chromosomen zustande.

Von der Zufälligkeitsregel gibt es Ausnahmen. Bei Individuen mit einem strukturveränderten X-Chromosom, wie z. B. einem isodizentrischen X-Chromosom, sind im allgemeinen die veränderten X-Chromosomen inaktiviert. Das muß nicht an einer präferentiellen Inaktivierung des mutierten X liegen; es kann sich auch um klonale Selektion innerhalb des Keimes handeln. Zellen mit einem aktiven normalen X sind vermutlich denen mit einem aktiven mutierten X überlegen. Umgekehrt sind bei reziproken X-Autosomen-Translokationen im allgemeinen die mutierten Chromosomen aktiv, während das normale X inaktiviert ist. Klonale Selektion arbeitet in diesen Fällen gegen Zellen mit inaktiven mutierten Chromosomen. Das liegt vermutlich entweder daran, daß die translozierten X-Segmente nicht zusammen inaktiviert werden und daher keine vollständige Dosiskompensation eintritt oder daß sich die Inaktivierung auf die autosomalen Segmente ausbreitet und so einen funktionell aneuploiden und für die Zellen nachteiligen Zustand schafft.

Während in diesen Fällen eine präferentielle Inaktivierung durch klonale Selektion vorgetäuscht wird, ist in anderen Fällen die Inaktivierung von Anfang an selektiv oder präferentiell. In den außerembryonalen Geweben der Maus ist immer das väterliche X-Chromosom inaktiviert, während die Zellen im Embryo der Zufälligkeitsregel gehorchen. Bei den Marsupialia ist sogar im Embryo und dem daraus sich entwickelnden Tier immer nur das väterliche X-Chromosom inaktiv. Weibliche Känguruhs prägen daher immer nur X-chromosomale Allele der Mutter, niemals solche vom Vater aus. Für den Unterschied zwischen väterlichem und mütterlichem X-Chromosom wird Imprinting (s. Kap. 11.1) verantwortlich gemacht.

Inaktivierung und Reaktivierung

Die Entscheidung darüber, welches der beiden X-Chromosomen in der Zelle eines weiblichen Säugers inaktiv ist, fällt im frühen Embryo. Der Zustand wird in der Zellteilungsfolge weitergegeben und ist unter normalen Umständen in somatischen Zellen irreversibel. In der Keimbahn durchlaufen die X-Chromosomen dagegen einen Inaktivierungs- und Reaktivierungszyklus (Abb. 11.17). Vermutlich ist die **X-Inaktivierung** in den präsumptiven Körperzellinien der meisten Säuger zum Zeitpunkt der Implantation bereits abgelaufen. Einzelheiten des Zeitplans und des Aktivitätszustands sind von der Maus bekannt. Im 8- bis 16-Zellstadium und in der Morula sind beide X-Chromosomen, das

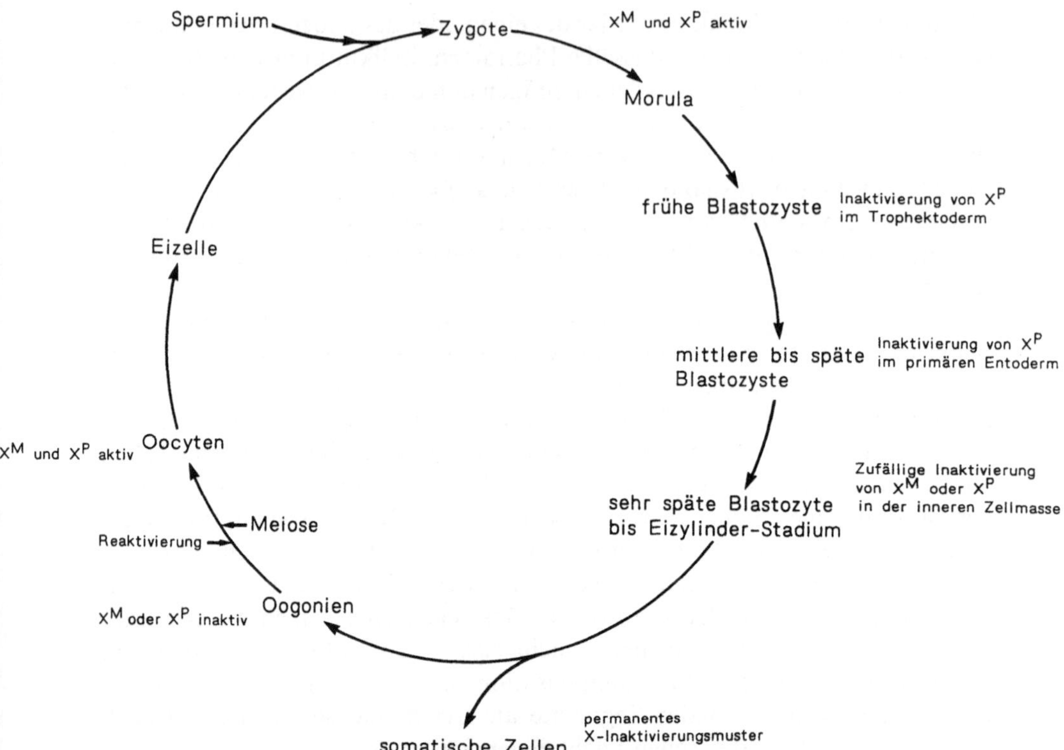

Abb. 11.17. Der X-Chromosomen-Inaktivierungs- und Reaktivierungszyklus nach Untersuchungen bei der Maus. X^M ist das mütterliche, X^P das väterliche X-Chromosom. (Nach
Gartler u. Riggs 1983)

mütterliche und das väterliche, aktiv. Die X-Inaktivierung erfolgt offensichtlich parallel zu den ersten Differenzierungsschritten im Embryo. In der frühen
Blastozyste wird im Trophektoderm das väterliche X inaktiviert, während in
der inneren Zellmasse beide X-Chromosomen aktiv bleiben. Im nächsten
Schritt, ungefähr 4½ Tage nach der Befruchtung, differenziert sich das primäre Entoderm. Gleichzeitig wird in diesen Zellen ein X-Chromosom – wieder
das väterliche – inaktiviert. Im Epiblasten bleiben dagegen beide X-Chromosomen noch etwa 1½ Tage lang aktiv. Etwa 6½ Tage nach der Befruchtung ist
in der Mehrzahl der Zellen des Epiblasten (aus dem sich der Embryo entwik-
kelt) die zufällige X-Inaktivierung abgelaufen (s. Abb. 11.17).

Allerdings kann man selbst aus Embryonen von 7½ Tagen noch embryo-
nale Stammzellen isolieren, in denen beide X-Chromosomen aktiv sind. Die
X-Inaktivierung ist demnach noch nicht in allen Zellen erfolgt. Dies könnte
beispielsweise für die primordialen Keimzellen zutreffen. Der Zeitpunkt der
X-Inaktivierung in diesen Zellen ist nicht genau bekannt. Sicher ist nur, daß
die X-Inaktivierung nach 11½ Tagen abgelaufen ist, wenn sie in die Genitallei-
sten eingewandert sind und sich zu Oogonien entwickeln. Gleichzeitig mit dem
Eintritt in die Meiose, etwa am 12.–14. Tag, findet eine Reaktivierung des

inaktiven X-Chromosoms statt. Während der Oogenese bleiben beide X-Chromosomen aktiv. Die Eizelle bringt demnach in die Zygote ein X ein, das vorher aktiv war. Das Spermium bringt andererseits ein X ein, das vorher – während der Spermiogenese – inaktiv war (s. S. 195).

Mechanismus der X-Inaktivierung. Für die Erklärung der X-Inaktivierung muß man zwischen dem initialen Inaktivierungsvorgang und dem Mechanismus der Erhaltung des aktiven bzw. inaktiven Zustandes über viele Zellgenerationen hinweg unterscheiden.

Wie zählt die Zelle die Chromosomen, so daß von zwei und mehr genetisch gleichen X-Chromosomen immer ein Chromosom pro diploidem Chromosomensatz aktiv bleibt und alle weiteren inaktiviert werden? Als Antwort auf diese Frage gibt es bislang nur Hypothesen. Eine Hypothese nimmt die Existenz eines Elementes an, das eine Bindung mit dem X eingeht. Dieses Element müßte in einem Exemplar pro diploidem Chromosomensatz z. B. als Episom oder als Bindungsstelle in der Kernmembran vorhanden sein. Das damit verbundene Chromosom wird zum aktiven X, alle anderen X-Chromosomen werden inaktiviert. Eine der weiteren Hypothesen geht z. B. von einem langsamen Bindungsprozeß limitierter Moleküle und einem schnellen Selbstverstärkungsprozeß aus. Z. B. könnten spezielle Nicht-Histonproteine an das X-Chromosom binden und nach Bindung des ersten Moleküls durch kooperative Bindung an dasselbe Chromosom rasch aufgebraucht werden. Auch bei diesem Prozeß wird das aktive X bestimmt. Noch verbleibende X-Chromosomen werden danach inaktiviert.

Alle Modellvorstellungen setzen voraus, daß die X-Inaktivierung von einem Punkt des mehr als 10^8 bp großen, zu inaktivierenden, X-Chromosoms kontrolliert wird und sich das Inaktivierungs-Signal von dort über das Chromosom ausbreitet. Für das X-Chromosom der Maus wurde ein solcher Locus (Xce, „X chromosome controlling element") beschrieben und kartiert. Mutanten dieses Locus beeinflussen den Anteil der Zellen, in denen das Trägerchromosom inaktiviert wird.

Beim Menschen geben einige reziproke X-Autosomen-Translokationen Auskunft über die Lage des Inaktivierungszentrums. Üblicherweise sind bei Translokationsträgern zwar die normalen X-Chromosomen inaktiviert (s. S. 297), in den wenigen Ausnahmefällen ist aber jeweils nur das eine X-chromosomale Stück spätreplizierend und demnach inaktiv, während das andere normal repliziert und daher aktiv ist. Die für die Inaktivierung unabdingbare Region liegt nach diesen Untersuchungen in der Gegend um Xq13. Zellen mit einem isodizentrischen X-Chromosom idic(Xq) haben dementsprechend Doppelheterochromatinkörper. Offenbar wird die X-Inaktivierung beim Menschen von einem Element im proximalen Teil des langen Arms kontrolliert und breitet sich von dort über das Chromosom aus.

Zellheredität und Methylierungsmuster

Die einmal getroffene Entscheidung für die Inaktivierung des mütterlichen
bzw. väterlichen X-Chromosoms wird an die Tochterzellen in einem Klon
weitergegeben. Die Beständigkeit zeigt sich an Zellinien mit Heterozygotie des
X-gebundenen Gens für die Hypoxanthin-Guanin-Phosphoribosyl-Transfe-
rase (HPRT). Heterozygote Zellinien sind aufgrund der X-Inaktivierung phänotypisch entweder HPRT$^-$ oder HPRT$^+$. HPRT$^-$-Zellen revertieren nur mit
einer Frequenz von 10^{-8} zu HPRT$^+$. Die einmal getroffene Wahl des aktiven
und inaktiven X-Chromosoms ist daher in einem Klon sehr stabil. Da diese
Eigenschaft zwar an die Zellnachkommen weitergegeben, aber nicht an die
Söhne und Töchter vererbt wird, handelt es sich um einen Fall von **Zellheredität**.

HPRT$^-$-Zellen können mit DNA aus heterozygoten HPRT$^+$-Linien, nicht
aber mit DNA aus heterozygoten HPRT$^-$-Linien zu HPRT$^+$ transformiert
werden. Das spricht dafür, daß eine DNA-Modifikation die Ursache für diese
Art der Zellheredität ist. Tatsächlich sind CG-Cluster in der Gegend der Housekeeping-Gene HPRT, PGK und G6PD auf dem inaktiven X stärker methyliert
als auf dem aktiven. Behandelt man HPRT$^-$-Zellen, die heterozygot für
HPRT sind, mit 5-Azacytidin, das Cytosinreste in der DNA demethyliert,
dann wird die Zahl der Revertanten zur HPRT$^+$ stark erhöht. Wahrscheinlich
beruht daher die Zellheredität auf einem spezifischen **Methylierungsmuster**,
das unter Mitwirkung von Erhaltungsmethylasen an die Zellnachkommen
weitergegeben wird (vgl. Abb. 5.19).

11.4 Keimbahn-Soma-Differenzierung

Nach August Weismanns (1834–1914) **Keimbahntheorie** verbindet eine kontinuierliche Zellinie, die Keimbahn, die aufeinanderfolgenden Generationen
miteinander. Von der Keimbahn spalten sich die Somazellen ab. Das genetische Material soll nach dieser Theorie nur in der Keimbahn vollständig
weitergegeben werden, wohingegen im Soma Teilmengen auf die Zellen verteilt
werden. Während bei den höheren Pflanzen, bei Schwämmen, Coelenteraten
und Plattwürmern vermutlich eine Keimbahn als eine vom Soma getrennte
Zellinie nicht vorkommt, wurde sie bei vielen weiteren Tiergruppen nachgewiesen. In Wirbeltieren und Insekten z. B. trennen sich die Vorläufer der künf-
tigen Keimzellen schon sehr früh von den übrigen Zellen.

Während die Existenz einer Keimbahn in vielen Tiergruppen bestätigt
wurde, haben sich Weismanns Erwartungen für die Verteilung des genetischen
Materials nicht generell erfüllt. In mehreren nicht miteinander verwandten
Tiergruppen wurde aber ein Unterschied im genetischen Material zwischen
Keimbahn und Soma gefunden, der wenigstens teilweise den Erwartungen
entspricht. Der Chromosomensatz der Zygote bleibt nur in der Keimbahn
erhalten, während bei der Entstehung der Somazellen Teile des Chromatins
oder ganze Chromosomen verlorengehen.

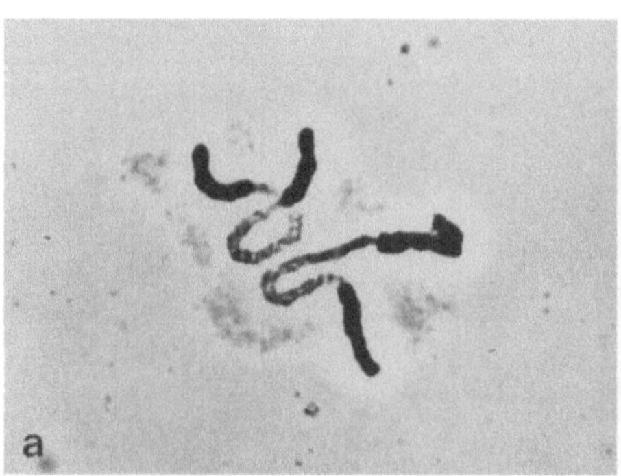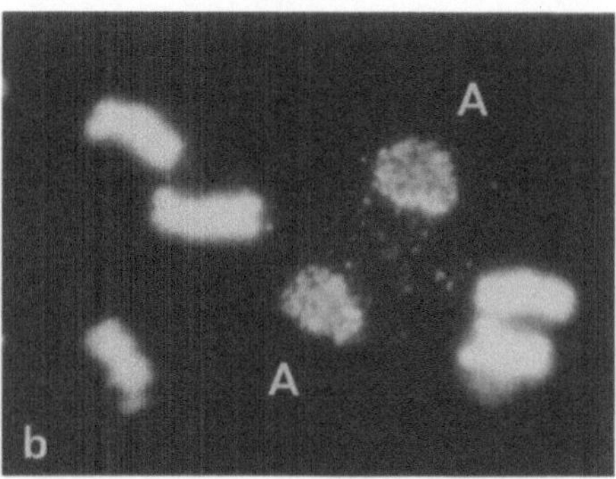

Abb. 11.18a, b. Chromatindiminution bei *Parascaris univalens*. **a** Keimbahnchromosomen aus der ersten Furchungsmitose. Auffällig sind die terminalen Heterochromatinblöcke in den C-gebänderten Chromosomen. **b** Anaphase einer Diminutionsmitose in einer Präsomazelle. Das mit dem Fluoreszenzfarbstoff H33258 gefärbte Präparat zeigt die beiden Anaphaseplatten (A) mit den sehr kleinen somatischen Chromosomen neben eliminiertem interkalarem Chromatin und den eliminierten großen terminalen Heterochromatinblöcken. (K. Moritz, München)

Chromatindiminution

Vom Pferdespulwurm *Parascaris equorum* sind die Rassen (oder Arten) *univalens* mit 2n = 2 Chromosomen und *bivalens* mit 2n = 4 Chromosomen bekannt. Wie Theodor Boveri in klassischen Untersuchungen (1887–1910) entdeckt und beschrieben hat, besitzen alle Keimbahnzellen den vollständigen Chromosomensatz. Bei der ersten Teilung einer somatischen Zellinie aber zerfallen die Chromosomen in eine größere Zahl sehr kleiner Chromosomen und in akinetische Chromatinfragmente (Abb. 11.18, 11.19). Die kleinen Chromosomen werden weiterhin regelmäßig in den somatischen Zellinien verteilt, während die Chromatinfragmente im Plasma liegenbleiben und resorbiert werden. Dieser **Chromatindiminution** genannte Vorgang kommt in ähnlicher Form auch bei einigen anderen – nicht aber bei allen – Nematoden und bei einigen Copepoden der Gattung *Cyclops* vor.

Bei *Parascaris* werden 70–90% der DNA aus dem somatischen Genom entfernt. Sie stammen überwiegend aus heterochromatischen Segmenten, die sich durch C-Bandenfärbung und den Fluoreszenzfarbstoff H33258 markieren lassen (Abb. 11.18). Beim Schweinespulwurm *Ascaris lumbricoides* var. *suum* wird nur etwa ein Viertel des Chromatins eliminiert. Diese Art besitzt schon in der Keimbahn viele kleine Chromosomen (♀ 2n = 48,$X_1X_1X_2X_2X_3X_3X_4X_4X_5X_5$; ♂ 2n = 43,$X_1X_2X_3X_4X_5$).

Die Zusammensetzung des eliminierten Materials wurde bei *Ascaris lumbricoides* var. *suum* genauer untersucht. Danach besteht der Hauptanteil der eliminierten DNA aus zwei Satelliten mit einer Basislänge von 121 bp, die selbst wieder aus Untereinheiten von 11 bp zusammengesetzt ist. Mehr als 99,5% dieser Satelliten-DNA und auch Nichtsatellitensequenzen werden aus

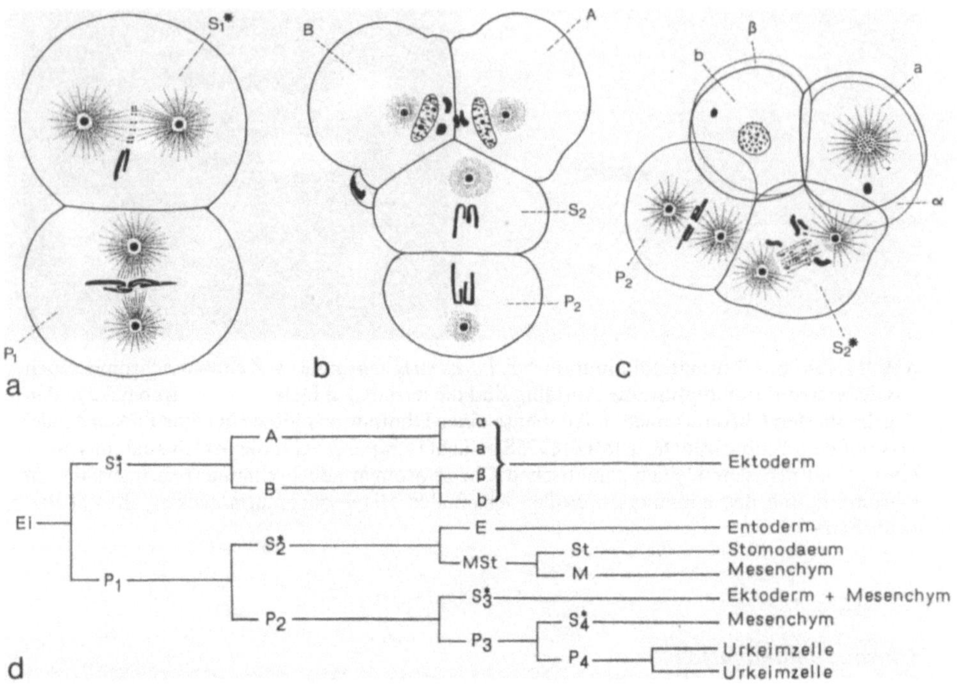

Abb. 11.19 a–d. Chromatindiminution in der Entwicklung von *Parascaris equorum*. Die Präsomazellen, in denen die Chromatindiminution stattfindet, sind mit * gekennzeichnet. **a** 2-Zellstadium, **b** 4-Zellstadium, **c** 6-Zellstadium, die beiden animalen Zellen sind schon geteilt, die vegetativen Zellen in Teilung, P_2 ist gegenüber dem vorhergehenden Stadium nach links umgeklappt. **d** Schema für die Bezeichnung der Zellen und ihr Schicksal. (a–c nach Boveri 1899; d nach Boveri 1910)

dem somatischen Genom entfernt. Das eliminierte genetische Material wird offensichtlich für die somatischen Zellfunktionen nicht benötigt.

Chromosomenelimination

Neben Arten mit Chromatindiminution findet man im Tierreich solche mit Elimination ganzer Chromosomen. In der Mehrzahl der Fälle werden keimbahnbegrenzte Chromosomen aus den somatischen Zellen eliminiert. Die eliminierten Chromosomen werden als **E-Chromosomen** („eliminated") bei den *Cecidomyiidae,* als **L-Chromosomen** („germ line limited") bei den *Sciaridae* oder als **K-Chromosomen** (Keimbahn) bei den *Chironomidae* bezeichnet. Daneben kommt auch eine geschlechtsssspezifische Elimination von Geschlechtschromosomen vor. So entfernen z. B. einige marsupiale Säugetiere das inaktive X-Chromosom aus den weiblichen somatischen Geweben.

Keimbahnbegrenzte Chromosomen (E-Chromosomen) sind bei *Cecidomyiidae* (Gallmücken) regelmäßig zu finden. Eine gut untersuchte Art, *Wacht-*

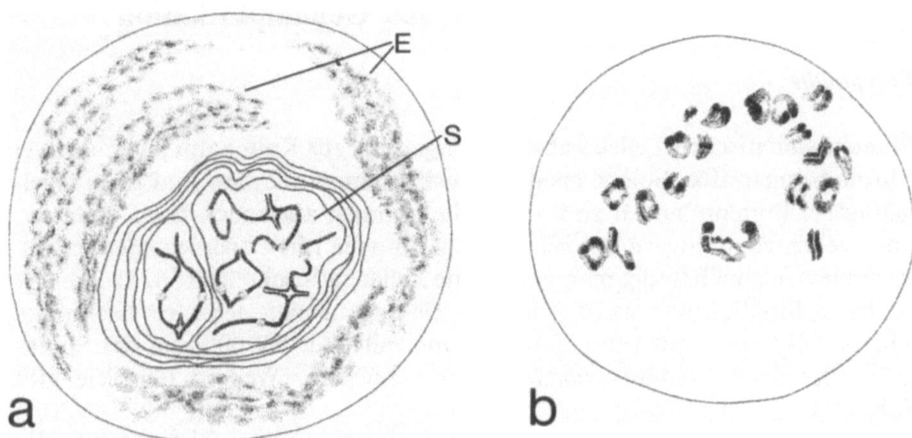

Abb. 11.20a, b. Somatische Chromosomen (*S*) und keimbahnbegrenzte Chromosomen (*E*) in der Oogenese von *Wachtliella persicariae* (*Cecidomyidae*). **a** Diakinese. Die S-Chromosomen liegen im Zentrum des Kerns und sind von Lamellen umgeben, während die E-Chromosomen weiter außen in vier lockeren Bündeln gruppiert sind. **b** Die 20 Bivalente in der MetaphaseI. (Aus Kunz, Trepte u. Bier 1970)

liella persicariae, hat in der Keimbahn in beiden Geschlechtern 40 Chromosomen (Abb. 11.20b). In den somatischen Zellen der Weibchen sind dagegen nur $2n=8,X_1X_1X_2X_2$ Chromosomen und in denen der Männchen $2n=6,X_1X_2$ Chromosomen vorhanden (sog. **S-Chromosomen**). 32 der 40 Chromosomen werden während der 4. Furchungsteilung eliminiert. In der 7. Furchungsteilung der männlichen Embryonen gehen zusätzlich noch je ein X_1- und ein X_2-Chromosom verloren, wodurch erst der chromosomal männliche Zustand hergestellt wird.

Im Oocytenkern sind die E-Chromosomen gegenüber den S-Chromosomen deutlich dekondensiert (Abb. 11.20a). Wie durch ^{3}H-Uridin-Angebot und Autoradiographie nachgewiesen wurde, sind sie in diesem Stadium transkriptionsaktiv. E-Chromosomen erfüllen offenbar in der Keimbahn eine genetische Funktion.

Man kann durch Zentrifugation oder kurzzeitige Schnürung der Eier erreichen, daß alle Zellen die keimbahnbegrenzten Chromosomen eliminieren. Embryonalentwicklung, Larvalentwicklung und Metamorphose ist bei solchen Tieren völlig normal. Auch die Keimzellentwicklung ist zunächst noch ungestört. In den männlichen Imagines fehlen aber die Spermien, und in den weiblichen Imagines ist die Oocyten-Entwicklung auf einem frühen Stadium blockiert. Bei Wachtliella sind somit die keimbahnbegrenzten Chromosomen für die Ausbildung der Keimzellen notwendig. Ihre Anwesenheit ist in der Keimbahn unabdingbar, während sie in den Somazellen überflüssig ist.

11.5 Endopolyploidie, Polytänie und Genamplifikation

Polyploidie

Manche somatischen Zellen haben im Gegensatz zur Keimbahn mehr als zwei
Chromosomensätze. Solche **endopolyploid** genannten Zellen sind ganz regel-
mäßig bei Blütenpflanzen zu finden. Sie kommen aber auch bei Tieren vor.
Leberzellen von Säugern können z. B. 4n, 8n oder 16n Chromosomen haben.
Besonders reichlich findet man polyploide Zellen in Insekten (Abb. 11.21). Die
höchsten Ploidiestufen wurden in den Riesenneuronen der Meeresschnecke
Aplysia californica mit rund 200 000 C und mit über 500 000 C in der Spinn-
drüse des Seidenspinners *Bombyx mori* gemessen. Weitere Beispiele gibt
Tab. 11.3.

Polyploide Zellen können durch Kernverschmelzung, Endomitose oder
durch Endoreduplikation entstehen. **Endomitosen** sind abortive Mitosen, die

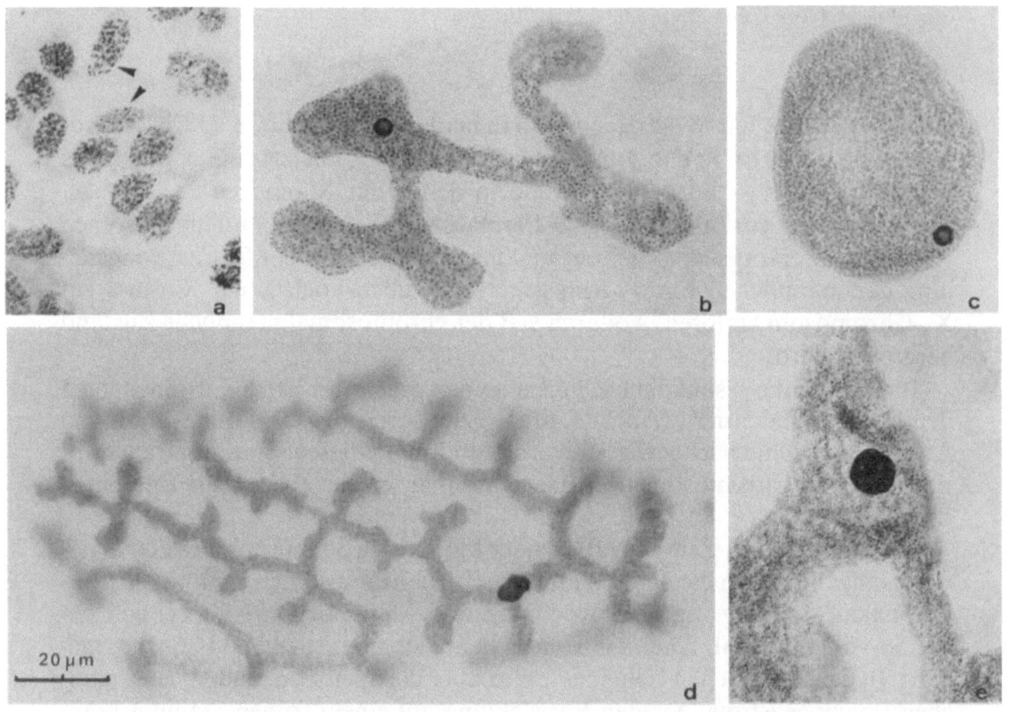

Abb. 11.21 a–e. Kerne aus verschiedenen somatischen Geweben einer weiblichen Larve der
Mehlmotte *Ephestia kuehniella* bei gleicher Vergrößerung. **a** Diploide Kerne aus einer Flügel-
imaginalscheibe, **b** gelappter polyploider Zellkern eines Malpighi-Gefäßes, **c** polyploider
Zellkern aus dem Hals der Spinndrüse, **d** polyploider verzweigter Kern aus einer Mandibel-
drüse, **e** Ausschnitt aus dem hochpolyploiden verzweigten Zellkern einer Spinndrüse. Die
Pfeilköpfe weisen in **a** auf das Heterochromatin des W-Chromosoms, das bei höheren Ploidie-
graden als dichter Chromatinklumpen im Kern sichtbar ist. (Traut u. Scholz 1978)

Tabelle 11.3. Beispiele von Endopolyploidie. Wo nur ein C-Wert angegeben ist, handelt es sich um den maximal gemessenen DNA-Gehalt. (Aus Nagl 1978)

Species	Zell- bzw. Gewebetyp	DNA-Gehalt
Spermatophyta		
Phaseolus vulgaris	Suspensor	2048 C
Bryonia dioica	Blütenblatthaare	32 C
Bryonia dioica	Staubfadenhaare	128 C
Bryonia dioica	Staubbeutelhaare	256 C
Bryonia dioica	Tapetum	32 C
Zea mays	Wurzelmetaxylem	32 C
Zea mays	Wurzelhaube	16 C
Zea mays	Endosperm	24 C
Zea mays	Scutellum	16 C
Annelida		
Ophyotrocha puerilis	Nährzellen	256 C
Mollusca		
Aplysia californica	Riesenneuronen	200000 C
Helix pomatia	Speicheldrüse	64 C
Insecta		
Drosophila melanogaster	Speicheldrüse	2048 C
Apis mellifica, Arbeiterin	Mitteldarm	1 C–16 C
Apis mellifica, Arbeiterin	Malpighi-Gefäße	2 C–64 C
Apis mellifica, Arbeiterin	Thoraxdrüse	2 C–256 C
Apis mellifica, Arbeiterin	Pharynxdrüse	128 C–256 C
Bombyx mori	Spinndrüse	524288 C
Bombyx mori	Muskel	256 C
Mammalia		
Mus musculus	Decidua	32 C
Mus musculus	Trophoblast	512–1024 C
Mus musculus	Leber	16 C
Homo sapiens	Myokard	64 C
Homo sapiens	Megakaryozyten	128 C

durch Ausfall von Funktionen nicht zur Verteilung der Chromosomen auf zwei Tochterkerne führen. Fehlt nur die Cytokinese, dann entstehen zweikernige Zellen, wie sie z. B. in der Leber der Maus häufig sind. Das Extrem ist die **Endoreduplikation**, bei der die S-Phase des Zellzyklus erhalten geblieben, von der Mitose aber nichts zu erkennen ist (Abb. 11.22 b, c, d, f).

Polytänchromosomen

Ein Spezialfall endoreduplizierter Chromosomen sind die **Polytänchromosomen**, das sind Interphasechromosomen von besonderer Größe und mit einer klaren Längsorganisation. Charakteristisch ist die Anordnung der Chromatiden. Polytänchromosomen bestehen aus Bündeln von mehreren bis vielen parallel verlaufenden Chromatiden, die in Kontakt miteinander bleiben

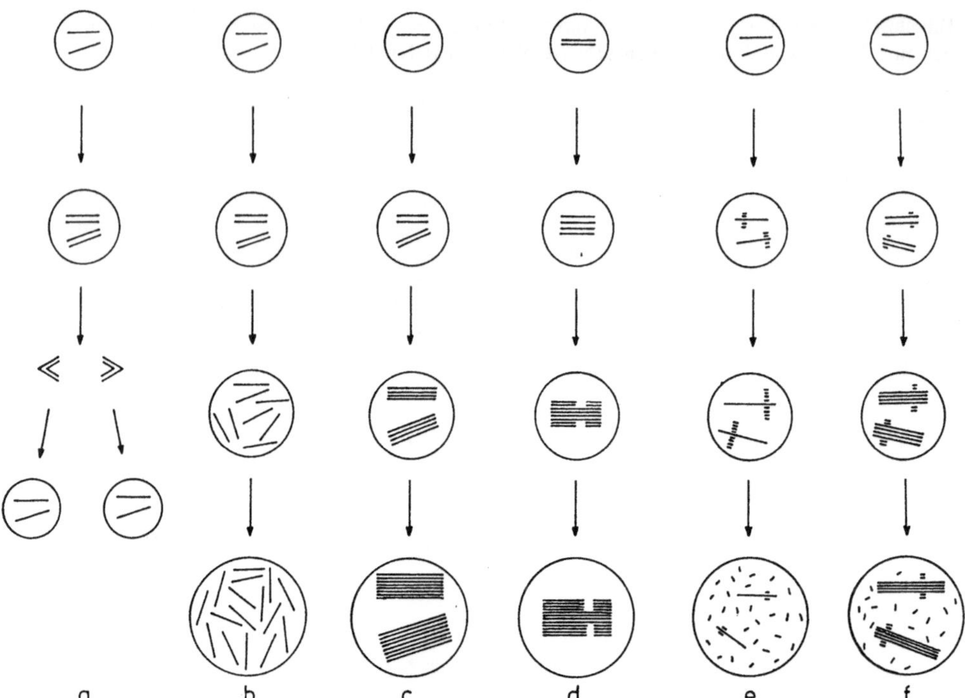

Abb. 11.22 a–f. Der Zellzyklus und Varianten, die zu einer Vermehrung des DNA-Gehaltes
in den Zellen höherer Organismen führen. Ein langer Strich steht für ein Chromosom oder
ein haploides Genom, ein kurzer Strich für ein Gen oder einen DNA-Abschnitt. **a** Normaler
Zellzyklus; **b** Endopolyploidisierung; **c** Polytänisierung; **d** Polytänisierung mit somatischer
Paarung der Homologen und mit Unterreplikation einzelner Abschnitte; **e** Amplifikation
einer DNA-Strecke; **f** Endoreduplikation mit Amplifikation einzelner Abschnitte. (Aus Nagl
1978)

(Abb. 11.22 c, d, 11.23). Bei niedrigen Polytäniegraden bilden sie flache, band-
förmige, bei höheren Polytäniegraden kabelartige Chromosomen. Da die
Chromosomen kondensiert bleiben, sind sie sehr lang. Wenn die Zahl der
parallelen Chromatiden, wie in den Speicheldrüsenzellen von Dipteren, sehr
hoch ist, erreichen sie dazu noch eine beachtliche Dicke. Durch diese Eigenschaften sind sie für lichtmikroskopische Studien vorzüglich geeignet, sie gehören deshalb zu den bestuntersuchten cytogenetischen Objekten.

Polytänchromosomen sind in den Suspensorzellen von Samenpflanzen, in
den Makronukleusanlagen von Ciliaten (Abb. 11.24), in den Speicheldrüsen
von Collembolen, vor allem aber bei Dipteren gefunden worden. Dipteren
haben Polytänchromosomen z. B. in Speicheldrüsenzellen (Abb. 11.25, s. a.
S. 311), in Malpighi-Gefäßzellen, in Borstenbildungszellen und in Nährzellen.
Am besten untersucht sind die hochpolytänen Speicheldrüsenchromosomen
von *Drosophila* und von einigen *Chironomiden* (Zuckmücken).

Polytänchromosomen präsentieren ein ausgeprägtes Muster aus **Banden**
und **Interbanden** (Abb. 11.24, 11.25), das schon mit konventionellen Kernfär-

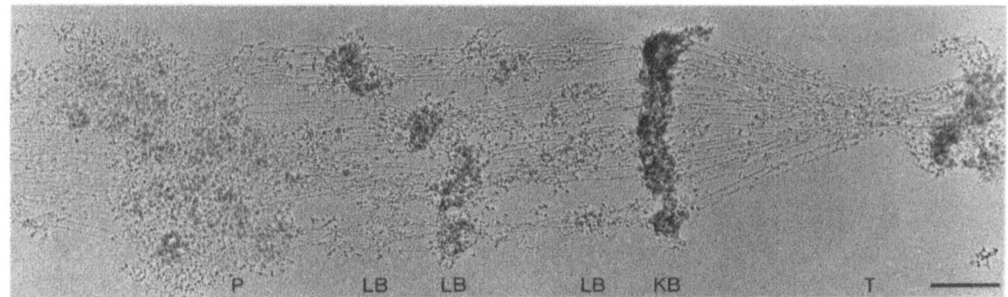

Abb. 11.23. Polytänchromosom mit niedrigem Polytäniegrad von *Drosophila melanogaster*. Das Chromosom besteht aus 32 Chromatiden und zeigt kompakte Banden (KB), aufgelokkerte Banden (LB), einen Puff (P) nebst Interbanden. Das Chromosom ist annähernd bandförmig, bei T ist das Band umgeschlagen. EM-Aufnahme eines platinbeschatteten Spreitungspräparates, Maßstab 1 μm. (Aus Ananiev et al. 1985)

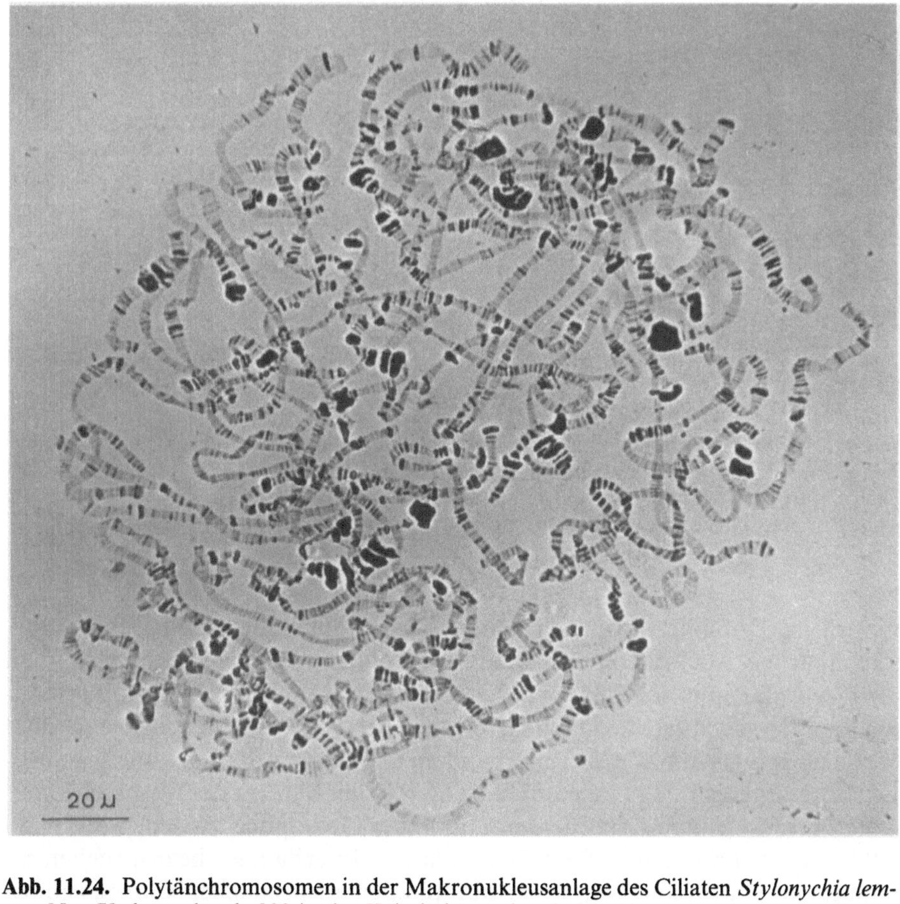

Abb. 11.24. Polytänchromosomen in der Makronukleusanlage des Ciliaten *Stylonychia lemnae*. Nur 72 der mehr als 200 in der Keimbahn vorhandenen Chromosomen des diploiden Satzes bilden den Makronukleus und durchlaufen dabei das Polytänstadium. In dieser Makronukleusanlage sind durch einen Kreuzungstrick nur die 36 Polytänchromosomen eines haploiden Satzes enthalten. (Aus Ammermann 1987)

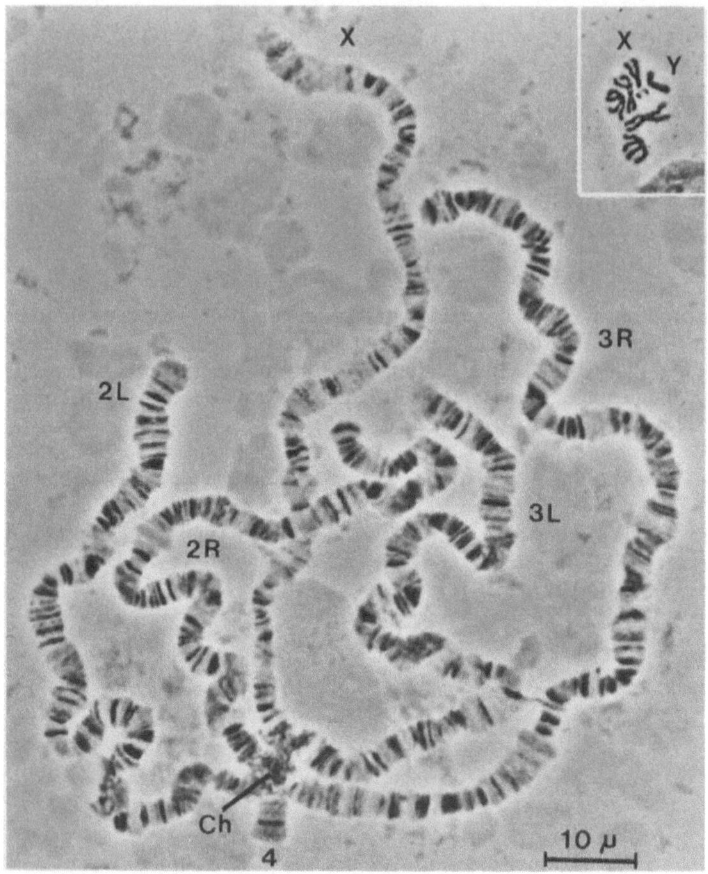

Abb. 11.25. Speicheldrüsenchromosomen und Mitosechromosomen (Insert) einer männlichen Larve von Drosophila melanogaster bei gleicher Vergrößerung. Die heterochromatischen Centromerregionen der Autosomen und des X sind zusammen mit dem vollständig heterochromatischen Y zu einem Chromozentrum (*Ch*) verschmolzen. (Aus Korge 1987)

bungen im Durchlicht und selbst ohne jede Anfärbung im Phasenkontrast erkennbar ist. Auch die DNA-spezifische Feulgenreaktion gibt eine deutlich stärkere Anfärbung der Banden gegenüber den schwach angefärbten Interbanden. Banden enthalten demnach mehr DNA pro Längeneinheit, d. h. ein höher kondensiertes Chromatin, als Interbanden. Die Banden der Polytänchromosomen unterscheiden sich in dieser Hinsicht von den Banden der Mitosechromosomen bei Säugetieren. Banden enthalten bei Drosophila zwischen 5 kb und 100 kb, im Schnitt etwa 30 kb Genomlänge. Interbanden beanspruchen im Schnitt nur 2 kb (zum Vergleich: auf Banden menschlicher Chromosomen entfallen je nach Stadium zwischen 1,5 Mb und 15 Mb). Zahl und Muster der Banden sind artspezifisch konstant. Etwa 2000 Banden und ebenso viele Interbanden sind bei Chironomus gezählt worden. *Drosophila* hat rund 5500 Banden und ebenso viele Interbanden. Von dem Muster sind bei vielen Arten Chromosomenkarten angelegt worden, anhand derer man Genloci und Chromosomenveränderungen genauer als bei jeder anderen Chromosomenform lokalisieren kann (vgl. S. 265).

Feinstruktur der Polytänchromosomen. Aufgrund der Entstehungsgeschichte kann man erwarten, daß die Zahl der Chromatiden in der geometrischen Reihe 2^n liegt. Nach cytophotometrischen Messungen haben die Polytänchromosomen in der Speicheldrüse ausgewachsener *Drosophila*larven 1024, die von Chironomus tentans sogar 16384 Chromatiden. Darin sind allerdings die Chromatiden der homologen Chromosomen enthalten. Dipteren haben nämlich somatische Chromosomenpaarung: Homologe Chromosomen sind bis auf Ausnahmeregionen miteinander gepaart. Die Tatsache der Paarung ist diesen Chromosomen meist nicht anzusehen, aber an der haploiden Zahl der Chromosomenarme leicht zu erkennen.

Die Zahl der Chromatiden ist allerdings nicht an allen Stellen gleich. Das centromernahe Heterochromatin von *Drosophila* ist in den Polytänchromosomen stark **unterrepliziert**. In den Endoreplikationszyklen wird es weitgehend ausgespart (s. Abb. 11.21 d). Wie durch Hybridisierung ermittelt wurde, ist auch interkalares Heterochromatin und der Histongenlocus von *Drosophila* unterrepliziert. Viele andere geprüfte Sequenzen sind dagegen in den Polytänchromosomen gleichmäßig häufig repräsentiert. Man kann also davon ausgehen, daß der Polytäniegrad in den meisten Abschnitten der Polytänchromosomen gleich ist.

Elektronenmikroskopische Aufnahmen von Spreitungspräparaten zeigen die Chromatiden als parallel gestreckte Chromatinfäden in den Interbanden und als Knäuel in den Banden (s. Abb. 11.23). Der laterale Kontakt zwischen den Chromatiden wird nur in den Banden deutlich. Einige Banden verbinden auf diese Weise alle Chromatiden miteinander, andere verbinden immer nur einige Chromatiden. Je nachdem erscheinen die Banden im Licht- und Elektronenmikroskop als durchgehende Querscheiben oder als granulierte Banden.

Bandenstruktur und Verteilung der Gene. Es ist lange vermutet worden, daß jede Bande einem Gen zuzuordnen ist. Das trifft nach der molekularen Kartierung der Chromosomenregion mit den Genen für Xanthindehydrogenase (rosy) und für Acetylcholinesterase (Ace) von *Drosophila* nicht zu (Abb. 11.26). Durch einen „chromosome walk" wurde eine Strecke von 15 Banden mit insgesamt 315 kb Genomlänge abgedeckt. Die Zahl der Letalgene entspricht zwar in dieser Region der Zahl der Banden, die Zahl der Transkripte aus verschiedenen larvalen Geweben, die sich auf diesem Genomabschnitt kartieren lassen, ist andererseits deutlich größer als die Zahl der Banden (Abb. 11.26 c).

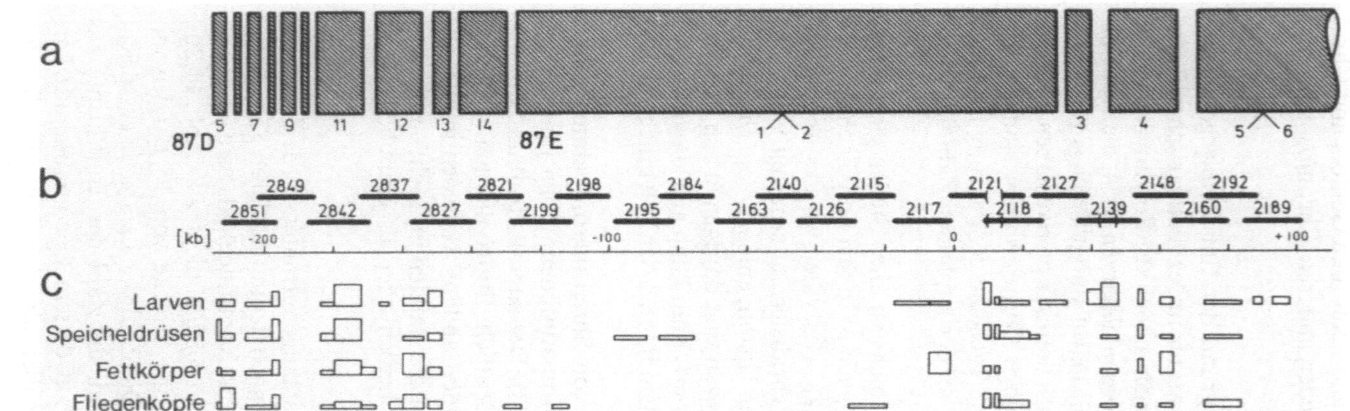

Abb. 11.26a–c. Chromosomenorganisation und Transkriptkartierung in der rosy-Ace-Region von *Drosophila melanogaster*. **a** Die Banden des Speicheldrüsenchromosoms sind entsprechend dem molekularen Maßstab in **b** gestreckt. Die Enden von 87E1,2 und 87E5,6 sind recht genau auf dem molekularen Maßstab kartiert, die übrigen wurden nach ungefährer Größe verteilt. **b** Die kartierte Region umfaßt ca. 315 kb Genomlänge. Die für den „chromosome walk" verwendeten überlappenden Klone sind über dem Maßstab mit ihrer Bezeichnung eingetragen. **c** Die Transkripte aus den angegebenen Geweben sind mit ihrer ungefähren Häufigkeit (Höhe der Säulen) kartiert. (Nach Bossy et al. 1984)

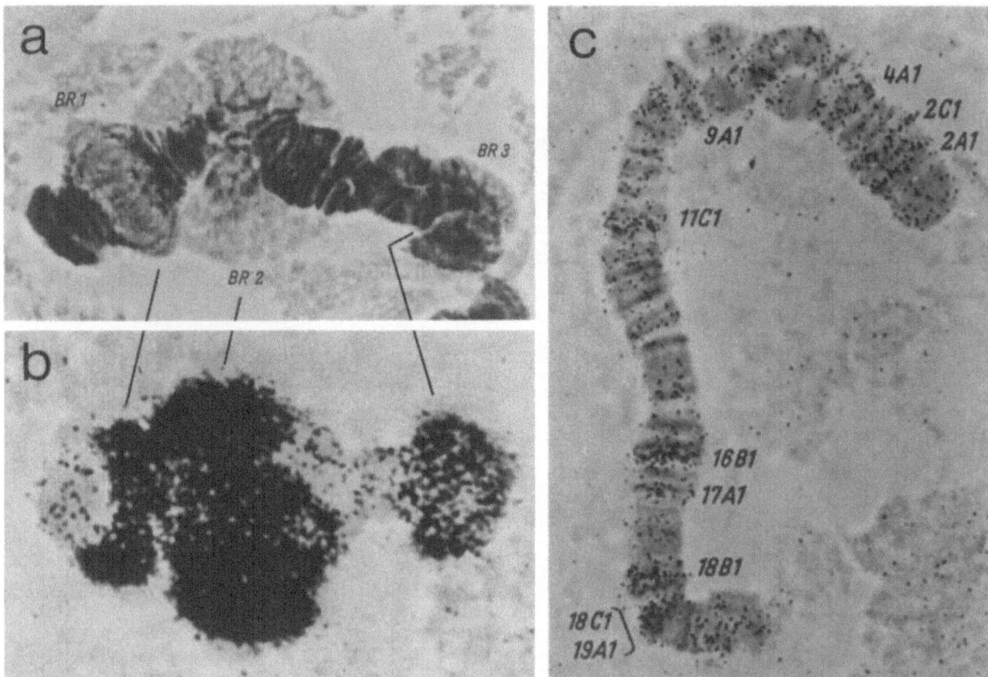

Abb. 11.27 a–c. Transkriptionsaktivität in Speicheldrüsenchromosomen von *Chironomus tentans*. **a** Chromosom 4 mit den Balbiani-Ringen BR1 bis BR3. **b** Autoradiographie nach ³H-Uridin-Angebot: die drei Balbiani-Ringe sind stark markiert, sie haben viel RNA synthetisiert. **c** Autoradiographie des Chromosoms 1: viele Banden mit geringer Transkriptionsaktivität. (Aus Pelling 1964)

Puffs

In Polytänchromosomen läßt sich die Aktivität einzelner Genloci studieren. Die Autoradiographie nach ³H-Uridin-Inkorporation zeigt viele Banden mit Transkriptionsaktivität an (Abb. 11.27). Banden mit besonders hoher RNA-Syntheseaktivität sind auch in Präparaten ohne Autoradiographie als **Puffs** zu erkennen. An diesen Stellen sind die Polytänchromosomen wie aufgebläht, die Fibrillenstruktur ist aufgelockert (11.28). Bei Chironomus sind einige Puffs so stark angeschwollen, daß sie wie Ringe um die Chromosomen liegen. Sie werden nach dem Entdecker der Polytänchromosomen **Balbiani-Ringe** genannt (Abb. 11.27a+b, 11.28). Puffs sind keine konstanten Chromosomenstrukturen. Sie bilden sich meist aus einer, manchmal aus mehreren Banden und kondensieren sich wieder zur Bande, wenn ihre Aktivität zu Ende geht (Abb. 11.29).

Gewebs- und entwicklungsspezifische Puffmuster. Im Regelfall sind alle Körperzellen genetisch gleich ausgestattet. Unterschiedliche genetische Leistungen

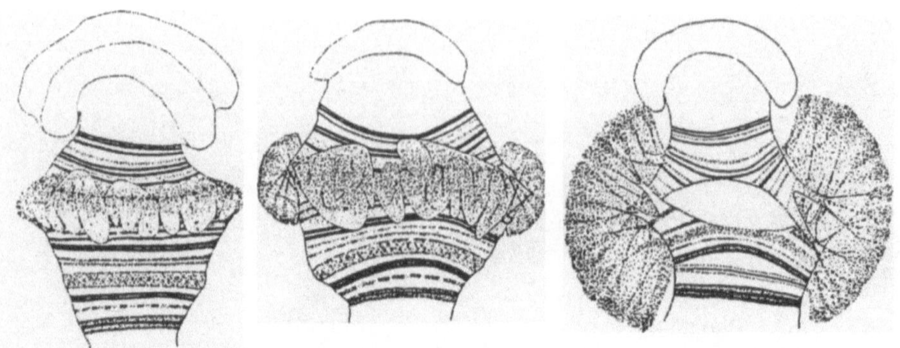

Abb. 11.28. Entwicklung des Balbiani-Rings BR1 in Speicheldrüsenchromosomen von *Chironomus tentans*. (Aus Beermann 1952)

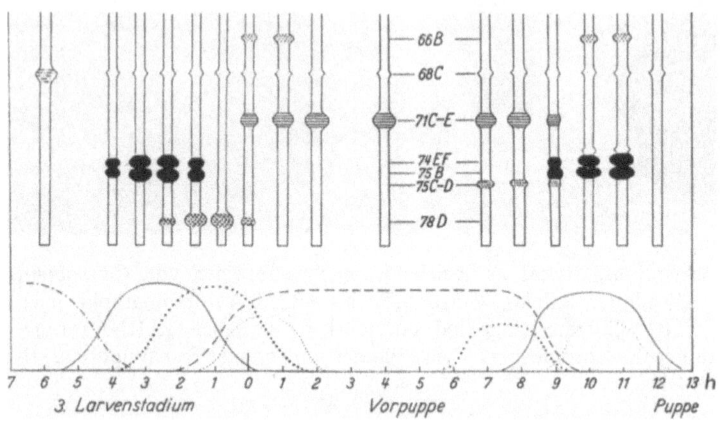

Abb. 11.29. Die Entwicklung des Puffmusters bei *Drosophila* vor der Verpuppung. Dargestellt ist der linke Arm des dritten Chromosoms. Die Kurven deuten den Verlauf der Puffentwicklung an. Symbole der Puffs und der Kurven entsprechen einander. (Aus Becker 1962)

in der Entwicklung oder im ausdifferenzierten Zustand der Zellen müssen daher auf differentieller Genaktivität beruhen. Die Polytänchromosomen der Dipteren mit ihren Puffmustern sind klassische Studienobjekte für differentielle Genaktivität.

Die Chironomide *Acricotopus* hat Speicheldrüsen mit einer deutlichen Gliederung in Vorderlappen, Seitenlappen und Hauptlappen. Auch die mikroskopisch erkennbare Plasmastruktur ist in den drei Abschnitten deutlich verschieden. Entsprechend verschieden ist das Muster der auffälligen Balbiani-Ringe in den drei Speicheldrüsenchromosomen von *Acricotopus* (Abb. 11.30). Die charakteristischen Muster hängen wahrscheinlich mit den spezifischen Syntheseleistungen der Speicheldrüsenabschnitte zusammen.

Das Puffmuster verändert sich im Laufe der Entwicklung. Abb. 11.29 zeigt als Beispiel die Veränderung im linken Arm des dritten Chromosoms von

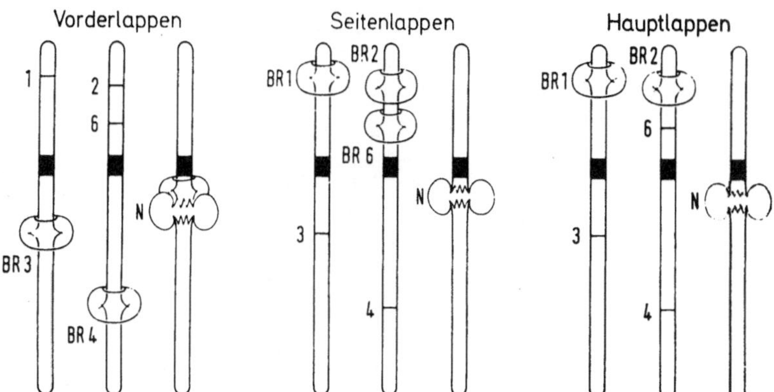

Abb. 11.30. Differentielle Genaktivität in der Speicheldrüse von *Acricotopus* (Chironomidae). Die Balbiani-Ringe BR1–6 der drei Chromosomen in den Vorderlappen, Seitenlappen und Hauptlappen der Speicheldrüse während des 4. Larvenstadiums werden gewebsspezifisch ausgebildet. N: Nukleolus. (Nach Daten von F. Mechelke (1953) aus Beermann et al. 1971)

Drosophila melanogaster vor der Verpuppung. Die Aktivität der Puffs wird in dem gezeigten Beispiel durch Signale gesteuert, die mit dem Entwicklungsstadium korreliert sind. Das Häutungshormon Ecdyson ist hier der entscheidende Faktor, wie an isolierten Drüsen in vitro gezeigt werden konnte. Ecdyson wandert in den Kern und bindet unter Vermittlung eines Rezeptors an definierte Chromosomenorte. Es reguliert dabei die phasenspezifische genetische Aktivität der früh in der Verpuppungsphase auftretenden Puffs. Die späten Puffs werden vermutlich von den Genprodukten der frühen aktiviert.

Genamplifikation

Erythroblasten und antikörperproduzierende Zellen der Wirbeltiere, Oviduktzellen des Huhns und Spinndrüsenzellen des Seidenspinners haben eine hohe Syntheserate für ein spezielles Protein oder für wenige spezielle Proteine. Die Zellen leisten diese Aufgabe mit jeweils einem Gen für das betreffende Protein pro haploidem Genom. Nur wenige Fälle einer selektiven und entwicklungskontrollierten Amplifikation von Genen sind bekannt geworden (s. Abb. 11.22 e, f). Zu diesen Ausnahmen gehören die Choriongene in den Follikelzellen von *Drosophila*, das Alpha-Aktin-Gen in den Myoblasten des Huhns und die ribosomalen Gene in den Oocyten des Krallenfrosches *Xenopus*, des Heimchens *Acheta* und des Gelbrandkäfers *Dytiscus*.

Bei *Xenopus* besitzt das haploide Genom ca. 450 Exemplare des Gens für rRNA. Diese rDNA-Einheiten sind in einem einzigen NOR des haploiden Genoms enthalten. Im Pachytän der Oogenese beginnt eine Vermehrung der rDNA. Die Zahl der rDNA-Einheiten wird dabei von rund 1800 (4 c!) auf 2 Millionen pro Oocyte vermehrt. Die vermehrten rDNA-Exemplare werden nicht in das Chromosom integriert, sondern liegen in Form von Ringen frei im

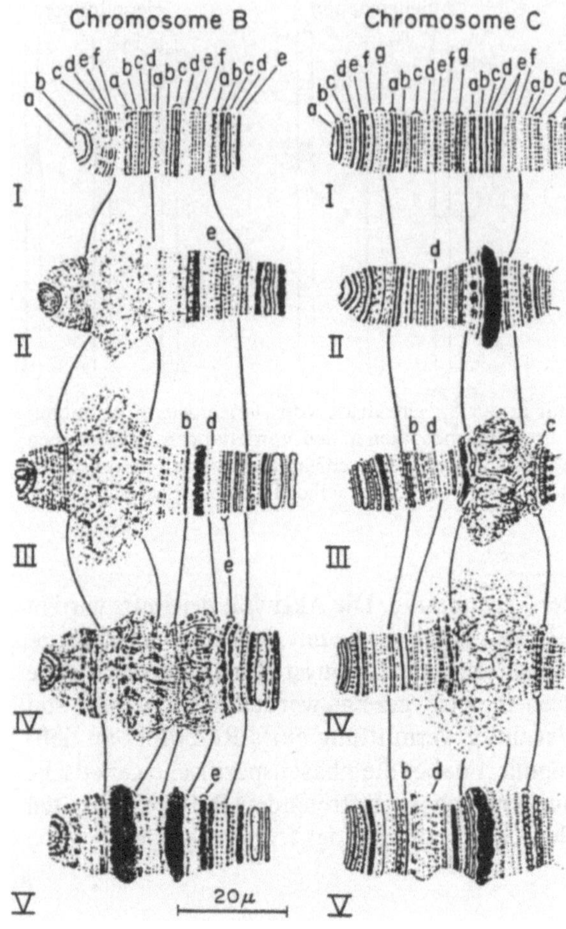

Abb. 11.31. DNA-Puffbildung in den Speicheldrüsenchromosomen von *Rhynchosciara angelae*. Dargestellt sind die Enden der Chromosomen B und C im vierten Larvenstadium. Die Entwicklung verläuft von I nach V. Die stärkere Anfärbung in den Puffbanden nach und – bei Chromosom C – vor dem Puffing zeigt die Vermehrung der DNA an. (Aus Pavan u. Cunha 1969)

Kernraum und organisieren kleine Nukleolen. Die von diesen Nukleolen während der Oogenese produzierten Ribosomen werden verwendet, um den Keim ohne Neusynthese bis zum Larvenstadium ausreichend zu versorgen.

Bei *Rhynchosciara* kann man DNA-Amplifikation an den Polytänchromosomen der Speicheldrüse studieren. Einige Puffs, die sich im letzten Larvenstadium bilden und offenbar mit der Sekret-Produktion in Zusammenhang stehen, sind sog. **DNA-Puffs**. Ihre DNA wird im Verlaufe der Puffbildung amplifiziert, vermutlich, um eine erhöhte RNA-Synthese für ein Sekretprotein zu erlauben. Die DNA wird nicht frei, sondern bleibt im Chromosom integriert. Sie wird daher bei der Regression des Puffs in Form verstärkter Banden sichtbar (Abb. 11.31).

Ein Modell für die Anordnung der amplifizierten DNA im Chromosom geht aus Untersuchungen an den Choriongenclustern von *Drosophila melanogaster* hervor. Die Gene für die vier Hauptproteine des Chorions sind in der Keimbahn als Single-copy-Gene vorhanden. Je zwei von ihnen liegen eng

zusammen auf dem Chromosom 3 und dem X-Chromosom. In den Follikelzellen, die die Chorionproteine herstellen, ist das X-chromosomale Cluster
etwa 16fach, das Cluster des Chromosoms 3 etwa 60fach amplifiziert. Beide
Bereiche wurden in einem „chromosome walk" kloniert, so daß molekulare
Proben für DNA-Titrationen zur Verfügung stehen. Die amplifizierte Strecke
reicht nach diesen Untersuchungen etwa 40–50 kb jederseits über das Gen-
cluster hinaus. Der Amplifikationsgrad nimmt nach den Seiten hin ab, so daß
man ein Modell der amplifizierten Strecke entsprechend Abb. 11.32 entwerfen

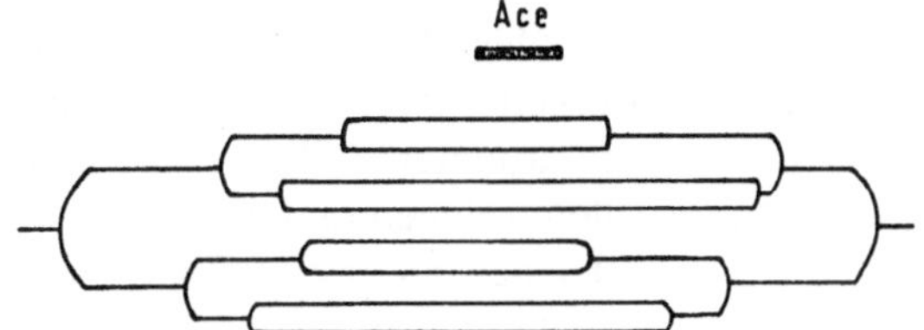

Abb. 11.32. Modell für die Struktur der amplifizierten Choriongen-
region. Der zentrale Bereich ist
am stärksten amplifiziert. Dort
liegt das Choriongencluster und
das Amplifikationskontrollelement
Ace. (Aus Spradling 1987)

kann. Die Amplifikation ist durch mehrfache Initiation und verschieden weit
laufende Replikation von einem einzigen Replikationsorigin zu erklären.
Dabei entsteht eine DNA-Struktur mit mehrfach ineinander geschachtelten
Replikationsgabeln.

Choriongene wurden durch P-Element-Transformation in andere Chromosomenorte integriert. Sie werden immer dann in Follikelzellen amplifiziert,
wenn ein Bereich von wenigen hundert Basenpaaren oberhalb des Chorion-
gens im Konstrukt enthalten ist. In diesem Bereich muß also das **ACE** („**amplification control element**") genannte Kontrollelement für die Amplifikation
liegen.

11.6 Tumorcytogenetik

Krebs ist eine spektakuläre Fehldifferenzierung von Zellen in einem vielzelli-
gen Organismus. Zellen von meist schon differenzierten Geweben kehren zu
embryonalen Teilungsraten zurück. Dabei dedifferenzieren sie sich zumindest
partiell. Man geht davon aus, daß Krebs in einem Individuum in den meisten
Fällen von einer einzelnen Zelle ausgeht, also alle Krebszellen zu einem Klon
gehören. Die Zellen können von ihrem Ursprungsgewebe ausstreuen, andere
Gewebe infiltrieren und Metastasen bilden.

Die Transformation einer kontrolliert wachsenden Zelle in eine Krebszelle
wird durch verschiedene Faktoren ausgelöst:

● Umweltfaktoren, die als chemische oder physikalische Mutagene wirken,
● Virus-Infektionen,
● Angeborene Prädisposition bei einigen Tumoren wie dem Retinoblastom
  oder dem Wilms-Tumor.

Unter den Viren, die an der Krebsentstehung beteiligt sind, sind die **Retroviren** in Tierexperimenten besonders gut studiert worden. Sie enthalten in diesem Falle Gene, die aus dem Wirbeltiergenom stammen und als Onkogene beschrieben worden sind. v-sis, v-myc, v-abl sind z. B. solche Gene aus Retroviren. Die entsprechenden Gene im Wirbeltiergenom werden **Protoonkogene** oder **zelluläre Onkogene** genannt und als c-sis, c-myc, c-abl bezeichnet. Viele davon sind als Gene für Wachstumsfaktoren, für Rezeptoren von Wachstumsfaktoren oder für sonstwie an der Wachstumsregulation beteiligte Proteine identifiziert worden.

Krebszellen besitzen einen variablen Chromosomenbestand. Von einem anscheinend normalen Satz bis zu einem stark abweichenden Bestand mit vielen Chromosomenaberreationen findet man alle Stufen. Man findet selbst in einem einzigen Patienten Zellinien mit verschiedenen Chromosomenaberrationen. Krebszellen weichen in dieser Hinsicht von normalen, nicht entarteten Zellen ab und gleichen mehr den Zellen aus permanenten Zellkulturen. Die Vielzahl verschiedener Chromosomenaberrationen hat lange Zeit die Untersucher verwirrt.

Inzwischen sind eine Reihe charakteristischer Chromosomenanomalien für bestimmte Krebsarten bekannt geworden (Tab. 11.4). Chromosomenaberrationen haben daher etwas mit der Entstehung oder Vermehrung von Krebszellen zu tun. Andererseits ist in keinem Falle die Assoziation einer definierten Form des Krebses mit einer bestimmten Chromosomenanomalie absolut. In einigen Fällen hat hier die molekulare Analyse die Zusammenhänge aufgeklärt.

Aktivierung eines Onkogens durch Translokation

Zu den molekular am besten untersuchten Krebsarten gehört das Burkitt-Lymphom. Das Burkitt-Lymphom ist eine B-Zell-Neoplasie, die im äquatorialen Afrika als endemische Erkrankung verbreitet ist und in der übrigen Welt sporadisch vorkommt. Fast immer enthalten die Tumorzellen das Genom des Epstein-Barr-Virus. Die Infektion mit Epstein-Barr-Virus ist vermutlich ein Auslöser der Tumorbildung.

Etwa ¾ aller Burkitt-Lymphome besitzen eine reziproke Translokation zwischen dem Chromosom 8 und dem Chromosom 14 mit definierten Bruchpunkten jeweils im langen Arm. Die Bruchpunkte wurden mit hochauflösenden Bänderungsverfahren in den Banden 8q24.13 und 14q32.33 kartiert (Abb. 11.33). Seltenere Varianten sind Translokationen zwischen Chromosom 8 und Chromosom 22 (t(8;22)(q24;q11)) und zwischen Chromosom 8 und Chromosom 2 (t(2;8)(p12;q24)). Allen drei Translokationen gemeinsam ist der Bruchpunkt q24 im Chromosom 8. Einige Patienten haben ein Burkitt-Lymphom ohne die beschriebenen Markerchromosomen. Es ist aber nicht auszuschließen, daß sie submikroskopische Translokationen oder Dreifachtranslokationen besitzen, die im Mikroskop unauffällig sind.

Die 8/14-Translokation bringt ein zelluläres Onkogen c-myc, das normalerweise auf dem Chromosom 8 liegt, auf das Chromosom 14 in den IgH-Locus,

Tabelle 11.4. Chromosomenaberrationen in menschlichen Tumoren. Die Tabelle listet Chromosomenänderungen auf, die in den Tumoren häufiger als zufällig gefunden wurden. (Daten aus Fonatsch, 1985 und Yunis 1983)

Krankheit	Chromosomendefekt
Leukämien	
Chronische myeloische Leukämie (CML)	t(9;22)(q34;q11)
Akute nicht-lymphatische Leukämie (ANLL)	
Subtypen: M1	t(9;22)(q34;q11), del(5q), del(7q), +8
M2	t(8;21)(q22;q22), del(5q), del(7q), +8
M3	t(15;17)(q24;q21)
M4	inv(16)(p13q22), t(11;..)(q23;..), del(5q), del(7q), +8
M5	t(11;..)(q23;..), del(5q), del(7q), +8
M6	del(5q), del(7q), +8
M7	inv(3)(q2q26)
Chronische lymphatische Leukämie (CLL)	+12, t(14;..)q(32;..), inv(14)(q11q32)
Akute lymphatische Leukämie (ALL)	
Subtypen: L1	t(9;22)(q34;q11)
L2	t(9;22)(q34;q21), t(4;11)(q21;q23)
L3	t(8;14)(q24;q32), t(2;8)(p12;q24), t(8;22)(q24;q11−13)
Lymphome	
Burkitt-Lymphom	t(8;14)(q24;q32), t(2;8)(p12,q24), t(8;22)(q24;q11−13)
Kleinzelliges Nicht-Burkitt-Lymphom	t(8;14)(q24;q32)
Großzelliges immunoblastisches Lymphom	t(8;14)(q24;q32)
Follikuläre Lymphome	t(14;18)(q32;q21)
Kleinzelliges lymphatisches Lymphom	+12
Karzinome	
Neuroblastom	del(1)(p31−36)
Kleinzelliges Bronchialkarzinom	del(3)(p14−23)
Papilläres Cystadenom des Ovars	t(6;14)(q21;q24)
Retinoblastom	del(13)(q14)
Wilms-Tumor	del(11)(p13)
Benigne Tumoren	
Speicheldrüsen-Mischtumor	t(3;8); (p25;q21)
Meningiom	−22

den Genort für die schwere Kette des Immunglobulins. Der Bruch in Chromosom 14 liegt nämlich innerhalb des IgH-Locus. Die exakte Position des Bruchpunktes kann variieren (Abb. 11.34). Der Bruchpunkt im Chromosom 8 liegt 5′ (stromaufwärts) vom c-myc Gen oder im ersten Intron von c-myc. In den Translokationsvarianten t(8;22) und t(2;8) gelangen das Lambda-Gen (Chromosom 22) bzw. das Kappa-Gen (Chromosom 2) der leichten Immunglobulin-Kette auf das Chromosom 8 in die unmittelbare Nähe des c-myc-Locus. Die Bruchpunkte auf dem Chromosom liegen in diesen Fällen 3′ vom c-myc-Locus.

Die Transkription von c-myc unterliegt infolge der Translokation vermutlich nicht mehr der normalen Kontrolle. Eine naheliegende Hypothese nimmt

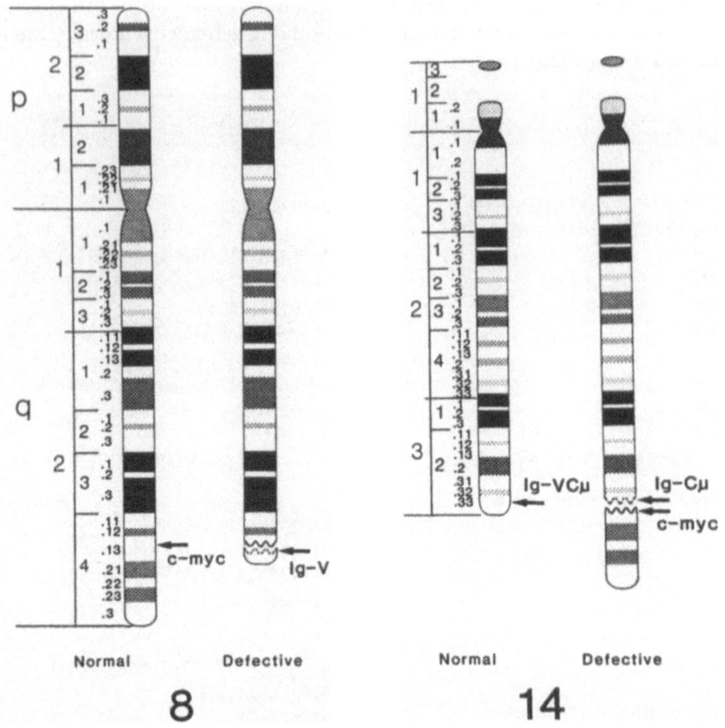

Abb. 11.33. Die Translokation t(8;14)(q24;q32) beim Burkitt-Lymphom. Die normalen und die veränderten Chromosomen sind auf dem 1200-G-Banden-Stadium dargestellt. Die Abbildung zeigt die Bruchpunkte und die Lokalisation von c-myc bzw. Ig-Cµ vor und nach dem Translokationsereignis. (Aus Yunis 1983)

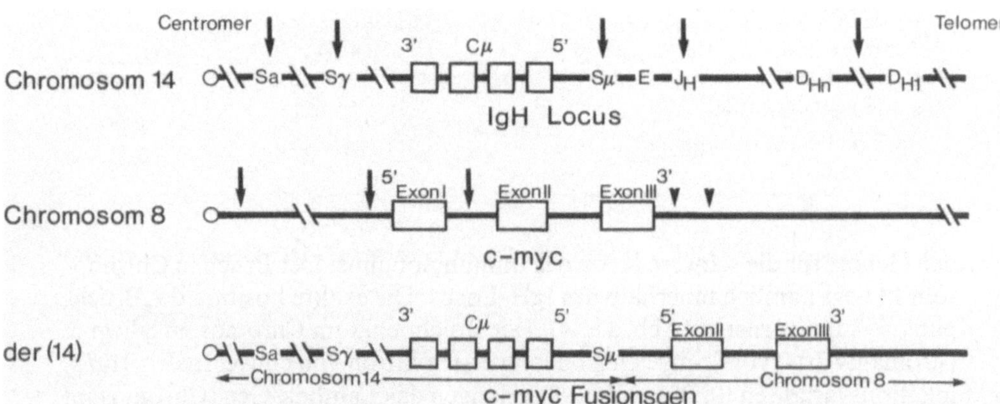

Abb. 11.34. Molekulare Kartierung der Translokationsbruchpunkte (Pfeile) beim Burkitt-Lymphom im Chromosom 14 und im Chromosom 8. Pfeilköpfe geben die Bruchpunkte bei den Translokationsvarianten t(8;22) und t(2;8) an. Unten ist das c-myc Fusionsgen dargestellt, das aus einer Standard-t(8;14)-Translokation hervorgeht. Nur ExonII und ExonIII von c-myc enthalten Protein-kodierende Sequenzen. (Nach Haluska et al. 1987)

an, daß sie vielmehr unter die Kontrolle der Immunglobulingene gerät, die bei
der B-Zell-Reifung aktiviert werden. Die Transkription von c-myc ist daher in
diesen Zellen konstitutiv. Experimente mit somatischen Zellhybriden zwischen
Burkitt-Lymphom-Zellen und Maus-Plasmocytomzellen bestätigen dies. Hy-
bridzellen, in denen durch Chromosomenverlust nur noch das translozierte
c-myc vorhanden war, exprimieren das Gen. In Zellen, die nur noch das
normale c-myc auf dem Chromosom 8 enthalten, wird hingegen c-myc nicht
exprimiert. Molekulare Kandidaten für die Aktivierung sind die cis-agieren-
den Enhancer der Immunglobulingene. Transformiert man Zellen mit einem
Enhancer-c-myc-Konstrukt, so findet Transkription statt, in Transformatio-
nen mit c-myc ohne Enhancer bleibt c-myc stumm. Transgene Mäuse, in die
Enhancer-c-myc-Konstrukte eingeführt werden, entwickeln in hoher Frequenz
B-Zell-Tumore.

Der hohe Assoziationsgrad zwischen der Translokation und dem Burkitt-
Lymphom läßt vermuten, daß c-myc eine wichtige Rolle in der Pathogenese
spielt. Das myc-Protein ist ein DNA-bindendes Protein; seine genaue Funktion ist noch unbekannt. Meist wird angenommen, daß die Infektion mit einem
Virus, in erster Linie mit dem Epstein-Barr-Virus, den ersten Schritt in der
Pathogenese darstellt. Der Erwerb einer der drei Translokationen ist ein zweiter Schritt, und es ist möglich, daß damit schon der Übergang zu kontinuierli-
cher Zellvermehrung erfolgt ist.

Entstehung eines Onkogenfusionsprodukts durch Translokation

Ähnlich gut belegt und untersucht ist die Assoziation des Philadelphia-Chromosoms Ph[1] mit der chronischen myeloischen Leukämie (CML). CML ist ein
häufig vorkommender Knochenmarkskrebs mit Überproduktion von Granu-
locyten. Vermutlich sind die pluripotenten Stammzellen im Knochenmark
betroffen. Das würde jedenfalls die Auswirkungen auf alle hämatopoietischen
Linien erklären.

Fast alle CML-Patienten haben in der ersten, der sog. chronischen Phase
der Krankheit in ihren leukämischen Zellen eine einzige Chromosomenanomalie, eine reziproke Translokation zwischen den Chromosomen 9 und 22
(Abb. 11.35). Das durch die Translokation auffällig verkürzte Chromosom 22
ist das Philadelphia-Chromosom Ph[1], das 1960 als erstes Markerchromosom
für eine Krebsform entdeckt wurde. Es trägt seinen Namen nach der Stadt, in
der es entdeckt wurde. Die Bruchpunkte der erst später erkannten reziproken
Translokation wurden mit Hochauflösungsbanden-Technik auf 9q34.1 und
22q11.2 lokalisiert (Abb. 11.35 b). In manchen Fällen kommen Translokationsvarianten vor, oder die Zellen sind mikroskopisch Ph-negativ. Mit einer
Kombination von Bandentechniken und mit In-situ-Hybridisation ließ sich in
vielen solchen Fällen zeigen, daß es sich in Wirklichkeit um komplexe Rearrangements handelt, an denen wiederum 9q34 und 22q beteiligt sind.

Die Bruchpunkte der Ph[1]-Translokation wurden sequenziert (s. Abb. 3.9)
und molekular kartiert. Auf dem Chromosom 22 liegt der Bruchpunkt in den

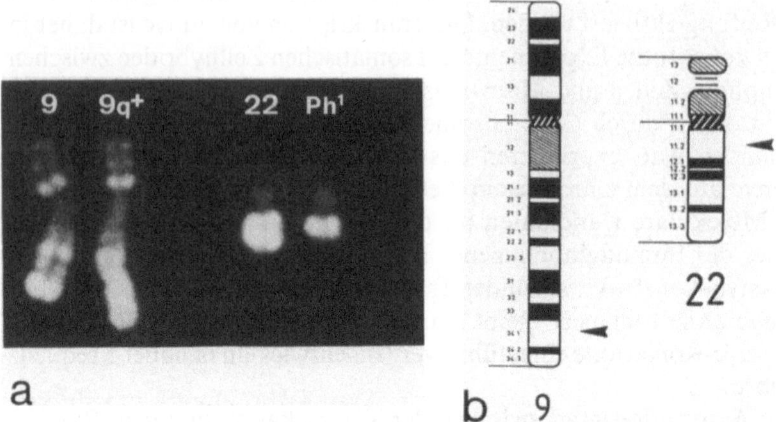

Abb. 11.35 a, b. Die Entstehung des Philadelphia-Chromosoms Ph[1]. Ph[1] ist ein Derivat des Chromosoms 22, im Standardfall mit einem kleinen translozierten Stück vom Chromosom 9. **a** R-gebänderter Teilkaryotyp mit der Standard-Ph[1]-Translokation. (Aus Hagemeijer u. de Klein 1987) **b** Teilkaryogramm der Chromosomen 9 und 22 auf dem 550-Bandenstadium; die *Pfeilköpfe* zeigen die Bruchpunkte der Translokation an. (Aus Heim u. Mitelman 1987)

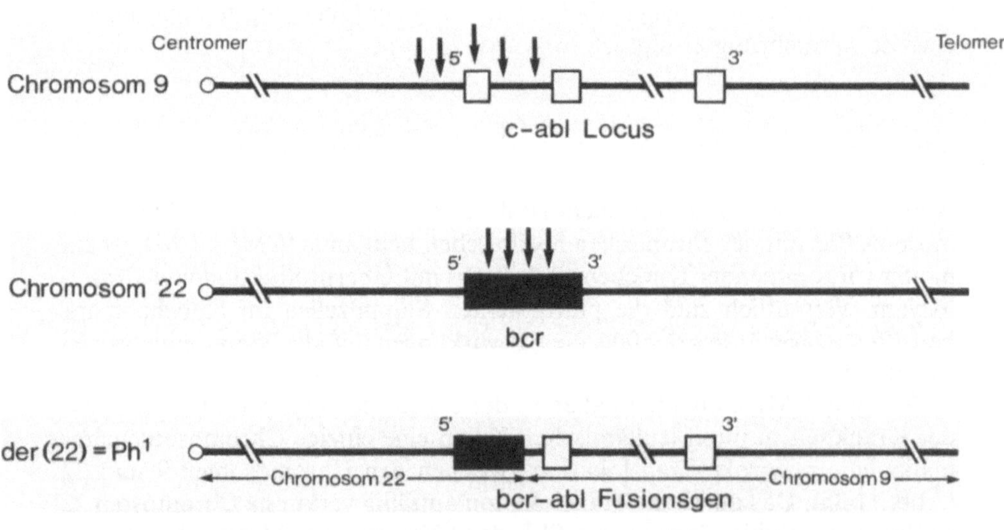

Abb. 11.36. Die Entstehung des bcr-abl-Hybridgens in der Philadelphia-Translokation t(9;22)(q34;q11). Die Bruchpunkte (Pfeile) liegen auf dem Chromosom 9 im ersten Intron oder 5′ des c-abl-Gens, im Chromosom 22 in einem sehr engen Bereich des bcr-Gens. Das Ph[1]-Chromosom enthält das Fusionsgen. (Nach Heim u. Mitelman 1987)

meisten Fällen innerhalb eines nur 5,8 kb großen DNA-Fragmentes. Diese Region wird als **bcr** („**b**reak point **c**luster **r**egion") bezeichnet. bcr ist Teil eines vermutlich mehr als 66 kb großen, bisher noch unbekannten Gens. Die Lage des Bruchpunkts im Chromosom 9 streut bei verschiedenen CML-Patienten wesentlich stärker. Er kann im ersten Intron des auf dem Chromosom 9 gelegenen c-abl-Gens oder 5′ des c-abl-Gens liegen. Die Entfernung kann im letzteren Fall bis zu 50–100 kb stromaufwärts betragen (Abb. 11.36). Die Translokation erzeugt in allen Fällen ein bcr-abl-Fusionsgen auf dem Ph[1]-Chromosom.

Während c-abl normalerweise beim Menschen mRNAs von 6,8 und 7,4 kb Länge erzeugt (die verschiedenen Größenklassen entstehen durch alternatives Spleißen), produziert das Fusionsgen eine neue 8,5 kb große mRNA. Die mRNA ist ein chimärisches Produkt, dessen genetische Information am 5′-Ende von bcr und am 3′-Ende von c-abl stammt. Trotz der verschiedenen Bruchpunkte auf dem Chromosom 9 beginnt das abl-Segment in der bcr-abl-mRNA immer mit demselben Nukleotid. Das kommt dadurch zustande, daß das erste c-abl-Exon verständlicherweise kein Akzeptorsignal für das Spleißen trägt. Bei der Fusion gelangt es in eine Mittelposition und wird daher beim Spleißen eliminiert.

Die neue bcr-abl-mRNA kodiert ein Protein mit einer relativen Molmasse von 210 000, das normale c-abl-Protein hat nur eine Molmasse von 145 000. 25 Aminosäurereste des c-abl-Proteins am N-Terminus sind im Fusionsprodukt ersetzt durch etwa 600–700 Aminosäurereste von bcr. Auch beim viralen v-abl-Protein sind regelmäßig Aminosäuren am N-Terminus ersetzt. Offenbar verändert dies das Protein so, daß es Leukämie hervorruft. Der genaue Mechanismus ist nicht bekannt. Das abl-Protein gehört zu den Tyrosinkinasen, die als Rezeptoren für Wachstumsfaktoren in Zellen vorkommen.

Deletion von Antionkogenen

Das Retinoblastom ist der häufigste Tumor des Innenauges während der ersten Lebensjahre von Kindern. Das Retinoblastom kann bilateral oder unilateral auftreten. Alle bilateralen und etwa 10% der unilateralen Fälle sind erblich.

Das verantwortliche Gen wurde kartiert. Etwa 5% aller Retinoblastompatienten besitzen in ihrer Keimbahn eine Deletion im langen Arm des Chromosoms 13. Die Bruchpunkte der Deletionen variieren von Fall zu Fall. In allen chromosomal abnormen Patienten fehlt aber die Bande 13q14 oder eine Subbande von 13q14 in einem der beiden homologen Chromosomen.

Das Retinoblastomgen liegt in dieser Bande. Es konnte isoliert und charakterisiert werden. Das Transkript ist in 27 Exons kodiert, die etwa 200 kb genomischer DNA überspannen. Deletionen der Exons 13–17 treten besonders häufig auf.

Ein Teil der Patienten mit erblichem Retinoblastom, aber zwei scheinbar intakten Chromosomen 13 in der Keimbahn, besitzt in den Tumorzellen eine sichtbare 13q14 Deletion. Das wird interpretiert als zweiter Schritt in einem **Zwei-Schritt-Modell** der Tumorgenese. Der erste Schritt ist – sichtbar oder unsichtbar – das ererbte inaktive bzw. deletierte Gen in 13q14. Der zweite Schritt ist die zufällige Inaktivierung oder Deletion des Gens auf dem homologen Chromosom während der Entwicklung. Das Wildtypallel ist die dominante Form. Die Tumorgenese wird durch Funktionsverlustmutanten ausgelöst, die in ihrer Wirkung rezessiv sind. Das Wildtypallel wirkt daher als Tumorsuppressor oder **Antionkogen**.

Der Verlust bzw. Funktionsverlust des Wildtypallels kann im Prinzip durch Nondisjunction mit Verlust des Wildtypchromosoms, durch mitotische Rekombination, durch Deletion, durch Inaktivierung oder durch Mutation des Wildtypallels zustandekommen (Abb. 11.37). In ¾ aller untersuchten Fälle lag die Ursache in Nondisjunction mit Reduplikation des verbliebenen Chromosoms 13.

Ganz ähnlichen formalen Gesetzmäßigkeiten folgt der Wilms-Tumor, der ebenfalls bei Kindern auftritt. Darunter sind eindeutig erbliche Fälle. Bei einem Teil von ihnen fällt eine kleine Deletion des Chromosoms 11 in 11p13 in der Keimbahn auf. Untersuchungen mit molekularen Proben für diese Region machen deutlich, daß der Erwerb des Tumors ähnlich wie beim Retinoblastom mit dem Verlust der Wildtypform des Chromosoms in einem ansonsten heterozygoten Individuum verbunden ist.

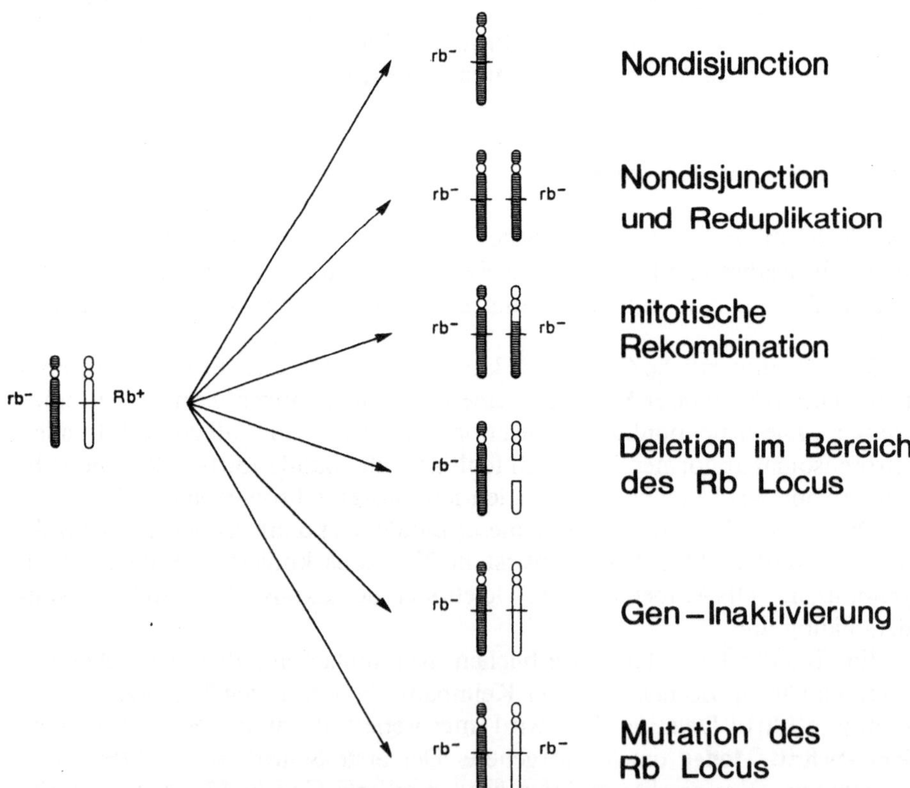

Abb. 11.37. Ursachen für den Verlust des Wildtypallels von Rb. Das Wildtypallel ist mit Rb⁺, das defekte Allel mit rb⁻ gekennzeichnet. (Nach Heim u. Mitelman 1987)

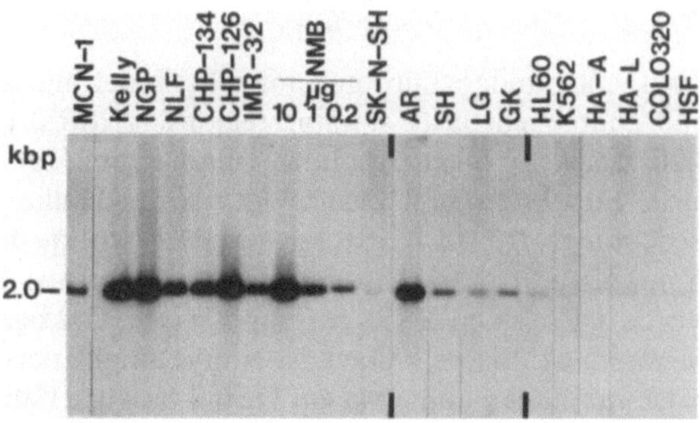

Abb. 11.38. Amplifikation des Protoonkogens N-myC in Neuroblastomen. Genomische DNA aus Zellinien und Tumoren wurden in einem Southern-Blot mit einer markierten N-myc-Probe hybridisiert. Die Zellinien HL60 – HSF enthalten eine Kopie des Gens pro Genom. Wie die Signalstärke anzeigt, ist in den Neuroblastomen AR – GK mehr als eine Kopie des Gens vorhanden. Vermutlich hat die Neuroblastomzellinie SK-N-SH nur eine Kopie. Von der DNA der Neuroblastom-Zellinie MMB wurden 0,2 µg, 1 µg und 10 µg aufgetragen, während von allen anderen Zellen für den Vergleich einheitlich 10 µg DNA verwendet wurden. (Aus Schwab et al. 1983)

Tabelle 11.5. DMs („double minutes") und HSRs („homogeneously staining regions") in menschlichen Tumoren und in Zellinien, die sich von Tumoren ableiten. Die Tabelle zählt die Tumoren auf, in denen DMs oder HSRs gefunden wurden. (Aus Gebhart 1987)

	Primäre Tumoren	Metastatische Tumoren	Zellinien
DMs	Brustkrebs	Brustkrebs	Brustkrebs
	Ovarkarzinom	Ovarkarzinom	Dickdarmkrebs
	Blasenkrebs	Cervixkarzinom	Rhabdomyosarkom
	Magenkrebs	Magenkrebs	Schilddrüsenkrebs
	Speicheldrüsen-Mischtumor	Lungenkrebs	Cervixkarzinom
	Akute myeloische Leukämie	Medulloblastom	Chondrosarkom
	Dickdarmkrebs	Neuroblastom	
	Retinoblastom	Leukämien	
	Gliom		
	Neuroblastom		
	Medulloblastom		
	Rhabdomyosarkom		
	Hodentumor		
HSRs	Neuroblastom	Neuroblastom	Neuroblastom
	Brustkrebs	Brustkrebs	Dickdarmkrebs
	Rachenkrebs	Ovarkarzinom	Melanom
	Speisenröhrenkrebs	Melanom	Kleinzelliges Bronchialkarzinom
	Melanom		Brustkrebs
	Blasenkrebs		Mundkrebs

Amplifikation von Onkogenen

Zwei völlig andere chromosomale Veränderungen, „double minutes" (DMs) und „homogeneously staining regions" (HSRs) (vgl. Kap. 3.3.2, Abb. 3.19, 3.20) treten vor allem in soliden Tumoren auf (Tabelle 11.5). Bei Neuroblastomen, Brustkrebs und kleinzelligem Bronchialkarzinom haben sie klinische Bedeutung. DMs und HSRs stellen zwei Aspekte des gleichen Phänomens dar: Amplifikation eines chromosomalen Segments. Bei Neuroblastomzellinien wurde in DMs und HSRs ein amplifiziertes Onkogen gefunden, das mit C-myc verwandt ist. Bis zu 300fach ist N-myc amplifiziert. Die Mehrzahl der Neuroblastomzellinien und etwa ein Drittel bis zur Hälfte aller Neuroblastombiopsien enthalten amplifiziertes N-myc (Abb. 11.38).

DMs und HSRs fallen im Mikroskop erst bei höheren Amplifikationsgraden als besondere Strukturen auf; bei niedrigen Amplifikationsgraden kann man weder eine HSR noch DMs beobachten. Der Amplifikationsgrad von N-myc ist korreliert mit einer schlechten Prognose des Krankheitsverlaufs. Da die Amplifikation in frühen Stadien der Tumorentwicklung nicht zu finden ist, ist sie nicht die Ursache der Tumorentstehung. Es ist aber wahrscheinlich, daß sie als sekundäre Veränderung etwas mit der Tumorprogression zu tun hat.

Literatur zu Kapitel 11

Alitalo K, Schwab M (1986) Oncogene amplification in tumor cells. Adv Cancer Res 47:235–281

Ashburner M (1972) Puffing patterns in Drosophila melanogaster and related species. In: Beermann W (ed) Developmental studies on giant chromosomes. Springer-Verlag, Berlin Heidelberg New York, pp 101–151

Ashburner M (1990) Puffs, genes, and hormones revisited. Cell 61:1–3

Baker BS (1989) Sex in flies: the splice of life. Nature 340:521–524

Beermann W (ed) (1972) Developmental studies on giant chromosomes. Springer-Verlag, Berlin Heidelberg New York

Brodsky VY, Uryvaeva IV (1985) Genome multiplication in growth and development. Cambridge Univ Press, Cambridge

Bull JJ (1983) Evolution of sex determining mechanisms. Benjamin-Cummings, California

Cattanach BM (1986) Parental origin effects in mice. J Embryol exp Morph 97 supplement:137–150

Fonatsch C (1985) Cytogenetic markers in hematoproliferative disorders. Blut 51:315–328

Gartler SM, Riggs AD (1983) Mammalian X-chromosome inactivation. Ann Rev Genet 17:155–190

Gebhardt E (1987) Cytogenetic studies in human neoplasia. In: Obe G, Basler A (eds) Cytogenetics, basic and applied aspects. Springer-Verlag, Berlin Heidelberg New York Tokyo, pp 113–140

Haluska FG, Tsujimoto Y, Croce CM (1987) Oncogene activation by chromosome translocation in human malignancy. Ann Rev Genet 21:321–345

Heim S, Mitelman F (1987) Cancer Cytogenetics. Alan R Liss, New York

Hodgkin J (1990) Sex determination compared in Drosophila and Caenorhabditis. Nature 344:721–728

Hofmann A, Keinhorst A, Krumm A, Korge G (1987) Regulatory sequences of the Sgs-4 gene of Drosophila melanogaster analysed by P element-mediated transformation. Chromosoma 96:8–17

Hong FD et al. (1989) Structure of the human retinoblastoma gene. PNAS 86:5502–5506

Koopman P, Gubbay J, Vivian N, Goodfellow P, Lovell-Badge R (1991) Male development of chromosomally female mice transgenic for Sry. Nature 351:117–121

Korge G (1986) Polytene chromosomes. In: Hennig W (ed) Structure and function of eukaryotic chromosomes. Springer-Verlag, Berlin Heidelberg New York Tokyo, pp 27–58

Lamb MM, Laird CD (1987) Three euchromatic DNA sequences underreplicated in polytene chromosomes of Drosophila are localized in constrictions and ectopic fibers. Chromosoma 95:227–235

Martin GR (1982) X chromosome inactivation in mammals. Cell 29:721–724

Mittwoch U (1983) Heteropycnosis and the activity of X chromosomes: history and prospects. In: Cytogenetics of the mammalian X chromosome, Part A. Basic mechanisms of X chromosome behavior. Alan R. Liss, New York, pp 251–270

Monk M (1986) Methylation and the X chromosome. BioEssays 4:204–208

Monk M (1988) Genomic imprinting. Genes & Development 2:921–925

Nagl W (1978) Endopolyploidy and polyteny in differentiation and evolution. North-Holland, Amsterdam

Nöthiger R, Steinmann-Zwicky M (1987) Genetics of sex determination: what can we learn from Drosophila? Development 101 Supplement:17–24

Pongs O (1984) Active genes and puffs. Chromosomes today 8:161–168

Spradling A (1987) Gene amplification in dipteran chromosomes. In: Henning W (ed) Structure and function of eukaryotic chromosomes. Springer-Verlag, Berlin Heidelberg New York Tokyo, pp 199–212

Surani MA, Reik W, Allen ND (1988) Transgenes as molecular probes for genomic imprinting. Trends in Genetics 4:59–62

Tobler H (1986) The differentiation of germ and somatic cell lines in nematodes. In: Henning W (ed) Germ line-soma differentiation. Springer-Verlag, Berlin Heidelberg New York Tokyo, pp 1–69

12 Evolution des Genoms und des Karyotyps

ÜBERSICHT

Die Frage, auf welchem Wege ein Genom gerade so geworden ist, wie wir es derzeit vorfinden, läßt sich in manchen Fällen aus der Analyse der Genome stammesgeschichtlich verwandter Arten rekonstruieren. Die Frage, warum es so geworden ist, bleibt im Einzelfall meist unbeantwortet, da in der Evolution ungerichtete Mutationsereignisse mit Zufallsprozessen und Selektionsprozessen bei der Fixierung genetischer Varianten zusammenwirken. Über die generelle Wirkungsweise dieser Prozesse wissen wir dagegen recht gut Bescheid. Neutrale Evolution und das Zusammenwirken mit Selektion wurde bisher am genauesten auf der molekularen Ebene untersucht (Kap. 12.1). Für die Evolution der Genomgröße (Kap. 12.2), der Chromosomenzahlen (Kap. 12.3) und der Chromosomenumbauten (Kap. 12.4) gelten aber dieselben Regeln.

12.1 Molekulare Evolution

Die meisten Veränderungen im Genom, Basenaustausche, Einschub oder Verlust von Nukleotiden, Duplikation oder Amplifikation von kleinen und großen DNA-Segmenten, Einwanderung von Transposons und Verminderung oder Vermehrung von Satelliten-DNA laufen unterhalb des mikroskopischen Auflösungsvermögens ab. Sie werden mit molekularbiologischen Methoden untersucht. Veränderungen wie Polyploidisierung, Zahlenveränderungen der Chromosomen oder Rearrangements von Chromosomensegmenten sind häufig im Mikroskop sichtbar und können daher auch mit mikroskopischen Techniken studiert werden (Kap. 3).

Genetische Drift

Die Häufigkeit einer DNA-Variante kann in einer Population zu- oder abnehmen. Neue, durch Mutation entstandene Varianten tragen zum Polymorphismus einer Art bei, sie können vollständig wieder verschwinden oder die bisherige Variante vollständig verdrängen und damit in der Art **fixiert** werden. Für die Frequenzbewegungen sind Selektion und Drift verantwortlich. **Selektion** greift am Phänotyp an: besser angepaßte Phänotypen werden durch die natürliche Selektion gefördert, schlechter angepaßte benachteiligt. Varianten, die den Phänotyp nicht beeinflussen, ändern ihre Frequenz durch zufällige Zu- und Abnahmen, es sei denn, sie sind mit selektierten DNA-Sequenzen eng gekoppelt.

Basensubstitutionen, -deletionen oder -insertionen in kodierenden Sequenzen können die Aminosäuresequenz im kodierten Protein verändern und z. B. eine drastische Funktionsminderung eines Enzyms bewirken. Änderungen dieser Art bringen den homozygoten Trägern einen Selektionsnachteil. Allele mit solchen Änderungen gehen daher durch Selektion verloren oder werden in einer Population auf einer niedrigen Frequenz gehalten.

Viele Basensubstitutionen in der dritten Codonposition haben aber keine Auswirkung auf die Aminosäuresequenz und beeinflussen daher die Funktion des Genprodukts nicht. Selbst Änderungen der DNA-Sequenz, die die Aminosäuresequenz punktuell verändern, müssen nicht notwendigerweise die Eignung des Genproduktes verschlechtern. Je nachdem, welche Aminosäure an welcher Position im Protein ausgetauscht ist, kann die Wirkung drastisch sein, gering sein oder ganz fehlen. Darüber hinaus sollten alle Änderungen in nicht-kodierenden Sequenzen die Fitness unbeeinflußt lassen, sofern sie weder an der Genregulation beteiligt, noch für die Chromosomenstruktur essentiell sind. Die überwiegende Zahl der DNA-Sequenzänderungen wirkt sich daher phänotypisch nicht aus und verleiht dem Träger weder einen Selektionsvorteil noch einen Selektionsnachteil: sie sind für die Evolution **neutral**. Die Zunahme oder Abnahme einer Sequenz mit einer solchen Mutation wird in der Population nicht durch Selektion, sondern durch genetische Drift bestimmt.

Zufällige Drift setzt nicht notwendigerweise voraus, daß ein Allel vollständig neutral ist. Angenommen, N_e ist die effektive Populationsgröße und die Allele A_1 und A_2 haben die Fitness 1 und 1-s, dann verhalten sich die beiden Allele relativ zueinander neutral, wenn $4 N_e s \ll 1$ ist. Selbst leichte Einbußen an Fitness erlauben solchen quasi-neutralen Allelen noch ein neutrales Verhalten. Je kleiner die Population, um so größer kann die Fitness-Einbuße eines Allels sein, die noch eine neutrale Drift zuläßt.

Fixierung einer neutralen DNA-Variante

Wie groß ist nun die Chance, daß eine DNA-Variante eine andere verdrängt und damit in einer Population oder Art fixiert wird? Die Rate k der Substitution eines beliebigen Allels durch ein anderes in einer panmiktischen Population von N Individuen ist

$$k = 2Nux$$

Dabei ist u die Mutationsrate pro Gamete (in derselben Zeiteinheit wie k) und x die Wahrscheinlichkeit der Fixierung des Allels in der Population. Die Ableitung dieser Gleichung ist einfach: Es gibt 2 Nu Mutationen pro Zeiteinheit. Jede hat eine Wahrscheinlichkeit x, fixiert zu werden.

Die Gleichung ist für neutrale Allele leicht aufzulösen. In einer Population von N diploiden Individuen sind 2 N homologe Gene vorhanden. Jedes hat dieselbe Chance, fixiert zu werden, wenn es für die Selektion neutral ist. Daher ist für ein neutrales Allel

$$x = \frac{1}{2n}$$

Durch Einsetzen von x in die vorige Gleichung erhält man

$$k = 2Nu\,\frac{1}{2N} = u$$

Das bedeutet: die Substitutionsrate für neutrale Allele ist gleich der Mutationsrate. Sie ist unabhängig von der Populationsgröße.

Molekulare Phylogenie

Wir erwarten nach dieser theoretischen Ableitung zweierlei:

- Die Sequenzähnlichkeit kodierender und nicht-kodierender homologer Genomabschnitte sollte mit abnehmendem Verwandtschaftsgrad abnehmen.
- Die Rate der Veränderungen sollte in der Mehrzahl der Genomabschnitte über die Evolutionszeit statistisch gesehen gleichmäßig sein.

Die erste Erwartung ist regelmäßig erfüllt. Die DNA-Sequenz ist innerhalb einer Art recht einheitlich. Wie wir aus den RFLP-Untersuchungen wissen, ist sie allerdings schon zwischen den Angehörigen einer Species nicht identisch, Arten sind regelmäßig polymorph für viele DNA-Loci. Bei einem Vergleich zwischen verschiedenen Arten ist die Übereinstimmung der Sequenzen um so geringer, je entfernter die phylogenetische Verwandtschaft der verglichenen Arten ist (Abb. 12.1). DNA-Sequenzen verhalten sich in dieser Hinsicht ähnlich wie morphologische Merkmale und können auch wie morphologische Merkmale zur Konstruktion von Stammbäumen herangezogen werden. Die so konstruierten Stammbäume stehen nicht in Widerspruch zu morphologischen Stammbäumen.

```
            1                                                                              100
Mensch       GCACTGGCATTTAAGA....................ATGTCA....CACTTAGAATGTGTCTC.TAGGCATTGTTCTGTGCATATA......TCATCTCA
Schimpanse   GCACTGGCATTTAAGA...................ATGTCACTTACACTTAGAATGTGTCTC.TAGGCATTGTTCTGTGCATATA......TCATCTCA
Gorilla      GCACTGGCATTTAAGA...................ATGTCACTTACACTTAGAATGTGCCTC.TAGGCATTGTTCTGTGCATATAAATATATCATCTCA
Orang-Utan   GCACTGGCATTTAAGA...................ATGCCACTTACACTTAGAATGTGTCTC.TAGGCATTGTTCTGTGCATATAAATATATCACCTCA
Rhesusaffe   GCACTGGCATTTAAGA...................ATGCCACTTACACTTATAATGTGTCTCCTATGCATTGTTCTGTGCATATGAATATATCATATCA
Spinnenaffe  GCACTGGCATTTAAGACACAAATAACAATAAAAACAATTCCACTTACACTTATAGTGTGTCTCCTATGCATTGT..TGTGCATA.GACTATATCATCTCA
                 ******************** ** ****      * *   * * *          **      ********  **
```

Abb. 12.1. Basensubstitutionen, Deletionen und Insertionen in einem homologen Genomsegment verschiedener Primaten. Rhesusaffen sind Vertreter der Altweltaffen, Spinnenaffen Vertreter der Neuweltaffen. Dargestellt ist ein nichtkodierender, 100 bp langer Abschnitt einer insgesamt 3,1 kb großen sequenzierten Region zwischen dem $\psi\beta$- und dem γ-Globingen im β-Globingencluster. Positionen, an denen Veränderungen vorkommen, sind durch Sternchen (*) markiert, Lücken in einer Sequenz sind durch Punkte gekennzeichnet; sie sind entweder durch Deletionen entstanden oder beruhen auf Insertionen in der jeweiligen Stammbaumlinie mit der vollständigen Sequenz. (Nach Daten von Maeda et al. 1988)

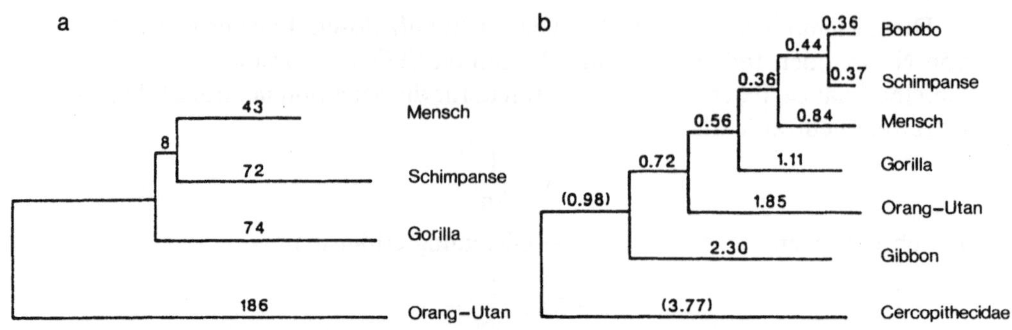

Abb. 12.2 a, b. Molekulare Stammbäume der Primaten **a** aufgrund der minimalen Mutationsabstände (Basensubstitutionen und Nukleotidinsertionen bzw. -deletionen) einer sequenzierten 7,1 kb großen, nicht-kodierenden DNA-Strecke der β-Globin-Region, **b** aufgrund der Schmelzpunkterniedrigung hybridisierter DNA. Die Zahlen geben die Schmelzpunkterniedrigung an, die dem jeweiligen Stammbaumast zugewiesen wurde. (**a** nach Miyamoto et al. 1987; **b** nach Sibley u. Ahlquist 1987)

Sequenzvergleiche aufgrund von **Schmelzpunkterniedrigungen** hybridisierter genomischer DNA wurden als Argument für die Konstruktion von Stammbäumen z. B. der Vögel und der Primaten verwendet (Abb. 12.2 b). Der Schmelzpunkt hängt vom „mismatch" der Einzelstränge in den renaturierten oder hybridisierten DNA-Doppelsträngen ab. Das Ausmaß der Schmelzpunkterniedrigung ist somit ein Maß für die Ähnlichkeit bzw. Unterschiedlichkeit der DNA. Hybridisieren der einmaligen („single copy" und „low copy") Anteile genomischer DNA und die Bestimmung der Schmelzpunkterniedrigung in der Hybrid-DNA liefert einen mittleren Wert für die Sequenzähnlichkeit des gesamten Genoms und ist ein vergleichsweise schnelles Verfahren.

Der Nachteil des Verfahrens ist die Unsicherheit über die Art der Verschiedenheiten der DNA zwischen den Verwandten. Das wird bei einem direkten Sequenzvergleich homologer Genomabschnitte vermieden (Abb. 12.2 a). Das **Sequenzieren** ist allerdings ein aufwendiges und langsames Verfahren. Z. Zt. stehen nur Daten für den Vergleich von wenigen ausgesuchten Genomabschnitten und wenigen Arten zur Verfügung. Die häufigsten Veränderungen, die bei solchen Vergleichen ermittelt wurden, sind Basensubstitutionen und Deletionen bzw. Insertionen von Nukleotiden (vgl. Abb. 12.1).

In welcher von zwei stammesgeschichtlichen Linien eine Mutation stattgefunden hat, läßt sich nur durch einen Vergleich mit einer Art außerhalb dieser Linien klären. Dabei wird die Methode der sparsamsten Annahmen verwendet. Wenn z. B. an Position 96 in Abb. 12.1 in der DNA des Orang-Utans ein Cytosin vorkommt, während die übrigen Menschenaffen ebenso wie die Altwelt- und Neuweltaffen an dieser Position ein Thymin besitzen, dann ist es wahrscheinlicher, daß in der Orang-Linie ein T → C Übergang stattgefunden hat, als daß C → T Mutationen in den übrigen Gruppen mehrfach an genau dieser Position abgelaufen sind.

Als Argument für die Stammbaumkonstruktion dient die aus dem Vergleich erschlossene kleinstmögliche Zahl von Mutationen, die zum derzeitigen

Zustand geführt hat. Beide Methoden, der direkte Sequenzvergleich und der Vergleich der Schmelzpunkte, liefern ähnliche Ergebnisse (s. Abb. 12.2).

Molekulare Uhren mit unterschiedlichen Gangarten

Aus der theoretischen Erörterung der Zufallsdrift ist noch eine weitere Erwartung abzuleiten. Bei gleichbleibender Mutationsrate müßten gemittelt über größere DNA-Strecken und lange Zeiträume in der Evolution Basenveränderungen mit einer gleichbleibenden Rate stattfinden. Das trifft für viele DNA-Abschnitte zu (Abb. 12.3). Da es sich bei den Mutationen ebenso wie bei der Fixierung von mutierten Sequenzen um Zufallsprozesse handelt, sollte man nicht mit der Präzision einer mechanischen Uhr rechnen. Eine statistische Analyse einer Reihe von Säugerproteinen und der 16S rRNA von Eubakterien ergibt, daß die Standardabweichung um den Faktor 1,4 größer ist, als bei rein zufälligen Prozessen aus der Poisson-Verteilung zu erwarten ist. Wir haben hier also einen Prozeß vor uns, der mit Einschränkungen uhrähnlich abläuft. Er wird für Datierungen stammesgeschichtlicher Linien verwendet, wenn paläontologische Daten nicht erhältlich sind.

In den letzten Jahren sind mehr und mehr DNA-Sequenzen von kodierenden und nicht-kodierenden Abschnitten in solche Untersuchungen eingegangen. In der Vergangenheit wurden aber molekulare Vergleiche in erster Linie

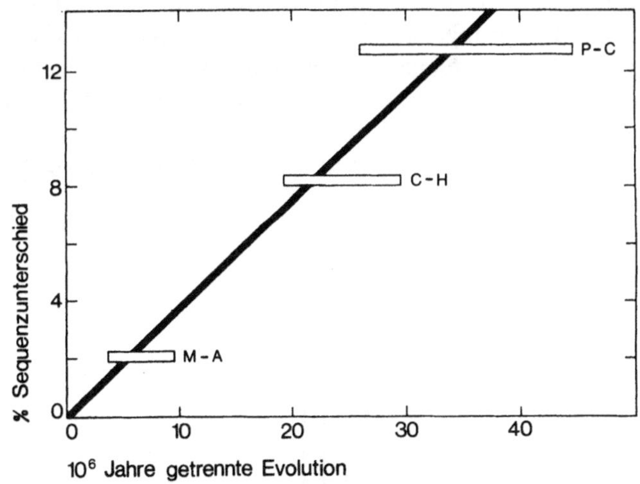

Abb. 12.3. Evolutionsrate in nicht-kodierender DNA von Vögeln und Säugern. Die Gerade mit einer Steigung von 0,37% pro 1 Mio. Jahre wurde nach der Analyse von Sequenzen aus der Umgebung der Gene für α- und β-ähnliche Globine und des Lysozyms C bei fasanenähnlichen Vögeln berechnet. Die Balken repräsentieren Sequenzvergleiche eines β-ähnlichen Pseudogens bei Primaten und die abgelaufene Zeit seit der Trennung der Platyrrhini und Catarrhini (P–C), der Cercopithecoidea und Hominoidea (C–H) und des Menschen und der Menschenaffen (M–A). Die Unsicherheit der Datierung kommt in der Ausdehnung des Balkens zum Ausdruck. Die Darstellung zeigt, das Säuger- und Vogeldaten kompatibel sind. (Aus Wilson et al. 1987)

an den Aminosäuresequenzen von weit verbreiteten Proteinen durchgeführt und daraus auf Mutationsereignisse in der DNA rückgeschlossen.

Für mehrere daraufhin untersuchte Proteine wurde eine ungefähr lineare Beziehung zwischen der Zahl der Austausche und dem Alter gefunden. Allerdings ist die Austauschrate je nach Protein verschieden. Die durchschnittliche Zeit, die in der Evolution benötigt wurde, um 1 von 100 Aminosäuren auszutauschen, beträgt 1,1 Millionen Jahre beim Fibrinopeptid B. Sie erreicht 3,5 Millionen Jahre bei den Hämoglobinen α und β, 15 Millionen Jahre beim Cytochrom C und 400 Millionen Jahre beim Histon H4.

Die Unterschiede beruhen höchstwahrscheinlich nicht auf unterschiedlichen Mutationsraten, sondern auf der unterschiedlichen Empfindlichkeit von Individuen gegenüber Sequenzänderungen in den Proteinen. Die Fibrinopeptide werden vom Fibrinogen abgespalten, wenn daraus das aktive Fibrin entsteht. Sie haben keine eigene Funktion. Sequenzänderungen in den Fibrinopeptiden werden daher vom Organismus leicht toleriert. Änderungen in der Sequenz des Hämoglobins, des Cytochrom C und gar des Histons H4 stören dagegen in vielen Fällen die Funktion und können sich in der Evolution nicht durchsetzen. Geht man davon aus, daß bei den Fibrinopeptiden fast alle Aminosäureänderungen akzeptabel sind, dann kann man aus den Austauschraten den Anteil akzeptabler Aminosäureänderungen bei anderen Proteinen abschätzen: etwa eine von drei Aminosäureaustauschen beim Hämoglobin, eine von 13 Aminosäureaustauschen beim Cytochrom C und fast keine beim Histon H4. Histone sind aus diesem Grund in der Evolution besonders konservative Proteine, Fibrinopeptide sind besonders variabel.

Der Erhaltungsselektionsdruck, der wegen der Funktion der Genprodukte auf der Basensequenz der Gene liegt, ist demnach bei verschiedenen Proteinen unterschiedlich hoch. Er sollte jedoch an Sequenzpositionen, deren Änderungen keinen Einfluß auf die Aminosäuresequenz haben, vollständig fehlen; es sei denn, die Sekundärstruktur der mRNA erlegt Beschränkungen auf. Solche

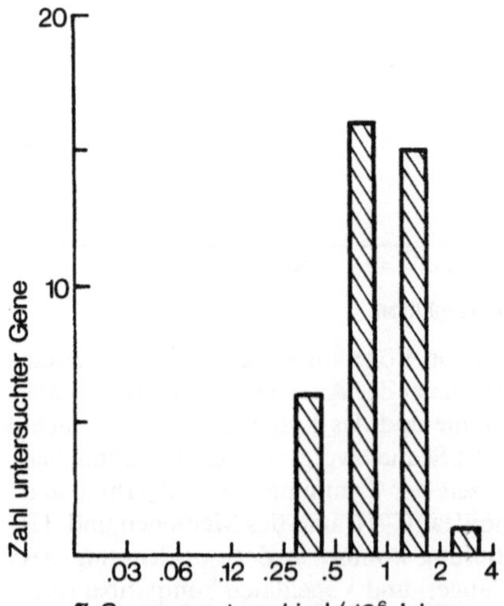

Abb. 12.4. Substitionsraten an synonymen Positionen in den Genen für 38 Säugerproteine. (Aus Wilson et al. 1987)

synonymen Positionen sind die dritten Positionen in vielen Codons z. B. denen für Threonin und Alanin. Die genannte Annahme trifft nur teilweise zu. Die Substitutionsraten für Basen an synonymen Positionen sind zwar höher als an anderen Positionen, sie sind aber nicht bei allen Genen gleich (Abb. 12.4). Im Durchschnitt liegt die Rate bei etwa 1% pro eine Million Jahre.

Nicht immer ist eine wenigstens einigermaßen lineare Beziehung zwischen der Evolutionszeit und der Zahl der Basenänderungen vorhanden. Das gilt z. B. für das α-Kristallin, das als Strukturprotein in der Linse der Wirbeltiere vorkommt und in anderen Geweben eine noch unbekannte Funktion hat. In der stammesgeschichtlichen Linie, die zu den Blindmäusen (Spalax) führt, ist die Linsenfunktion verloren gegangen. In dieser Linie findet man eine abnorm hohe Evolutionsrate des α-Kristallingens. Veränderter Erhaltungsdruck bei Funktionswechsel des Genproduktes ist vermutlich in diesem und in manchen anderen Fällen die Ursache für eine ungleichmäßige Evolutionsrate.

Mobile Elemente

Zu einer drastischen lokalen Sequenzänderung kommt es durch die Einwanderung oder Exzision eines mobilen Elements. Die eingestreut repetitiven Elemente gehören vermutlich überwiegend oder alle zu dieser Gruppe von Sequenzelementen oder ihren degenerierten Abkömmlingen. Von Transposons und Retroviren ist bekannt, daß sie sowohl exzisiert als auch an neuen Positionen integriert werden können. Die chromosomalen Integrationsorte dieser Sequenzen variieren daher von Stamm zu Stamm (Abb. 12.5). Bei Retroposons wie den AluI- und KpnI-Sequenzen des menschlichen Genoms ist es noch unsicher, ob sie auch exzisiert werden können. Sie sind während der Evolution des Genoms an einer Vielzahl von Positionen integriert worden und zum Teil schon lange an definierten Positionen im Genom erhalten. So sind beispielsweise in einem 3,1 kb großen, nicht-kodierenden Abschnitt der β-Globinregion, die bei Alt- und Neuweltaffen, Menschenaffen und dem Menschen sequenziert wurde, zwei AluI-Elemente bei allen Arten an exakt gleicher Position zu finden.

Mobile Elemente integrieren in Strecken von einmaligen Sequenzen (s. Abb. 5.16) oder von Satelliten (s. Abb. 5.11). Sie treten in Introns von Genen auf, bei freilebenden Organismen sind sie dagegen normalerweise nicht in kodierenden Sequenzen zu finden. Integration in eine kodierende Sequenz inaktiviert nämlich das betroffene Gen. Manche im Labor gehaltenen Mutanten sind jedoch durch Insertion in Gene entstanden.

Hin und wieder kann man eine Masseneinwanderung von mobilen Elementen feststellen, z. B. beim Y-Chromosom von *Drosophila hydei* und bei vielen Chromosomenbanden von *Chironomus thummi piger*. Die beiden *Chironomus*-subspecies *Ch. thummi thummi* und *Ch. thummi piger* unterscheiden sich im DNA-Gehalt der Banden (Abb. 12.6). Cytophotometrische Messungen zeigen Verdopplungen und Vervielfachungen des DNA-Gehaltes einzelner *Ch. th. thummi*-Banden gegenüber den entsprechenden *Ch. th. piger*-Banden. Wie aus

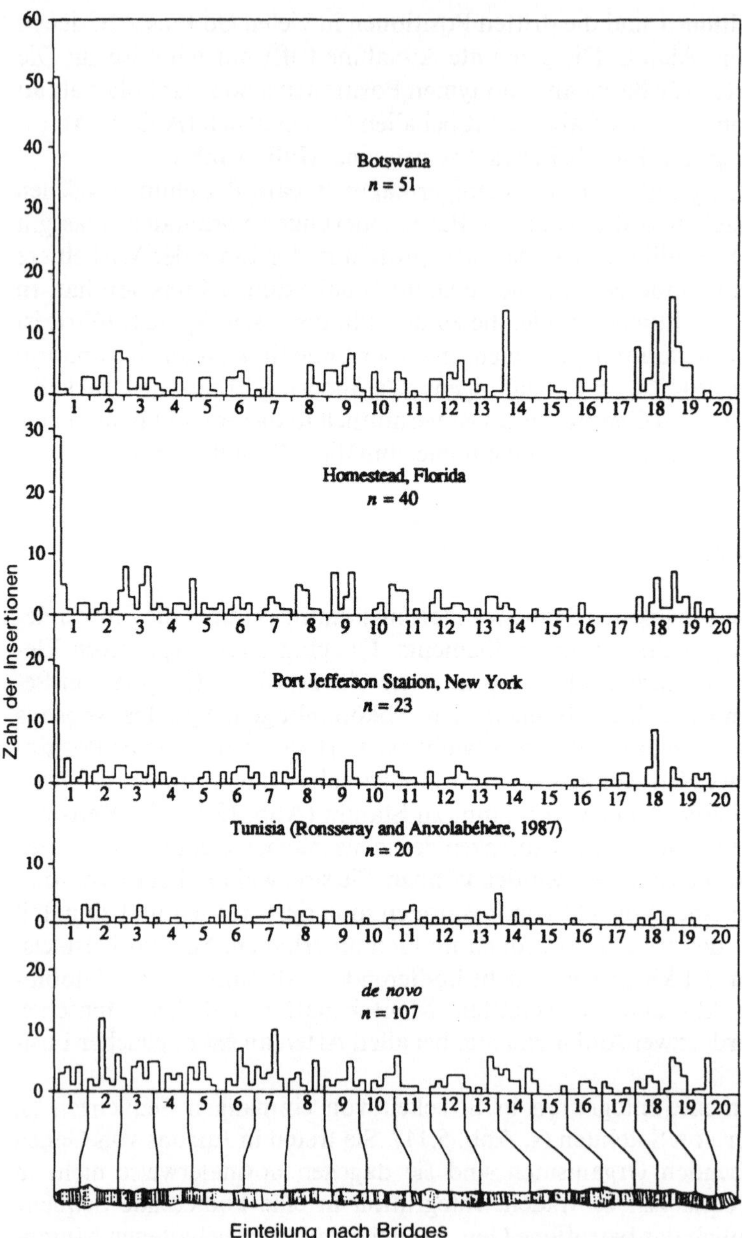

Abb. 12.5. Lokalisation von P-Elementen im *Drosophila melanogaster* X-Chromosom in verschiedenen Populationen. Unter de novo ist die Verteilung neuer Insertionsorte nach Transposition dargestellt. (Nach Ajioka u. Eanes 1989)

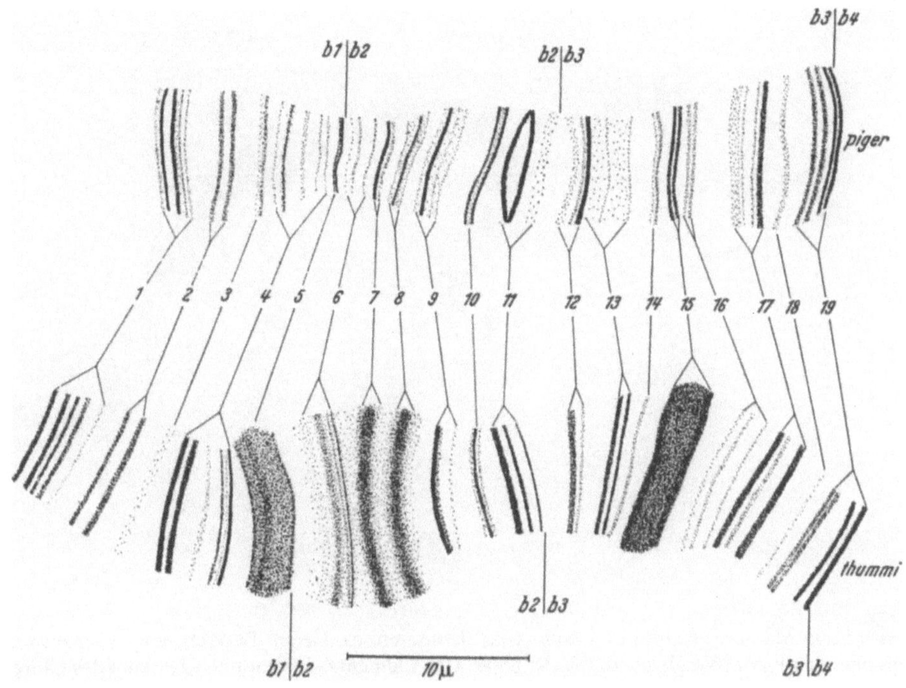

Abb. 12.6. DNA-Vermehrung bei *Chironomus thummi*. Viele Banden der Polytänchromosomen in der Unterart *Ch. th. thummi* sind gegenüber denen in der Unterart *Ch. th. piger* vergrößert. Das Bild zeigt einen Ausschnitt aus dem Chromosom III. (Aus Keyl 1957)

molekularen Daten und In-situ-Hybridisationen erkennbar ist, geht ein Teil der DNA-Vermehrung auf das Konto einer Masseninvasion mobiler Elemente (Abb. 12.7).

Satelliten-DNA

Ähnlich wie bei den eingestreut repetitiven Elementen ist eine sequenzabhängige biologische Funktion bei Satelliten-DNAs unwahrscheinlich oder fraglich. Ebenso wie die eingestreut repetitiven Elemente tragen aber auch die Satelliten ganz erheblich zum DNA-Gehalt einer Art bei. Die Entstehung der Satelliten-DNA ist unklar. Wenn aber erst einmal eine tandemartige Anordnung vorhanden ist, dann ist eine weitere Vermehrung oder Verminderung durch ungleiches Crossing-over oder ungleichen Schwesterstrangaustausch leicht vorstellbar (s. Abb. 5.12).

Satelliten können zu unterschiedlichen Zeiten in der Stammesgeschichte einer Art entstehen. Treten sie relativ spät auf, dann findet man sie nur in der einen Art. Wenn sie schon in einem frühen Stadium der Stammesgeschichte erworben worden sind, dann treten sie – falls sie nicht wieder entfernt wurden –

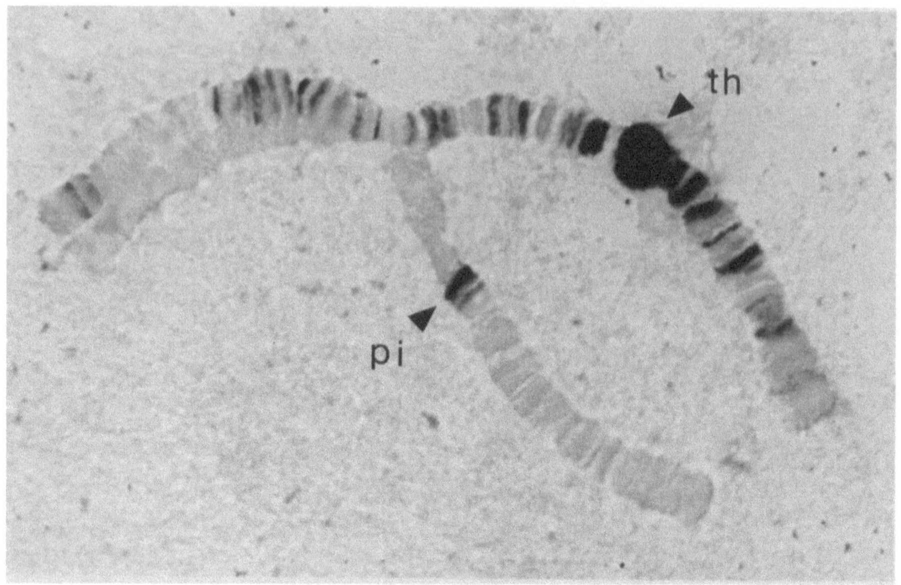

Abb. 12.7. Massive Anhäufung von Cla-Elementen in vielen Banden von *Chironomus thummi thummi* im Vergleich zu *Ch. th. piger*. Cla-Elemente sind mobile Elemente des Chironomus-Genoms. Das Bild zeigt das Chromosom III eines *thummi* × *piger*-Bastards. Die somatische Paarung ist unvollständig. Pfeilköpfe zeigen auf die Centromere von *piger* (*pi*) und *thummi* (*th*). Die Anwesenheit von Cla-Elementen wurde durch In-situ-Hybridisation biotinmarkierter Cla-Elemente und Nachweis mit Streptavidin-Peroxidase sichtbar gemacht. Die Farbstoffbildung zeigt Cla-Elemente an. (E. R. Schmidt, Mainz)

je nach Alter des Satelliten bei näheren oder ferneren Verwandten auf. Der alphoide Satellit, der bei allen Primaten gefunden wird, gehört zur letzten Gruppe.

In gut untersuchten Verwandtschaftsgruppen läßt sich eine Phylogenie der Satelliten rekonstruieren. Bei den europäischen Molchen der Gattung *Triturus* und verwandten Arten wurden mehrere Satelliten mit Basislängen zwischen 33 und 330 bp isoliert und kloniert. Sie unterscheiden sich in ihrer Fähigkeit, mit genomischen Sequenzen verwandter Arten zu kreuzhybridisieren. Die in Abb. 12.8 zusammengefaßten Ergebnisse weisen die Satelliten TkS1 und TkS2 als junge Satelliten aus. Sie sind beschränkt auf eine Art. Tvm1 und TcS1 sind mittelalt mit wenig Kreuzhybridisierung zu den entfernter verwandten amerikanischen Arten. Die Satelliten Nv2 und TcS2 kommen dagegen in allen untersuchten Verwandten vor. Sie müssen daher in der Stammesgeschichte der Molche schon recht früh aufgetreten sein und sind in der Folge nicht wieder verlorengegangen.

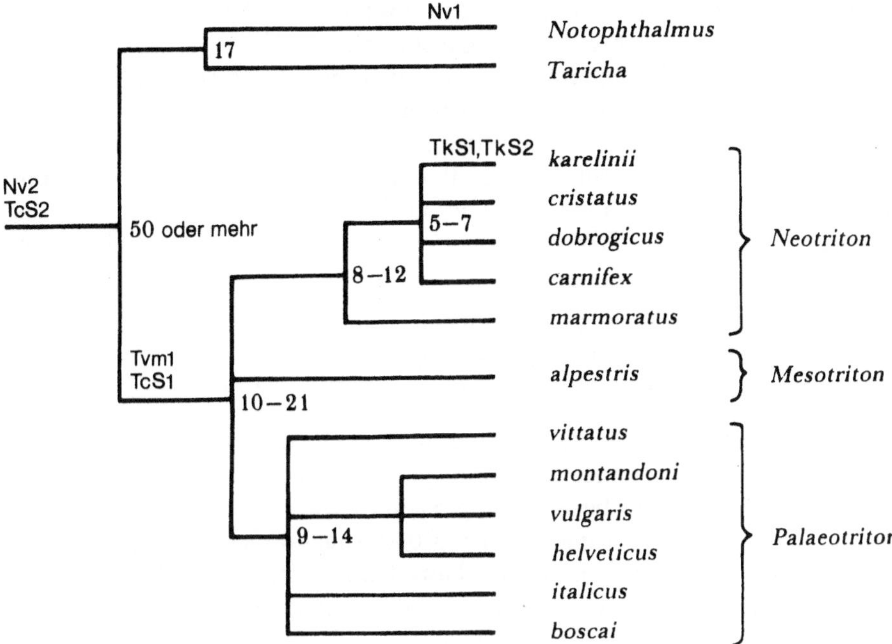

Abb. 12.8. Die Entstehung von Satelliten in der Evolution der eurasischen Molcharten der Gattung *Triturus* (Untergattungen *Neotriton, Mesotriton, Paläotriton*) und der beiden amerikanischen Gattungen *Notophthalmus* und *Taricha.* Nv1, Nv2, TcS1, TcS2, TkS1, TkS2 und Tvm1 sind die untersuchten Satelliten. Sie sind in dem jeweiligen Stammbaumabschnitt eingetragen, in dem sie entstanden sind. Die Altersangabe (in Millionen Jahren) für die Trennung zwischen den eurasischen und den amerikanischen Molchen ist eine Minimalabschätzung für die permanente Unterbrechung der atlantischen Landverbindung zwischen den Kontinenten, die übrigen Altersangaben stammesgeschichtlicher Linien beruhen auf molekularen Daten. (Aus Macgregor u. Sessions 1986)

Homogenisation von Repeat-Familien

Bei Multigenfamilien, wie den Histongenen und den ribosomalen Genen, bei eingestreut repetitiven Sequenzen und bei Satelliten wurde eine größere Homogenität beobachtet, als man bei unabhängiger Evolution der Angehörigen einer Familie erwarten konnte. Die Variation zwischen Angehörigen einer Sequenzfamilie ist innerhalb einer Species meist kleiner als zwischen Species. Man spricht von **konzertierter Evolution.**

Repeat-Familien unterliegen offenbar einem Prozeß der **Homogenisierung.** Als Mechanismus dafür werden Konversion und ungleicher Schwesterchromatidaustausch diskutiert. Bei eingestreut repetitiven Elementen kommt nur Konversion in Frage; bei tandemartig angeordneten Repeats spielt zusätzlich oder hauptsächlich ungleicher Austausch beim Crossing-over oder ungleicher Schwesterstrangaustausch eine Rolle (s. Abb. 5.12). Satelliten-DNA kommt vorzugsweise in Heterochromatinblöcken vor. Da meiotisches Crossing-over in Heterochromatinblöcken selten auftritt, muß man bei Satelliten-DNAs vor allem mit ungleichem Schwesterstrangaustausch rechnen.

Die Substitution einer neutralen Sequenzvariante durch eine andere in der Population oder der Art ist, wie im vorigen Kapitel abgehandelt wurde, ein stochastischer Prozeß mit definierbaren Raten. Für die Fixierung neuer Varianten von Repeat-Familien in der Population gilt eine zusätzliche Bedingung: die Homogenisation innerhalb des Genoms. Die Fixierung einer neuen neutralen Variante einer DNA-Repeat-Familie hängt daher von drei Prozessen ab:

- der stochastischen Rate der Homogenisation auf einem Chromosom,
- der Transferrate auf andere Chromosomen und
- der stochastischen Rate der Fixierung in der Population.

Der Ersatz einer homogenen Repeat-Familie durch eine Variante sollte daher im Durchschnitt deutlich mehr Zeit beanspruchen als der Ersatz einer einmaligen Sequenz. Bei den gegebenen geologischen Zeiträumen reichen Zufallsprozesse für die Homogenisierung z. B. der 20000 Angehörigen der MIF-1-Familie der Maus (Teil der L1-Familie) nicht aus. Daher wird ein „**molecular drive**" postuliert und diskutiert, ein Prozeß, der für eine gerichtete und damit schnellere Homogenisierung sorgt. Hierzu gehören alle Vorgänge, die einer Sequenz innerhalb des Genoms einen Vorteil gegenüber einer anderen z. B. bei der Konversion verleihen, so daß die Konversion nicht mehr zufällig abläuft. Neben der Selektion und der genetischen Drift beeinflußt „molecular drive" als dritte Triebkraft die relative Zusammensetzung des Genoms.

12.2 Genomgröße

Die Genomgröße (DNA-Menge pro haploidem Genom, **C-Wert**), ist für jede Art charakteristisch und ziemlich konstant. Zwischen Arten kann die Genomgröße aber außerordentlich variieren (Tabelle 12.1). Nahe Verwandte sind sich dabei meist ähnlicher als fernerstehende Arten, doch fallen einige Verwandtschaftsgruppen durch starke Variation der Genomgröße auf. Das Verhältnis zwischen dem kleinsten und dem größten Wert beträgt z. B. bei den Insekten 1:75, bei den Wirbeltieren 1:220 und bei den Farnpflanzen 1:1300. Andererseits besitzen z. B. die Vögel als enge und recht homogene Verwandtschaftsgruppe gleichmäßige C-Werte. Niedrigste und höchste Werte unterscheiden sich im Verhältnis weniger als 1:1,4.

In manchen Fällen ist ein vermehrter DNA-Gehalt ganz offensichtlich die Folge einer Polyploidisierung des Genoms. Dieser Vorgang kommt ziemlich regelmäßig in der Evolution der Pflanzen, seltener bei Tieren vor (s. Kap. 12.3). Unterschiedliche DNA-Gehalte treten aber auch ohne Polyploidisierung auf. Deletionen, Duplikationen und Amplifikationen von DNA-Sequenzen, Vermehrung und Verminderung von Satelliten und die Einwanderung von mobilen Sequenzen spielen dabei eine Rolle. Es ist aber im Einzelfall meist nicht klar, worauf die DNA-Vermehrung beruht.

Tabelle 12.1 Genomgrößen. Kleinster und größter gemessener Wert in pg (10^{-12} g). (Daten aus Cavalier-Smith 1985 und Herdeman 1985)

Taxon	Genomgröße (pg)
Eubacteria	0,0006 – 0,012
Fungi	0,009 – 1,5
Pteridophyta	0,1 –131
Gymnospermae	18,0 – 69,3
Angiospermae	0,2 –127,4
Protozoa	0,024 –700
Porifera	0,055
Cnidaria	0,33 – 0,73
Aschelminthes	0,09 – 2,5
Annelida	0,09 – 5,3
Mollusca	0,43 – 5,4
Crustacea	0,7 – 22,6
Insecta	0,1 – 7,5
Echinodermata	0,54 – 3,3
Tunicata	0,16 – 0,21
Cephalochordata	0,61
Vertebrata	0,39 –142
Cyclostomata	0,65 – 2,75
Chondrichthyes	1,5 – 16,15
Teleostei	0,39 – 4,4
Dipneusti	80 –142
Amphibia Anura	0,95 – 10,55
Amphibia Urodela	15,1 – 82,5
Reptilia	1,25 – 5,45
Aves	1,7 – 2,3
Mammalia	1,45 – 5,8

Das C-Wert-Paradox

Es ist naheliegend, die Genomgröße zur Organisationshöhe des Organismus in Beziehung zu setzen und zu erwarten, daß der C-Wert mit zunehmender Komplexität der Organisation ansteigt. Zu dieser Vorstellung paßt der Befund, daß die Werte für Bakterien mit 0,0006 pg bis 0,012 pg deutlich unter denen fast aller Eukaryonten liegen. Nur die Genomgrößen einiger Pilze liegen innerhalb dieser Spanne. Die Pilze ihrerseits haben die niedrigsten Werte unter den Eukaryonten. C-Werte von Gefäßpflanzen oder Wirbeltieren liegen weit darüber.

Begrenzt man die Betrachtung auf das Pflanzen- und Tierreich, dann läßt sich allerdings eine einfache Beziehung zwischen Genomgröße und Komplexität der Organisation nicht mehr erkennen. Das Bild wird durch extrem hohe C-Werte einiger Protozoen und Algen gestört, die weit über denen der Angiospermen und Chordaten liegen. Zu einer direkten Beziehung zwischen Komplexität und Genomgröße paßt außerdem nicht, daß die Genome der Farne im Durchschnitt größer als die der Angiospermen sind. Innerhalb der Wirbeltiere setzen sich die Urodelen und die Lungenfische durch besonders hohe Werte ab, und es gibt keinen Grund anzunehmen, daß ihre Organisationshöhe die der

Anuren, der übrigen Fische, der Vögel und Säuger, die alle deutlich niedrigere
C-Werte haben, übertrifft. Ein Zusammenhang der Genomgröße mit der Or-
ganisationshöhe läßt sich innerhalb der Eukaryonten nicht erkennen. Der
Widerspruch, der darin liegt, daß Organismen von augenscheinlich gleichem
Komplexitätsgrad der Organisation außerordentlich unterschiedliche Genom-
größen besitzen, wird als **C-Wert-Paradox** bezeichnet.

Offenbar variiert die Genomgröße bei den Eukaryonten weitgehend unabhängig von der Zahl der vorhandenen Gene. Ein Krallenfrosch (*Xenopus*) mit
3 pg DNA benötigt vermutlich nicht viel weniger Gene als ein Teichmolch mit
24 pg DNA. Dabei ist die DNA-Menge pro Genom selbst beim Krallenfrosch
mit $2{,}7 \cdot 10^9$ bp wesentlich größer, als für die Kodierung der vermuteten 10^4-
10^5 Proteine erforderlich ist. Der C-Wert wird oberhalb der Minimalmenge
vermutlich von Sequenzen bestimmt, die keine kodierende Funktion haben.

C-Wert als Anpassungsmerkmal

Es spricht einiges für die Annahme, daß der C-Wert einer Art selbst einem
Selektionsprozeß in der Evolution unterworfen und das Ergebnis einer Anpassung ist. Häufig findet man niedrige DNA-Werte bei morphologisch stark
spezialisierten Tierarten, höhere DNA-Werte dagegen bei mehr generalisierten
Formen. Fledermäuse haben z. B. mit 1,5–2,0 pg die niedrigsten C-Werte unter den Säugern, Nager mit 3,3–4,6 pg recht hohe C-Werte. Bei den Fischen
haben morphologisch auffällig spezialisierte Gruppen wie die Seenadeln und
Kofferfische niedrige DNA-Gehalte, typische Fischformen wie die Lachsarti-
gen und die Karpfenfische besitzen hohe DNA-Gehalte (Abb. 12.9). Kleinere
Genome scheinen mit einem höheren Grad der Spezialisierung korreliert zu
sein. Diese Korrelation ist allerdings sehr unscharf. Sie ist abhängig davon,
was man als spezialisiert ansieht. Sie ist außerdem nicht in Zahlen zu fassen
und damit schwer nachprüfbar.

Gesichert ist dagegen der Zusammenhang der DNA-Menge mit der Kern-
und der Zellgröße. Experimentell erzeugte Haplonten, z. B. von Amphibien,

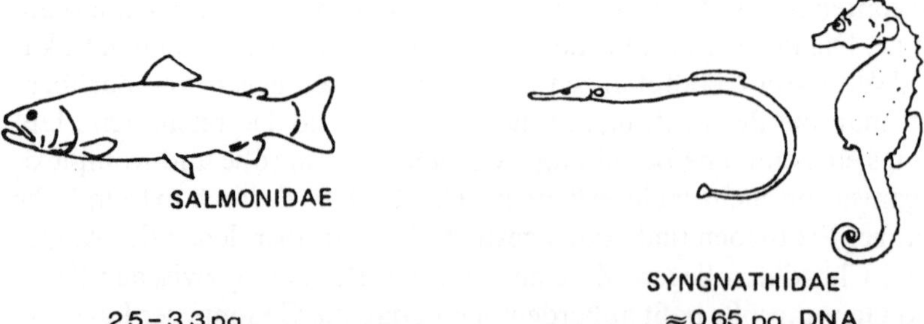

Abb. 12.9. Knochenfische mit hohem und niedrigem DNA-Gehalt. Forellen und Lachse
(*Salmonidae*) haben DNA-Gehalte von 2,5 bis 3,3 pg, Seenadeln und Seepferdchen (*Syngna-
thidae*) haben DNA-Gehalte um 0,65 pg pro haploidem Genom. (Nach Hinegardner 1976)

haben kleinere Kerne und Zellen, experimentell erzeugte Triploide haben größere Kerne und Zellen als normale diploide Individuen. Die Abhängigkeit der Kerngröße vom Genom ist leicht zu verstehen. Der Zusammenhang zwischen Kern- und Zellgröße ist dagegen zwar als **Kern-Plasma-Relation** schon lange bekannt, die Ursachen dieser Beziehung sind aber noch unklar. Die Abhängigkeit der Kern- bzw. Zellgröße von der DNA-Menge zeigt sich nicht nur bei Verdoppelung oder Halbierung der Genome innerhalb einer Art, sondern auch bei Vergleichen der Zellgrößen zwischen Arten mit unterschiedlichem DNA-Gehalt (Abb. 12.10 und 12.11).

Die Veränderung des C-Wertes in der Evolution hat daher Konsequenzen für die Zellgröße. Davon ist wiederum die Zellteilungs- und Entwicklungsgeschwindigkeit abhängig. Hohe C-Werte bedingen die Ausbildung großer Zel-

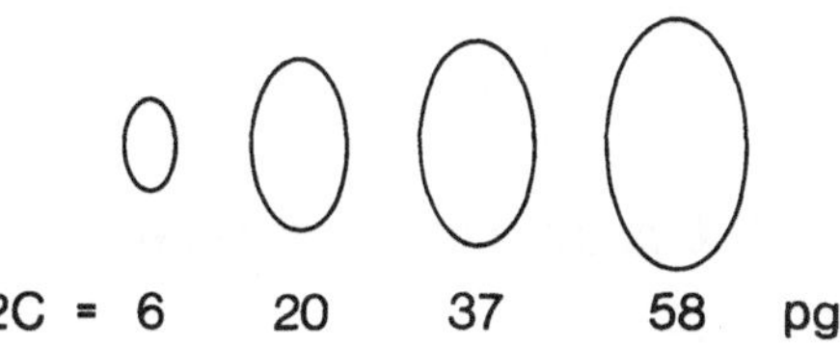

Abb. 12.10. Erythrozyten von Amphibien mit unterschiedlicher Genomgröße. Zellumrisse und DNA-Gehalte in aufsteigender Reihenfolge von *Xenopus laevis*, *Plethodon cinereus*, *Plethodon vehiculum* und *Boletoglossa subpalmata*. (Nach Daten und Mikroaufnahmen von Macgregor 1982)

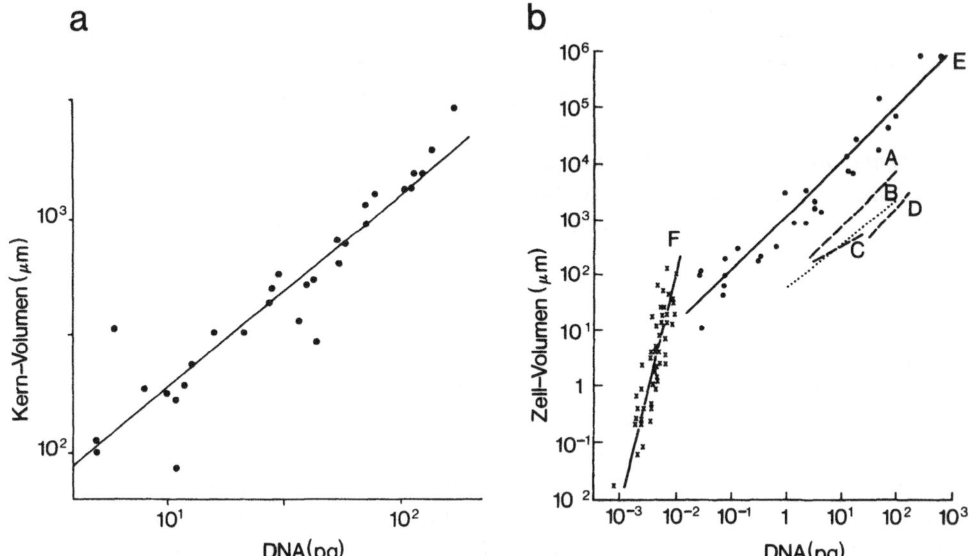

Abb. 12.11 a, b. Korrelation des DNA-Gehaltes mit dem Kernvolumen und dem Zellvolumen. **a** Kernvolumina aus dem Sproß- und Wurzelmeristem von 30 Blütenpflanzen. (Nach Cavalier-Smith 1985). **b** Zellvolumina der Meristemzellen von Blütenpflanzen (A), Erythrozyten von Fischen (B), Erythrozyten von Anuren (C), Erythrozyten von Urodelen (D), einzelligen Eukaryonten (E) und Bakterien (F). Das Zellvolumen ist bei den Eukaryonten auffällig stärker vom DNA-Gehalt abhängig als bei den Bakterien. (Nach Shuter 1983)

len, damit eine langsame Zellteilungsrate und eine langsame Entwicklung der Organismen. Umgekehrt führen niedrige C-Werte zu Kleinzelligkeit und hoher Zellteilungs- und Entwicklungsgeschwindigkeit.

Verschiedene Arten verfahren nach unterschiedlichen Strategien zur Erhöhung ihrer Fitness. Populationsbiologen unterscheiden eine Selektion nach der Vermehrungsrate (**r-Selektion**) von einer Selektion nach der Anpassung (**K-Selektion**). Der Anteil beider Komponenten wechselt je nach Einzelfall. Ausgesprochene r-Strategen unter den Arten sind meist erfolgreiche Kolonisten veränderlicher oder neuer Biotope. K-Strategien bewähren sich im allgemeinen in konstanten Biotopen. Nach einer Hypothese von Cavalier-Smith (1978) führt r-Selektion wegen der Notwendigkeit rascher Entwicklung zu kleinen C-Werten, während K-Selektion große Zellen, langsame Entwicklung und damit hohe C-Werte begünstigt. Einjährige Pflanzen neigen dementsprechend zu niedrigen C-Werten, mehrjährige zu hohen. Sich schnell vermehrende Insekten wie *Drosophila* haben niedrige, langsam wachsende wie Heuschrekken hohe C-Werte.

12.3 Chromosomenzahlen

Die Chromosomenzahl ist ähnlich wie der C-Wert für jede Art eine charakteristische und meist konstante Größe. Änderungen der Chromosomenzahl in der Evolution sind die Folge von Polyploidisierung, von zentrischer Fusion oder zentrischer Fission, in selteneren Fällen auch von Tandemfusion oder von Chromosomenverlust.

Die bekannten haploiden Chromosomenzahlen variieren im Tierreich zwischen $n = 1$ bei dem Nematoden *Parascaris univalens* oder der Ameise *Myrmecia pilosula* und $n = ca.$ 220 bei dem Schmetterling *Lysandra atlantica*. Im Pflanzenreich werden noch höhere Zahlen erreicht. Die Werte liegen zwischen $n = 2$ bei *Haplopappus gracilis* und $n = ca.$ 530 bei dem Farn *Ophioglossum reticulatum*.

Modalzahlen

Es fällt auf, daß in einigen Verwandtschaftsgruppen regelmäßig niedrige Chromosomenzahlen, in anderen mittlere und in wieder anderen hohe Chromosomenzahlen auftreten. Dipteren (Fliegen und Mücken) haben z. B. überwiegend Zahlen von $n = 2-10$ Chromosomen, Acrididae (Feldheuschrecken) besitzen $n(\female) = 4-13$ Chromosomen, mit einem Modus von 12, und Vögel haben $n = 25-46$ Chromosomen mit einem Modus von $39-42$ Chromosomen.

In einigen Gruppen sind die Modalzahlen durch ihr besonders häufiges Vorkommen so ausgeprägt, daß man von **Typuszahlen** sprechen kann. Beispiele dafür sind die Schmetterlinge mit $n = 31$ (Abb. 12.12) und die Odonaten (Libellen) mit $n = 13$ Chromosomen. Andere Gruppen zeigen eine breitere

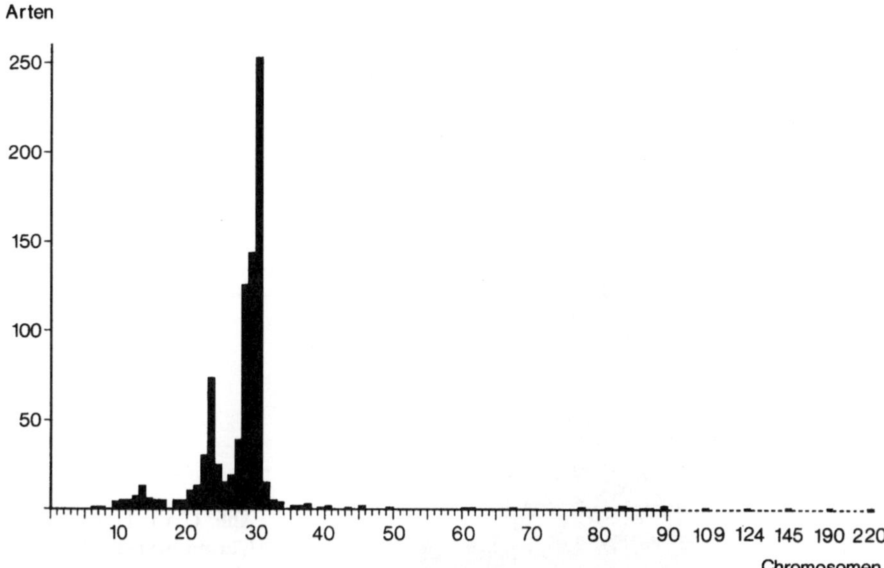

Abb. 12.12. Haploide Chromosomenzahlen der Schmetterlinge. Zahlen von 29 bis 31 sind besonders stark vertreten. Der Nebengipfel bei n=24 vereinigt in erster Linie Bläulinge (*Lycaenidae*). Höhere Zahlen als $n=33$ treten nur sporadisch auf. (Nach Robinson 1971)

Streuung der Chromosomenzahlen z. B. die Säuger mit einem Modus von 18–24 (Abb. 12.13). Die decapoden Crustaceen lassen überhaupt keine Häufung einer bestimmten Chromosomenzahl erkennen. Die Modalzahl kann, aber muß nicht die ursprüngliche Chromosomenzahl der betreffenden Gruppe sein, von der aus sich die übrigen Zahlen entwickelt haben.

Autopolyploidie und Allopolyploidie bei Pflanzen

Für die Zahlenänderungen der Chromosomensätze in der Evolution von Pflanzen spielt **Polyploidisierung** eine erhebliche Rolle. Vielfach lassen sich innerhalb enger Verwandtschaftsgruppen Serien von diploiden, tetraploiden, hexaploiden und oktoploiden Chromosomenrassen oder Arten erkennen, die von einer gemeinsamen Basiszahl ausgehen. Etwa 30–35% der Blütenpflanzen gehören zu derartigen polyploiden Serien. Eine große Zahl von Arten fällt – obwohl polyploid – nicht in solche einfachen Serien, wie weiter unten gezeigt wird. Die Schätzungen für den Anteil aller Polyploiden zusammen sind daher noch höher. Sie reichen von 47% bis 70–80% der Blütenpflanzen. Der Prozentsatz von Farnpflanzen mit polyploidem Ursprung wird sogar auf 95% geschätzt.

Bei **Autopolyploiden** wird derselbe Chromosomensatz vermehrt. Der Übergang vom diploiden zum autotetraploiden Zustand z. B. läßt sich schematisch mit AA → AAAA beschreiben, wobei jeder Großbuchstabe ein Basisgenom

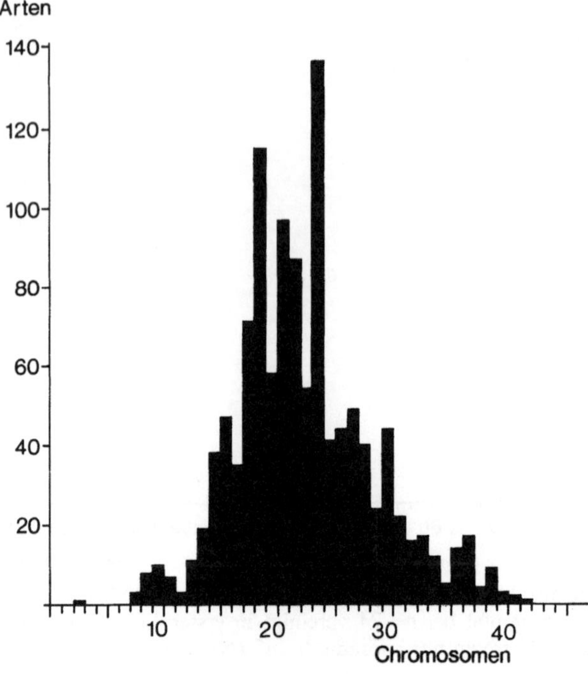

Abb. 12.13. Haploide Chromosomenzahlen der plazentalen Säugetiere. (Nach Matthey 1973)

vertritt. Die Basiszahl, die dem reduzierten haploiden Chromosomensatz der diploiden Rasse entspricht, wird mit x bezeichnet. Bei den Polyploiden wird der in der Meiose reduzierte Chromosomensatz ebenfalls haploid genannt und seine Zahl mit dem Symbol n belegt. Man kann ihn als „polyhaploid" von dem „monohaploiden" Satz unterscheiden. Bei der Schafgarbe *Achillea millefolium* z. B. ist die Basiszahl x = 9. Rassen mit 2n = 2x = 18, 2n = 4x = 36, 2n = 6x = 54 und 2n = 8x = 72 Chromosomen wurden beschrieben.

Neu entstandene Polyploide haben oft eine abnorme Meiose. Da mehr als zwei homologe Chromosomen vorhanden sind, treten Multivalente auf. Viele als polyploid angesehene Arten haben aber nur Bivalente in der Meiose. Es sind alte Polyploide, deren Chromosomensätze „diploidisiert" sind. Ihr Chromosomenbestand hat sich in der Evolution seit der Polyploidisierung so verändert, daß die einander entsprechenden Chromosomen eines polyhaploiden Satzes in der Meiose nicht mehr vollständig homolog sind. Sie werden als **homöolog** bezeichnet (s. S. 222). Außerdem können spezielle Gene die Ausbildung von Multivalenten unterdrücken (s. Kap. 9.2).

Eine Besonderheit der Pflanzen sind **Allopolyploide**, deren Genome von zwei oder drei Elternarten stammen. Der Bastard AB zwischen den Elterngenomen AA und BB ist meist steril, nicht zuletzt weil in der Meiose Paarungs- und Verteilungsschwierigkeiten der Chromosomen auftreten. Durch spontane Polyploidisierung des diploiden Satzes oder über unreduzierte Gameten kann aus dem Bastard ein Allotetraploider AABB entstehen. **Allotetraploide** sind meist fertil. Sie enthalten jeden Elternsatz diploid, in der Meiose treten deswegen keine Paarungs- und Verteilungsschwierigkeiten auf. Es sind neue, selbständige Arten, die auch mit den Elternarten keine fertilen Nachkommen erzeugen. Der Vorgang wird als **abrupte Speziation** bezeichnet.

Der Hohlzahn *Galeopsis tetrahit* ($2n = 4x = 32$) ist eine solche allotetraploide Art. Sie ist in der Natur höchstwahrscheinlich aus den Arten *Galeopsis pubescens* ($2n = 2x = 16$) und *Galeopsis speciosa* ($2n = 2x = 16$) hervorgegangen. Die Entstehung der Art wurde 1930 von Arne Müntzing experimentell nachvollzogen. Der synthetische allotetraploide Bastard sah nicht nur den Pflanzen der Art *Galeopsis tetrahit* sehr ähnlich, sondern ließ sich auch ohne Schwierigkeiten mit ihnen kreuzen, wobei fertile Nachkommen erzeugt wurden.

Zwischenstufen in der Entstehung dieses synthetischen Allotetraploiden waren subfertile diploide Bastarde zwischen den beiden Elternarten und ein triploider Nachkomme der mit *G. pubescens* rückgekreuzt wurde. Die Entstehungsgeschichte zeigt modellhaft, daß Allotetraploide nicht nur über Tetraploidisierung des diploiden Artbastards, sondern auch über unreduzierte triploide Gameten, die sich mit haploiden Gameten vereinigen, entstehen können.

Auch unser Kulturweizen *Triticum aestivum* ist eine allopolyploide Art. Er ist hexaploid mit $2n = 6x = 42$ Chromosomen. Seine Zusammensetzung kann mit der Genomformel AABBDD beschrieben werden. Der Kulturweizen ist entstanden als Hybride zwischen der diploiden Art *Triticum tauschii* (DD) und vermutlich dem Emmer, der kultivierten Form der tetraploiden Spezies *Triticum turgidum* (AABB). Der Emmer seinerseits ist ein Hybride mit den Genomen von *Triticum monococcum* (AA) und entweder *Triticum searsii* oder einer nahe verwandten Art (BB).

Die Unterscheidung zwischen Autopolyploidie, bei der das gleiche Genom vermehrt ist, und Allopolyploidie, bei der die Genome von verschiedenen Elternarten kombiniert und vervielfacht sind, ist nützlich, erfaßt aber nicht alle Fälle. Eine intermediäre Situation liegt vor, wenn zwei hinreichend verschiedene Genome A und A′ derselben Species zusammenkommen und sich verdoppeln. Die Situation kann mit dem Schema AA′ → AAA′A′ beschrieben werden. Für solche Fälle wurde der Begriff **segmentale Allopolyploidie** vorgeschlagen.

Polyploidie bei Tieren

In der Evolution der Tiere spielt Polyploidisierung eine wesentlich geringere Rolle als in der Evolution der Pflanzen. Regelmäßig ist Polyploidie nur bei Tierarten zu finden, die die zweigeschlechtliche Fortpflanzung aufgegeben haben. So gibt es bei dem Salinenkrebs *Artemia salina* neben der zweigeschlechtlichen diploiden Form parthenogenetische Rassen mit diploidem, triploidem, tetraploidem und pentaploidem Chromosomensatz. Unter den Insekten wurden polyploide Arten besonders bei Käfern beschrieben und studiert. In der Rüsselkäfergattung *Otiorrhynchus* z. B. gibt es diploide, triploide und pentaploide Arten. Auch bei Wirbeltieren kommen Polyploide vor. Tri-

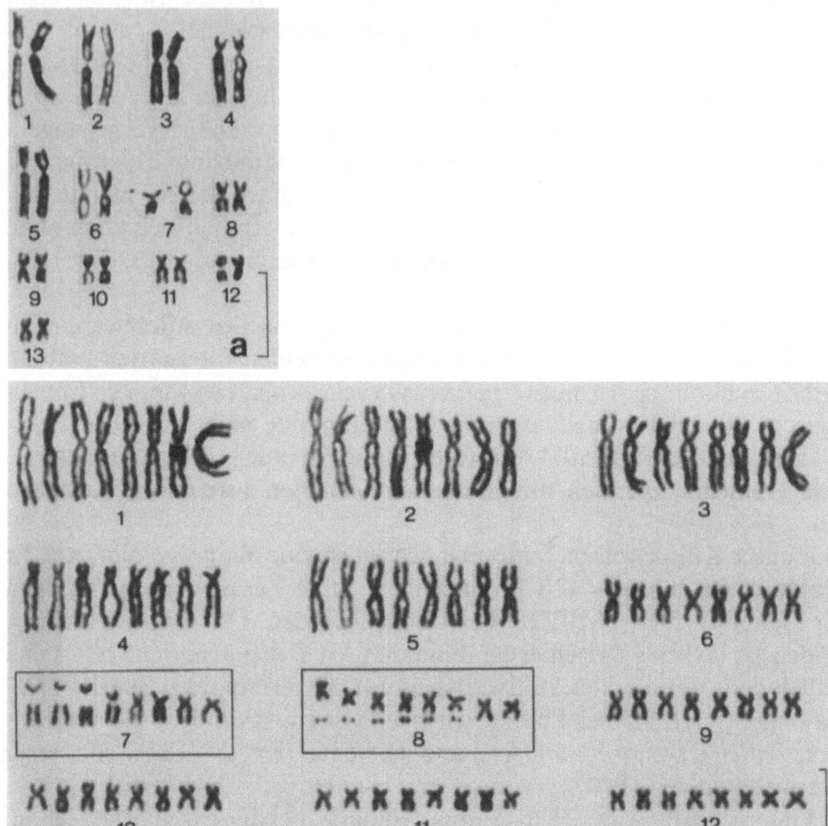

Abb. 12.14a, b. Chromosomensätze des diploiden Hornfrosches *Ceratophrys cranwelli* (**a**) und der oktoploiden Art *Ceratophrys ornata* (**b**). Die NOR-Chromosomen 7 und 8 der oktoploiden Art sind untereinander heterogen. Nur vier der acht Exemplare von Chromosom 7 und sechs der acht Exemplare von Chromosom 8 haben eine sekundäre Konstriktion. Mit Silberfärbung lassen sich nur in je vier Chromosomen NORs nachweisen. Maßstab 10 µm. (Aus Schmid et al. 1985)

ploide Eidechsen, triploide und tetraploide Fische und triploide, tetraploide, hexaploide und oktoploide Frösche sind bekannt (Abb. 12.14). Die Fortpflanzung ist in der Regel entweder parthenogenetisch oder gynogenetisch. Gynogenetische Fortpflanzung ist insofern der parthenogenetischen ähnlich, als das väterliche Genom nicht zum Genom der Embryonen beiträgt. Ein Spermium – evtl. einer anderen Art – ist zur Entwicklungsanregung notwendig, sein Kern fusioniert aber nicht mit dem weiblichen Vorkern.

Arten, deren zweigeschlechtliche Vermehrungsweise verlorengegangen ist, haben eine sehr schlechte Prognose für die Evolution. Sie haben kaum Chancen, Ausgangspunkt für die Entstehung neuer Arten und höherer Taxa zu werden. Nach einer Hypothese von Susumu Ohno spielte dennoch für die Entwicklungsreihe der Wirbeltiere eine Verdopplung des Chromosomensatzes bei den Fischen eine wichtige Rolle. Der Übergang zum Landleben erforderte eine Vielzahl von neuen Anpassungen. Die vorhandenen Gene waren bereits mit Aufgaben belegt. In den Tetraploiden standen dagegen zusätzliche Gene zur Verfügung. Die für die Anpassung erforderlichen Gene konnten daher ohne einen Verlust alter Funktionen aus den Duplikaten evolvieren. Vermutlich kommen alte polyploide Arten mit zweigeschlechtlicher Fortpflanzung in verschiedenen Fischfamilien vor. Das zeigen Chromosomenzahlen und die Enzymmuster von Fischen. Anscheinend spielt dennoch hin und wieder auch bei Tieren Polyploidisierung eine Rolle in der Evolution, wenn auch wesentlich seltener als bei Pflanzen.

Prinzipiell ist Polyploidie mit zweigeschlechtlicher Vermehrung der Tiere vereinbar. Das zeigt eine synthetische Species, die aus dem Seidenspinner *Bombyx mori* und der Wildform *Bombyx mandarina* gezüchtet wurde. B. L. Astaurov, dem die Zucht 1972 gelang, nannte diese Art *Bombyx allotetraploidus*. Sie setzt sich aus je zwei Genomen der beiden Elternarten zusammen.

Für die unterschiedliche Bedeutung der Polyploidisierung in der Evolution des Karyotyps von Pflanzen und Tieren werden verschiedene Ursachen verantwortlich gemacht. Tiere sind im Gegensatz zu Pflanzen meist getrenntgeschlechtlich. Unter den Polyploiden sind daher viele Intersexe zu erwarten, die die Fitness mindern. Dieses Argument gilt allerdings nur bei Geschlechtsbestimmung nach dem Balancetyp, nicht bei anderen Geschlechtsbestimmungstypen. Einleuchtender ist eine andere Ursache. Da Pflanzen meist einhäusig sind, können sie sich selbst befruchten. Eine spontan aufgetretene tetraploide Pflanze hat daher die Möglichkeit, durch diploide Gameten weitere Tetraploide hervorzubringen, die eine Fortpflanzungskolonie bilden können. Tetraploide Tiere erzeugen dagegen wegen der notwendigen Fremdbefruchtung in einer Umgebung von diploiden Artgenossen nur triploide Nachkommen, die ihrerseits einen sehr geringen Anteil von diploiden Gameten hervorbringen. Der polyploide Status bricht daher schnell wieder zusammen.

Chromosomenzahl und DNA-Gehalt

Eine höhere Chromosomenzahl ist – abgesehen von Polyploidie – nicht regelmäßig auf einen höheren DNA-Gehalt des Genoms zurückzuführen. In manchen Gruppen schwanken DNA-Gehalte außerordentlich, ohne daß eine entsprechende Vermehrung oder Verminderung der Chromosomenzahl damit verbunden wäre. In der Asteraceengattung *Crepsis* gibt es z. B. Artengruppen mit 3, 4, 5 und 6 Chromosomen im haploiden Satz. In allen Chromosomengruppen treten Arten mit hohen und niedrigen DNA-Gehalten auf (Abb. 12.15).

Umgekehrt variiert die Chromosomenzahl bei gleichem DNA-Gehalt ganz erheblich. So haben je zwei Angehörige der beiden Schmetterlingsgattungen *Thera* und *Lampropteryx* etwa den gleichen DNA-Gehalt. Die Chromosomenzahlen sind n = 13 und n = 30 bei *Thera,* n = 17 und n = 32 bei *Lampropteryx.*

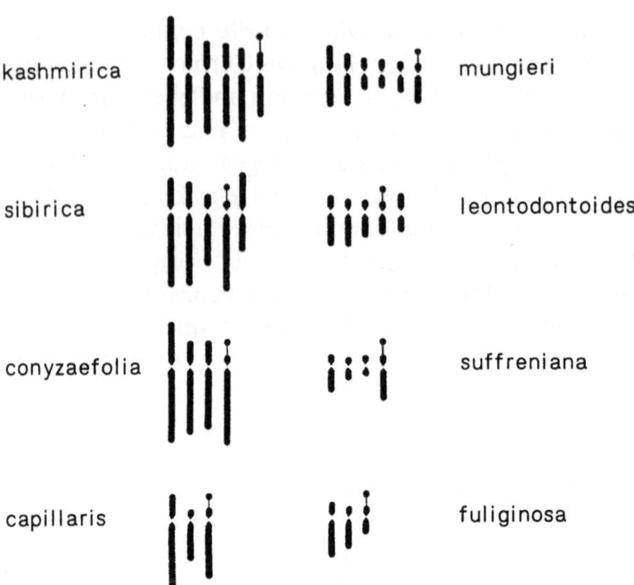

Abb. 12.15. Karyogramme von acht Arten der Gattung *Crepis*. Dargestellt sind von den Arten mit n=x=3, 4, 5 und 6 jeweils die Art mit den größten Chromosomen und diejenige mit den kleinsten Chromosomen. Chromosomengröße und DNA-Gehalt sind korreliert. (Nach Babcock 1947)

Unter den Säugetieren ist der Muntjak ein extremes Beispiel. Der indische Muntjak *Muntiacus muntjak vaginalis* besitzt n(♀) = 3 Chromosomen, während der nahe verwandte chinesische Muntjak *Muntiacus reevesi* bei ungefähr gleichem DNA-Gehalt n=23 Chromosomen besitzt. Unterschiede in der Chromosomenzahl kommen meist durch **Chromosomenumbauten** zustande und sind nicht von der Vermehrung oder Verminderung des genetischen Materials abhängig.

Auch bei einem Vergleich zwischen verschiedenen Verwandtschaftsgruppen ist eine Abhängigkeit der Chromosomenzahl vom DNA-Gehalt nicht zu erkennen. Schmetterlinge haben z. B. eine auffällige Modalzahl von n=31, während Dipteren n=2–10 Chromosomen besitzen. Der DNA-Gehalt des haploiden Genoms ist aber in beiden Gruppen etwa gleich und variiert um etwa 0,5–1 pg herum, während Feldheuschrecken, die eine Modalzahl von n(♀) = 12 haben, mit ca. 6–16 pg einen deutlich höheren DNA-Gehalt besitzen.

Fusionen und Fissionen

Viele Chromosomenzahlveränderungen in der Evolution können auf zentrische Fusionen oder Fissionen, sog. **Robertsonsche Translokationen**, zurückgeführt werden. Die Zahl der Chromosomenarme bleibt daher in einem Verwandtschaftskreis konstanter als die Zahl der Chromosomen. Robert Matthey

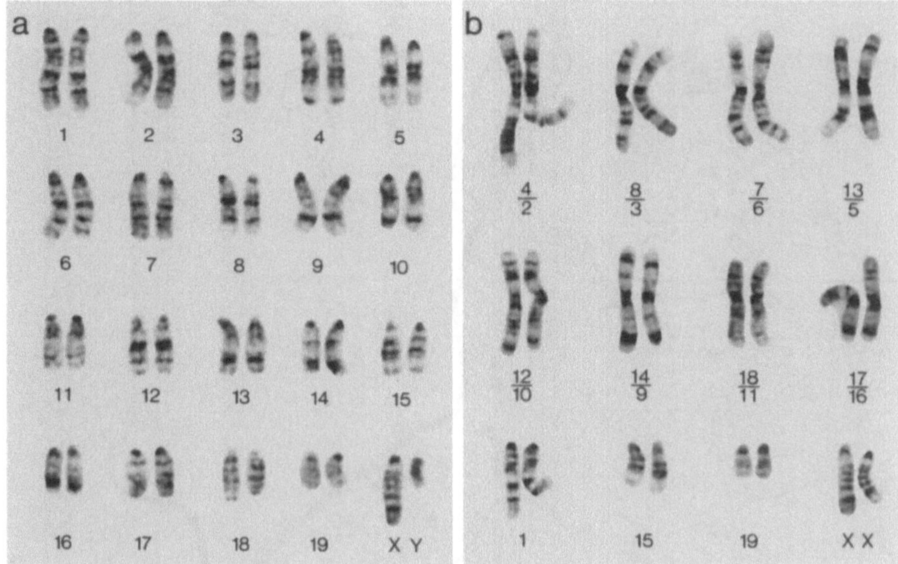

Abb. 12.16a, b. Der Standardkaryotyp der Maus (**a**) und der Karyotyp einer Maus mit Robertson-Fusionschromosomen aus einer Population von Luino (Oberitalien) (**b**) dargestellt im G-Bandenmuster. (H. Winking, Lübeck)

hat 1945 den Begriff der **Fundamentalzahl** („nombre fondamental") für die Zahl der Chromosomenarme eingeführt. Er erleichtert die Beschreibung der Karyotypen in einigen Verwandtschaftsgruppen. Allerdings bleibt es in der Evolution des Karyotyps nicht bei dieser einfachen Beziehung mit konstanter Armzahl in Abhängigkeit von zentrischen Fusionen bzw. Fissionen, wie auch schon Matthey gezeigt hat. Perizentrische Inversionen können nämlich aus akrozentrischen Chromosomen metazentrische machen und damit die Fundamentalzahl verändern (s. Kap. 12.4).

Die Hausmaus *Mus musculus* zeigt auf der Ebene der Populationen modellhaft die Evolution von verschiedenen Chromosomenzahlen durch Robertson-Translokationen. Diese gut untersuchte Art besitzt in den Laborstämmen, in allen Populationen der Unterart *M. m. musculus* und den meisten natürlichen Populationen der Unterart *M. m. domesticus* 20 akrozentrische Chromosomenpaare (Abb. 12.16a). In einigen Populationen der Unterart *M. musculus domesticus* kommen aber – quer durch das westliche Europa – Populationen mit weniger Chromosomen vor (Abb. 12.16, 12.17). Zahlen von n = 11 bis n = 19 wurden gefunden. Neben den akrozentrischen waren regelmäßig auch metazentrische Chromosomen in diesen Chromosomensätzen vertreten. Die metazentrischen Chromosomen sind durch zentrische Fusion aus je zwei akrozentrischen entstanden (Abb. 12.16b). Mit Ausnahme der Geschlechtschromosomen und des Chromosoms 19 sind in Freilandpopulationen alle Chromosomen in wechselnden Kombinationen an diesen Fusionschromosomen betei-

Abb. 12.17. Hausmauspopulationen mit metazentrischen Chromosomen. Ausgefüllte Quadrate stehen für Populationen mit metazentrischen Chromosomen, die dicke Linie markiert die Grenze zwischen den Unterarten *M.m. musculus* und *M.m. domesticus*. (Nach Winking 1986)

ligt (Abb. 12.18). Die Chromosomenzahlen in den Populationen und die Zusammensetzung der metazentrischen Chromosomen sind demnach von zurückliegenden zufälligen Fusionsereignissen und ihrer Fixierung in der jeweiligen Population abhängig.

Gibt es eine Selektion für bestimmte Chromosomenzahlen?

Die Maße der Spindel in der Mitose und der Meiose setzen ganz mechanisch untere und obere Grenzen für die Chromosomenzahl: Chromosomen dürfen nicht so zahlreich werden, daß sie in der Metaphaseebene keinen Platz mehr finden; andererseits dürfen sie eine bestimmte Länge nicht überschreiten, da sie sonst während der Cytokinese durchtrennt werden. Es wird diskutiert, ob die Zahl der Kopplungsgruppen auch einen Selektionswert hat. Bewährte Allelkombinationen können durch Kopplung leichter konserviert bleiben und andere Kombinationen regelmäßiger ausgetauscht werden. Ob aber tatsächlich

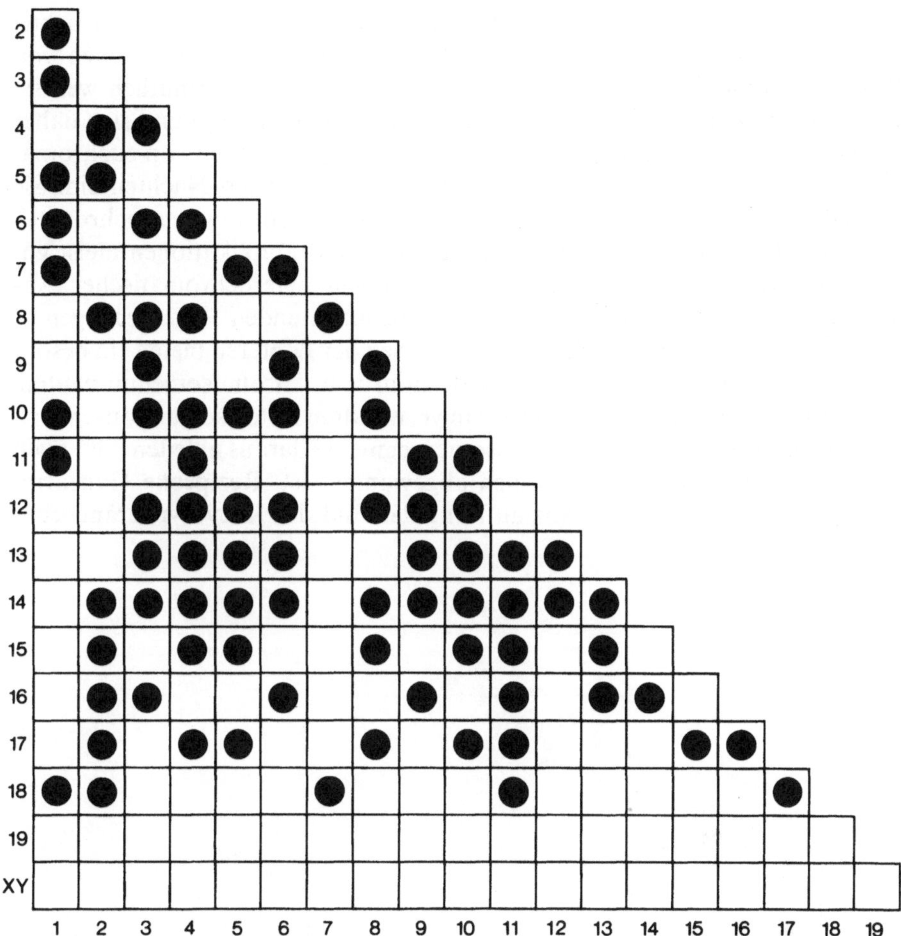

Abb. 12.18. Robertson-Chromosomen in Freilandpopulationen der Hausmaus. Kreise zeigen die Kombinationen von Chromosomen des Maus-Standardchromosomensatzes an, die an der Bildung von metazentrischen Chromosomen durch Robertson-Translokation beteiligt sind. (Aus Kurihara 1988)

eine bestimmte Chromosomenzahl bei einigen systematischen Gruppen bevorzugt wird, ist sehr unsicher. Der Spielraum für die „richtige" Chromosomenzahl kann, wie aus den oben vorgeführten Beispielen hervorgeht, sehr weit sein.

12.4 Chromosomenumbauten

Untersuchungen an Organismen mit detailreichen, z. B. bänderbaren Chromosomen zeigen, daß neben den Zahlenveränderungen auch Chromosomenumbauten die Evolution des Karyotyps bestimmen. In euchromatischen Chromosomenabschnitten sind **perizentrische** und **parazentrische Inversionen** neben Robertson-Translokationen die häufigsten Umbauten. Translokationen von Chromosomensegmenten sind nicht so häufig zu finden, vermutlich weil sie vermehrt zu unbalancierten Genomen in den Gameten führen und sich daher schwerer durchsetzen können. Deletionen und Duplikationen von euchromatischen Abschnitten bringen dem Organismus meist einen Nachteil ein. Sie sind daher seltene Ereignisse in der Evolution. In konstitutiv heterochromatischen Abschnitten werden dagegen Deletionen und Duplikationen meist gut vertragen. Vergrößerungen und Verkleinerungen heterochromatischer Abschnitte gehören deshalb zu den häufig zu beobachtenden Veränderungen.

Polytänchromosomen in den Speicheldrüsen der Dipteren bieten ein besonders gut geeignetes Material für das Studium von Chromosomenumbauten. Bei *Chironomus* ist das Bandenmuster in verwandten Arten so gut konserviert, daß sich die Homologie der Chromosomensegmente daraus ableiten läßt, auch wenn das Muster durch Inversionen abgewandelt ist. Reziproke Ganzarmtranslokationen bestimmen ganz auffällig das Bild der Karyotypveränderun-

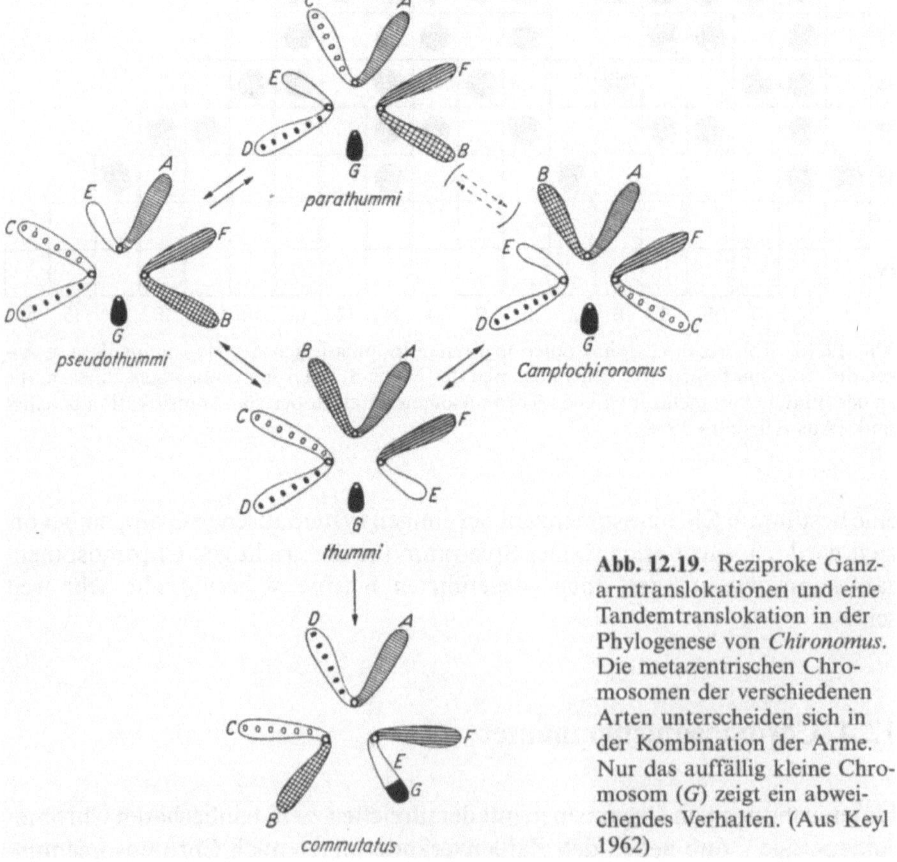

Abb. 12.19. Reziproke Ganzarmtranslokationen und eine Tandemtranslokation in der Phylogenese von *Chironomus*. Die metazentrischen Chromosomen der verschiedenen Arten unterscheiden sich in der Kombination der Arme. Nur das auffällig kleine Chromosom (*G*) zeigt ein abweichendes Verhalten. (Aus Keyl 1962)

gen zwischen den Arten (Abb. 12.19). Die Chromosomenzahl bleibt meist gleich. Die Armkombinationen sind offenbar zufällig, viele der möglichen Permutationen sind realisiert.

Inversionspolymorphismus bei Drosophila

In Wildpopulationen von *Drosophila* kommen zahlreiche Chromosomen-Rearrangements nebeneinander vor. In den allermeisten Fällen handelt es sich um parazentrische Inversionen. Sie bilden im heterozygoten Zustand in den somatisch gepaarten Polytänchromosomen auffällige Schleifen. Auch überlappende, ineinander verschachtelte Inversionen kommen vor, aus denen komplizierte Schleifenfiguren resultieren (Abb. 12.20).

Der intraspezifische **Inversionspolymorphismus** bei *Drosophila* wurde von Theodosius Dobzhansky und seiner Schule seit den 30er Jahren eingehend untersucht. Dabei ergab sich, daß definierte Strukturtypen der Chromosomen weit verbreitet sind und in verschiedenen geographischen Gebieten unterschiedliche Häufigkeit haben. Ähnlich wie Genfrequenzen verlaufen die Frequenzen für einen bestimmten Strukturtyp **klinal**, d. h. sie verändern sich gradientenartig parallel zu einem geographischen oder ökologischen Gefälle. Verschiedene Strukturtypen werden nachweislich durch Selektion häufiger oder seltener. Sie müssen also einen Anpassungswert haben. Vermutlich liegt das nicht an der Struktur selbst, sondern an bestimmten Allelen und Allelkombinationen, die mit ihnen gekoppelt sind. Die Inversion unterdrückt nämlich Crossing-over und konserviert so die Kopplung mit diesen Allelen.

Die Inversionen sind nicht gleichzeitig entstanden. Bei den in Abb. 12.20 dargestellten Strukturtypen des Chromosoms U von *Drosophila subobscura* z. B. kann die Reihenfolge der Inversionsereignisse von oben nach unten, also von U_{St} über U_{1+2} nach U_{1+2+6}, gelesen werden. Die Inversionsereignisse können aber auch in der umgekehrten Reihenfolge abgelaufen sein. U_{1+2+6} wäre dann die ursprüngliche Struktur. Eine Inversion würde daraus den Typ U_{1+2} machen, zwei weitere Inversionen führen zum Typ U_{St}. In allen Fällen aber muß U_{1+2} in der Reihenfolge zwischen U_{ST} und U_{1+2+6} liegen. Aus solchen überlappenden Inversionen läßt sich daher die Reihenfolge der Inversionsereignisse in der Evolution der Chromosomen erschließen.

Fixierung von Strukturtypen bei der Speziation

Strukturvarianten nehmen wie andere genetische Varianten durch Drift oder Selektion in der Frequenz zu oder ab. Sie können in einer Population fixiert werden oder wieder verschwinden. Sobald Population oder Gruppen von Populationen einer Art genetisch voneinander isoliert werden, z. B. durch **Speziation** oder geographische Barrieren, entwickeln sie sich unabhängig voneinander. Schon die zufällig in ihnen enthaltenen Varianten können unterschiedlich häufig sein, zusätzlich entstehen neue Varianten. Die Entscheidung, welche

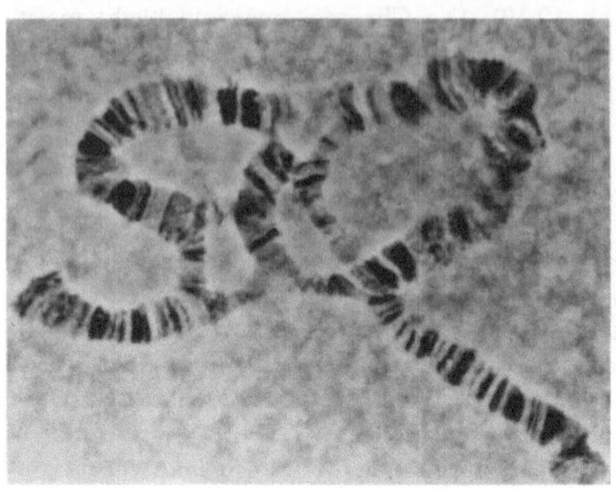

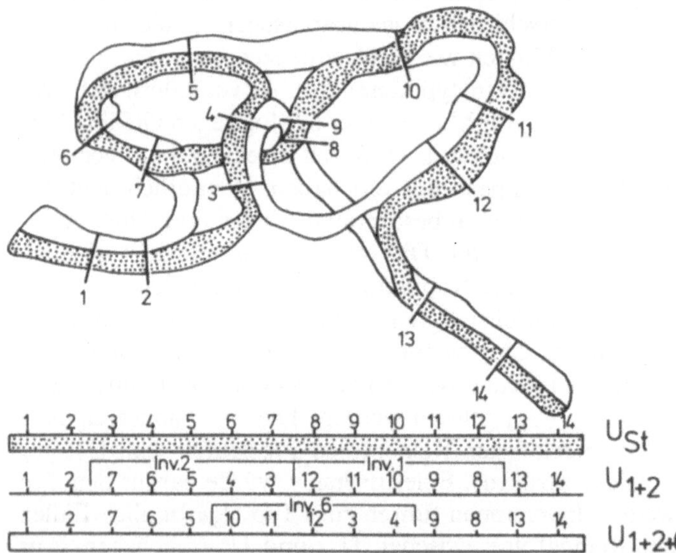

Abb. 12.20. Komplexe Inversionsschleifen im Chromosom U von *Drosophila subobscura*. Der Komplex wird durch den Karyotyp U_{St}/U_{1+2+6} erzeugt. Die Inversion 6 umfaßt Teile der Inversionen 1 und 2. (Aus Sperlich 1980)

Variante schließlich fixiert wird, unterliegt in jeder isolierten Gruppe einem unabhängigen Prozeß.

Die Wirkung der Artbildung auf die Struktur der Chromosomen ist im *Drosophila pseudoobscura*-Komplex zu verfolgen (Abb. 12.21). Bei *D. pseudoobscura* sind – unter Vermittlung einer rekonstruierten hypothetischen Form – alle gefundenen Varianten in einem Stammbaum miteinander verbunden. Ein als **Standard** bezeichneter Strukturtyp des Chromosoms III von *D. pseudoobscura* ist auch in der nahe verwandten Art *D. persimilis* vorhanden. Eine

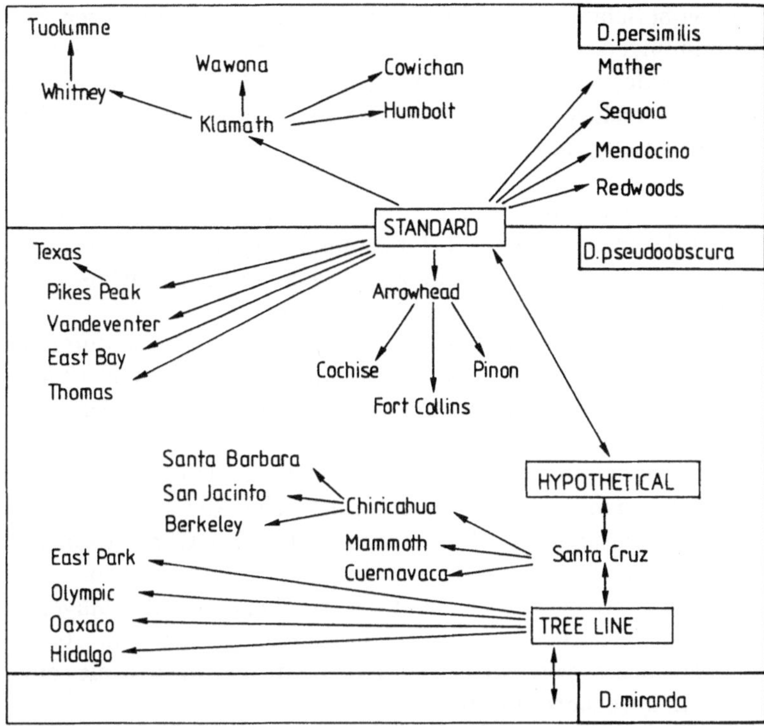

Abb. 12.21. Speziation und Chromosomenstruktur im *Drosophila pseudoobscura*-Komplex. Die Inversionsstrukturen des Chromosoms III wurden mit Namen, meist nach Ortschaften, belegt. Pfeile zeigen die Entstehungsfolge an. Ein nicht mehr vorhandener Typ HYPOTHE-CAL verbindet die verschiedenen Chromosomenformen von *D. pseudoobscura*. Die STAN-DARD-Struktur kommt auch bei *D. persimilis*, die Variante TREELINE bei *D. miranda* vor. (Nach T. Dobzhansky (1970) aus Sperlich 1988)

andere Variante, **Treeline**, verbindet *D. pseudoobscura* mit der ebenfalls nahe verwandten Art *D. miranda*. Bei der Trennung der Arten ist jeweils eine andere Strukturvariante als einzige gemeinsame Variante erhalten geblieben. Neue Varianten, die sich in *D. persimilis* aus Standard durch Mutation ableiteten, konnten sich nur noch innerhalb der eigenen Art ausbreiten.

Ausmaß der Karyotypevolution

Wegen des grundsätzlich gleichen Aufbaus der Eukaryontenchromosomen sollte man erwarten, daß die verschiedenen Typen von Strukturveränderungen in allen Eukaryonten gleich große Chancen haben. Tatsächlich unterscheiden sich verschiedene Eukaryontengruppen hinsichtlich des vorherrschenden Typs von Strukturveränderungen. Während parazentrische Inversionen und Ganz-armtranslokationen das Bild der Umbauten bei *Chironomus* und *Drosophila* bestimmen, findet man in der jüngeren Phylogenese der menschlichen Chromosomen besonders viele perizentrische Inversionen.

Obwohl Schimpansen ein Chromosomenpaar mehr haben, sind die Übereinstimmungen im Bandenmuster zwischen den Chromosomen des Menschen und denen des Schimpansen sehr groß (Abb. 12.22). Die mikroskopisch sichtbaren Unterschiede zwischen den beiden Karyotypen lassen sich in wenigen Punkten beschreiben.

- Die um eins verminderte Chromosomenzahl erklärt sich durch die Entstehung des menschlichen Chromosoms 2 aufgrund einer Fusion der Chromosomen 12 und 13 des Schimpansen (genauer: des gemeinsamen Vorläufers) und der Inaktivierung eines der Centromere.
- Die Chromosomen 1, 4, 5, 9, 12, 15, 16, 17 und 18 sind durch perizentrische Inversionen verändert. Dem menschlichen Chromosom 18 fehlt der NOR-Satellit, der auf den Schimpansenhomologen vorhanden ist. Statt dessen verhält sich das Paar 15 umgekehrt.
- Vielfältige Unterschiede betreffen heterochromatische Abschnitte. An vielen Schimpansenchromosomen findet sich telomerisches Heterochromatin, das bei menschlichen Chromosomen fehlt. Den Chromosomen 7 und 13 des Menschen fehlt das interkalare Heterochromatin der Schimpansenchromosomen. Statt dessen ist das Y-Heterochromatin des langen Armes beim Menschen vermehrt und die Chromosomen 1, 9 und 16 des Menschen haben mehr perizentrisches Heterochromatin als die entsprechenden Schimpansenchromosomen.

Die in den gebänderten Chromosomen erkannten Umbauten entsprechen in großen Zügen den genetischen Daten für die Kopplung und Syntaenie homologer Gene. Ein Vergleich der Tabelle 12.2 mit Abb. 12.22 zeigt aber, daß ein einzelnes Gen, ITPA, seine Kopplungsgruppe zwischen dem Chromosom 20 des Menschen und dem Chromosom 15 des Schimpansen gewechselt hat, ohne daß dies an einer Veränderung des Bandenmusters erkennbar ist. Hier muß also ein im Muster sehr ähnlicher oder ein sehr kleiner Abschnitt ausgetauscht worden sein.

Die Veränderungen im Karyotyp führen aber offenbar nicht zu einer raschen Durchmischung, zur Atomisierung und völligen Neuordnung des Genoms. Gekoppelte Gene im Genom des Menschen sind beim Schimpansen, beim Rhesusaffen und selbst bei der Maus vielfach noch als gekoppelt wiederzufinden (s. Tabelle 12.2). Aufgrund einer statistischen Analyse aller Kopplungsdaten von Maus und Mensch wurde die durchschnittliche Größe der konservierten autosomalen Segmente auf $8{,}1 \pm 1{,}6$ Morgen-Einheiten geschätzt. Die Zahl der Chromosomenumbauten, die seit der stammesgeschichtlichen Trennung in den beiden Stammbäumen von Maus und Mensch zusammen genommen in gentragenden Bereichen stattgefunden haben, beträgt nach dieser Schätzung 178 ± 39. Das X-Chromosom zeigt sogar eine vollständige Konservierung, wenn auch nicht der Struktur und der Reihenfolge, so doch der Kopplung der Gene bei allen placentalen Säugern. Das war bereits 1967 von Susumo Ohno aus DNA-Gehaltsmessungen und wenigen Kopplungsdaten vorausgesagt worden und hat sich seither bestätigt.

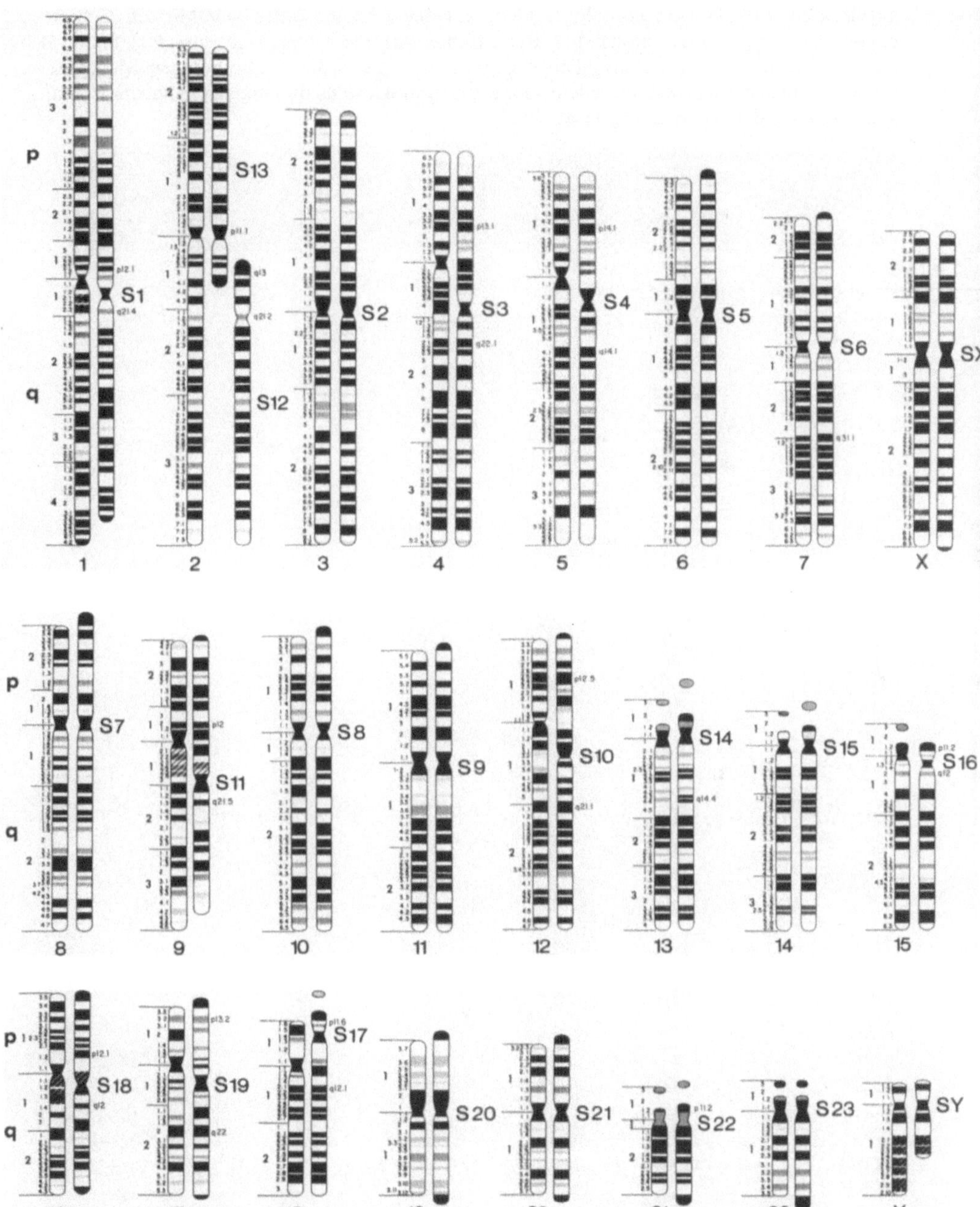

Abb. 12.22. Vergleich der menschlichen Chromosomen (jeweils linkes Chromosom) mit denen des Schimpansen (jeweils rechtes Chromosom) im Hochauflösungs-G-Bandenmuster (ca. 1000-Banden-Stadium). Die Chromosomen sind nach dem menschlichen Karyotyp geordnet. Die Zahlen S1–S23, SX und SY bezeichnen die homologen Schimpansenchromosomen. Bandenbezeichnungen rechts neben den Schimpansenchromosomen geben die homologen menschlichen Banden an, um den Vergleich bei Rearrangements zu erleichtern. (Nach Yunis et al. 1980)

Tabelle 12.2. Lokalisation homologer Gene auf den Chromosomen von Mensch, Schimpanse (*Pan troglodytes*), Rhesusaffe (*Macacus mulatta*) und Maus (*Mus musculus*). Spalte 1 gibt die Bezeichnung des menschlichen Genlocus, Spalte 6 die des homologen Mausgens wieder. Aufgelistet wurden nur solche Gene, die in mindestens drei der Arten chromosomal lokalisiert wurden. (Aus Lalley et al. 1987)

Genlocus (Mensch)	Chromosomale Lokalisation in				Genlocus (Maus)
	Mensch	Schimpanse	Rhesusaffe	Maus	
PGD	1p	1	1	4	Pgd
ENO1	1p	1	1	4	Eno-1
FUCA1	1p	1		4	Fuca
AK2	1p	1	1	4	Ak-2
PGM1	1p	1	1	4	Pgm-2
PEPC	1q	1		1	Pep-3
MDH1	2p	13	15		
ACP1	2p	13		12	Acp-1
IDH1	2q	12	9	1	Idh-1
GPX1	3	2	3		
ACY1	3p	2p		9	Acy
PGM2	4p	3	6	5	Pgm-1
ALB	4q	3p		5	Alb-1
AFP	4q	3p		5	Afp
HEXB	5q		5	13	Hex-2
HLA-A	6p	5	2	17	H-2D
GLO1	6p	5		17	Glo-1
PGM3	6q	5	2	9	Pgm-3
SOD2	6q	5	2	17	Sod-2
GUSB	7q	6	2	5	Gus
COL1A2	7q	6		16	Cola-2
HCA	7q	6		13	Hist-1
MDH2	7		2	5	Mor-1
GSR	8p	7	8	8	Gr-1
ACO1	9p	11		4	Aco-1
AK1	9q	11		2	Ak-1
GOT1	10q	8		19	Got-1
HBB	11p	9		7	Hbb
LDHA	11p	9	11	7	Ldh-1
ACP2	11p	9	11	2	Acp-2
GAPD	12p	10	12	6	Gapd
TPI1	12p	10	12	6	Tpi
LDHB	12p	10	12	6	Ldh-2
PEPB	12q	10	12	10	Pep-2
CS1	12		12	10	Cs
NP	14q	15	7	14	Np-1,2
MPI	15q	16		9	Mpi-1
PKM2	15q	16	7	9	Pk-3
HEXA	15q	16	7		

Tabelle 12.2. (Fortsetzung)

Genlocus (Mensch)	Chromosomale Lokalisation in				Genlocus (Maus)
	Mensch	Schimpanse	Rhesusaffe	Maus	
TK1	17q	19		11	Tk-1
GALK	17q	19		11	Glk
COL1A1	17q	19		11	Cola-1
GPI	19q	20	19	7	Gpi-1
ITPA	20p	15	13	2	Itp
SOD1	21q	22		16	Sod-1
PGK	Xq	X		X	Pgk-1
HPRT	Xq			X	Hprt
G6PD	Xq	X	X	X	G6pd
GLA	Xq	X	X	X	Ags

Chromosomenstammbaum der Primaten

Wie oben dargestellt, sind sich die Karyotypen nahe verwandter Arten ähnlicher als diejenigen von einander ferner stehenden Arten. Aus dem Vergleich der Karyotypen naher Verwandter lassen sich noch die einzelnen Mutationsereignisse erschließen, die zu den jeweiligen Karyotypen führten. Die Strukturmutationen können zur Konstruktion von Stammbäumen verwendet werden. Besonders stabil und daher besonders geeignet dafür ist das R-Bandenmuster, während die stark variierenden heterochromatischen Bereiche ungeeignet sind.

Als Beispiel soll hier die Chromosomenverwandtschaft der in dieser Hinsicht gut untersuchten Primaten vorgestellt werden. Aus dem rekonstruierten Chromosomenstammbaum in Abb. 12.23 ist die Zahl und die Art der Strukturmutationen abzulesen, die den Karyotyp einer Art von der anderen unterscheidet. Der Chromosomenstammbaum ist ähnlich dem aus morphologischen Vergleichen erschlossenen Stammbaum.

Ebenso wie in der vergleichenden Morphologie die anzestralen Baupläne müssen für die Konstruktion der Chromosomenstammbäume die anzestralen Karyotypen erschlossen werden. Der anzestrale Karyotyp für den gemeinsamen Vorfahren von Hominiden und Pongiden kann dann mit dem anzestralen Karyotyp der Colobiden, Cercopitheciden und weiterer Familien verglichen werden, um z. B. den anzestralen Karyotyp aller Altweltaffen und schließlich den aller Primaten zu ermitteln.

Besonders auffällig im Chromosomenstammbaum der Primaten ist das Vorherrschen jeweils eines Typs von Chromosomenmutationen in der Karyotyp-Evolution einer Verwandtschaftsgruppe. Bei den Lemuriden dominieren Robertsonsche Translokationen, bei den Pongiden und Hominiden perizentrische Inversionen und bei den Cercopitheciden Fissionen.

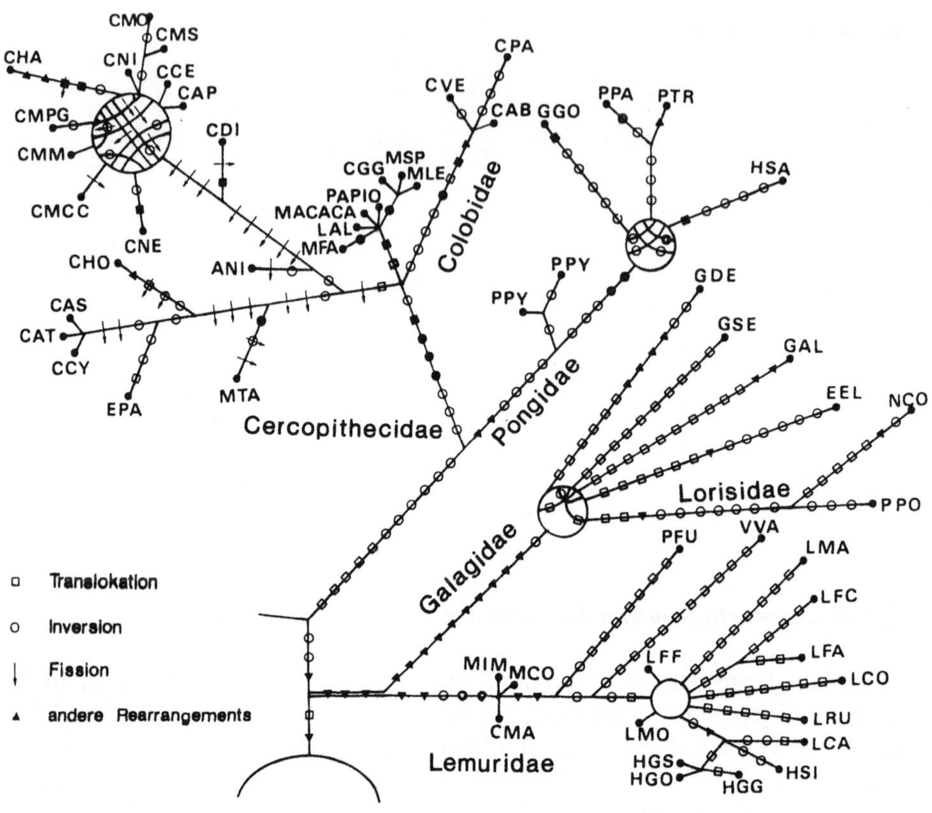

ANI: Allenopithecus nigroviridis	**CVE:** Colobus vellerosus	**MFA:** Macaca fascicularis
CAB: Colobus abyssinicus	**EEL:** Euoticus elegantulus	**MIM:** Microcebus murinus
CAP: Cercopithecus ascanius petaurista	**EPA:** Erythrocebus patas	**MLE:** Mandrillus leucophaeus
CAT: Cercop. aethiops tantalus	**GAL:** Galago alleni	**MMA:** Macaca maura
CCE: Cercop. cephus	**GDE:** Galago demidovii	**MMU:** Macaca mulatta
CCY: Cercop. cynosurus	**GGO:** Gorilla gorilla	**MNI:** Macaca nigra
CDI: Cercop. diana	**GSE:** Galago senegalensis	**MSP:** Mandrillus sphinx
CGC: Cercocebus galeritus chrysogaster	**HGG:** Hapalemur griseus griseus	**MSY:** Macaca sylvana
CGG: Cercocebus galeritus galeritus	**HGO:** Hapalemur griseus occidentalis	**MTA:** Miopithecus talapoin
CHA: Cercop. hamlyni	**HGS:** Hapalemur griseus subspecies	**NCO:** Nycticebus coucang
CHO: Cercop. l'hoesti	**HSA:** Homo sapiens	**PAN:** Papio anubis
CMA: Cheirogaleus major	**HSI:** Hapalemur simus	**PAP:** Papio papio
CMCC: Cercop. (mona) campbelli campbelli	**LAL:** Lophocebus albigena	**PCY:** Papio cynocephalus
CMM: Cercop. (mona) mona	**LAT:** Lophocebus atterimus	**PFU:** Phaner furcifer
CMO: Cercop. mitis opisthostictus	**LCA:** Lemur catta	**PHA:** Papio hamadryas
CMPG: Cercop. (mona) pogonia grayi	**LCO:** Lemur coronatus	**PPA:** Pan paniscus
CMS: Cercop. mitis stuhlmanni	**LFA:** Lemur fulvus albocollaris	**PPO:** Perodycticus potto
CNE: Cercop. neglectus	**LFC:** Lemur fulvus collaris	**PPR:** Papio porcarius
CNI: Cercop. nictitans	**LFF:** Lemur fulvus fulvus	**PPY:** Pongo pygmaeus
CPA: Colobus palliatus	**LMA:** Lemur macaco	**PTR:** Pan troglodytes
CSA: Cercop. sabaeus	**LMO:** Lemur mongoz	**VVA:** Varecia variegata
CTF: Cercocebus torquatus fuliginosus	**LRU:** Lemur rubriventer	
CTT: Cercocebus torquatus torquatus	**MCO:** Microcebus coquerell	

Abb. 12.23. Chromosomenstammbaum der Primaten. Eingetragen sind die Art und die Zahl der Rearrangements im Euchromatin, die zu den heutigen Karyotypen führen. Die Länge der Stammbaumäste gründet sich nicht auf das phylogenetische Alter, sonden auf die Zahl der Chromosomenmutationen. Große Kreise geben Stammbaumverzweigungen wieder, in denen eine Strukturmutation nicht eindeutig mit einem dichotomen Verzweigungsmuster kompatibel ist. Vermutlich hat es an der Basis der Stammbaumäste auf dem Niveau der Populationen noch Rekombination der Strukturvarianten gegeben. (Dutrillaux und Couturier 1983)

Literatur zu Kapitel 12

Alexandrov IA, Mitkevich SP, Yurov YB (1988) The phylogeny of human chromosome specific alpha satellites. Chromosoma 96:443–453

Astaurov BL (1972) Experimental model of the origin of bisexual polyploid species in animals (The hypothesis of indirect origin of polyploid animals via parthenogenesis and hybridization). Biol Zbl 91:137–150

Ayala FJ (1968) On the virtues and pitfalls of the molecular evolutionary clock. J Heredity 77:226–235

Briggs D, Walters SM (1984) Plant variation and evolution, 2nd ed. Cambridge Univ. Press, Cambridge

Caccone A, Powell JR (1989) DNA divergence among hominoids. Evolution 43:925–942

Cavalier-Smith T (1978) Nuclear volume control by nucleoskeletal DNA, selection for cell volume and cell growth rate, and the solution of the DNA C-value paradox. J Cell Sci 34:247–278

Cavalier-Smith T (ed) (1985) The evolution of genome size. John Wiley & Sons, Chichester

Crosland MWJ, Crozier RH (1986) Myrmecia pilosula, an ant with only one pair of chromosomes. Science 231:1278

Dover GA, Flavell RB (eds) (1982) Genome evolution. Academic Press, London

Dutrillaux B, Couturier J, Viegas-Pequignot E (1981) Chromosomal evolution in primates. Chromosomes today 7:176–191

Feldman M, Sears ER (1981) The wild gene resources of wheat. Sci Amer 244(1):98–109

Gall JG (1981) Chromosome structure and the C-value paradox. J Cell Biol 91:35–145

Gropp A, Winking H (1981) Robertsonian translocations: Cytology, meiosis, segregation patterns and biological consequences of heterozygosity. Symp Zool Soc Lond 47:141–181

Hinegardner R (1976) Evolution of genome size. In: Ayala FJ (ed) Molecular evolution. Sinauer, Sunderland, pp 179–199

Horner HA, Macgregor HC (1983) C value and cell volume: their significance in the evolution and development of amphibians. J Cell Sci 63:135–146

John B (1983) The role of chromosome change in the evolution of orthopteroid insects. In: Sharma AK, Sharma A (eds) Chromosomes in evolution of eukaryotic groups, vol 1:1–110. CRC Press, Boca Raton

John B, Miklos G (1988) The eukaryotic genome in development and evolution. Allen & Unwin, London

Lewis WH (ed) (1980) Polyploidy. Biological relevance. Plenum, New York

Nadeau JH, Taylor BA (1984) Lengths of chromosomal segments conserved since divergence of man and mouse. Proc Natl Acad Sci USA 81:814–818

Ohno S (1970) Evolution by gene duplication. Springer-Verlag, Berlin Heidelberg New York

Schmid M (1981) Chromosome evolution in Amphibia. In: Wirbeltier-Zytogenetik. Jahrbuch der Schweizerischen Naturforschenden Gesellschaft, wissenschaftlicher Teil. Birkhäuser-Verlag, Basel, pp 4–27

Sperlich D (1988) Populationsgenetik, 2. Aufl. Gustav Fischer, Stuttgart

Sperlich D, Pfriem P (1986) Chromosomal polymorphism in natural and experimental populations. In: Ashburner M, Carson HL, Thompson JN (eds) The genetics and biology of Drosophila, vol 3. Academic Press, London, pp 257–309

Stebbins GL (1971) Chromosomal evolution in higher plants. Arnold, London

White MJD (1973) Animal cytology and evolution. 3rd edition. Cambridge Univ. Press, Cambridge

Wilson AC, Ochmann H, Prager EM (1987) Molecular time scale for evolution. Trends in Genetics 3:241–247

Winking H, Dulić B, Bulfield G (1988) Robertsonian karyotype variation in the European house mouse, Mus musculus. Z Säugetierkunde 53:148–161

Yunis JJ, Prakash O (1982) The origin of man: a chromosomal pictorial legacy. Science 215:1525–1530

Verzeichnis der Abkürzungen

A	Adenin
AMP	Adenosinmonophosphat
ATP	Adenosintriphosphat
b	Base(n)
bp	Basenpaar(e)
BrdU	5-Bromdesoxyuridin
C	Cytosin
cDNA	komplementäre DNA (zu einer RNA)
CHO	Zellinie („chinese hamster ovary")
CMP	Cytidinmonophosphat
CREST	Syndrom (Calcinosis, Raynaud's phenomenon, esophagal dysmotility, sclerodactylia, telangiectasia)
CTP	Cytidintriphosphat
dAMP	Desoxyadenosinmonophosphat
dATP	Desoxyadenosintriphosphat
dCMP	Desoxycytidinmonophosphat
dCTP	Desoxycytidintriphosphat
dGMP	Desoxyguanosinmonophosphat
dGTP	Desoxyguanosintriphosphat
DM	„double minute"
DNA	Desoxyribonukleinsäure
dNTP	ein beliebiges Desoxynukleosidtriphosphat
DNP	DNA-Protein-Komplex, Desoxyribonukleoprotein
E. coli	*Escherichia coli*
ER	endoplasmatisches Retikulum
G	Guanin
GMP	Guanosinmonophosphat
GTP	Guanosintriphosphat
Hela	menschliche Zellinie
HSR	„homogeneously staining region"
kb, kbp	Kilobasen, Kilobasenpaare, $= 10^3$ bp
LINE	„long interspersed repetitive element"
LTR	„long terminal repeat"
Mb, Mbp	Megabasen, Megabasenpaare, $= 10^6$ bp
MPF	„maturation promoting factor"
mRNA	Messenger-RNA
N	ein beliebiges Nukleotid in einer Sequenz

NOR	nukleolusorganisierende Region
ORF	„open reading frame", offenes Leseraster
PCC	„prematurely condensed chromosomes"
PFGE	Pulsfeld-Gelelektrophorese
PtK_2	Zellinie der Känguruhratte
Pu	ein Purinnukleotid
Py	ein Pyrimidinnukleotid
rDNA	ribosomale DNA
RFLP	Restriktionsfragmentlängenpolymorphismus
RNA	Ribonukleinsäure
RNP	RNA-Protein-Komplex, Ribonukleoprotein
rRNA	ribosomale RNA
SC	„synaptonemal complex", synaptonemaler Komplex
SCE	„sister chromatid exchange", Schwesterstrangaustausch
SINE	„short interspersed repetitive element"
snRNA	„small nuclear RNA"
snRNP	„small nuclear" RNA-Protein-Komplex
T	Thymin
TMP, dTMP	Thymidinmonophosphat = Desoxythymidinmonophosphat
tRNA	Transfer-RNA
TTP, dTTP	Thymidintriphosphat = Desoxythymidintriphosphat
U	Uracil
UMP	Uridinmonophosphat
UTP	Uridintriphosphat
YAC	„yeast artificial chromosome"

Quellenverzeichnis

Abb. 2.4: Nagl W (1972) Chromosomen. Wilhelm Goldmann Verlag, München

Abb. 2.9: Heneen WK (1981) Mitosis as discerned in the scanning electron microscope. Eur J Cell Biol 25:242–247

Abb. 2.10: Burns R (1988) Chromosome movement in vitro. Nature 331:479

Abb. 2.11: Pickett-Heaps JD et al (1982) Rethinking mitosis. Cell 29:729–744

Abb. 2.12: Nicklas RB (1985) Mitosis in eukaryotic cells: an overview of chromosome distribution. In: Dellarco VL, Voytek PE, Hollaender A (eds) Aneuploidy. Etiology and mechanisms. Plenum, New York, pp 183–195

Abb. 2.13: wie 2.12

Abb. 2.14: Newton ME (1985) Heterochromatin diversity in two species of Pellia (Hepaticae) as revealed by C-, Q-, N- and Hoechst 33258-banding. Chromosoma 92:378–386

Abb. 2.17: ISCN (1981) Cytogenet Cell Genet 31:1–23 and Birth defects: Original Article Series. Vol. XVII(5). March of Dimes Birth Defects Foundation, New York

Abb. 3.2: Gropp A (1982) Value of an animal model for trisomy. Virchows Archiv A 395:117–131

Abb. 3.3: Blakesless AF (1934) New jimson weeds from old chromosomes. J Hered 25:81–108

Abb. 3.8: Therman E, Meyer-Kuhn E (1976) Cytological demonstration of mitotic crossing-over in man. Cytogenet Cell Genet 17:254–267

Abb. 3.9a und c: Feltz MJM van der et al (1989) Nucleotide sequence of both reciprocal translocation junction regions in a patient with Ph positive acute lymphoblastic leukemia, with a breakpoint within the first intron of the BCR gene. Nucl Acids Res 17:1–10; **b:** Heisterkamp N et al (1985) Structural organization of the bcr gene and its role in the Ph' translocation. Nature 315:758–761

Abb. 3.10: Rieger et al (1976) Glossary of genetics and cytogenetics, 4th ed. Springer-Verlag, Berlin Heidelberg New York

Abb. 3.13: Bridges CB (1936) The bar "gene" a duplication. Science 83:210–211. Sutton E (1943) Bar eye in Drosophila melanogaster: a cytological analysis of some mutations and reverse mutations. Genetics 28:97–107

Abb. 3.16: wie 3.10

Abb. 3.19: Traut W et al (1984) An extra segment in chromosome 1 of wild Mus musculus: a C-band positive homogeneously staining region. Cytogenet Cell Genet 38:290–297

Abb. 3.20: Levan A, Levan G (1980) Large double minutes with ring-shape and rod-shape. Hereditas 92:259–265

Abb. 4.3: Dickerson RE (1983) The DNA helix and how it is read. Sci Amer 249(6):86–102

Abb. 4.4: Rich A (1983) Right-handed and left-handed DNA: conformational information in genetic material. Cold Spring Harbor Symp Quant Biol 47:1–12

Abb. 4.5: Wu H-M, Crothers DM (1984) The locus of sequence-directed and protein-induced DNA bending. Nature 308:509–513

Abb. 4.7: Lilley DMJ (1983) Dynamic, sequence-dependent DNA structure as exemplified by cruciform extrusion from inverted repeats in negatively supercoiled DNA. Cold Spring Harbor Symp Quant Biol 47:101–112

Abb. 4.9: Wang JC (1980) Superhelical DNA. Trends in Biochem Sci 5:219–221

Abb. 4.10: Saenger W (1984) Principles of nucleic acid structure. Springer, New York

Abb. 4.11: Waring MJ (1981) DNA modification and cancer. Ann Rev Biochem 50:159–192

Abb. 4.12: Bauer WR et al (1980) Supercoiled DNA. Sci Amer 243(1):100–113

Abb. 4.13: Rich A et al (1984) The chemistry and biology of left-handed Z-DNA. Ann Rev Biochem 53:791–846

Abb. 4.15: Alberts B (1985) Protein machines mediate the basic genetic processes. Trends in Genetics 1:26–30

Abb. 4.17: Brimacombe R (1984) Conservation of structure in ribosomal RNA: Trends in Biochem Sci 9:273–277

Abb. 4.21: Ptashne M (1987) A genetic switch. Gene control and phage Lambda. Cell Press and Blackwell Scientific Publications, Cambridge (Mass.)

Abb. 4.22: Struhl K (1989) Helix-turn-helix, zinc-finger, and leucine-zipper motifs for eukaryotic transcriptional regulatory proteins. Trends in Biochem Sci 14:137–140

Abb. 5.1: Britten RJ, Kohne DE (1968) Repeated sequences in DNA. Science 161:529–540. Copyright 1968 by the AAAS

Abb. 5.2a: Chambon P (1981) Split genes. Sci Amer 244(5):48–59

Abb. 5.3: Steitz JA (1988) „Snurps". Sci Amer 258(6):36–41

Abb. 5.5: Müller MM et al (1988) Enhancer sequences and the regulation of gene transcription. Eur J Biochem 176:485–495

Abb. 5.7: Reeder RH (1984) Enhancers and ribosomal gene spacers. Cell 38:349–351

Abb. 5.8: Kingsman SM, Kingsman AJ (1988) Genetic engineering. Blackwell Scientific Publications, Oxford

Abb. 5.9: wie 5.8

Abb. 5.11: Lohe AR, Brutlag DL (1987) Adjacent satellite DNA segments in Drosophila. Structure of junctions. J Mol Biol 194:171–179

Abb. 5.13: Pardue ML, Dawid IB (1981) Chromosomal locations of two DNA segments that flank ribosomal insertion-like sequences in Drosophila: flanking sequences are mobile elements. Chromosoma 83:29–43

Abb. 5.14: Adams RLP et al (1986) The biochemistry of nucleic acids, 10th edn. Chapman and Hall, London

Abb. 5.15: Döring H-P, Starlinger P (1984) Barbara McClintock's controlling elements: now at the DNA level. Cell 39:253–259

Abb. 5.16: Ruffner DE et al (1987) Invasion of the human albumin-α-fetoprotein gene family by Alu, Kpn, and two novel repetitive DNA elements. Mol Biol Evol 4:1–9

Abb. 5.17: Dillon LS (1987) The gene. Plenum, New York

Abb. 5.18: Sagata N et al (1984) Bovine leukemia virus: unique structural features of its long terminal repeats and its evolutionary relationship to human T-cell leukemia virus. Proc Natl Acad Sci USA 81:4741–4745
Sagata N et al (1985) Complete nucleotide sequence of the genome of bovine leukemia virus: its evolutionary relationship to other retroviruses. Proc Natl Acad Sci USA 82:677–681

Abb. 6.2: Pfeiffer W et al. (1975) Restriction nucleases as probes of chromatin structure. Nature 258:450–452

Abb. 6.3: Kornberg RD, Klug A (1981) The nucleosome. Sci Amer 244(2):48–60

Abb. 6.4: Richmond TJ et al (1983) Studies of nucleosome structure. Cold Spring Harbor Symp Quant Biol 47:493–501

Abb. 6.5: Thomas JO (1984) The higher order structure of chromatin and histone H1. J Cell Science Suppl. 1:1–20

Abb. 6.6: Mirzabekov AD et al (1983) Structure of nucleosomes, chromatin, and RNA polymerase-promoter complex as revealed by DNA-protein cross-linking. Cold Spring Harbor Symp Quant Biol 47:503–510

Abb. 6.7: Rattner JB, Lin CC (1988) The organization of the centromere and centromeric heterochromatin. In: Verma RS (ed) Heterochromatin, molecular and structural aspects. Cambridge Univ Press, Cambridge, pp 203–227

Abb. 6.8: Harbers E, Notbohm H (1987) Die Struktur des Chromatins. Chemie in unserer Zeit 21:82–88

Abb. 6.9: a Thoma F et al (1979) Involvement of histone H1 in the organization of the nucleosome and of the salt-dependent superstructures of choromatin. J Cell Biol

83:403–427; **b** Woodcock CLF et al (1984) The higher-order structure of chromatin: evidence for a helical ribbon arrangement. J Cell Biol 99:42–52

Abb. 6.10: Zentgraf H, Franke WW (1984) Differences of supranucleosomal organization in different kinds of chromatin: cell type-specific globular subunits containing different numbers of nucleosomes. J Cell Biol 99:272–286

Abb. 6.11: Gasser SM, Laemmli UK (1987) A glimpse at chromosomal order. Trends in Genetics 3:16–22

Abb. 6.12: wie 6.11

Abb. 6.13: Prior CP et al (1983) Reversible changes in nucleosome structure and histone H3 accessibility in transcriptionally active and inactive states of rDNA chromatin. Cell 34:1033–1042

Abb. 6.15: Scheer U (1987) Contributions of electron microscopic spreading preparations ("Miller spreads") to the analysis of chromosome structure. In: Henning W (ed) Structure and function of eukaryotic chromosomes. Springer, Berlin Heidelberg New York Tokyo, pp 147–171

Abb. 6.16: Sippel AE et al (1986) The TGGCA protein binds in vitro to DNA contained in a nuclease-hypersensitive region that is present only in active chromatin of the lysozyme gene. In: Cancer cells 4/DNA tumor viruses Cold Spring Harbor Laboratory, Cold Spring Harbor, pp 155–162

Abb. 6.17: Weith A (1985) The fine structure of euchromatin and centromeric heterochromatin in Tenebrio molitor chromosomes. Chromosoma 91:287–296

Abb. 7.1: Pienta KJ, Coffey DS (1984) A structural analysis of the role of the nuclear matrix and DNA loops in the organization of the nucleus and chromosome. J Cell Sci Suppl 1:123–135
Rattner JB, Lin CC (1985) Radial loops and helical coils coexist in metaphase chromosomes. Cell 42:291–296

Abb. 7.2: Nasedkina TV, Slesinger SI (1982) The structure of partly decondensed metaphase chromosomes. Chromosoma 86:239–249

Abb. 7.3: Laemmli UK et al (1978) Metaphase chromosome structure: the role of non-histone proteins. Cold Spring Harbor Symp Quant Biol 42:351–360

Abb. 7.4: wie 7.3

Abb. 7.5: Boy de la Tour E, Laemmli UK (1988) The metaphase scaffold is helically folded: sister chromatids have predominantly opposite helical handedness. Cell 55:937–944

Abb. 7.6: Rattner JB, Lin CC (1985) Radial loops and helical coils coexist in metaphase chromosomes. Cell 42:291–296

Abb. 7.8: Lima-de-Faria A (1956) The role of the kinetochore in chromosome organization. Hereditas 42:85–160

Abb. 7.9: Earnshaw WC, Rothfield N (1985) Identification of a family of human centromere proteins using autoimmune sera from patients with scleroderma. Chromosoma 91:313–321

Abb. 7.10: Fuge H (1987) Oscillatory movements of bipolar-oriented bivalent kinetochores and spindle forces in male meiosis of Mesostoma ehrenbergi. Eur J Cell Biol 44:294–298

Abb. 7.11: Schibler MJ, Pickett-Heaps JD (1987) The kinetochore fiber structure in the acentric spindles of the green alga Oedogonium. Protoplasma 137:29–44

Abb. 7.12: Rattner JB (1986) Organization within the mammalian kinetochore. Chromosoma 93:515–520

Abb. 7.13: Clarke L, Carbon J (1985) The structure and function of yeast centromeres. Ann Rev Genet 19:29–56

Abb. 7.14: wie 7.13

Abb. 7.15: Viinikka Y (1985) Identification of the chromosomes showing neocentric activity in rye. Theor Appl Genet 70:66–71

Abb. 7.16: Eichenlaub-Ritter U, Ruthmann A (1982) Evidence for three "clases" of microtubules in the interpolar space of the mitotic micronucleus of a ciliate and the participation of the nuclear envelope in conferring stability to microtubules. Chromosoma 85:687–706

Abb. 7.18: Pluta AF et al (1984) Elaboration of telomeres in yeast: recognition and modification of termini from Oxytricha macronuclear DNA. Proc Natl Acad Sci 81:1475–1479

Abb. 7.19: Blackburn EH (1985) Artificial chromosomes in yeast. Trends in Genet 1:8–12
Abb. 7.20: wie 7.19
Abb. 7.24: John B et al (1986) Population cytogenetics of Atractomorpha similis. II. Molecular characterisation of the distal C-band polymorphisms. Chromosoma 94:45–58
Abb. 7.25: wie 2.17
Abb. 7.26: Bickmore WA, Sumner AT (1989) Mammalian chromosome banding – an expression of genome organization. Trends in Genetics 5:144–148
Abb. 8.2: Franke WW et al (1981) The nuclear envelope and the architecture of the nuclear periphery. J Cell Biol 91:39s–50s
Abb. 8.3: Gerace L (1986) Nuclear lamina and organization of nuclear architecture. Trends Biochem Sci 11:443–446
Abb. 8.4: Aebi U et al (1986) The nuclear lamina is a meshwork of intermediate-type filaments. Nature 323:560–564
Abb. 8.5: Newport J, Spann T (1987) Disassembly of the nucleus in mitotic extracts: membrane vesicularization, lamin disassembly, and chromosome condensation are independent processes. Cell 48:219–230
Abb. 8.6: Newport J (1987) Nuclear reconstitution in vitro: stages of assembly around protein-free DNA. Cell 48:205–217
Abb. 8.7: Unwin PNT, Milligan RA (1982) A large particle associated with the perimeter of the nuclear pore complex. J Cell Biol 93:63–75
Abb. 8.8: de Robertis EM (1983) Nucleocytoplasmic segregation of proteins and RNAs. Cell 32:1021–1025
Abb. 8.9: Feldherr CM et al (1984) Movement of a karyophilic protein through the nuclear pores of oocytes. J Cell Biol 99:2216–2222
Abb. 8.10: Hubert J, Bourgeois CA (1986) The nuclear skeleton and the spatial arrangement of chromosomes in the interphase nucleus of vertebrate somatic cells. Hum Genet 74:1–15
Abb. 8.11: Lichter P et al (1988) Delineation of individual human chromosomes in metaphase and interphase cells by in situ suppression hybridization using recombinant DNA libraries. Hum Genet 80:224–234
Abb. 8.12: Hochstrasser M et al (1986) Spatial organization of chromosomes in the salivary gland nuclei of Drosophila melanogaster. J Cell Biol 102:112–123
Abb. 8.13: Bennett MD (1984) Towards a general model for spatial law and order in nuclear and karyotypic architecture. Chromosomes Today 8:190–202
Abb. 8.14: Bennett MD (1982) Nucleotype basis of the spatial ordering of chromosomes in eukaryotes and the implications of the order for genome evolution and phenotypic variation. In: Dover GA, Flavell RB (eds) Genome evolution. Academic Press, London, pp 239–261
Abb. 8.15: Schwarzacher HG, Wachtler F (1983) Nucleolus organizer regions and nucleoli. Hum Genet 63:89–99
Abb. 8.16: Mikelsaar A-V, Schwarzacher HG (1978) Comparison of silver staining of nucleolus organizer regions in human lymphocytes and fibroblasts. Hum Genet 42:291–299
Abb. 8.17: Anastassova-Kristeva M (1977) The nucleolar cycle in man. J Cell Sci 25:103–110
Abb. 8.18: wie 6.15
Abb. 8.19: Sommerville J (1986) Nucleolar structure and ribosome biogenesis. Trends in Biochem Sci 11:438–442
Abb. 8.23: Yurov YB, Liapunova NA (1977) The units of DNA replication in the mammalian chromosomes: evidence for a large size of replication units. Chromosoma 60:253–267
Abb. 8.24: McKnight SL, Miller OL jr (1977) Electron microscopic analysis of chromatin replication in the cellular blastoderm Drosophila melanogaster embryo. Cell 12:795–804
Abb. 8.25: Blumenthal AB et al (1974) The units of DNA replication in Drosophila melanogaster chromosomes. Cold Spring Harbor Symp Quant Biol 38:205–223
Abb. 8.26: Sperling K (1982) Cell cycle and chromosome cycle: morphological and functional aspects. In: Rao PN, Johnson RT, Sperling K (eds) Premature chromosome condensation. Academic Press, New York, pp 43–78

Abb. 8.27: Goyanes VJ, Schvartzman JB (1981) Insights on diplochromosome structure and behaviour. Chromosoma 83:93–102

Abb. 8.28: Schnedl W (1967) Geregelte Anordnung der Chromatiduntereinheiten in den Diplochromosomen bei der Endoreduplikation. Humangenetik 4:140–152

Abb. 9.1: Traut W et al (1986) Structural mutants of the W chromosome in Ephestia (Insecta, Lepidoptera). Genetica 70:69–79

Abb. 9.2: Sumner AT (1986) Electron microscopy of the parameres formed by the centromeric heterochromatin of human chromosome 9 at pachytene. Chromosoma 94:199–204

Abb. 9.3: Khush GS, Rick CM (1968) Cytogenetic analysis of the tomato genome by means of induced deficiencies. Chromosoma 23:452–484

Abb. 9.5: Wahrmann J (1981) Synaptonemal complexes – origin and fate. Chromosomes Today 7:105–113

Abb. 9.6: Debus B (1978) "Nodules" in the achiasmatic meiosis of Bithynia (Mollusca, Prosobranchia). Chromosoma 69:81–92

Abb. 9.7: Gillies CB (1985) An electron microscopic study of synaptonemal complex formation at zygotene in rye. Chromosoma 92:165–175

Abb. 9.8c: Burgoyne PS (1986) Sex chromosomes – Mammalian X and Y crossover. Nature 319:258–259

Abb. 9.9: Weith A, Traut W (1980) Synaptonemal complexes with associated chromatin in a moth, Ephestia kuehniella Z. – The fine structure of the W chromosomal heterochromatin. Chromosoma 78:275–291

Abb. 9.10: Moens PB et al (1987) Synaptonemal complex antigen location and conservation. J Cell Biol 105:93–103

Abb. 9.11: Jones GH, Croft JA (1986) Surface spreading of synaptonemal complexes in locusts – II. Zygotene pairing behaviour. Chromosoma 93:489–495

Abb. 9.12: Holm PB, Rasmussen SW (1980) Chromosome pairing, recombination nodules and chiasma formation in diploid Bombyx males. Carlsberg Res Commun 45:483–548

Abb. 9.13: wie 9.12

Abb. 9.14: Fiil A, Moens PB (1973) The development, structure and function of modified synaptonemal complexes in mosquito oocytes. Chromosoma 41:37–62

Abb. 9.15: Rasmussen SW (1977) Chromosome pairing in triploid females of Bombyx mori analyzed by three dimensional reconstructions of synaptonemal complexes. Carlsberg Res Commun 42:163–197

Abb. 9.16: wie 9.15

Abb. 9.17: **a** Moses MJ et al (1981) Synaptonemal complex analysis of mouse chromosomal rearrangements – II. Synaptic adjustment in a tandem duplication. Chromosoma 81:519–535; **b** Moses MJ et al (1982) Synaptonemal complex analysis of mouse chromosomal rearrangements – IV. Synapsis and synaptic adjustment in two paracentric inversions. Chromosoma 84:457–474

Abb. 9.18: Hawley RS (1980) Chromosomal sites necessary for normal levels of meiotic recombination. I. Evidence for and mapping of the sites. Genetics 94:625–646

Abb. 9.19: Anderson LK, Stack SM (1988) Nodules associated with axial cores and synaptonemal complexes during zygotene in Psilotum nudum. Chromosoma 97:96–100

Abb. 9.20: Suzuki DT et al (1981) An introduction to genetic analysis, 2nd edn. Freeman, San Francisco

Abb. 9.25: Szostak JW et al (1983) The double-strand-break repair model for recombination. Cell 33:25–35

Abb. 9.26: Polani PE et al (1981) An experimental approach to femal mammalian meiosis: differential chromosome labeling and an analysis of chiasmata in the female mouse. In: Jagiello G, Vogel HJ (eds) Bioregulators of reproduction. Academic Press, New York, pp 52–87

Abb. 9.27b: wie 9.12

Abb. 9.30: Rufas JS et al (1988) Recombination within extra segments: evidence from the grasshopper Chorthippus jucundus. Chromosoma 96:95–101

Abb. 9.31: White MJD (1973) Animal cytology and evolution, 3rd edn. Cambridge Univ Press, Cambridge

Abb. 9.32: Jones GH (1987) Chiasmata. In: Moens PB (ed) Meiosis. Academic Press, Orlando, pp 213–244

Abb. 9.33: Rees H, Narayan RKJ (1988) Chromosome constraints: chiasma frequency and genome size. Kew Chromosome Conference III:231–239

Abb. 9.34: Callan HG, Perry PE (1977) Recombination in male and female meiocytes contrasted. Phil Trans R Soc Lond B 277:227–233

Abb. 9.35: Ashley T, Moses MJ (1980) End association and segregation of the achiasmatic X and Y chromosomes of the sand rat, Psammomys obesus. Chromosoma 78:203–210

Abb. 9.36a: Traut W, Rathjens B (1973) Das W-Chromosom von Ephestia kuehniella (Lepidoptera) und die Ableitung des Geschlechtschromatins. Chromosoma 41:437–446

Abb. 9.38: a Callan HG (1963) The nature of lampbrush chromosomes. Intern Rev Cytol 15:1–34; b Gall JG (1956) On the submicroscopic structure of chromosomes. Brookhaven Symp Biol 8:17–32

Abb. 9.39: Callan HG, Lloyd L (1960) Lampbrush chromosomes of crested newts Triturus cristatus (Laurenti). Philos Trans R Soc London Ser B 243:135–219

Abb. 9.40b: wie 6.15

Abb. 9.41: Scheer U et al (1976) Classification of loops of lampbrush chromosomes according to the arrangement of transcriptional complexes. J Cell Sci 22:503–519

Abb. 9.42: a Hess O (1964) Strukturdifferenzierungen im Y-Chromosom von Drosophila hydei und ihre Beziehungen zu Genaktivitäten. Verh Dtsch Zoolog Ges 1964:156–163; b Hess O (1973) Local structural variations of the Y chromosome of Drosophila hydei and their correlation to genetic activity. Cold Spring Harbor Symp Quant Biol 38:663–671

Abb. 9.43: Loos F et al (1984) Lampbrush chromosome loop-specificity of transcript morphology in spermatocyte nuclei of Drosophila hydei. EMBO J 3:2845–2849

Abb. 10.1: Poustka A, Lehrach H (1986) Jumping libraries and linking libraries: the next generation of molecular tools in mammalian genetics. Trends in Genetics 2:174–179

Abb. 10.3: McBride OW et al (1987) Chromosomal location of the human gene for DNA polymerase β. Proc Natl Acad Sci 84:503–507

Abb. 10.4: Old JM (1986) Fetal DNA analysis. In: Davies KE (ed) Human genetic diseases, a practical approach. IRL Press, Oxford, pp 1–17

Abb. 10.5: Bell GI et al (1982) The highly polymorphic region near the human insulin gene is composed of simple tandemly repeating sequences. Nature 295:31–35

Abb. 10.6: Nakamura Y et al (1987) Variable number of tandem repeat (VNTR) markers for human gene mapping. Science 235:1616–1622. Copyright by the AAAS

Abb. 10.7: Nakamura Y et al (1988) A mapped set of DNA markers for human chromosomes 17. Genomics 2:302–309

Abb. 10.8: Slizynska H (1938) Salivary chromosome analysis of the white-facet region of Drosophila melanogaster. Genetics 23:291–299

Abb. 10.9: Gerber MJ et al (1988) Regional localization of chromosome 3-specific DNA fragments by using a hybrid cell deletion mapping panel. Am J Hum Genet 43:442–451

Abb. 10.10: Martin-DeLeon PA et al (1985) Localization of glucose-6-phosphate dehydrogenase in mouse and man by in situ hybridization: evidence for a single locus and transposition of homologous X-linked genes. Cytogenet Cell Genet 39:87–92

Abb. 10.11: Becker JH (1974) Mitotic recombination maps in Drosophila melanogaster. Naturwiss 61:441–448

Abb. 10.12: Young BD (1986) Human chromosome analysis by flow cytometry. In: Davies KE (ed) Human genetic diseases, a practical approach. IRL Press, Oxford, pp 101–112

Abb. 10.13: Deaven LL et al (1986) Construction of human chromosome-specific DNA libraries from flow-sorted chromosomes. Cold Spring Harbor Symp Quant Biol 51:159–167

Abb. 10.14: wie 10.12

Abb. 10.15: Weith A et al (1987) Microclones from a mouse germ line HSR detect amplification and complex rearrangements of DNA sequences. EMBO J 6:1295–1300

Abb. 11.1: Brown SW, Nur U (1964) Heterochromatic chromosomes in coccids. Science 145:130–136

Abb. 11.2: McGrath J, Solter D (1984) Completion of mouse embryogenesis requires both the maternal and paternal genomes. Cell 37:179–183. Barton SC et al (1984) Role of paternal and maternal genomes in mouse development. Nature 311:374–376

Abb. 11.3: Cattanach BM (1986) Parental origin effects in mice. J Embryol exp Morph 97 Suppl.:137–150

Abb. 11.4: Cattanach BM, Beechey CV (1990) Chromosome imprinting phenomena in mice and indications in man. Chromosomes Today 10:135–148

Abb. 11.6: Jones KW, Singh L (1985) Snakes and the evolution of sex chromosomes. Trends in Genetics 1:55–61

Abb. 11.7: Syren RM, Luykx P (1981) Geographic variation of sex-linked translocation heterozygosity in the termite Kalotermes approximatus Snyder (Insecta: Isoptera). Chromosoma 82:62–88

Abb. 11.8: Kühn A (1961) Grundriß der Vererbungslehre, 3. Aufl. Quelle & Meyer, Heidelberg

Abb. 11.9: Therman E (1985) Human chromosomes, structure behavior effects, 2nd edn. Springer, Berlin Heidelberg New York Tokyo

Abb. 11.10: Hansmann I (1982) Sex reversal in the mouse. Cell 30:331–332. Roberts C et al (1988) Molecular and cytogenetic evidence for the location of Tdy and Hya on the mouse Y chromosome short arm. Proc Natl Acad Sci 85:6446–6449

Abb. 11.11: Page DC (1986) Sex reversal: deletion mapping the male-determining function of the human Y chromosome. Cold Spring Harbor Symp Quant Biol 51:229–235

Abb. 11.12: Nöthiger R, Steinmann-Zwicky M (1987) Genetics of sex determination: what can we learn from Drosophila? Development 101 Suppl.:17–24

Abb. 11.14: Mittwoch U (1967) Sex chromosomes. Academic Press, London

Abb. 11.15: Schempp W (1985) High-resolution replication of the human Y chromosome. In: Sandberg AA (ed) The Y chromosome. Part A: Basic characteristics of the Y chromosome. Alan R Liss, Inc., New York, pp 357–371

Abb. 11.16: Harris H (1980) Human biochemical genetics, 3rd edn. Elsevier/North Holland, Amsterdam

Abb. 11.17: Gartler SM, Riggs AD (1983) Mammalian X-chromosome inactivation. Ann Rev Genet 17:155–190

Abb. 11.19: a–c Boveri T (1899) Die Entwicklung von Ascaris megalocephala mit besonderer Rücksicht auf die Kernverhältnisse. In: Festschrift für C. von Kupffer. Fischer, Jena, pp 383–430; d Boveri T (1910) Die Potenzen der Ascaris-Blastomeren bei abgeänderter Furchung. Zugleich ein Beitrag zur Frage qualitativ-ungleicher Chromosomen-Teilung. In: Festschrift für R. Hertwig, vol III. Fischer, Jena, pp 131–214

Abb. 11.20: Kunz W, Trepte H-H, Bier K (1970) On the function of the germ line chromosomes in the oogenesis of Wachtliella persicariae (Cecidomyiidae). Chromosoma 30:180–192

Abb. 11.21: Traut W, Scholz D (1978) Structure, replication and transcriptional activity of the sex-specific heterochromatin in a moth. Exp Cell Res 113:85–94

Abb. 11.22: Nagl W (1978) Endopolyploidy and polyteny in differentiation and evolution. North Holland, Amsterdam

Abb. 11.23: Ananiev EV, Barsky VE (1985) Elementary structures in polytene chromosomes of Drosophila melanogaster. Chromosoma 93:104–112

Abb. 11.24: Ammermann D (1987) Germ line specific DNA and chromosomes of the ciliate Stylonychia lemnae. Chromosoma 95:37–43

Abb. 11.25: Korge G (1987) Polytene chromosomes. In: Hennig W (ed) Structure and function of eukaryotic chromosomes. Springer, Berlin Heidelberg New York Tokyo, pp 27–58

Abb. 11.26: Bossy B et al (1984) Genetic activity along 315 kb of the Drosophila chromosome. EMBO J 3:2537–2541

Abb. 11.27: Pelling C (1964) Ribonukleinsäure-Synthese der Riesenchromosomen – autoradiographische Untersuchungen an Chironomus tentans. Chromosoma 15:71–122

Abb. 11.28: Beermann W (1952) Chromomerenkonstanz und spezifische Modifikation der Chromosomenstruktur in der Entwicklung und Organdifferenzierung von Chironomus tentans. Chromosoma 5:139–198

Abb. 11.29: Becker HJ (1962) Die Puffs der Speicheldrüsenchromosomen von Drosophila melanogaster – II. Mitteilung – Die Auslösung der Puffbildung, ihre Spezifität und ihre Beziehung zur Funktion der Ringdrüse. Chromosoma 13:341–384

Abb. 11.30: Beermann W et al (1971) Handbuch der Allgemeinen Pathologie, Bd II/2. Springer, Berlin Heidelberg New York, pp 164–214

Abb. 11.31: Pavan C, Cunha AB da (1969) Chromosomal activities in Rhynchosciara and other Sciaridae. Ann Rev Genet 7:425–450

Abb. 11.32: Spradling A (1987) Gene amplification in dipteran chromosomes. In: Hennig W (ed) Structure and function of eukaryotic chromosomes. Springer, Berlin Heidelberg New York Tokyo, pp 199–212

Abb. 11.33: Yunis JJ (1983) The chromosomal basis of human neoplasia. Science 221:227–236. Copyright 1983 by the AAAS

Abb. 11.34: Haluska FG et al (1987) Oncogene activation by chromosome translocation in human malignancy. Ann Rev Genet 21:321–345

Abb. 11.35: **a** Hagemeijer A, de Klein A (1987) Ph^1 chromosome: cytogenetics and molecular aspects. Chromosomes Today 9:133–144; **b** Heim S, Mitelman F (1987) Cancer cytogenetics. Alan R. Liss, New York

Abb. 11.36: wie 11.35b

Abb. 11.37: wie 11.35b

Abb. 11.38: Schwab M et al (1983) Amplified DNA with limited homology to myc cellular oncogene is shared by human neuroblastoma cell lines and a neuroblastoma tumour. Nature 305:245–248

Abb. 12.1: Maeda N et al (1988) Molecular evolution of intergenic DNA in higher primates: pattern of DNA changes, molecular clock, and evolution of repetitive sequences. Mol Biol Evol 5:1–20

Abb. 12.2: **a** Miyamoto MM et al (1987) Phylogenetic relations of humans and African apes from DNA sequences in the $\psi\eta$ -globin region. Science 238:369–373; **b** Sibley CG, Ahlquist JE (1987) DNA hybridization evidence of hominoid phylogeny: results from an expanded data set. J Mol Evol 26:99–121

Abb. 12.3: Wilson AC et al (1987) Molecular time scale for evolution. Trends in Genetics 3:241–247

Abb. 12.4: wie 12.3

Abb. 12.5: Ajioka JW, Eanes WF (1989) The accumulation of P-elements on the tip of the X chromosome in populations of Drosophila melanogaster. Genet Res 53:1–6

Abb. 12.6: Keyl H-G (1957) Untersuchungen am Karyotypus von Chironomus thummi – I. Mitteilung – Karte der Speicheldrüsen-Chromosomen von Chironomus thummi thummi und die cytologische Differenzierung der Subspezies Ch. th. thummi und Ch. th. piger. Chromosoma 8:739–756

Abb. 12.8: Macgregor HC, Sessions SK (1986) The biological significance of variation in satellite DNA and heterochromatin in newts of the genus Triturus: an evolutionary perspective. Phil Trans R Soc Lond B 312:243–259

Abb. 12.9: Hinegardner R (1976) Evolution of genome size. In: Ayala FJ (ed) Molecular evolution. Sinauer Associates, Sunderland MA, pp 179–199

Abb. 12.10: Macgregor HC (1982) Big chromosomes and speciation amongst Amphibia. In: Dover GA, Flavell RB (eds) Genome evolution. Academic Press, New York, pp 325–341

Abb. 12.11: **a** Cavalier-Smith T (1985) Cell volume and the evolution of eukaryotic genome size. In: Cavalier-Smith (ed) The evolution of genome size. John Wiley & Sons, Chichester, pp 105–184; **b** Shuter BJ et al (1983) Phenotypic correlates of genomic DNA content in unicellular eukaryotes and other cells. Amer Nat 122:26–44

Abb. 12.12: Robinson R (1971) Lepidoptera genetics. Pergamon, Oxford

Abb. 12.13: Matthey R (1973) The chromosome formulae of eutherian mammals. In: Chiarelli AB, Capanna E (eds) Cytotaxonomy and vertebrate evolution. Academic Press, London, pp 531–616

Abb. 12.14: Schmid M et al (1985) Chromosome banding in Amphibia – IX. The polyploid karyotypes of Odontophrynus americanus and Ceratophrys ornata (Anura, Leptodactylidae). Chromosoma 91:172–184

Abb. 12.15: Babcock EB (1947) The genus Crepis. Univ of California Press, Berkeley

Abb. 12.17: Winking H (1986) Some aspects of Robertsonian karyotype variation in european wild mice. Current Topics in Microbiology and Immunology 127:68–74

Abb. 12.18: Kurihara Y (1988) Dissertation, National Institute of Genetics, Mishima, Japan

Abb. 12.19: Keyl H-G (1962) Chromosomenevolution bei Chironomus – II. Chromosomenumbauten und phylogenetische Beziehungen der Arten. Chromosoma 13:464–514

Abb. 12.20: Sperlich D (1980) Intra- und transspezifische Chromosomen-Evolution bei Drosophila. Verh naturwiss Ver Hamburg 24:5–33

Abb. 12.21: Sperlich D (1988) Populationsgenetik, 2. Aufl. Gustav Fischer, Stuttgart

Abb. 12.22: Yunis JJ et al. (1980) The striking resemblance of high-resolution G-banded chromosomes of man and chimpanzee. Science 208:1145–1148. Copyright 1980 by the AAAS

Abb. 12.23: Dutrillaux B, Couturier J (1983) Paléocytogénétique des mammifères. Colloques internationaux du C.N.R.S. 330:259–265

Tabelle 2.3: Levan A et al (1964) Nomenclature for centromeric position on chromosomes. Hereditas 52:201–220

Tabelle 2.4: ISCN (1978) An international system for human cytogenetic nomenclature (1978). Cytogenet Cell Genet 21:309–404

Tabelle 3.1: Hassold TJ (1986) Chromosome abnormalities in human reproductive wastage. TIG 2:105–111

Tabelle 3.2: Murken J, Cleve H (1988) Humangenetik, 4. Aufl. Enke Verlag, Stuttgart

Tabelle 4.1: Adams RLP, Knowler JT, Leader DP (eds) (1986) The biochemistry of the nucleic acids, 10th edn. Chapman and Hall, London

Tabelle 4.2: Dickerson RE (1983) The DNA helix and how it is read. Sci Amer 249(6):86–102

Tabelle 5.1: Cavalier-Smith T (ed) (1985) The evolution of genome size. John Wiley & Sons, Chichester. Klotz LC, Zimm BH (1972) Size of DNA determined by viscoelastic measurements: results on bacteriophages, Bacillus subtilis and Escherichia coli. J Mol Biol 72:779–800. Nagl W et al (1983) Genome and chromatin organization in higher plants. Biol Zbl 102:129–148. Olmo E (1983) Nucleotype and cell size in vertebrates: a review. Bas Appl Histochem 27:227–256. Petes TD (1980) Molecular genetics of yeast. Ann Rev Biochem 49:845–876. Sulston JE, Brenner S (1974) The DNA of Caenorhabditis elegans. Genetics 77:95–104

Tabelle 5.2: Kao F-T (1985) Human genome structure. Intern Rev Cytol 96:51–88

Tabelle 5.3: Prosser J et al (1986) Sequence relationships of three human satellite DNAs. J Mol Biol 187:145–155

Tabelle 5.4: a Döring H-P, Starlinger P (1986) Molecular genetics of transposable elements in plants. Ann Rev Genet 20:175–200; b Finnegan DJ (1985) Transposable elements in eukaryotes. Intern Rev Cytol 93:281–326; c Collins M, Rubin GM (1983) High-frequency precise excision of the Drosophila foldback transposable element. Nature 303:259–260; d Clare J, Farabaugh P (1985) Nucleotide sequence of a yeast Ty element: evidence for an unusual mechanism of gene expression. Proc Natl Acad Sci 82:2829–2833; e Finnegan DJ, Fawcett DH (1986) Transposable elements in Drosophila melanogaster. Oxford surveys on eukaryotic genes 3:1–62; f Rogers JH (1985) The origin and evolution of retroposons. Intern Rev Cytol 93:188–279; g Deka N et al (1988) Human transposon-like elements insert at a preferred target site: evidence for a retrovirally mediated process. Nucl Ac Res 16:1143–1151

Tabelle 6.1: Ull MA, Franco L (1986) The nucleosomal repeat length of pea (Pisum sativum) chromatin changes during germination. Plant Molec Biol 7:25–31. Holde KE van (1988) Chromatin. Springer-Verlag, New York

Tabelle 6.2: Lewis CD et al (1984) Interphase nuclear matrix and metaphase scaffolding structures. J Cell Sci Suppl. 1:103–122

Tabelle 7.1: Bostock CJ, Sumner AT (1978) The eukaryotic chromosome. North-Holland, Amsterdam. Pimpinelli S, Goday C (1989) Unusual kinetochores and chromatin diminution in Parascaris. Trends in Genetics 5:310–315

Tabelle 7.2: Forney J et al (1987) Identification of the telomeric sequence of the acellular slime molds Didymium iridis and Physarum polycephalum. Nucl Acids Res 15:9143–9152. Hastie ND, Allshire RC (1989) Human telomeres: fusion and interstitial sites. Trends in Genetics 5:326–331

Tabelle 7.4: Schweizer D (1981) Counterstain-enhanced chromosome banding. Hum Genet 57:1–14

Tabelle 7.5: Holmquist GP, Motara MA (1987) The magic of cytogenetic technology. In: Obe G, Basler A (eds) Cytogenetics. Springer-Verlag, Berlin Heidelberg New York Tokyo, pp 30–47

Tabelle 8.1: Blumenthal AB et al (1974) The units of DNA replication in Drosophila melanogaster chromosomes. Cold Spring Harbor Symp Quant Biol 38:205–223. Callan HG (1974) Cold Spring Harbor Symp Quant Biol 38:195–203. Hand R (1975) Regulation of DNA replication on subchromosomal units of mammalian cells. J Cell Biol 64:89–97. Yurov YB, Liapunova NA (1977) The units of DNA replication in the mammalian chromosomes: evidence for a large size of replication units. Chromosoma 60:253–267. Francis D, Bennett MD (1982) Replicon size and mean rate of DNA synthesis in rye (Secale cereale L. cv. Petkus Spring). Chromosoma 86:115–122

Tabelle 9.1: Mortimer RK, Schild D (1984) Genetic map of Saccharomyces cerevisiae. In: O'Brian SJ (ed) Genetic maps 1984. Cold Spring Harbor Laboratory, Cold Spring Harbor, pp 224–233. Imai HT, Moriwaki K (1982) A re-examination of chiasma terminalization and chiasma frequency in male mice. Chromosome 85:439–452. Hillyard AL et al (1988) Locus map of mouse with comparative map points of human on mouse. The Jackson Laboratory, Bar Harbor Coe EH et al (1984) Linkage map of corn (maize) (Zea mays L.). In: O'Brian SJ (ed) Genetic maps 1984. Cold Spring Harbor Laboratory, Cold Spring Harbor, pp 491–507. Lindsley DL, Grell EH (1944) Genetic variation of Drosophila melanogaster. Biology Division, Oak Ridge

Tabelle 11.1: Swain JL et al (1987) Parental legacy determines methylation and expression of an autosomal transgene: a molecular mechanism for parental imprinting. Cell 50:719–727

Tabelle 11.3: Nagl W (1978) Endopolyploidy and polyteny in differentiation and evolution. North Holland, Amsterdam

Tabelle 11.4: Fonatsch C (1985) Cytogenetic markers in hematoproliferative disorders. Blut 51:315–328. Yunis JJ (1983) The chromosomal basis of human neoplasia. Science 221:227–236

Tabelle 11.5: Gebhart E (1987) Cytogenetic studies in human neoplasia. In: Obe G, Basler A (eds) Cytogenetics, basic and applied aspects. Springer, Berlin Heidelberg New York Tokyo, pp 113–140

Tabelle 12.1: Cavalier-Smith T (1985) Eukaryote gene numbers, non-coding DNA and genome size. In: Cavalier-Smith T (ed) The evolution of genome size. John Wiley & Sons, Chichester, pp 69–103. Herdemann M (1985) The evolution of bacterial genomes. In: Cavalier-Smith T (ed) The evolution of genome size. John Wiley & Sons, Chichester, pp 37–68

Tabelle 12.2: Lalley PA et al (1987) Report of the committee on comparative mapping. Cytogenet Cell Genet 46:367–389

Glossar

achiasmatisch	Meiose ohne Chiasmata und ohne Crossover
Äquationsteilung	Teilung in der Meiose, bei der die elterlichen Genomanteile nicht getrennt werden
akinetisches Fragment	Chromosomenfragment ohne Centromer
Akrosom	Organell an der Spitze eines Spermiums, das für das Eindringen in die Eizelle notwendig ist
akrozentrisches Chromosom	Chromosom mit nur einem Arm, zusätzlich kann ein kleiner heterochromatischer zweiter Arm vorhanden sein
Amplifikation	Vervielfachung einer DNA-Strecke
Androgenese	Entwicklung eines Keims nur mit dem väterlichen Genom
Aneuploidie	zahlenmäßige Abweichung von vollständigen (euploiden) Chromosomensätzen
Autosom	Chromosom, das in beiden Geschlechtern regelmäßig in gleicher Zahl vorkommt (Gegensatz: Geschlechtschromosom)
balancierte Chromosomenmutation	Mutation ohne Verlust oder Verdopplung von Chromosomenabschnitten
Balbiani-Ring	besonders auffälliger Puff in den Polytänchromosomen von Chironomiden
B-Chromosom	zusätzliches, nicht zum normalen Satz gehöriges Chromosom
Bivalent	zwei gepaarte homologe Chromosomen in der Meiose
Blastozyste	frühembryonaler Säugetierkeim mit Trophektoderm und innerer Zellmasse
Centimorgan (cM)	Maß für den Abstand auf der Genkarte; 1 cM = 1 Morgan-Einheit = 1% genetischer Austausch = 1 ,map unit'
Centromer	die durch eine Einschnürung (primäre Konstriktion) ausgezeichnete Chromosomenregion, die das Kinetochor enthält, an dem die Spindelfasern ansetzen
Chiasma	die kreuzweise Verknüpfung von Chromatiden homologer Chromosomen; regelmäßig im Diplotän und in der Diakinese der Meiose an Stellen mit vorausgegangenem Crossover sichtbar

Chromatide	Schwesterstrang eines Chromosoms
Chromatin	DNA-Protein-Komplex; die mit basischen Farbstoffen anfärbbare Substanz im Chromosom bzw. Zellkern
Chromomer	Verdichtung des Chromatins im meiotischen Chromosom
chromosome walking	mit überlappenden klonierten DNA-Fragmenten eine Chromosomenstrecke abdecken
cis-regulierende Faktoren	DNA-Abschnitte, die die Aktivität von Genen auf demselben DNA-Molekül beeinflussen
C-Wert	die Masse eines haploiden Genoms
Cytokinese	Teilung des Cytoplasmas im Gefolge von Mitose oder Meiose
Deletion	Verlust oder Fehlen von einzelnen Basenpaaren oder größeren DNA-Strecken aus einem DNA-Molekül
diploid	mit zwei Chromosomensätzen
direct repeat	Sequenzwiederholung in der gleichen Richtung
D-loop	‚displacement loop‘, eine Einzelstrang-Schleife, die durch Einwanderung eines homologen DNA-Einzelstranges aus der Doppelhelix verdrängt wird
DNA-Schmelzpunkt	die Temperatur, bei der 50% einer DNA einzelsträngig werden (schmelzen)
DNAseI	ein Enzym, das Einzelstrangbrüche in der DNA erzeugt
Endonuklease	ein Enzym, das Nukleinsäuren an internen Zucker-Phosphatbindungen schneidet
Epiblast	Zellschicht der Keimscheibe, aus der der Embryo hervorgeht
Euchromatin	Anteil des Chromatins, der einen normalen Kondensationszyklus (Kondensation in der Mitose und Dekondensation in der Interphase) durchläuft und die Hauptmenge der Gene enthält
Exonuklease	Enzym, das Nukleinsäuren von den Enden her abbaut
Fitness	Eignung einer genetischen Variante relativ zu einer anderen, gemessen an der Zu- oder Abnahme ihres Anteils von einer Generation zur nächsten
Fixierung einer genetischen Variante	die vollständige Etablierung einer Variante unter Verdrängung früherer Varianten in einer Population oder Art
Gametophyt	die Gameten-erzeugende Generation bei einer Art mit Generationswechsel
GC-Gehalt	molarer Anteil von G + C in einer Nukleinsäure
genetischer Abstand	Abstand zwischen zwei Genorten, gemessen als Rekombinationshäufigkeit in Centimorgan

Gen-Konversion	ein nicht-reziproker genetischer Austausch; kann unabhängig von einem Crossover oder in Zusammenhang mit einem Crossover stattfinden
Genotyp	die genetische Konstitution eines Organismus; meist bezogen auf bestimmte, gerade betrachtete Gene
Geschlechtschromosom	Chromosom, das nur in einem Geschlecht oder, wenn in beiden Geschlechtern, dann in unterschiedlicher Zahl vorkommt
Gynogenese	Entwicklung eines Keimes nur mit dem mütterlichen Genom (dem weiblichen Vorkern); im Gegensatz zur Parthenogenese ist ein Spermium zur Entwicklungsanregung nötig, sein Genom nimmt aber nicht an der Entwicklung teil
haploid	mit nur einem Chromosomensatz
Helfer-Viren	Viren, die die Vermehrung von defekten Viren ermöglichen
Heterochromatin	Chromatin, das auch im Interphasekern kondensiert bleibt
Heteroduplex-DNA	ein DNA-Doppelstrang aus Einzelsträngen verschiedener Herkunft
heterogametes Geschlecht	bei Arten mit chromosomaler Geschlechtsbestimmung: das Geschlecht, das zwei Arten von Gameten mit unterschiedlichen Geschlechtschromosomen erzeugt (weibchenbestimmende und männchenbestimmende Gameten)
heterozygot	‚gemischterbig‘ für einen Locus oder eine Chromosomenvariante; die homologen Loci oder Chromosomen sind verschieden
Holliday-Figur	molekulare Zwischenstufe der genetischen Rekombination; sie ist eine Kreuzfigur, die durch wechselseitigen Austausch von Einzelsträngen zweier homologer DNA-Doppelstränge entsteht
homöologe Chromosomen	einander entsprechende Chromosomen verschiedener Ursprungsarten in einem allopolyploiden Genom
homogametes Geschlecht	bei Arten mit chromosomaler Geschlechtsbestimmung: das Geschlecht, das nur eine Art Gameten, alle mit dem gleichen Geschlechtschromosom, erzeugt
homologe Chromosomen	die beiden einander entsprechenden Chromosomen eines diploiden Satzes
homozygot	‚reinerbig‘ für einen Locus oder eine Chromosomenvariante: die homologen Loci oder Chromosomen sind gleich

Housekeeping-Gene	Gene, die zur Aufrechterhaltung der basalen Lebensfunktionen einer Zelle notwendig sind
Interferenz, genetische	Einschränkung oder Förderung eines Ereignisses in der Nähe eines anderen, z. B. bei Crossovern
Intersex	eine sexuelle Zwischenstufe zwischen weiblicher und männlicher Ausprägung
inverted repeat	Sequenzwiederholung in Gegenrichtung
in vitro	außerhalb der Zelle, im Versuchsgefäß
in vivo	in der lebenden Zelle
Karyogamie	Vereinigung des weiblichen und männlichen Vorkerns zum Abschluß der Befruchtung
Keimbahn	Zellfolge, aus der die Keimzellen hervorgehen
Kinetochor	Anheftungs-Struktur der Spindelmikrotubuli am Chromosom
Kinetochor-Mikrotubuli	Spindel-Mikrotubuli, die am Kinetochor ansetzen
Konduktorin	Überträgerin eines rezessiv X-gebundenen Erbfaktors
Konformation	Raumstruktur eines Proteins oder einer Nukleinsäure
Konsensus-Sequenz	die übereinstimmende oder zumindest überwiegend vorkommende Sequenz in DNA-Elementen oder DNA-Familien
Kopplung	die gemeinsame Vererbung von Allelen, die auf demselben Chromosom liegen; die Kopplung kann durch Crossover unterbrochen werden
linking number	die Zahl der Windungen, mit denen die Einzelstrang-Ringe eines ringförmigen DNA-Doppelstranges umeinander gewunden sind
Locus	Genort oder Position einer DNA-Sequenz im Chromosom
Matrix (des Kerns)	elektronenmikroskopisch: Kerngerüst; biochemisch: Komponente des Kerns, in der die Schleifendomänen topologisch fixiert sind
Mikrotubuli	Röhren von ca. 25 nm Durchmesser, die aus Tubulin zusammengesetzt sind
mismatch	nicht-komplementäre Basenpaare in Nukleinsäure-Doppelsträngen
Mitosezyklus	die zyklische Abfolge von Mitose und Interphase in teilungsaktiven Zellen
mobiles Element	ein DNA-Element, das durch Transposition neue Positionen im Genom einnehmen kann
Mosaik, genetisches	ein Individuum, das aus genetisch verschiedenen Geweben besteht

Multivalent	drei oder mehr miteinander gepaarte Chromosomen in der Meiose
Mutagen	mutationsauslösendes Agens
Mutation	erbliche Veränderung der DNA bzw. der Chromosomen
Neoplasie	krebsartige Neubildung, Tumor
nicht-homologe Paarung	Paarung nicht-homologer Chromosomenabschnitte in der Meiose
Nicht-Kinetochor-Mikrotubuli	Spindel-Mikrotubuli, die nicht am Kinetochor ansetzen
Nondisjunction	Verteilungsfehler der Chromatiden in der Mitose oder Meiose
offenes Leseraster	Triplettraster einer DNA-Sequenz, das die Fähigkeit zur Kodierung einer längeren Aminosäuresequenz enthält, weil es nicht durch Stopkodons unterbrochen ist (‚open reading frame')
Oogenese	Ei-Entwicklung
Palindrom	unmittelbar aufeinander folgende Sequenzwiederholung in Gegenrichtung
panmiktische Population	Population mit zufälliger Wahl der Paarungspartner
Parthenogenese	die Entwicklung eines Organismus aus einem unbefruchteten Ei
P-Element-Transformation	Einführung einer DNA mit Hilfe eines P-Element-Vektors
Phaenotyp	die Eigenschaften eines Organismus; meist bezogen auf Merkmale, deren Ausprägung von den gerade betrachteten Genen abhängt
physikalische Karte	Darstellung der Folge von Nukleotidsequenzen, Genen oder Restriktionsschnittstellen entsprechend den ‚physikalischen Abständen'
Polymerase	Enzym, das Nukleinsäuren aus dem Nukleotid-Triphosphat-Pool synthetisieren kann
Polymerase-Ketten-Reaktion	(PCR) exponentielle Vermehrung eines DNA-Abschnittes, der von zwei Primer-Sequenzen begrenzt wird, durch Zyklen von Schmelzen, Anhybridisieren der Primer und DNA-Synthese
polymorph	zwei oder mehr Varianten in einer Population
Polyploidie	Zustand von Zellen oder Organismen mit drei, vier oder mehr Chromosomensätzen (= Triploidie, Tetraploidie usw.)
Praekinetochor	Vorstufe des Kinetochors, die auch im Interphasekern erhalten bleibt
prematurely condensed chromosomes (PCCs)	Chromosomen des Interphasekerns, die durch Zellfusion vorzeitig zur Kondensation gezwungen wurden

Promotor	Region oberhalb des 5′-Endes eines Gens, an der die RNA-Polymerase für die Transkription des Gens bindet
Pseudogen	ein nicht-funktioneller Abkömmling eines Gens, entweder durch Mutation verändert oder als sogenanntes prozessiertes Pseudogen durch reverse Transkription aus mRNA entstanden
Puff	aufgetriebene Stelle eines Polytänchromosoms; ein Ort der RNA-Synthese, seltener der DNA-Synthese
Reduktionsteilung	Teilung in der Meiose, bei der die elterlichen Genomanteile getrennt werden
Replikation	die identische Verdopplung einer DNA-Sequenz
Restriktionsenzym	Endonuklease mit sequenz-spezifischen Schnittstellen
Revertante	Rückmutation zum Normalzustand
Robertson-Translokation	die Verbindung von zwei akrozentrischen zu einem metazentrischen Chromosom durch Fusion in der Centromer-Region
SC	s. synaptonemaler Komplex
Scaffold	Achsenstruktur des Chromosoms
Schleifendomäne	eine Organisationsstufe des Chromatins mit einer DNA-Strecke von ca. 5–100 kb, deren Enden im Chromosomen-Scaffold bzw. in der Kernmatrix inserieren
Schwesterstränge	die beiden Chromatiden eines Chromosoms nach der Replikation
Schwesterstrangaustausch	wechselseitiger Austausch von Abschnitten der Schwesterchromatiden
semikonservative Replikation	bei der Replikation erhalten beide Tochter-Doppelhelices je einen intakten Eltern-Einzelstrang
Slippage	das Versetzen um eine oder mehrere Repeats bei der Replikation, der Rekombination oder dem Schwesterstrangaustausch von simple repeats
Soma	die Gesamtheit der Körperzellen (Gegensatz: Keimbahn)
somatische Paarung	Paarung homologer Chromosomen in somatischen Zellen
Spermatogenese	die Spermien-Entwicklung unter Einschluß der Reifungsteilungen
Spermiogenese	die Umwandlung einer Spermatide in ein Spermium (= Spermiohistogenese, = Spermiocytogenese)
Speziation	die Entstehung neuer Arten unter Ausbildung arttrennender Mechanismen

Spleißen	das Schneiden und kovalente Verknüpfen von RNA-Molekülen
Sporophyt	die Sporen-erzeugende Generation bei einer Art mit Generationswechsel
Start-Kodon	das Triplett AUG, mit dem die Translation einer mRNA beginnt
Stop-Kodons	die Tripletts UAA, UAG und UGA, die zum Abbruch der Translation einer mRNA führen
Superhelizität	eine Verdrillung der DNA zusätzlich zur helikalen Windung der Doppelhelix
synaptonemaler Komplex	besteht aus einem zentralen und zwei lateralen Elementen und hält die gepaarten homologen Chromosomen im Pachytän der Meiose zusammen
tandem repeat	eine unmittelbar aufeinander folgende Sequenzwiederholung in der gleichen Richtung
target site	der Zielort, z. B. der Insertionsort eines Retrovirus oder eines Transposons
Telomer	das natürliche Chromosomen-Ende
Tetravalent	vier miteinander gepaarte Chromosomen in der Meiose (meist im Gefolge einer reziproken Translokation)
transgener Organismus	Organismus, in dessen Genom ein fremdes Gen integriert wurde
Transkription	Synthese von RNA an einer DNA-Matrize
Transposition	Verlagerung eines DNA-Elementes an eine andere Position im Genom
trans-regulierende Faktoren	genetische Elemente, die ein Protein kodieren, das die Aktivität von Genen auf denselben oder anderen Chromosomen reguliert
Trisomie	dreifache Dosis eines Chromosoms in einem ansonsten diploiden Satz
Trivalent	drei miteinander gepaarte Chromosomen in der Meiose
Trophektoderm	äußere Zellage einer Blastocyste; außerembryonales Material, das bei der Einnistung Kontakt mit der Uteruswandung aufnimmt
Univalent	ungepaartes Chromosom in der Meiose
upstream	vor dem Transkriptionsstartpunkt eines Gens liegend
Vorkerne	die Gametenkerne in der Zygote vor ihrer Verschmelzung
Zygote	das Verschmelzungsprodukt aus weiblicher und männlicher Gamete

Sachverzeichnis